2019年注册消防工程师资格考试用书

历届真题分类解析

杨 晨 陶 昆 宋瑞明 编著

中国环境出版集团・北京

图书在版编目（CIP）数据

历届真题分类解析/杨晨，陶昆，宋瑞明编著. —北京：中国环境出版集团，2019.6

2019 年注册消防工程师资格考试用书

ISBN 978-7-5111-4004-3

Ⅰ. ①历… Ⅱ. ①杨…②陶…③宋… Ⅲ. ①消防—安全技术—资格考试—题解 Ⅳ. ①TU998.1-44

中国版本图书馆 CIP 数据核字（2019）第 095394 号

内容简介

注册消防工程师考试知识点多、涉及面广、重点难把握的特点使其成为众多国家级考试中最难考过的考试之一，精准把握考点、摸清命题角度、打破出题陷阱是高效通过注册消防工程师考试的唯一途径。而历年真题正是这些“命门”的集中反映。本书通过对历年真题进行细致归类精解，客观全面论证，完善精确答案，深入透彻讲解、点拨难点陷阱，明晰难度系数，突出明确考点，点面结合，全面突破，让你既知其然，亦知其所以然，并省去了翻规范、查找教材的麻烦，方便快捷，豁然通透。本书不仅仅是一本简单的真题集，更是一本地地道道的真题类教科书，它着重揭示命题规律和复习技巧，以举一反三、融会贯通的讲解为核心，科学编排，统筹推进。阅读本书定会给你的备考带来事半功倍的效果。

出 版 人　武德凯
责任编辑　俞光旭　赵　艳
文字编辑　赵　艳
责任校对　任　丽
封面设计　宋　瑞

出版发行　中国环境出版集团
（100062　北京市东城区广渠门内大街 16 号）
网　　址：http://www.cesp.com.cn
电子邮箱：bjgl@cesp.com.cn
联系电话：010-67112765（编辑管理部）
010-67147349（第四分社）
发行热线：010-67125803，010-67113405（传真）

印　　刷　北京市联华印刷厂
版　　次　2019 年 6 月第 1 版
印　　次　2019 年 6 月第 1 次印刷
开　　本　880×1230　1/16
印　　张　24
字　　数　550 千字
定　　价　68.00 元

前言

注册消防工程师考试知识点多、涉及面广、重点难把握的特点使其成为众多国家级考试中最难考过的考试之一，精准把握考点、摸清命题角度、打破出题陷阱是高效通过注册消防工程师考试的唯一途径。对广大考生而言，历年真题是复习准备考试的宝典，在命题规律与复习技巧方面具有重大导向作用。它不仅能真实全面地诠释以往考试的考查方向、考查重点和考查模式，同时还客观准确地昭示了未来考试的考查方向、考查重点和考查模式。研习历年的真题，就是在练习未来的考题。本书作者为了帮助考生在很短的时间内能顺利完成这些准备和积累，在对历年真题进行详细准确的讲解分析的基础上，还进行分类总结、举一反三，将真题所涉知识点融会贯通，特别是分析中引用了大量的规范原文，省去了翻规范、查找教材的麻烦，方便快捷，从而最大限度地提高了复习效率。

本书共有六篇五十六章。第一篇是消防基础知识，有三章；第二篇是建筑防火，有十九章；第三篇是建筑消防设施，有十三章；第四篇是其他建筑、场所防火，有九章；第五篇是法律法规及消防管理，有十章；第六篇是消防安全评估，有两章。第一篇、第二篇的第一章至第十二章、第三篇的第三章至第五章、第六篇由宋瑞明编写；第二篇的第十三章至第十九章、第三篇第十章至第十三章、第四篇由陶昆编写；第三篇的第一章、第六章至第九章、第五篇由杨晨编写。杨晨负责全书的统稿工作。三名编者均为在消防高等专科学校防火教研室从事一线教学长达十余年的专业教授、一级注册消防工程师，常年承担消防专业课程“建筑防火”“建筑消防设施“工业企业防火”“消防行政执法”“消防监督管理”“火灾事故调查”等的讲授任务，具有多年的消防教育教学经验。

鉴于编者学识水平和实践经验所限，本书难免存在疏漏和错误之处，敬请广大读者和同行批评指正，并将意见和建议发送至邮箱2258004497@qq.com，以便再版时修改，不胜感激。

编　者

2019年6月

扫码进注册消防学习园地
疑难问题编者答疑

目录

第一篇　消防基础知识

第二篇　建筑防火

第三篇　建筑消防设施

第四篇 其他建筑、场所防火

第五篇 法律法规及消防管理

第六篇 消防安全评估

第一篇　消防基础知识

第一章　燃烧基础知识

本章由宋瑞明解析

一、燃烧条件

用着火四面体来表示燃烧发生和发展的必要条件时，“四面体”是指可燃物、氧化剂、引火源和（　）。[1]（2015-1-1）

A．氧化反应　　B．热分解反应　　C．热传递　　D．链式反应自由基

【解析】参见教材《消防安全技术实务》第一篇第一章第一节燃烧条件。燃烧的发生和发展必须具备三个必要条件，即可燃物、氧化剂和温度（引火源）。当燃烧发生时，上述三个条件必须同时具备，如果有一个条件不具备，那么燃烧就不会发生或者停止发生。进一步研究表明，有焰燃烧的发生和发展除了具备上述三个条件以外，因其燃烧过程中还存在未受抑制的自由基（一种高度活泼的化学基团，能与其他自由基和分子起反应，从而使燃烧按链式反应的形式扩展，也称游离基）作中间体，因此，有焰燃烧发生和发展需要四个必要条件，即可燃物、氧化剂、温度和链式反应。D选项正确。

二、燃烧方式及特点

1．对于原油储罐，当罐内原油发生燃烧时，不会产生（　）。[2]（2016-1-1）

A．闪燃　　B．热波　　C．蒸发燃烧　　D．阴燃

【解析】参见教材《消防安全技术实务》第一篇第一章第二节燃烧类型及特点。原油发生燃烧不会产生阴燃。

2．汽油闪点低、易挥发、流动性好，存有汽油的储罐受热不会产生（　）现象。[3]（2016-1-2）

A．蒸汽燃烧及爆炸　　B．容器爆炸　　C．泄漏产生流淌火　　D．沸溢和喷溅

【解析】参见教材《消防安全技术实务》第一篇第一章第二节燃烧类型及特点。沸溢和喷溅是原油、重油等含水分、黏度较大的重质油品燃烧的特点。

3．木制桌椅燃烧时，不会出现的燃烧形式是（　）。[4]（2018-1-1）

A．分解燃烧　　B．表面燃烧　　C．熏烟燃烧　　D．蒸发燃烧

【解析】选项A，分子结构复杂的固体可燃物在受热后分解出其组成成分及与加热温度相应的热分解产物，这些分解产物再氧化燃烧，称为分解燃烧。如木材、纸张、棉、麻、毛、丝，以及合成高分子的热固性塑料、合成橡胶等的燃烧。

1 答案：D
2 答案：D
3 答案：D
4 答案：D

选项 B，可燃物受热不发生热分解和相变，可燃物质在被加热的表面上吸附氧，从表面开始呈余烬的燃烧状态叫表面燃烧（也叫无火焰的非均相燃烧），如焦炭、木炭和不挥发金属等的燃烧。

选项 C，阴燃是指物质无可见光的缓慢燃烧，通常产生烟和温度升高的迹象。常见的易发生阴燃的物质有成捆堆放的棉、麻、纸张及大量堆放的煤、杂草、湿木材、布匹等。

选项 D，可熔化的可燃性固体受热升华或熔化后蒸发，产生可燃气体进而发生的有焰燃烧，称为蒸发燃烧。发生蒸发燃烧的固体，在燃烧前受热只发生相变，而成分不发生变化。如石蜡、松香、硫、钾、磷、沥青和热塑性高分子材料等的燃烧，均为蒸发燃烧。选 D 选项。

三、燃烧产物

1．下列易燃固体中，燃点低、易燃烧并能释放出有毒气体的是（　）。[1]（2017-1-59）

A．萘　B．赤磷　C．硫黄　D．镁粉

【解析】参见教材《消防安全技术实务》第一篇第四章第四节易燃固体、易于自燃的物质、遇水放出易燃气体的物质。

级别	分类		举例
一级（甲）	燃点低、易燃烧、燃烧迅速和猛烈，并放出有毒气体	（1）赤磷及含磷化合物	赤磷、三硫基萘、硝化棉等
		（2）硝基化合物	二硝基甲苯、二硝基萘、硝化棉等
		（3）其他	闪光粉、氨基化钠、重氮氨基苯等
二级（乙）	燃点较高、燃烧较慢、燃烧产物毒性也较小	（1）硝基化合物	硝基芳烃、二硝基丙烷等
		（2）易燃金属粉	铝粉、镁粉、锰粉等
		（3）萘及其衍生物	萘、甲基萘等
		（4）碱金属氨基化合物	氨基化钠、氨基化钙
		（5）硝化棉制品	硝化纤维漆布、赛璐珞板等
		（6）其他	硫黄、生松香、聚甲醛等

2．聚氯乙烯电缆燃烧产物有（　）。[2]（2018-1-84）

A．炭瘤　B．氮氧化物　C．水蒸气　D．腐蚀性气体　E．熔滴

【解析】参见教材《消防安全技术实务》第一篇第一章第三节燃烧产物。聚氯乙烯燃烧时无熔滴，有炭瘤，并产生 HCl 气体。HCl 气体有毒且溶于水后有腐蚀性。故 A、C、D 选项正确。

第二章　火灾基础知识

本章由宋瑞明解析

一、火灾的分类

1．关于火灾类别的说法，错误的是（　）。[3]（2017-1-14）

A．D 类火灾是物体带电燃烧的火灾

B．A 类火灾是固体物质火灾

C．B 类火灾是液体火灾或可熔化固体物质火灾

1 答案：B

2 答案：ACD

3 答案：A

D．C类火灾是气体火灾

【解析】参见教材《消防安全技术实务》第一篇第二章第一节火灾的定义、分类与危害。根据《火灾分类》（GB/T 4968—2008），火灾分为A、B、C、D、E、F六类。

A类火灾：固体物质火灾。这种物质通常具有有机物性质，一般在燃烧时能产生灼热的余烬。如木材、棉、毛、麻、纸张火灾等。

B类火灾：液体或可熔化固体物质火灾。如汽油、煤油、原油、甲醇、乙醇、沥青、石蜡火灾等。

C类火灾：气体火灾。如煤气、天然气、甲烷、乙烷、氢气、乙炔等。

D类火灾：金属火灾。如钾、钠、镁、钛、锆、锂等。

E类火灾：带电火灾。物体带电燃烧的火灾。如变压器等设备的电气火灾等。

F类火灾：烹饪器具内的烹饪物（如动植物油脂）火灾。

2．下列物质中，火灾分类属于A类火灾的是（　）。[1]（2017-1-55）

A．石蜡　B．沥青　C．钾　D．棉布

【解析】根据《火灾分类》（GB/T 4968—2008），火灾分为A、B、C、D、E、F六类。详见上题解析。

二、灭火的基本原理和方法

下列灭火剂中，在灭火过程中含有窒息灭火机理的有（　）。[2]（2015-1-81）

A．二氧化碳　B．泡沫　C．直流水　D．水喷雾　E．氮气

【解析】参见教材《消防安全技术实务》第一篇第二章第四节灭火的基本原理与方法。

三、建筑火灾蔓延的机理与途径

建筑保温材料内部传热的主要方式是（　）。[3]（2017-1-57）

A．绝热　B．热传导　C．热对流　D．热辐射

【解析】参见教材《消防安全技术实务》第一篇第二章第三节建筑火灾蔓延的机理与途径。

第三章　爆炸基础知识

本章由宋瑞明解析

爆炸极限

1．下列初始条件中，可使甲烷爆炸极限范围变窄的是（　）。[4]（2017-1-65）

A．注入氮气　B．提高温度　C．增大压力　D．增大点火能量

【解析】参见教材《消防安全技术实务》第一篇第三章第二节爆炸极限。除助燃物条件外，对于同种可燃气体，其爆炸极限还受以下几方面影响：

（1）火源能量的影响。引燃混气的火源能量越大，可燃混气的爆炸极限范围越宽，爆炸危险性越大。

（2）初始压力的影响。混气初始压力增加，爆炸范围增大，爆炸危险性增加。值得注意的是，干燥的一氧化碳和空气的混合气体，压力上升，其爆炸极限范围缩小。

---

1 答案：D

2 答案：ABDE

3 答案：B

4 答案：A

（3）初温对爆炸极限的影响。混气初温越高，混气的爆炸极限范围越宽，爆炸危险性越大。

（4）惰性气体的影响。可燃混气中加入惰性气体，会使爆炸极限范围变窄，一般上限降低，下限变化比较复杂。当加入的惰性气体超过一定量以后，任何比例的混气均不能发生爆炸。故选项A正确。

2．下列气体中，爆炸下限大于10%的是（　）。[1]（2018-1-3）

A．一氧化碳　B．丙烷　C．乙炔　D．丙烯

【解析】参见教材《消防安全技术实务》第一篇第三章第二节爆炸极限。部分可燃气体和蒸气的爆炸极限如下表所示。

部分可燃气体和蒸气的爆炸极限

物质名称	在空气中/%		在氧气中/%	
	下限	上限	下限	上限
氢气	4.0	75.0	4.7	94.0
乙炔	2.5	82.0	2.8	93.0
甲烷	5.0	15.0	5.4	60.0
乙烷	3.0	12.45	3.0	66.0
丙烷	2.1	9.5	2.3	55.0
乙烯	2.75	34.0	3.0	80.0
丙烯	2.0	11.0	2.1	53.0
氨	15.0	28.0	13.5	79.0
环丙烷	2.4	10.4	2.5	63.0
一氧化碳	12.5	74.0	15.5	94.0
乙醚	1.9	40.0	2.1	82.0
丁烷	1.5	8.5	1.8	49.0
二乙烯醚	1.7	27.0	1.85	85.5

1 答案：A

第二篇　建筑防火

第一章　厂房和仓库的火灾危险性

本章由宋瑞明解析

第一节　厂房和仓库火灾危险性分类

一、生产的火灾危险性分类

1. 某面粉加工厂的面粉碾磨车间为3层钢筋混凝土结构建筑，建筑高度为25 m，建筑面积共3 600 m^2。根据生产的火灾危险性分类标准，该面粉碾磨车间的火灾危险性类别应确定为（　）。[1]（2015-1-4）

A. 甲类　B. 乙类　C. 丙类　D. 丁类

【解析】根据《建筑设计防火规范》（GB 50016—2014）第3.1.1条条文说明可知，能与空气形成爆炸性混合物的浮游状态的粉尘、纤维、闪点≥60℃的液体雾滴（如铝粉或镁粉厂房，金属制品抛光部位，煤粉厂房、面粉厂的碾磨部位、活性炭制造及再生厂房，谷物筒仓工作塔，亚麻厂的除尘器和过滤器室）的生产火灾危险性类别应为乙类。

2. 某大型食品冷藏库独立建造一个氨制冷机房，该氨制冷机房应确定为（　）。[2]（2017-2-50）

A. 乙类厂房　B. 乙类仓库　C. 甲类厂房　D. 甲类仓库

【解析】根据《建筑设计防火规范》（GB 50016—2014）第3.1.1条条文说明可知，氨压缩机房属于乙类厂房。

3. 下列可燃液体中，火灾危险性为甲类的是（　）。[3]（2018-1-4）

A. 戊醇　B. 氯乙醇　C.异丙醇　D. 乙二醇

【解析】选项A，戊醇又称正戊醇，闪点33℃，为乙类可燃液体。《建筑设计防火规范》（GB 50016—2014）第3.1.1条指出，乙类可燃液体为闪点不小于28℃，但小于60℃的液体。

选项B，氯乙醇是一种有机溶剂，闪点60℃，氯乙醇储存的火灾危险性为丙类。但值得注意的是，根据《建筑设计防火规范》（GB 50016—2014）第3.1.1条，氯乙醇厂房的火灾危险性为甲类，是因为氯乙醇生产过程中有甲类物质产生，氯乙醇生产和储存的火灾危险性是不同的。故B选项错误。

选项C，异丙醇是一种有机化合物，闪点12℃，异丙醇的生产和储存的火灾危险性都是甲类。C选项正确。

选项D，乙二醇又名甘醇，闪点111.1℃，为丙类可燃液体；丙三醇称为甘油，闪点177℃。

---

1 答案：B
2 答案：A
3 答案：C

二、储存物品的火灾危险性分类

1．某百货仓库，储存陶瓷器具、玻璃制品、塑料玩具、自行车。该仓库的火灾危险性类别应确定为（　）。[1]（2015-1-5）

A．甲类　B．乙类　C．丙类　D．丁类

【解析】《建筑设计防火规范》（GB 50016—2014）第3.1.4条规定，同一座仓库或仓库的任一防火分区内储存不同火灾危险性物品时，仓库或防火分区的火灾危险性应按火灾危险性最大的物品确定。由第3.1.3条条文说明可知，塑料玩具为丙类。

2．下列储存物品中，属于乙类火灾危险性分类的有（　）。[2]（2016-1-81）

A．煤油　B．乙烯　C．油布　D．赤磷　E．硝酸铜

【解析】根据《建筑设计防火规范》（GB 50016—2014）第3.1.3条条文说明可知，乙烯、赤磷为甲类，煤油、油布、硝酸铜为乙类。

3．下列物品中，储存与生产火灾危险性类别不同的有（　）。[3]（2017-1-81）

A．铝粉　B．竹藤家具　C．漆布　D．桐油织布　E．谷物面粉

【解析】根据《建筑设计防火规范》（GB 50016—2014）第3.1.3条条文说明可知，铝粉生产和储存均为乙类，竹藤家具生产和储存均为丙类，漆布生产和储存均为乙类，桐油织物生产为丙类、储存为乙类，谷物面粉生产为乙类、储存为丙类。为便于记忆特汇总如下表。

生产物品中同一种物质不同形态的火灾危险性举例

序号	举　例	生产火灾危险性
1	橡胶的涂胶和胶浆部位	甲
	橡胶制品的压延、成型和硫化厂房	丙
2	异丙醇	甲
	氯丙醇厂房	乙
3	集成电路工厂的化学清洗间（使用闪点＜28℃的液体）	甲
	集成电路工厂的氧化扩散间、光刻间	丙
4	植物油加工厂的浸出车间	甲
	植物油加工厂精炼部位	丙
5	焦化厂精萘厂房	乙
	焦化厂焦油厂房	丙
6	谷物筒仓工作塔	乙
	谷物加工房	丙
7	金属制品抛光部位	乙
	金属冶炼、锻造、铆焊、热轧、铸造、热处理厂房	丁
8	印染厂成品厂房	丙
	印染厂的漂炼部位	丁
9	化纤生产的干燥部位	丙
	化纤厂后加工湿润部位	丁

1 答案：C

2 答案：ACE

3 答案：DE

4．下列储存物品中，火灾危险性类别属于甲类的有（ ）。[1]（2017-1-96）

A．樟脑油　B．石脑油　C．汽油　D．润滑油　E．煤油

【解析】根据《建筑设计防火规范》（GB 50016—2014）第 3.1.3 条条文说明可知，樟脑油为乙类，石脑油、汽油为甲类，润滑油为丙类，煤油为乙类。

第二节 厂房和仓库火灾危险性的确定

一、厂房及其防火分区火灾危险性的确定

某单层木器厂房建筑面积约为 4 500 m^2，其总平面布局和平面布置如下图所示。木器厂房周边的建筑在面向木器厂房一侧的外墙上均设有门和窗。该木器厂房采用流水线连续生产，工艺不允许设置隔墙。厂房内东侧设有建筑面积 500 m^2 的办公、休息区，采用耐火极限 2.50 h 的防火隔墙与车间分隔，防火隔墙上设有双扇弹簧门；南侧分别设有建筑面积为 150 m^2 的油漆工段（采用封闭喷漆工艺）和 50 m^2 的中间仓库，中间仓库内储存 3 昼夜喷漆生产需要量的油漆、稀释剂（甲苯和香蕉水，C=0.11），采用防火墙与其他部位分隔，油漆工段通向车间的防火墙上设有双扇弹簧门。该厂房设置了消防给水及室内消火栓系统、建筑灭火器、排烟设施和应急照明及疏散指示标志。

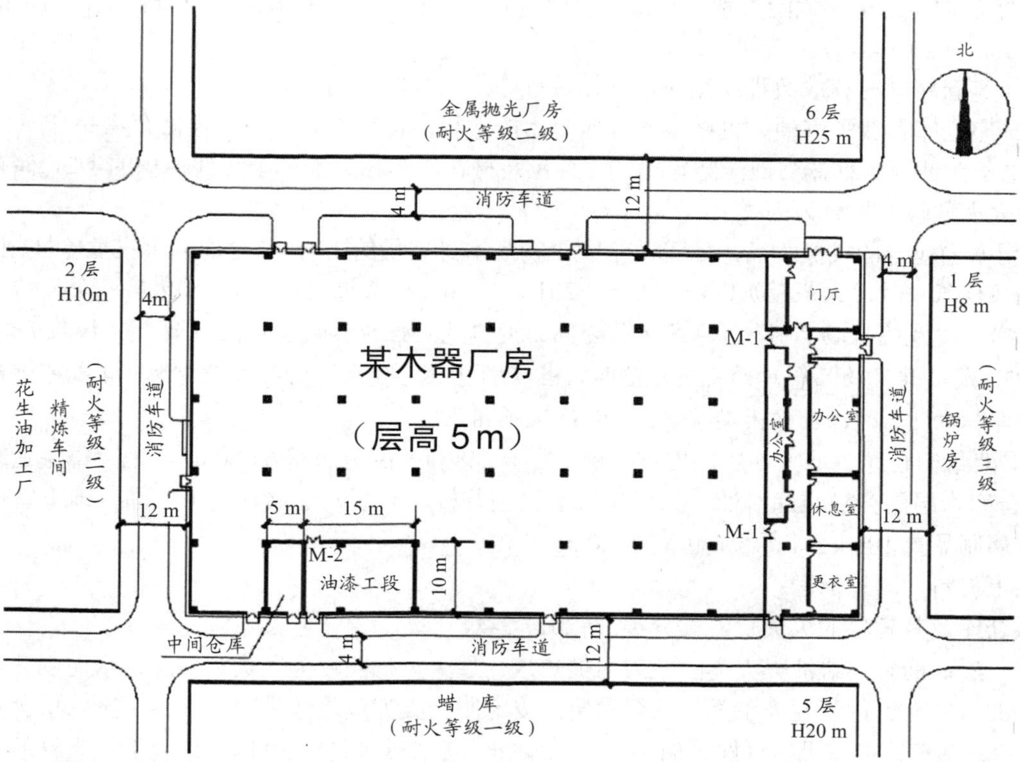

根据以上材料，回答问题：

检查防火间距、消防车道是否符合消防安全规定，提出防火间距不足时可采取的相应技术措施。（2015-3-六）

1 答案：BC

答案：要确定防火间距、消防车道是否符合消防安全规定，首先应确定各厂房、仓库的火灾危险性类别，在此题中主要介绍厂房及其防火分区火灾危险性的确定，在第二篇第四章第一节中对其有详细解答。

【解析】根据《建筑设计防火规范》（GB 50016—2014）第3.1.1条、第3.1.3条及条文说明中的生产火灾危险性分类举例可知，木器厂生产火灾危险性为丙类厂房，金属抛光厂房生产火灾危险性为乙类厂房，锅炉房生产火灾危险性为丁类，花生油加工厂精炼车间生产火灾危险性为丙类厂房，蜡库的储存物品火灾危险性类别为丙类仓库。

第3.1.2条规定："同一座厂房或厂房的任一防火分区内有不同火灾危险性生产时，厂房或防火分区内的生产火灾危险性类别应按火灾危险性较大的部分确定；当生产过程中使用或产生易燃、可燃物的量较少，不足以构成爆炸或火灾危险时，可按实际情况确定；当符合下述条件之一时，可按火灾危险性较小的部分确定：（1）火灾危险性较大的生产部分占本层或本防火分区建筑面积的比例小于5%或丁、戊类厂房内的油漆工段小于10%，且发生火灾事故时不足以蔓延至其他部位或火灾危险性较大的生产部分采取了有效的防火措施；（2）丁、戊类厂房内的油漆工段，当采用封闭喷漆工艺，封闭喷漆空间内保持负压、油漆工段设置可燃气体探测报警系统或自动抑爆系统，且油漆工段占所在防火分区建筑面积的比例不大于20%。"

二、仓库及其防火分区火灾危险性的确定

1．仓库的火灾危险性应根据储存物品的火灾危险性及其数量等因素确定，对存储场所进行防火检查时，应检查储存物品的火灾危险类别、数量和存放方式，某仓库的下列做法中不符合现行国家消防技术标准的是（　）。[1]（2016-2-67）

A．同一座仓库同时存放数种物品时，存储过程中采取分区存储

B．同一座仓库存放了汽油、机械零件、包装用的木箱，该仓库划分为甲类储存物品仓库

C．某电子元件采用纸盒与泡沫塑料包装，且包装材料的体积大于电子元件体积的1/2，储存该电子元件的仓库的火灾危险性划分为丙类

D．采用木箱包装的戊类物品，木箱重量大于物品本身重量的1/4，该仓库的火灾危险性划分为丁类

【解析】《建筑设计防火规范》（GB 50016—2014）第3.1.4条规定："同一座仓库或仓库的任一防火分区内储存不同火灾危险性物品时，仓库或防火分区的火灾危险性应按火灾危险性最大的物品确定。"第3.1.5条规定："丁、戊类储存物品仓库的火灾危险性，当可燃包装重量大于物品本身重量1/4或可燃包装体积大于物品本身体积的1/2时，应按丙类确定。"故D选项错误。

2．某框架结构仓库，地上6层，地下1层，层高3.8 m，占地面积6 000 m^2，地上每层建筑面积均为5 600 m^2。仓库一层储存桶装润滑油，二层储存水泥刨花板，三至六层储存皮毛制品，地下室储存玻璃制品，每件玻璃制品重100 kg，其木质包装重20 kg。

根据以上材料，回答问题：

确定该仓库及其各层的火灾危险性分类。（2017-3-六）

答案：一层：桶装润滑油火灾危险性为丙类，故一层火灾危险性为丙类。二层：水泥刨花板火灾危险性为丁类，故二层火灾危险性为丁类。三至六层：皮毛制品火灾危险性为丙类，故三至六层火灾危险性为丙类。地下室：储存玻璃制品，每件玻璃制品重100 kg，其木质包装重20 kg，包装重量为物品重量的1/5，故火灾危险性仍按玻璃制品确定，为戊类。仓库整体按火灾危险性较大的楼层确定，为丙类。

【解析】根据《建筑设计防火规范》（GB 50016—2014）第3.1.3条条文说明可知，桶装润滑油储存物品的火灾危险性为丙类、水泥刨花板储存物品的火灾危险性为丁类、皮毛制品储存物品的火灾危险性为丙类。

---

1 答案：D

该标准第 3.1.5 条规定："丁、戊类储存物品仓库的火灾危险性，当可燃包装重量大于物品本身重量 1/4 或可燃包装体积大于物品本身体积的 1/2 时，应按丙类确定。"

该标准第 3.1.4 条规定："同一座仓库或仓库的任一防火分区内储存不同火灾危险性物品时，仓库或防火分区的火灾危险性应按火灾危险性最大的物品确定。"

3．下列储存物品仓库中，火灾危险性为戊类的是（　）。[1]（2018-1-5）

A．陶瓷制品仓库（制品可燃包装与物品本身重量比为 1：3）

B．玻璃制品仓库（制品可燃包装与制品本身体积比为 3：5）

C．水泥刨花板制品仓库（制品无可燃包装）

D．硅酸铝纤维制品仓库（制品无可燃包装）

【解析】根据《建筑设计防火规范》（GB 50016—2014）第 3.1.5 条：丁、戊类储存物品仓库的火灾危险性，当可燃包装重量大于物品本身重量 1/4 或可燃包装体积大于物品本身体积的 1/2 时，应按丙类确定。

选项 A、B，火灾危险性为丙类，故 A、B 错误。

选项 C，水泥刨花板属于丁类，故 C 错误。

选项 D，硅酸铝纤维属于戊类，故 D 正确。

第二章　厂房和仓库的耐火等级

本章由宋瑞明解析

第一节　厂房和仓库建筑构件的燃烧性能和耐火极限

一、厂房建筑构件的燃烧性能和耐火极限

1．某二级耐火等级的单层家具生产厂房，屋顶承重构件为钢结构，当采用防火涂料对该屋顶承重构件进行防火保护时，其耐火极限不应小于（　）h。[2]（2015-1-48）

A．0.50　B．1.00　C．1.50　D．2.00

【解析】参见《建筑设计防火规范》（GB 50016—2014）第 3.2.1 条表 3.2.1。

表 3.2.1　不同耐火等级厂房和仓库建筑构件的燃烧性能和耐火极限　单位：h

构件名称		耐火等级			
		一级	二级	三级	四级
墙	防火墙	不燃性 3.00	不燃性 3.00	不燃性 3.00	不燃性 3.00
	承重墙	不燃性 3.00	不燃性 2.50	不燃性 2.00	难燃性 0.50
	楼梯间、前室和电梯井的墙	不燃性 2.00	不燃性 2.00	不燃性 1.50	难燃性 0.50
	疏散走道两侧的隔墙	不燃性 1.00	不燃性 1.00	不燃性 0.50	难燃性 0.25
	非承重外墙、房间隔墙	不燃性 0.75	不燃性 0.50	难燃性 0.50	难燃性 0.25
柱		不燃性 3.00	不燃性 2.50	不燃性 2.00	难燃性 0.50
梁		不燃性 2.00	不燃性 1.50	不燃性 1.00	难燃性 0.50
楼板		不燃性 1.50	不燃性 1.00	不燃性 0.75	难燃性 0.50

1 答案：D

2 答案：B

构件名称	耐火等级			
	一级	二级	三级	四级
屋顶承重构件	不燃性 1.50	不燃性 1.00	难燃性 0.50	可燃性
疏散楼梯	不燃性 1.50	不燃性 1.00	不燃性 0.75	可燃性
吊顶（包括吊顶搁栅）	不燃性 0.25	难燃性 0.25	难燃性 0.15	可燃性

由此可知，钢结构构件在没有进行任何防火保护的情况下，其耐火极限较低，当采用防火涂料对构件进行防火保护时，其耐火极限应大于等于上表中不同耐火等级建筑相应构件的耐火极限值。二级耐火等级屋顶承重构件不燃性为 1.00 h，故 B 选项为正确答案。

2．某厂房的房间隔墙采用金属夹芯板，根据现行国家标准《建筑设计防火规范》（GB 50016—2014），该金属夹芯板芯材的燃烧性能等级最低应为（　）。[1]（2018-1-6）

A．A 级　　B．B1 级　　C．B2 级　　D．B3 级

【解析】《建筑设计防火规范》（GB 50016—2014）第 3.2.17 条规定："建筑中的非承重外墙、房间隔墙和屋面板，当确需采用金属夹芯板材时，其芯材应为不燃材料，且耐火极限应符合本规范有关规定。"

当采用金属夹芯板材时，要注意以下几点：

（1）建筑中的防火墙、承重墙、楼梯间的墙、疏散走道隔墙、电梯井的墙以及楼板等构件，不能采用金属夹芯板材。

（2）对于非承重外墙、房间隔墙，当建筑的耐火等级为一、二级时，其燃烧性能为不燃，且耐火极限分别为不低于 0.75 h 和 0.50 h，因此也不宜采用金属夹芯板材。当确需采用时，夹芯材料应为 A 级，且要符合本规范对相应构件的耐火极限要求；当建筑的耐火等级为三、四级时，金属夹芯板材的芯材也要 A 级，并符合本规范对相应构件的耐火极限要求。

（3）对于屋面板，当确需采用金属夹芯板材时，其夹芯材料的燃烧性能等级也要为 A 级；对于上人屋面板，由于夹芯板材受其自身构造和承载力的限制，无法达到相应耐火极限要求，因此，此类屋面也不能采用金属夹芯板材。

3．钢筋混凝土框架结构的印刷厂房，长和宽为 75 m。地上 2 层，地下建筑面积 2 000 m^2，地下一层长边为 75 m，厂房屋面采用不燃材料，其他建筑构件的燃烧性能和耐火极限见下表。

建筑构件的燃烧性能和耐火极限

构件名称	防火墙、柱、承重墙	梁、楼梯间的墙	楼板、屋顶承重构件、疏散楼梯	疏散走道两侧隔墙	非承重外墙、房间隔墙	吊顶
燃烧性能 耐火极限/h	不燃性 3.00	不燃性 2.00	不燃性 1.50	不燃性 1.00	不燃性 0.75	不燃性 0.25

该厂房地下一层布置了燃煤锅炉房、消防泵房、消防水池和建筑面积 400 m^2 的变配电室及建筑面积为 600 m^2 的纸张仓库。地上层为印刷车间，在二层车间中心部位布置一个中间仓库，储存不超过 1 昼夜需要量的水性油墨、溶剂型油墨和甲苯、二甲苯、醇、醚等有机溶剂。

根据以上材料，回答下列问题：

判断该厂房的耐火等级，确定厂房内二层中间仓库、地下纸张仓库、锅炉房、变配电室和该印刷厂的火灾危险性。（2018-3-六）

答案：厂房耐火等级：根据题干给出的构件燃烧性能和耐火极限，该建筑耐火等级为一级。

---

1 答案：A

火灾危险性的确定：（1）厂房二层的中间仓库火灾危险性为甲类。（2）地下纸张仓库的火灾危险性为丙类。（3）锅炉房的火灾危险性为丁类。（4）变配电室的火灾危险性为丙类。（5）印刷厂的火灾危险性为丙类。

【解析】《建筑设计防火规范》（GB 50016—2014）第 3.2.1 条表 3.2.1 如下。

表 3.2.1　不同耐火等级厂房和仓库建筑构件的燃烧性能和耐火极限

单位：h

构件名称		耐火等级			
		一级	二级	三级	四级
墙	防火墙	不燃性 3.00	不燃性 3.00	不燃性 3.00	不燃性 3.00
	承重墙	不燃性 3.00	不燃性 2.50	不燃性 2.00	难燃性 0.50
	楼梯间和前室的墙 电梯井的墙	不燃性 2.00	不燃性 2.00	不燃性 1.50	难燃性 0.50
墙	疏散走道两侧的隔墙	不燃性 1.00	不燃性 1.00	不燃性 0.50	难燃性 0.25
	非承重外墙、房间隔墙	不燃性 0.75	不燃性 0.50	难燃性 0.50	难燃性 0.25
柱		不燃性 3.00	不燃性 2.50	不燃性 2.00	难燃性 0.50
梁		不燃性 2.00	不燃性 1.50	不燃性 1.00	难燃性 0.50
楼板		不燃性 1.50	不燃性 1.00	不燃性 0.75	难燃性 0.50
屋顶承重构件		不燃性 1.50	不燃性 1.00	难燃性 0.50	可燃性
疏散楼梯		不燃性 1.50	不燃性 1.00	不燃性 0.75	可燃性
吊顶（包括吊顶搁栅）		不燃性 0.25	难燃性 0.25	难燃性 0.15	可燃性

根据《建筑设计防火规范》（GB 50016—2014）第 3.1.1 条条文说明确定各个部位的火灾危险性。值得注意的是，中间仓库还必须满足《建筑设计防火规范》（GB 50016—2014）第 3.3.6 条厂房内设置中间仓库时应符合的相关规定要求，其厂房火灾危险性的确定不受中间仓库火灾危险性的影响。

二、仓库建筑构件的燃烧性能和耐火极限

1．某多层丙类仓库采用预应力钢筋混凝土楼板，耐火极限 0.85 h；钢结构屋顶承重构件采用防火涂料保护，耐火极限为 0.90 h；吊顶采用轻钢龙骨石膏板，耐火极限 0.15 h；外墙采用难燃性墙体，耐火极限为 0.50 h；仓库内设有自动喷水灭火系统。该仓库的下列结构中，不满足二级耐火等级建筑要求的是（　）。[1]（2017-2-10）

A．预应力混凝土楼板　　B．钢结构屋顶承重构件

C．轻钢龙骨石膏板吊顶　　D．难燃性外墙

【解析】《建筑设计防火规范》（GB 50016—2014）第 3.2.14 条规定："二级耐火等级多层厂房和多层仓库内采用预应力钢筋混凝土的楼板，其耐火极限不应低于 0.75 h。"故 A 选项满足要求。

根据该标准第 3.2.1 条表 3.2.1 不同耐火等级厂房和仓库建筑构件的燃烧性能和耐火极限（h），二级耐火等级建筑屋顶承重构件耐火极限不应低于 1.00 h。故 B 选项不能满足要求。

该标准第 3.2.1 条表 3.2.1 注规定："二级耐火等级建筑内采用不燃材料的吊顶，其耐火极限不限。"故 C 选项满足要求。

本标准第 3.2.12 条规定："除甲、乙类仓库和高层仓库外，一、二级耐火等级建筑的非承重外墙，当采用不燃性墙体时，其耐火极限不应低于 0.25 h；当采用难燃性墙体时，不应低于 0.50 h。"故 D 选项满足要求。

2．某框架结构仓库，地上 6 层，地下 1 层，层高 3.8 m，占地面积 6 000 m^2，地上每层建筑面积均为 5 600 m^2。仓库各建筑构件均为不燃性构件，其耐火极限见下表。

1 答案：B

构件名称	防火墙	承重墙、柱	楼梯间、电梯井的墙	梁	疏散走道两侧的隔墙、楼板、上人屋面板、屋顶承重构件、疏散楼梯	非承重外墙
耐火极限/h	4.00	2.50	2.00	1.50	1.00	0.25

仓库一层储存桶装润滑油，二层储存水泥刨花板，三至六层储存皮毛制品，地下室储存玻璃制品，每件玻璃制品重 100 kg，其木质包装重 20 kg。

根据以上材料，回答问题：

判断该仓库的耐火等级。(2017-3-六)

答案：该仓库耐火等级为二级。

【解析】根据《建筑设计防火规范》(GB 50016—2014)第 3.2.1 条对于不同耐火等级仓库相应建筑构件的燃烧性能和耐火极限的相关要求，该仓库耐火等级为二级。第 3.2.12 条规定："除甲、乙类仓库和高层仓库外，一、二级耐火等级建筑的非承重外墙，当采用不燃性墙体时，其耐火极限不应低于 0.25 h。"

第二节　厂房和仓库建筑耐火等级的选择

厂房耐火等级的选择

1．某独立建造且建造面积为 260 m² 的甲类单层厂房，其耐火等级最低可采用（　）。[1]（2016-1-5）

A．一级　B．二级　C．三级　D．四级

【解析】《建筑设计防火规范》(GB 50016—2014)第 3.2.2 条规定："高层厂房，甲、乙类厂房的耐火等级不应低于二级，建筑面积不大于 300 m² 的独立甲、乙类单层厂房可采用三级耐火等级的建筑。"

2．对工业建筑进行防火检查时，应注意检查工业建筑的火灾危险性、耐火等级和建筑面积，在检查的下列工业建筑中，可以采用三级耐火等级的是（　）。[2]（2016-2-20）

A．建筑面积为 1 500 m² 的金属冶炼车间

B．建筑面积为 350 m² 氨压缩机房

C．蒸发量为 7 t/h 的燃煤锅炉房

D．独立建造的建筑面积为 280 m² 的单层制氨车间

【解析】《建筑设计防火规范》(GB 50016—2014)第 3.2.3 条规定："单、多层丙类厂房和多层丁、戊类厂房的耐火等级不应低于三级。使用或产生丙类液体的厂房和有火花、赤热表面、明火的丁类厂房，其耐火等级均不应低于二级，当为建筑面积不大于 500 m² 的单层丙类厂房或建筑面积不大于 1 000 m² 的单层丁类厂房时，可采用三级耐火等级的建筑。"故 A 选项不正确。

第 3.2.2 条规定："高层厂房，甲、乙类厂房的耐火等级不应低于二级，建筑面积不大于 300 m² 的独立甲、乙类单层厂房可采用三级耐火等级的建筑。"故 B 选项不正确，D 选项为正确答案。

第 3.2.5 条规定："锅炉房的耐火等级不应低于二级，当为燃煤锅炉房且锅炉的总蒸发量不大于 4 t/h 时，可采用三级耐火等级的建筑。"故 C 选项不正确。

3．某砖混结构甲醇合成厂房，屋顶承重构件采用耐火极限 0.50 h 的难燃性材料，厂内地下 1 层、地上 2 层（局部 3 层）建筑高度 22 m，长度和宽度均为 40 m。指出该厂房在火灾危险性和耐火等级方面存在的消防安全问题，并提出解决方案。(2016-3-六)

答案：(1) 甲醇合成厂房火灾危险性为甲类，甲类厂房的耐火极限不应低于二级（单层独立建造且建筑面积少于 300 m² 的甲类厂房可采用三级耐火等级），二级耐火等级除吊顶为难燃外其他构件均为不燃性构件，

1 答案：C

2 答案：D

该厂房屋顶承重构件采用难燃性材料，不符合规范的规定，应采用耐火极限不低于 1.00 h 的不燃性构件。

【解析】根据《建筑设计防火规范》（GB 50016—2014）第 3.1.1 条及条文说明可知，甲醇合成厂房的生产火灾危险性为甲类。第 3.2.2 条规定："高层厂房，甲、乙类厂房的耐火等级不应低于二级，建筑面积不大于 300 m^2 的独立甲、乙类单层厂房可采用三级耐火等级的建筑。"根据第 3.2.1 条规定，二级耐火等级厂房屋顶承重构件的耐火极限不应低于 1.00 h，且燃烧性能应为不燃性。

第三章　厂房和仓库的层数、面积和平面布置

本章由宋瑞明解析

第一节　厂房和仓库的防火分区

一、厂房防火分区和允许层数

生产厂房在划分防火分区时，确定防火分区建筑面积的主要因素有（　）。[1]（2015-1-89）

A．生产的火灾危险性类别　　B．厂房内火灾自动报警系统设置情况

C．厂房的层数和建筑高度　　D．厂房的耐火等级

E．特殊生产工艺需要和灭火技术措施

【解析】根据《建筑设计防火规范》（GB 50016—2014）表 3.3.1 可知，影响厂房防火分区建筑面积的因素有生产的火灾危险性类别、厂房的耐火等级、厂房的层数和建筑的高度、地下或半地下厂房。

二、仓库的层数与面积

1．某单层白酒仓库，占地面积 900 m^2。库房内未进行防火分隔，未设置自动灭火和火灾自动报警设施，储存陶坛装酒精度为 38°及以上的白酒。防火检查时提出的下列防火分区的处理措施中，正确的是（　）。[2]（2017-2-78）

A．将该仓库作为一个防火分区，同时设置自动灭火系统和火灾自动报警系统

B．将该仓库用耐火极限为 4.00 h 的防火墙平均分成 4 个防火分区，并设置火灾自动报警系统

C．将该仓库用耐火极限为 3.00 h 且满足耐火完整性和耐火隔热性判定条件的防火卷帘划分为 5 个防火分区，最大防火分区面积不超过 200 m^2

D．将该仓库用耐火极限为 4.00 h 的防火墙平均分成 2 个防火分区，并设置火灾自动灭火系统

【解析】根据《建筑设计防火规范》（GB 50016—2014）第 3.1.3 条条文说明可知，白酒仓库火灾危险性为甲类 1 项，甲类 1 项单层仓库每个防火分区的最大允许建筑面积为 250 m^2；第 3.3.2 条注 1，仓库内的防火分区之间必须采用防火墙分隔，甲、乙类仓库内防火分区之间的防火墙不应开设门、窗、洞口；第 3.3.3 条规定："仓库内设置自动灭火系统时，除冷库的防火分区外，每座仓库的最大允许占地面积和每个防火分区的最大允许建筑面积可按本规范第 3.3.2 条的规定增加 1.0 倍。"

甲类 1 项防火分区面积为 250 m^2，设自动喷水灭火系统后增加一倍可以达到 500 m^2，A 选项防火分区为 900 m^2，故错误。

---

1 答案：ACDE

2 答案：D

B选项平均划分为4个防火分区，则每个防火分区面积为900 m^2 ÷ 4=225 m^2 < 250 m^2，但酒精制品按规范应设自动灭火系统（严重危险Ⅰ级），B选项未设自动喷水灭火系统，故错误。

仓库内的防火分区之间必须采用防火墙分隔，故C选项错误。

D选项平均划分为2个防火分区，则每个防火分区面积为900 m^2 ÷ 2 = 450 m^2 < 500 m^2，故D选项正确。

2. 某框架结构仓库，地上6层，地下1层，层高3.8，占地面积6 000 m^2，地上每层建筑面积均为5 600 m^2。仓库一层储存桶装润滑油，二层储存水泥刨花板，三至六层储存皮毛制品，地下室储存玻璃制品，每件玻璃制品重100 kg，其木质包装重20 kg。

该仓库地下室建筑面积为1 000 m^2。一层内靠西侧外墙设置建筑面积为300 m^2的办公室、休息室和员工宿舍，这些房间与库房之间设置一条走道，且直通室外，走道与库房之间采用防火隔墙和楼板分隔，其耐火极限分别为2.50 h和1.00 h。走道仓库的门采用双向弹簧门。

仓库内的每个防火分区分别设置2个安全出口，两个安全出口之间距离12 m。疏散楼梯采用封闭楼梯间，通向疏散走道和楼梯间的门采用能阻挡烟气侵入的双向门。该建筑的消防设施和其他事项符合国家消防标准要求。

根据以上材料，回答问题：

（1）指出该仓库在层数、面积和平面布置中存在的不符合国家标准的问题，并指出解决方法。（2017-3-六）

答案：（1）关于层数：该仓库地上共6层，不合理。该建筑火灾危险性为丙类，耐火等级为二级，丙类1项最多允许层数为5层，丙类2项最多允许层数不限，按严格计，最多允许层数为5层。（2）关于面积：该仓库占地面积6 000 m^2，不合理。二级耐火等级的丙类2项物品仓库，最多占地面积不应超过4 800 m^2，二级耐火等级的丙类1项物品仓库，最大占地面积不应超过2 800 m^2，按严格考虑，该仓库整体占地面积不应超过2 800 m^2，设自动喷水灭火系统时，不应大于5 600 m^2，故该仓库占地面积6 000 m^2不合理。（3）关于平面布置：仓库内设置员工宿舍，不合理。员工宿舍严禁设置在仓库内。

【解析】根据《建筑设计防火规范》（GB 50016—2014）第3.3.2条关于仓库的层数和面积的相关要求见下表。

储存物品的火灾危险性类别		仓库的耐火等级	最多允许层数	每座仓库的最大允许占地面积和每个防火分区的最大允许建筑面积/ m^2						
				单层仓库		多层仓库		高层仓库		地下或半地下仓库（包括地下或半地下室）
				每座仓库	防火分区	每座仓库	防火分区	每座仓库	防火分区	防火分区
甲	3、4项	一级	1	180	60	—	—	—	—	—
	1、2、5、6项	一、二级	1	750	250	—	—	—	—	—
乙	1、3、4项	一、二级	3	2 000	500	900	300	—	—	—
		三级	1	500	250	—	—	—	—	—
	2、5、6项	一、二级	5	2 800	700	1 500	500	—	—	—
		三级	1	900	300	—	—	—	—	—
丙	1项（液）	一、二级	5	4 000	1 000	2 800	700	—	—	150
		三级	1	1 200	400	—	—	—	—	—
	2项（固）	一、二级	不限	6 000	1 500	4 800	1 200	4 000	1 000	300
		三级	3	2 100	700	1 200	400	—	—	—
丁		一、二级	不限	不限	3 000	不限	1 500	4 800	1 200	500
		三级	3	3 000	1 000	1 500	500	—	—	—
		四级	1	2 100	700	—	—	—	—	—
戊		一、二级	不限	不限	不限	不限	2 000	6 000	1 500	1 000
		三级	3	3 000	1 000	2 100	700	—	—	—
		四级	1	2 100	700	—	—	—	—	—

第 3.3.9 条规定，员工宿舍严禁设置在仓库内。

（2）该仓库各层至少应划分几个防火分区？（2017-3-六）

答案：该仓库为二级耐火等级，每座占地面积大于 1 500 m^2 或总建筑面积大于 3 000 m^2 的其他单层或多层丙类物品仓库应设置自动喷水灭火系统。地上一层桶装润滑油火灾危险性为丙类，一层每个防火分区的最大允许建筑面积不超过 700 m^2（设自喷翻 1 倍），划分 4 个防火分区（地上每层建筑面积均为 5 600 m^2，5 600÷1 400=4）；二层火灾危险性为丁类，每个防火分区的最大允许建筑面积为 1 500 m^2（设自喷翻 1 倍），划分 2 个防火分区（5 600÷3 000≈2）。三至六层：皮毛制品火灾危险性为丙类，故三至六层火灾危险性为丙类 2 项，每个防火分区的最大允许建筑面积不超过 1 200 m^2，每层划分 3 个防火分区（5 600÷2 400≈3）。地下室火灾危险性为戊类，每个防火分区的最大允许建筑面积不超过 1 000 m^2，该仓库地下室建筑面积为 1 000 m^2，划分 1 个防火分区。

【解析】根据《建筑设计防火规范》（GB 50016—2014）第 3.3.2 条关于仓库的层数和面积的相关要求可知。

（3）拟在地下室东侧设置一个 25 m^2 的甲醛桶装仓库，甲醛仓库与其他部位之间用耐火极限不低于 4.00 h 的防爆墙分隔，防爆墙上设置防爆门，并设置一部通室外的疏散楼梯，这种做法是否可行？此时，该地下室的火灾危险性应分为哪一类？

答案：此做法不可行，甲醛仓库火灾危险性为甲类，甲类仓库不应设置在地下或半地下。地下室若设置甲醛仓库，则其火灾危险性为甲类。

【解析】《建筑设计防火规范》（GB 50016—2014）第 3.1.4 条规定：“同一座仓库或仓库的任一防火分区内储存不同火灾危险性物品时，仓库或防火分区的火灾危险性应按火灾危险性最大的物品确定。”

根据第 3.1.2 条规定，同一座厂房或厂房的任一防火分区内有不同火灾危险性生产时，厂房或防火分区内的生产火灾危险性类别应按火灾危险性较大的部分确定；当生产过程中使用或产生易燃、可燃物的量较少，不足以构成爆炸或火灾危险时，可按实际情况确定；当火灾危险性较大的生产部分占本层或本防火分区建筑面积的比例小于 5%时，可按火灾危险性较小的部分确定。

注意该建筑为仓库而非厂房，故不适用“防火分区面积小于 5%，按危险性较小的计”的说法。根据第 3.3.2 条可知，甲类仓库不应设置在地下或半地下。

3．某耐火等级为一级的单层赛璐珞棉仓库占地面积 360 m^2，未设置防火分隔和自动消防设施。对该仓库提出的下列整改措施中正确的是（　）。[1]（2018-2-73）

A．将该仓库作为一个防火分区，增设自动喷水灭火系统和火灾自动报警系统

B．将该仓库用耐火极限为 4.00 h 的防火墙平均划分为 4 个防火分区，并增设火灾自动报警系统

C．将该仓库用耐火极限为 4.00 h 的防火墙平均划分为 3 个防火分区，并增设自动喷水灭火系统

D．将该仓库用耐火极限为 4.00 h 的防火墙平均划分为 6 个防火分区

【解析】根据《建筑设计防火规范》（GB 50016—2014）第 3.1.3 条条文说明，赛璐珞棉仓库的火灾危险性为甲类 3 项。

第 3.3.2 条，除本规范另有规定外，仓库的层数和面积应符合下表的规定：

储存物品的火灾危险性类别		仓库的耐火等级	最多允许层数	每座仓库的最大允许占地面积和每个防火分区的最大允许建筑面积/m^2						
				单层仓库		多层仓库		高层仓库		地下或半地下仓库（包括地下或半地下室）
				每座仓库	防火分区	每座仓库	防火分区	每座仓库	防火分区	防火分区
甲	3、4 项	一级	1	180	60	—	—	—	—	—
	1、2、5、6 项	一、二级	1	750	250	—	—	—	—	—

注：仓库内的防火分区之间必须采用防火墙分隔，甲、乙类仓库内防火分区之间的防火墙不应开设门、窗、洞口。

1 答案：C

第3.2.9条，甲、乙类厂房和甲、乙、丙类仓库内的防火墙，其耐火极限不应低于4.00 h。

第3.3.3条，仓库内设置自动灭火系统时，除冷库的防火分区外，每座仓库的最大允许占地面积和每个防火分区的最大允许建筑面积可按《建筑设计防火规范》（GB 50016—2014）第3.3.2条的规定增加1.0倍。

第8.3.7条，建筑面积大于60 m^2或储存量大于2 t的硝化棉、喷漆棉、火胶棉、赛璐珞胶片、硝化纤维的仓库应设置雨淋自动喷水灭火系统。

第8.4.1条，设置机械排烟、防烟系统、雨淋或预作用自动喷水灭火系统、固定消防水炮灭火系统、气体灭火系统等需与火灾自动报警系统联锁动作的场所或部位应设置火灾自动报警系统。

选项A，增设自动喷水灭火系统，防火分区至少划分3个，每个不大于120 m^2。故A错误。

选项B，防火分区至少划分6个，每个不大于60 m^2。故B错误。

选项C，增设自动喷水灭火系统，防火分区至少划分3个，每个不大于120 m^2，未设火灾自动报警系统，增设自动喷水灭火系统为传动管启动的雨淋系统。故C正确。

选项D，甲类3项仓库的最大占地面积为180 m^2，题目中给出的占地面积为360 m^2，所以该仓库必须增设自动喷水灭火雨淋系统，占地面积才能符合要求。故D错误。

三、综合运用

下列防火分隔措施的检查结果中，不符合现行国家消防技术标准的有（ ）。[1]（2017-2-94）

A．铝合金轮毂抛光厂房采用3.00 h耐火极限的防火墙划分防火分区

B．电石仓库采用3.00 h耐火极限的防火墙划分防火分区

C．高层宾馆防火墙两侧的窗采用乙级防火窗，窗洞之间最近边缘的水平距离为1.0 m

D．烟草成品库采用3.00 h耐火极限的防火墙划分防火分区

E．通风机房开向建筑内的门采用甲级防火门，消防控制室开向建筑内的门采用乙级防火门

【解析】根据《建筑设计防火规范》（GB 50016—2014）第3.1.1条条文说明可知，铝合金轮毂抛光厂房为乙类。第3.3.2条注1规定：“仓库内的防火分区之间必须采用防火墙分隔，甲、乙类仓库内防火分区之间的防火墙不应开设门、窗、洞口。”第3.2.9条规定：“甲、乙类厂房和甲、乙、丙类仓库内的防火墙，其耐火极限不应低于4.00 h。”A选项错误。

根据第3.1.3条条文说明可知，电石仓库为甲类。第3.2.9条规定：“甲、乙类厂房和甲、乙、丙类仓库内的防火墙，其耐火极限不应低于4.00 h。”B选项错误。

根据第6.1.3条可知，防火墙两侧的窗采用乙级防火窗，窗洞之间的水平距离不限。C选项正确。

第3.2.9条规定：“甲、乙类厂房和甲、乙、丙类仓库内的防火墙，其耐火极限不应低于4.00 h。”烟草成品库为丙类，丙类库房应用耐火极限不低于4.00 h的防火墙划分防火分区。D选项错误。

第6.2.7条规定：“通风、空气调节机房和变配电室开向建筑内的门应采用甲级防火门，消防控制室和其他设备房开向建筑内的门应采用乙级防火门。”E选项正确。

第二节 厂房和仓库的平面布置

一、厂房的平面布置

1．某食用油加工厂，拟新建一单层大豆油浸出车间厂房，其耐火等级为一级，车间需设置与生产配

1 答案：ABD

套的浸出溶剂中间仓库、分配控制、办公室和专用 10 kV 变电所。对该厂房进行总平面布局和平面布置时，正确的措施有（ ）。[1]（2015-1-100）

A．车间专用 10 kV 变电所贴邻厂房建造，并用无门、窗、洞口的防火墙与厂房分隔

B．中间仓库在厂房内靠外墙布置，并用防火墙与其他部分分隔

C．分控制室贴邻厂房外墙设置，并采用耐火极限为 4.00 h 的防火墙与厂房分隔

D．厂房平面采用矩形布置

E．办公室设置在厂房内，并与其他区域之间设耐火极限为 2.00 h 的隔墙分隔

【解析】根据《建筑设计防火规范》（GB 50016—2014）第 3.1.1 条可知，大豆油浸出车间厂房属于甲类厂房。

第 3.3.8 条规定，变、配电站不应设置在甲、乙类厂房内或贴邻，且不应设置在爆炸性气体、粉尘环境的危险区域内。供甲、乙类厂房专用的 10 kV 及以下的变、配电站，当采用无门、窗、洞口的防火墙分隔时，可一面贴邻，并应符合现行国家标准《爆炸危险环境电力装置设计规范》（GB 50058）等标准的规定。A 选项正确。

第 3.3.6 条规定，甲、乙类厂房内设置的中间仓库应靠外墙布置，其储量不宜超过 1 昼夜的需要量；甲、乙、丙类中间仓库应采用防火墙和耐火极限不低于 1.50 h 的不燃性楼板与其他部位分隔。B 选项正确。

第 3.6.9 条规定，有爆炸危险的甲、乙类厂房的分控制室宜独立设置，当贴邻外墙设置时，应采用耐火极限不低于 3.00 h 的防火隔墙与其他部位分隔。C 选项正确。

根据教材《消防安全技术实务》第二篇第八章第二节爆炸危险性厂房、库房的布置可知，有爆炸危险的厂房平面布置最好采用矩形，与主导风向应垂直或夹角不小于 45°。D 选项正确。

《建筑设计防火规范》（GB 50016—2014）第 3.3.5 条规定，办公室、休息室等不应设置在甲、乙类厂房内，确需贴邻本厂房时，其耐火等级不应低于二级，并应采用耐火极限不低于 3.00 h 的防爆墙与厂房分隔，且应设置独立的安全出口。E 选项错误。

2．某丙类火灾危险性厂房，地上 4 层，耐火等级为二级，建筑高度 22.5 m，建筑面积 25 000 m^2，在第 4 层靠外墙部位设置成品喷漆工段，建筑面积 120 m^2。下列做法中，符合规定的是（ ）。[2]（2015-2-32）

A．将厂房一层原 150 m^2 的办公区改建为 3 间员工宿舍，并采用防火墙与其他部位分隔

B．在厂房二层新增 4 间办公室，该办公区采用耐火极限 2.50 h 的防火隔墙和 1.00 h 的楼板与其他部分分隔，并通过相邻车间的封闭楼梯间疏散

C．丙类润滑油中间储蓄罐容量为 4.7 m^3，设置在厂房一层的单独房间内，该房间采用防火墙和耐火极限不低于 1.50 h 的楼板与其他部位分隔

D．在厂房四层设置中间仓库，储存喷漆工段 1 昼夜生产所需的油漆，该仓库采用耐火极限为 2.50 h 的防火隔墙和 1.50 h 的楼板与其他部位分隔

【解析】《建筑设计防火规范》（GB 50016—2014）第 3.3.5 条规定："员工宿舍严禁设置在厂房内。"A 选项错误。

第 3.3.5 条规定："办公室、休息室设置在丙类厂房内时，应采用耐火极限不低于 2.50 h 的防火隔墙和 1.00 h 的楼板与其他部位分隔，并应至少设置 1 个独立的安全出口"。B 选项是通过相邻车间的封闭楼梯间进行疏散，故 B 选项错误。

第 3.3.7 条规定："厂房内的丙类液体中间储罐应设置在单独房间内，其容量不应大于 5 m^3。设置中间

1 答案：ABCD

2 答案：C

储罐的房间，应采用耐火极限不低于 3.00 h 的防火隔墙和 1.50 h 的楼板与其他部位分隔，房间门应采用甲级防火门。”C 选项正确。

第 3.3.6 条规定：“厂房内设置中间仓库时，应符合下列规定：（1）甲、乙类中间仓库应靠外墙布置，其储量不宜超过 1 昼夜的需要量；（2）甲、乙、丙类中间仓库应采用防火墙和耐火极限不低于 1.50 h 的不燃性楼板与其他部位分隔。”D 选项中间仓库存储油漆，油漆的火灾危险性属于甲类，故应采用防火墙和耐火极限不低于 1.5 h 的不燃性楼板与其他部位分隔。D 选项错误。

3．对厂房、仓库进行防火检查时，应核查厂房、仓库的平面布置情况，某家具城的下列做法中，不符合规范要求的是（　）。[1]（2016-2-6）

A．厂房内设置员工宿舍，采用防火墙和甲级防火门与生产车间分隔，并设置独立出口

B．厂房内设置办公室，并采用耐火极限为 2.50 h 的防火隔墙与生产车间分隔

C．厂房内设置办公室，连同生产车间的门采用乙级防火门

D．靠外墙设置放油漆的中间仓库，采用防火墙与生产区分隔，且设置通室外的出口

【解析】《建筑设计防火规范》（GB 50016—2014）第 3.3.5 条，员工宿舍严禁设置在厂房内。办公室、休息室等不应设置在甲、乙类厂房内，确需贴邻本厂房时，其耐火等级不应低于二级，并应采用耐火极限不低于 3.00 h 的防爆墙与厂房分隔，且应设置独立的安全出口。办公室、休息室设置在丙类厂房内时，应采用耐火极限不低于 2.50 h 的防火隔墙和 1.00 h 的楼板与其他部位分隔，并应至少设置 1 个独立的安全出口。如隔墙上需开设相互连通的门时，应采用乙级防火门。

题干中“家具城”是有歧义的，并没有限定是属于哪一类型，如用于家具售卖则属于公共建筑，家具储存属于仓库，家具生产加工属于厂房。

4．在对某化工厂的电解食盐车间进行防火检查时，查阅资料得知，该车间耐火等级为一级。该车间的下列做法中，不符合现行国家消防技术标准的是（　）。[2]（2017-2-42）

A．丙类中间仓库设置在该车间的地上二层

B．该车间生产线贯通地下一层到地上三层

C．丙类中间仓库与其他部位的分隔墙为耐火极限 3.00 h 的防火墙

D．丙类中间仓库无独立的安全出口

【解析】根据《建筑设计防火规范》（GB 50016—2014）第 3.1.1 条条文说明可知，电解食盐车间火灾危险性为甲类。第 3.3.4 条规定：“甲、乙类生产场所（仓库）不应设置在地下半地下。”故选项 B 错误。A、C、D 选项，见第 3.3.6 条，均正确。

5．某单层木器厂房采用流水线连续生产，工艺不允许设置隔墙。厂房内东侧设有建筑面积 500 m^2 的办公、休息区，采用耐火极限 2.50 h 的防火隔墙与车间分隔，防火隔墙上设有双扇弹簧门；南侧分别设有建筑面积为 150 m^2 的油漆工段（采用封闭喷漆工艺）和 50 m^2 的中间仓库，中间仓库内储存 3 昼夜喷漆生产需要量的油漆、稀释剂（甲苯和香蕉水，C=0.11），采用防火墙与其他部位分隔，油漆工段通向车间的防火墙上设有双扇弹簧门；该厂房设置了消防给水及室内消火栓系统、建筑灭火器、排烟设施和应急照明及疏散指示标志。

根据以上材料，回答问题：

简析厂房平面布置和油漆工段存在的消防安全问题，并提出整改意见。（2015-3-六）

答案：（1）存在问题：办公室、休息室设置在丙类厂房内，设双扇弹簧门，无独立的安全出口。整改

1 答案：A

2 答案：B

意见：应至少设置 1 个独立的安全出口，采用乙级防火门取代双扇弹簧。

（2）存在问题：油漆工段通向车间的防火墙上设有双扇弹簧门。整改意见：有爆炸危险的油漆工段与相邻区域连通处应设置门斗等防护措施。门斗的隔墙应为耐火极限不低于 2.00 h 的防火隔墙，门应采用甲级防火门。

（3）存在问题：中间仓库内储存三昼夜喷漆生产需要量的油漆、稀释剂。整改意见：储量不宜超过 1 昼夜的需要量。

【解析】《建筑设计防火规范》（GB 50016—2014）第 3.3.5 条规定："员工宿舍严禁设置在厂房内。办公室、休息室等不应设置在甲、乙类厂房内，确需贴邻本厂房时，其耐火等级不应低于二级，并应采用耐火极限不低于 3.00 h 的防爆墙与厂房分隔，且应设置独立的安全出口。办公室、休息室设置在丙类厂房内时，应采用耐火极限不低于 2.50 h 的防火隔墙和 1.00 h 的楼板与其他部位分隔，并应至少设置 1 个独立的安全出口。如隔墙上需开设相互连通的门时，应采用乙级防火门。"

第 3.6.10 条规定："有爆炸危险区域内的楼梯间、室外楼梯或有爆炸危险的区域与相邻区域连通处，应设置门斗等防护措施。门斗的隔墙应为耐火极限不应低于 2.00 h 的防火隔墙，门应采用甲级防火门并应与楼梯间的门错位设置。"

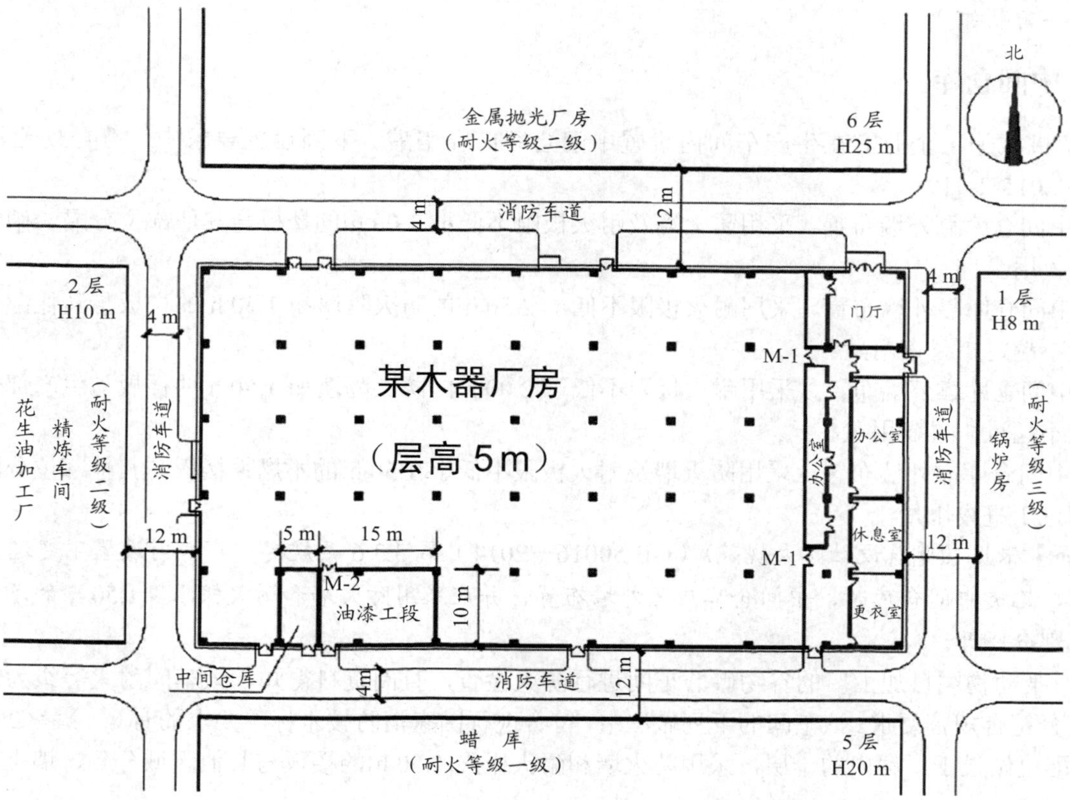

6．某砖混结构甲醇合成厂房，厂内地下 1 层、地上 2 层（局部 3 层），建筑高度为 40 m。厂房内一层布置了变、配电站，办公室和休息室，这些场所之间及与其他部位之间均设置了耐火极限不低于 4.00 h 的防火墙。变、配电室与生产部位之间的防火墙上设置了镶嵌固定窗扇的防火玻璃观察窗。办公室和休息室与生产部位之间开设甲级防火门。顶层局部厂房临时改为员工宿舍，员工宿舍与生产部位之间为耐火极限不低于 4.00 h 的防火墙，并设置了两部专用的防烟楼梯间。

根据以上材料，回答问题：

指出该厂房在层数、建筑面积和平面布置方面存在的消防安全问题，并提出解决方案。（2016-3-六）

答案：（1）甲类厂房不允许设置地下室，应取消地下室；（2）甲类厂房宜设置为单层，本题为二层，局部为三层，宜改为单层；（3）甲类厂房内不应设置变、配电站，供该厂房专用的 10kV 以下专用变配电站采用无门、窗、洞口的防火墙时可与厂房一面贴邻。故该厂房内的变配电站应迁出厂房，若为专用 10kV 以下变配电站，可按上述要求贴邻，否则不应贴邻；（4）甲类厂房内不应设置办公室、休息室，确需贴邻时，办公室、休息室耐火等级不应低于二级，且采用耐火极限不低于 3.00 h 的防爆墙与厂房分隔，且应设置独立的安全出口；（5）甲类厂房内严禁设置员工宿舍，应将该员工宿舍迁移到其他建筑。

【解析】《建筑设计防火规范》（GB 50016—2014）第 3.3.1 条规定，甲类厂房宜采用单层。

第 3.3.4 条规定："甲、乙类生产场所（仓库）不应设置在地下或半地下。"

第 3.3.5 条规定："员工宿舍严禁设置在厂房内。办公室、休息室等不应设置在甲、乙类厂房内，确需贴邻本厂房时，其耐火等级不应低于二级，并应采用耐火极限不低于 3.00 h 的防爆墙与厂房分隔，且应设置独立的安全出口。"

第 3.3.8 条规定："变、配电站不应设置在甲、乙类厂房内或贴邻，且不应设置在爆炸性气体、粉尘环境的危险区域内。供甲、乙类厂房专用的 10 kV 及以下的变、配电站，当采用无门、窗、洞口的防火墙分隔时，可一面贴邻。"

二、中间仓库

1．某机械加工企业需在生产车间内设置中间仓库储存硝酸。下列设置要求中，符合规范规定的是（　）。[1]（2015-2-41）

A．中间仓库靠外墙布置，采用防火墙及耐火极限不低于 1.00 h 的楼板与其他部位分隔，硝酸储量不超过 1 昼夜用量

B．中间仓库靠外墙布置，采用耐火极限不低于 2.50 h 的防火隔墙和 1.50 h 的楼板与其他部位分隔，硝酸储量不超过 1 昼夜用量

C．中间仓库靠外墙布置，采用耐火极限不低于 2.00 h 的防火隔墙和 1.50 h 的楼板与生产部位分隔，硝酸储量不超过 1 昼夜用量

D．中间仓库靠外墙布置，采用防火墙及耐火极限不低于 1.50 h 的不燃性楼板与其他部位分隔，硝酸储量不超过 1 昼夜用量

【解析】根据《建筑设计防火规范》（GB 50016—2014）第 3.3.6 条规定，厂房内设置不超过 1 昼夜需要量的甲、乙类中间仓库时，中间仓库应靠外墙布置，并应采用防火墙和耐火极限≥1.50 h 的不燃烧体楼板与其他部分隔开。

2．对某动物饲料加工厂的谷物碾磨车间进行防火检查，查阅资料得知，该车间耐火等级为一级，防火分区划分符合规范要求。该车间的下列做法中，符合现行国家消防技术标准要求的有（　）。[2]（2017-2-84）

A．配电站设于厂房内的一层，采用防火墙和耐火极限 1.50 h 的楼板与其他区域分隔，墙上的门为甲级防火门

B．位于厂房三层的运行调度监控室采用防火墙和耐火极限 1.50 h 的楼板与其他部分分隔，且设有独立使用的防烟楼梯间

C．车间办公室贴邻厂房外墙设置，采用耐火极限 4.00 h 的防火墙与厂房分隔，并设有独立的安全出口

D．设置在一层的产品临时存放仓库单独划分防火分区

---

1 答案：D

2 答案：DE

E. 位于二层的饲料添加剂仓库（丙类）采用防火墙和耐火极限为 1.50 h 的楼板与其他部分分隔，墙上的门为甲级防火门

【解析】由《建筑设计防火规范》（GB 50016—2014）第 3.1.1 条条文说明可知，该谷物碾磨车间火灾危险性为乙类。第 3.3.8 条规定："变、配电站不应设置在甲、乙类厂房内或贴邻，且不应设置在爆炸性气体、粉尘环境的危险区域内。供甲、乙类厂房专用的 10 kV 及以下的变、配电站，当采用无门、窗、洞口的防火墙分隔时，可一面贴邻，并应符合现行国家标准《爆炸危险环境电力装置设计规范》（GB 50058）等标准的规定。"故 A 选项错误。

第 3.6.9 条规定："有爆炸危险的甲、乙类厂房的分控制室宜独立设置，当贴邻外墙设置时，应采用耐火极限不低于 3.00 h 的防火隔墙与其他部位分隔。"故 B 选项错误。

第 3.3.5 条规定："办公室、休息室等不应设置在甲、乙类厂房内，确需贴邻本厂房时，其耐火等级不应低于二级，并应采用耐火极限不低于 3.00 h 的防爆墙与厂房分隔，且应设置独立的安全出口。"故 C 选项错误。

第 3.3.6 条规定："厂房内设置中间仓库时，应符合下列规定：（1）甲、乙类中间仓库应靠外墙布置，其储量不宜超过 1 昼夜的需要量；（2）甲、乙、丙类中间仓库应采用防火墙和耐火极限不低于 1.50 h 的不燃性楼板与其他部位分隔。"D、E 选项均正确。

3. 某单层木器厂房，厂房内东侧设有建筑面积 500 m^2 的办公、休息区；南侧分别设有建筑面积为 150 m^2 的油漆工段（采用封闭喷漆工艺）和 50 m^2 的中间仓库，中间仓库内储存 3 昼夜喷漆生产需要量的油漆、稀释剂（甲苯和香蕉水，C=0.11），采用防火墙与其他部位分隔，油漆工段通向车间的防火墙上设有双扇弹簧门；该厂房设置了消防给水及室内消火栓系统、建筑灭火器、排烟设施和应急照明及疏散指示标志。

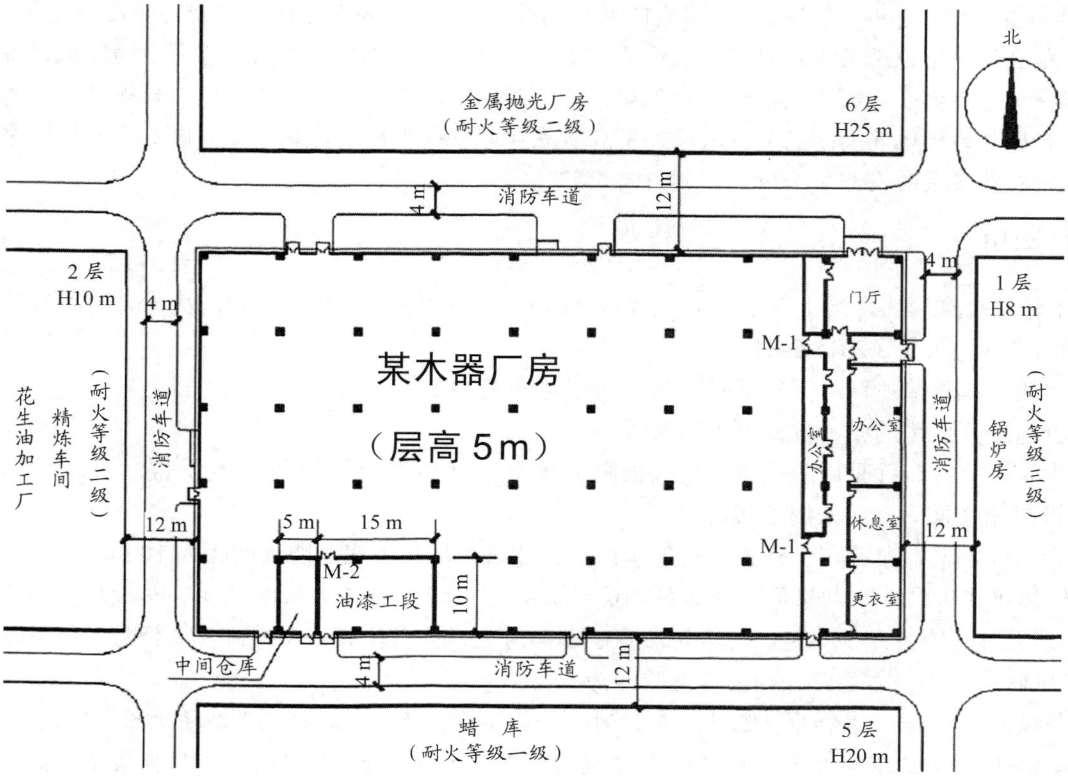

根据以上材料，回答问题：

中间仓库存在哪些消防安全问题？应采取哪些防火防爆技术措施？（2015-3-六）

答案：（1）该中间仓库为甲类仓库，耐火等级不应低于二级。（2）中间仓库储存油漆、稀释剂较多，

超过1昼夜的量，火灾危险性太大，应减少储存量。（3）液体储罐应设置防止液体流散的设施。（4）甲类中间仓库的建筑面积不应超过相应的甲类仓库每个防火分区允许的建筑面积。（5）仓库防爆措施。散发较空气重的可燃气体、可燃蒸气的甲类厂房应采用不发火花的地面；采用绝缘材料作整体面层时，应采取防静电措施；厂房内不宜设置地沟，确需设置时，其盖板应严密，地沟应采取防止可燃气体、可燃蒸气和粉尘、纤维在地沟积聚的有效措施，且应在与相邻厂房连通处采用防火材料密封；空气中含有易燃、易爆危险物质的房间，其送、排风系统应采用防爆型的通风设备。当送风机布置在单独分隔的通风机房内且送风干管上设置防止回流设施时，可采用普通型的通风设备；排风系统应设置导除静电的接地装置；排风设备不应布置在地下或半地下建筑（室）内；排风管应采用金属管道，并应直接通向室外安全地点，不应暗设。

【解析】参见《建筑设计防火规范》（GB 50016—2014）第3.3.2条表3.3.2仓库的层数和面积。

第3.3.6条规定："厂房内设置中间仓库时，应符合下列规定：（1）甲、乙类中间仓库应靠外墙布置，其储量不宜超过1昼夜的需要量；（2）甲、乙、丙类中间仓库应采用防火墙和耐火极限不低于1.50 h的不燃性楼板与其他部位分隔；（3）丁、戊类中间仓库应采用耐火极限不低于2.00 h的防火隔墙和1.00 h的楼板与其他部位分隔；（4）仓库的耐火等级和面积应符合本规范第3.3.2条和第3.3.3条的规定。"

第3.6.6条规定："散发较空气重的可燃气体、可燃蒸气的甲类厂房和有粉尘、纤维爆炸危险的乙类厂房，应符合下列规定：（1）应采用不发火花的地面。采用绝缘材料作整体面层时，应采取防静电措施。（2）散发可燃粉尘、纤维的厂房，其内表面应平整、光滑，并易于清扫。（3）厂房内不宜设置地沟，确需设置时，其盖板应严密，地沟应采取防止可燃气体、可燃蒸气和粉尘、纤维在地沟积聚的有效措施，且应在与相邻厂房连通处采用防火材料密封。"

第9.3.4条规定："空气中含有易燃、易爆危险物质的房间，其送、排风系统应采用防爆型的通风设备。当送风机布置在单独分隔的通风机房内且送风干管上设置防止回流设施时，可采用普通型的通风设备。"

第9.3.9条规定："排除有燃烧或爆炸危险气体、蒸气和粉尘的排风系统，应符合下列规定：（1）排风系统应设置导除静电的接地装置；（2）排风设备不应布置在地下或半地下建筑（室）内；（3）排风管应采用金属管道，并应直接通向室外安全地点，不应暗设。"

三、综合运用

1．某汽车轮碾打磨厂房，地上2层，建筑高度12 m，建筑面积5 600 m^2。在防火检查时获取的下列信息中，正确的是（　）。[1]（2015-2-84）

A．屋顶钢承重构件涂刷防火涂料保护，耐火极限达到1.00 h

B．除尘管道避开厂房的梁、柱，沿外墙布置

C．一层设置办公室，并采用防火墙和耐火极限不低于1.50 h的楼板与其他部位分隔

D．厂房设封闭楼梯间，并采用乙级防火门

E．排风除尘设备集中布置在室外独立的建筑内，该建筑外墙与厂房的防火间距为10 m

【解析】根据《建筑设计防火规范》（GB 50016—2014）第3.1.1条条文说明可知，铝粉厂房、金属制品抛光部位生产火灾危险性属于乙类，汽车轮毂多以合金为主，合金轮毂多以铝为基本材料，打磨时会产生大量铝粉，所以汽车轮碾打磨厂房的火灾危险性为乙类。

第3.2.2条规定："高层厂房，甲、乙类厂房的耐火等级不应低于二级，建筑面积不大于300 m^2的独立甲、乙类单层厂房可采用三级耐火等级的建筑。"本题建筑面积5 600 m^2，厂房耐火等级应该是不低于二级的。由表3.2.1可知，二级耐火等级厂房的屋顶承重构件的耐火极限不应低于1.00 h。A选项正确。

---

1 答案：ABDE

第 3.6.7 条规定："有爆炸危险的甲、乙类生产部位，宜布置在单层厂房靠外墙的泄压设施或多层厂房顶层靠外墙的泄压设施附近。有爆炸危险的设备宜避开厂房的梁、柱等主要承重构件布置。"B 选项正确。

第 3.3.5 条规定："办公室、休息室等不应设置在甲、乙类厂房内，确需贴邻本厂房时，其耐火等级不应低于二级，并应采用耐火极限不低于 3.00 h 的防爆墙与厂房分隔，且应设置独立的安全出口。"C 选项错误。

第 3.7.6 条规定："高层厂房和甲、乙、丙类多层厂房的疏散楼梯应采用封闭楼梯间或室外楼梯。建筑高度大于 32 m 且任一层人数超过 10 人的厂房，应采用防烟楼梯间或室外楼梯。"根据第 6.4.2 条，甲、乙类厂房封闭楼梯间的门应采用乙级防火门。D 选项正确。

第 9.3.7 条规定："净化有爆炸危险粉尘的干式除尘器和过滤器宜布置在厂房外的独立建筑内，建筑外墙与所属厂房的防火间距不应小于 10 m。"E 选项正确。

2．钢筋混凝土框架结构的印刷厂房，长和宽为 75 m。地上 2 层，地下建筑面积 2 000 m^2，地下一层长边为 75 m，厂房屋面采用不燃材料，其他建筑构件的燃烧性能和耐火极限见下表。

建筑构件的燃烧性能和耐火极限

构件名称	防火墙、柱、承重墙	梁、楼梯间的墙	楼板、屋顶承重构件、疏散楼梯	疏散走道两侧隔墙	非承重外墙、房间隔墙	吊顶
燃烧性能，耐火极限/h	不燃性 3.00	不燃性 2.00	不燃性 1.50	不燃性 1.00	不燃性 0.75	不燃性 0.25

该厂房地下一层布置了燃煤锅炉房、消防泵房、消防水池和建筑面积 400 m^2 的变配电室及建筑面积为 600 m^2 的纸张仓库。地上层为印刷车间，在二层车间中心部位布置一个中间仓库，储存不超过 1 昼夜需要量的水性油墨、溶剂型油墨和甲苯、二甲苯、醇、醚等有机溶剂。

中间仓库用防火墙和甲级防火门与其他部位分隔，建筑面积为 280 m^2。

根据以上材料，回答下列问题：

（1）指出该厂房平面布置和防火分隔构件中存在的不符合现行国家消防标准规范的问题，并给出解决方法。（2018-3-六）

答案：（1）问题：在二层车间中心部位布置一个中间仓库。解决方法：甲、乙类中间仓库重新设置在靠近外墙处。（2）问题：甲类中间建筑面积为 280 m^2。解决方法：缩小该中间仓库的建筑面积，使其不大于 250 m^2。（3）问题：房间隔墙为不燃性 0.75 h。解决方法：消防水泵房、锅炉房、变压器室等与其他部位之间应采用耐火极限不低于 2.00 h 的防火隔墙分隔。

【解析】根据《建筑设计防火规范》（GB 50016—2014）第 3.3.6 条，厂房内设置中间仓库时，应符合下列规定：（1）甲、乙类中间仓库应靠外墙布置，其储量不宜超过 1 昼夜的需要量；（2）甲、乙、丙类中间仓库应采用防火墙和耐火极限不低于 1.50 h 的不燃性楼板与其他部位分隔；（3）丁、戊类中间仓库应采用耐火极限不低于 2.00 h 的防火隔墙和 1.00 h 的楼板与其他部位分隔；（4）仓库的耐火等级和面积应符合本规范第 3.3.2 条和第 3.3.3 条的规定。

第 3.3.2 条，除本规范另有规定外，仓库的层数和面积应符合下表的规定：

储存物品的火灾危险性类别		仓库的耐火等级	最多允许层数	每座仓库的最大允许占地面积和每个防火分区的最大允许建筑面积/m^2						
				单层仓库		多层仓库		高层仓库		地下或半地下仓库（包括地下或半地下室）
				每座仓库	防火分区	每座仓库	防火分区	每座仓库	防火分区	防火分区
甲	3、4 项	一级	1	180	60	—	—	—	—	—
	1、2、5、6 项	一、二级	1	750	250	—	—	—	—	—

第 6.2.7 条，附设在建筑内的消防控制室、灭火设备室、消防水泵房和通风空气调节机房、变配电室等，应采用耐火极限不低于 2.00 h 的防火隔墙和 1.50 h 的楼板与其他部位分隔。

第 5.4.12-3 条，锅炉房、变压器室等与其他部位之间应采用耐火极限不低于 2.00 h 的防火隔墙和 1.50 h 的不燃性楼板分隔。在隔墙和楼板上不应开设洞口，确需在隔墙上设置门、窗时，应采用甲级防火门、窗。

（2）该厂房各层分别应至少划分几个防火分区？（2018-3-六）

答案：地下：丙类厂房地下室每个防火分区最大允许建筑面积为 500 m^2，设置自动喷水灭火系统后可增加一倍，为 1 000 m^2。该厂房地下室总建筑面积 2 000 m^2，故应至少设置两个防火分区。

地上：多层丙类厂房地上部分防火分区最大允许建筑面积为 6 000 m^2，而该厂房地上部分每层建筑面积均为 5 625 m^2，因此地上部分每层可设置为一个防火分区。

【解析】根据《建筑设计防火规范》（GB 50016—2014）第 3.3.1 条，厂房的层数和每个防火分区的最大允许建筑面积应符合下表。

生产的火灾危险性类别	厂房的耐火等级	最多允许层数	每个防火分区的最大允许建筑面积/m^2			
			单层厂房	多层厂房	高层厂房	地下或半地下厂房（包括地下或半地下室）
甲	一级 二级	宜采用单层	4 000 3 000	3 000 2 000	— —	— —
乙	一级 二级	不限 6	5 000 4 000	4 000 3 000	2 000 1 500	— —
丙	一级 二级 三级	不限 不限 2	不限 8 000 3 000	6 000 4 000 2 000	3 000 2 000 —	500 500 —
丁	一、二级 三级 四级	不限 3 1	不限 4 000 1 000	不限 2 000 —	4 000 — —	1 000 — —
戊	一、二级 三级 四级	不限 3 1	不限 5 000 1 500	不限 3 000 —	6 000 — —	1 000 — —

注：厂房内设置自动灭火系统时，每个防火分区的最大允许建筑面积可按上表的规定增加 1.0 倍。当丁、戊类的地上厂房内设置自动灭火系统时，每个防火分区的最大允许建筑面积不限。厂房内局部设置自动灭火系统时，其防火分区的增加面积可按该局部面积的 1.0 倍计算。

第四章　厂房和仓库的防火间距

本章由宋瑞明解析

一、厂房的防火间距

1. 某工厂有一座建筑高度为 21 m 的丙类生产厂房，耐火等级为二级，现要在旁边新建一座建筑耐火等级为二级、建筑高度为 15 m、屋顶耐火极限不低于 1.00 h 且屋面无天窗的丁类生产厂房。如该丁类生产厂房与丙类厂房相邻一侧的外墙采用无任何开口的防火墙，则两座厂房之间的防火间距不应小于（　）。[1]（2015-1-58）

A. 10　　B. 3.5　　C. 4　　D. 6

【解析】《建筑设计防火规范》（GB 50016—2014）第 3.4.1 条注 3 规定："两座一、二级耐火等级的厂房，当相邻较低一面外墙为防火墙且较低一座厂房的屋顶无天窗，屋顶的耐火极限不低于 1.00 h，或相邻

1 答案：C

较高一面外墙的门、窗等开口部位设置甲级防火门、窗或防火分隔水幕或按本规范第 6.5.3 条的规定设置防火卷帘时，甲、乙类厂房之间的防火间距不应小于 6 m；丙、丁、戊类厂房之间的防火间距不应小于 4 m。”

2．某工厂的一座大豆油浸出厂房，其周边布置有二级耐火等级的多个建筑以及储油罐，下列关于该浸出厂房与周边建（构）筑物防火间距的做法中，正确的有（　）。[1]（2016-1-95）

A．与大豆预处理厂房（建筑高度 27 m）的防火间距 12 m

B．与燃煤锅炉房（建筑高度 7.5 m）的防火间距 25 m

C．与豆粕脱溶烘干厂房（建筑高度 15 m）的防火间距 10 m

D．与油脂精炼厂房（建筑高度 21 m）的防火间距 12 m

E．与溶剂油储罐（钢质，容量 20 m^3）的防火间距 15 m

【解析】根据《建筑设计防火规范》（GB 50016—2014）第 3.1.1 条条文说明可知，大豆油浸出厂房火灾危险性类别为甲类，大豆预处理厂房火灾危险性类别为丙类，燃煤锅炉房火灾危险性类别为丁类，豆粕脱溶烘干厂房火灾危险性类别为丁类，油脂精炼厂房火灾危险性类别为丙类，溶剂油储罐为甲类液体储罐。

大豆油浸出厂房火灾危险性类别为甲类，大豆预处理厂房火灾危险性类别为丙类高层，都是一、二级耐火等级，根据第 3.4.1 条，防火间距不应小于 13 m。A 选项错误。

大豆油浸出厂房火灾危险性类别为甲类，与燃煤锅炉房火灾危险性类别为丁类，但根据第 3.4.2 条，甲类厂房与明火使用地点的锅炉房的防火间距不应小于 30 m。B 选项错误。

大豆油浸出厂房火灾危险性类别为甲类，豆粕脱溶烘干厂房火灾危险性类别为丁类，豆粕脱溶烘干厂房题设中没有说明耐火等级，根据第 3.4.1 条，甲类厂房与其他厂房之间的防火间距最小是 12 m。C 选项错误。

大豆油浸出厂房火灾危险性类别为甲类，油脂精炼厂房火灾危险性类别为丙类，根据第 3.4.1 条，防火间距不应小于 12 m。D 选项正确。

第 4.2.1 条，甲、乙、丙类液体储罐（区）和乙、丙类液体桶装堆场与其他建筑的防火间距，不应小于下表的规定。

类别	一个罐区或堆场的总容量 V	建筑物				室外变、配电站
		一、二级		三级	四级	
		高层民用建筑	裙房、其他建筑			
甲、乙类液体储罐（区）	$1\ m^3 \leqslant V < 50\ m^3$	40	12	15	20	30
	$50\ m^3 \leqslant V < 200\ m^3$	50	15	20	25	35
	$200\ m^3 \leqslant V < 1\,000\ m^3$	60	20	25	30	40
	$1\,000\ m^3 \leqslant V < 5\,000\ m^3$	70	25	30	40	50
丙类液体储罐（区）	$5\ m^3 \leqslant V < 250\ m^3$	40	12	15	20	24
	$250\ m^3 \leqslant V < 1\,000\ m^3$	50	15	20	25	28
	$1\,000\ m^3 \leqslant V < 5\,000\ m^3$	60	20	25	30	32
	$5\,000\ m^3 \leqslant V < 25\,000\ m^3$	70	25	30	40	40

查表溶剂油储罐与浸出厂房不应小于 12 m 的防火间距，故 E 选项正确。

3．某砖混结构甲醇合成厂房，屋顶承重构件采用耐火极限 0.5 h 的难燃性材料，厂内地下 1 层、地上 2 层（局部 3 层），建筑高度 22 m，长度和宽度均为 40 m。厂房东侧外墙水平距离 25 m 处有一间二级耐火等级的燃煤锅炉房（建筑高度 7 m），南侧外墙水平距离 25 m 处有一座二级耐火等级的多层厂房办公楼（建

1 答案：DE

筑高度 16 m），西侧 12 m 处有一座丙类仓库（建筑高度 6 m，二级耐火等级），北侧设置两座单罐容量为 300 m^3 甲醇储罐，储罐与厂房之间的防火间距为 25 m，储罐四周设置防火堤。防火堤外侧基脚线水平距离厂房北侧外墙 7 m。厂房和防火堤四周设置宽度不小于 4 m 的环形消防车道。

根据以上材料，回答问题：

指出该厂房在总平面布局方面存在的消防安全问题，并提出解决方案。（2016-3-六）

答案：存在的消防安全问题：（1）甲醇厂房与锅炉房的防火间距不满足要求，应不小于 30 m，本题为 25 m，不符合规范要求；（2）储罐防火堤外侧基脚线距离厂房外墙不应小于 10 m，本题为 7 m，不符合规范要求。

解决方案：（1）甲醇厂房与锅炉房的防火间距应不小于 30 m；（2）储罐防火堤外侧基脚线距离厂房外墙不应小于 10 m。

【解析】《建筑设计防火规范》（GB 50016—2014）第 3.4.2 条规定："甲类厂房与重要公共建筑的防火间距不应小于 50 m，与明火或散发火花地点的防火间距不应小于 30 m。"燃煤锅炉房属于使用明火地点。根据第 3.2.5 条可知，锅炉房属于使用明火的丁类厂房。

第 4.2.1 条注 2 规定："储罐防火堤外侧基脚线至相邻建筑的距离不应小于 10 m。"

根据第 4.2.1 条，一、二级耐火等级多层甲类厂房与总容量为 600 m^3 甲醇（甲类）储罐区之间的防火间距不应小于 20 m。

根据第 3.4.1 条，一、二级耐火等级多层甲类厂房与二级耐火等级的多层厂房办公楼之间的防火间距不应小于 25 m；一、二级耐火等级多层甲类厂房与二级耐火等级的单、多层丙类仓库之间的防火间距不应小于 12 m。

二、综合运用

1. 某单层木器厂房建筑面积约为 4 500 m^2，其总平面布局和平面布置如下图所示：

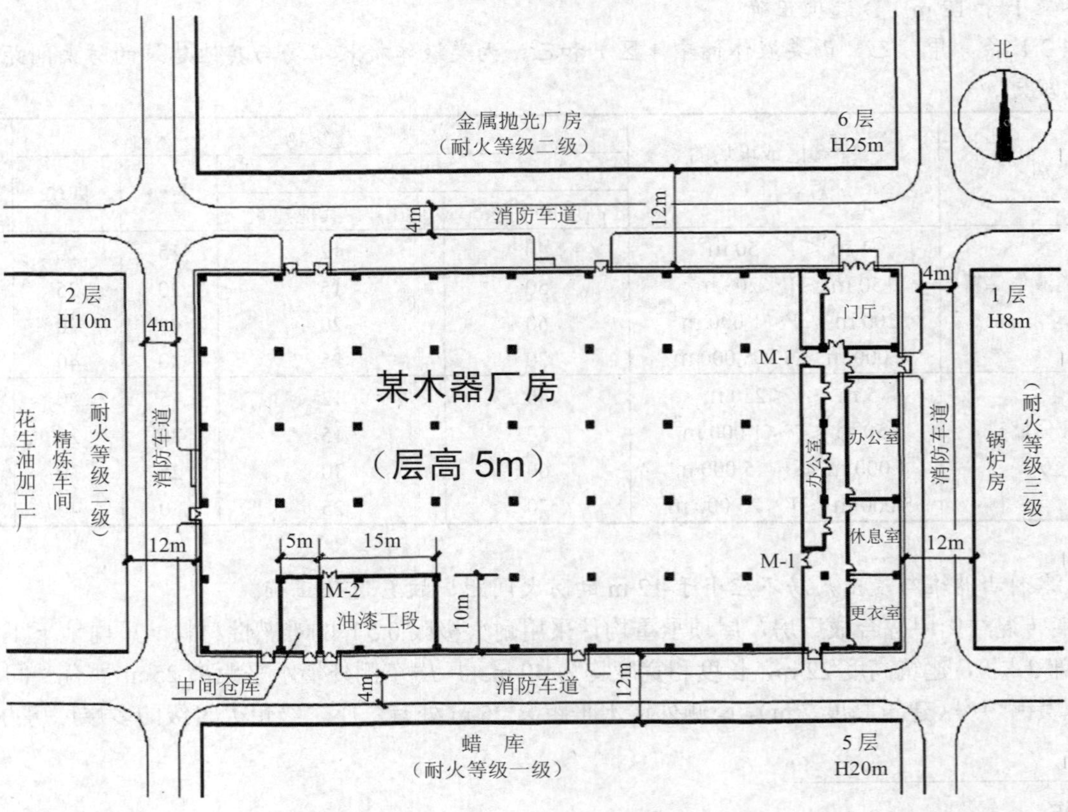

根据以上材料，回答问题：

检查防火间距、消防车道是否符合消防安全规定，提出防火间距不足时可采取的相应技术措施。（2015-3-六）

答案：（1）防火间距不符合消防安全规定。木器厂为丙类厂房，金属抛光厂房为乙类厂房，木器厂与金属抛光厂房的防火间距不应小于 15 m；锅炉房为丁类，木器厂房与锅炉房的防火间距不应小于 14 m。

（2）规范要求大于 3 000 m^2 的丙类厂房应设环形消防车道，车道的净宽不应小于 4.0 m。本案中，设置了环形车道，净宽为 4.0 m，符合消防安全规定。

（3）防火间距不足时可采取的技术措施有：①改变建筑物的生产和使用性质，尽量降低建筑的火灾危险性，改变房屋的部分耐火性能，提高建筑物的耐火等级。②调整生产厂房的部分工艺流程，限制库房内存储物品的数量，提高部分构件的耐火极限和燃烧性能。③将建筑物的普通外墙改造为防火墙或者减少相邻的开口面积，如开设门窗应采用防火门窗或加防火水幕保护。④拆除部分耐火等级低、占地面积小、使用价值低且与新建筑物相邻的原有陈旧建筑物。⑤设置独立的室外防火墙。

【解析】根据《建筑设计防火规范》（GB 50016—2014）第 3.1.1 条、第 3.1.3 条及条文说明中的生产火灾危险性分类举例可知，木器厂为丙类厂房，金属抛光厂房为乙类厂房，锅炉房为丁类，花生油加工厂精炼车间为丙类厂房，蜡库的储存物品火灾危险性类别为丙类仓库。

第 3.1.2 条规定："同一座厂房或厂房的任一防火分区内有不同火灾危险性生产时，厂房或防火分区内的生产火灾危险性类别应按火灾危险性较大的部分确定；当生产过程中使用或产生易燃、可燃物的量较少，不足以构成爆炸或火灾危险时，可按实际情况确定；当符合下述条件之一时，可按火灾危险性较小的部分确定：（1）火灾危险性较大的生产部分占本层或本防火分区建筑面积的比例小于 5%或丁、戊类厂房内的油漆工段小于 10%，且发生火灾事故时不足以蔓延至其他部位或火灾危险性较大的生产部分采取了有效的防火措施；（2）丁、戊类厂房内的油漆工段，当采用封闭喷漆工艺，封闭喷漆空间内保持负压，油漆工段设置可燃气体探测报警系统或自动抑爆系统，且油漆工段占所在防火分区建筑面积的比例不大于 20%。"

参见第 3.2.1 条厂房和仓库的不同耐火等级相应建筑构件的燃烧性能和耐火极限要求。

参见第 3.4.1 条厂房之间及与乙、丙、丁、戊类仓库、民用建筑等的防火间距要求。

第 7.1.3 条规定："工厂、仓库区内应设置消防车道。高层厂房，占地面积大于 3 000 m^2 的甲、乙、丙类厂房和占地面积大于 1 500 m^2 的乙、丙类仓库，应设置环形消防车道，确有困难时，应沿建筑物的两个长边设置消防车道。"

参见第 7.1.8 条消防车道技术要求。

《消防安全技术实务》第二篇第四章第二节建筑防火间距。

2. 下列关于建筑的总平面布局中，错误的是（ ）。[1]（2016-1-66）

A. 桶装乙醇仓库与相邻高层仓库的防火间距为 15 m

B. 电解食盐水厂房与相邻多层厂区办公楼的防火间距为 27 m

C. 发生炉煤气净化车间的总控制室与车间贴邻，并采用钢筋混凝土防爆墙分隔

D. 空分厂房专用 10kV 变配电站采用设置甲级防火窗的防火墙与空分厂房一面贴邻

【解析】根据《建筑设计防火规范》（GB 50016—2014）第 3.1.1 条、第 3.1.3 条条文说明可知，桶装乙醇仓库火灾危险性类别为甲类，电解食盐水厂房火灾危险性类别为甲类，发生炉煤气净化车间火灾危险性类别为乙类，空分厂房火灾危险性类别为乙类。

1 答案：C

根据第3.4.1条，防火间距不应小于13 m。A选项正确。

根据第3.4.1条，防火间距不应小于25 m。B选项正确。

根据第3.6.8条，有爆炸危险的甲、乙类厂房的总控制室应独立设置。C选项错误。

第3.3.8条规定："变、配电站不应设置在甲、乙类厂房内或贴邻，且不应设置在爆炸性气体、粉尘环境的危险区域内。供甲、乙类厂房专用的10 kV及以下的变、配电站，当采用无门、窗、洞口的防火墙分隔时，可一面贴邻，并应符合现行国家标准《爆炸危险环境电力装置设计规范》(GB 50058)等标准的规定。乙类厂房的配电站确需在防火墙上开窗时，应采用甲级防火窗。"D选项正确。

3．下列汽车加油加气站中，不应在城市中心建设的有（　）。[1]（2016-1-82）

A．一级加油站　B．LNG加油站　C．CNG常规加气站　D．一级加气站　E．一级加油加气合建站

【解析】《建筑设计防火规范》(GB 50016—2014)第3.4.9条规定："一级汽车加油站、一级汽车加气站和一级汽车加油加气合建站不应布置在城市建成区内。"

第五章　厂房和仓库的防爆

本章由宋瑞明解析

第一节　建筑防爆的基本原则和措施

一、建筑防爆的基本原则

下列建筑防爆措施中，不属于预防性措施的是（　）。[2]（2017-1-18）

A．生产过程中尽量不用具有爆炸性危险的可燃物质　B．消除静电火花

C．设置可燃气体浓度报警装置　D．设置泄压构件

【解析】《消防安全技术实务》教材第二篇第八章第一节建筑防爆基本原则和措施。建筑防爆的措施：(1)预防性技术措施：排除能够引起爆炸的各类可燃物质；消除或控制能引起爆炸的各种火源。(2)减轻性技术措施：采取泄压措施；采用抗爆性能良好的建筑结构体系；采取合理的建筑布置。

二、防爆措施

1．某砖混结构甲醇合成厂房，屋顶承重构件采用耐火极限0.50 h的难燃性材料，厂内地下1层、地上2层（局部3层），建筑高度22 m，长度和宽度均为40 m。厂房每层外墙上有便于开启的自然排烟窗，存在爆炸危险的部位按国家标准要求设置了泄压设施。厂房地面采用水泥地面，地表面涂刷醇酸油漆，厂房与相邻厂房相连通的管、沟采取了通风措施；下水道设置了水封设施。电气设备符合《爆炸危险环境电力装置设计规范》(GB 50058—2014)规定的防爆要求。

根据以上材料，回答问题：

指出该厂房在防爆和其他方面存在的消防安全问题，并提出解决方案。（2016-3-六）

答案：(1)该甲醇合成厂房为砖混结构，不符合规范要求，甲醇合成厂房宜采用钢筋混凝土框架结构

1 答案：ADE

2 答案：D

或排架结构、钢框架结构。（2）甲醇合成厂房采用水泥地面，地表面涂刷醇酸油漆，不符合规范要求，甲醇合成厂房应采用不发火花地面。（3）甲醇合成厂房，其管、沟不应与相邻厂房的管沟相通，不符合规范要求，应进行封堵，设置隔油设施。

【解析】《建筑设计防火规范》（GB 50016—2014）第 3.6.1 条规定："有爆炸危险的甲、乙类厂房宜独立设置，并宜采用敞开或半敞开式。其承重结构宜采用钢筋混凝土或钢框架、排架结构。"

根据第 3.6.6 条，散发较空气重的可燃气体、可燃蒸气的甲类厂房应采用不发火花的地面。

第 3.6.11 条规定："使用和生产甲、乙、丙类液体的厂房，其管、沟不应与相邻厂房的管、沟相通，下水道应设置隔油设施。"

2．某金属配件加工厂的滤芯抛光车间厂房内设有一地沟，该厂房采取的下列防爆措施中，不符合要求的是（ ）。[1]（2015-1-2）

A．用盖板将车间内的地沟严密封闭

B．采用不发火花的地面

C．设置除尘设施

D．采用粗糙的防潮地板

【解析】根据《建筑设计防火规范》（GB 50016—2014）第 3.1.1 条条文说明可知，该金属抛光车间厂房属于乙类厂房。根据第 3.6.6 条，散发较空气重的可燃气体、可燃蒸气的甲类厂房以及有粉尘、纤维爆炸危险的乙类厂房，应采用不发火花的地面。采用绝缘材料作整体面层时，应采取防静电措施。散发可燃粉尘、纤维的厂房内表面应平整、光滑，并易于清扫。厂房内不宜设置地沟，确需设置时，其盖板应严密，地沟应采取防止可燃气体、可燃蒸气和粉尘、纤维在地沟积聚的有效措施，且应在与相邻厂房连通处采用防火材料密封。D 选项错误。

3．下列关于建筑防爆的基本措施中，不属于减轻性技术措施的是（ ）。[2]（2016-1-10）

A．设置防爆墙　　B．设置泄压面积　　C．采用不发火花的地面　　D．采用合理的平面布置

【解析】根据《消防安全技术实务》教材第二篇第八章第一节，建筑防爆的措施包括：（1）预防性技术措施：排除能够引起爆炸的各类可燃物质；消除或控制能引起爆炸的各种火源。（2）减轻性技术措施：采取泄压措施；采用抗爆性能良好的建筑结构体系；采取合理的建筑布置。故 C 选项不属于减轻性技术措施。

4．有爆炸危险区域内的楼梯间、室外楼梯或有爆炸危险的区域与相邻区域连通处，应设置门斗等防护措施。下列门斗的做法中，符合现行国家消防技术标准规定的是（ ）。[3]（2016-2-70）

A．门口隔墙的耐火极限为 2.00 h，门采用甲级防火门且与楼梯间门错位

B．门口隔墙的耐火极限为 1.50 h，门采用甲级防火门且与楼梯间门正对

C．门口隔墙的耐火极限为 2.00 h，门采用乙级防火门且与楼梯间门正对

D．门口隔墙的耐火极限为 2.50 h，门采用乙级防火门且与楼梯间门错位

【解析】《建筑设计防火规范》（GB 50016—2014）第 3.6.10 条规定："有爆炸危险区域内的楼梯间、室外楼梯或有爆炸危险的区域与相邻区域连通处，应设置门斗等防护措施。门斗的隔墙应为耐火极限不应低于 2.00 h 的防火隔墙，门应采用甲级防火门并应与楼梯间的门错位设置。"

5．某金属元件抛光车间的下列做法中，不符合规范要求的是（ ）。[4]（2017-2-64）

A．采用铜芯绝缘导线做配线　　B．导线的链接采用压接方式

---

1 答案：D

2 答案：C

3 答案：A

4 答案：D

C．带电部件的接地干线有两处与接地体相连　　D．电气设备按潮湿环境选用

【解析】根据教材《消防安全技术综合能力》第二篇第五章第二节电器防爆，A、B、C选项均正确；爆炸性粉尘环境防爆电器设备的选型，根据粉尘的种类，选择防尘结构或尘密结构的粉尘防爆电气设备，故D选项错误。

6．某植物油加工厂的浸出车间，地上三层，建筑高度15 m。浸出车间的设计方案中，正确的有（　）。[1]（2018-1-85）

A．车间地面采用不发火花的地面

B．浸出车间与厂房总控制室贴邻设置

C．车间管、沟采取保护措施后与相邻厂房的管、沟相通

D．浸出工段内的封闭楼梯间设置门斗

E．泄压设施采用安全玻璃

【解析】根据《建筑设计防火规范》（GB 50016—2014）第3.6.6条，散发较空气重的可燃气体、可燃蒸气的甲类厂房和有粉尘、纤维爆炸危险的乙类厂房。应符合下列规定:（1）应采用不发火花的地面。采用绝缘材料作整体面层时，应采取防静电措施。（2）散发可燃粉尘、纤维的厂房，其内表面应平整、光滑，并易于清扫。（3）厂房内不宜设置地沟，确需设置时，其盖板应严密，地沟应采取防止可燃气体、可燃蒸气和粉尘、纤维在地沟积聚的有效措施，且应在与相邻厂房连通处采用防火材料密封。故A正确。

第3.6.8条，有爆炸危险的甲、乙类厂房的总控制室应独立设置。第3.6.9条，有爆炸危险的甲，乙类厂房的分控制室宜独立设置，当贴邻外墙设置时，应采用耐火极限不低于3.00 h的防火隔墙与其他部位分隔。故B错误。

第3.6.6-3条，厂房内不宜设置地沟，确需设置时，其盖板应严密，地沟应采取防止可燃气体、可燃蒸气和粉尘、纤维在地沟积聚的有效措施，且应在与相邻厂房连通处采用防火材料密封。故C错误。

第3.6.10条，有爆炸危险区域内的楼梯间、室外楼梯或有爆炸危险的区域与相邻区域连通处，应设置门斗等防护措施。故D正确。

第3.6.3条，泄压设施宜采用轻质屋面板、轻质墙体和易于泄压的门、窗等，应采用安全玻璃等在爆炸时不产生尖锐碎片的材料。故E正确。

第二节　爆炸危险性厂房、库房的布置

一、有爆炸危险性厂房的布置

1．某地上4层乙类厂房，其有爆炸危险的生产部位宜设置在第（　）层靠外墙浸压设施附近。[2]（2017-1-63）

A．三　　B．四　　C．二　　D．一

【解析】《建筑设计防火规范》（GB 50016—2014）第3.6.7条规定，有爆炸危险的甲、乙类生产部位，宜布置在单层厂房靠外墙的泄压设施或多层厂房顶层靠外墙的泄压设施附近。有爆炸危险的设备宜避开厂房的梁、柱等主要承重构件布置。

2．某设计院对有爆炸危险的甲类厂房进行设计，下列防爆设计方案中，符合现行国家标准《建筑设

1 答案：ADE

2 答案：B

计防火规范》（GB 50016）的有（　）。[1]（2017-2-96）

A．厂房承重结构采用钢筋混凝土结构

B．厂房的总控制室独立设置

C．厂房的地面采用不发火花地面

D．厂房的分控制室贴邻厂房外墙设置，并采用耐火极限不低于 3.00 h 的防火隔墙与其他部位分隔

E．厂房利用门窗作为泄压设施，窗玻璃采用普通玻璃

【解析】根据《消防安全技术实务》第二篇第八章第三节爆炸危险性建筑的构造防爆，耐爆框架结构一般有如下 3 种形式：（1）现浇式钢筋混凝土框架结构；（2）装配式钢筋混凝土框架结构；（3）钢框架结构。故 A 正确。

根据《建筑设计防火规范》（GB 50016—2014）第 3.6.8 条，有爆炸危险的甲、乙类厂房的总控制室应独立设置。故 B 正确。

根据第 3.6.6 条，散发较空气重的可燃气体、可燃蒸气的甲类厂房和粉尘、纤维爆炸危险的乙类厂房应符合下列规定：应采用不发火花的地面。故 C 正确。

根据第 3.6.9 条，有爆炸危险的甲、乙类厂房的分控制室宜独立设置，当贴邻外墙设置时，应采用耐火极限不低于 3.00 h 的防火隔墙与其他部位分隔。故 D 正确。

根据第 3.6.3 条，泄压设施宜采用轻质屋面板、轻质墙体和易于泄压的门、窗等，应采用安全玻璃等在爆炸时不产生尖锐碎片的材料。故 E 错误。

二、有爆炸危险性库房的布置

某机械加工厂所在地区的年最小频率风向为西南风，最大频率风向为西北风，拟在厂区内新建一座总储量 15 t 的电石仓库。该电石仓库的下列选址位置中，符合防火要求的是（　）。[2]（2016-1-6）

A．生产区内的西南角，靠近需要电石的戊类厂房附近地势比较低的位置

B．辅助生产区内的东南角，地势比较低的位置

C．储存区的东北角，地势比较高的位置

D．生产区内的东北角，靠近需要电石的戊类厂房附近地势比较低的位置

【解析】《建筑设计防火规范》（GB 50016—2014）第 3.6.12 条规定："甲、乙、丙类液体仓库应设置防止液体流散的设施。遇湿会发生燃烧爆炸的物品仓库应采取防止水浸渍的措施。"故电石仓库应该首先考虑放在地势比较高的地方以防止水淹。第 4.1.1 条规定："甲、乙、丙类液体储罐区，液化石油气储罐区，可燃、助燃气体储罐区和可燃材料堆场等，应布置在城市（区域）的边缘或相对独立的安全地带，并宜布置在城市（区域）全年最小频率风向的上风侧。"

第三节　有爆炸危险厂房的泄压措施与计算

1．某单层木器厂房，厂房内东侧设有建筑面积 500 m^2 的办公、休息区，采用耐火极限 2.50 h 的防火隔墙与车间分隔，防火隔墙上设有双扇弹簧门；南侧分别设有建筑面积为 150 m^2 的油漆工段（采用封闭喷漆工艺）和 50 m^2 的中间仓库，中间仓库内储存 3 昼夜喷漆生产需要量的油漆、稀释剂（甲苯和香蕉水，C=0.11），采用防火墙与其他部位分隔，油漆工段通向车间的防火墙上设有双扇弹簧门；该厂房设置了消

1 答案：ABCD

2 答案：C

防给水及室内消火栓系统、建筑灭火器、排烟设施和应急照明及疏散指示标志。

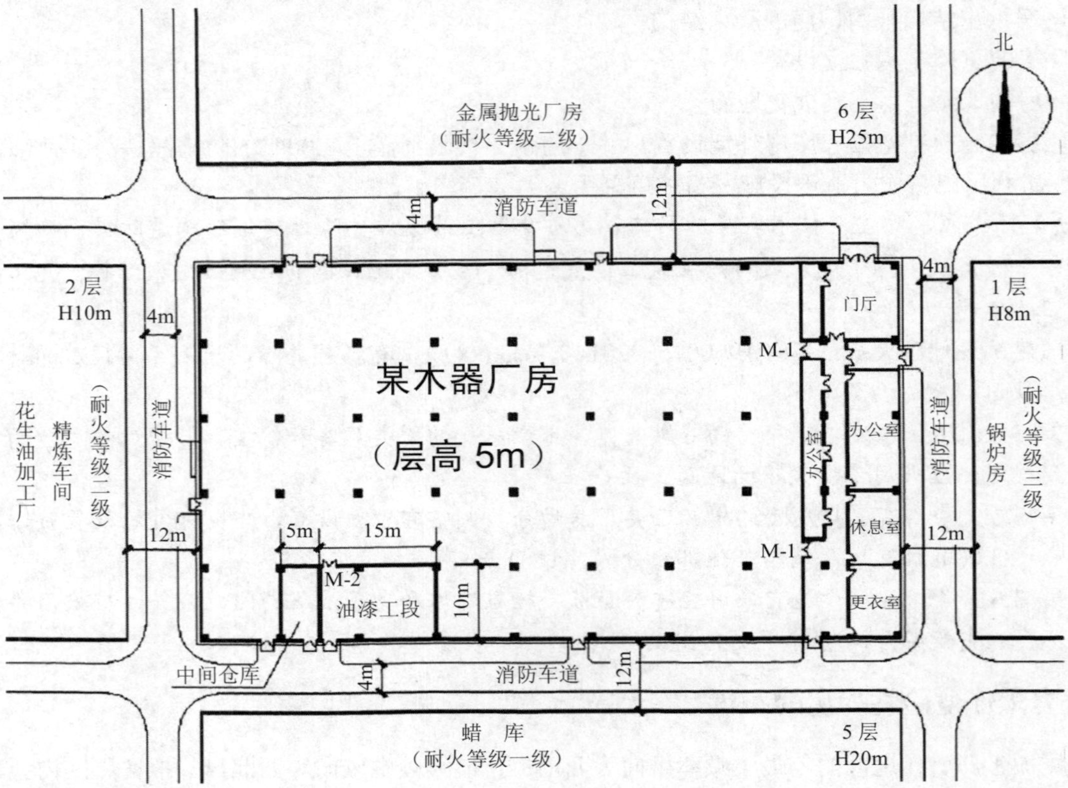

根据以上材料，回答问题：

计算油漆工段的泄压面积，并分析利用外窗作泄压面的可行性。（2015-3-六）

答案：

油漆工段长径比=15×（10×2+5×2）÷（4×10×5）=1.5

油漆工段的泄压面积 A=10×0.110×（150×5）$^{2/3}$=90.8（m^2）

油漆工段外墙长 15 m，高 5 m，外墙面积为 15×5=75 m^2，小于泄压面积，故不能仅采用外窗作为泄压面，应在屋顶增加泄压面，或仅在屋顶设置泄压面。

【解析】根据《建筑设计防火规范》（GB 50016—2014）第 3.6.4 条，厂房的泄压面积宜按下式计算，但当厂房的长径比大于 3 时，宜将建筑划分为长径比不大于 3 的多个计算段，各计算段中的公共截面不得作为泄压面积：

$$A = 10CV^{\frac{2}{3}}$$

（A——泄压面积，m^2；C——泄压比；V——厂房容积，m^3）

注：长径比为建筑平面几何外形尺寸中的最长尺寸与其横截面周长的积和 4.0 倍的建筑横截面积之比。

长径比过大的空间，会因爆炸压力在传递过程中不断叠加而产生较高的压力。以粉尘为例，如空间过长，则在爆炸后期，未燃烧的粉尘—空气混合物受到压缩，初始压力上升，燃气泄放流动会产生紊流，使燃速增大，产生较高的爆炸压力。因此，有可燃气体或可燃粉尘爆炸危险性的建筑物的长径比要避免过大，以防止爆炸时产生较大超压，保证所设计的泄压面积能有效作用。

2．对某桶装煤油仓库开展防火检查，查阅资料得知，该仓库屋面板设计为泄压面，下列检查结果中，

符合现行国家标准要求的有（ ）。[1]（2018-2-87）

A．在仓库门洞处修筑了高为 200 mm 的漫坡　　B．采用 55 kg/ m^2 的材料作为屋面板

C．屋面板采取了防冰雪积聚措施　　D．外墙窗户采用钢化玻璃

E．仓库照明设备采用了普通 LED 灯

【解析】根据《建筑设计防火规范》（GB 50016—2014）第 3.6.12 条条文说明：甲、乙、丙类液体，如汽油、苯、甲苯、甲醇、乙醇、丙酮、煤油、柴油、重油等，一般采用桶装存放在仓库内。此类库房一旦着火，特别是上述桶装液体发生爆炸，容易在库内地面流淌，设置防止液体流散的设施，能防止其流散到仓库外，避免造成火势扩大蔓延。防止液体流散的基本做法有两种：一是在桶装仓库门洞处修筑漫坡，一般高为 150 ~ 300 mm；二是在仓库门口砌筑高度为 150 ~ 300 mm 的门坎，再在门坎两边填沙土形成漫坡，便于装卸。故 A 选项正确。

根据第 3.6.3 条，作为泄压设施的轻质屋面板和墙体的质量不宜大于 60 kg/m^2。故 B 选项正确。

根据第 3.6.3 条，屋顶上的泄压设施应采取防冰雪积聚措施。故 C 选项正确。

根据第 3.6.3 条，泄压设施宜采用轻质屋面板、轻质墙体和易于泄压的门、窗等，应采用安全玻璃等在爆炸时不产生尖锐碎片的材料。钢化玻璃不属于安全玻璃，故 D 选项错误。

根据第 10.2.5 条，可燃材料仓库内宜使用低温照明灯具，并应对灯具的发热部件采取隔热等防火措施，不应使用卤钨灯等高温照明灯具。普通 LED 灯并没有对灯具的发热部件采取隔热等防火措施，故 E 选项错误。

3．钢筋混凝土框架结构的印刷厂房，长和宽为 75 m。地上 2 层，地下建筑面积 2 000 m^2，地下一层长边为 75 m，厂房屋面采用不燃材料，其他建筑构件的燃烧性能和耐火极限见下表。

建筑构件的燃烧性能和耐火极限

构件名称	防火墙、柱、承重墙	梁、楼梯间的墙	楼板、屋顶承重构件、疏散楼梯	疏散走道两侧隔墙	非承重外墙、房间隔墙	吊顶
燃烧性能，耐火极限/h	不燃性 3.00	不燃性 2.00	不燃性 1.50	不燃性 1.00	不燃性 0.75	不燃性 0.25

该厂房地下一层布置了燃煤锅炉房、消防泵房、消防水池和建筑面积 400 m^2 的变配电室及建筑面积为 600 m^2 的纸张仓库。地上层为印刷车间，在二层车间中心部位布置一个中间仓库储存不超过 1 昼夜需要量的水性油墨、溶剂型油墨和甲苯、二甲苯、醇、醚等有机溶剂。

中间仓库用防火墙和甲级防火门与其他部位分隔，建筑面积为 280 m^2。

地上楼层在四个墙角处分别设置一部分有外窗并能自然通风的封闭楼梯间，楼梯间门采用能阻挡烟气的双向弹簧门，并在首层直通室外。地下一层在长轴轴线的两端各设置 1 部封闭楼梯间，并用 1.40 m 宽的走道连通；消防水泵房、锅炉房和变配电室内任一点至封闭楼梯间的距离分别不大于 20 m、30 m 和 40 m。地下层封闭楼梯间的门采用乙级防火门，楼梯间在首层用防火隔墙与车间分隔，通过长度不大于 3 m 的走道直通室外。在一层厂房每面外墙居中位置设置宽度为 3.00 m 的平开门。

该房设置了室内、室外消火栓系统和灭火器，地下一层设置自动喷水灭火系统，该厂房地上部分利用外窗自然排烟，地下设备用房、走道和设备仓库设置机械排烟设施。

根据以上材料，回答下列问题：

1 答案：ABC

二层中间仓库应采取哪些防爆措施？（2018-3-六）

答案：厂房二层的中间仓库火灾危险性为甲类。

应采取的防爆措施：

①应设置门斗等防护措施。门斗的隔墙应为耐火极限不应低于 2.00 h 的防火隔墙，门应采用甲级防火门并应与楼梯间的门错位设置。

②设置泄压设施。泄压设施宜采用轻质屋面板、轻质墙体和易于泄压的门、窗等，应采用安全玻璃等在爆炸时不产生尖锐碎片的材料。

③应采用不发火花的地面。采用绝缘材料作整体面层时，应采取防静电措施。散发可燃粉尘、纤维的厂房，其内表面应平整、光滑，并易于清扫。

④宜布置在单层厂房靠外墙的泄压设施或多层厂房顶层靠外墙的泄压设施附近。

⑤下水道设置隔油设施。

⑥采用防爆型的灯具。

⑦采取防止液体流散的措施，设置高度 150～300 mm 的漫坡或者门槛。

⑧中间仓库形成负压。

第六章　厂房和仓库的安全疏散

本章由宋瑞明解析

第一节　厂房的安全疏散

一、厂房安全出口的数量

1．某集成电路工厂新建一个化学清洗间，建筑面积为 100 m^2，设置 1 个安全出口，清洗作业使用火灾危险性为甲类的易燃液体，该清洗间同一时间内清洗操作人员不应超过（　）人。[1]（2015-1-31）

A．10　　B．5　　C．15　　D．20

【解析】根据《建筑设计防火规范》（GB 50016—2014）第 3.1.1 条条文说明可知，集成电路工厂的化学清洗间使用闪点＜28℃的液体火灾危险性类别为甲类厂房。第 3.7.2 条规定："厂房内每个防火分区或一个防火分区内的每个楼层，其安全出口的数量应经计算确定，且不应少于 2 个；当符合下列条件时，可设置 1 个安全出口：（1）甲类厂房，每层建筑面积不大于 100 m^2，且同一时间的作业人数不超过 5 人……"

2．消防技术人员对某工业区进行安全检查。下列仅设置一个安全出口的生产场所中，符合安全出口设置要求的场所有（　）。[2]（2015-2-97）

A．某甲类厂房，每层建筑面积 120 m^2，同一时间作业人数 3 人

B．某戊类厂房，每层建筑面积 300 m^2，同一时间作业人数 24 人

C．某丁类厂房，每层建筑面积 350 m^2，同一时间作业人数 20 人

D．某乙类厂房，每层建筑面积 180 m^2，同一时间作业人数 8 人

E．某丙类厂房，每层建筑面积 260 m^2，同一时间作业人数 18 人

---

1 答案：B

2 答案：BC

【解析】《建筑设计防火规范》(GB 50016—2014)第 3.7.2 条规定：厂房内每个防火分区或一个防火分区内的每个楼层，其安全出口的数量应经计算确定，且不应少于 2 个；当符合下列条件时，可设置 1 个安全出口：

(1)甲类厂房，每层建筑面积不大于 100 m^2，且同一时间的作业人数不超过 5 人；

(2)乙类厂房，每层建筑面积不大于 150 m^2，且同一时间的作业人数不超过 10 人；

(3)丙类厂房，每层建筑面积不大于 250 m^2，且同一时间的作业人数不超过 20 人；

(4)丁、戊类厂房，每层建筑面积不大于 400 m^2，且同一时间的作业人数不超过 30 人；

(5)地下或半地下厂房(包括地下或半地下室)，每层建筑面积不大于 50 m^2，且同一时间的作业人数不超过 15 人。

3．下列厂房中，可设 1 个安全出口的有(　)。[1](2018-1-100)

A．每层建筑面积 80 m^2、同一时间的作业人数为 4 人的赤磷制备厂房

B．每层建筑面积 160 m^2、同一时间的作业人数为 8 人的木工厂房

C．每层建筑面积 240 m^2、同一时间的作业人数为 12 人的空分厂房

D．每层建筑面积 400 m^2、同一时间的作业人数为 32 人的制砖车间

E．每层建筑面积 320 m^2、同一时间的作业人数为 16 人的热处理厂房

【解析】参见《建筑设计防火规范》(GB 50016—2014)第 3.7.2 条规定，见上题解析。

赤磷制备厂房为甲类厂房，故 A 选项正确。

木工厂房为丙类厂房，故 B 选项正确。

空分厂房为乙类厂房，故 C 选项错误。

制砖厂房为戊类厂房，故 D 选项错误。

热处理厂为丁类厂房，故 E 选项正确。

二、厂房内的最大安全疏散距离

1．耐火等级为二级的印刷厂房，地上 5 层，建筑高度为 30 m，厂房内设有自动喷水灭火系统，据现行国家标准《建筑设计防火规范》(GB 50016)，该厂房首层任一点至最近安全出口的最大直线距离应为(　)。[2](2018-1-62)

A．15 m　B．40 m　C．50 m　D．60 m

【解析】根据《建筑设计防火规范》(GB 50016—2014)第 3.7.4 条，厂房内任一点至最近安全出口的直线距离不应大于下表的规定。

单位：m

生产类别	耐火等级	单层厂房	多层厂房	高层厂房	地下、半地下厂房或厂房的地下室、半地下室
甲	一、二级	30.0	25.0	—	—
乙	一、二级	75.0	50.0	30.0	—
丙	一、二级	80.0	60.0	40.0	30.0
	三级	60.0	40.0	—	—
丁	一、二级	不限	不限	50.0	45.0
	三级	60.0	50.0	—	—
	四级	50.0	—	—	—
戊	一、二级	不限	不限	75.0	60.0
	三级	100.0	75.0	—	—
	四级	60.0	—	—	—

注：《建筑设计防火规范》(GB 50016—2014)未规定厂房内设置了自动灭火系统可增加疏散距离的要求。

1 答案：ABE

2 答案：B

选项B正确，丙类高层厂房室内任一点至安全出口的距离不应大于40 m。

2．钢筋混凝土框架结构的印刷厂房，长和宽均为75 m。地上2层，地下建筑面积2 000 m^2，地下一层长边为75 m，厂房屋面采用不燃材料，其他建筑构件的燃烧性能和耐火极限见下表。

建筑构件的燃烧性能和耐火极限

构件名称	防火墙、柱、承重墙	梁、楼梯间的墙	楼板、屋顶承重构件、疏散楼梯	疏散走道两侧隔墙	非承重外墙、房间隔墙	吊顶
燃烧性能，耐火极限/h	不燃性3.00	不燃性2.00	不燃性1.50	不燃性1.00	不燃性0.75	不燃性0.25

该厂房地下一层布置了燃煤锅炉房、消防泵房、消防水池和建筑面积400 m^2的变配电室及建筑面积600 m^2的纸张仓库。地上层为印刷车间，在二层车间中心部位布置一个中间仓库储存不超过1昼夜需要量的水性油墨、溶剂型油墨和甲苯、二甲苯、醇、醚等有机溶剂。

中间仓库用防火墙和甲级防火门与其他部位分隔，建筑面积为280 m^2。

地上楼层在四个墙角处分别设置一部有外窗并能自然通风的封闭楼梯间，楼梯间门采用能阻挡烟气的双向弹簧门，并在首层直通室外。地下一层在长轴轴线的两端各设置1部封闭楼梯间，并用1.40 m宽的走道连通；消防水泵房、锅炉房和变配电室内任一点至封闭楼梯间的距离分别不大于20 m、30 m和40 m。地下层封闭楼梯间的门采用乙级防火门，楼梯间在首层用防火隔墙与车间分隔，通过长度不大于3 m的走道直通室外。在一层厂房每面外墙居中位置设置宽度为3.00 m的平开门。

该房设置了室内、室外消火栓系统和灭火器，地下一层设置自动喷水灭火系统，该厂房地上部分利用外窗自然排烟，地下设备用房、走道和设备仓库设置机械排烟设施。

根据以上材料，回答下列问题：

指出该建筑在安全疏散方面存在的问题，并提出整改措施。（2018-3-六）

答案：（1）问题：消防水泵房、锅炉房和变配电室室内任一点至封闭楼梯间的距离分别不大于20 m、30 m和40 m；整改措施：将消防水泵房、锅炉房重新改造直通室外、安全出口或者将其单独设到建筑外。

（2）问题：楼梯间在首层通过长度不大于3 m的走道直通室外；整改措施：重新改造将疏散楼梯在首层直通室外或者设置扩大的封闭楼梯间。

（3）问题：地下一层在长轴轴线的两端各设置1部封闭楼梯间；整改措施：地下一层应至少划分为2个防火分区，每个防火分区不少于2个安全出口，因此增设2部楼梯直通室外或者采用防火墙加甲级防火门的方式向相邻的防火分区疏散（借道）。

（4）问题：地下一层长边75 m，室内任一点至疏散楼梯间的距离不小于37.5 m；整改措施：地下丙类厂房，室内任一点至疏散楼梯间的距离应不大于30 m，增设疏散楼梯间以满足疏散距离的要求。

【解析】根据《建筑设计防火规范》（GB 50016—2014）第3.7.4条，厂房内任一点至最近安全出口的直线距离不应大于下表。

单位：m

生产类别	耐火等级	单层厂房	多层厂房	高层厂房	地下、半地下厂房或厂房的地下室、半地下室
甲	一、二级	30.0	25.0	—	—
乙	一、二级	75.0	50.0	30.0	—
丙	一、二级	80.0	60.0	40.0	30.0
	三　级	60.0	40.0	—	—
丁	一、二级	不限	不限	50.0	45.0
	三　级	60.0	50.0	—	—
	四　级	50.0	—	—	—

生产类别	耐火等级	单层厂房	多层厂房	高层厂房	地下、半地下厂房或厂房的地下室、半地下室
戊	一、二级	不限	不限	75.0	60.0
	三级	100.0	75.0	—	—
	四级	60.0	—	—	—

注：《建筑设计防火规范》（GB 50016—2014）未规定厂房内设置了自动灭火系统可增加疏散距离的要求。

三、厂房的疏散楼梯间

1．某纺织厂房，地上 3 层，耐火等级为二级，建筑高度 18 m，建筑面积 16 800 m^2，设置 4 部疏散楼梯间。下列关于疏散楼梯间的做法，正确的有（　）。[1]（2015-2-99）

A．厂房的 3 部疏散楼梯间靠外墙布置，并具备天然采光和自然通风条件，设置为封闭楼梯间

B．厂房的 1 部疏散楼梯间不能自然通风采光，因厂房的建筑高度小于 32 m，防烟楼梯间可不设置前室

C．厂房的 1 部疏散楼梯间不能自然通风采光，将其改为防烟楼梯间

D．封闭楼梯间、防烟楼梯间的顶棚、墙面和地面的装修材料均采用不燃烧材料

E．其中 1 部封闭楼梯间开设防火门确有困难，采用防火卷帘代替

【解析】纺织厂房属于多层丙类厂房。

《建筑设计防火规范》（GB 50016—2014）第 3.7.6 条规定："高层厂房和甲、乙、丙类多层厂房的疏散楼梯应采用封闭楼梯间或室外楼梯。建筑高度大于 32 m 且任一层人数超过 10 人的厂房，应采用防烟楼梯间或室外楼梯。"A 选项正确。

根据第 2.1.16 条，防烟楼梯间是指在楼梯间入口处设置防烟的前室、开敞式阳台或凹廊（统称前室）等设施，且通向前室和楼梯间的门均为防火门，以防止火灾的烟和热气进入的楼梯间。防烟楼梯间需有前室才符合要求，因此 B 选项错误。

第 6.4.2-2 条规定，封闭楼梯间不能自然通风或自然通风不能满足要求时，应设置机械加压送风系统或采用防烟楼梯间。C 选项正确。

根据《建筑内部装修设计防火规范》（GB 50222—1995）第 3.1.6 条，无自然采光楼梯间、封闭楼梯间、防烟楼梯间及其前室的顶棚、墙面和地面均应采用 A 级装修材料。D 选项正确。

《建筑设计防火规范》（GB 50016—2014）第 6.4.1 条规定："封闭楼梯间、防烟楼梯间及其前室，不应设置卷帘。"E 选项错误。

2．某砖混结构甲醇合成厂房，屋顶承重构件采用耐火极限 0.5 h 的难燃性材料，厂内地下 1 层、地上 2 层（局部 3 层），建筑高度 22 m，长度和宽度均为 40 m，厂房居中位置设置一部连通各层的敞开楼梯，每层外墙上有便于开启的自然排烟窗，存在爆炸危险的部位按国家标准要求设置了泄压设施。顶层局部厂房临时改为员工宿舍，员工宿舍与生产部位之间为耐火极限不低于 4.00 h 的防火墙，并设置了两部专用的防烟楼梯间。

根据以上材料，回答问题：

指出该厂房在安全疏散方面存在的消防安全问题，并提出解决方案。（2016-3-六）

答案：（1）该厂房建筑面积大于 100 m^2 且每层可划分为一个防火分区，应至少设置 2 个安全出口或疏散楼梯。（2）若确实需要设置为多层厂房，则应采用封闭楼梯间或室外楼梯，不应采用敞开式楼梯间。

【解析】根据《建筑设计防火规范》（GB 50016—2014）第 3.3.1 条，二级耐火等级多层甲类厂房每个防火分区的最大允许建筑面积应为 2 000 m^2。

根据第 3.7.2 条，厂房内每个防火分区或一个防火分区内的每个楼层，其安全出口的数量应经计算确

1 答案：ACD

定，且不应少于2个；甲类厂房每层建筑面积不大于100 m^2，且同一时间的作业人数不超过5人时，可设置1个安全出口。

第3.7.6条规定："高层厂房和甲、乙、丙类多层厂房的疏散楼梯应采用封闭楼梯间或室外楼梯。建筑高度大于32 m且任一层人数超过10人的厂房，应采用防烟楼梯间或室外楼梯。"

3．某鲤鱼饲料加工厂：饲料加工车间，地上6层，建筑高度36 m，每层建筑面积2 000 m^2，同时工作人数8人；饲料仓库，地上3层，建筑高度20 m，每层建筑面积300 m^2，同时工作人数3人。对该厂的安全疏散设施进行防火检查，下列检查结果中，不符合现行国家标准要求的是（　）。[1]（2018-2-24）

A．饲料仓库室外疏散楼梯周围1.50 m处的外墙面上设置一个通风高窗

B．饲料加工车间疏散楼梯采用封闭楼梯间

C．饲料仓库仅设置一部室外疏散楼梯

D．饲料加工车间疏散楼梯净宽度为1.10 m

【解析】根据《建筑设计防火规范》（GB 50016—2014）第6.4.5-5条规定，除疏散门外，楼梯周围2 m内的墙面上不应设置门、窗、洞口。故A选项错误。

根据第3.7.6条，高层厂房和甲、乙、丙类多层厂房的疏散楼梯应采用封闭楼梯间或室外楼梯。建筑高度大于32 m且任一层人数超过10人的厂房，应采用防烟楼梯间或室外楼梯。该饲料加工厂高36 m，属于高层丙类厂房，疏散楼梯采用封闭楼梯间。故B选项正确。

根据第3.8.2条，每座仓库的安全出口不应少于2个，当一座仓库的占地面积不大于300 m^2时，可设置1个安全出口。该饲料仓库仅设置一部室外疏散楼梯，故C选项正确。

根据第3.7.5条，厂房内疏散楼梯、走道、门的各自总净宽度，应根据疏散人数按每100人的最小疏散净宽度不小于1.0 m/百人计算确定。但疏散楼梯的最小净宽度不宜小于1.10 m。故D选项正确。

为便于记忆，特汇总厂房疏散宽度指标如下：

厂房疏散楼梯、走道和门	层数及类别	指标	备注
净宽度指标/（m/百人）	一、二层	0.6	《建筑设计防火规范》（GB 50016—2014）表3.7.5
	三层	0.8	
	≥四层	1.0	
	地下、半地下	1.0	
最小净宽度/m	厂房内疏散门	≥0.9	《建筑设计防火规范》（GB 50016—2014）第3.7.5条
	疏散走道	≥1.4	
	疏散楼梯	≥1.1	
	首层外门	≥1.2	

注：（1）厂房内疏散楼梯、走道、门的各自总净宽度，应根据疏散人数按每100人的最小疏散净宽度不小于上表的规定计算确定。

（2）当每层疏散人数不相等时，疏散楼梯的总净宽度应分层计算，下层楼梯总净宽度应按该层及以上疏散人数最多一层的疏散人数计算。

第二节　仓库的安全疏散

某框架结构仓库，二级耐火等级，地上6层，地下1层，层高3.8 m，占地面积6 000 m^2，地上每层建筑面积均为5 600 m^2。仓库一层储存桶装润滑油，二层储存水泥刨花板，第三层至第六层储存皮毛制品，地下室储存玻璃制品，每件玻璃制品重100 kg，其木质包装重20 kg。

该仓库地下室建筑面积为1 000 m^2。一层内靠西侧外墙设置建筑面积为300 m^2的办公室、休息室和员工宿舍，这些房间与库房之间设置一条走道，且直通室外，走道与库房之间采用防火隔墙和楼板分隔，其

1 答案：A

耐火极限分别为 2.50 h 和 1.00 h。走道仓库的门采用双向弹簧门。

仓库内的每个防火分区分别设置 2 个安全出口，两个安全出口之间距离 12 m。疏散楼梯采用封闭楼梯间，通向疏散走道或楼梯间的门采用能阻挡烟气侵入的双向门。该建筑的消防设施和其他事项符合国家消防标准要求。

根据以上材料，回答问题：

指出该建筑在安全疏散方面存在的问题，并提出整改措施。（2017-3-六）

答案：（1）走道通向仓库的门为双向弹簧门，不合理；应为乙级防火门。（2）通向疏散走道或楼梯间的门采用能阻挡烟气侵入的双向弹簧门，不合理；应采用乙级防火门。

【解析】《建筑设计防火规范》（GB 50016—2014）第 6.4.2 条规定，高层建筑，人员密集的公共建筑，人员密集的多层丙类厂房，甲、乙类厂房，其封闭楼梯间的门应采用乙级防火门，并应向疏散方向开启；其他建筑可采用双向弹簧门。

第七章　甲、乙、丙类液体、气体储罐（区）

本章由宋瑞明解析

1．某厂为满足生产要求，要建设一个总储量为 1 500 m^3 的液化石油气罐储罐区。该厂所在地区的全年最小频率风向为东北风。在其他条件均满足规范要求的情况下，该储罐区宜布置在厂区的（　）。[1]（2015-1-12）

A．东北侧　　B．西北侧　　C．西南侧　　D．东南侧

【解析】《建筑设计防火规范》（GB 50016—2014）第 4.1.1 条规定，甲、乙、丙类液体储罐区，液化石油气储罐区，可燃、助燃气体储罐区和可燃材料堆场等，应布置在城市（区域）的边缘或相对独立的安全地带，并宜布置在城市（区域）全年最小频率风向的上风侧。全年最小频率风向是指全年（或夏季）各风向中频率出现最少的风向。全年最小频率风向的上风侧，就是全年中哪个风向上的风出现的最少、时间最短，这个风向的风称为全年最小频率的风，其上风侧就是风向的上游，比如燃气室要建在锅炉房的全年最小频率风向的上风侧，就是让燃气尽量少地吹向锅炉房，避免造成事故。

2．关于甲、乙、丙液体、气体储罐区的防火要求，错误的有（　）。[2]（2017-1-95）

A．罐区应布置在城市的边缘或相对独立的安全地带

B．甲、乙、丙类液体储罐宜在地势相对较低的地带

C．液化石油气储罐区宜布置在地势平坦等不易积存液化石油气的地带

D．液化石油气储罐区四周应设置高度不小于 0.8 m 的不燃烧性实体防护墙

E．钢质储存必须做防雷接地，接地点不应少于 1 处

【解析】《建筑设计防火规范》（GB 50016—2014）第 4.1.1 条规定：甲、乙、丙类液体储罐区，液化石油气储罐区，可燃、助燃气体储罐区和可燃材料堆场等，应布置在城市（区域）的边缘或相对独立的安全地带，并宜布置在城市（区域）全年最小频率风向的上风侧。甲、乙、丙类液体储罐（区）宜布置在地势较低的地带。当布置在地势较高的地带时，应采取安全防护设施。液化石油气储罐（区）宜布置在地势平坦、开阔等不易积存液化石油气的地带。A、B、C 选项正确。

第 4.1.3 条规定，液化石油气储罐组或储罐区的四周应设置高度不小于 1.0 m 的不燃性实体防护墙。

1 答案：A

2 答案：DE

D选项错误。

《石油天然气工程设计防火规范》（GB 50183—2004）第9.2.4条规定，钢储罐防雷接地引下线不应少于2根，并应沿罐周均匀或对称布置，其间距不宜大于30 m。E选项错误。

3．某城市全年最小频率风向为东北风。该市的一个大型化工企业内设有甲醛储罐区，均为地上固定顶储罐，储罐直径20 m、容量5 000 m^3，防火堤内不包括储罐占地的净面积5 000 m^2。下列防火检查结果中，不符合现行国家消防技术标准的是（　）。[1]（2017-2-79）

A．锅炉房位于甲醛储罐区南侧，两者之间的防火间距为55 m

B．甲醛储罐之间的间距为12.5 m

C．甲醛储罐区防火堤高度为1.1 m

D．罐区周围的环形消防车道有3%的坡度，且上空有架空管道，距车道净空高度为5 m

【解析】根据《建筑设计防火规范》（GB 50016—2014）第4.2.1条注3，甲、乙类液体的固定顶储罐区与明火或散发火花地点的防火间距应按《建筑设计防火规范》（GB 50016—2014）表4.2.1有关四级耐火等级建筑物的规定增加25%，四级耐火等级对应距离为40 m，增加25%，为50 m。故A选项正确。

表4.2.1　甲、乙、丙类液体储罐（区）和乙、丙类液体桶装堆场与其他建筑的防火间距　　单位：m

类别	一个罐区或堆场的总容量 V	建筑物				室外变、配电站
		一、二级		三级	四级	
		高层民用建筑	裙房、其他建筑			
甲、乙类液体储罐（区）	$1\ m^3 \leq V < 50\ m^3$	40	12	15	20	30
	$50\ m^3 \leq V < 200\ m^3$	50	15	20	25	35
	$200\ m^3 \leq V < 1\ 000\ m^3$	60	20	25	30	40
	$1\ 000\ m^3 \leq V < 5\ 000\ m^3$	70	25	30	40	50
丙类液体储罐（区）	$5\ m^3 \leq V < 250\ m^3$	40	12	15	20	24
	$250\ m^3 \leq V < 1\ 000\ m^3$	50	15	20	25	28
	$1\ 000\ m^3 \leq V < 5\ 000\ m^3$	60	20	25	30	32
	$5\ 000\ m^3 \leq V < 25\ 000\ m^3$	70	25	30	40	40

根据表4.2.2，防火间距为 $0.6D = 12$ m。故B选项正确。

表4.2.2　甲、乙、丙类液体储罐之间的防火间距

类　别			固定顶储罐			浮顶储罐或设置充氮保护设备的储罐	卧式储罐
			地上式	半地下式	地下式		
甲、乙类液体储罐	单罐容量 V	$V \leq 1\ 000\ m^3$	$0.75D$	$0.5D$	$0.4D$	$0.4D$	≥ 0.8 m
		$V > 1\ 000\ m^3$	$0.6D$				
丙类液体储罐		不限	$0.4D$	不限	不限	—	

第4.2.5条规定，防火堤的设计高度应比计算高度高出0.2 m，且应为1.0～2.2 m。防火堤计算高度应为5 000 m^3 ÷ 5 000 m^2=1.00 m，防火堤的设计高度应比计算高度高出0.2 m，则其高度应为1.2～2.2 m，现为1.1 m，故C选项错误。

根据第7.1.8条，消防车道应符合下列要求：（1）车道的净宽度和净空高度均不应小于4.0 m；（2）转弯半径应满足消防车转弯的要求；（3）消防车道与建筑之间不应设置妨碍消防车操作的树木、架空管线等障碍物；（4）消防车道靠建筑外墙一侧的边缘距离建筑外墙不宜小于5 m；（5）消防车道的坡度不宜大于8%。故D选项正确。

1 答案：C

第八章 民用建筑的分类和耐火等级

本章由宋瑞明解析

第一节 民用建筑的分类

1．某 16 层民用建筑，一至三层为商场，每层建筑面积为 3 000 m^2，四至十六层为单元式住宅，每层建筑面积为 1 200 m^2，建筑首层室内地坪标高为±0.000 m，室外地坪高为–0.300 m，商场平层面层标高为 14.6 m，住宅平屋面层标高为 49.7 m，女儿墙顶部标高为 50.9 m。根据《建筑设计防火规范》（GB 50016—2014）规定的建筑分类，该建筑的类别应确定为（ ）。[1]（2015-1-22）

A．二类高层公共建筑　B．一类高层公共建筑　C．一类高层住宅建筑　D．二类高层住宅建筑

【解析】根据《建筑设计防火规范》（GB 50016—2014）第 2.1.4 条，商业服务网点指设置在住宅建筑的首层或首层及二层，每个分隔单元建筑面积不大于 300 m^2 的商店、邮政所、储蓄所、理发店等小型营业性用房。此建筑一至三层为商场，四至十六层为单元式住宅，建筑分类为公共建筑。C、D 选项错误。

由第 5.1.1 条条文说明第 2 项可知，“其他多种功能组合”，指公共建筑中具有两种和两种以上的公共使用功能，不包括住宅与公共建筑组合建造的情况。例如，住宅建筑的下部设置商业服务网点时，该建筑仍为住宅建筑；住宅建筑下部设置有商业或其他功能的裙房时，该建筑不同部分的防火设计可按《建筑设计防火规范》（GB 50016—2014）第 5.4.10 条的规定进行。条文中“建筑高度 24 m 以上部分任一层建筑面积大于 1 000 m^2”的“建筑高度 24 m 以上部分任一楼层”是指该层楼板的标高大于 24 m。根据附录 A 建筑高度和建筑层数的计算方法：建筑屋面为平屋面（包括有女儿墙的平屋面）时，建筑高度应为建筑室外设计地面至其屋面面层的高度。建筑高度为 49.7 m + 0.3 m = 50 m。所以该建筑是二类高层公共建筑。

2．下列建筑中，属于一类高层民用建筑的有（ ）。[2]（2018-1-98）

A．建筑高度为 26 m 的病房楼　B．建筑高度为 32 m 的员工宿舍楼

C．建筑高度为 54 m 的办公楼　D．建筑高度为 26 m、藏书量为 120 万册的图书馆建筑

E．建筑高度为 33 m 的住宅楼

【解析】

单、多层与高层民用建筑的分类

名称	高层民用建筑		单、多层民用建筑
	一类	二类	
住宅建筑	建筑高度大于 54 m 的住宅建筑（包括设置商业服务网点的住宅建筑）	建筑高度大于 27 m，但不大于 54 m 的住宅建筑（包括设置商业服务网点的住宅建筑）	建筑高度不大于 27 m 的住宅建筑（包括设置商业服务网点的住宅建筑）
公共建筑	1．建筑高度大于 50 m 的公共建筑 2．建筑高度 24 m 以上部分任一楼层建筑面积大于 1 000 m^2 的商店、展览、电信、邮政、财贸金融建筑和其他多种功能组合的建筑 3．医疗建筑、重要公共建筑、独立建造的老年人照料设施	除一类高层公共建筑外的其他高层公共建筑	1．建筑高度大于 24 m 的单层公共建筑 2．建筑高度不大于 24 m 的其他公共建筑

1 答案：A

2 答案：ACD

<table>
<tr><th rowspan="2">名称</th><th colspan="2">高层民用建筑</th><th rowspan="2">单、多层民用建筑</th></tr>
<tr><th>一 类</th><th>二 类</th></tr>
<tr><td>公共建筑</td><td>4．省级及以上的广播电视和防灾指挥调度建筑、网局级和省级电力调度建筑
5．藏书超过100万册的图书馆、书库</td><td></td><td></td></tr>
</table>

注：(1) 表中未列入的建筑，其类别应根据本表类比确定。

(2) 除《建筑设计防火规范》(GB 50016—2014) 另有规定外，宿舍、公寓等非住宅类居住建筑的防火要求，应符合《建筑设计防火规范》(GB 50016—2014) 有关公共建筑的规定。

(3) 除《建筑设计防火规范》(GB 50016—2014) 另有规定外（当裙房与高层主体之间有防火墙分隔时，裙房的防火分区和疏散楼梯可按单、多层建筑的要求确定），裙房的防火要求应符合《建筑设计防火规范》(GB 50016—2014) 有关高层民用建筑的规定。

(4) 其他多种功能组合的建筑系指公共建筑中具有两种或两种以上的公共使用功能，不包括住宅与公共建筑组合建造的情况。

(5) 没有治疗功能的休养性疗养院不属于医疗建筑，其防火设计应按旅馆建筑对待。

(6) 商业服务网点是指设置在住宅建筑的首层或首层及二层，每个分隔单元建筑面积不大于300 m^2的商店、邮政所、储蓄所、理发店等小型营业性用房。

病房楼属于医疗建筑，建筑高度大于24 m的医疗建筑属于一类高层民用建筑，故A选项正确。

员工宿舍楼属于公共建筑，建筑高度大于24 m且小于等于50 m的公共建筑属于二类高层民用建筑，故B选项错误。

建筑高度大于50 m的办公楼属于一类高层民用建筑，故C选项正确。

建筑高度大于24 m、藏书量为大于100万册的图书馆属于一类高层民用建筑，故D选项正确。

建筑高度大于27 m且小于等于54 m的住宅建筑属于二类高层民用建筑，故E选项错误。

3．某单位新建员工集体宿舍，室内地面标高±0.000 m，室外地面标高－0.450 m，地上7层，局部8层，一至七层为标准层，每层建筑面积1 200 m^2，七层屋面面层标高＋21.000 m，八层为设备用房，建筑面积290 m^2，八层屋面面层标高＋25.000 m，根据现行国家标准《建筑设计防火规范》(GB 50016)，该建筑类别为（ ）。[1]（2018-2-6）

A．二类高层住宅建筑 B．二类高层公共建筑 C．多层住宅建筑 D．多层公共建筑

【解析】首先确定建筑使用性质。该建筑为员工集体宿舍，根据《建筑设计防火规范》(GB 50016—2014) 第5.1.1表注2，除本规范另有规定外，宿舍、公寓等非住宅类居住建筑的防火要求，应符合本规范有关公共建筑的规定。其次计算该建筑高度。根据《建筑设计防火规范》(GB 50016—2014) 附录A，八层为局部突出的设备用房，占屋面面积比例＜1/4，不用计入建筑高度，故建筑高度＝21＋0.450=21.45 (m)。建筑高度为21.45 m的员工集体宿舍楼为多层公共建筑，故选D。

第二节 民用建筑的耐火等级

一、建筑材料及制品燃烧性能分级

根据《建筑材料及制品燃烧性能分级》(GB 8624—2012)，建筑材料及制品的燃烧性能等级标识GB 8624 B_1 (B-s1，d0，t1) 中，t1表示（ ）的等级。[2]（2016-1-3）

A．烟气毒性 B．燃烧滴落物/颗粒 C．产烟特性 D．燃烧持续时间

【解析】《建筑材料及制品燃烧性能分级》(GB 8624—2012) 附录B.2 附加信息标识。示例：GB 8624

1 答案：D

2 答案：A

B_1（B-s1，d0，t1）表示属于难燃 B_1 级建筑材料及制品，燃烧性能细化分级为 B 级，产烟特性等级为 s1 级，燃烧滴落物/微粒等级为 d0 级，烟气毒性等级为 t1 级。故选项 A 正确。

二、民用建筑构件的燃烧性能和耐火极限

1．在标准耐火实验条件下对一墙体进行耐火极限实验，实验记录显示，该墙体在受火作用至 0.50 h 时粉刷层开始脱落，受火作用至 1.00 h 时背火面的温度超过规定值，受火作用至 1.20 h 时出现了穿透裂缝，受火作用至 1.50 h 时墙体开始垮塌，该墙体的耐火极限是（　）h。[1]（2015-1-40）

A．1.0　　B．0.5　　C．1.2　　D．1.5

【解析】根据《建筑构件耐火试验方法　第 1 部分：通用要求》（GB/T 9978.1—2008）第 10.2.1 条，试件的耐火性能应从以下一个或多个方面进行性能判定。标准耐火实验条件下，确定构件的耐火极限有三个判定条件，任何一个判定条件达到就停止计时，墙体粉刷层开始脱落不是判定条件。对于不同类型的建筑构件，耐火极限的判定标准也不一样。如非承重墙体，其耐火极限测定主要考察该墙体在试验条件下的完整性能和隔热性能；而结构构件，如柱的耐火极限测定则主要考察其在试验条件下的承载力和稳定性能。

2．下列关于耐火极限判定条件的说法中，错误的是（　）。[2]（2016-1-4）

A．如果试件失去承载能力，则自动认为试件的隔热性和完整性不符合要求

B．如果试件的完整性被破坏，则自动认为试件的隔热性不符合要求

C．如果试件的隔热性被破坏，则自动认为试件的完整性不符合要求

D．A 类防火门的耐火极限应以耐火完整性和隔热性作为判定条件

【解析】一般来讲，判断各种建筑构件是否达到了耐火极限，建筑承重构件由承载能力来判定，建筑分隔构件由完整性或绝热性来判定，建筑承重分隔构件由稳定性或完整性或绝热性来判定。在标准耐火试验中，无论是哪一种建筑构件，只要出现以上三种现象的任意一种现象，就表明建筑构件达到了耐火极限。无论哪一种构件，在试验过程中，均不应发生垮塌，否则视为丧失完整性或支持。

《建筑构件耐火试验方法　第 1 部分：通用要求》（GB/T 9978.1—2008）第 10.2.1 条承载能力，试件在耐火试验期间能够持续保持其承载能力的时间。A 选项正确。

第 10.2.2 条完整性，试件在耐火试验期间能够持续保持耐火隔火性能的时间。试件发生以下任一限定情况均认为试件丧失完整性：①依据第 8.4.1 条进行试验，棉垫被点燃；②依据第 8.4.2 条的规定，缝隙探棒可以穿过；③背火面出现火焰并持续时间超过 10 s。构件完整性被破坏则试件背火面裂缝会出现持续火焰。B 选项正确。

第 10.2.3 条隔热性，试件在耐火试验期间持续保持耐火隔热性能的时间。试件背火面温度温升发生超过以下任一限定的情况均认为试件丧失隔热性：①平均温度温升超过初始平均温度 140℃；②任一点位置的温度温升超过初始温度（包括移动热电偶）180℃（初始温度应是试验开始时背火面的初始平均温度。试件的隔热性达到判断条件与试件的完整性判断条件没有关联。C 选项错误。

根据《防火门》（GB 12955—2008）第 4.4 条防火门按耐火性能的分类可知，A 类隔热防火门的耐火极限以耐火完整性和隔热性作为判定条件。D 选项正确。

3．建筑物的耐火等级由建筑主要构件的（　）决定。[3]（2017-1-9）

A．燃烧性能　　B．耐火极限　　C．燃烧性能和耐火极限　　D．结构类型

【解析】根据《建筑设计防火规范》（GB 50016—2014）第 3.2.1 条、第 5.1.2 条中对不同耐火等级建筑

1 答案：A
2 答案：C
3 答案：C

相应构件的燃烧性能和耐火极限的相关要求，建筑耐火等级是衡量建筑物耐火程度的分级标准，由组成建筑物的构件的燃烧性能和耐火极限确定。

4．根据现行国家标准《建筑钢结构防火规范》（GB 51249），下列民用建筑钢结构的防火设计方案中，错误的是（　）。[1]（2018-1-14）

A．一级耐火等级建筑钢结构楼盖支撑设计耐火极限取 2.00 h

B．二级耐火等级建筑钢结构楼面梁设计耐火极限取 1.50 h

C．一级耐火等级建筑钢结构柱间支撑设计耐火极限取 2.50 h

D．二级耐火等级建筑钢结构屋盖支撑设计耐火极限取 1.00 h

【解析】根据《建筑钢结构防火规范》（GB 51249—2017）第 3.1.1 条，钢结构构件的设计耐火极限应根据建筑的耐火等级，按现行国家标准《建筑设计防火规范》（GB 50016）的规定确定。柱间支撑的设计耐火极限应与柱相同，楼盖支撑的设计耐火极限应与梁相同，屋盖支撑和系杆的设计耐火极限应与屋顶承重构件相同。根据第 3.1.1 条条文说明表 1 构件的设计耐火极限，一级耐火等级建筑钢结构楼盖支撑设计耐火极限不低于 2.00 h，选项 A 正确；二级耐火等级建筑钢结构楼面梁设计耐火极限不低于 1.50 h，选项 B 正确；一级耐火等级建筑钢结构柱间支撑设计耐火极限不低于 3.00 h，选项 C 错误。二级耐火等级建筑钢结构屋盖支撑设计耐火极限不低于 1.00 h，选项 D 正确。

5．在标准耐火试验条件下对 4 组承重墙试件进行耐火极限测定，实验结果如下表所示，表中数据正确的试验序号是（　）。[2]（2017-1-10）

序号	承受能力/min	完整性/min	隔热性/min
1	130	120	115
2	130	135	115
3	115	120	120
4	115	115	120

A．序号 2　　B．序号 1　　C．序号 3　　D．序号 4

【解析】《建筑构件耐火实验方法》（GB/T 9978.1—2008）第 10.2 条，判定准则的细则中试件的耐火性能应从承载能力、完整性和隔热性中一个或多个方面进行性能判定。第 12.1 条，试件的耐火极限是指满足相应耐火性能判定准则的时间。第 12.2 条，判定准则：（1）隔热性和完整性对应承载能力，如果试件的“承载能力”已不符合要求，则将自动认为试件的“隔热性”和“完整性”不符合要求。（2）隔热性对应完整性，如果试件的“完整性”已不符合要求，则将自动认为试件的“隔热性”不符合要求。

标准耐火实验条件下，确定构件的耐火极限有三个判定条件，任何一个判定条件达到就停止计时，但结构构件失去承载能力时间≥失去完整性时间≥失去隔热性时间。故选项 A 正确。

6．某高层建筑，设计建筑高度为 68.0 m，总建筑面积为 91 200 m^2。标准层的建筑面积为 2 176 m^2，每层划分为 1 个防火分区。一至二层为上下连通的大堂，三层设置会议室和多功能厅，四层以上用于办公。建筑的耐火等级设计为二级，其楼板、梁和柱的耐火极限分别为 1.00 h、2.00 h 和 3.00 h。

根据以上材料，回答问题：

指出该高层建筑在结构耐火方面的问题，并给出正确做法。（2017-3-三）

答案：该高层建筑耐火等级二级，其楼板的耐火极限不合理；该高层建筑为一类高层公共建筑，耐火等级应为一级耐火等级，其楼板的耐火极限至少为 1.50 h。

1 答案：C

2 答案：B

【解析】根据《建筑设计防火规范》(GB 50016—2014)第 5.1.1 条可知,该高层建筑为一类高层公共建筑。第 5.1.3-1 条,一类高层建筑的耐火等级不应低于一级。根据第 5.1.2 条可知,一级耐火等级建筑其楼板、梁和柱的耐火极限分别至少为 1.50 h、2.00 h 和 3.00 h。

7. 某单层建筑采用经阻燃处理的木柱承重,承重墙体采用砖墙。根据现行国家标准《建筑设计防火规范》(GB 50016),该建筑的耐火等级为( )。[1](2018-2-38)

A. 一级 B. 二级 C. 三级 D. 四级

【解析】根据《建筑设计防火规范》(GB 50016—2014)第 5.1.2 条注 1,除本规范另有规定外,以木柱承重且墙体采用不燃材料的建筑,其耐火等级应按四级确定。故选项 D 正确。

第九章 民用建筑总平面布局

本章由宋瑞明解析

第一节 民用建筑总平面布局消防安全

根据现行国家标准《建筑设计防火规范》(GB 50016),不宜布置在民用建筑附近的厂房是( )。[2](2018-1-24)

A. 橡胶制品硫化厂房 B. 苯甲酸生产厂房 C. 甘油制备厂房 D. 活性炭制造厂房

【解析】《建筑设计防火规范》(GB 50016—2014)第 5.2.1 条规定:"在总平面布局中,应合理确定建筑的位置、防火间距、消防车道和消防水源等,不宜将民用建筑布置在甲、乙类厂(库)房,甲、乙、丙类液体储罐,可燃气体储罐和可燃材料堆场的附近。"橡胶制品硫化厂房、苯甲酸生产厂房、甘油制备厂房火灾危险性为丙类,活性炭制造厂房火灾危险性为乙类,故选项 D 正确。

第二节 民用建筑的防火间距

一、影响防火间距确定的因素

基于热辐射影响,在确定建筑防火间距时应考虑的主要因素有( )。[3](2017-1-100)

A. 相邻建筑的生产性质和使用性质
B. 相邻建筑外墙燃烧性能和耐火极限
C. 相邻建筑外墙开口大小和相对位置
D. 建筑高度小于 15 m 的相对较低建筑的建筑层高
E. 建筑高度大于 15 m 的相对较高建筑的屋顶开窗开口大小

【解析】影响防火间距的因素有:(1)热辐射和热对流的影响。从热辐射和热对流的两种火灾蔓延形式而言,热辐射的传热作用,较之热对流范围大,尤其是当火焰温度过高时,辐射热强度随之增大,对相邻建筑物的威胁也更大,而热气流在无风时,气流温度在离开窗口后会大幅降低。(2)建筑外墙开口面积大小的影响。发生火灾后,在可燃物的种类和数量都相同的条件下,当建筑物外墙开口面积较大时,由于通风好,燃烧快,火焰温度高,相邻建筑物接受的热辐射增强。(3)建筑内可燃物的性质、种类和数量的影响。可燃物种类不同,在一定时间内,燃烧火焰的温度也有差异,如汽油、苯、丙酮等易燃液体,其燃

1 答案:D
2 答案:D
3 答案:ABC

烧速度比木材快，发热量也比木材大。一般情况下，可燃物的数量与发热量成正比关系。（4）风速、飞火的影响。风能够加强可燃物的燃烧，促使火灾加快蔓延。露天火灾中，风能使燃烧的炭粒和燃烧着的碎片等飞火飞散到很远的地方。（5）相邻建筑物高度的影响。一般来说，较高建筑物的火灾对较低建筑物的影响要小一些，而较低建筑物对较高建筑的威胁要大些。尤其是当附属建筑物着火，屋顶承重构件毁坏塌落，火焰蹿出屋顶时，往往会波及主体建筑，造成更大威胁。据测定，较低建筑着火时对较高建筑物辐射角在30°~45°，辐射强度最大。（6）建筑物内消防设施水平的影响。但《建筑设计防火规范》（GB 50016—2014）未对建筑物内设置了自动喷水灭火系统，防火间距可以减小作出相关规定。（7）火灾延续时间的影响。建筑物发生火灾后，其温度通常随着火灾延续时间的长短而发生变化，火灾时间越长，则火场温度越高，对周围建筑物的威胁更大，只有当燃烧物逐渐减少，火场温度才开始逐渐降低。

相邻建筑的生产性质和使用性质决定了火灾时的发热量。故A选项正确。

当两座建筑相邻一面外墙为防火墙时，防火间距可以减少甚至不限。故B选项正确。

相邻建筑外墙开口大小和相对位置是影响防火间距确定的因素。故C选项正确。

建筑层高不影响防火间距的确定。故D选项错误。

建筑高差大于 15 m 的较高建筑的屋顶天窗开口大小不影响防火间距的大小，只有较低建筑的屋顶天窗开口大小才影响。故E选项错误。

二、民用建筑的防火间距

1．汶川地震发生后，灾区需在数天内紧急搭建 300 余万帐篷和简易篷布房。相关文献曾给出纸张、织物、木材的最小临界热辐射强度约为 10 kW/m^2，并规定应急篷宿区之间的防火间距不应小于 2 m。为安全合理地确定帐篷的防火间距，进行了实体火灾实验。距起火帐篷不同测点处的热辐射强度值见下表。事实上，在确定薄膜类建筑的防火间距时，火灾热辐射强度并不是唯一的控制因素，当地的气象条件，尤其是风的影响成为控制性因素。参照《建筑设计防火规范》（GB 50016—2014）相关规定，帐篷防火分区的防火间距不宜小于（　）m。[1]（2015-2-69）

距起火帐篷/m	2	4	6	8	10	12
热辐射强度/（kW/m^2）	6.378	3.150	2.257	1.411	0.902	0.606

A．12　B．2　C．8　D．10

【解析】参考《建筑设计防火规范》（GB 50016—2014）第 5.2.2 条注 7 可知，耐火等级低于四级的既有建筑，其耐火等级可按四级确定。帐篷按单、多层民用建筑耐火等级四级计，其他民用建筑之间耐火等级四级与四级防火间距应≥12 m。此题是参考论文《基于火灾实验的板房和帐篷防火间距确定》（作者马锐，《消防科学与技术》2013 年第 7 期）结论做出。

2．在建筑高度为 126.2 m 的办公塔楼短边侧拟建一座建筑高度为 23.9 m、耐火等级为二级的商业建筑。该商业建筑屋面板耐火极限为 1.00 h，且无天窗、毗邻办公塔楼外墙为防火墙，其防火间距不应小于（　）m。[2]（2017-1-25）

A．9　B．4　C．6　D．13

【解析】《建筑设计防火规范》（GB 50016—2014）第 5.2.2 条，民用建筑之间的防火间距不应小于表 5.2.2 的规定；第 5.2.6 条，建筑高度大于 100 m 的民用建筑与相邻建筑的防火间距，当符合本规范第 5.2.2 条允许减小的条件时，仍不应减小。故超高层与多层民用建筑的防火间距不应小于 9 m。A 选项正确。

1 答案：A

2 答案：A

3．采用燃烧性能为 A 级、耐火极限≥1.00 h 的秸秆纤维板材组装的预测环保型板房，可广泛用于施工工地和灾区过道设置。在静风状态下，对板房进行实体火灾试验，测得距着火板房外墙各测点的最大热辐射如下表所示，据此可判定，该板房安全经济的防火间距是（　）m。[1]（2017-1-71）

测点	距板房正面的距离/m	最大热辐射温度/（kW/m^2）	达到最大热辐射温度的时间/s
1	1.0	24.425	222
2	2.0	12.721	213
3	3.0	6.640	213
4	4.0	2.529	214

A．1.0　　B．2.0　　C．3.0　　D．4.0

【解析】参见教材《消防安全技术综合能力》第四篇第三章第六节计算分析及结果运用。防止火灾蔓延扩大判定准则，为了安全起见，被引燃物临界辐射强度取 10 kW/m^2。根据澳大利亚建筑规范协会出版的《防火安全工程指南》提供的资料，在火灾通过热辐射蔓延的设计中，当被引燃物是很薄很轻的窗帘、松散地堆放的报纸等非常容易被点燃的物品时，其临界辐射强度可取为 10 kW/m^2；当被引燃物是带软垫的家具等一般物品时，其临界辐射强度可取为 20 kW/m^2；对于厚度为 5 cm 或更厚的木板等很难被引燃的物品，其临界辐射强度可取为 40 kW/m^2。如果不能确定可燃物的性质，为了安全起见，其临界辐射强度取 10 kW/m^2。故测点 3 为安全经济的防火间距，C 选项正确。

4．根据现行国家标准《建筑设计防火规范》（GB 50016），下列民用建筑防火间距设计方案中，正确的有（　）。[2]（2018-1-82）

A．建筑高度 22 m 的商场建筑与建筑高度 120 m 的酒店，相邻侧外墙均为防火墙，建筑之间的间距不限

B．建筑高度 32 m 的住宅建筑与建筑高度 25 m 的办公楼，相邻侧外墙均设有普通门窗，建筑之间的间距为 13 m

C．建筑高度 32 m 的住宅建筑与木结构体育馆，相邻侧外墙均设有普通门窗，建筑之间的间距为 6 m

D．建筑高度 22 m 的商场建筑与 10 kV 的预装式变电站，相邻侧商场建筑外墙设有普通门窗，建筑之间的间距为 3 m

E．建筑高度 32 m 的住宅建筑与建筑高度 22 m 的二级耐火等级商场建筑，相邻侧外墙均设有普通门窗，建筑之间的间距为 6 m

【解析】民用建筑之间的防火间距执行下表。

单位：m

建筑类别		高层民用建筑	裙房和其他民用建筑		
		一、二级	一、二级	三级	四级
高层民用建筑	一、二级	13	9	11	14
裙房和其他民用建筑	一、二级	9	6	7	9
	三级	11	7	8	10
	四级	14	9	10	12

注：（1）相邻两座单、多层建筑，当相邻外墙为不燃性墙体且无外露的可燃性屋檐，每面外墙上无防火保护的门、窗、洞口不正对开设且该门、窗、洞口的面积之和不大于外墙面积的 5%时，其防火间距可按本表的规定减少 25%。

（2）两座建筑相邻较高一面外墙为防火墙，或高出相邻较低一座一、二级耐火等级建筑的屋面 15 m 及以下范围内的外墙为防火墙时，其防火间距不限。

（3）相邻两座高度相同的一、二级耐火等级建筑中相邻任一侧外墙为防火墙，屋面板的耐火极限不低于 1.00 h 时，其防火间距不限。

（4）相邻两座建筑中较低一座建筑的耐火等级不低于二级，相邻较低一面外墙为防火墙且屋顶无天窗，屋面板的耐火极限不低于 1.00 h 时，其防火间距不应小于 3.5 m；对于高层建筑，不应小于 4 m。

1 答案：C

2 答案：BD

(5) 相邻两座建筑中较低一座建筑的耐火等级不低于二级且屋顶无天窗，相邻较高一面外墙高出较低一座建筑的屋面 15 m 及以下范围内的开口部位设置甲级防火门、窗，或设置符合现行国家标准《自动喷水灭火系统设计规范》(GB 50084—2005) 规定的防火分隔水幕或《建筑设计防火规范》(GB 50016—2014) 第 6.5.3 条规定的防火卷帘时，其防火间距不应小于 3.5 m；对于高层建筑，不应小于 4 m。
(6) 相邻建筑通过连廊、天桥或底部的建筑物等连接时，其间距不应小于本表的规定。
(7) 耐火等级低于四级的既有建筑，其耐火等级可按四级确定。
(8) 民用建筑与单独建造的变电站（通常指 10 kV 及以下的预装式变电站）的防火间距可根据变电站的耐火等级按本表规定确定；民用建筑与 10 kV 及以下的预装式变电站的防火间距不应小于 3 m。
(9) 民用建筑与燃油、燃气或燃煤锅炉房的防火间距，可将锅炉房视为丁类厂房来确定有关防火间距，但与单台蒸汽锅炉的蒸发量不大于 4 t/h 或单台热水锅炉的额定热功率不大于 2.8 MW 的燃煤锅炉房的防火间距，可根据锅炉房的耐火等级按有关民用建筑的规定确定。
(10) 除高层民用建筑外，数座一、二级耐火等级的住宅建筑或办公建筑，当建筑物的占地面积总和不大于 2 500 m^2 时，可成组布置，但组内建筑物之间的间距不宜小于 4 m。组与组或组与相邻建筑物的防火间距不应小于本表的规定。
(11) 建筑高度大于 100 m 的民用建筑与相邻建筑的防火间距，当符合上述防火间距允许减小的条件时，仍不应减小。

建筑高度大于 100 m 的民用建筑与相邻建筑的防火间距，当符合防火间距允许减小的条件时，仍不应减小。故 A 选项错误。

高层民用建筑与高层民用建筑防火间距不小于 13 m。故 B 选项正确。

根据《建筑设计防火规范》(GB 50016—2014) 第 11.0.10 条，民用木结构建筑之间及其与其他民用建筑的防火间距不小于下表。

建筑耐火等级或类别	一、二级	三级	木结构建筑	四级
木结构建筑	8 m	9 m	10 m	11 m

木结构建筑与二级耐火等级的其他建筑防火间距应至少 8 m。故 C 选项错误。

民用建筑与 10 kV 及以下的预装式变电站的防火间距不应小于 3 m。故 D 选项正确。

高层民用建筑与二级耐火等级的多层民用建筑的防火间距不小于 9 m。故 E 选项错误。

第十章　民用建筑的防火分区和层数

本章由宋瑞明解析

一、民用建筑防火分区的划分

1．下列关于防火分区的做法，错误的是（　）。[1]（2015-2-9）

A．建筑局部设有自动灭火系统，防火分区的增加面积按该局部面积增加 0.5 倍计算

B．建筑一至三层设置自动扶梯，防火分区的建筑面积按连通 3 个楼层的建筑面积叠加计算，并按照规范规定划分防火分区

C．叠加计算错层式汽车库上下连通层的建筑面积，防火分区的最大允许建筑面积可按规范增加 1 倍

D．人防工程中的水泵房、污水泵房、水池、厕所等无可燃物的房间面积可不计入防火分区面积

【解析】《建筑设计防火规范》(GB 50016—2014) 第 5.3.1 条注 1 中规定的防火分区最大允许建筑面积，当建筑内设置自动灭火系统时，可按《建筑设计防火规范》(GB 50016—2014) 第 5.3.1 条的规定增加 1.0 倍；局部设置时，防火分区的增加面积可按该局部面积的 1.0 倍计算。A 选项错误。

根据第 5.3.2 条，建筑内设置自动扶梯、敞开楼梯等上下层相连通的开口时，其防火分区的建筑面积应按上下层相连通的建筑面积叠加计算；当叠加计算后的建筑面积大于《建筑设计防火规范》

1 答案：A

（GB 50016—2014）第 5.3.1 条的规定时，应划分防火分区。B 选项正确。

根据《汽车库、修车库、停车场设计防火规范》（GB 50067—2014）第 5.1.1 条，错层式汽车库的上下连通层面积应叠加计算，每个防火分区的最大允许建筑面积不应大于《汽车库、修车库、停车场设计防火规范》（GB 50067—2014）表 5.1.1 规定的 2.0 倍。C 选项正确。

根据《人民防空工程设计防火规范》（GB 50098—2009）第 4.1.1 条，水泵房、污水泵房、水池、厕所、盥洗间等无可燃物的房间，其面积可不计入防火分区的面积之内。D 选项正确。

2．某建筑的一至三层为商场，四至十七层为办公区，地下一层为商场，地下二层部分为商场，其余部分为设备区。室内装修及消防设施设备均符合相关规定。下列关于该建筑地下商场及设备区防火分区建筑面积，正确的是（　）。[1]（2015-2-11）

A．商场营业厅 3 000 m^2；设备区 2 000 m^2　　B．商场营业厅 4 000 m^2；设备区 1 000 m^2

C．商场营业厅 4 000 m^2；设备区 2 000 m^2　　D．商场营业厅 2 000 m^2；设备区 2 000 m^2

【解析】根据《建筑设计防火规范》（GB 50016—2014）第 5.3.4 条，一、二级耐火等级建筑内的商店营业厅、展览厅，当设置自动灭火系统和火灾自动报警系统并采用不燃或难燃装修材料时，其每个防火分区的最大允许建筑面积应符合下列规定：（1）设置在高层建筑内时，不应大于 4 000 m^2。（2）设置在单层建筑或仅设置在多层建筑的首层内时，不应大于 10 000 m^2。（3）设置在地下或半地下时，不应大于 2 000 m^2。由题干描述可判断建筑为高层建筑，对应的防火分区的最大允许建筑面积为 1 500 m^2，建筑内全部设置自动喷水灭火系统后可增加到 3 000 m^2。但我们要注意，题目问的是地下建筑商场的防火分区面积，因此我们应按照第 5.3.4-3 条来确定防火分区的面积，即不大于 2 000 m^2。设置在地下的设备用房的最大允许防火分区面积不应大于 1 000 m^2，全部设置自动喷水灭火系统后可增加到 2 000 m^2，因此本题答案为 D。

3．某钢筋混凝土结构的商场，建筑高度为 23.8 m。其中，地下一层至地上五层为商业营业厅，地下二层为汽车库和设备用房，建筑全部设置自动喷水灭火系统和火灾自动报警系统等，并采用不燃性材料进行内部装修。下列关于防火分区划分的做法中，错误的是（　）。[2]（2016-1-74）

A．地上一层的防火分区中最大一个的建筑面积为 9 900 m^2

B．地下一层的防火分区中最大一个的建筑面积为 1 980 m^2

C．地上二层的防火分区中最大一个的建筑面积为 4 950 m^2

D．地下二层的设备用房划分为一个防火分区，建筑面积为 1 090 m^2

【解析】根据《建筑设计防火规范》（GB 50016—2014）第 5.3.4 条，一、二级耐火等级建筑内的商店营业厅、展览厅，当设置自动灭火系统和火灾自动报警系统并采用不燃或难燃装修材料时，其每个防火分区的最大允许建筑面积应符合下列规定：（1）设置在高层建筑内时，不应大于 4 000 m^2。（2）设置在单层建筑或仅设置在多层建筑的首层内时，不应大于 10 000 m^2。（3）设置在地下或半地下时，不应大于 2 000 m^2。故 A 选项错误。

4．对防火分区进行检查时，应检查防火分区的建筑面积。根据现行国家消防技术标准的规定，下列因素中不影响防火分区的建筑面积划分的是（　）。[3]（2016-2-34）

A．使用性质　　B．耐火等级　　C．防火间距　　D．建筑高度

【解析】根据《建筑设计防火规范》（GB 50016—2014）第 5.3.1 条可知，使用性质、耐火等级、建筑高度均影响防火分区面积，故选 C。

5．某商业综合体建筑，裙房与高层建筑主体采用防火墙分隔，地上 4 层，地下 2 层。地下二层为汽

1 答案：D
2 答案：A
3 答案：C

车库，地下一层为超市及设备用房，地上各层功能包括商业营业厅、餐厅及电影院。下列场所对应的防火分区建筑面积中，错误的是（　）。[1]（2017-1-37）

A．地下超市，2 100 m^2　　B．商业营业厅，4 800 m^2

C．记住餐饮区，4 200 m^2　　D．电影院区域，3 100 m^2

【解析】《建筑设计防火规范》（GB 50016—2014）第5.3.1条，民用建筑每个防火分区的最大允许建筑面积。第5.3.1条注2，裙房与高层建筑主体之间设置防火墙时，裙房的防火分区可按单、多层建筑的要求确定。第5.3.4条，一、二级耐火等级建筑内的商店营业厅、展览厅，当设置自动灭火系统和火灾自动报警系统并采用不燃或难燃装修材料时，其每个防火分区的最大允许建筑面积应符合下列规定：（1）设置在高层建筑内时，不应大于4 000 m^2。（2）设置在单层建筑或仅设置在多层建筑的首层内时，不应大于10 000 m^2。（3）设置在地下或半地下时，不应大于2 000 m^2。故A选项错误。

6．某三层内廊式办公楼，建筑高度12.5 m，三级耐火等级，设置自动喷水灭火系统，每层建筑面积均为1 400 m^2，有2部采用双向弹簧门的封闭式楼梯间。该办公楼每层一个防火分区的最大建筑面积为（　）m^2。[2]（2017-2-23）

A．1 200　B．2 400　C．2 800　D．1 400

【解析】《建筑设计防火规范》（GB 50016—2014）第5.3.1条，民用建筑每个防火分区的最大允许建筑面积。第5.3.1条注1，防火分区最大允许建筑面积，当建筑内设置自动灭火系统时，可按本表5.3.1的规定增加1.0倍；局部设置时，防火分区的增加面积可按该局部面积的1.0倍。1 200 m^2 × 2 = 2 400 m^2，按每层设置为一个防火分区，最大建筑面积为1 400 m^2。

7．某购物中心地下2层，地上4层，建筑高度24 m，耐火等级二级，地下二层室内地面与室外出入口地坪高差为11.5 m。地下每层建筑面积15 200 m^2。地下二层设置汽车库和变配电房、消防水泵房等设备用房及建筑面积5 820 m^2的建材商场（经营五金，洁具，瓷砖，桶装油漆、香蕉水等）；地下一层为家具、灯饰商场，设有多部自动扶梯与建材商场连通，自动扶梯上下层和连通的开口部位设置防火卷帘。地下商场部分的每个防火分区面积不大于2 000 m^2，采用耐火极限为1.50 h的不燃性楼板和防火墙及符合规定的防火卷帘进行分隔，在相邻防火分区的防火墙上均设有向疏散方向开启的甲级防火门。

根据以上材料，回答问题：

指出地下商场防火分区方面存在的问题，并提出消防规范规定的整改措施。（2015-3-二）

答案：存在问题：该地下室采用楼板分为地下一层、地下二层两个区域，则楼板耐火极限应不小于2.00 h，该案中采用1.50 h不合理；整改措施：应采用无门、窗、洞口的防火墙和耐火极限不低于2.00 h的楼板分隔为多个建筑面积不大于20 000 m^2的区域，相邻区域确需局部连通时，应采用下沉式广场等室外开敞空间、防火隔间、避难走道、防烟楼梯间等方式进行连通。

【解析】《建筑设计防火规范》（GB 50016—2014）第5.3.4条，一、二级耐火等级建筑内的商店营业厅、展览厅，当设置自动灭火系统和火灾自动报警系统并采用不燃或难燃装修材料时，其每个防火分区的最大允许建筑面积应符合下列规定：（1）设置在高层建筑内时，不应大于4 000 m^2；（2）设置在单层建筑或仅设置在多层建筑的首层内时，不应大于10 000 m^2；（3）设置在地下或半地下时，不应大于2 000 m^2。

第5.3.5条，总建筑面积大于20 000 m^2的地下或半地下商店，应采用无门、窗、洞口的防火墙和耐火极限不低于2.00 h的楼板分隔为多个建筑面积不大于20 000 m^2的区域。相邻区域确需局部连通时，应采用下沉式广场等室外开敞空间、防火隔间、避难走道、防烟楼梯间等方式进行连通，并应符合下列规定：（1）下沉式广场等室外开敞空间应能防止相邻区域的火灾蔓延和便于安全疏散，并应符合本规范第6.4.12

1 答案：A
2 答案：D

条的规定；（2）防火隔间的墙应为耐火极限不低于 3.00 h 的防火隔墙，并应符合本规范第 6.4.13 条的规定；（3）避难走道应符合本规范第 6.4.14 条的规定；（4）防烟楼梯间的门应采用甲级防火门。

8．某耐火等级为一级的公共建筑，地下 1 层，地上 5 层，建筑高度 23 m。地下一层为设备用房，地上一、二层为商店营业厅，三至五层为办公用房，该建筑设有自动喷水灭火系统和火灾自动报警系统，并采用不燃和难燃材料装修。该建筑下列防火分区划分方案中，错误的是（　）。[1]（2018-1-73）

A．地下一层防火分区建筑面积最大为 1 000 m^2

B．首层防火分区建筑面积最大为 10 000 m^2

C．二层防火分区建筑面积最大为 5 000 m^2

D．三层防火分区建筑面积最大为 4 000 m^2

【解析】为便于记忆特汇总：

（1）不同耐火等级建筑的允许建筑高度或层数、防火分区最大允许建筑面积

名称	耐火等级	允许建筑高度或层数	防火分区的最大允许建筑面积/m^2	备　注
高层民用建筑	一、二级	按《建筑设计防火规范》（GB 50016—2014）第 5.1.1 条确定	1 500	对于体育馆、剧场的观众厅，防火分区的最大允许建筑面积可适当增加
单、多层民用建筑	一、二级	按《建筑设计防火规范》（GB 50016—2014）第 5.1.1 条确定	2 500	
	三级	5 层	1 200	—
	四级	2 层	600	—
地下或半地下建筑（室）	一级	—	500	设备用房的防火分区最大允许建筑面积不应大于 1 000 m^2

注：（1）表中规定的防火分区最大允许建筑面积，当建筑内设置自动灭火系统时，可按本表的规定增加 1.0 倍；局部设置时，防火分区的增加面积可按该局部面积的 1.0 倍计算。

（2）裙房与高层建筑主体之间设置防火墙时，裙房的防火分区可按单、多层建筑的要求确定。

（3）独立建造的一、二级耐火等级老年人照料设施的建筑高度不宜大于 32 m，不应大于 54 m；独立建造的三级耐火等级老年人照料设施，不应超过 2 层。

（2）营业厅、展览厅的防火分区最大允许建筑面积

序号	所在楼层	防火分区的最大允许面积/m^2	设置条件			
			耐火等级	自动喷淋及报警系统	装修为不燃、难燃材料	不经营和储存甲、乙类物品
1	在高层建筑内（含与主体无防火分隔的裙房）	≤4 000	一级或二级	应有	应是	应是
2	多层建筑（含与高层主体有防火分隔的裙房的楼层）	≤5 000				
3	单层或仅多层建筑的首层	≤10 000				
4	地下一层或二层	≤2 000	一级			

地下一层为设备用房，该建筑设有自动喷水灭火系统，防火分区建筑面积最大允许建筑面积为 2 000 m^2。故 A 选项正确。

地上一层为商店营业厅，该建筑设有自动喷水灭火系统，防火分区建筑面积最大允许建筑面积为 5 000 m^2。故 B 选项错误。

1 答案：B

地上二层为商店营业厅，该建筑设有自动喷水灭火系统，防火分区建筑面积最大允许建筑面积为 5 000 m^2。故 C 选项正确。

地上三层为办公用房，该建筑设有自动喷水灭火系统，防火分区建筑面积最大允许建筑面积为 5 000 m^2。故 D 选项正确。

9．某医院病房楼，地下 1 层，地上 6 层，局部 7 层，屋面为平屋面。首层地面设计标高为±0.000 m，地下室地面标高为−4.200 m，建筑室外地面设计标高为−0.600 m。六层屋面面层的标高为 23.700 m，女儿墙顶部标高为 24.800 m；七层屋面面层的标高为 27.300 m。该病房楼首层平面示意图如下图所示。

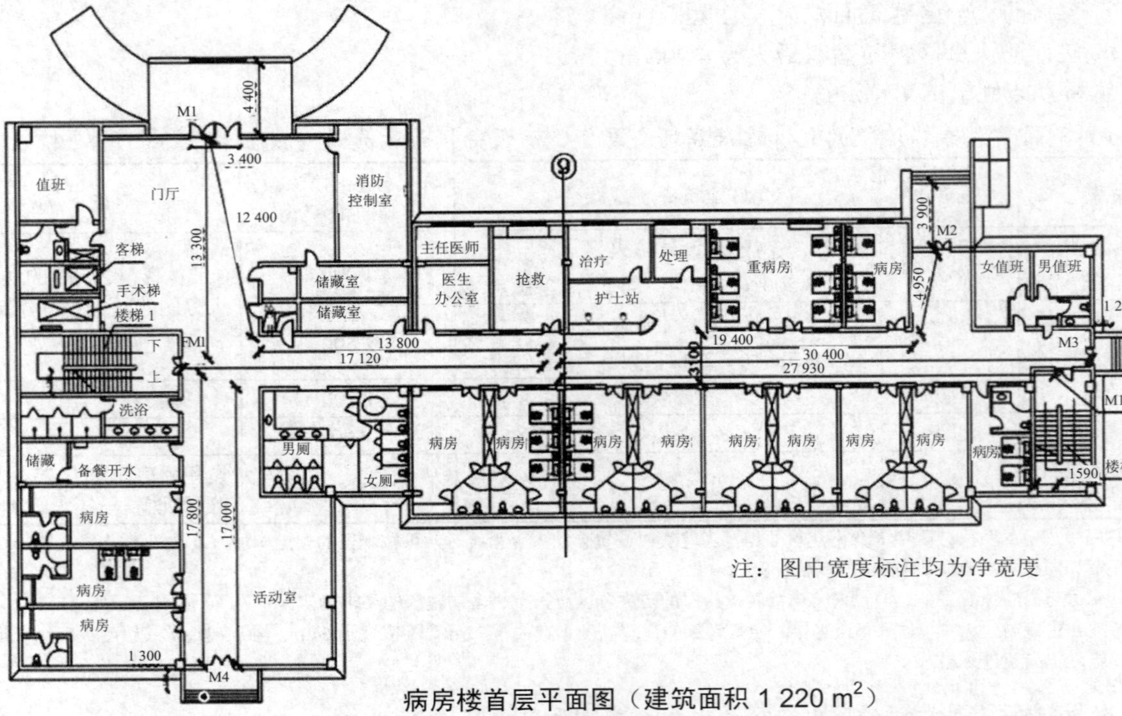

病房楼首层平面图（建筑面积 1 220 m^2）

该病房楼六层以下各层建筑面积均为 1 220 m^2。图中⑨号轴线东侧地下室建筑面积为 560 m^2，布置设备用房。中间走道北侧自西向东依次布置消防水泵房、通风空调机房、排烟机房，中间走道南侧自西向东依次布置柴油发电机房、变配电室（使用干式变压器）。⑨号轴线西侧的地下室布置自行车库。地上一层至地上六层均为病房层，七层（建筑面积为 275 m^2）布置消防水箱间、电梯机房和楼梯出口小间。

地下室各设备用房的门均为乙级防火门，各层楼梯 1、楼梯 2 的门和地上各层配电室的门均为乙级防火门，首层 M1、M2、M3、M4 均为钢化玻璃门，其他各层各房间的门均为普通木门。楼内的 Ml 门净宽为 3.4 m，所有单扇门净宽均为 0.9 m，双扇门净宽均为 1.2 m。

该病房楼内按规范要求设置了室内外消火栓系统、湿式自动喷水灭火系统、火灾自动报警系统、防烟和排烟系统及灭火器。疏散走道和楼梯间照明的地面最低水平照度为 6.0 lx，供电时间 1.5 h。

（1）该病房楼的建筑高度是多少？按《建筑设计防火规范》（GB 50016）分类，属哪类？地下室至少应划分几个防火区？地上部分的防火分区如何划分？并说明理由。（2018-3-四）

答案：（1）建筑高度：七层建筑面积为 275 m^2，275/1 220＜1/4，因此局部突出的 7 层不计入建筑高度，同时女儿墙不计入建筑高度。那么该建筑高度 23.7+0.6=24.3（m）。（2）建筑分类：该建筑为医院病房楼，高度大于 24 m，超过 24 m 的医疗建筑属于一类高层建筑。（3）地下防火分区：每层建筑面积 1 220 m^2，用途为自行车库和设备间，自行车库为民用建筑，防火分区 500 m^2；设自喷 1 000 m^2，1 000+560=1 560＞

1 220（m^2）。因此，划分 2 个防火分区。（4）地上防火分区：高层公共建筑防火分区面积 1 500 m^2，设自喷 3 000 m^2，因此每层划分 1 个防火分区。

【解析】根据《建筑设计防火规范》（GB 50016—2014）附录 A，建筑屋面为平屋面（包括有女儿墙的平屋面）时，建筑高度应为建筑室外设计地面至其屋面面层的高度；局部突出屋顶的瞭望塔、冷却塔、水箱间、微波天线间或设施、电梯机房、排风和排烟机房以及楼梯出口小间等辅助用房占屋面面积不大于 1/4 者，可不计入建筑高度。

民用建筑的分类见《建筑设计防火规范》（GB 50016—2014）表 5.1.1，不同耐火等级建筑的允许建筑高度或层数、防火分区最大允许建筑面积见表 5.3.1。

表 5.1.1 民用建筑的分类

<table>
<tr><th rowspan="2">名称</th><th colspan="2">高层民用建筑</th><th rowspan="2">单、多层
民用建筑</th></tr>
<tr><th>一 类</th><th>二 类</th></tr>
<tr><td>住宅建筑</td><td>建筑高度大于 54 m 的住宅建筑（包括设置商业服务网点的住宅建筑）</td><td>建筑高度大于 27 m，但不大于 54 m 的住宅建筑（包括设置商业服务网点的住宅建筑）</td><td>建筑高度不大于 27 m 的住宅建筑（包括设置商业服务网点的住宅建筑）</td></tr>
<tr><td>公共建筑</td><td>1．建筑高度大于 50 m 的公共建筑
2．建筑高度 24 m 以上部分任一楼层建筑面积大于 1 000 m²的商店、展览、电信、邮政、财贸金融建筑和其他多种功能组合的建筑
3．医疗建筑、重要公共建筑、独立建造的老年人照料设施
4．省级及以上的广播电视和防灾指挥调度建筑、网局级和省级电力调度建筑
5．藏书超过 100 万册的图书馆、书库</td><td>除一类高层公共建筑外的其他高层公共建筑</td><td>1．建筑高度大于 24 m 的单层公共建筑
2．建筑高度不大于 24 m 的其他公共建筑</td></tr>
</table>

表 5.3.1 不同耐火等级建筑的允许建筑高度或层数、防火分区最大允许建筑面积

<table>
<tr><th>名称</th><th>耐火等级</th><th>允许建筑高度或层数</th><th>防火分区的最大允许建筑面积/m²</th><th>备 注</th></tr>
<tr><td>高层民用建筑</td><td>一、二级</td><td>按《建筑设计防火规范》（GB 50016—2014）第 5.1.1 条确定</td><td>1 500</td><td rowspan="2">对于体育馆、剧场的观众厅，防火分区的最大允许建筑面积可适当增加</td></tr>
<tr><td rowspan="3">单、多层民用建筑</td><td>一、二级</td><td>按《建筑设计防火规范》（GB 50016—2014）第 5.1.1 条确定</td><td>2 500</td></tr>
<tr><td>三级</td><td>5 层</td><td>1 200</td><td>—</td></tr>
<tr><td>四级</td><td>2 层</td><td>600</td><td>—</td></tr>
<tr><td>地下或半地下建筑（室）</td><td>一级</td><td>—</td><td>500</td><td>设备用房的防火分区最大允许建筑面积不应大于 1 000 m²</td></tr>
</table>

注：（1）表中规定的防火分区最大允许建筑面积，当建筑内设置自动灭火系统时，可按本表的规定增加 1.0 倍；局部设置时，防火分区的增加面积可按该局部面积的 1.0 倍计算。

（2）裙房与高层建筑主体之间设置防火墙时，裙房的防火分区可按单、多层建筑的要求确定。

（2）指出图中抢救室可用的安全出口，判断抢救室的疏散距离是否满足《建筑设计防火规范》（GB 50016）的相关要求，并说明理由。（2018-3-四）

答案：M1 可作为安全出口。理由：M2 门宽度不满足；M3、M4 开启方向错误，并且宽度不满足要求，无法作为安全出口。

M1 均满足要求。理由：通过图示可知，抢救室距离 M1 门的距离为 13.8+12.4=26.2（m）。高层医疗建筑疏散门至最近安全出口的距离不大于 24 m，设置自动喷水灭火系统，可以增加 25%，24×1.25＝30（m），因此，M1均满足要求。

二、中庭建筑的防火分隔

1. 关于中庭与周围连通空间进行防火分隔的做法，错误的是（　）。[1]（2017-1-72）

A. 采用乙级防火门、窗，且火灾时能自行关闭

B. 采用耐火极限为1.00 h的防火隔墙

C. 采用耐火隔热和耐火完整性为1.00 h的防火玻璃墙

D. 采用耐火完整性为1.00 h的非隔热性防火玻璃墙，并设置自动喷水灭火系统保护

【解析】《建筑设计防火规范》（GB 50016—2014）第5.3.2条，建筑内设置自动扶梯、敞开楼梯等上、下层相连通的开口时，其防火分区的建筑面积应按上、下层相连通的建筑面积叠加计算；当叠加计算后的建筑面积大于《建筑设计防火规范》（GB 50016—2014）第5.3.1条的规定时，应划分防火分区。

建筑物内设置中庭时，防火分区的建筑面积应按上、下层相连通的建筑面积叠加计算。当中庭相连通的建筑面积之和大于一个防火分区的最大允许建筑面积时，应符合下列规定。

<table>
<tr><td rowspan="5">（1）与周围的连通空间应进行防火分隔</td><td>①采用防火隔墙时，其耐火极限应≥1.00 h</td></tr>
<tr><td>②采用防火玻璃墙时，其隔热性和耐火完整性均应≥1.00 h</td></tr>
<tr><td>③采用耐火完整性≥1.00 h的非隔热防火玻璃时，应设置自动喷水灭火系统保护</td></tr>
<tr><td>④采用防火卷帘时，其耐火极限应≥3.00 h，并应符合《建筑设计防火规范》（GB 50016—2014）第6.5.3条的规定</td></tr>
<tr><td>⑤与中庭相连通的门、窗，应采用火灾时能自行关闭的甲级防火门、窗</td></tr>
<tr><td colspan="2">（2）中庭应设置排烟设施</td></tr>
<tr><td colspan="2">（3）中庭内不应布置可燃物</td></tr>
<tr><td colspan="2">（4）高层建筑内的中庭回廊应设自动喷水灭火系统和自动报警系统</td></tr>
</table>

2. 某高层建筑，设计建筑高度为68.0 m，总建筑面积为91 200 m^2。标准层的建筑面积为2 176 m^2，每层划分为1个防火分区。一至二层为上、下连通的大堂，三层设置会议室和多功能厅，四层以上用于办公。建筑的耐火等级设计为二级，其楼板、梁和柱的耐火极限分别为1.00 h、2.00 h和3.00 h。高层主体建筑附建了3层裙房，并采用防火墙及甲级防火门与高层主体建筑进行分隔；高层主体建筑和裙房的下部设置了3层地下室。高层主体建筑设置了1部消防电梯，从首层大堂直通至顶层；消防电梯的前室在首层和三层采用防火卷帘和乙级防火门与其他区域分隔，在其他各层均采用乙级防火门和防火隔墙进行分隔。

裙房的一至二层为商店，三层为展览厅。首层的建筑面积为8 100 m^2，划分为1个防火分区；二、三层的建筑面积均为7 640 m^2，分别划分为2个建筑面积不大于4 000 m^2的防火分区；一至三层设置了一个上、下连通的中庭，除首层采用符合要求的防火卷帘分隔外，二、三层的中庭与周围连通空间的防火分隔为耐火极限1.50 h的非隔热性防火玻璃墙。

高层建筑地下一层设置餐饮、超市和设备室，地下二层为人防工程和汽车库、消防水泵房、消防水池、燃油锅炉房、变配电室（干式）等，地下三层为汽车库。地下各层均按标准要求划分了防火分区。其中，人防工程区的建筑面积为3 310 m^2，设置了歌厅、洗浴桑拿房、健身用房及影院，并划分为歌厅、洗浴桑拿与健身、影院三个防火分区，建筑面积分别为820 m^2、1 110 m^2和1 380 m^2。

根据以上材料，回答问题：

指出该高层建筑在防火分区与防火隔离方面的问题，并给出正确的做法。（2017-3-三）

1 答案：A

答案：（1）消防电梯的前室在首层和三层采用防火卷帘和乙级防火门与其他区域分隔，不合理；前室不应设置卷帘进行分隔。（2）裙房的一至二层为商店，三层为展览厅，首层的建设面积为 8 100 m^2，划分为 1 个防火分区，不合理；按规范要求该裙房应设自喷，且按题干裙房采用防火墙及甲级防火门与高层主体建筑进行分隔，故其防火分区最大允许建筑面积为 5 000 m^2，8 100 m^2 至少应划分为 2 个防火分区。（3）二、三层的中庭与周围连通空间的防火分隔为耐火极限 1.50 h 的非隔热性防火玻璃墙，不合理；应采用耐火隔热性和耐火完整性不低于 1.00 h 的防火玻璃墙进行分隔，或者采用耐火完整性不低于 1.00 h 的非隔热性防火玻璃墙并设置自动喷水灭火系统进行保护。（4）地下二层、三层为汽车库，楼板耐火极限为 1.00 h，不合理；汽车库与其他建筑合建时，设在建筑物内的汽车库与其他部位之间，应采用防火墙和耐火极限不低于 2.00 h 的不燃性楼板分隔。（5）人防工程区中洗浴桑拿与健身防火分区建筑面积为 1 110 m^2，影院为 1 380 m^2，不合理；该人防工程区应设自喷，其防火分区分区最大建筑面积均为 1 000 m^2。

【解析】根据《建筑设计防火规范》（GB 50016—2014）第 7.3.5-4 条可知，消防电梯前室或合用前室的门应采用乙级防火门，不应设置卷帘。

根据第 5.3.1 条，不同耐火等级建筑的允许建筑高度或层数、防火分区最大允许建筑面积见下表。

<table>
<tr><th>名称</th><th>耐火等级</th><th>允许建筑高度或层数</th><th>防火分区的最大允许建筑面积/m^2</th><th>备　注</th></tr>
<tr><td>高层民用建筑</td><td>一、二级</td><td>按《建筑设计防火规范》（GB 50016—2014）第 5.1.1 条确定</td><td>1 500</td><td rowspan="2">对于体育馆、剧场的观众厅，防火分区的最大允许建筑面积可适当增加</td></tr>
<tr><td rowspan="3">单、多层民用建筑</td><td>一、二级</td><td>按《建筑设计防火规范》（GB 50016—2014）第 5.1.1 条确定</td><td>2 500</td></tr>
<tr><td>三级</td><td>5 层</td><td>1 200</td><td>—</td></tr>
<tr><td>四级</td><td>2 层</td><td>600</td><td>—</td></tr>
<tr><td>地下或半地下建筑（室）</td><td>一级</td><td>—</td><td>500</td><td>设备用房的防火分区最大允许建筑面积不应大于 1 000 m^2</td></tr>
</table>

注：（1）表中规定的防火分区最大允许建筑面积，当建筑内设置自动灭火系统时，可按本表的规定增加 1.0 倍；局部设置时，防火分区的增加面积可按该局部面积的 1.0 倍计算。

（2）裙房与高层建筑主体之间设置防火墙时，裙房的防火分区可按单、多层建筑的要求确定。

第 5.3.2 条，建筑内设置中庭时，其防火分区的建筑面积应按上、下层相连通的建筑面积叠加计算；当叠加计算后的建筑面积大于《建筑设计防火规范》（GB 50016—2014）第 5.3.1 条的规定时，中庭与周围连通空间应进行防火分隔：采用防火隔墙时，其耐火极限不应低于 1.00 h；采用防火玻璃墙时，其耐火隔热性和耐火完整性不应低于 1.00 h，采用耐火完整性不低于 1.00 h 的非隔热性防火玻璃墙时，应设置自动喷水灭火系统进行保护。

《汽车库、修车库、停车场设计防火规范》（GB 50067—2014）第 5.1.6 条，汽车库、修车库与其他建筑合建时，应符合下列规定：（1）当贴邻建造时，必须采用防火墙隔开；（2）设在建筑物内的汽车库（包括屋顶停车场）、修车库与其他部位之间，应采用防火墙和耐火极限不低于 2.00 h 的不燃性楼板分隔。

《人民防空工程设计防火规范》（GB 50098—2009）第 4.1.3 条，人民防空地下室内电影院、礼堂的观众厅，防火分区允许最大建筑面积不应大于 1 000 m^2。当设置有火灾自动报警系统和自动灭火系统时，其允许最大建筑面积也不得增加。

三、有顶棚的商业步行街防火

某大型城市综合体的餐饮、商店等商业设施通过有顶棚的步行街连接，且需利用步行街进行安全疏散。

对该步行街进行防火检查，下列检查结果中，不符合现行国家标准要求的是（　）。[1]（2018-2-65）

A．步行街的顶棚为玻璃顶

B．步行街的顶棚距地面的高度为5.8 m

C．步行街顶棚承重结构采用经防火保护的钢构件，耐火极限为1.50 h

D．步行街两侧建筑之间的最近距离为13 m

【解析】

有顶棚的商业步行街防火设计汇总

项目		规范条文内容摘要
建筑规模	步行街	步行街长度宜≤300 m
		步行街宽度应≥两侧建筑相应防火间距的要求，且应≥9 m
		步行街顶棚下檐距地面的高度应≥6 m
	商铺	每间商铺的建筑面积宜≤300 m^2
建筑耐火等级		≥二级
平面布置		步行街的端部在各层不宜封闭，确需封闭时，应在外墙上设置可开启的门窗，且开启后门窗的面积不应小于该部位外墙面积的一半
		步行街两侧的建筑为多层时，每层商铺面向步行街的一侧均应设置防止火灾竖向蔓延的措施，并应符合《建筑设计防火规范》（GB 50016—2014）第6.2.5条的规定；设置回廊或挑檐时，其挑出宽度应≥1.2 m；上部各层设置回廊或天桥时，应保证步行街上部各层开口面积≥步行街地面面积的37%，且开口宜均匀布置
安全疏散	疏散距离	首层商铺的疏散门可直通步行街。步行街内任意一点到达室外安全地点的步行距离应≤60 m，步行街楼层商铺疏散门至该层最近疏散楼梯口或安全出口的直线距离应≤37.5 m
	楼梯设置	疏散楼梯应靠外墙设置并直通室外，确有困难时，可在首层直通步行街
围护构件的耐火极限	面向步行街的围护构件	面向步行街一侧的建筑围护构件的耐火极限应≥1.00 h；并宜采用实体墙，其上应采用乙级防火门、窗；当采用防火玻璃（包括门、窗）时，其耐火隔热性和耐火完整性应≥1.00 h；采用耐火完整性≥1.00 h的非耐火隔热性防火玻璃墙（包括门、窗）时，应设置闭式自动喷水灭火系统进行保护
	商铺间的隔墙	相邻商铺之间应设置耐火极限≥2.00 h的防火隔墙，隔墙两侧面向步行街的门、窗、洞口之间应设置宽度≥1 m、耐火极限≥1.00 h的实体墙
	顶棚	步行街顶棚应采用不燃或难燃材料，其承重构件的耐火极限应≥1.00 h
其他消防措施和要求		商铺内应设自动喷水灭火和报警系统。每层回廊应设自动喷水灭火系统。步行街内宜设自动跟踪定位射流灭火系统
		步行街两侧建筑的商铺内外均应设置疏散照明、灯光疏散标志和消防应急广播系统
		街内沿两侧商铺外每隔30 m应设置DN65的消火栓，并应配备消防软管卷盘或消防水龙
		顶棚应设置自然排烟设施并宜采用常开式的排烟口，其有效面积应≥步行街地面面积的25%；常闭式自然排烟设施应能在火灾时手动和自动开启
		步行街内不应布置可燃物

1 答案：B

第十一章　民用建筑的平面布置

本章由宋瑞明解析

第一节　住宅部分与非住宅建筑合建以及设置商业服务网点的住宅建筑的防火要求

1．某座 10 层建筑，建筑高度为 36 m，一至五层为住宅，六至十层为办公用房。住宅部分与办公部分之间应采用耐火极限不低于（　）h 的不燃性楼板和无任何开口的防火墙完全分隔。[1]（2015-1-70）

A．1.00　　B．2.00　　C．1.50　　D．2.50

【解析】《建筑设计防火规范》（GB 50016—2014）第 5.4.10-1 条，住宅部分与非住宅部分之间，应采用耐火极限不低于 2.00 h 且无门、窗、洞口的防火隔墙和 1.50 h 的不燃性楼板完全分隔；当为高层建筑时，应采用无门、窗、洞口的防火墙和耐火极限不低于 2.00 h 的不燃性楼板完全分隔。建筑外墙上、下层开口之间的防火措施应符合《建筑设计防火规范》（GB 50016—2014）第 6.2.5 条的规定。故 B 选项正确。

2．某建筑高度为 110 m 的 35 层住宅建筑，首层设有商业服务网点。该住宅建筑的下列构件耐火极限设计方案中，错误的是（　）。[2]（2018-1-7）

A．居住部分与商业服务网点之间的隔墙的耐火极限为 2.00 h

B．居住部分与商业服务网点之间的楼板的耐火极限为 1.00 h

C．居住部分疏散走道两侧隔墙的耐火极限为 1.00 h

D．居住部分分户墙的耐火极限为 2.00 h

【解析】《建筑设计防火规范》（GB 50016—2014）第 5.4.11 条，设置商业服务网点的住宅建筑，其居住部分与商业服务网点之间应采用耐火极限不低于 2.00 h 且无门、窗、洞口的防火隔墙和 1.50 h 的不燃性楼板完全分隔，住宅部分和商业服务网点部分的安全出口和疏散楼梯应分别独立设置。A 选项正确，B 选项错误（建筑高度大于 100 m 的民用建筑，其楼板的耐火极限不应低于 2.00 h）。

该住宅为一类高层，耐火等级应为一级，根据《建筑设计防火规范》（GB 50016—2014）第 5.1.2 条，疏散走道两侧隔墙的耐火极限不应低于 1.00 h，C 选项正确；住宅建筑单元之间的墙和分户墙的耐火极限不应低于 2.00 h，D 选项正确。

第二节　人员密集场所和特殊场所的布置

1．下列建筑或楼层中，可以开办幼儿园的是（　）。[3]（2015-1-18）

A．租用消防验收合格后未经改造的设有一个疏散楼梯的 6 层单元式住宅的第三层

B．租用消防验收合格、能提供一个独立使用的封闭楼梯间的高层办公楼裙房的第四层

C．租用消防验收合格，建筑面积为 500 m^2，有 2 个消防楼梯间的单独建造的半地下室

D．建筑面积为 600 m^2，安全疏散和消防设置满足要求的单层砖木结构的房屋

【解析】《建筑设计防火规范》（GB 50016—2014）第 5.4.4 条，托儿所、幼儿园的儿童用房，老年人活动场所和儿童游乐厅等儿童活动场所宜设置在独立的建筑内，且不应设置在地下或半地下；当采用一、二

1 答案：B

2 答案：B

3 答案：D

级耐火等级的建筑时，不应超过3层；采用三级耐火等级的建筑时，不应超过2层；采用四级耐火等级的建筑时，应为单层；确需设置在其他民用建筑内时，应符合下列规定：（1）设置在一、二级耐火等级的建筑内时，应布置在首层、二层或三层；（2）设置在三级耐火等级的建筑内时，应布置在首层或二层；（3）设置在四级耐火等级的建筑内时，应布置在首层；（4）设置在高层建筑内时，应设置独立的安全出口和疏散楼梯；（5）设置在单、多层建筑内时，宜设置独立的安全出口和疏散楼梯。故A、B、C选项错误。D选项正确。

2．对民用建筑实施防火检查时，检查人员应注意查看特殊功能场所设置情况，不应设置在地下或半地下，且不应设置在四层及四层以上的用房有（　）。[1]（2015-2-83）

A．托儿所、幼儿园的儿童用房　　B．医院的住院部分　　C．疗养院的住院部分

D．儿童游乐厅等儿童活动场所　　E．老年人活动场所

【解析】《建筑设计防火规范》（GB 50016—2014）第5.4.4条，托儿所、幼儿园的儿童用房和儿童游乐厅等儿童活动场所宜设置在独立的建筑内，且不应设置在地下或半地下；当采用一、二级耐火等级的建筑时，不应超过3层。《建筑设计防火规范》（GB 50016—2014）第5.4.5条，医院和疗养院的住院部分不应设置在地下或半地下。医院和疗养院的住院部分采用三级耐火等级建筑时，不应超过2层；采用四级耐火等级建筑时，应为单层；设置在三级耐火等级的建筑内时，应布置在首层或二层；设置在四级耐火等级的建筑内时，应布置在首层。医院和疗养院采用一、二级耐火等级建筑时没有楼层限制。

第5.4.4A条，老年人照料设施宜独立设置。当老年人照料设施与其他建筑上、下组合时，老年人照料设施宜设置在建筑的下部，并应符合下列规定：

（1）老年人照料设施部分的建筑层数、建筑高度或所在楼层位置的高度应符合本规范第5.3.1A条的规定；

（2）老年人照料设施部分应与其他场所进行防火分隔，防火分隔应符合本规范第6.2.2条的规定。

第5.4.4B条，当老年人照料设施中的老年人公共活动用房、康复与医疗用房设置在地下、半地下时，应设置在地下一层，每间用房的建筑面积不应大于200 m^2 且使用人数不应大于30人。

老年人照料设施中的老年人公共活动用房、康复与医疗用房设置在地上四层及以上时，每间用房的建筑面积不应大于200 m^2 且使用人数不应大于30人。故E选项错误。

3．关于建筑防火分隔的说法中，错误的是（　）。[2]（2016-1-14）

A．卡拉OK厅各厅室之间采用耐火极限为2.00 h的防火隔墙和1.50 h的不燃烧性楼板及乙级防火门分隔

B．柴油发电机房内的储油间（柴油储量为0.8 m^3），采用耐火极限为2.50 h的防火隔墙和1.50 h的不燃烧性楼板及甲级防火门与其他部位分隔

C．高层住宅建筑下部设置的商业服务网点，采用耐火极限为2.50 h且无门、窗、洞口的防火隔墙和1.50 h的不燃烧性楼板与其他部位分隔

D．医院病房楼内相邻护理单元之间采用耐火极限为2.00 h的防火隔墙和乙级防火门分隔

【解析】《建筑设计防火规范》（GB 50016—2014）第5.4.13条，柴油发电机房内设置储油间时，其总储存量不应大于1 m^3，储油间应采用耐火极限不低于3.00 h的防火隔墙与发电机间分隔；确需在防火隔墙上开门时，应设置甲级防火门。2.50 h防火隔墙错误，故B选项错误。

4．下列建筑场所中，不应布置在民用建筑地下二层的是（　）。[3]（2017-1-7）

A．礼堂　　B．电影馆观众厅　　C．歌舞厅　　D．会议厅

1 答案：AD

2 答案：B

3 答案：C

【解析】《建筑设计防火规范》（GB 50016—2014）第 5.4.7 条，剧场、电影院、礼堂宜设置在独立的建筑内。采用三级耐火等级建筑时，不应超过 2 层。确需设置在其他民用建筑内时，至少应设置 1 个独立的安全出口和疏散楼梯，并应符合下列规定：（1）应采用耐火极限不低于 2.00 h 的防火隔墙和甲级防火门与其他区域分隔。（2）设置在一、二级耐火等级的建筑内时，观众厅宜布置在首层、二层或三层；确需布置在四层及以上楼层时，一个厅、室的疏散门不应少于 2 个，且每个观众厅的建筑面积不宜大于 400 m^2。（3）设置在三级耐火等级的建筑内时，不应布置在三层及以上楼层。（4）设置在地下或半地下时，宜设置在地下一层，不应设置在地下三层及以下楼层。（5）设置在高层建筑内时，应设置火灾自动报警系统及自动喷水灭火系统等自动灭火系统。

第 5.4.8 条，建筑内的会议厅、多功能厅等人员密集的场所，宜布置在首层、二层或三层。设置在三级耐火等级的建筑内时，不应布置在三层及以上楼层。确需布置在一、二级耐火等级建筑的其他楼层时，应符合下列规定：（1）一个厅、室的疏散门不应少于 2 个，且建筑面积不宜大于 400 m^2；（2）设置在地下或半地下时，宜设置在地下一层，不应设置在地下三层及以下楼层；（3）设置在高层建筑内时，应设置火灾自动报警系统和自动喷水灭火系统等自动灭火系统。

第 5.4.9 条，歌舞厅、录像厅、夜总会、卡拉 OK 厅（含具有卡拉 OK 功能的餐厅）、游艺厅（含电子游艺厅）、桑拿浴室（不包括洗浴部分）、网吧等歌舞娱乐放映游艺场所（不含剧场、电影院）的布置应符合下列规定：（1）不应布置在地下二层及以下楼层；（2）宜布置在一、二级耐火等级建筑内的首层、二层或三层的靠外墙部位；（3）不宜布置在袋形走道的两侧或尽端；（4）确需布置在地下一层时，地下一层的地面与室外出入口地坪的高差不应大于 10 m；（5）确需布置在地下或四层及以上楼层时，一个厅、室的建筑面积不应大于 200 m^2；（6）厅、室之间及与建筑的其他部位之间，应采用耐火极限不低于 2.00 h 的防火隔墙和 1.00 h 的不燃性楼板分隔，设置在厅、室墙上的门和该场所与建筑内其他部位相通的门均应采用乙级防火门。

5．在对某高层多功能组合建筑进行防火检查时，查阅资料得知，该建筑耐火等级为一级，十层至顶层为普通办公用房，九层及以下为培训、娱乐、商业等功能，防火分区划分符合规范要求。该建筑的下列做法中，不符合现行国家消防技术标准的是（　）。[1]（2017-2-47）

A．消防水泵房设在地下二层，其室内地面与室外出入口地坪高差为 10 m

B．主层六层设有儿童早教培训班，设有独立的安全出口

C．常压燃气锅炉房布置在主楼层面上，使用管道天然气做燃料，距离通向屋面的安全出口 10 m

D．裙楼五层为歌舞厅，各厅室的建筑面积均小于 200 m^2，与其他区域公用安全出口

【解析】《建筑设计防火规范》（GB 50016—2014）第 8.1.6 条，消防水泵房的设置应符合下列规定：（1）单独建造的消防水泵房，其耐火等级不应低于二级；（2）附设在建筑内的消防水泵房，不应设置在地下三层及以下或室内地面与室外出入口地坪高差大于 10 m 的地下楼层；（3）疏散门应直通室外或安全出口。A 选项正确。

第 5.4.4 条，托儿所、幼儿园的儿童用房，老年人活动场所和儿童游乐厅等儿童活动场所宜设置在独立的建筑内，且不应设置在地下或半地下。当采用一、二级耐火等级的建筑时，不应超过 3 层。采用三级耐火等级的建筑时，不应超过 2 层。采用四级耐火等级的建筑时，应为单层。确需设置在其他民用建筑内时，应符合下列规定：（1）设置在一、二级耐火等级的建筑内时，应布置在首层、二层或三层；（2）设置在三级耐火等级的建筑内时，应布置在首层或二层；（3）设置在四级耐火等级的建筑内时，应布置在首层；（4）设置在高层建筑内时，应设置独立的安全出口和疏散楼梯；（5）设置在单、多层建筑内时，宜设置独

1 答案：B

立的安全出口和疏散楼梯。B选项错误。

第5.4.12条，燃油或燃气锅炉房、变压器室应设置在首层或地下一层的靠外墙部位，但常（负）压燃油或燃气锅炉可设置在地下二层或屋顶上。设置在屋顶上的常（负）压燃气锅炉，距离通向屋面的安全出口不应小于6 m。C选项正确。

第5.4.9条，歌舞厅、录像厅、夜总会、卡拉OK厅（含具有卡拉OK功能的餐厅）、游艺厅（含电子游艺厅）、桑拿浴室（不包括洗浴部分）、网吧等歌舞娱乐放映游艺场所（不含剧场、电影院）的布置应符合下列规定：（1）不应布置在地下二层及以下楼层；（2）宜布置在一、二级耐火等级建筑内的首层、二层或三层的靠外墙部位；（3）不宜布置在袋形走道的两侧或尽端；（4）确需布置在地下一层时，地下一层的地面与室外出入口地坪的高差不应大于10 m；（5）确需布置在地下或四层及以上楼层时，一个厅、室的建筑面积不应大于200 m^2；（6）厅、室之间及与建筑的其他部位之间，应采用耐火极限不低于2.00 h的防火隔墙和1.00 h的不燃性楼板分隔，设置在厅、室墙上的门和该场所与建筑内其他部位相通的门均应采用乙级防火门。D选项正确。

6．某一级耐火等级的四星级旅馆建筑，建筑高度为128.0 m，下部设置3层地下室（每层层高3.3 m），并设4层裙房，裙房的建筑高度为23.4 m。地下一层设置总建筑面积为7 000 m^2的商店、总建筑面积为980 m^2的卡拉OK厅（每间房间的建筑面积小于50 m^2）和1个建筑面积为260 m^2的舞厅；地下二层设置变配电室（干式变压器）、常压燃油锅炉房和柴油发电机房等设备用房和汽车库；地下三层设置消防水池、消防水泵房和汽车库。在地下一层，娱乐区与商店之间采用防火墙完全分隔；卡拉OK区域每隔180～200 m^2设置了耐火极限2.00 h的实体墙，每间卡拉OK的房门均为防烟隔音门；舞厅与其他部位的分隔为耐火极限2.00 h的实体墙和乙级防火门；商店内的相邻防火分区之间均有一道宽度为9 m（分隔部位长度大于30 m）且符合规范要求的防火卷帘。

裙房的地上一、二层设置商店，三层设置商店和宝宝乐等儿童活动场所，四层设置餐饮场所和电影院。一层的商店采用轻质墙体在吊顶下将商店隔成每间建筑面积小于100 m^2的多个小商铺。裙房与高层主体之间用防火墙和甲级防火门进行了分隔，裙房和建筑的地下室均按国家标准要求的建筑面积和分隔方式划分防火分区。

指出该建筑在防火分区和防火分隔方面存在的问题，并简述理由。（2016-3-四）

答案：（1）卡拉OK区域每隔180～200 m^2设置耐火极限2.00 h的实体墙分隔，即每个分隔区域内包括4个及以上厅、室，不满足规范要求，应每个厅、室之间采用耐火极限不低于2.00 h的防火隔墙分隔，且每个厅、室的门应采用乙级防火门，不能只采用防烟隔音门。（2）卡拉OK厅总建筑面积为980 m^2，舞厅建筑面积为260 m^2，这两部分不能合并设置为一个防火分区，应划分为两个防火分区，采用防火墙分隔。（3）一层商店的隔墙应砌至梁或楼板的基层，不能只分隔到吊顶下。

【解析】《建筑设计防火规范》（GB 50016—2014）第5.4.9条，歌舞厅、录像厅、夜总会、卡拉OK厅（含具有卡拉OK功能的餐厅）、游艺厅（含电子游艺厅）、桑拿浴室（不包括洗浴部分）、网吧等歌舞娱乐放映游艺场所（不含剧场、电影院）的布置应符合下列规定：（1）确需布置在地下或四层及以上楼层时，一个厅、室的建筑面积不应大于200 m^2；（2）厅、室之间及与建筑的其他部位之间，应采用耐火极限不低于2.00 h的防火隔墙和1.00 h的不燃性楼板分隔，设置在厅、室墙上的门和该场所与建筑内其他部位相通的门均应采用乙级防火门。

第6.2.4条，建筑内的防火隔墙应从楼地面基层隔断至梁、楼板或屋面板的底面基层。

7．下列办公建筑内会议厅的平面布置方案中，正确的有（　）。[1]（2018-1-91）

1 答案：CE

A．耐火等级为一级的办公建筑，将建筑面积为 600 m^2 的会议厅布置在地上四层
B．耐火等级为二级的办公建筑，将建筑面积为 300 m^2 的会议厅布置在地下一层
C．耐火等级为一级的办公建筑，将建筑面积为 200 m^2 的会议厅布置在地下二层
D．耐火等级为三级的办公建筑，将建筑面积为 200 m^2 的会议厅布置在地上三层
E．耐火等级为二级的办公建筑，将建筑面积为 500 m^2 的会议厅布置在地上三层

【解析】根据《建筑设计防火规范》（GB 50016—2014）第 5.4.8 条，建筑内的会议厅、多功能厅等人员密集的场所，宜布置在首层、二层或三层。设置在三级耐火等级的建筑内时，不应布置在三层及以上楼层。确需布置在一、二级耐火等级建筑的其他楼层时，应符合下列规定：（1）一个厅、室的疏散门不应少于 2 个，且建筑面积不宜大于 400 m^2；（2）设置在地下或半地下时，宜设置在地下一层，不应设置在地下三层及以下楼层；（3）设置在高层建筑内时，应设置火灾自动报警系统和自动喷水灭火系统等自动灭火系统。

选项 A，会议厅布置在地上四层，建筑面积大于 400 m^2，故错误。

选项 B，根据《建筑设计防火规范》（GB 50016—2014）第 5.1.3 条，地下或半地下建筑（室）和一类高层建筑的耐火等级不应低于一级，耐火等级为二级的地下室是错误的，故错误。

选项 D，会议厅设置在三级耐火等级的建筑内时，不应布置在三层及以上楼层，故错误。

第三节　设备用房的布置

1．下列关于锅炉房防火防爆的做法中，正确的有（　）。[1]（2016-1-83）
A．燃油锅炉房布置在综合楼的地下三层，该层的其余区域设置空调和水泵房等设备房
B．独立建造的蒸发量为 20 t/h 的燃煤锅炉房，按照丁类厂房设计，耐火等级为二级
C．煤化工厂所在区域的常年主导风向为西南风，将锅炉房布置在甲醇合成厂房的西南侧
D．单独建造的二级耐火等级的单层燃气锅炉房，与相邻一类高层宾馆裙房的防火间距为 11 m
E．附设在主体建筑内的燃油锅炉房，其储油间内用钢制密闭储罐储存 0.9 m^3 的柴油，通向室外的通气管上设置安全阀，油罐下部设置防止油品流散的围堰

【解析】根据《建筑设计防火规范》（GB 50016—2014）第 5.4.12 条可知，燃油锅炉房不应布置在地下三层。故 A 选项错误。

根据第 3.1.1 条，锅炉房火灾危险性类别为丁类；根据第 3.2.5 条，锅炉房的耐火等级不应低于二级，当为燃煤锅炉房且锅炉的总蒸发量不大于 4 t/h 时，可采用三级耐火等级的建筑。故 B 选项正确。

根据《消防安全技术实物》第二篇第九章第四节锅炉房防火防爆，在总平面布局中，锅炉房应选择在主体建筑的下风或侧风方向，且应考虑到由于明火或烟囱飞火，对周围的甲、乙类生产厂房，易燃物品和重要物资仓库，易燃液体储罐，以及稻草和露天粮、棉、木材堆场等部位必须保持的防火间距，可以根据《建筑设计防火规范》的有关规定确定，一般为 25 ~ 50 m。燃煤锅炉房与煤堆场之间应保持 6 ~ 8 m 的防火间距。灰煤与煤堆之间，应保持不小于 10 m 的间距。燃烧易燃油料或液化石油气的锅炉房与储罐之间的防火间距，应根据储量按《建筑设计防火规范》的有关规定确定。单台蒸汽锅炉的蒸发量不大于 4 t/h 或单台热水锅炉额定热功率不大于 2.8MW 的燃煤锅炉房与民用建筑的防火间距，可根据锅炉房的耐火等级按《建筑设计防火规范》中有关民用建筑的规定确定。燃油或燃气锅炉房、蒸发量或额定热功率大于《建筑设计防火规范》规定的燃煤锅炉房与民用建筑的防火间距，应符合《建筑设计防火规范》中有关丁类厂

1 答案：BD

房的规定。故C选项错误。

根据第5.2.3条，民用建筑与燃油、燃气或燃煤锅炉房的防火间距应符合《建筑设计防火规范》（GB 50016—2014）第3.4.1条有关丁类厂房的规定，但与单台蒸汽锅炉的蒸发量不大于4 t/h或单台热水锅炉的额定热功率不大于2.8MW的燃煤锅炉房的防火间距，可根据锅炉房的耐火等级按《建筑设计防火规范》（GB 50016—2014）第5.2.2条有关民用建筑的规定确定。故D选项正确。

根据第5.4.15条，设置在建筑内的锅炉、柴油发电机，其燃料供给管道应符合下列规定：（1）在进入建筑物前和设备间内的管道上均应设置自动和手动切断阀；（2）储油间的油箱应密闭且应设置通向室外的通气管，通气管应设置带阻火器的呼吸阀，油箱的下部应设置防止油品流散的设施。故E选项错误。

2．关于锅炉房防火防爆设计的做法，正确的有（ ）。[1]（2017-1-94）

A．燃气锅炉房选用防爆型事故排风机

B．锅炉房设置在地下一层靠外墙部位，上一层为西餐厅，下一层为汽车库

C．设点型感温火灾探测器

D．总储存量为3 m^3的储油间与锅炉房之间用耐火极限3.00 h的防火墙和甲级防火门分隔

E．电力线路采用绝缘线明敷

【解析】根据《建筑设计防火规范》（GB 50016—2014）第9.3.16条，燃油或燃气锅炉房应设置自然通风或机械通风设施。燃气锅炉房应选用防爆型的事故排风机。故A选项正确。

根据第5.4.12条，（燃油或燃气锅炉旁）确需布置在民用建筑内时，不应布置在人员密集场所的上一层、下一层或贴邻。故B选项错误。

根据第5.4.12条，（燃油或燃气锅炉旁）应设置火灾报警装置。根据《火灾自动报警系统设计规范》（GB 50116—2013）第5.2.5条，符合下列条件之一的场所，宜选择点型感温火灾探测器，且应根据使用场所的典型应用温度和最高应用温度选择适当类别的感温火灾探测器：（1）相对湿度经常大于95%；（2）可能发生无烟火灾；（3）有大量粉尘；（4）吸烟室等在正常情况下有烟或蒸气滞留的场所；（5）厨房、锅炉房、发电机房、烘干车间等不宜安装感烟火灾探测器的场所。故C选项正确。

根据《建筑设计防火规范》（GB 50016—2014）第5.4.12条，锅炉房内设置储油间时，其总储存量不应大于1 m^3。故D选项错误。

根据教材《消防安全技术实务》第二篇第九章第四节锅炉房防火防爆，锅炉房电力线路不宜采用裸线或绝缘线明敷，应采用金属管或电缆布线，且不宜沿锅炉烟道、热水箱和其他载热体的表面敷设，电缆不得在煤场下通过。故E选项错误。

3．对民用建筑的附属用房进行防火检查，下列检查结果中，不符合现行国家消防技术标准的是（ ）。[2]（2016-2-54）

A．住宅建筑地下车库的疏散楼梯与地上部分共用楼梯间，并按规范采取分隔措施

B．将常压燃油锅炉房设置在高层建筑地下二层

C．将燃油发电机房布置在商业建筑的地下二层

D．将油浸变压器室设置在剧场建筑的地下二层

【解析】根据《建筑设计防火规范》（GB 50016—2014）第5.4.10条，除商业服务网点外，住宅建筑与其他使用功能的建筑合建时，应符合下列规定：（1）住宅部分与非住宅部分之间，应采用耐火极限不低于2.00 h且无门、窗、洞口的防火隔墙和1.50 h的不燃性楼板完全分隔；当为高层建筑时，应采用无门、窗、

1 答案：AC

2 答案：D

洞口的防火墙和耐火极限不低于 2.00 h 的不燃性楼板完全分隔。建筑外墙上、下层开口之间的防火措施应符合本规范第 6.2.5 条的规定。（2）住宅部分与非住宅部分的安全出口和疏散楼梯应分别独立设置；为住宅部分服务的地上车库应设置独立的疏散楼梯或安全出口，地下车库的疏散楼梯应按本规范第 6.4.4 条的规定进行分隔。故 A 选项正确。

根据第 5.4.12 条，燃油或燃气锅炉、油浸变压器、充有可燃油的高压电容器和多油开关等，宜设置在建筑外的专用房间内；确需贴邻民用建筑布置时，应采用防火墙与所贴邻的建筑分隔，且不应贴邻人员密集场所，该专用房间的耐火等级不应低于二级；确需布置在民用建筑内时，不应布置在人员密集场所的上一层、下一层或贴邻，并应符合下列规定：燃油或燃气锅炉房、变压器室应设置在首层或地下一层的靠外墙部位，但常（负）压燃油或燃气锅炉可设置在地下二层或屋顶上。故 B 选项正确，D 选项错误。

根据第 5.4.13 条，布置在民用建筑内的柴油发电机房应符合下列规定：（1）宜布置在首层或地下一、二层。（2）不应布置在人员密集场所的上一层、下一层或贴邻。（3）应采用耐火极限不低于 2.00 h 的防火隔墙和 1.50 h 的不燃性楼板与其他部位分隔，门应采用甲级防火门。（4）机房内设置储油间时，其总储存量不应大于 1 m^3，储油间应采用耐火极限不低于 3.00 h 的防火隔墙与发电机间分隔；确需在防火隔墙上开门时，应设置甲级防火门。（5）应设置火灾报警装置。（6）应设置与柴油发电机容量和建筑规模相适应的灭火设施，当建筑内其他部位设置自动喷水灭火系统时，机房内应设置自动喷水灭火系统。根据第 5.5.19 条条文说明可知，“人员密集的公共场所”主要指营业厅、观众厅，礼堂、电影院、剧院和体育场馆的观众厅等。故 C 选项正确。

4. 某办公楼建筑，地上 28 层，地下 3 层，室外地坪标高为–0.600 m，地下三层的地面标高为–10.000 m。下列关于该建筑平面布置的做法中，错误的是（　）。[1]（2016-1-75）

A. 将消防控制室设置在地下一层，其疏散门直通紧邻的防烟楼梯间

B. 将使用天然气作燃料的常压锅炉房布置在屋顶，与出屋面的疏散楼梯间出口的最近距离为 7 m

C. 将消防水泵房布置在地下三层，其疏散门直通紧邻的防烟楼梯间

D. 将干式变压器室布置在地下一层，其疏散门直通紧邻的防烟楼梯间

【解析】根据《建筑设计防火规范》（GB 50016—2014）第 5.4.12 条，燃油或燃气锅炉、油浸变压器、充有可燃油的高压电容器和多油开关等，宜设置在建筑外的专用房间内；确需贴邻民用建筑布置时，应采用防火墙与所贴邻的建筑分隔，且不应贴邻人员密集场所，该专用房间的耐火等级不应低于二级；确需布置在民用建筑内时，不应布置在人员密集场所的上一层、下一层或贴邻，并应符合下列规定：（1）燃油或燃气锅炉房、变压器室应设置在首层或地下一层的靠外墙部位，但常（负）压燃油或燃气锅炉可设置在地下二层或屋顶上。设置在屋顶上的常（负）压燃气锅炉，距离通向屋面的安全出口不应小于 6 m。（2）锅炉房、变压器室的疏散门均应直通室外或安全出口。根据第 8.1.6 条，附设在建筑内的消防水泵房，不应设置在地下三层及以下或室内地面与室外出入口地坪高差大于 10 m 的地下楼层。所以选择 C。

5. 下列设置在公共建筑内的柴油发电机房的设计方案中，错误的是（　）。[2]（2017-1-6）

A. 采用轻柴油作为柴油发电机燃料

B. 燃料管道在进入建筑物前设置自动和手动切断阀

C. 火灾自动报警系统采用感温探测器

D. 设置湿式自动喷水灭火系统

【解析】根据《建筑设计防火规范》（GB 50016—2014）第 5.4.13 条可知，需要设置在建筑内的柴油设

1 答案：C

2 答案：A

备或柴油储罐，柴油的闪点不应低于60℃。故A选项错误。

《建筑设计防火规范》（GB 50016—2014）第5.4.13条，布置在民用建筑内的柴油发电机房应符合下列规定：（1）宜布置在首层或地下一、二层。（2）不应布置在人员密集场所的上一层、下一层或贴邻。（3）应采用耐火极限不低于2.00 h的防火隔墙和1.50 h的不燃性楼板与其他部位分隔，门应采用甲级防火门。（4）机房内设置储油间时，其总储存量不应大于1 m^3，储油间应采用耐火极限不低于3.00 h的防火隔墙与发电机间分隔；确需在防火隔墙上开门时，应设置甲级防火门。（5）应设置火灾报警装置。（6）应设置与柴油发电机容量和建筑规模相适应的灭火设施，当建筑内其他部位设置自动喷水灭火系统时，机房内应设置自动喷水灭火系统。根据第5.4.15条，设置在建筑内的锅炉、柴油发电机，其燃料供给管道应符合下列规定：在进入建筑物前和设备间内的管道上均应设置自动和手动切断阀。故B、C、D选项正确。

6. 下列设置在商业综合体建筑地下一层的场所，疏散门应直通室外或安全出口的有（ ）。[1]（2017-1-97）

A. 锅炉房　B. 柴油发电机　C. 油浸变压器室　D. 消防水泵房　E. 消防控制室

【解析】根据《建筑设计防火规范》（GB 50016—2014）第5.4.12条，燃油或燃气锅炉、油浸变压器、充有可燃油的高压电容器和多油开关等，宜设置在建筑外的专用房间内；确需贴邻民用建筑布置时，应采用防火墙与所贴邻的建筑分隔，且不应贴邻人员密集场所，该专用房间的耐火等级不应低于二级；确需布置在民用建筑内时，不应布置在人员密集场所的上一层、下一层或贴邻，并应符合下列规定：燃油或燃气锅炉房、变压器室应设置在首层或地下一层的靠外墙部位，但常（负）压燃油或燃气锅炉可设置在地下二层或屋顶上。A、C选项错误。

第5.4.13条，布置在民用建筑内的柴油发电机房应符合下列规定：（1）宜布置在首层或地下一、二层。（2）不应布置在人员密集场所的上一层、下一层或贴邻。（3）应采用耐火极限不低于2.00 h的防火隔墙和1.50 h的不燃性楼板与其他部位分隔，门应采用甲级防火门。（4）机房内设置储油间时，其总储存量不应大于1 m^3，储油间应采用耐火极限不低于3.00 h的防火隔墙与发电机间分隔；确需在防火隔墙上开门时，应设置甲级防火门。（5）应设置火灾报警装置。（6）应设置与柴油发电机容量和建筑规模相适应的灭火设施，当建筑内其他部位设置自动喷水灭火系统时，机房内应设置自动喷水灭火系统。B选项错误。

第8.1.6条，消防水泵房的设置应符合下列规定：（1）单独建造的消防水泵房，其耐火等级不应低于二级；（2）附设在建筑内的消防水泵房，不应设置在地下三层及以下或室内地面与室外出入口地坪高差大于10 m的地下楼层；（3）疏散门应直通室外或安全出口。D选项正确。

第8.1.7条，设置火灾自动报警系统和需要联动控制消防设备的建筑（群）应设置消防控制室。消防控制室的设置应符合下列规定：（1）单独建造的消防控制室，其耐火等级不应低于二级；（2）附设在建筑内的消防控制室，宜设置在建筑内首层或地下一层，并宜布置在靠外墙部位；（3）不应设置在电磁场干扰较强及其他可能影响消防控制设备正常工作的房间附近；（4）疏散门应直通室外或安全出口。E选项正确。

7. 某购物中心地下2层，地上4层，建筑高度24 m，耐火等级二级，地下二层室内地面与室外出入口地坪高差为11.5 m。地下每层建筑面积15 200 m^2，地下二层设置汽车库和变配电房、消防水泵房等设备用房及建筑面积5 820 m^2的建材商场（经营五金，洁具，瓷砖，桶装油漆、香蕉水等）；地下一层为家具、灯饰商场，设有多部自动扶梯与建材商场连通，自动扶梯上下层和连通的开口部位设置防火卷帘。地下商场部分的每个防火分区面积不大于2 000 m^2，采用耐火极限为1.50 h的不燃性楼板和防火墙及符合规定的防火卷帘进行分隔，在相邻防火分区的防火墙上均设有向疏散方向开启的甲级防火门。

地上一至三层为商场，每层建筑面积12 000 m^2，主要经营服装、鞋类、箱包和电器等商品，四层建筑面积5 600 m^2，主要功能为餐厅、游艺厅、儿童游乐厅和电影院。电影院有8个观众厅，每个观众厅建筑

1 答案：DE

面积在 186～196 m^2，游艺厅有 2 个厅室，建筑面积分别为 216 m^2 和 147 m^2，游艺厅和电影院候场区均采用不到顶的玻璃隔断、玻璃门与其他部位分隔，安全出口符合规范规定。

根据以上材料，回答问题：

指出地下二层、地上四层平面布置方面存在的问题。(2015-3-二)

答案：存在的问题：(1) 地下二层：①消防水泵房不应设置在地下二层（地下二层室内地面与室外出入口地坪高差为 11.5 m）；②不应经营、存放桶装油漆、香蕉水（甲、乙类火灾危险性物品）。(2) 地上四层：①儿童游乐厅不应设置在四层；②游艺厅面积为 216 m^2，大于规范允许值 200 m^2；③电影院应采用耐火极限不低于 2.00 h 的防火隔墙和甲级防火门与其他区域分隔，不能采用不到顶的玻璃隔断、玻璃门与其他部位分隔；④游艺厅厅、室之间及与建筑的其他部位之间，应采用耐火极限不低于 2.00 h 的防火隔墙和 1.00 h 的不燃性楼板分隔，不能采用不到顶的玻璃隔断、玻璃门与其他部位分隔。

【解析】《消防给水及消火栓系统技术规范》(GB 50974—2014) 第 5.5.12 条，消防水泵房应符合下列规定：(1) 独立建造的消防水泵房耐火等级不应低于二级；(2) 附设在建筑物内的消防水泵房，不应设置在地下三层及以下或室内地面与室外出入口地坪高差大于 10 m 的地下楼层；(3) 附设在建筑物内的消防水泵房，应采用耐火极限不低于 2.00 h 的隔墙和 1.50 h 的楼板与其他部位隔开，其疏散门应直通安全出口，且开向疏散走道的门应采用甲级防火门。

《建筑设计防火规范》(GB 50016—2014) 第 3.1.3 条，储存物品的火灾危险性分类。

第 5.4.3 条，营业厅、展览厅不应设置在地下三层及以下楼层。地下或半地下营业厅、展览厅不应经营、储存和展示甲、乙类火灾危险性物品。

第 5.4.4 条，托儿所、幼儿园的儿童用房，老年人活动场所和儿童游乐厅等儿童活动场所宜设置在独立的建筑内，且不应设置在地下或半地下；当采用一、二级耐火等级的建筑时，不应超过 3 层；采用三级耐火等级的建筑时，不应超过 2 层；采用四级耐火等级的建筑时，应为单层；确需设置在其他民用建筑内时，应符合下列规定：(1) 设置在一、二级耐火等级的建筑内时，应布置在首层、二层或三层；(2) 设置在三级耐火等级的建筑内时，应布置在首层或二层；(3) 设置在四级耐火等级的建筑内时，应布置在首层。

第 5.4.7 条，剧场、电影院、礼堂确需设置在其他民用建筑内时，至少应设置 1 个独立的安全出口和疏散楼梯，并应采用耐火极限不低于 2.00 h 的防火隔墙和甲级防火门与其他区域分隔。

第 5.4.9 条，歌舞厅、录像厅、夜总会、卡拉 OK 厅（含具有卡拉 OK 功能的餐厅）、游艺厅（含电子游艺厅）、桑拿浴室（不包括洗浴部分）、网吧等歌舞娱乐放映游艺场所（不含剧场、电影院）的布置应符合下列规定：(1) 确需布置在地下或四层及以上楼层时，一个厅、室的建筑面积不应大于 200 m^2；(2) 厅、室之间及与建筑的其他部位之间，应采用耐火极限不低于 2.00 h 的防火隔墙和 1.00 h 的不燃性楼板分隔，设置在厅、室墙上的门和该场所与建筑内其他部位相通的门均应采用乙级防火门。

8. 某一级耐火等级的四星级旅馆建筑，建筑高度为 128.0 m，地下一层设置总建筑面积为 7 000 m^2 的商店、总建筑面积 980 m^2 的卡拉 OK 厅（每间房间的建筑面积小于 50 m^2）和 1 个建筑面积为 260 m^2 的舞厅；地下二层设置变配电室（干式变压器）、常压燃油锅炉房和柴油发电机房等设备用房和汽车库；地下三层设置消防水池、消防水泵房和汽车库。在地下一层，娱乐区与商店之间采用防火墙完全分隔；卡拉 OK 区域每隔 180～200 m^2 设置了耐火极限 2.00 h 的实体墙，每间卡拉 OK 的房门均为防烟隔音门；舞厅与其他部位的分隔为耐火极限 2.00 h 的实体墙和乙级防火门；商店内的相邻防火分区之间均有一道宽度为 9 m（分隔部位长度大于 30 m）且符合规范要求的防火卷帘。指出该建筑在平面布置方面存在的问题，并简述理由。(2016-3-四)

答案：(1) 地下一层舞厅建筑建筑面积为 260 m^2，不满足规范"不应大于 200 m^2"的规定；(2) 地下二层设置的变配电房、锅炉房和柴油发电机房均设置在地下一层（人员密集场所）的下面，即贴邻人员密集场所，不符合规范要求；（3）消防水泵房设置在地下三层，不满足规范“不应设置在地下三层及以下”的要求。

【解析】《建筑设计防火规范》（GB 50016—2014）第 5.4.9-5 条，歌舞厅确需布置在地下或四层及以上楼层时，一个厅、室的建筑面积不应大于 200 m^2。

第 5.4.12 条，燃油或燃气锅炉、油浸变压器、充有可燃油的高压电容器和多油开关等，宜设置在建筑外的专用房间内；确需贴邻民用建筑布置时，应采用防火墙与所贴邻的建筑分隔，且不应贴邻人员密集场所，该专用房间的耐火等级不应低于二级；确需布置在民用建筑内时，不应布置在人员密集场所的上一层、下一层或贴邻。

第 8.1.6 条，消防水泵房的设置应符合下列规定：（1）单独建造的消防水泵房，其耐火等级不应低于二级；（2）附设在建筑内的消防水泵房，不应设置在地下三层及以下或室内地面与室外出入口地坪高差大于 10 m 的地下楼层；（3）疏散门应直通室外或安全出口。

9．某高层建筑，设计建筑高度为 68.0 m，总建筑面积为 91 200 m^2。标准层的建筑面积为 2 176 m^2，一至二层为上、下连通的大堂，三层设置会议室和多功能厅，四层以上用于办公。高层建筑地下一层设置餐饮、超市和设备室，地下二层为人防工程和汽车库、消防水泵房、消防水池、燃油锅炉房、变配电室（干式）等，地下三层为汽车库。地下各层均按标准要求划分了防火分区。其中，人防工程区的建筑面积为 3 310 m^2，设置了歌厅、洗浴桑拿房、健身用房及影院，并划分为歌厅、洗浴桑拿与健身、影院三个防火分区，建筑面积分别为 820 m^2、1 110 m^2 和 1 380 m^2。指出该高层建筑在平面布置方面的问题，并给出正确做法。（2017-3-三）

答案：（1）高层建筑地下一层设置餐饮、超市，地下二层为燃油锅炉房，不合理；燃油锅炉房应设置在首层或地下一层靠外墙，且其上下前后左右均不应为人员密集场所；（2）地下二层人防工程区设置了歌厅、洗浴桑拿房、健身房，不合理；歌厅娱乐放映游艺场所不应设置在地下二层及以下层，当设在地下一层时，室内地面与室外出入口地坪高差不应大于 10 m。

【解析】《建筑设计防火规范》（GB 50016—2014）第 5.4.12 条，燃油或燃气锅炉、油浸变压器、充有可燃油的高压电容器和多油开关等，宜设置在建筑外的专用房间内；确需贴邻民用建筑布置时，应采用防火墙与所贴邻的建筑分隔，且不应贴邻人员密集场所，该专用房间的耐火等级不应低于二级；确需布置在民用建筑内时，不应布置在人员密集场所的上一层、下一层或贴邻。

第 5.4.9 条，歌舞厅、录像厅、夜总会、卡拉 OK 厅（含具有卡拉 OK 功能的餐厅）、游艺厅（含电子游艺厅）、桑拿浴室（不包括洗浴部分）、网吧等歌舞娱乐放映游艺场所（不含剧场、电影院）的布置应符合下列规定：（1）不应布置在地下二层及以下楼层；（2）确需布置在地下一层时，地下一层的地面与室外出入口地坪的高差不应大于 10 m。

10．某商场建筑，地上 4 层，地下 2 层，每层建筑面积 1 000 m^2，地下二层为汽车库和设备用房，地下一层为库房和设备用房，地上一层至四层均为营业厅。该建筑内设置的柴油发电机房的下列设计方案中，正确的是（ ）。[1]（2018-1-86）

A．在储油间与发电机之间设置耐火极限为 2.00 h 的防火隔墙

B．柴油发电机房与营业厅之间设置耐火极限为 2.00 h 的防火隔墙

C．将柴油发电机设置在地下二层

D．柴油发电机房与营业厅之间设置耐火极限为 2.50 h 的楼板

E．储油间的柴油总储存量为 1 m^3

---

1 答案：CE

【解析】根据《建筑设计防火规范》第 5.4.13 条，布置在民用建筑内的柴油发电机房应符合下列规定：（1）宜布置在首层或地下一、二层。（2）不应布置在人员密集场所的上一层、下一层或贴邻。（3）应采用耐火极限不低于 2.00 h 的防火隔墙和 1.50 h 的不燃性楼板与其他部位分隔，门应采用甲级防火门。（4）机房内设置储油间时，其总储存量不应大于 1 m^3，储油间应采用耐火极限不低于 3.00 h 的防火隔墙与发电机房分隔；确需在防火隔墙上开门时，应设置甲级防火门。

储油间应采用耐火极限不低于 3.00 h 的防火隔墙与发电机房分隔，故 A 选项错误。

柴油发电机房不应布置在人员密集场所的上一层、下一层或贴邻，故 B、D 选项错误。

柴油发电机房宜布置在首层或地下一、二层，故 C 选项正确。

柴油发电机房内设置储油间时，其总储存量不应大于 1 m^3，故 E 选项正确。

第十二章　民用建筑的安全疏散和避难

本章由宋瑞明解析

第一节　安全疏散设计参数

一、影响安全疏散设计的因素

影响公共建筑疏散设计指标的主要原因是（　）。[1]（2017-1-76）

A．人员密度　　B．人员对环境的熟知度　　C．人员心理承受能力　　D．人员身体状况

【解析】根据《消防安全技术实务》第二篇第六章第一节安全疏散基本参数可知，安全疏散基本参数是对建筑安全疏散设计的重要依据。主要包括人员密度计算、疏散宽度指标、疏散距离指标等参数。故 A 选项正确。

二、安全疏散宽度

1．某商业建筑，地上 4 层，地下 2 层，耐火等级一级，建筑高度 20.6 m，地上各层为百货、小商品和餐饮，地下一层为超市，地下二层为汽车库。地下一层设计疏散人数为 1 500 人，地上一至三层设计疏散人数为 2 000 人，四层设计疏散人数为 1 800 人。地上一至三层疏散楼梯的最小总净宽度应该是（　）m。[2]（2015-1-44）

A．13　B．15　C．20　D．18

【解析】《建筑设计防火规范》（GB 50016—2014）第 5.5.21 条，当每层疏散人数不等时，疏散楼梯的总净宽度可分层计算，地上建筑内下层楼梯的总净宽度应按该层及以上疏散人数最多一层的人数计算，地下建筑内上层楼梯的总净宽度应按该层及以下疏散人数最多一层的人数计算。本题需注意楼层位置与建筑层数的区别，根据《建筑设计防火规范》（GB 50016—2014）表 5.5.21，建筑层数为 4 层的建筑，耐火等级一级，其疏散楼梯的每 100 人最小疏散净宽度为 1.00 m，一至三层疏散人数均为 2 000 人，所以地上一至三层疏散楼梯最小净宽度为：1.00 × 2 000/100 = 20（m）。第四层疏散楼梯最小净宽度为：1.00 × 1 800/100 = 18（m）。本题答案为 C。

---

1 答案：A

2 答案：C

2．下列关于建筑安全出口或疏散楼梯间的做法中，错误的是（　）。[1]（2016-1-80）

A．位于地下一层，总建筑面积为 1 000 m^2 的卡拉 OK 厅和舞厅，设置了 3 个净宽度均为 2 m 的安全出口

B. 每层为一个防火分区且每层使用人数不超过 180 人的多层制衣厂，设置了 2 座梯段净宽度均为 1.2 m 的封闭楼梯间

C．高层办公楼的每层使用人数为 60 人，设置了 2 座防烟疏散楼梯间，楼梯间的净宽度及楼梯间在首层的门的净宽度均为 1.2 m

D．单层二级耐火等级且设置自动喷水灭火系统的电影院，其中一个 1 000 座的观众厅设置了 4 个净宽度均为 1.50 m 的安全出口

【解析】根据《建筑设计防火规范》(GB 50016—2014）第 5.5.18 条可知，公共建筑内疏散门和安全出口的净宽度不应小于 0.90 m，疏散走道和疏散楼梯的净宽度不应小于 1.10 m。高层公共建筑内楼梯间的首层疏散门、首层疏散外门、疏散走道和疏散楼梯的最小净宽度应符合《建筑设计防火规范》(GB 50016—2014）表 5.5.18 的规定。A、C 选项正确。

第表 5.5.18　高层公共建筑内楼梯间的首层疏散门、首层疏散外门、疏散走道和疏散楼梯的最小净宽度　单位：m

建筑类别	楼梯间的首层疏散门、首层疏散外门	走　道		疏散楼梯
		单面布房	双面布房	
高层医疗建筑	1.30	1.40	1.50	1.30
其他高层公共建筑	1.20	1.30	1.40	1.20

第 3.7.5 条，厂房内疏散楼梯、走道、门的各自总净宽度，应根据疏散人数按每 100 人的最小疏散净宽度不小于《建筑设计防火规范》(GB 50016—2014）表 3.7.5 的规定计算确定。但疏散楼梯的最小净宽度不宜小于 1.10 m，疏散走道的最小净宽度不宜小于 1.40 m，门的最小净宽度不宜小于 0.90 m。B 选项正确。

根据第 5.5.20-1 条可知，剧场、电影院、礼堂等场所供观众疏散的所有内门、外门、楼梯和走道的各自总净宽度，应根据疏散人数按每 100 人的最小疏散净宽度不小于《建筑设计防火规范》(GB 50016—2014）表 5.5.20-1 的规定计算确定。

表 5.5.20-1　剧场、电影院、礼堂等场所每 100 人所需最小疏散净宽度　单位：m/百人

观众厅座位数/座			≤2 500	≤1 200
耐火等级			一、二级	三级
疏散部位	门和走道	平坡地面	0.65	0.85
		阶梯地面	0.75	1.00
	楼　梯		0.75	1.00

1 000 座的观众厅，疏散人数为 1 000 人，二级耐火等级建筑，安全出口为平坡地面时，最小疏散净宽度为 1 000 × 0.65 ÷ 100 = 6.5（m），若为阶梯地面则为 7.5 m，而 D 选项仅为 4 × 1.5 = 6（m）。故 D 选项错误。

3．高层医疗建筑采用双面布房的疏散走道，其净宽度根据疏散人数通过计算确定，并应满足不小于（　）m 的要求。[2]（2016-2-66）

A．1.1　　B．1.2　　C．1.5　　D．1.4

1 答案：D

2 答案：C

【解析】根据《建筑设计防火规范》（GB 50016—2014）第 5.5.18 条可知，公共建筑内疏散门和安全出口的净宽度不应小于 0.90 m，疏散走道和疏散楼梯的净宽度不应小于 1.10 m。高层公共建筑内楼梯间的首层疏散门、首层疏散外门、疏散走道和疏散楼梯的最小净宽度应符合《建筑设计防火规范》（GB 50016—2014）表 5.5.18 的规定，见上题解析。C 选项正确。

4. 某 7 层商业综合体建筑，裙房与塔楼连通部位采用防火卷帘分隔。裙房地上 3 层，地下 2 层，建筑面积 35 000 m^2，耐火等级为一级，商业业态包括商业营业厅及餐厅等。裙房第三层的百人疏散宽度指标应为（ ）m/百人。[1]（2017-1-64）

A. 0.65 B. 1.00 C. 0.75 D. 0.85

【解析】由《建筑设计防火规范》（GB 50016—2014）第 5.1.1 条注 2 可知，由于裙房与高层建筑主体是一个整体，为保证安全，除规范对裙房另有规定外，裙房的防火设计要求应与高层建筑主体的一致，如高层建筑主体的耐火等级为一级时，裙房的耐火等级也不应低于一级，防火分区划分、消防设施设置等也要与高层建筑主体一致等。《建筑设计防火规范》（GB 50016—2014）表 5.1.1 注 3 “除本规范另有规定外”是指，当裙房与高层建筑主体之间采用防火墙分隔时，可以按《建筑设计防火规范》（GB 50016—2014）第 5.3.1 条、第 5.5.12 条的规定确定裙房的防火分区及安全疏散要求等。裙房与塔楼连通部位采用防火卷帘分隔，未采用防火墙分隔时，安全疏散要求按主体建筑要求，故疏散宽度指标为 1.00 m/百人。

5. 关于疏散楼梯最小净宽度的说法，符合现行国家技术标准的有（ ）。[2]（2017-2-92）

A. 除规范另有规定外，多层公共建筑疏散楼梯的净宽度不应小于 1.00 m

B. 汽车库的疏散楼梯净宽度不应小于 1.10 m

C. 高层病房楼的疏散楼梯净宽度不应小于 1.30 m

D. 高层办公建筑疏散楼梯的净宽度不应小于 1.40 m

E. 人防工程中商场的疏散楼梯净宽度不应小于 1.20 m

【解析】根据《建筑设计防火规范》（GB 50016—2014）第 5.5.18 条可知，公共建筑内疏散门和安全出口的净宽度不应小于 0.90 m，疏散走道和疏散楼梯的净宽度不应小于 1.10 m。高层公共建筑内楼梯间的首层疏散门、首层疏散外门、疏散走道和疏散楼梯的最小净宽度应符合《建筑设计防火规范》（GB 50016—2014）表 5.5.18 的规定。C 选项正确。A、D 选项错误。

根据《汽车库、修车库、停车场设计防火规范》（GB 50067—2014）第 6.0.3-3 条可知，汽车库、修车库的疏散楼梯疏散楼梯的宽度不应小于 1.1 m。B 选项正确。

根据《人民防空工程设计防火规范》（GB 50098—2009）表 5.1.6 可知，人防工程中商场的疏散楼梯最小净宽度不小于 1.40 m。E 选项错误。

表 5.1.6 安全出口、疏散楼梯和疏散走道的最小净宽

工程名称	安全出口和疏散楼梯净宽/m	疏散走道净宽/m	
		单面布置房间	双面布置房间
商场、公共娱乐场所、健身体育场所	1.40	1.50	1.60
医院	1.30	1.40	1.50
旅馆、餐厅	1.10	1.20	1.30
车间	1.10	1.20	1.50
其他民用工程	1.10	1.20	—

1 答案：B

2 答案：BC

6．某购物中心地下 2 层，地上 4 层，建筑高度 24 m，耐火等级二级，地下二层室内地面与室外出入口地坪高差为 11.5 m。地下每层建筑面积 15 200 m^2，地下二层设置汽车库和变配电房、消防水泵房等设备用房及建筑面积 5 820 m^2 的建材商场（经营五金，洁具，瓷砖，桶装油漆、香蕉水等）；地下一层为家具、灯饰商场，设有多部自动扶梯与建材商场联通，自动扶梯上下层和联通的开口部位设置防火卷帘。

商店营业厅内的人员密度

单位：人/m^2

楼层位置	地下第二层	地下第一层	地上第一、二层	地上第三层	地上第四层及以上各层
人员密度	0.56	0.60	0.43～0.60	0.39～0.54	0.30～0.42

疏散楼梯、疏散出口和疏散走道的每百人最小疏散净宽度

单位：m/百人

建筑层数		建筑的耐火等级		
		一、二级	三级	四级
地上楼层	1～2 层	0.65	0.75	1.00
	3 层	0.75	1.00	—
	≥4 层	1.00	1.25	—
地下楼层	与地面出入口地面的高差$\Delta H \leqslant 10$ m	0.75	—	—
	与地面出入口地面的高差$\Delta H > 10$ m	1.00	—	—

根据以上材料，回答问题：

分别列式计算购物中心地下一、二层安全出口的最小总净宽度，地下一层安全出口最小总净宽度应为多少？（以 m 为单位，计算结果保留一位小数）（2015-3-二）

答案：购物中心地下一、二层安全出口的最小总净宽度：该建筑地下室内地面与室外出入口地面的高差大于 10 m，查表得百人宽度指标为 1.00 m/百人。

（1）地下一层：建材商店、家具和灯饰展示建筑，其人员密度可按表中规定值的 30%确定。

疏散人数=0.6 人/m^2×0.3×15 200 m^2=2 736 人

疏散净宽=2 736 人×1.00 m/百人=27.4 m

（2）地下二层：疏散人数=0.56 人/m^2×0.3×5 820 m^2=977.76 人

疏散净宽=977.76 人×1.00 m/百人=9.8 m

地下二层亦经过地下一层疏散，地下建筑内上层楼梯的总净宽度应按该层及以下疏散人数最多一层的人数计算，地上一层人数最多，则地下一层安全出口最小净宽度为 27.4 m。

【解析】《建筑设计防火规范》（GB 50016—2014）第 5.5.21 条，除剧场、电影院、礼堂、体育馆外的其他公共建筑，其房间疏散门、安全出口、疏散走道和疏散楼梯的各自总净宽度，应符合下列规定：每层的房间疏散门、安全出口、疏散走道和疏散楼梯的各自总净宽度，应根据疏散人数按每 100 人的最小疏散净宽度不小于表 5.5.21-1 的规定计算确定（表略）。当每层疏散人数不等时，疏散楼梯的总净宽度可分层计算，地上建筑内下层楼梯的总净宽度应按该层及以上疏散人数最多一层的人数计算；地下建筑内上层楼梯的总净宽度应按该层及以下疏散人数最多一层的人数计算。

7．某高层建筑，设计建筑高度为 68.0 m，总建筑面积为 91 200 m^2。标准层的建筑面积为 2 176 m^2，每层划分为 1 个防火分区。一至二层为上、下连通的大堂，三层设置会议室和多功能厅。四层以上用于办公。高层主体建筑附建了 3 层裙房，并采用防火墙及甲级防火门与高层主体建筑进行分隔；高层主体建筑和裙房的下部设置了 3 层地下室。

高层建筑内的办公室均为非开敞办公室，最大一间办公室的建筑面积为 98 m^2，办公室的最多使用人

数为 10 人，人数最多的一层为 196 人，办公室内的最大疏散距离为 23 m，直通疏散走道的房间门至最近疏散楼梯间前室入口的最大直线距离为 18 m，且房间门均向办公室内开启，不影响疏散走道的使用。核心筒内设置了 1 座防烟剪刀楼梯间用于高层主体建筑的人员疏散，楼梯梯段以及从楼层进入疏散楼梯间前室和楼梯间的门的净宽度均为 1.10 m，核心筒周围采用环形走道与办公区分隔，走道隔墙的耐火极限为 2.00 h。高层主体建筑的三层增设了 2 座直通地面的防烟楼梯间。

根据以上材料，回答问题：

指出该高层建筑在安全疏散方面的问题，并给出正确的做法。（2017-3-三）

答案：（1）楼梯梯段以及从楼层进入疏散楼梯间前室和楼梯间的门的净宽均为 1.10 m，不合理；疏散楼梯梯段和楼梯间首层疏散门最小净宽度为 1.2 m；（2）核心筒设置了 1 座防烟剪刀楼梯间用于高层主体建筑的人员疏散，不合理；直通疏散走道的房间门至最近疏散楼梯间前室入口的最大间距离为 18 m，而只有在满足“疏散楼梯分散设置确有困难且从任一疏散门至最近疏散楼梯间入口的距离不大于 10 m 时”才能设置剪刀楼梯。

【解析】《建筑设计防火规范》（GB 50016—2014）第 5.5.18 条，高层公共建筑内楼梯间的首层疏散门、首层疏散外门、疏散走道和疏散楼梯的最小净宽度应符合表 5.5.18 的规定。

表 5.5.18　高层公共建筑内楼梯间的首层疏散门、首层疏散外门、疏散走道和疏散楼梯的最小净宽度　单位：m

建筑类别	楼梯间的首层疏散门、首层疏散外门	走道		疏散楼梯
		单面布房	双面布房	
高层医疗建筑	1.30	1.40	1.50	1.30
其他高层公共建筑	1.20	1.30	1.40	1.20

第 5.5.10 条，高层公共建筑的疏散楼梯，当分散设置确有困难且从任一疏散门至最近疏散楼梯间入口的距离不大于 10 m 时，可采用剪刀楼梯间，但应符合下列规定：（1）楼梯间应为防烟楼梯间；（2）梯段之间应设置耐火极限不低于 1.00 h 的防火隔墙；（3）楼梯间的前室应分别设置。

8．某耐火等级为二级的会议中心，地上 5 层，建筑高度为 30 m，第二层采用敞开式外廊作疏散走道，该外廊的最小净宽度应为（　）。[1]（2018-1-20）

A．1.1 m　　B．1.2 m　　C．1.3 m　　D．1.4 m

【解析】根据《建筑设计防火规范》（GB 50016—2014）第 5.5.18 条，高层公共建筑内楼梯间的首层疏散门、首层疏散外门、疏散走道和疏散楼梯的最小净宽度应符合表 5.5.18 的规定。

表 5.5.18　高层公共建筑内楼梯间的首层疏散门、首层疏散外门、疏散走道和疏散楼梯的最小净宽度　单位：m

建筑类别	楼梯间的首层疏散门、首层疏散外门	走道		疏散楼梯
		单面布房	双面布房	
高层医疗建筑	1.30	1.40	1.50	1.30
其他高层公共建筑	1.20	1.30	1.40	1.20

该高层会议中心为敞开式外廊作疏散走道，可参考一侧布置房间的疏散走道要求，单面布置房间时，最小净宽度为 1.3 m，故选项 C 正确。

9．某 7 层病房大楼，建筑高度 27 m，每层划分为 2 个，走道两侧双面布房，每层设计容纳人数为 110 人，下列对该病房大楼安全疏散设施的防火检查结果中，不符合现行国家标准要求的是（　）。[2]（2018-2-71）

1 答案：C
2 答案：D

A．楼层水平疏散走道的净宽度为 1.60 m

B．疏散楼梯及首层疏散外门的净宽度均为 1.30 m

C．疏散走道在防火分区处设置具有自行关闭和信号反馈功能的常开甲级防火门

D．疏散走道与合用前室之间设置耐火极限 3.00 h 且具有停止功能的防火卷帘

【解析】根据《建筑设计防火规范》（GB 50016—2014）第 5.5.18 条，参见上题解析，该高层病房大楼，走道两侧双面布房，最小净宽度为 1.5 m，故 A 选项正确；首层疏散外门最小净宽度 1.30 m，故 B 选项正确。

根据第 6.5.1-1 条，设置在建筑内经常有人通行处的防火门宜采用常开防火门。常开防火门应能在火灾时自行关闭，并应具有信号反馈的功能。故 C 选项正确。

根据第 6.4.1-4 条，封闭楼梯间、防烟楼梯间及其前室，不应设置卷帘。故 D 选项错误。

10．某老年人照料设施，地上 10 层，建筑高度为 33 m，设有 2 部防烟楼梯间，1 部消防电梯及 1 部客梯，防烟楼梯间前室和消防电梯前室分开设置，标准层面积为 1 200 m^2，中间设有疏散走道，走道两侧双面布房，对该老年人照料设施进行防火检查，下列检查结果中，符合现行国家标准《建筑设计防火规范》（GB 50016）的有（　）。[1]（2018-2-97）

A．在建筑首层设置了厨房和餐厅

B．房间疏散门的净宽度为 0.90 m

C．疏散走道的净宽度为 1.40 m

D．第四层设有建筑面积为 150 m^2 的阅览室，最大容纳人数为 20 人

E．每层利用消防电梯的前室作为避难间，前室的建筑面积为 12 m^2

【解析】根据《建筑设计防火规范》（GB 50016—2014）第 5.4.4A 条，老年人照料设施宜独立设置。当老年人照料设施与其他建筑上、下组合时，老年人照料设施宜设置在建筑的下部。在该建筑首层设置了厨房和餐厅不符合规范要求。故 A 选项错误。

根据第 5.5.18 条，除本规范另有规定外，公共建筑内疏散门和安全出口的净宽度不应小于 0.90 m，疏散走道和疏散楼梯的净宽度不应小于 1.10 m。故 B 选项正确。

根据表 5.5.18，C 选项正确。

表 5.5.18　高层公共建筑内楼梯间的首层疏散门、首层疏散外门、疏散走道和疏散楼梯的最小净宽度　单位：m

建筑类别	楼梯间的首层疏散门、首层疏散外门	走道		疏散楼梯
		单面布房	双面布房	
高层医疗建筑	1.30	1.40	1.50	1.30
其他高层公共建筑	1.20	1.30	1.40	1.20

根据第 5.4.4B 条，老年人照料设施中的老年人公共活动用房、康复与医疗用房设置在地上四层及以上时，每间用房的建筑面积不应大于 200 m^2 且使用人数不应大于 30 人。故 D 选项正确。

根据第 5.5.24A 条，避难间内可供避难的净面积不应小于 12 m^2，避难间可利用疏散楼梯间的前室或消防电梯的前室。题干前室的建筑面积为 12 m^2，其净面积小于 12 m^2，故 E 选项错误。

三、安全疏散距离

1．某建筑高度为 98.9 m 的大楼，使用功能为办公、宾馆、商业和娱乐。一至四层的裙房设有营业厅和办公室，地下一层夜总会疏散走道两侧和尽端设有 5 个卡拉 OK 小包间，营业厅的 2 个疏散门需要通过

1 答案：BCD

疏散走道至疏散楼梯间。该建筑按照规范要求设置消防设施。下列建筑内疏散走道的设计中，错误的是（　）。[1]（2015-1-25）

A．办公区域疏散走道两侧的隔墙采用加气混凝土砌块砌筑，耐火极限为 1.50 h

B．宾馆区域疏散走道采用轻钢龙骨纸面石膏板吊顶，耐火极限为 0.30 h

C．夜总会疏散走道尽端房间房门至最近的安全出口的疏散走道长度为 15 m

D．裙房内营业厅的疏散门至最近的安全出口的疏散走道长度为 15 m

【解析】根据《建筑设计防火规范》（GB 50016—2014）表 5.1.2，一级耐火等级建筑，办公区域疏散走道两侧的隔墙最低耐火极限的要求为≥1.00 h；宾馆区域疏散走道吊顶最低耐火极限的要求为≥0.25 h。根据《建筑内部装修设计防火规范（2001 年修订）》（GB 50222—1995）第 2.0.4 条，安装在钢龙骨上的纸面石膏板，可作为 A 级装修材料使用。A、B 选项正确。

根据《建筑设计防火规范》（GB 50016—2014）表 5.5.17，歌舞娱乐放映游艺场所疏散走道尽端的疏散门至最近安全出口的疏散走道长度应≤9 m。C 选项错误。

根据表 5.5.17-4，一、二级耐火等级建筑内疏散门或安全出口不少于 2 个的观众厅、展览厅、多功能厅、餐厅、营业厅等，其室内任一点至最近疏散门或安全出口的直线距离不应大于 30 m；当疏散门不能直通室外地面或疏散楼梯间时，应采用长度不大于 10 m 的疏散走道通至最近的安全出口。当该场所设置自动喷水灭火系统时，室内任一点至最近安全出口的安全疏散距离可分别增加 25%。D 选项错误。

2．依据《建筑设计防火规范》（GB 50016—2014），对某高层公共建筑进行的下列防火检查项目中，符合规范要求的是（　）。[2]（2015-2-34）

A．疏散走道通向防烟楼梯前室的门采用乙级防火门

B．位于内走道的卡拉 OK 房间内最远点到房间门的距离为 14.9 m

C．首层疏散外门宽度为 1.1 m

D．位于内走道尽端的网吧房间门到最近的安全出口的距离为 12 m

【解析】根据《建筑设计防火规范》（GB 50016—2014）第 6.4.3-4 条，疏散走道通向前室以及前室通向楼梯间的门应采用乙级防火门。A 选项正确。

根据表 5.5.17，歌舞娱乐放映游艺场所疏散走道尽端的疏散门至最近安全出口的疏散走道长度应≤9 m；根据第 5.5.17-3 条，房间内任一点至房间直通疏散走道的疏散门的直线距离，不应大于表 5.5.17 规定的袋形走道两侧或尽端的疏散门至最近安全出口的直线距离（表略）。B、D 选项错误。

根据第 5.5.18 条，公共建筑内疏散门和安全出口的净宽度不应小于 0.90 m，疏散走道和疏散楼梯的净宽度不应小于 1.10 m。高层公共建筑内楼梯间的首层疏散门、首层疏散外门、疏散走道和疏散楼梯的最小净宽度应符合《建筑设计防火规范》（GB 50016—2014）表 5.5.18 的规定。C 选项错误。

表 5.5.18　高层公共建筑内楼梯间的首层疏散门、首层疏散外门、疏散走道和疏散楼梯的最小净宽度　单位：m

建筑类别	楼梯间的首层疏散门、首层疏散外门	走道		疏散楼梯
		单面布房	双面布房	
高层医疗建筑	1.30	1.40	1.50	1.30
其他高层公共建筑	1.20	1.30	1.40	1.20

3．某二级耐火等级且设置自动喷水灭火系统的旅馆，建筑高度为 23.2 m，“一”字形疏散内走道的东、西端外墙上均设置采光、通风窗，在走道的两端各设置了一座疏散楼梯间，其中一座紧靠东侧外墙，另一

1 答案：CD

2 答案：A

座与西侧外墙有一定距离。建筑在该走道西侧尽端的房间门与最近一座疏散楼梯间入口门的允许最大直线距离为（　）m。[1]（2016-1-12）

A．15　B．20　C．22　D．27.5

【解析】该建筑属于多层公建，耐火等级二级，房间设于袋型走道尽端，由《建筑设计防火规范》（GB 50016—2014）表5.5.17可知距离为22 m，设自动喷水灭火系统增加25%，故为22×（1+25%）=27.5（m）。故选D。

4．安全疏散距离是安全疏散设计的一项重要内容，关于安全疏散距离的设置，下列说法中符合现行国家消防技术标准要求的有（　）。[2]（2016-2-97）

A．商场营业厅内任一点至疏散门的距离不应大于30 m

B．设置自动喷水灭火系统的场所，室内任一点至安全出口的安全疏散距离可在规范规定值的基础上增加25%

C．高层建筑在首层未采用防烟楼梯间前室时，可将直通室外的门设置在离楼梯间不大于15 m处

D．采用敞开式外廊的建筑，安全疏散距离可以在规范规定值的基础上增加5 m

E．位于二级耐火等级建筑内的卡拉OK厅，厅内任一点至直通疏散走道的疏散门的直线距离不应大于9 m

【解析】《建筑设计防火规范》（GB 50016—2014）第5.5.17-4条，一、二级耐火等级建筑内疏散门或安全出口不少于2个的观众厅、展览厅、多功能厅、餐厅、营业厅等，其室内任一点至最近疏散门或安全出口的直线距离不应大于30 m。A选项正确。

表5.5.17条注3，建筑物内全部设置自动喷水灭火系统时，其安全疏散距离可按本表的规定增加25%。B选项正确。

第5.5.17-2条，楼梯间应在首层直通室外，确有困难时，可在首层采用扩大的封闭楼梯间或防烟楼梯间前室。当层数不超过4层且未采用扩大的封闭楼梯间或防烟楼梯间前室时，可将直通室外的门设置在离楼梯间不大于15 m处。C选项错误。

表5.5.17条注1，建筑内开向敞开式外廊的房间疏散门至最近安全出口的直线距离可按本表的规定增加5 m。D选项正确。

第5.5.17-3条，房间内任一点至房间直通疏散走道的疏散门的直线距离，不应大于《建筑设计防火规范》（GB 50016—2014）表5.5.17规定的袋形走道两侧或尽端的疏散门至最近安全出口的直线距离。E选项正确。

5．某一级耐火等级的四星级旅馆建筑，建筑高度为128.0 m，下部设置3层地下室（每层层高3.3 m），并设4层裙房，裙房的建筑高度为23.4 m。地下一层设置总建筑面积为7 000 m^2的商店、总建筑面积980 m^2的卡拉OK厅（每间房间的建筑面积小于50 m^2）和1个建筑面积为260 m^2的舞厅。裙房的地上一、二层设置商店，三层设置商店和宝宝乐等儿童活动场所，四层设置餐饮场所和电影院。一层的商店采用轻质墙体在吊顶下将商店隔成每间建筑面积小于100 m^2的多个小商铺，每间商铺的门口均通向主要疏散通道，至最近安全出口的直线距离均为5～35 m，商铺的进深为8 m。裙房与高层主体之间用防火墙和甲级防火门进行了分隔，裙房和建筑的地下室均按国家标准要求的建筑面积和分隔方式划分防火分区。

建筑高层主体、裙房和地下室的疏散楼梯均按国家标准要求采用了防烟楼梯间或疏散楼梯，地下楼层的疏散楼梯在首层与地上楼层的疏散楼梯已采用符合要求的防火隔墙和防火门完全分隔。地下一层商店有3个防火分区分别借用了其他防火分区2.4 m疏散净宽度，且均不大于借用疏散宽度的防火分区所需疏散

1 答案：D

2 答案：ABDE

净宽度的30%，每个防火分区的疏散净宽度（包括借用的疏散宽度）均符合国家标准的规定，商店区域的总疏散净宽度为39.6 m（各防火分区的人员密度均按0.6 人/m^2 取值）。

根据以上材料，回答问题：

指出该建筑在安全疏散方面存在的问题，并简述理由。（2016-3-四）

答案：（1）商店区域的总疏散净宽度为39.6 m不符合规范要求，应不小于7 000×0.6×1÷100=42（m）。（2）一层商店内每间商铺的疏散门至最近安全出口的直线距离均为5～35 m不符合规范要求，一级耐火等级高层旅馆位于袋形走道两侧或尽端的房间疏散门至最近安全出口的直线距离不应大于 15×1.25=18.75（m）。（3）儿童活动场所应设置独立的安全出口和疏散楼梯。（4）电影院应至少设置1个独立的安全出口和疏散楼梯。

【解析】《建筑设计防火规范》（GB 50016—2014）第5.5.21条，除剧场、电影院、礼堂、体育馆外的其他公共建筑，其房间疏散门、安全出口、疏散走道和疏散楼梯的各自总净宽度规定。

第5.5.17条，公共建筑的安全疏散距离应符合直通疏散走道的房间疏散门至最近安全出口的直线距离不应大于表5.5.17的规定（建筑物内全部设置自动喷水灭火系统时，其安全疏散距离可按本表的规定增加25%）。

第5.4.4-1条，儿童活动场设置在一、二级耐火等级的建筑内时，应布置在首层、二层或三层；第5.4.4-4条，儿童活动场设置在高层建筑内时，应设置独立的安全出口和疏散楼梯。

第5.4.7条，剧场、电影院、礼堂宜设置在独立的建筑内；确需设置在其他民用建筑内时，至少应设置1个独立的安全出口和疏散楼梯。

6．对某三层影院进行防火检查，安全疏散设施的下列检查结果中，不符合现行国家标准要求的是（　）。[1]（2018-2-16）

A．建筑室外疏散通道的净宽度为3.50 m　　B．首层疏散门净宽度1.30 m

C．首层疏散门外1.50 m处设置踏步　　D．楼梯间在首层通过15 m的疏散走道通至室外

【解析】根据《建筑设计防火规范》（GB 50016—2014）第5.5.19条，人员密集的公共场所、观众厅的疏散门不应设置门槛，其净宽度不应小于1.40 m，且紧靠门口内外各1.40 m范围内不应设置踏步。人员密集的公共场所的室外疏散通道的净宽度不应小于3.00 m，并应直接通向宽敞地带。故选项A、C正确，选项B错误。根据第5.5.17-2条，楼梯间应在首层直通室外，确有困难时，可在首层采用扩大的封闭楼梯间或防烟楼梯间前室。当层数不超过4层且未采用扩大的封闭楼梯间或防烟楼梯间前室时，可将直通室外的门设置在离楼梯间不大于15 m处。故选项D正确。

第二节　安全出口与疏散门

一、安全出口

1．下列一、二级耐火等级建筑的疏散走道和安全出口的检查结果中，不符合现行国家消防技术标准的是（　）。[2]（2017-2-37）

A．容纳4 500人的单层体育馆，其室外疏散通道的净宽度为3.50 m

B．一座2层老年人公寓中，位于袋形走道两侧的房间疏散门至最近疏散楼梯间的直线距离为18 m

C．单元式住宅中公共疏散走道净宽度为1.05 m

1 答案：B

2 答案：C

D．采用敞开式外廊的多层办公楼中，从袋形走道尽端的疏散门至最近封闭楼梯间的直线距离为27 m

【解析】《建筑设计防火规范》（GB 50016—2014）第5.5.19条，人员密集的公共场所的室外疏散通道的净宽度不应小于3.00 m，并应直接通向宽敞地带。故A选项正确。

根据表5.5.17可知，该距离不应大于20 m。故B选项正确。

第5.5.30条，住宅建筑的户门、安全出口、疏散走道和疏散楼梯的各自总净宽度应经计算确定，且户门和安全出口的净宽度不应小于0.90 m，疏散走道、疏散楼梯和首层疏散外门的净宽度不应小于1.10 m。建筑高度不大于18 m的住宅中一边设置栏杆的疏散楼梯，其净宽度不应小于1.0 m。故C选项错误。

根据表5.5.17及注1可知，建筑内开向敞开式外廊的房间疏散门至最近安全出口的直线距离可按本表的规定增加5 m，为27 m。D选项正确。

2．下列安全出口的检查结果中，符合现行国家消防技术标准的有（ ）。[1]（2017-2-99）

A．防烟楼梯间在首层直接对外的出口门采用向外开启的玻璃门

B．服装厂房设置的封闭楼梯间，各层均采用常闭式乙级防火门，并向楼梯间开启

C．多层办公楼封闭楼梯间的入口门，采用常开的乙级防火门并有自行关闭和信号反馈功能

D．室外地坪标高−0.15 m，室内地坪标高−10.00的地下2层建筑，其疏散楼梯采用封闭楼梯间

E．高层宾馆中连续“一”形内走廊的2个防烟楼梯间的入口中心线之间的距离为60 m

【解析】根据《建筑设计防火规范》（GB 50016—2014）第6.4.3-4条，疏散走道通向前室以及前室通向楼梯间的门应采用乙级防火门。首层外门采用玻璃门没有问题，故A选项正确。

根据第6.4.2-3条，高层建筑、人员密集的公共建筑、人员密集的多层丙类厂房、甲、乙类厂房，其封闭楼梯间的门应采用乙级防火门，并应向疏散方向开启；其他建筑，可采用双向弹簧门。除首层外向楼梯间方向开启，即向疏散方向开启，但首层若向楼梯间方向开启，则不是向疏散方向开启，故B选项错误。

根据第6.5.1条，防火门的设置应符合下列规定：（1）设置在建筑内经常有人通行处的防火门宜采用常开防火门，常开防火门应能在火灾时自行关闭，并应具有信号反馈功能；（2）除允许设置敞开防火门的位置外，其他位置的防火门均应采用常闭防火门。常闭防火门应在其明显位置设置“保持防火门关闭”等提示标识。

多层办公楼的封闭楼梯间如果经常通行，设置常开乙级防火门没有问题，但是选项中描述不严谨，应在火灾时自行关闭，考虑多层办公楼设置火灾自动报警系统的可能性也比较小，因此这个方案也有待商榷，故C选项错误。

根据第6.4.4-1条，室内地面与室外出入口地坪高差大于10 m或3层及以上的地下、半地下建筑（室），其疏散楼梯应采用防烟楼梯间；其他地下或半地下建筑（室），其疏散楼梯应采用封闭楼梯间，故D选项正确。

根据第5.5.17条，设自喷可增加25%，即37.5 m。高层宾馆位于两个安全出口之间的疏散门的距离不大于30 m，题干中2个防烟楼梯间的入口中心线之间的距离为60 m，则每个房间到最近安全出口的距离≤30 m，在范围内，故E选项正确。

二、疏散门

1．下列疏散出口的检查结果中，不符合现行国家消防技术标准的是（ ）。[2]（2017-2-36）

A．容纳200人的观众厅，其2个外开疏散门的净宽度均为1.20 m

1 答案：ADE

2 答案：A

B．教学楼内位于两个安全出口之间的建筑面积 55 m^2、使用人数 45 人的教室设有 1 个净宽 1.00 m 的外开门

C．单层的棉花储备仓库在外墙上设置净宽 4.00 m 的金属卷帘门作为疏散门

D．建筑面积为 200 m^2 的房间，其相邻 2 个疏散门洞净宽为 1.5 m，疏散门中心线之间的距离为 6.5 m

【解析】《建筑设计防火规范》（GB 50016—2014）第 5.5.18 条，公共建筑内疏散门和安全出口的净宽度不应小于 0.90 m，疏散走道和疏散楼梯的净宽度不应小于 1.10 m。第 5.5.19 条，人员密集的公共场所、观众厅的疏散门不应设置门槛，其净宽度不应小于 1.40 m，且紧靠门口内外各 1.40 m 范围内不应设置踏步。A 选项错误。

第 5.5.15 条，位于两个安全出口之间或袋形走道两侧的教学建筑，房间的建筑面积不大于 75 m^2 可设置 1 个疏散门。第 5.5.18 条，公共建筑内疏散门和安全出口的净宽度不应小于 0.90 m，疏散走道和疏散楼梯的净宽度不应小于 1.10 m。高层公共建筑内楼梯间的首层疏散门、首层疏散外门、疏散走道和疏散楼梯的最小净宽度应符合《建筑设计防火规范》（GB 50016—2014）表 5.5.18 的规定。B 选项正确。

表 5.5.18　高层公共建筑内楼梯间的首层疏散门、首层疏散外门、疏散走道和疏散楼梯的最小净宽度　单位：m

建筑类别	楼梯间的首层疏散门、首层疏散外门	走道		疏散楼梯
		单面布房	双面布房	
高层医疗建筑	1.30	1.40	1.50	1.30
其他高层公共建筑	1.20	1.30	1.40	1.20

第 6.4.11-2 条，仓库的疏散门应采用向疏散方向开启的平开门，但丙、丁、戊类仓库首层靠墙的外侧可采用推拉门或卷帘门。C 选项正确。

第 5.5.2 条，建筑内的安全出口和疏散门应分散布置，且建筑内每个防火分区或一个防火分区的每个楼层、每个住宅单元每层相邻两个安全出口以及每个房间相邻两个疏散门最近边缘之间的水平距离不应小于 5 m。D 选项正确。

2．某多功能建筑，建筑高度为 54.8 m，2 座楼梯间分别位于“一”字形内走廊的尽端，楼梯间形式和疏散宽度符合相关规范规定。地下一层建筑面积为 2 600 m^2，用途为餐厅、设备房；地上共 14 层，建筑面积为 24 000 m^2，用途为歌舞娱乐、宾馆、办公。该建筑按照规范要求设置建筑消防设施。下列关于该建筑房间疏散门的设置中，错误的是（　）。[1]（2015-1-71）

A．九至十四层每层的会议室相邻两个疏散门最近边缘之间的水平距离为 6 m

B．位于地下一层的一个建筑面积为 50 m^2、使用人数为 10 人的小餐厅，设置 1 个向内开启的疏散门

C．位于三层的一个建筑面积为 80 m^2、使用人数为 50 人的会议室，设置 2 个向内开启的疏散门

D．位于一层的一个建筑面积为 60 m^2、使用人数为 16 人的录像厅，设置 1 个向外开启的疏散

【解析】《建筑设计防火规范》（GB 50016—2014）第 5.5.2 条，建筑内的安全出口和疏散门应分散布置，且建筑内每个防火分区或一个防火分区的每个楼层、每个住宅单元每层相邻两个安全出口以及每个房间相邻两个疏散门最近边缘之间的水平距离不应小于 5 m。A 选项正确。

第 5.5.5 条，建筑面积不大于 50 m^2 且经常停留人数不超过 15 人的地下或半地下房间，可设置 1 个疏散门。B 选项正确。

第 5.5.15-1 条，位于两个安全出口之间或袋形走道两侧的房间，对于托儿所、幼儿园、老年人建筑，建筑面积不大于 50 m^2；对于医疗建筑、教学建筑，建筑面积不大于 75 m^2；对于其他建筑或场所，建筑面

1 答案：D

积不大于 120 m^2，房间可设置 1 个疏散门。第 6.4.11-1 条，民用建筑和厂房的疏散门，应采用向疏散方向开启的平开门，不应采用推拉门、卷帘门、吊门、转门和折叠门。除甲、乙类生产车间外，人数不超过 60 人且每樘门的平均疏散人数不超过 30 人的房间，其疏散门的开启方向不限。C 选项正确。

第 5.5.15-3 条，歌舞娱乐放映游艺场所内建筑面积不大于 50 m^2 且经常停留人数不超过 15 人的厅、室可设置 1 个疏散门。D 选项错误。

3．某地上 18 层、地下 3 层的建筑，每层建筑面积为 1 500 m^2。首层为大堂，二至五层为商店，地上六层以上各层为办公区。地下一层层高 4.5 m，设置设备用房和夜总会。下列关于该夜总会的消防设计中，正确的有（　）。[1]（2015-1-84）

A．豪华包间的建筑面积为 200 m^2，设 2 个疏散门

B．建筑面积为 60 m^2 的房间设置 1 个疏散门

C．夜总会所在空间划分 3 个防烟分区，设置一套机械排烟风机

D．每个房间采用耐火极限为 1.00 h 的防火隔墙与其他房间分隔

E．夜总会所在空间采用耐火极限为 2.00 h 的防火墙与设备区分隔

【解析】《建筑设计防火规范》（GB 50016—2014）第 5.5.15 条，公共建筑内房间的疏散门数量应经计算确定且不应少于 2 个。歌舞娱乐放映游艺场所内建筑面积不大于 50 m^2 且经常停留人数不超过 15 人的厅、室可设一个疏散门。A 选项正确，B 选项错误。

地下一层的建筑面积为 1 500 m^2，设置设备用房和夜总会，夜总会所在空间又划分为 3 个防烟分区，每个防烟分区的面积 2 000 m^2，符合要求。C 选项正确。

第 5.4.9-6 条，夜总会厅、室之间及与建筑的其他部位之间，应采用耐火极限不低于 2.00 h 的防火隔墙和 1.00 h 的不燃性楼板分隔，设置在厅、室墙上的门和该场所与建筑内其他部位相通的门均应采用乙级防火门。D 选项错误，E 选项正确。

4．下列关于建筑中疏散门的做法中，正确的有（　）。[2]（2016-1-97）

A．建筑高度为 31.5 m 的办公楼，封闭楼梯间在每层均设置甲级防火门并向疏散方向开启，防火门完全开启时不减少楼梯平台的有效宽度

B．宾馆首层大堂建筑面积为 480 m^2，在南北两面均设置 1 个净宽 1.8 m 并双向开启的普通玻璃外门和 1 个直径 3 m 的转门

C．建筑面积为 360 m^2 的单层制氧机房，设置 2 个净宽 1.4 m 的外开门

D．位于走道两侧的教室，每间教室的建筑面积为 120 m^2，核定人数 70 人，设置 2 个净宽为 1.2 m 并向教室内开启的门

E．建筑面积为 1 500 m^2 的单层轮胎仓库，在墙的外侧设置 2 个净宽 4 m 的推拉门

【解析】《建筑设计防火规范》（GB 50016—2014）第 6.4.2-3 条，高层建筑，人员密集的公共建筑，人员密集的多层丙类厂房，甲、乙类厂房，其封闭楼梯间的门应采用乙级防火门，并应向疏散方向开启；其他建筑，可采用双向弹簧门。第 6.4.11-3 条，开向疏散楼梯或疏散楼梯间的门，当其完全开启时，不应减少楼梯平台的有效宽度。A 选项正确。

第 5.5.8 条，公共建筑内每个防火分区或一个防火分区的每个楼层，其安全出口的数量应经计算确定，且不应少于 2 个。第 5.5.18 条，公共建筑内疏散门和安全出口的净宽度不应小于 0.90 m，疏散走道和疏散楼梯的净宽度不应小于 1.10 m。高层公共建筑内楼梯间的首层疏散门、首层疏散外门、疏散走道和疏散楼

1 答案：ACE
2 答案：ABCE

梯的最小净宽度应符合《建筑设计防火规范》(GB 50016—2014)表 5.5.18 的规定。B 选项正确。

表 5.5.18 高层公共建筑内楼梯间的首层疏散门、首层疏散外门、疏散走道和疏散楼梯的最小净宽度 单位：m

建筑类别	楼梯间的首层疏散门、首层疏散外门	走道		疏散楼梯
		单面布房	双面布房	
高层医疗建筑	1.30	1.40	1.50	1.30
其他高层公共建筑	1.20	1.30	1.40	1.20

根据第 3.1.1 条可知，制氧机房火灾危险性类别为乙类。根据第 3.7.2 条可知，厂房内每个防火分区或一个防火分区内的每个楼层，其安全出口的数量应经计算确定，且不应少于 2 个；当乙类厂房符合下列条件时，可设置 1 个安全出口：每层建筑面积不大于 150 m^2，且同一时间的作业人数不超过 10 人，该建筑面积为 360 m^2 的单层制氧机房应设 2 个安全出口。根据第 3.7.5 条可知，首层外门的总净宽度应按该层及以上疏散人数最多一层的疏散人数计算，且该门的最小净宽度不应小于 1.20 m。C 选项正确。

第 5.5.15-1 条，位于两个安全出口之间或袋形走道两侧的房间，对于托儿所、幼儿园、老年人建筑，建筑面积不大于 50 m^2；对于医疗建筑、教学建筑，建筑面积不大于 75 m^2；对于其他建筑或场所，建筑面积不大于 120 m^2，可设置 1 个疏散门。第 6.4.11-1 条，民用建筑和厂房的疏散门，应采用向疏散方向开启的平开门，不应采用推拉门、卷帘门、吊门、转门和折叠门。除甲、乙类生产车间外，人数不超过 60 人且每樘门的平均疏散人数不超过 30 人的房间，其疏散门的开启方向不限。D 选项错误。

根据第 3.1.3 条可知，轮胎仓库火灾危险性类别为丙类。第 6.4.11-2 条，仓库的疏散门应采用向疏散方向开启的平开门，但丙、丁、戊类仓库首层靠墙的外侧可采用推拉门或卷帘门。E 选项正确。

5. 下列关于建筑中疏散门宽度的说法中，错误的是（ ）。[1]（2016-2-44）

A. 电影院观众厅的疏散门，其净宽度不应小于 1.2 m

B. 多层办公建筑内的疏散门，其净宽度不应小于 0.9 m

C. 地下歌舞娱乐场所的疏散门，其总净宽应根据疏散人数按每 100 人不小于 1.0 m 计算

D. 住宅建筑的户门，其净宽度不应小于 0.9 m

【解析】《建筑设计防火规范》(GB 50016—2014)第 5.5.19 条，人员密集的公共场所、观众厅的疏散门不应设置门槛，其净宽度不应小于 1.40 m，且紧靠门口内外各 1.40 m 范围内不应设置踏步。A 选项错误。

第 5.5.18 条，公共建筑内疏散门和安全出口的净宽度不应小于 0.90 m。B 选项正确。

第 5.5.21-3 条，地下或半地下人员密集的厅、室和歌舞娱乐放映游艺场所，其房间疏散门、安全出口、疏散走道和疏散楼梯的各自总净宽度，应根据疏散人数按每 100 人不小于 1.00 m 计算确定。C 选项正确。

第 5.5.30 条，住宅建筑的户门、安全出口、疏散走道和疏散楼梯的各自总净宽度应经计算确定，且户门和安全出口的净宽度不应小于 0.90 m。D 选项正确。

6. 下列民用建筑房间中，可设 1 个疏散门的是（ ）。[2]（2018-1-70）

A. 老年人日间照料中心内位于走道尽端，建筑面积为 50 m^2

B. 托儿所内位于袋形走道一侧，建筑面积为 60 m^2 的房间

C. 教学楼内位于袋形走道一侧，建筑面积为 70 m^2 的教室

D. 病房楼内位于两个安全出口之间，建筑面积为 80 m^2 的病房

1 答案：A

2 答案：C

【解析】为便于记忆，特把公共建筑中房间可设1个疏散门的条件汇总见下表。

<table>
<tr><th colspan="2" rowspan="2">名称</th><th colspan="3">房间的平面位置</th><th colspan="4">限定的条件</th></tr>
<tr><th rowspan="2">两个安全出口之间</th><th colspan="2">袋形走道</th><th rowspan="2">房间的最大面积/m²</th><th rowspan="2">房间停留最多人数/人</th><th rowspan="2">疏散门的最小净宽/m</th><th rowspan="2">室内最远点至疏散门的直线距离/m</th></tr>
<tr><th colspan="2"></th><th>两侧</th><th>尽端</th></tr>
<tr><td rowspan="6">地上层</td><td>幼托、老年人照料设施</td><td>√</td><td>√</td><td>—</td><td>50</td><td>—</td><td>—</td><td rowspan="4">详见《建筑设计防火规范》（GB 50016—2014）第5.5.17条公共建筑的安全疏散距离</td></tr>
<tr><td>医疗、教学建筑</td><td>√</td><td>√</td><td>—</td><td>75</td><td>—</td><td>—</td></tr>
<tr><td>歌舞娱乐放映游艺场所</td><td>√</td><td>√</td><td>√</td><td>50</td><td>15</td><td>—</td></tr>
<tr><td rowspan="3">其他建筑</td><td>√</td><td>√</td><td>—</td><td>120</td><td>—</td><td>—</td></tr>
<tr><td>—</td><td>—</td><td>√</td><td>50</td><td>—</td><td>0.9</td><td>—</td></tr>
<tr><td>—</td><td>—</td><td>√</td><td>200</td><td>—</td><td>1.4</td><td>15</td></tr>
<tr><td rowspan="2">地下和半地下层</td><td>设备间</td><td>√</td><td>√</td><td>√</td><td>200</td><td>—</td><td>—</td><td>—</td></tr>
<tr><td>其他房间</td><td>√</td><td>√</td><td>√</td><td>50</td><td>15</td><td>—</td><td>—</td></tr>
</table>

注：（1）不符合本表规定条件的房间，其“疏散门的数量应经计算确定，且应≥2个”。
（2）非住宅类的居住建筑可参用此表。
（3）地下、半地下层的数据系依据《建筑设计防火规范》（GB 50016—2014）第5.5.5条。

老年人照料设施位于走道尽端不满足可设1个疏散门的条件，故A选项错误。

托儿所建筑面积为60 m^{2}的房间不满足可设1个疏散门的条件，故B选项错误。

教学楼满足可设1个疏散门的条件，故C选项正确。

病房楼建筑面积为80 m^{2}的病房不满足可设1个疏散门的条件，故D选项错误。

7．下列安全出口与疏散门的防火检查结果中，不符合现行国家标准要求的有（　）。[1]（2018-2-86）

A．单纯的谷物仓库在外墙上设置净宽为5.00 m的金属推拉门作为疏散门

B．多层老年人照料设施中位于走道尽端的康复用房，建筑面积为45 m^2，设置一个疏散门

C．多层办公楼封闭楼梯间的门采用双向弹簧门

D．防烟楼梯间首层直接对外的门采用与楼梯梯段等宽的向外开启的安全玻璃门

E．多层建筑内建筑面积为300 m^2 的歌舞厅室内最远点至疏散门的距离为12 m

【解析】《建筑设计防火规范》（GB 50016—2014）第6.4.11-2条，仓库的疏散门应采用向疏散方向开启的平开门，但丙、丁、戊类仓库首层靠墙的外侧可采用推拉门或卷帘门。故A选项正确。

第5.5.15条，公共建筑内房间的疏散门数量应经计算确定且不应少于2个。除托儿所、幼儿园、老年人照料设施、医疗建筑、教学建筑内位于走道尽端的房间外，符合下列条件之一的房间可设置1个疏散门：位于走道尽端的房间，建筑面积小于50 m^{2}且疏散门的净宽度不小于0.90 m，或由房间内任一点至疏散门的直线距离不大于15 m、建筑面积不大于200 m^{2}且疏散门的净宽度不小于1.40 m。故B选项错误。

第6.4.2条，封闭楼梯间除应符合本规范第6.4.1条的规定外，尚应符合下列规定：3 高层建筑、人员密集的公共建筑、人员密集的多层丙类厂房、甲、乙类厂房，其封闭楼梯间的门应采用乙级防火门，并应向疏散方向开启；其他建筑，可采用双向弹簧门。故C选项正确。

首层外门可以使用普通门。故D选项正确。

第5.5.17条，歌舞娱乐场所室内任一点至疏散门的距离不应大于9 m。根据第5.5.17条注3，建筑物内全部设置自动喷水灭火系统时，其安全疏散距离可按本表的规定增加25%，$9 \times 1.25 = 11.25$（m）。故E选项错误。

8．某医院病房楼，地下1层，地上6层，局部7层，屋面为平屋面。首层地面设计标高为±0.000 m，

1 答案：BE

地下室地面标高为-4.200 m，建筑室外地面设计标高为-0.600 m。六层屋面面层的标高为 23.700 m，女儿墙顶部标高为 24.800 m；七层屋面面层的标高为 27.300 m。该病房楼首层平面示意图如图所示。

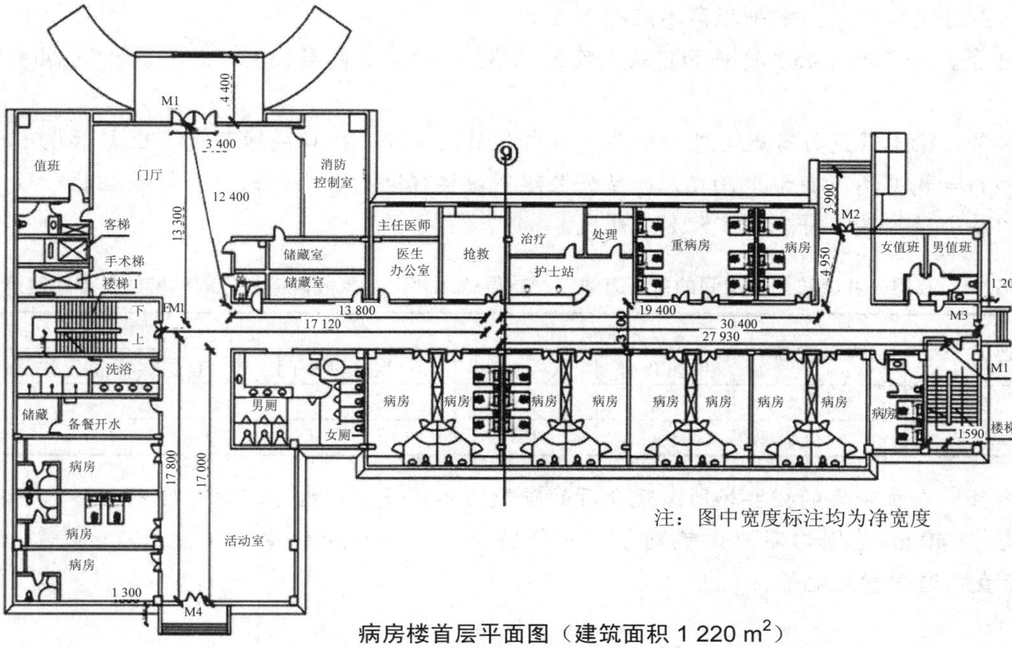

病房楼首层平面图（建筑面积 1 220 m²）

该病房楼六层以下各层建筑面积均为 1 220 m²。图中⑨号轴线东侧地下室建筑面积为 560 m²，布置设备用房。中间走道北侧自西向东依次布置消防水泵房、通风空调机房、排烟机房，中间走道南侧自西向东依次布置柴油发电机房、变配电室（使用干式变压器）。⑨号轴线西侧的地下室布置自行车库。地上一层至地上六层均为病房层，七层（建筑面积为 275 m²）布置消防水箱间、电梯机房和楼梯出口小间。

地下室各设备用房的门均为乙级防火门，各层楼梯 1、楼梯 2 的门和地上各层配电室的门均为乙级防火门，首层 M1、M2、M3、M4 均为钢化玻璃门，其他各层各房间的门均为普通木门。楼内的 Ml 门净宽为 3.4 m，所有单扇门净宽均为 0.9 m，双扇门净宽均为 1.2 m。

该病房楼内按规范要求设置了室内外消火栓系统、湿式自动喷水灭火系统、火灾自动报警系统、防烟和排烟系统及灭火器。疏散走道和楼梯间照明的地面最低水平照度为 6.0 lx，供电时间 l.5 h。

指出图中安全疏散方面的问题，并给出正确做法。（2018-3-四）

答案：（1）问题：图示中显示该建筑设置的封闭楼梯间；正确做法：改为防烟楼梯间。

（2）问题：该大楼未设置避难间；正确做法：在该病房大楼二层及以上靠近楼梯处增设避难间。

（3）问题：图示中 M1、M3、M4 三个门的开启方向错误；正确做法：重新设置开启方向，向疏散方向开启。

（4）问题：图示中 M3、M4 门处 1.4 m 范围内设置了踏步；正确做法：踏步重新改造，确保公共疏散出口处内、外 1.40 m 范围内无踏步。

（5）问题：所有双扇门净宽均为 1.2 m；正确做法：M2、M3、M4 作为人员密集场所的首层疏散门宽度不小于 1.4 m，将双扇门的宽度进行改造。

（6）问题：图示中显示地上、地下共用楼梯未采取任何保证疏散安全的措施；正确做法：地上、地下共用疏散楼梯，应该采用 2.00 h 的防火隔墙分隔，若要开门采用乙级防火门。

（7）问题：图示中重病房的两个疏散门之间距离不满足要求，可以从重病房对面的隔墙对比看出；正确做法：重新设置疏散门，确保疏散门之间的距离不小于 5 m。

【解析】《建筑设计防火规范》(GB 50016—2014)第5.5.2条，建筑内的安全出口和疏散门应分散布置，且建筑内每个防火分区或一个防火分区的每个楼层、每个住宅单元每层相邻两个安全出口以及每个房间相邻两个疏散门最近边缘之间的水平距离不应小于5 m。

第5.5.12条，一类高层公共建筑和建筑高度大于32 m的二类高层公共建筑，其疏散楼梯应采用防烟楼梯间。

第5.5.18条，除本规范另有规定外，公共建筑内疏散门和安全出口的净宽度不应小于0.90 m，疏散走道和疏散楼梯的净宽度不应小于1.10 m。高层公共建筑内楼梯间的首层疏散门、首层疏散外门、疏散走道和疏散楼梯的最小净宽度应符合表5.5.18的规定。

表5.5.18　高层公共建筑内楼梯间的首层疏散门、首层疏散外门、疏散走道和疏散楼梯的最小净宽度　单位：m

建筑类型		疏散楼梯	疏散走道		安全出口		疏散门
			单面布房	双面布房	首层疏散外门	首层楼梯间疏散门	
高层	医疗	1.3	1.4	1.5	1.3		0.9
	其他	1.2	1.3	1.4	1.2		0.9

第5.5.19条，人员密集的公共场所、观众厅的疏散门不应设置门槛，其净宽度不应小于1.40 m，且紧靠门口内外各1.40 m范围内不应设置踏步。人员密集的公共场所的室外疏散通道的净宽度不应小于3.00 m，并应直接通向宽敞地带。

第三节　疏散楼梯间

1. 下列无敞开式外廊的建筑中，可设置封闭楼梯间的有(　)。[1](2015-1-95)

A. 4层且建筑高度为21 m的医院门诊楼

B. 3层且建筑高度为12 m、每层建筑面积为500 m^2的小型商店

C. 3层且建筑高度为19.8 m的纺织厂房

D. 6层且建筑高度为21.6 m的办公楼

E. 宾馆建筑下部设置的3层地下设备房和汽车库

【解析】《建筑设计防火规范》(GB 50016—2014)第5.5.13条，多层医疗公共建筑的疏散楼梯，除与敞开式外廊直接相连的楼梯间外，应采用封闭楼梯间。A选项正确。

第5.5.13条，多层商店建筑的疏散楼梯，除与敞开式外廊直接相连的楼梯间外，应采用封闭楼梯间。B选项正确。

第3.7.6条，高层厂房和甲、乙、丙类多层厂房的疏散楼梯应采用封闭楼梯间或室外楼梯。建筑高度大于32 m且任一层人数超过10人的厂房，应采用防烟楼梯间或室外楼梯。C选项正确。

第5.5.30条，6层及以上的多层公共建筑的疏散楼梯，除与敞开式外廊直接相连的楼梯间外，应采用封闭楼梯间。D选项正确。

第6.4.4-1条，室内地面与室外出入口地坪高差大于10 m或3层及以上的地下、半地下建筑(室)，其疏散楼梯应采用防烟楼梯间；其他地下或半地下建筑(室)，其疏散楼梯应采用封闭楼梯间。E选项错误。

2. 楼梯间是重要的竖向安全疏散设施。下列建筑设置的楼梯间，不符合相关防火规范要求的是(　)。[2](2015-2-24)

---

1 答案：ABCD

2 答案：D

A．建筑高度 30 m 的写字楼，设置封闭楼梯间

B．地上 10 层的医院病房楼，设置防烟楼梯间

C．一类高层公共建筑的裙房，设置封闭楼梯间

D．地上 2 层的内廊式老年人公寓，设置敞开楼梯间

【解析】《建筑设计防火规范》(GB 50016—2014) 第 5.5.12 条，一类高层公共建筑和建筑高度大于 32 m 的二类高层公共建筑，其疏散楼梯应采用防烟楼梯间。裙房和建筑高度不大于 32 m 的二类高层公共建筑，其疏散楼梯应采用封闭楼梯间。故 A、B、C 选项正确。第 5.5.13 条，多层老年人建筑的疏散楼梯，除与敞开式外廊直接相连的楼梯间外，应采用封闭楼梯间。D 选项错误。

3．设置剪刀楼梯是当相邻两个安全出口的间距难以满足不应小于 5 m 时的变通措施，对底部数层为商场和步行购物街、上部为塔楼的建筑进行防火检查时，检查人员应注意核对设置剪刀楼梯的合理性，任一门户或疏散门至最近疏散楼梯间入口的距离不应大于（ ）m。[1]（2015-2-51）

A．5　　B．10　　C．7　　D．12

【解析】《建筑设计防火规范》(GB 50016—2014) 第 5.5.10 条，高层公共建筑的疏散楼梯，当分散设置确有困难且从任一疏散门至最近疏散楼梯间入口的距离小于 10 m 时，可采用剪刀楼梯间，但应符合《建筑设计防火规范》(GB 50016—2014) 第 5.5.10 条的规定。

4．下列关于建筑内疏散楼梯间的做法中，错误的是（ ）。[2]（2016-1-77）

A．设置敞开式外廊的 4 层教学楼，每层核定人数 500 人，设置 3 部梯段净宽度均为 2.00 m 的敞开式疏散楼梯间

B．建筑高度为 15 m 的 3 层商用建筑，总建筑面积为 2 400 m^2，一、二层为美术教室和体形训练室，三层为卡拉 OK 厅和舞厅，设置 2 座梯段净宽度均为 2.00 m 的敞开式疏散楼梯间

C．电子厂综合装配大楼，建筑高度为 31.95 m，每层作业人数 100 人，设置 2 座净宽度均为 1.2 m 的防烟楼梯间

D．建筑高度为 31.9 m 的住宅建筑，每个单元的建筑面积为 500 m^2，户门至楼梯间的最大水平距离为 2 m，每个单元设置一座梯段净宽度为 1.10 m 的封闭楼梯间

【解析】根据《建筑设计防火规范》(GB 50016—2014) 第 5.5.13 条可知，敞开式外廊的 4 层教学楼可以设置敞开式疏散楼梯间。A 选项正确。

根据第 5.5.13 条可知，应采用封闭楼梯间。B 选项错误。

第 3.7.6 条，高层厂房和甲、乙、丙类多层厂房的疏散楼梯应采用封闭楼梯间或室外楼梯。建筑高度大于 32 m 且任一层人数超过 10 人的厂房，应采用防烟楼梯间或室外楼梯。C 选项正确。

第 5.5.25-2 条，建筑高度大于 27 m、不大于 54 m 的建筑，当每个单元任一层的建筑面积大于 650 m^2，或任一户门至最近安全出口的距离大于 10 m 时，每个单元每层的安全出口不应少于 2 个。第 5.5.27-2 条，住宅建筑高度大于 21 m、不大于 33 m 的住宅建筑应采用封闭楼梯间；当户门采用乙级防火门时，可采用敞开楼梯间。第 5.5.30 条，住宅建筑的户门、安全出口、疏散走道和疏散楼梯的各自总净宽度应经计算确定，且户门和安全出口的净宽度不应小于 0.90 m，疏散走道、疏散楼梯和首层疏散外门的净宽度不应小于 1.10 m。建筑高度不大于 18 m 的住宅中一边设置栏杆的疏散楼梯，其净宽度不应小于 1.0 m。D 选项正确。

5．对建筑进行防火检查时，应注意检查建筑的疏散楼梯的形式。下列建筑中，应采用防烟楼梯间的是（ ）。[3]（2016-2-68）

---

1 答案：B

2 答案：B

3 答案：B

A．建筑高度为 32 m 的高层丙类仓库　　B．建筑高度为 36 m 的住宅建筑

C．建筑高度为 23 m 的医院建筑　　D．建筑高度为 30 m 的学校办公楼

【解析】《建筑设计防火规范》（GB 50016—2014）第 3.7.6 条，高层厂房和甲、乙、丙类多层厂房的疏散楼梯应采用封闭楼梯间或室外楼梯。建筑高度大于 32 m 且任一层人数超过 10 人的厂房，应采用防烟楼梯间或室外楼梯。A 选项错误。

第 5.5.27-3 条，建筑高度大于 33 m 的住宅建筑应采用防烟楼梯间。B 选项正确。

第 5.5.12 条，一类高层公共建筑和建筑高度大于 32 m 的二类高层公共建筑，其疏散楼梯应采用防烟楼梯间。裙房和建筑高度不大于 32 m 的二类高层公共建筑，其疏散楼梯应采用封闭楼梯间。建筑高度为 23 m 的医院建筑为多层公共建筑，其疏散楼梯应采用封闭楼梯间，C 选项错误。D 选项错误。

6．对建筑的疏散楼梯进行工程验收时，下列关于疏散楼梯间检查的做法中，正确的有（　）。[1]（2016-2-91）

A．检查疏散楼梯间在各层的位置是否改变

B．检查地下与地上共有的楼梯间在首层与地下层的出入口处是否设置防火隔墙和乙级防火门完全隔开

C．测量疏散楼梯间的门完全开启时楼梯平台的有效宽度

D．检查通向建筑屋面的疏散楼梯间的门的开启方向是否正确

E．测量疏散楼梯的净宽度，每部楼梯的测量点不少于 3 处

【解析】《建筑设计防火规范》（GB 50016—2014）第 5.5.3 条，建筑的楼梯间宜通至屋面，通向屋面的门或窗应向外开启。第 6.4.4 条，除通向避难层错位的疏散楼梯外，建筑内的疏散楼梯间在各层的平面位置不应改变。第 6.4.4-4 条，建筑的地下或半地下部分与地上部分不应共用楼梯间，确需共用楼梯间时，应在首层采用耐火极限不低于 2.00 h 的防火隔墙和乙级防火门将地下或半地下部分与地上部分的连通部位完全分隔，并应设置明显的标志。第 6.4.11-3 条，开向疏散楼梯或疏散楼梯间的门，当其完全开启时，不应减少楼梯平台的有效宽度。同时参见《消防安全技术综合能力》第二篇第四章第三节疏散楼梯间。

7．关于疏散楼梯间设置的做法，错误的是（　）。[2]（2017-1-11）

A．2 层展览建筑无自然通风条件的封闭楼梯间，在楼梯间直接设置机械加压送风系统

B．与高层办公主体建筑之间设置防火墙的商业裙房，其疏散楼梯间采用封闭楼梯间

C．建筑高度为 33 m 的住宅建筑，户门均采用乙级防火门。其疏散楼梯间采用敞开楼梯间

D．建筑高度为 32 m、标准层建筑面积为 1 500 m^2 的电信楼，其疏散楼梯间采用封闭楼梯间

【解析】《建筑设计防火规范》（GB 50016—2014）第 6.4.2-1 条，封闭楼梯间不能自然通风或自然通风不能满足要求时，应设置机械加压送风系统或采用防烟楼梯间。A 选项正确。

第 5.5.12 条，一类高层公共建筑和建筑高度大于 32 m 的二类高层公共建筑，其疏散楼梯应采用防烟楼梯间。B 选项正确。

第 5.5.27-2 条，建筑高度大于 21 m、不大于 33 m 的住宅建筑应采用封闭楼梯间；当户门采用乙级防火门时，可采用敞开楼梯间。C 选项正确。

建筑高度为 32 m、标准层建筑面积为 1 500 m^2 的电信楼属于一类高层公共建筑。第 5.5.12 条，一类高层公共建筑和建筑高度大于 32 m 的二类高层公共建筑，其疏散楼梯应采用防烟楼梯间。D 选项错误。

8．下列住宅建筑安全出口、疏散楼梯和户门的设计方案中，正确的有（　）。[3]（2018-1-96）

A．建筑高度为 27 m 的住宅，各单元每层的建筑面积为 700 m^2，每层设 1 个安全出口

---

1 答案：ABCD

2 答案：D

3 答案：CD

B．建筑高度为 36 m 的住宅，采用封闭楼梯间

C．建筑高度为 18 m 的住宅，敞开楼梯间与电梯井相邻，户门采用乙级防火门

D．建筑高度为 30 m 的住宅，采用敞开楼梯间，户门采用乙级防火门

E．建筑高度为 56 m 的住宅，每个单元设置 1 个安全出口，户门采用乙级防火门

【解析】为便于记忆，根据《建筑设计防火规范》（GB 50016—2014）第 5.5.25 条、第 5.5.26 条、第 5.5.27 条，特汇总表格如下：

住宅建筑每个单元每层可设置一个安全出口的条件

建筑高度	任意层建筑面积	任一户门至安全出口的距离	户门应采用乙级防火门	楼梯间应通至屋顶，并以相邻单元楼梯相通
≤27 m	≤650 m^2	≤15 m	—	—
>27 m 且≤54 m		≤10 m	√	√

注：建筑高度>54 m 和未符合本表条件者，住宅单元每层的安全出口均不应少于 2 个。

住宅建筑地上层疏散楼梯类型的设置条件

楼梯间的类型	建筑高度及其他设置条件
敞开楼梯间	≤21 m
	>21 m 且≤33 m，户门为乙级防火门
	≤21 m，其楼梯与电梯井相邻，户门为乙级防火门
封闭楼梯间	>21 m 且≤33 m
	≤21 m，楼梯与电梯井相邻
防烟楼梯间	>33 m

住宅单元每层的建筑面积超过 650 m^2 时，每层至少设 2 个安全出口，故 A 选项错误。

住宅建筑高度超过 33 m 的住宅，应采用防烟楼梯间，故 B 选项错误。

住宅建筑高度小于等于 21 m 且其楼梯与电梯井相邻，但户门为乙级防火门时，可采用敞开楼梯间，故 C 选项正确。

住宅建筑高度大于 21 m 但小于等于 33 m 且户门为乙级防火门时，可采用敞开楼梯间，故 D 选项正确。

住宅建筑高度大于 54 m 时，住宅单元每层的安全出口均不应少于 2 个，故 E 选项错误。

第四节 避难层（间）

一、避难层

1．建筑高度超过 100 m 的公共建筑应设置避难层。下列关于避难层设置的说法中，错误的是（ ）。[1]（2015-1-77）

A．第一个避难层的楼地面至灭火救援场地地面的高度不应大于 60 m

B．封闭的避难层应设置独立的机械防烟系统

C．通向避难层的疏散楼梯应使人员需经过避难层方能上下

D．避难层可兼做设备层

1 答案：A

【解析】《建筑设计防火规范》(GB 50016—2014)第 5.5.22-1 条，第一个避难层(间)的楼地面至灭火救援场地地面的高度不应大于 50 m，两个避难层(间)之间的高度不宜大于 50 m。A 选项错误。

2．某超高层办公建筑，建筑总高度为 180 m，共设置有 3 个避难层。投入使用前对避难层进行检查，下列检查结果中，正确的是（　）。[1]（2015-2-26）

A．设置了独立的机械排烟设施

B．第一个避难层的楼地面与灭火救援地地面的高差为 55 m

C．通向避难层的疏散楼梯在避难层进行了分隔

D．避难层兼作设备层，避难区域与设备管道采用耐火极限 1.00 h 的防火墙分隔

【解析】选项 A，应该是防烟设施。故 A 错误。

《建筑设计防火规范》(GB 50016—2014)第 5.5.23-1 条，第一个避难层(间)的楼地面至灭火救援场地地面的高度不应大于 50 m，两个避难层(间)之间的高度不宜大于 50 m。B 选项错误。

第 5.5.23 条，(2)通向避难层(间)的疏散楼梯应在避难层分隔、同层错位或上下层断开。C 选项正确。

第 5.5.23 条，(4)避难层可兼作设备层。设备管道宜集中布置，其中的易燃、可燃液体或气体管道应集中布置，设备管道区应采用耐火极限不低于 3.00 h 的防火隔墙与避难区分隔。管道井和设备间应采用耐火极限不低于 2.00 h 的防火隔墙与避难区分隔，管道井和设备间的门不应直接开向避难区。D 选项错误。

3．某建筑高度为 300 m 的办公建筑，首层室内地面标高为±0.000 m，消防车登高操作场地的地面标高为–0.600 m，首层层高为 6.0 m，地上其余楼层的层高均为 4.8 m。下列关于该建筑避难层的做法中，错误的是（　）。[2]（2016-1-21）

A．第二个避难层与第一个避难层相距 10 层设置

B．第一个避难层的避难净面积按其担负的避难人数乘以 0.25 m^2/人计算确定

C．将第一个避难层设置在第十二层

D．第二个避难层的避难净面积按其担负的避难人数乘以 0.2 m^2/人计算确定

【解析】《建筑设计防火规范》(GB 50016—2014)第 5.5.23 条，第一个避难层(间)的楼地面至灭火救援场地地面的高度不应大于 50 m，两个避难层(间)之间的高度不宜大于 50 m。避难层(间)的净面积应能满足设计避难人数避难的要求，并宜按 5.0 人/m^2 计算。A、B、D 选项正确。选项 C，0.6+6+10 × 4.8= 54.6(m)＞50(m)，故 C 选项错误。

4．对某建筑高度为 140 m 的住宅建筑进行防火检查，下列关于避难层的检查结果中，不符合现行国家消防技术标准的是（　）。[3]（2016-2-40）

A．设置了可直接对外开启的乙级防火窗

B．在避难层设置消防电梯出口

C．在避难层设置的设备用房与避难区之间采用防火墙分隔

D．在避难层设置消火栓、机械排烟系统和消防专用电话

【解析】《建筑设计防火规范》(GB 50016—2014)第 5.5.31 条，建筑高度大于 100 m 的住宅建筑应设置避难层，避难层的设置应符合本规范第 5.5.23 条有关避难层的要求。根据第 5.5.23 条可知，A、B、C 选项正确。选项 D，应设置直接对外的可开启窗口或独立的机械防烟设施，无须设置机械排烟设施，故 D 选项错误。

---

1 答案：C

2 答案：C

3 答案：D

二、避难间

1. 对高层医院病房楼进行防火检查时，应注意检查避难间的设置情况。下列对某医院病房楼避难间的检查结果中，符合现行国家消防技术标准的是（ ）。[1]（2016-2-30）

A．每个避难间为 3 个护理单元服务

B．利用防烟楼梯间和消防电梯合用前室做避难间

C．避难间采用耐火极限不低于 2.0 h 的防火隔墙和乙级防火门与其他部位分隔

D．在二层及以上的每个病房楼层设置避难间

【解析】《建筑设计防火规范》（GB 50016—2014）第 5.5.24 条，高层病房楼应在二层及以上的病房楼层和洁净手术部设置避难间。避难间应符合下列规定：（1）避难间服务的护理单元不应超过 2 个，其净面积应按每个护理单元不小于 25.0 m^2 确定；（2）避难间兼作其他用途时，应保证人员的避难安全，且不得减少可供避难的净面积；（3）应靠近楼梯间，并应采用耐火极限不低于 2.00 h 的防火隔墙和甲级防火门与其他部位分隔。选项 B，合用前室是疏散的地方，显然不合适用于做前室，故 D 正确。

2. 对某医院的高层病房楼进行防火检查时，发现以下避难间的做法中，错误的是（ ）。[2]（2017-2-32）

A．在二层及以上的病房楼层设置避难间

B．避难间靠近楼梯设置，采用耐火极限为 2.50 h 的防火隔墙和甲级防火门与其他部位隔开

C．每个避难间为 2 个护理单元服务

D．每个避难间的建筑面积为 25 m^2

【解析】《建筑设计防火规范》（GB 50016—2014）第 5.5.24 条，（1）避难间服务的护理单元不应超过 2 个，其净面积应按每个护理单元不小于 25.0 m^2 确定；（2）避难间兼作其他用途时，应保证人员的避难安全，且不得减少可供避难的净面积；（3）应靠近楼梯间，并应采用耐火极限不低于 2.00 h 的防火隔墙和甲级防火门与其他部位分隔。A、B、C 选项正确。选项 D，净面积按每个护理单元不小于 25.0 m^2 确定，若建筑面积为 25.0 m^2，则净面积达不到 25.0 m^2，故 D 选项错误。

3. 某建筑高度为 36 m 的病房楼，共 9 层，每层建筑面积 3 000 m^2，划分为 3 个护理单元。该病房楼避难间的下列设计方案中，正确的是（ ）。[3]（2018-1-41）

A．将满足避难要求的监护室兼作避难间

B．在二至九层每层设置 1 个避难间

C．避难间的门采用乙级防火门

D．不靠外墙的避难间采用机械加压送风方式防烟

【解析】《建筑设计防火规范》（GB 50016—2014）第 5.5.24 条：高层病房楼应在二层及以上的病房楼层和洁净手术部设置避难间。避难间应符合下列规定：（1）避难间服务的护理单元不应超过 2 个，其净面积应按每个护理单元不小于 25.0 m^2 确定；（2）避难间兼作其他用途时，应保证人员的避难安全，且不得减少可供避难的净面积；（3）应靠近楼梯间，并应采用耐火极限不低于 2.00 h 的防火隔墙和甲级防火门与其他部位分隔；（4）应设置消防专线电话和消防应急广播；（5）避难间的入口处应设置明显的指示标志；（6）应设置直接对外的可开启窗口或独立的机械防烟设施，外窗应采用乙级防火窗。

选项 A 将满足避难要求的监护室兼作避难间，根据《建筑设计防火规范》（GB 50016—2014）第 5.5.24 条条文解释：避难间可以利用平时使用的房间，如每层的监护室，也可以利用电梯前室。故正确。

---

1 答案：D

2 答案：D

3 答案：A

避难间服务的护理单元不应超过 2 个，该建筑每层有 3 个护理单元，至少应设 2 个避难间。故 B 选项错误。

避难间的门应采用甲级防火门。故 C 选项错误。

根据《建筑防烟排烟系统技术标准》（GB 51251—2017）第 3.3.12 条，设置机械加压送风系统的避难层（间），应在外墙设置可开启外窗，其有效面积不应小于该避难层（间）地面面积的 1%。选项 D 不靠外墙的避难间采用机械加压送风方式防烟，不靠外墙则不满足设置可开启外窗的要求，故错误。

4．某 6 层建筑，建筑高度 23 m，每层建筑面积 1 100 m^2。一、二层为商业店面，五层为老年人照料设施，其中三层设有与疏散楼梯直接连通的开放式外廊，六层为办公区。对该建筑的避难间进行防火检查，下列检查结果中，不符合现行国家标准要求的是（　）。[1]（2018-2-22）

A．避难间仅设于四、五层每座疏散楼梯间的相邻部位

B．避难间内可供避难的净面积为 12 m^2

C．避难间采用耐火极限 2.00 h 的防火隔墙和甲级火门与其他部位分隔

D．避难间内共设有消防应急广播和灭火器 2 种消防设施和器材

【解析】《建筑设计防火规范》（GB 50016—2014）第 5.5.24 条：高层病房楼应在二层及以上的病房楼层和洁净手术部设置避难间。避难间应符合下列规定：（1）避难间服务的护理单元不应超过 2 个，其净面积应按每个护理单元不小于 25.0 m^2 确定；（2）避难间兼作其他用途时，应保证人员的避难安全，且不得减少可供避难的净面积；（3）应靠近楼梯间，并应采用耐火极限不低于 2.0 h 的防火隔墙和甲级防火门与其他部位分隔；（4）应设置消防专线电话和消防应急广播；（5）避难间的入口处应设置明显的指示标志；（6）应设置直接对外的可开启窗口或独立的机械防烟设施，外窗应采用乙级防火窗。

第 5.5.24A 条：3 层及 3 层以上总建筑面积大于 3 000 m^2（包括设置在其他建筑内三层及以上楼层）的老年人照料设施，应在二层及以上各层老年人照料设施部分的每座疏散楼梯间的相邻部位设置 1 间避难间；当老年人照料设施设置与疏散楼梯或安全出口直接连通的开敞式外廊、与疏散走道直接连通且符合人员避难要求的室外平台等时，可不设置避难间。避难间内可供避难的净面积不应小于 12 m^2，避难间可利用疏散楼梯间的前室或消防电梯的前室，其他要求应符合本规范第 5.5.24 条的规定。供失能老年人使用且层数大于 2 层的老年人照料设施，应按核定使用人数配备简易防毒面具。

选项 A：3 层及 3 层以上总建筑面积大于 3 000 m^2（包括设置在其他建筑内三层及以上楼层）的老年人照料设施，应在二层及以上各层老年人照料设施部分的每座疏散楼梯间的相邻部位设置 1 间避难间；当老年人照料设施设置与疏散楼梯或安全出口直接连通的开敞式外廊、与疏散走道直接连通且符合人员避难要求的室外平台等时，可不设置避难间。故正确。

选项 B：根据第 5.5.24A 条，避难间内可供避难的净面积不应小于 12 m^2，避难间可利用疏散楼梯间的前室或消防电梯的前室，其他要求应符合本规范第 5.5.24 条的规定。故正确。

选项 C：根据第 5.5.24-3 条，避难间应靠近楼梯间，并应采用耐火极限不低于 2.00 h 的防火隔墙和甲级防火门与其他部位分隔。故正确。

选项 D：根据第 5.5.24 条，避难间（4）应设置消防专线电话和消防应急广播；（5）避难间的入口处应设置明显的指示标志；（6）应设置直接对外的可开启窗口或独立的机械防烟设施，外窗应采用乙级防火窗。2 种消防设施和器材是不够的，故错误。

1 答案：D

第十三章 建筑构造

本章由陶昆解析

第一节 防火墙

1．某建筑采用防火墙划分防火分区。下列防火墙的设置中，错误的是（ ）。[1]（2015-1-15）

A．输送柴油（闪点高于 60℃）的管道穿过该防火墙，穿墙管道四周缝隙采用防火堵料严密封堵

B．防火墙采用加气混凝土砌块砌筑，耐火极限为 4.00 h

C．防火墙直接设置在耐火极限为 3.00 h 的框架梁上

D．防火墙上设置常开的甲级防火门，火灾时能够自行关闭

【解析】《建筑设计防火规范》（GB 50016—2014）第 6.1.5 条，可燃气体和甲、乙、丙类液体的管道严禁穿过防火墙。选项 A 柴油（闪点高于 60℃）属于丙类液体，选项 A 错误。

第 2.1.12 条，防火墙是防止火灾蔓延至相邻建筑或相邻水平防火分区且耐火极限不低于 3.00 h 的不燃性墙体。选项 B 加气混凝土砌块砌筑的墙体燃烧性能是不燃性，耐火极限为 4.00 h，超过了耐火极限不低于 3.00 h 的要求，选项 B 内容正确。

第 6.1.1 条，防火墙应直接设置在建筑的基础或框架、梁等承重结构上，框架、梁等承重结构的耐火极限不应低于防火墙的耐火极限。防火墙是耐火极限不低于 3.00 h 的不燃性墙体。选项 C 防火墙直接设置在耐火极限为 3.00 h 的框架梁上内容正确。

第 6.1.5 条，防火墙上不应开设门、窗、洞口，确需开设时，应设置不可开启或火灾时能自动关闭的甲级防火门、窗。选项 D 正确。

2．某商业建筑，建筑高度 23.3 m，地上标准层每层划分为面积相近的 2 个防火分区，防火分隔部位的宽度为 60 m，该商业建筑的下列防火分隔做法中，正确的有（ ）。[2]（2017-1-83）

A．防火墙设置两个不可开启的乙级防火窗

B．防火墙上设置两樘常闭式乙级防火门

C．设置总宽度为 18 m、耐火极限为 3.00 h 的特级防火卷帘

D．采用耐火极限为 3.00 h 的不燃性墙体从楼地面基层隔断至梁或楼板地面基层

E．通风管道在穿越防火墙处设置一个排烟防火阀

【解析】《建筑设计防火规范》（GB 50016—2014）第 6.1.5 条，防火墙上不应开设门、窗、洞口，确需开设时，应设置不可开启或火灾时能自动关闭的甲级防火门、窗。选项 A、B 防火墙上设置乙级防火窗，错误。

《防火卷帘》（GB 14102—2005）第 3.3 条，特级防火卷帘指用钢质材料或无机纤维材料做帘面，用钢质材料做导轨、座板、夹板、门楣、箱体等，并配以卷门机和控制箱所组成的能符合耐火完整性、隔热性和防烟性能要求的卷帘。《建筑设计防火规范》（GB 50016—2014）第 6.5.3 条，防火分隔部位设置防火卷帘时，应符合下列规定：除中庭外，当防火分隔部位的宽度不大于 30 m 时，防火卷帘的宽度不应大于 10 m；当防火分隔部位的宽度大于 30 m 时，防火卷帘的宽度不应大于该部位宽度的 1/3，且不应大于 20 m。除本

1 答案：A

2 答案：CD

规范另有规定外，防火卷帘的耐火极限不应低于本规范对所设置部位墙体的耐火极限要求。当防火卷帘的耐火极限符合现行国家标准《门和卷帘的耐火试验方法》（GB/T 7633）有关耐火完整性和耐火隔热性的判定条件时，可不设置自动喷水灭火系统保护。当防火卷帘的耐火极限仅符合现行国家标准《门和卷帘的耐火试验方法》（GB/T 7633）有关耐火完整性的判定条件时，应设置自动喷水灭火系统保护。自动喷水灭火系统的设计应符合现行国家标准《自动喷水灭火系统设计规范》（GB 50084）的规定，且火灾延续时间不应小于该防火卷帘的耐火极限。选项 C“设置总宽度为 18 m、耐火极限为 3.00 h 的特级防火卷帘”小于题干中防火分隔部位的宽度 60 m 的 1/3（60 × 1/3=20 m），所以选项 C 正确。

《建筑设计防火规范》（GB 50016—2014）第 6.1.1 条，防火墙应直接设置在建筑的基础或框架、梁等承重结构上，框架、梁等承重结构的耐火极限不应低于防火墙的耐火极限。选项 D 正确。

《消防安全技术实务》第二篇第五章第三节防火分隔设施与措施，排烟防火阀的设置场所是排烟管进入排风机房处、穿越防火分区的排烟管道上、排烟系统的支管上。选项 E 通风管道在穿越防火墙处设置一个排烟防火阀错误。

3．在对某办公楼进行检查时，查阅图纸资料得知，该楼为钢筋混凝土结构，柱、梁、楼板的设计耐火极限分别为 3.00 h、2.00 h 和 1.50 h，每层划分为 2 个防火分区。下列检查结果中，不符合现行国家消防技术标准的是（　）。[1]（2017-2-58）

A．将内走廊上原设计的常闭式甲级防火门改为常开式甲级防火门

B．将二层原设计的防火墙移至一层餐厅中部的次梁对应位置上，防火分区面积仍然符合规范要求

C．将其中一个防火分区原设计活动式防火窗改为常闭式防火窗

D．排烟防火阀处于开启状态，但能与火灾报警系统联动和现场手动关闭

【解析】《建筑设计防火规范》（GB 50016—2014）第 6.5.1 条，防火门设置在建筑内经常有人通行处的防火门宜采用常开防火门。选项 A 正确。

第 6.1.1 条，防火墙应直接设置在建筑的基础或框架、梁等承重结构上，框架、梁等承重结构的耐火极限不应低于防火墙的耐火极限。从题干中可知梁的耐火极限是 2.00 h，防火墙移至一层餐厅中部的次梁对应位置上，梁的耐火极限低于防火墙的耐火极限。故选项 B 错误。

第 6.5.2 条，设置在防火墙、防火隔墙上的防火窗，应采用不可开启的窗扇或具有火灾时能自行关闭的功能。选项 C 正确。

《建筑防烟排烟系统技术标准》（GB 51251—2017）第 2.1.14 条，排烟防火阀安装在机械排烟系统的管道上，平时呈开启状态，火灾时当排烟管道内烟气温度达到 280℃时关闭，并在一定时间内能满足漏烟量和耐火完整性要求，起隔烟阻火作用的阀门。一般由阀体、叶片、执行机构和温感器等部件组成。《建筑通风和排烟系统用防火阀门》（GB 15930—2007）第 6.6.1 条，防火阀或排烟防火阀宜具备手动关闭方式；排烟阀应具备手动开启方式。手动操作应方便、灵活、可靠。选项 D 正确。

第二节　建筑缝隙

对某建筑进行防火检查，变形缝的下列检查结果中，不符合现行国家标准要求的是（　）。[2]（2018-2-51）

A．变形缝的填充材料采用防火材料

B．空调系统的风管穿越防火分隔处的变形缝时，变形缝两侧风管设置公称动作温度为 70℃的防火阀

1 答案：B

2 答案：C

C．在可燃气体管道穿越变形缝处加设了阻燃 PVC 套管

D．变形缝的构造基层采用镀锌钢板

【解析】根据《建筑设计防火规范》（GB 50016—2014）第 6.3.4 条，变形缝内的填充材料和变形缝的构造基层应采用不燃材料。电线、电缆、可燃气体和甲、乙、丙类液体的管道不宜穿过建筑内的变形缝，确需穿过时，应在穿过处加设不燃材料制作的套管或采取其他防变形措施，并应采用防火封堵材料封堵。防火材料是不燃材料，A 选项正确。阻燃 PVC 套管是难燃材料制作的套管，C 选项错误。镀锌钢板是不燃材料，D 选项正确。

根据第 9.3.11 条，通风、空气调节系统的风管在穿越防火分隔处的变形缝两侧部位应设置公称动作温度为 70℃的防火阀。B 选项正确。

第三节　疏散楼梯构造

1．下列多层厂房中，设置机械加压送风系统的封闭楼梯间应采用乙级防火门的是（　）。[1]（2017-1-51）

A．服装加工厂房　　B．机械修理厂　　C．汽车厂总装厂房　　D．金属冶炼厂房

【解析】《建筑设计防火规范》（GB 50016—2014）第 6.4.2 条，封闭楼梯间除应符合本规范第 6.4.1 条的规定外，尚应符合下列规定：不能自然通风或自然通风不能满足要求时，应设置机械加压送风系统或采用防烟楼梯间；高层建筑，人员密集的公共建筑，人员密集的多层丙类厂房，甲、乙类厂房，其封闭楼梯间的门应采用乙级防火门，并应向疏散方向开启；其他建筑，可采用双向弹簧门。服装加工厂房属于人员密集的多层丙类厂房，机械修理厂和汽车总装厂房为戊类厂房，金属冶炼厂房为丁类厂房，所以选 A。

2．关于高层办公楼疏散楼梯设置的说法中，错误的是（　）。[2]（2017-2-15）

A．疏散楼梯间内不得设置烧水间、可燃材料储存室、垃圾道

B．疏散楼梯间不得设置影响疏散的凸出物或其他障碍物

C．疏散楼梯间必须靠外墙设置并开设外窗

D．公共建筑的疏散楼梯间不得敷设可燃气体管道

【解析】《建筑设计防火规范》（GB 50016—2014）第 6.4.1 条，疏散楼梯间应符合下列规定：（1）楼梯间应能天然采光和自然通风，并宜靠外墙设置。靠外墙设置时，楼梯间、前室及合用前室外墙上的窗口与两侧门、窗、洞口最近边缘的水平距离不应小于 1.0 m。（2）楼梯间内不应设置烧水间、可燃材料储藏室、垃圾道。（3）楼梯间内不应有影响疏散的凸出物或其他障碍物。（4）封闭楼梯间、防烟楼梯间及其前室，不应设置卷帘。（5）楼梯间内不应设置甲、乙、丙类液体管道。（6）封闭楼梯间、防烟楼梯间及其前室内禁止穿过或设置可燃气体管道。敞开楼梯间内不应设置可燃气体管道，当住宅建筑的敞开楼梯间内确需设置可燃气体管道和可燃气体计量表时，应采用金属管和设置切断气源的阀门。选项 C 疏散楼梯间必须靠外墙设置并开设外窗错误。

3．某建筑 4 层，建筑高度 22 m，1～3 层为商店，4 层是电影院，电影院外设室外独立疏散楼梯，下列说法正确的是（　）。[3]（2018-1-93）

A．室外楼梯平台耐火极限 0.5 h　　B．2～4 层通向室外疏散楼梯的门采用乙级防火门

C．梯栏杆扶手高度 1.10 m　　D．梯倾斜角度 45°

E．楼梯周围 2 m 内墙面上不设门窗洞

---

1 答案：A

2 答案：C

3 答案：BCD

【解析】《建筑设计防火规范》（GB 50016—2014）第6.4.5条，室外疏散楼梯应符合下列规定：（1）栏杆扶手的高度不应小于1.10 m，楼梯的净宽度不应小于0.90 m。（2）倾斜角度不应大于45°。（3）梯段和平台均应采用不燃材料制作。平台的耐火极限不应低于1.00 h，梯段的耐火极限不应低于0.25 h。（4）通向室外楼梯的门应采用乙级防火门，并应向外开启。（5）除疏散门外，楼梯周围2 m内的墙面上不应设置门、窗、洞口。疏散门不应正对梯段。

室外楼梯平台耐火极限不应低于1.00 h，A选项错误。选项B中2～4层通向室外疏散楼梯的门采用乙级防火门正确，需要注意的是1层可以直通室外，不需要通向室外疏散楼梯。选项C梯栏杆扶手高度1.10 m正确。选项D梯倾斜角度45°正确。选项E楼梯周围2 m内墙面上不设门窗洞，需要除疏散门外，所以选项E错误。

4．某住宅小区，均为10层住宅楼，建筑高度31 m，每栋设有两个单元，每个单元标准层建筑面积为600 m^2，户门均采用乙级防火门且至最近安全出口的最大距离为12 m。下列防火检查中，符合现行国家标准要求的有（　）。[1]（2018-2-90）

A．抽查一层的外窗，与楼梯间外墙上的窗最近边缘的水平距离为1.5 m

B．每栋楼每个单元设置一部疏散楼梯，单元之间的疏散楼梯可通过屋面连通

C．敞开楼梯间内设置垃圾道，垃圾道开口采用甲级防火门进行防火分隔

D．疏散楼梯采用敞开楼梯间

E．敞开楼梯间内局部敷设的天然气管道采用钢套管保护并设置切断气源的装置

【解析】根据《建筑设计防火规范》（GB 50016—2014）第6.4.1条，疏散楼梯间应符合下列规定：（1）楼梯间应能天然采光和自然通风，并宜靠外墙设置。靠外墙设置时，楼梯间、前室及合用前室外墙上的窗口与两侧门、窗、洞口最近边缘的水平距离不应小于1.0 m。（2）楼梯间内不应设置烧水间、可燃材料储藏室、垃圾道。（6）封闭楼梯间、防烟楼梯间及其前室内禁止穿过或设置可燃气体管道。敞开楼梯间内不应设置可燃气体管道，当住宅建筑的敞开楼梯间内确需设置可燃气体管道和可燃气体计量表时，应采用金属管和设置切断气源的阀门。选项A水平距离为1.5 m，正确。选项C错误。选项E错误。

根据第5.5.25条，（2）住宅建筑建筑高度大于27 m、不大于54 m的建筑，当每个单元任一层的建筑面积大于650 m^2，或任一户门至最近安全出口的距离大于10 m时，每个单元每层的安全出口不应少于2个。选项B每栋楼每个单元设置一部疏散楼梯，错误。

根据第5.5.27条，住宅建筑的疏散楼梯设置应符合下列规定：（1）建筑高度不大于21 m的住宅建筑可采用敞开楼梯间；与电梯井相邻布置的疏散楼梯应采用封闭楼梯间，当户门采用乙级防火门时，仍可采用敞开楼梯间。（2）建筑高度大于21 m、不大于33 m的住宅建筑应采用封闭楼梯间；当户门采用乙级防火门时，可采用敞开楼梯间。（3）建筑高度大于33 m的住宅建筑应采用防烟楼梯间。户门不宜直接开向前室，确有困难时，每层开向同一前室的户门不应大于3樘且应采用乙级防火门。建筑高度为31 m的住宅建筑，户门均采用乙级防火门，选项D疏散楼梯间采用敞开楼梯间，正确。

第四节　下沉式广场、防火隔间和避难走道

一、下沉式广场

1．某购物中心，地下2层，建筑面积65 000 m^2，设置南、北2个开敞的下沉式广场，下列做法中正

1 答案：AD

确的是（ ）。[1]（2015-2-62）

A．分隔后的购物中心不同区域通向北下沉式广场开口最近边缘的水平距离宜为 12 m

B．南、北下沉式广场各设置 1 部直通室外地面并满足疏散宽度指标的疏散通道

C．南下沉式广场上方设雨篷，其开口面积为室外开敞空间地面面积的 20%

D．下沉式广场设置商业零售点，但不影响人员疏散

【解析】《建筑设计防火规范》（GB 50016—2014）第 6.4.12 条，用于防火分隔的下沉式广场等室外开敞空间，应符合下列规定：（1）分隔后的不同区域通向下沉式广场等室外开敞空间的开口最近边缘之间的水平距离不应小于 13 m。室外开敞空间除用于人员疏散外不得用于其他商业或可能导致火灾蔓延的用途，其中用于疏散的净面积不应小于 169 m^2。（2）下沉式广场等室外开敞空间内应设置不少于 1 部直通地面的疏散楼梯。当连接下沉广场的防火分区需利用下沉广场进行疏散时，疏散楼梯的总净宽度不应小于任一防火分区通向室外开敞空间的设计疏散总净宽度。（3）确需设置防风雨篷时，防风雨篷不应完全封闭，四周开口部位应均匀布置，开口的面积不应小于该空间地面面积的 25%，开口高度不应小于 1.0 m；开口设置百叶时，百叶的有效排烟面积可按百叶通风口面积的 60%计算。所以选项 B 正确。

2．某大型地下商场，建筑面积为 40 000 m^2，采用兼做人员疏散的下沉式广场进行防火分隔，下列关于下沉式广场的做法中，正确的是（ ）。[2]（2016-2-39）

A．用于疏散的净面积为 125 m^2

B．设置防风雨棚，四周开口高度为 0.5 m

C．不同区域通向下沉式广场的开口之间的最大水平距离为 10 m

D．有一部满足疏散宽度要求并直通地面的疏散楼梯

【解析】《建筑设计防火规范》（GB 50016—2014）第 6.4.12 条，用于防火分隔的下沉式广场等室外开敞空间，应符合下列规定：（1）分隔后的不同区域通向下沉式广场等室外开敞空间的开口最近边缘之间的水平距离不应小于 13 m。室外开敞空间除用于人员疏散外不得用于其他商业或可能导致火灾蔓延的用途，其中用于疏散的净面积不应小于 169 m^2。（2）下沉式广场等室外开敞空间内应设置不少于 1 部直通地面的疏散楼梯。当连接下沉广场的防火分区需利用下沉广场进行疏散时，疏散楼梯的总净宽度不应小于任一防火分区通向室外开敞空间的设计疏散总净宽度。（3）确需设置防风雨篷时，防风雨篷不应完全封闭，四周开口部位应均匀布置，开口的面积不应小于该空间地面面积的 25%，开口高度不应小于 1.0 m；开口设置百叶时，百叶的有效排烟面积可按百叶通风口面积的 60%计算。选项 A 选项净面积不应小于 169 m^2。选项 B 四周开口高度不应小于 1.0 m。选项 C 不同区域通向下沉式广场等室外开敞空间的开口最近边缘之间的水平距离不应小于 13 m。选项 D 正确。

3．对大型地下商业建筑进行防火检查时，发现下沉式广场防风雨篷的做法中，错误的是（ ）。[3]（2017-2-70）

A．防风雨篷四周开口部分均匀布置

B．防风雨篷开口高度为 0.8 m

C．防风雨篷开口的面积为该空间地面面积的 25%

D．防风雨篷开口位置设置百叶，其有效排烟面积为开口面积的 60%

【解析】《建筑设计防火规范》（GB 50016—2014）第 6.4.12 条（3）用于防火分隔的下沉式广场等室外开敞空间，确需设置防风雨篷时，防风雨篷不应完全封闭，四周开口部位应均匀布置，开口的面积不应小

1 答案：B

2 答案：D

3 答案：B

于该空间地面面积的 25%，开口高度不应小于 1.0 m；开口设置百叶时，百叶的有效排烟面积可按百叶通风口面积的 60%计算。所以选项 B 错误。

4．对大型地下商业建筑进行防火检查，根据现行国家标准《建筑设计防火规范》(GB 50016)，（ ）不属于下沉式广场检查的内容。[1]（2018-2-23）

A．下沉式广场的自动扶梯的宽度

B．下沉式广场的实际用途

C．下沉式广场防风雨篷的开口面积

D．下沉式广场直通地面疏散楼梯的数量和宽度

【解析】根据《建筑设计防火规范》(GB 50016—2014）第 6.4.12 条，大型地下商业建筑的下沉式广场室外开敞空间内应设置不少于 1 部直通地面的疏散楼梯，当连接下沉广场的防火分区需利用下沉广场进行疏散时，疏散楼梯的总净宽度不应小于任一防火分区通向室外开敞空间的设计疏散总净宽度。选项 A 下沉式广场的自动扶梯的宽度不是检查内容，自动扶梯不能作为疏散楼梯。

二、防火隔间

某消防服务机构对建筑面积为 30 000 m^2 的大型地下商场进行安全评估。在对防火隔间进行检查时发现，防火分区通向防火隔间的门为乙级防火门，两个乙级防火门的间距为 4 m，隔间的装修为轻钢龙骨石膏板吊顶、阻燃壁纸装饰墙面，隔间内有几位顾客坐在座椅上休息。根据现行国家消防技术标准，该防火隔间不符合现行国家消防技术标准规定的有（ ）。[2]（2016-2-92）

A．防火隔间的门为乙级防火门

B．采用轻钢龙骨石膏板吊顶

C．设置供人员休息用的座椅

D．不同防火区开向防火隔间门的间距为 4 m

E．采用阻燃壁纸装饰墙面

【解析】《建筑设计防火规范》(GB 50016—2014）第 6.4.13 条，防火隔间的设置应符合下列规定：(1）防火隔间的建筑面积不应小于 6.0 m^2；(2）防火隔间的门应采用甲级防火门；(3）不同防火分区通向防火隔间的门不应计入安全出口，门的最小间距不应小于 4 m；(4）防火隔间内部装修材料的燃烧性能应为 A 级；(5）不应用于除人员通行外的其他用途。选项 A、C 错误，选项 D 正确。

根据《建筑内部装修设计防火规范》(GB 50222—2017）第 3.0.4 条，安装在金属龙骨上燃烧性能达到 B_1 级的纸面石膏板、矿棉吸声板，可作为 A 级装修材料使用。选项 B 是正确的。阻燃壁纸为 B_1 级，选项 E 错误。

三、避难走道

1．某地下商场，地下 1 层，建筑面积近 40 000 m^2，通过设置避难走道划分为建筑面积小于 20 000 m^2 的两个区域，下列关于避难走道的做法，错误的是（ ）。[3]（2015-2-78）

A．商场至避难走道入口处设防烟前室，商场开向前室的门采用乙级防火门

B．避难走道在 2 个不同疏散方向上分别设置 1 个直通室外地面的出口

C．避难走道入口处防烟前室的使用面积为 6.0 m^2

D．避难走道的吊顶、墙面和地面采用不燃烧材料装修

【解析】《建筑设计防火规范》(GB 50016—2014）第 6.4.14 条，避难走道的设置应符合下列规定：(1）避难走道防火隔墙的耐火极限不应低于 3.00 h，楼板的耐火极限不应低于 1.50 h.（2）避难走道直通地面的出口不应少于 2 个，并应设置在不同方向；当避难走道仅与一个防火分区相通且该防火分区至少有

---

1 答案：A

2 答案：ACE

3 答案：A

1个直通室外的安全出口时，可设置1个直通地面的出口。任一防火分区通向避难走道的门至该避难走道最近直通地面的出口的距离不应大于60 m。（5）防火分区至避难走道入口处应设置防烟前室，前室的使用面积不应小于6.0 m^2，开向前室的门应采用甲级防火门，前室开向避难走道的门应采用乙级防火门。选项A错误。选项B、C、D正确。

2．避难走道楼板及防火隔墙的最低耐火极限应分别为（ ）。[1]（2017-1-30）

A．1.00 h、2.00 h　　B．1.50 h、3.00 h　　C．1.50 h、2.00 h　　D．1.00 h、3.00 h

【解析】《建筑设计防火规范》（GB 50016—2014）第6.4.14条，避难走道的设置应符合下列规定：（1）避难走道防火隔墙的耐火极限不应低于3.00 h，楼板的耐火极限不应低于1.50 h。选项B正确。

3．下列避难走道的防火检查结果中，不符合现行国家消防技术标准的是（ ）。[2]（2017-2-22）

A．避难走道采用耐火极限3.00 h的防火墙和耐火极限2.50 h的楼板与其他区域进行分隔

B．最远防火分区通向避难走道的门至该避难走道最近直通地面的出口的距离为39 m

C．使用人数最多的防火分区通向与其连接的避难走道的2个门净宽度均为1.6 m，避难走道的净宽度为3.50 m

D．防火分区开向避难走道前室的门采用乙级防火门，前室开向避难走道的门采用甲级防火门

【解析】《建筑设计防火规范》（GB 50016—2014）第6.4.14条，避难走道的设置应符合下列规定：（1）避难走道防火隔墙的耐火极限不应低于3.00 h，楼板的耐火极限不应低于1.50 h。（2）避难走道直通地面的出口不应少于2个，并应设置在不同方向；当避难走道仅与一个防火分区相通且该防火分区至少有1个直通室外的安全出口时，可设置1个直通地面的出口。任一防火分区通向避难走道的门至该避难走道最近直通地面的出口的距离不应大于60 m。（5）防火分区至避难走道入口处应设置防烟前室，前室的使用面积不应小于6.0 m^2，开向前室的门应采用甲级防火门，前室开向避难走道的门应采用乙级防火门。选项A、B正确。选项D错误。

选项C使用人数最多的防火分区通向与其连接的避难走道的2个门净宽度均为1.6 m，按照要求避难走道的净宽度不应小于任一防火分区通向该避难走道的设计疏散总净宽度，即1.6×2=3.2 m，选项C中避难走道的净宽度为3.50 m，符合要求。

4．某建筑面积为45 000 m^2的地下商场，采取防火分隔措施将商场部分分隔为多个建筑面积不大于20 000 m^2的区域，该厂商对区域之间局部需要连通的部位采取的防火分隔措施中，符合现行国家标准《建筑设计防火规范》（GB 50016）的是（ ）。[3]（2018-2-18）

A．采用耐火极限为3.00 h的防火墙分隔，墙上设置了甲级防火门

B．采用防烟楼梯间分隔，楼梯间门为甲级防火门

C．采用防火隔间分隔，墙体采用耐火极限为2.00 h的防火隔墙

D．采用避难走道分隔，避难走道防火隔墙的耐火极限为2.00 h

【解析】根据《建筑设计防火规范》（GB 50016—2014）第5.3.5条，总建筑面积大于20 000 m^2的地下或半地下商店，应采用无门、窗、洞口的防火墙、耐火极限不低于2.00 h的楼板分隔为多个建筑面积不大于20 000 m^2的区域。相邻区域确需局部连通时，应采用下沉式广场等室外开敞空间、防火隔间、避难走道、防烟楼梯间等方式进行连通，并应符合下列规定：（1）下沉式广场等室外开敞空间应能防止相邻区域的火灾蔓延和便于安全疏散，并应符合本规范第6.4.12条的规定；（2）防火隔间的墙应为耐火极限不低于3.00 h的防火隔墙，并应符合本规范第6.4.13条的规定；（3）避难走道应符合本规范第6.4.14条的规定；

1 答案：B
2 答案：D
3 答案：B

（4）防烟楼梯间的门应采用甲级防火门。

应采用无门、窗、洞口的防火墙，故A选项错误。

防烟楼梯间的门应采用甲级防火门，故B选项正确。

防火隔间的墙应为耐火极限不低于3.00 h的防火隔墙，故C选项错误。

根据《建筑设计防火规范》（GB 50016—2014）第6.4.14条，避难走道的设置应符合下列规定：避难走道防火隔墙的耐火极限不应低于3.00 h，楼板的耐火极限不应低于1.50 h。故D选项错误。

5．对某商业建筑进行防火检查，下列避难走道的检查结果中，符合现行国家标准要求的是（ ）。[1]（2018-2-64）

A．防火分区通向避难走道的门至避难走道直通地面的出口的距离最远为65 m

B．避难走道仅与一个防火分区相通，该防火分区设有2个直通室外的安全出口，避难走道设置1个直通地面的出口

C．避难走道采用耐火极限3.00 h 的防火墙和耐火极限1.00 h 的楼板与其他区域进行分隔

D．防火分区至避难走道入口处设置防烟前室，每个前室的建筑面积为6.0 m^2

【解析】《建筑设计防火规范》（GB 50016—2014）第6.4.14条，避难走道的设置应符合下列规定：（1）避难走道防火隔墙的耐火极限不应低于3.00 h，楼板的耐火极限不应低于1.50 h。（2）避难走道直通地面的出口不应少于2个，并应设置在不同方向；当避难走道仅与一个防火分区相通且该防火分区至少有1个直通室外的安全出口时，可设置1个直通地面的出口。任一防火分区通向避难走道的门至该避难走道最近的直通地面的出口的距离不应大于60 m。（5）防火分区至避难走道入口处应设置防烟前室，前室的使用面积不应小于6.0 m^2，开向前室的门应采用甲级防火门，前室开向避难走道的门应采用乙级防火门。选项A，疏散距离65 m，错误。选项C，耐火极限1.00 h 的楼板错误。选项D，前室的建筑面积6.0 m^2错误，应为使用面积不应小于6.0 m^2，故错误。

第五节 防火门和防火卷帘

一、防火门

1．某百货大楼，地上4层，局部6层，建筑高度36 m，建筑面积28 700 m^2，下列做法中，错误的是（ ）。[2]（2015-2-58）

A．防火墙上的防火门采用向疏散方向开启的平开门，并在关闭后能从任何一侧手动开启

B．办公区走道上的甲级防火门采用常开防火门，在火灾情况下能自行关闭并反馈信号

C．变形缝附近的防火门设置在六层建筑一侧

D．因消防电梯前室的门洞尺寸较大，防火门安装和使用不便，采用防火卷帘代替

【解析】《建筑设计防火规范》（GB 50016—2014）第6.5.1条，防火门的设置应符合下列规定：（1）设置在建筑内经常有人通行处的防火门宜采用常开防火门。常开防火门应能在火灾时自行关闭，并应具有信号反馈的功能。（2）除允许设置常开防火门的位置外，其他位置的防火门均应采用常闭防火门。常闭防火门应在其明显位置设置"保持防火门关闭"等提示标识。（3）除管井检修门和住宅的户门外，防火门应具有自行关闭功能。双扇防火门应具有按顺序自行关闭的功能。（4）除《建筑设计防火规范》第6.4.11条4

1 答案：B
2 答案：D

的规定外，防火门应能在其内外两侧手动开启。（5）设置在建筑变形缝附近时，防火门应设置在楼层较多的一侧，并应保证防火门开启时门扇不跨越变形缝。（6）防火门关闭后应具有防烟性能。

第 7.3.5 条，（4）前室或合用前室的门应采用乙级防火门，不应设置卷帘。选项 D 错误。

2．对防火门进行检查时，应注意检查防火门的门扇与下框或地面的活动间隙。根据现行国家消防技术标准的规定，该间隙不应大于（ ）mm。[1]（2016-2-58）

A．3　B．6　C．9　D．12

【解析】《防火门》（GB 12955—2008）第 5.8.2 条，防火门门扇与门框的配合活动间隙应符合下列规定：（5）门扇与下框或地面的活动间隙不应大于 9 mm。所以选择 C。

3．对某高层办公楼进行防火检查，设在走道上的常开式钢质防火门的下列检查中，不符合现行国家标准要求的是（ ）。[2]（2018-2-80）

A．门框内充填石棉材料　B．从消防控制室手动发出关闭指令，防火门联动关闭

C．双扇防火门的门窗之间缝隙为 3 mm　D．防火门门扇的开启力为 80N

【解析】《防火卷帘、防火门、防火窗施工及验收规范》（GB 50877—2014）第 5.3.8 条，钢质防火门门框内应充填水泥砂浆。门框与墙体应用预埋钢件或膨胀螺栓等连接牢固，其固定点间距不宜大于 600 mm。选项 A 错误。

第 6.3.3 条，常开防火门，接到消防控制室手动发出的关闭指令后，应自动关闭，并应将关闭信号反馈至消防控制室。选项 B 正确。

第 5.3.10 条，防火门门扇与门框的配合活动间隙应符合下列规定：（1）门扇与门框有合页一侧的配合活动间隙不应大于设计图纸规定的尺寸公差。（2）门扇与门框有锁一侧的配合活动间隙不应大于设计图纸规定的尺寸公差。（3）门扇与上框的配合活动间隙不应大于 3 mm。（4）双扇、多扇门的门扇之间缝隙不应大于 3 mm。（5）门扇与下框或地面的活动间隙不应大于 9 mm。（6）门扇与门框贴合面间隙、门扇与门框有合页一侧、有锁一侧及上框的贴合面间隙，均不应大于 3 mm。选项 C 正确。

第 5.3.12 条，除特殊情况外，防火门门扇的开启力不应大于 80N。选项 D 正确。

4．某大型地下商业建筑，占地面积 30 000 m^2。下列对该建筑防火分隔措施的检查结果中，不符合现行国家标准要求的有（ ）。[3]（2018-2-83）

A．空调机房房间门采用乙级防火门　B．变配电室房间门采用乙级防火门

C．消防控制室房间门采用乙级防火门　D．气体灭火系统储瓶间房间门采用乙级防火门

E．通风机房房间门采用乙级防火门

【解析】《建筑设计防火规范》（GB 50016—2014）第 6.2.7 条，通风、空气调节机房和变配电室开向建筑内的门应采用甲级防火门，消防控制室和其他设备房开向建筑内的门应采用乙级防火门。

5．某医院病房楼，地下 1 层，地上 6 层，局部 7 层，屋面为平屋面。首层地面设计标高为±0.000 m，地下室地面标高为−4.200 m，建筑室外地面设计标高为−0.600 m。六层屋面面层的标高为 23.700 m，女儿墙顶部标高为 24.800 m；七层屋面面层的标高为 27.300 m。该病房楼首层平面示意图如下图所示。该病房楼六层以下各层建筑面积均为 1 220 m^2。图中⑨号轴线东侧地下室建筑面积为 560 m^2，布置设备用房。中间走道北侧自西向东依次布置消防水泵房、通风空调机房、排烟机房，中间走道南侧自西向东依次布置柴油发电机房、变配电室（使用干式变压器）；⑨号轴线西侧的地下室布置自行车库。地上一层至地上六层均为病房层，七层（建筑面积为 275 m^2）布置消防水箱间、电梯机房和楼梯出口小间。地下室各设备用房

1 答案：C

2 答案：A

3 答案：ABE

的门均为乙级防火门，各层楼梯 1、楼梯 2 的门和地上各层配电室的门均为乙级防火门，首层 Ml、M2、M3、M4 均为钢化玻璃门，其他各层各房间的门均为普通木门。楼内的 Ml 门净宽为 3.4 m，所有单扇门净宽均为 0.9 m，双扇门净宽均为 1.2 m。该病房楼内按规范要求设置了室内外消火栓系统、湿式自动喷水灭火系统、火灾自动报警系统、防烟和排烟系统及灭火器。疏散走道和楼梯间照明的地面最低水平照度为 6.0 lx，供电时间 1.5 h。

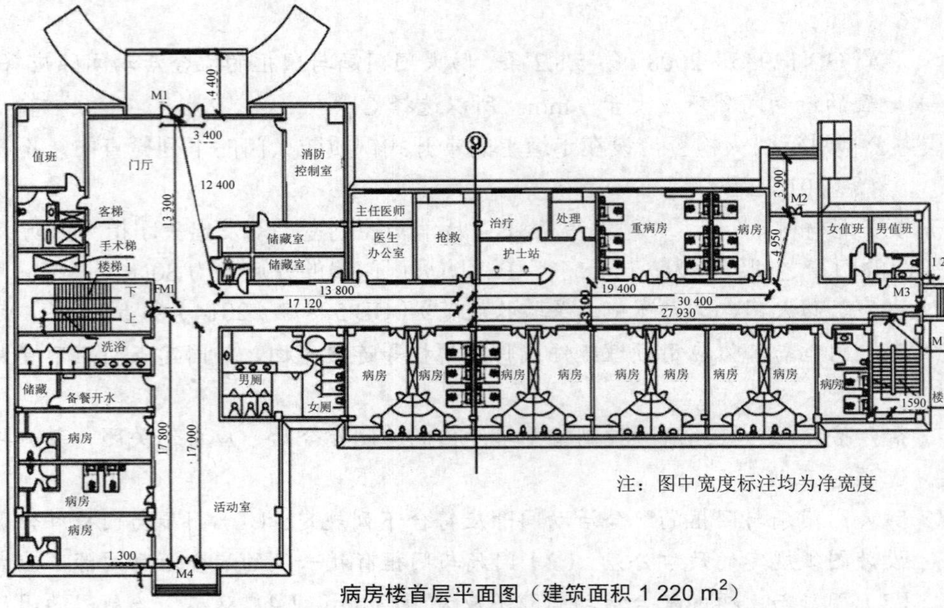

病房楼首层平面图（建筑面积 1 220 m^2）

根据以上材料，指出该病房楼的地下室及首层在平面布置和防火分隔方面的问题，并给出正确做法。(2018-3-四)

答案：(1) 地下一层设置柴油发电机房有问题，柴油发电机房不得设置在人员密集场所的上一层、下一层或者贴邻，应把柴油发电机房单独设置在建筑外。

(2) 地下一层消防水泵房防火分隔有问题。附设在建筑物内的消防水泵房，应采用耐火极限不低于 2.0 h 的隔墙和 1.50 h 的楼板与其他部位隔开，其疏散门应直通安全出口，且开向疏散走道的门应采用甲级防火门。

(3) 地下一层通风空调机房防火分隔有问题。附设在建筑内的通风空气调节机房应采用耐火极限不低于 2.00 h 的防火隔墙和 1.50 h 的楼板与其他部位分隔，开向建筑内的门应采用甲级防火门。

(4) 地下一层变配电室（干式变压器）防火分隔有问题。附设在建筑内的变配电室应采用耐火极限不低于 2.00 h 的防火隔墙和 1.50 h 的楼板与其他部位分隔，开向建筑内的门应采用甲级防火门。

(5) 首层消防控制室防火分隔有问题。附设在建筑内的消防控制室应采用耐火极限不低于 2.00 h 的防火隔墙和 1.50 h 的楼板与其他部位分隔，其疏散门应直通安全出口，开向建筑内的门应采用乙级防火门。

(6) 首层病房的分隔有问题。医院病房楼内相邻护理单元之间应采用耐火极限不低于 2.00 h 的防火隔墙分隔，隔墙上的门应采用乙级防火门，设置在走道上的防火门应采用常开防火门。

(7) 首层储藏室的分隔有问题。医疗建筑内的储藏间应采用耐火极限不低于 2.00 h 的防火隔墙和 1.00 h 的楼板与其他场所或部位分隔，墙上必须设置的门、窗应采用乙级防火门、窗。

【解析】(1)《建筑设计防火规范》(GB 50016—2014) 第 5.4.13 条，布置在民用建筑内的柴油发电机房应符合下列规定：①宜布置在首层或地下一、二层。②不应布置在人员密集场所的上一层、下一层或贴邻。③应采用耐火极限不低于 2.00 h 的防火隔墙和 1.50 h 的不燃性楼板与其他部位分隔，门应采用甲级防火门。④机房内设置储油房时，其总储存量不应大于 1 m^3，储油间应采用耐火极限不低于 3.00 h 的防火隔墙与发电机间分隔；确需在防火隔墙上开门时，应设置甲级防火门。⑤应设置火灾报警装置。⑥应设置与柴油发电机容量和建筑规模相适应的灭火设施，当建筑内其他部位设置自动喷水灭火系统时，机房内应设置自动喷水灭火系统。

（2）《消防给水及消火栓系统技术规范》（GB 50974—2014）第 5.5.12 条，消防水泵房应符合下列规定：①独立建造的消防水泵房耐火等级不应低于二级；②附设在建筑物内的消防水泵房，不应设置在地下三层及以下，或室内地面与室外出入口地坪高差大于 10 m 的地下楼层；③附设在建筑物内的消防水泵房，应采用耐火极限不低于 2.0 h 的隔墙和 1.50 h 的楼板与其他部位隔开，其疏散门应直通安全出口，且开向疏散走道的门应采用甲级防火门。

（3）《建筑设计防火规范》（GB 50016—2014）第 6.2.7 条，附设在建筑内的消防控制室、灭火设备室、消防水泵房和通风空气调节机房、变配电室等，应采用耐火极限不低于 2.00 h 的防火隔墙和 1.50 h 的楼板与其他部位分隔。设置在丁、戊类厂房内的通风机房，应采用耐火极限不低于 1.00 h 的防火隔墙和 0.50 h 的楼板与其他部位分隔。通风、空气调节机房和变配电室开向建筑内的门应采用甲级防火门，消防控制室和其他设备房开向建筑内的门应采用乙级防火门。

（4）《建筑设计防火规范》（GB 50016—2014）第 5.4.5 条，医院和疗养院的住院部分不应设置在地下或半地下。医院和疗养院的住院部分采用三级耐火等级建筑时，不应超过 2 层；采用四级耐火等级建筑时，应为单层；设置在三级耐火等级的建筑内时，应布置在首层或二层；设置在四级耐火等级的建筑内时，应布置在首层。

医院和疗养院的病房楼内相邻护理单元之间应采用耐火极限不低于 2.00 h 的防火隔墙分隔，隔墙上的门应采用乙级防火门，设置在走道上的防火门应采用常开防火门。

（5）《建筑设计防火规范》（GB 50016—2014）第 6.2.2 条，医疗建筑内的手术室或手术部、产房、重症监护室、贵重精密医疗装备用房、储藏间、实验室、胶片室等，附设在建筑内的托儿所、幼儿园的儿童用房和儿童游乐厅等儿童活动场所、老年人照料设施，应采用耐火极限不低于 2.00 h 的防火隔墙和 1.00 h 的楼板与其他场所或部位分隔，墙上必须设置的门、窗应采用乙级防火门、窗。

二、防火卷帘

某商场的防火分区采用防火墙和防火卷帘进行防火分隔，对建筑防火卷帘的检查测试结果中不符合现行国家标准要求的是（ ）。[1]（2018-2-20）

A．防火卷帘装配温控释放装置，当释放装置的感温元件周围温度达到 79℃时，释放装置动作，卷帘依自重下降关闭

B．垂直卷帘电动启、闭的运行速度为 7 m/min

C．疏散通道上的防火卷帘的控制器在接收到专门用于联动防火卷帘的感烟火灾探测器的报警信号后，下降至距楼板面 1.8 m 处

D．防火卷帘的控制器及手动按钮盒安装在底边距地面高度为 1.5 m 的位置

【解析】根据《防火卷帘》（GB 14102—2005）第 6.4.7 条，防火卷帘应装配温控释放装置，当释放装置的感温元件周围温度达到 73℃ ± 0.5℃时，释放装置动作，卷帘应依自重下降关闭。选项 A 错误。

第 6.4.5 条，电动启闭和自重下降运行速度，垂直卷帘电动启、闭的运行速度应为 2 ~ 7.5 m/min。其自重下降速度不应大于 9.5 m/min。侧向卷帘电动启、闭的运行速度不应小于 7.5 m/min。水平卷帘电动启、闭的运行速度应为 2 ~ 7.5 m/min。选项 B 正确。

1 答案：A

《火灾自动报警系统设计规范》(GB 50116—2013)第4.6.3条，疏散通道上设置的防火卷帘的联动控制设计，应符合下列规定:(1)联动控制方式，防火分区内任两只独立的感烟火灾探测器或任一只专门用于联动防火卷帘的感烟火灾探测器的报警信号应联动控制防火卷帘下降至距楼板面1.8 m处；任一只专门用于联动防火卷帘的感温火灾探测器的报警信号应联动控制防火卷帘下降到楼板面；在卷帘的任一侧距卷帘纵深0.5～5 m内应设置不少于2只专门用于联动防火卷帘的感温火灾探测器。(2)手动控制方式，应由防火卷帘两侧设置的手动控制按钮控制防火卷帘的升降。选项C正确。

《防火卷帘、防火门、防火窗施工及验收规范》(GB 50877—2014)第5.2.10条，防火卷帘控制器及手动按钮盒的安装应牢固可靠，其底边距地面高度宜为1.3～1.5 m。选项D正确。

三、综合运用

1．下列关于防火分隔的做法中，正确的有(　)。[1](2016-1-90)

A．棉纺织厂房在防火墙上设置一宽度为1.6 m且耐火极限为2.00 h的双扇防火门

B．5层宾馆共用一套通风空调系统，在竖向风管与每层水平风管交接处的水平管段上设置防火阀，平时处于常开状态

C．桶装甲醇仓库采用耐火极限为4.00 h的防火墙划分防火分区，防火墙上设置1 m宽的甲级防火门

D．多层商场内防火分区处的一个分隔部位的宽度为50 m，该分隔部位使用防火卷帘进行分隔的最大宽度为20 m

E．可停放300辆汽车的地下车库，每5个防烟分区共用一套排烟系统，排烟风管穿越防烟分区时设置排烟防火阀

【解析】《建筑设计防火规范》(GB 50016—2014)第3.2.9条，甲、乙类厂房和甲、乙、丙类仓库内的防火墙，其耐火极限不应低于4.00 h。第6.1.5条，防火墙上不应开设门、窗、洞口，确需开设时，应设置不可开启或火灾时能自动关闭的甲级防火门、窗。耐火极限为2.00 h的双扇防火门是甲级防火门。选项A棉纺织厂房是丙类厂房，防火墙上开设是耐火极限为2.00 h的双扇防火门，根据《防火门》(GB 12955—2008)第4.4条按耐火性能分类及代号表1中可以得到耐火极限为2.00 h的双扇防火门是A2.00 h的防火门，达到甲级防火门的要求，丙类棉纺织厂房的防火墙上设置耐火极限2.00 h的防火门这部分内容是对的，但是选项A中没有明确防火门火灾时能自动关闭，所以选项A在防火分隔中的做法错误。

表1　按耐火性能分类

名称	耐火性能	代号
隔热防火门(A类)	耐火隔热性≥1.50 h 耐火完整性≥1.50 h	A1.50(甲级)
	耐火隔热性≥2.00 h 耐火完整性≥2.00 h	A2.00

《建筑设计防火规范》(GB 50016—2014)第9.3.11条，通风、空气调节系统的风管在下列部位应设置公称动作温度为70℃的防火阀:(1)穿越防火分区处;(2)穿越通风、空气调节机房的房间隔墙和楼板处;(3)穿越重要或火灾危险性大的场所的房间隔墙和楼板处;(4)穿越防火分隔处的变形缝两侧;(5)竖向风管与每层水平风管交接处的水平管段上。B选项正确。

甲醇仓库属于甲类仓库。根据第3.3.1条，厂房防火分区之间应采用防火墙分隔。根据第3.3.2条，仓

1 答案：BE

库内的防火分区之间必须采用防火墙分隔，甲、乙类仓库内防火分区之间的防火墙不应开设门、窗、洞口。C选项错误。

根据第6.5.3条，当防火分隔部位的宽度大于30 m时，防火卷帘的宽度不应大于该部位宽度的1/3，且不应大于20 m。50 m的1/3是16.67 m，D选项错误。

《汽车库、修车库、停车场设计防火规范》(GB 50067—2014)第8.2.8条，在穿过不同防烟分区的排烟支管上应设置烟气温度大于280℃时能自动关闭的排烟防火阀，排烟防火阀应联锁关闭相应的排烟风机。E选项正确。

2．某5层宾馆，中部有一个贯通各层的中庭，在二至五层的中庭四周采用防火卷帘与其他部位分隔，首层中庭未设置防火分隔措施，其他区域划分为若干防火分区，防火分区面积符合规范要求。下列检查结果中，不符合现行国家消防技术标准的是（　）。[1]（2017-2-57）

A．中庭区域火灾报警信号确认后，中庭四周的防火卷帘直接下降到楼板面

B．二层C、D两个防火分区之间防火分隔部位的长度为40 m，使用防火墙和15 m宽的防火卷帘作为防火分隔物

C．一层A、B两个防火分区之间防火分隔部位的长度为25 m，使用防火墙和10 m宽的防火卷帘作为防火分隔物

D．各分区之间的防火卷帘在切断电源后能依靠其自重下降，但不能自动上升

【解析】《建筑设计防火规范》(GB 50016—2014)第6.5.3条，防火分隔部位设置防火卷帘时，(1)除中庭外，当防火分隔部位的宽度不大于30 m时，防火卷帘的宽度不应大于10 m；当防火分隔部位的宽度大于30 m时，防火卷帘的宽度不应大于该部位宽度的1/3，且不应大于20 m。(2)防火卷帘应具有火灾时靠自重自动关闭功能。选项D正确。

《火灾自动报警系统设计规范》(GB 50116—2013)第4.6.4条，非疏散通道上设置的防火卷帘的联动控制设计中联动控制方式，应由防火卷帘所在防火分区内任两只独立的火灾探测器的报警信号，作为防火卷帘下降的联动触发信号，并应联动控制防火卷帘直接下降到楼板面。选项A正确。

选项B两个防火分区之间防火分隔部位的长度为40 m，防火卷帘作为防火分隔物长度不应大于13.34 m（40 m × 1/3=13.34 m）且不应大于20 m，所以选项B的15 m宽的防火卷帘错误。

选项C两个防火分区之间防火分隔部位的长度为25 m，防火卷帘作为防火分隔物长度不应大于10 m，所以选项C正确。

第六节　建筑保温和外墙装饰

一、建筑外墙保温

1．某8层住宅建筑，层高为3.0 m，首层地面标高为±0.000 m，室外地坪标高−0.600 m，平屋面面层标高24.200 m。对该住宅外墙进行保温设计，选用的保温方式和材料中，符合规范要求的有（　）。[2]（2015-1-96）

A．除楼梯间外，内保温材料采用燃烧性能为B_1级的聚氨酯泡沫板

B．外保温体系与基层墙体无空腔，保温材料采用矿棉板

1 答案：B
2 答案：BDE

C．除楼梯间外，内保温材料采用燃烧性能为B_2级的聚苯乙烯泡沫板

D．外保温体系与基层墙体无空腔，保温材料采用燃烧性能为B_1级的聚氨酯泡沫板

E．外保温体系与基层墙体无空腔，保温材料采用燃烧性能为B_2级的聚苯乙烯泡沫板

【解析】《建筑设计防火规范》（GB 50016—2014）第6.7.2条，建筑外墙采用内保温系统时对于人员密集场所，用火、燃油、燃气等具有火灾危险性的场所以及各类建筑内的疏散楼梯间、避难走道、避难间、避难层等场所或部位，应采用燃烧性能为A级的保温材料。对于其他场所，应采用低烟、低毒且燃烧性能不低于B_1级的保温材料。第6.7.5条，与基层墙体、装饰层之间无空腔的建筑外墙外保温系统，住宅建筑保温材料：（1）建筑高度大于100 m时，保温材料的燃烧性能应为A级；（2）建筑高度大于27 m，但不大于100 m时，保温材料的燃烧性能不应低于B_1级；（3）建筑高度不大于27 m时，保温材料的燃烧性能不应低于B_2级。

8层住宅建筑，建筑高度24.8 m（24.2+0.6=24.8），多层住宅。选项A除楼梯间外，内保温材料采用燃烧性能为B_1级的聚氨酯泡沫板错误，选项C除楼梯间外，内保温材料采用燃烧性能为B_2级的聚苯乙烯泡沫板错误，正确是应采用低烟、低毒且燃烧性能不低于B_1级的保温材料。选项B外保温体系与基层墙体无空腔，保温材料的燃烧性能不应低于B_2级，选项B矿棉板是B_1级，所以正确。选项D采用B_1级的聚氨酯泡沫板正确，选项E采用燃烧性能为B_2级的聚苯乙烯泡沫板正确，所以选B、D、E选项。

2．某商场，地上6层，建筑高度32 m，一至四层为商业营业厅，五层为餐饮场所。六层为电影院。建筑采用与基层墙体、装饰层之间有空腔的外墙外保温系统。下列关于该系统的做法中，错误的是（　）。[1]（2015-2-52）

A．采用难燃材料在其表面设置完全覆盖的防护层

B．外墙外保温材料采用不燃材料

C．在每层楼板处，采用防火封堵材料封堵该系统与基层墙体、装饰层之间的空腔

D．屋面外保温材料采用难燃材料

【解析】《建筑设计防火规范》（GB 50016—2014）第6.7.8条，建筑的外墙外保温系统应采用不燃材料在其表面设置防护层，防护层应将保温材料完全包覆。A选项错误。

根据第6.7.4条，设置人员密集场所的建筑，其外墙外保温材料的燃烧性能应为A级。商场是人员密集场所，外墙外保温材料采用不燃材料。B选项正确。

根据第6.7.9条，建筑外墙外保温系统与基层墙体、装饰层之间的空腔，应在每层楼板处采用防火封堵材料封堵。C选项正确。

根据第6.7.10条，建筑的屋面外保温系统，当屋面板的耐火极限不低于1.00 h时，保温材料的燃烧性能不应低于B_2级；当屋面板的耐火极限低于1.00 h时，不应低于B_1级。采用B_1、B_2级保温材料的外保温系统应采用不燃材料作防护层，防护层的厚度不应小于10 mm。当建筑的屋面和外墙外保温系统均采用B_1、B_2级保温材料时，屋面与外墙之间应采用宽度不小于500 mm的不燃材料设置防火隔离带进行分隔。D选项正确。

3．下列关于与基层墙体、装饰层之间无空腔且每层设置防火隔离带的建筑外墙外保温系统的做法中，错误的是（　）。[2]（2016-1-22）

A．建筑高度为23.8 m的住宅建筑，采用B_2级保温材料，外墙上门、窗的耐火完整性为0.25 h

B．建筑高度为48 m的住宅建筑，采用B_1级保温材料，外墙上门、窗的耐火完整性为0.50 h

C．建筑高度为70 m的住宅建筑，采用B_1级保温材料，外墙上门、窗的耐火完整性为0.50 h

D．建筑高度为23.8 m的住宅建筑，采用B_1级保温材料，外墙上门、窗的耐火完整性为0.25 h

1 答案：A

2 答案：A

【解析】《建筑设计防火规范》（GB 50016—2014）第 6.7.5 条，与基层墙体、装饰层之间无空腔的建筑外墙外保温系统，住宅建筑保温材料（1）建筑高度大于 100 m 时，保温材料的燃烧性能应为 A 级；（2）建筑高度大于 27 m，但不大于 100 m 时，保温材料的燃烧性能不应低于 B_1 级；（3）建筑高度不大于 27 m 时，保温材料的燃烧性能不应低于 B_2 级。第 6.7.7 条，除《建筑设计防火规范》（GB 50016—2014）第 6.7.3 条规定的情况外，当建筑的外墙外保温系统按规定采用燃烧性能为 B_1、B_2 级的保温材料时，除采用 B_1 级保温材料且建筑高度不大于 24 m 的公共建筑或采用 B_1 级保温材料且建筑高度不大于 27 m 的住宅建筑外，建筑外墙上门、窗的耐火完整性不应低于 0.50 h。

建筑高度为 23.8 m 的住宅建筑，选项 A 采用 B_2 级保温材料，外墙上门、窗的耐火完整性不应低于 0.5 h，选项 D 采用 B_1 级保温材料，每层设置防火隔离带就行，外墙上门、窗的耐火完整性无要求。所以选项 A 错误，选项 D 正确。

4．在对建筑外保温系统进行防火检查时，发现的下列做法中，符合现行国家消防技术标准要求的是（　）。[1]（2016-2-77）

A．建筑高度为 20 m 的医院病房楼，基层墙体与装饰层之间有空腔，外墙外保温系统采用燃烧性能为 B_2 级的保温材料

B．建筑高度为 27 m 的住宅楼，基层墙体与装饰层之间无空腔，外墙外保温系统采用燃烧性能为 B_2 级的保温材料

C．建筑高度为 15 m 的员工集体宿舍，基层墙体与装饰层之间无空腔，外墙外保温系统采用燃烧性能为 B_1 级的保温材料

D．建筑高度为 18 m 的办公楼，基层墙体与装饰层之间有空腔，外墙外保温系统采用燃烧性能为 B_2 级的保温材料

【解析】《建筑设计防火规范》（GB 50016—2014）第 6.7.6 条，除设置人员密集场所的建筑外，建筑高度不大于 24 m 的与基层墙体、装饰层之间有空腔的建筑外墙外保温系统，保温材料的燃烧性能不应低于 B_1 级。选项 D 建筑高度为 18 m 的办公楼采用燃烧性能为 B_2 级的保温材料错误。

第 6.7.5 条，与基层墙体、装饰层之间无空腔的建筑外墙外保温系统，建筑高度不大于 27 m 时的住宅建筑保温材料的燃烧性能不应低于 B_2 级。选项 B 正确。

第 6.7.4 条，设置人员密集场所的建筑，其外墙外保温材料的燃烧性能应为 A 级。《人员密集场所消防安全管理》（GB 654—2006）第 3.2 条，人员密集场所是人员聚集的室内场所。如：宾馆、饭店等旅馆，餐饮场所，商场、市场、超市等商店，体育场馆，公共展览馆、博物馆的展览厅，金融证券交易场所，公共娱乐场所，医院的门诊楼、病房楼，老年人建筑、托儿所、幼儿园，学校的教学楼、图书馆和集体宿舍，公共图书馆的阅览室，客运车站、码头、民用机场的候车、候船、候机厅（楼），人员密集的生产加工车间、员工集体宿舍等。选项 A 建筑高度为 20 m 的医院病房楼和选项 C 建筑高度为 15 m 的员工集体宿舍都是人员密集场所，外墙外保温材料的燃烧性能应为 A 级。选项 A、C 错误。

5．与基层墙体、装饰层之间无空腔的住宅外墙外保温系统，当建筑高度大于 27 m 但不大于 100 m 时，下列保温材料中，燃烧性能符合要求的有（　）。[2]（2017-1-88）

A．A 级保温材料

B．B_1 级保温材料

C．B_2 级保温材料

---

1 答案：B

2 答案：AB

D．B_3级保温材料

E．B_4级保温材料

【解析】《建筑设计防火规范》(GB 50016—2014)第6.7.5条，与基层墙体、装饰层之间无空腔的建筑外墙外保温系统，建筑高度大于27 m，但不大于100 m的住宅建筑，保温材料的燃烧性能不应低于B_1级。所以A、B选项正确。

6．某多层住宅建筑外墙保温及装饰工程施工现场进行检查，发现该建筑外保温材料按设计采用了燃烧性能为B_1级的保温材料。下列外保温系统施工做法中，错误的是（　）。[1]（2017-2-2）

A．外保温系统表面防护层使用不燃材料

B．在外保温系统中每层沿楼板为准设置不燃材料制作的水平防火隔离带

C．外保温系统防护层将保温材料完全包覆，防护层厚度为15 mm

D．外保温系统中设置的水平防火隔离带的高度为200 mm

【解析】《建筑设计防火规范》(GB 50016—2014)第6.7.5条，与基层墙体、装饰层之间无空腔的建筑外墙外保温系统，建筑高度不大于27 m的住宅建筑，保温材料的燃烧性能不应低于B_2级。

根据第6.7.7条，当建筑的外墙外保温系统按本节规定采用燃烧性能为B_1、B_2级的保温材料时，应在保温系统中每层设置水平防火隔离带。防火隔离带应采用燃烧性能为A级的材料，防火隔离带的高度不应小于300 mm。选项B正确，选项D错误。

第6.7.8条，建筑的外墙外保温系统应采用不燃材料在其表面设置防护层，防护层应将保温材料完全包覆。当采用B_1、B_2级保温材料时，防护层厚度首层不应小于15 mm，其他层不应小于5 mm。选项A、B、C正确。

7．关于基层墙体与装饰层之间无空腔的建筑外墙体外保温系统的做法中，不符合现行国家消防技术标准的是（　）。[2]（2017-2-80）

A．建筑高度为18 m的大学教学楼，保温系统采用燃烧性能为B_1级的保温材料

B．建筑高度为54 m的底层设置商业网点的住宅，保温系统采用燃烧性能为B_1级的保温材料

C．建筑高度50 m的办公楼，保温系统采用燃烧性能为B_1级的保温材料

D．建筑高度50 m的办公楼，保温系统采用燃烧性能为B_2级的保温材料

【解析】《建筑设计防火规范》(GB 50016—2014)第6.7.5条，与基层墙体、装饰层之间无空腔的建筑外墙外保温系统，建筑高度大于27 m，但不大于100 m的住宅建筑，保温材料的燃烧性能不应低于B_2级。除住宅建筑和设置人员密集场所的建筑外其他建筑，建筑高度不大于24 m时，保温材料的燃烧性能不应低于B_2级。建筑高度大于24 m，但不大于50 m时，保温材料的燃烧性能不应低于B_1级。建筑高度大于50 m时，保温材料的燃烧性能应为A级。

选项A建筑高度18 m的大学教学楼，保温材料的燃烧性能不应低于B_2级，选项A正确。建筑高度50 m的办公楼，保温材料的燃烧性能不应低于B_1级，选项C正确，选项D错误。选项B建筑高度为54 m的住宅，保温材料的燃烧性能不应低于B_2级，选项B正确。

8．建筑外墙外保温材料下列设计方案中，错误的是（　）。[3]（2018-1-40）

A．建筑高度54 m的住宅建筑，保温层与基层墙体、装饰层之间无空腔，选用燃烧性能为B_1级的外保温材料

B．建筑高度32 m的办公楼，保温层与基层墙体、装饰层之间无空腔，选用燃烧性能为B_1级的外保

1 答案：D

2 答案：D

3 答案：C

温材料

C．建筑高度 18 m 的展览建筑，保温层与基层墙体、装饰层之间无空腔，选用燃烧性能为 B_1 级的外保温材料

D．建筑高度 23 m 的旅馆建筑，保温层与基层墙体、装饰层之间有空腔，选用燃烧性能为 A 级的外保温材料

【解析】《建筑设计防火规范》（GB 50016—2014）第 6.7.5 条，与基层墙体、装饰层之间无空腔的建筑外墙外保温系统，建筑高度大于 27 m，但不大于 100 m 的住宅建筑，保温材料的燃烧性能不应低于 B_2 级。除住宅建筑和设置人员密集场所的建筑外其他建筑，建筑高度不大于 24 m 时，保温材料的燃烧性能不应低于 B_2 级。建筑高度大于 24 m，但不大于 50 m 时，保温材料的燃烧性能不应低于 B_1 级。建筑高度大于 50 m 时，保温材料的燃烧性能应为 A 级。

建筑高度 54 m 的住宅建筑选用燃烧性能为 B_1 级的外保温材料，选项 A 正确。建筑高度 32 m 的办公楼选用燃烧性能为 B_1 级的外保温材料，选项 B 正确。

第 6.7.4 条，设置人员密集场所的建筑，其外墙外保温材料的燃烧性能应为 A 级。第 6.7.6 条，除设置人员密集场所的建筑外，建筑高度不大于 24 m 的与基层墙体、装饰层之间有空腔的建筑外墙外保温系统，保温材料的燃烧性能不应低于 B_1 级。《人员密集场所消防安全管理》（GB 654—2006）第 3.2 条，人员密集场所是人员聚集的室内场所。如：宾馆、饭店等旅馆，餐饮场所，商场、市场、超市等商店，体育场馆，公共展览馆、博物馆的展览厅，金融证券交易场所，公共娱乐场所，医院的门诊楼、病房楼，老年人建筑、托儿所、幼儿园，学校的教学楼、图书馆和集体宿舍，公共图书馆的阅览室，客运车站、码头、民用机场的候车、候船、候机厅（楼），人员密集的生产加工车间、员工集体宿舍等。建筑高度 18 m 的展览建筑是人员密集场所，应选用燃烧性能为 A 级的外保温材料，选项 C 错误。建筑高度 23 m 的旅馆建筑是人员密集场所，选项 D 正确。

9．某建筑高度为 54 m 的住宅建筑，其外墙保温系统保温材料的燃烧性能为 B_1 级。该建筑外墙及外墙保温系统的下列设计方案中，错误的是（　）。[1]（2018-1-67）

A．采用耐火完整性为 0.50 h 的外窗

B．外墙保温系统中每层设置水平防火隔离带

C．防火隔离带采用高度为 300 mm 的不燃材料

D．首层外墙保温系统采用厚度为 10 mm 的不燃材料防护层

【解析】《建筑设计防火规范》（GB 50016—2014）第 6.7.7 条，当建筑的外墙外保温系统按本节规定采用燃烧性能为 B_1、B_2 级的保温材料时，应符合：（1）除采用 B_1 级保温材料且建筑高度不大于 24 m 的公共建筑或采用 B_1 级保温材料且建筑高度不大于 27 m 的住宅建筑外，建筑外墙上门、窗的耐火完整性不应低于 0.50 h。（2）应在保温系统中每层设置水平防火隔离带。防火隔离带应采用燃烧性能为 A 级的材料，防火隔离带的高度不应小于 300 mm。应在保温系统中每层设置水平防火隔离带。防火隔离带应采用燃烧性能为 A 级的材料，防火隔离带的高度不应小于 300 mm。选项 A、B、C 正确。

第 6.7.8 条，建筑的外墙外保温系统应采用不燃材料在其表面设置防护层，防护层应将保温材料完全包覆。当采用 B_1、B_2 级保温材料时，防护层厚度首层不应小于 15 mm，其他层不应小于 5 mm。选项 D 错误。

10．外保温系统与基层墙体、装饰层之间无空腔时，建筑外墙外保温系统的下列做法中，不符合现行国家标准要求的是（　）。[2]（2018-2-44）

1 答案：D

2 答案：A

A．建筑层数为 3 层的老年人照料设施采用 B_1 级外保温材料

B．建筑高度为 48 m 的办公建筑采用 B_1 级外保温材料

C．建筑高度为 23.9 m 的办公建筑采用 B_2 级外保温材料

D．建筑高度为 26 m 的住宅建筑采用 B_1 级外保温材料

【解析】根据《建筑设计防火规范》(GB 50016—2014)第 6.7.4A 条，除本规范第 6.7.3 条规定的情况外，下列老年人照料设施的内、外墙体和屋面保温材料应采用燃烧性能为 A 级的保温材料：(1)独立建造的老年人照料设施；(2)与其他建筑组合建造且老年人照料设施部分的总建筑面积大于 500 m^2 的老年人照料设施。选项 A 老年人照料设施外墙外保温系统应采用 A 级外保温材料。

第 6.7.5 条，与基层墙体、装饰层之间无空腔的建筑外墙外保温系统，建筑高度大于 27 m，但不大于 100 m 的住宅建筑，保温材料的燃烧性能不应低于 B_2 级。除住宅建筑和设置人员密集场所的建筑外其他建筑，建筑高度不大于 24 m 时，保温材料的燃烧性能不应低于 B_2 级。建筑高度大于 24 m，但不大于 50 m 时，保温材料的燃烧性能不应低于 B_1 级。建筑高度大于 50 m 时，保温材料的燃烧性能应为 A 级。

建筑高度为 48 m 的办公建筑保温材料的燃烧性能不应低于 B_1 级，选项 B 正确。

建筑高度为 23.9 m 的办公建筑保温材料的燃烧性能不应低于 B_2 级，选项 C 正确。建筑高度为 26 m 的住宅建筑保温材料的燃烧性能不应低于 B_2 级，选项 D 采用 B_1 级，正确。

11．对某建筑高度为 78 m 的住宅建筑的外墙保温与装饰工程进行防火检查，该工程的下列做法中，不符合现行国家标准要求的是（　）。[1]（2018-2-47）

A．外墙外保温系统与装饰层之间的空腔采用防火封堵材料在每层楼板处封堵

B．外墙外保温系统与基层墙体之间的空腔采用防火封堵材料在每层楼板处封堵

C．外墙外保温系统采用玻璃棉作为保温材料

D．外墙的装饰材料选用燃烧性能为 B_1 的轻质复合墙板

【解析】《建筑设计防火规范》(GB 50016—2014)第 6.7.9 条，建筑外墙外保温系统与基层墙体、装饰层之间的空腔，应在每层楼板处采用防火封堵材料封堵。选项 A、B 正确。

第 6.7.5 条，与基层墙体、装饰层之间无空腔的建筑外墙外保温系统，建筑高度大于 27 m，但不大于 100 m 的住宅建筑，保温材料的燃烧性能不应低于 B_2 级。选项 C 正确。

第 6.7.12 条，建筑外墙的装饰层应采用燃烧性能为 A 级的材料，但建筑高度不大于 50 m 时，可采用 B_1 级材料。选项 D 错误。

12．某购物中心地下 2 层，地上 4 层，建筑高度 24 m，耐火等级二级，地下二层室内地面与室外出入口地坪高差为 11.5 m。地下每层建筑面积 15 200 m^2，地下二层设置汽车库和变配电房、消防水泵房等设备用房及建筑面积 5 820 m^2 的建材商场（经营五金，洁具，瓷砖，桶装油漆、香蕉水等）；地下一层为家具、灯饰商场，设有多部自动扶梯与建材商场联通，自动扶梯上下层和联通的开口部位设置防火卷帘。地下商场部分的每个防火分区面积不大于 2 000 m^2，采用耐火极限为 1.50 h 的不燃性楼板和防火墙及符合规定的防火卷帘进行分隔，在相邻防火分区的防火墙上均设有向疏散方向开启的甲级防火门。购物中心外墙外保温系统的保温材料采用模塑聚苯板，保温材料与基层墙体、装饰层之间有 0.17～0.6 m 的空腔，在楼板处每隔一层用防火封堵材料对空腔进行防火封堵。购物中心按规范配置了室内外消火栓系统、自动喷水灭火系统和火灾自动报警系统等消防设施。

指出购物中心外墙外保温系统防火措施存在的问题。（2015-3-二）

答案：(1)“购物中心外墙外保温系统的保温材料采用模塑聚苯板”的说法有误。模塑聚苯板保温板

---

1 答案：D

的燃烧性能等级为 B_3 级，商场是人员密集场所，其外墙外保温材料的燃烧性能应为 A 级。

（2）“在楼板处每隔一层用防火封堵材料对空腔进行防火封堵”的说法有误。根据《建筑设计防火规范》（GB 50016—2014）规定，建筑外墙外保温系统与基层墙体、装饰层之间的空腔，应在每层楼板处采用防火封堵材料封堵。

【解析】《建筑设计防火规范》（GB 50016—2014）第 6.7.4 条，设置人员密集场所的建筑，其外墙外保温材料的燃烧性能应为 A 级。第 6.7.9 条，建筑外墙外保温系统与基层墙体、装饰层之间的空腔，应在每层楼板处采用防火封堵材料封堵。

二、外墙装饰

1．在对建筑外墙装饰材料进行的防火检查中，下列不符合相关规范要求的是（　）。[1]（2015-2-20）

A．某综合楼，地上 10 层，建筑外墙采用铝扣板装饰

B．某超高层办公楼的裙房建筑外墙采用木纹金属板装饰

C．某档案馆，建筑高度 40 m，地上一至四层的建筑外墙采用 PVC 塑料板墙板装饰

D．某星级酒店，地上 20 层，建筑外墙采用难燃仿花岗岩装饰板装饰

【解析】《建筑设计防火规范》（GB 50016—2014）第 6.7.12 条，建筑外墙的装饰层应采用燃烧性能为 A 级的材料，但建筑高度不大于 50 m 时，可采用 B_1 级材料。

铝扣板、PVC 塑料板、难燃仿花岗岩装饰板属于 B_1 级材料，木纹金属板属于 A 级材料。选项 A、B、C 的建筑高度没有超过 50 m，采用了 B_1 级材料作建筑外墙的装饰层，符合规范要求。选项 D 的酒店是地上 20 层，建筑高度超过 50 m，应采用燃烧性能为 A 级的材料，题干采用 B_1 级的难燃仿花岗岩装饰板材料，不符合规范要求，所以选择 D 选项。

2．在对建筑外墙装饰材料进行防火检查时，发现的下列做法中，不符合现行国家消防技术标准规定的是（　）。[2]（2016-2-46）

A．3 层综合建筑，外墙的装饰层采用防火塑料装饰板

B．25 层住宅楼，外墙的装饰层采用大理石

C．建筑高度 48 m 的医院，外墙的装饰层采用多彩涂料

D．建筑高度 55 m 的教学楼，外墙单位装饰层采用铝塑板

【解析】《建筑设计防火规范》（GB 50016—2014）第 6.7.12 条，建筑外墙的装饰层应采用燃烧性能为 A 级的材料，但建筑高度不大于 50 m 时，可采用 B_1 级材料。防火塑料装饰板、铝塑板为 B_1 级。大理石、多彩涂料为 A 级。选项 A、C 的建筑高度没有超过 50 m，采用了 B_1 和 A 级材料作建筑外墙的装饰层，符合规范要求。选项 B 为 25 层住宅，建筑高度超过 50 m，采用燃烧性能为 A 级的大理石材料，符合规范要求。选项 D 建筑高度超过 50 m 应采用燃烧性能为 A 级的材料，题干采用 B_1 级的铝塑板材料，不符合规范要求，所以选择 D。

---

1 答案：D

2 答案：D

第十四章　建筑装修防火

本章由陶昆解析

第一节　建筑内部装修设计

一、装修材料的分类与分级

1．某高层办公建筑在进行内部装修时，采用壁柜将办公室分隔成多个区域。根据《建筑内部装修设计防火规范（2001 年修订）》（GB 50222—1995）的规定和使用部位及功能，该壁柜可划分为（　）。[1]（2015-1-79）

A．固定家具　　B．墙面装修材料　　C．隔断装修材料　　D．其他装饰材料

【解析】《建筑内部装修设计防火规范（2001 年修订）》（GB 50222—1995）第 2.0.1 条，装修材料按其使用部位和功能，可划分为顶棚装修材料、墙面装修材料、地面装修材料、隔断装修材料、固定家具、装饰织物、其他装饰材料七类。根据《消防安全技术实务》第二篇第十章第一节装修材料的分类与分级，兼有分隔功能的到顶的橱柜应认定为固定家具。选择 A 选项。

此题按照 2018 年 4 月实施的《建筑内部装修设计防火规范》（GB 50222—2017）第 2.0.4 条，固定家具是与建筑结构固定在一起或不易改变位置的家具。如建筑内部的壁橱、壁柜、陈列台、大型货架等。选择 A。

2．下列建筑材料中，燃烧性能等级属于 B_1 级的是（　）。[2]（2017-1-42）

A．水泥板　　B．混凝土板　　C．矿棉板　　D．胶合板

【解析】根据《消防安全技术实务》第二篇第三章第二节建筑材料的燃烧性能及分级，水泥板、混凝土板燃烧性能等级属于 A 级，矿棉板属于 B_1 级，胶合板属于 B_2 级，所以选 C。

3．下列装修材料中，属于 B_1 级墙面装修材料的是（　）。[3]（2017-1-43）

A．塑料贴面装饰板　　B．纸质装饰板　　C．无纺贴墙布　　D．纸面石膏板

【解析】根据《建筑内部装修设计防火规范（2001 年修订）》（GB 50222—1995）附录 B 常用建筑内部装修材料燃烧性能等级划分举例可知，属于 B_1 级墙面装饰材料的是纸面石膏板，塑料贴面装饰板、纸质装饰板、无纺贴墙布为 B_2 级。选择 D 选项。

《建筑内部装修设计防火规范》（GB 50222—2017）第 3.0.2 条条文说明表 1 常用建筑内部装修材料燃烧性能等级划分举例，纸面石膏板为 B_1 级，塑料贴面装饰板、纸质装饰板、无纺贴墙布为 B_2 级。选择 D 选项。

二、民用建筑内部装修设计

1．某民政部门建设了 2 座供老年人居住和活动的建筑，建筑高度均为 12 m，建筑内部设置了自动喷水灭火系统和火灾自动报警系统。在进行内部装修时，建筑内疏散走道的顶棚装饰材料的燃烧性能等级应

---

1 答案：A
2 答案：C
3 答案：D

为（　）。[1]（2015-1-67）

A. B_1　　B. B_2　　C. A　　D. B_3

【解析】《建筑内部装修设计防火规范（2001 年修订）》（GB 50222—1995）第 3.2.3 条，当单层、多层民用建筑装有自动灭火系统时，除顶棚外，其内部装修材料的燃烧性能等级可在表 3.2.1 规定的基础上降低一级；当同时装有火灾自动报警装置和自动灭火系统时，其顶棚装修材料的燃烧性能等级可在表 3.2.1 规定的基础上降低一级，其他装修材料的燃烧性能等级可不限制。查表 3.2.1 单层、多层民用建筑内部各部位装修材料的燃烧性能等级可知，养老院顶棚的装饰材料的燃烧性能是 A 级，同时装有火灾自动报警装置和自动灭火系统时，其顶棚装修材料的燃烧性能等级可降低为 B_1。所以选择 A 选项。

此题根据《建筑内部装修设计防火规范》（GB 50222—2017）第 5.1.3 条，除本规范第 4 章规定的场所和本规范表 5.1.1 中序号为 11 ~ 13 规定的部位外，当单层、多层民用建筑需做内部装修的空间内装有自动灭火系统时，除顶棚外，其内部装修材料的燃烧性能等级可在本规范表 5.1.1 规定的基础上降低一级；当同时装有火灾自动报警装置和自动灭火系统时，其装修材料的燃烧性能等级可在本规范表 5.1.1 规定的基础上降低一级。所以选择 A 选项。

2. 下列关于地下商店营业厅的内部装修材料中，允许采用 B_1 级燃烧性能的是（　）。[2]（2016-1-65）

A. 地面装修材料　　B. 装饰织物　　C. 售货柜台　　D. 墙面装修

【解析】《建筑内部装修设计防火规范（2001 年修订）》（GB 50222—1995）第 3.4.1 条，地下民用建筑内部各部位装修材料的燃烧性能等级，不应低于表 3.4.1 的规定。查表 3.4.1 地下民用建筑内部各部位装修材料的燃烧性能等级可知，地下商店营业厅地面的装饰材料的燃烧性能是 A 级，墙面的装饰材料的燃烧性能是 A 级，装饰织物的装饰材料的燃烧性能是 B_1 级。

第 3.4.4 条，地下商场、地下展览厅的售货柜台、固定货架、展览台等，应采用 A 级装修材料。所以选择 B。

《建筑内部装修设计防火规范》（GB 50222—2017）第 5.3.1 条，地下民用建筑内部各部位装修材料的燃烧性能等级，不应低于本规范表 5.3.1 的规定。查表 5.3.1 可知，商店营业厅内部装修材料采用 B_1 级燃烧性能的是隔断、固定家具、装饰织物、其他装饰材料。第 4.0.14 条，展览性场所装修设计应符合下列规定：（1）展台材料应采用不低于 B_1 级的装修材料；（2）在展厅设置电加热设备的餐饮操作区内，与电加热设备贴邻的墙面、操作台均应采用 A 级装修材料；（3）展台与卤钨灯等高温照明灯具贴邻部位的材料应采用 A 级装修材料。所以选择 B 选项。题干中若能明确 C 选项的售货柜台具体部位，此题的答案将更明确。

3. 某多层办公建筑，设有自然排烟系统，未设置集中空气调节系统和自动喷水灭火系统，该办公建筑内建筑面积为 200 m^2 的房间有 4 种装修方案，各部位装修材料的燃烧性能等级见下表，其中正确的方案是（　）。[3]（2018-1-19）

方案	顶棚	墙面	地面
1	B_2	B_1	B_1
2	B_1	B_1	B_2
3	B_1	B_2	B_1
4	A	B_2	B_1

A. 方案 1　　B. 方案 2　　C. 方案 3　　D. 方案 4

【解析】《建筑内部装修设计防火规范》（GB 50222—2017）第 5.1.1 条，单层、多层民用建筑内部各部

1 答案：A

2 答案：B

3 答案：B

位装修材料的燃烧性能等级，不应低于本规范表5.1.1的规定。从表5.1.1第15项中可知，其他办公场所，顶棚、墙面装修材料燃烧性能等级至少为B_1，地面装修材料燃烧性能等级至少为B_2。选项B正确。

4．某建筑高度为28.5 m的电信大楼，每层建筑面积为2 000 m^2，设置火灾自动报警系统和自动灭火系统等，下列关于该建筑有窗办公室内部装修的做法中，正确的有（　）。[1]（2016-1-98）

A．墙面采用彩色阻燃人造板装修　　B．地面铺装硬质PVC塑料地板

C．窗帘采用阻燃处理的难燃织物　　D．顶棚采用难燃胶合板装修

E．隔断采用复合壁纸装修

【解析】根据《建筑设计防火规范》（GB 50016—2014）第5.1.1条可知，建筑高度为28.5 m、每层建筑面积为2 000 m^2的电信大楼是一类高层。

《建筑内部装修设计防火规范（2001年修订）》（GB 50222—1995）第3.3.1条，高层民用建筑内部各部位装修材料的燃烧性能等级，不应低于表3.3.1的规定。查表3.3.1高层民用建筑内部各部位装修材料的燃烧性能等级可知，顶棚的装饰材料的燃烧性能是A级，墙面的装饰材料的燃烧性能是B_1级，地面的装饰材料的燃烧性能是B_1级，隔断的装饰材料的燃烧性能是B_1级，装饰织物窗帘的装饰材料的燃烧性能是B_1级。

查《建筑内部装修设计防火规范》附录B常用建筑内部装修材料燃烧性能等级划分举例可知，彩色阻燃人造板燃烧性能是B_1级，装修硬质PVC塑料地板、阻燃处理的难燃织物、难燃胶合板的燃烧性能是B_1级，复合壁纸的燃烧性能是B_2级。所以选择A、B、C选项。

按照2018年4月实施的《建筑内部装修设计防火规范》（GB 50222—2017）第5.2.1条，高层民用建筑内部各部位装修材料的燃烧性能等级，不应低于本规范表5.2.1的规定。查表5.2.1高层民用建筑内部各部位装修材料的燃烧性能等级可知，顶棚、墙面的装饰材料的燃烧性能是A级，地面、隔断、装饰织物窗帘的装饰材料的燃烧性能是B_1级。根据第3.0.2条条文说明表1常用建筑内部装修材料燃烧性能等级划分举例可知，彩色阻燃人造板燃烧性能是B_1级，装修硬质PVC塑料地板、阻燃处理的难燃织物、难燃胶合板的燃烧性能是B_1级，复合壁纸的燃烧性能是B_2级。所以选择A、B、C选项。

5．某综合楼，地上5层，建筑高度18 m，第三层设有电子游戏厅，没有火灾自动报警系统，有自动喷水灭火系统和自然排烟系统。根据现行国家标准《建筑内部装修设计防火规范》（GB 50222），该电子游戏厅的下列装修方案中，正确的有（　）。[2]（2018-1-99）

A．游艺厅设置燃烧性能为B_2级的座梯　　B．墙面粘贴燃烧性能为B_1级的布质壁纸

C．安装燃烧性能为B_1级的顶棚　　D．室内装饰选用纯麻装饰布

E．地面铺设燃烧性能为B_1级的塑料地板

【解析】根据《建筑内部装修设计防火规范》（GB 50222—2017）第5.1.1条，单层、多层民用建筑内部各部位装修材料的燃烧性能等级，不应低于本规范表5.1.1的规定。查表5.1.1序号12可知，歌舞娱乐游艺场所顶棚内部装修材料采用A级，墙面、地面、隔断、固定家具、装饰织物、其他装饰材料燃烧性能不应低于B_1级。

第5.1.3条，除本规范第4章规定的场所和本规范表5.1.1中序号为11～13规定的部位外，当单层、多层民用建筑需做内部装修的空间内装有自动灭火系统时，除顶棚外，其内部装修材料的燃烧性能等级可在本规范表5.1.1规定的基础上降低一级；当同时装有火灾自动报警装置和自动灭火系统时，其装修材料的燃烧性能等级可在本规范表5.1.1规定的基础上降低一级。该电子游戏厅没有火灾自动报警系统，仅设置自动喷水灭火系统和自然排烟系统，其内部装修材料的燃烧性能等级不能降低。

1 答案：ABC

2 答案：BE

选项 A 座梯是固定家具，不应低于 B_1 级。选项 B 墙面不应低于 B_1 级。选项 C 顶棚不应低于 A 级。选项 D 纯麻装饰布燃烧性能是 B_2 级，选项 E 地面不应低于 B_1 级。所以选项 B、E 正确。

6．某大学科研楼共 6 层，建筑高度 22.8 m，第六层为国家级工程实验中心，该中心设有自动喷水灭火系统和自然排烟系统。根据国家标准《建筑内部装修设计防火规范》(GB 50222)，该工程实验中心的下列室内装修材料选用方案中，正确的是（ ）。[1]（2018-1-52）

A．墙面采用燃烧性能为 B_1 级的装修材料

B．试验操作台采用燃烧性能为 B_1 级的装修材料

C．窗帘等装饰织物采用燃烧性能为 B_2 级的装修材料

D．地面采用燃烧性能为 B_2 级的装修材料

【解析】根据《建筑内部装修设计防火规范》(GB 50222—2017) 第 4.0.12 条，经常使用明火器具的餐厅、科研试验室，其装修材料的燃烧性能等级除 A 级外，应在表 5.1.1、表 5.2.1、表 5.3.1、表 6.0.1、表 6.0.5 规定的基础上提高一级。该科研楼的国家级工程实验中心室内装修材料应在表 5.1.1 规定的基础上提高一级。

根据第 5.1.1 条，单层、多层民用建筑内部各部位装修材料的燃烧性能等级，不应低于本规范表 5.1.1 的规定。查表 5.1.1 序号 9 可知，教学场地实验场所，其顶棚内部装修材料采用 A 级，墙面燃烧性能不应低于 B_1 级，地面、隔断、固定家具、装饰织物、其他装饰材料的燃烧性能不应低于 B_2 级。提高一级后顶棚、墙面内部装修材料采用 A 级，地面、隔断、固定家具、装饰织物、其他装饰材料的燃烧性能不应低于 B_1 级。选项 B 实验操作台是固定家具，燃烧性能为 B_1 级正确。

特别需要注意的是第 5.1.3 条，除本规范第 4 章规定的场所和本规范表 5.1.1 中序号为 11 ~ 13 规定的部位外，当单层、多层民用建筑需做内部装修的空间内装有自动灭火系统时，除顶棚外，其内部装修材料的燃烧性能等级可在本规范表 5.1.1 规定的基础上降低一级；当同时装有火灾自动报警装置和自动灭火系统时，其装修材料的燃烧性能等级可在本规范表 5.1.1 规定的基础上降低一级。该科研楼的国家级工程实验中心设有自动喷水灭火系统，其内部装修材料的燃烧性能等级也不降低。

7．某建筑高度为 26 m 的办公楼，设有集中空气调节系统和自动喷水灭火系统，其室内装修的下列做法中，不符合现行国家标准要求的是（ ）。[2]（2018-2-57）

A．会客厅采用经阻燃处理的布艺做灯饰

B．将开关和接线盒安装在难燃胶合板上

C．走道顶棚采用金属龙骨纸面石膏板

D．会议室顶棚采用岩棉装饰板吊顶

【解析】根据《建筑内部装修设计防火规范》(GB 50222—2017) 第 4.0.16 条，照明灯具及电气设备、线路的高温部位，当靠近非 A 级装修材料或构件时，应采取隔热、散热等防火保护措施，与窗帘、帷幕、幕布、软包等装修材料的距离不应小于 500 mm；灯饰应采用不低于 B_1 级的材料。经阻燃处理的布艺燃烧性能等级为 B_1 级，选项 A 会客厅采用经阻燃处理的布艺做灯饰符合要求。

根据第 4.0.17 条，建筑内部的配电箱、控制面板、接线盒、开关、插座等不应直接安装在低于 B_1 级的装修材料上；用于顶棚和墙面装修的木质类板材，当内部含有电器、电线等物体时，应采用不低于 B_1 级的材料。难燃胶合板燃烧性能等级为 B_1 级，选项 B 正确。

根据第 4.0.4 条，地上建筑的水平疏散走道和安全出口的门厅，其顶棚应采用 A 级装修材料，其他部位应采用不低于 B_1 级的装修材料；地下民用建筑的疏散走道和安全出口的门厅，其顶棚、墙面和地面均应采用 A 级装修材料。金属龙骨纸面石膏板燃烧性能等级为 A 级，选项 C 走道顶棚采用金属龙骨纸面石膏板符合要求。

---

1 答案：B

2 答案：D

建筑高度为26 m的办公楼是二类高层公共建筑。根据第5.2.1条，高层民用建筑内部各部位装修材料的燃烧性能等级，不应低于本规范表5.2.1的规定。从表5.2.1中14项可知，二类办公场所其顶棚内部装修材料采用A级，墙面、地面、隔断、固定家具的燃烧性能不应低于B_1级，其他装饰材料的燃烧性能不应低于B_2级。岩棉吊顶燃烧性能等级为B_1级，选项D会议室顶棚采用岩棉装饰板吊顶不符合要求，应选用A级材料。

第二节　建筑内部装修防火施工及验收

1．下列对建筑内部装修泡沫塑料进行阻燃处理的要求中，正确的是（　）。[1]（2015-2-35）

A．必须在材料进场前完成

B．必须由阻燃处理专业企业在材料进场前完成

C．可用喷涂二级饰面性防火涂料的方式处理

D．可在施工现场进行，但处理后应按规范要求抽样检验

【解析】《建筑内部装修防火施工及验收规范》（GB 50354—2005）第5.0.1条，用于建筑内部装修的高分子合成材料可分为塑料、橡胶及橡塑材料。第5.0.2条高分子合成材料施工应检查下列文件和记录：（1）高分子合成材料燃烧性能等级的设计要求；（2）高分子合成材料燃烧性能型式检验报告、进场验收记录和抽样检验报告；（3）现场对泡沫塑料进行阻燃处理的施工记录及隐蔽工程验收记录。所以选项D正确。

2．对建筑内部装修工程进行防火检查时，应注意检查装修施工单位遵守有关规定的情况，根据现行国家消防技术标准，下列规定中，属于施工单位应当遵守的有（　）。[2]（2016-2-94）

A．施工现场应具备相应的工程质量检验制度

B．防火装修材料进入施工现场后应对材料进行见证取样检验

C．材料进场时应核查装修材料的燃烧性能，并填写进场检查记录

D．装修施工过程中，应分阶段对所选用的防火装修材料进行抽样检验

E．内部装修不应影响消防设施的使用功能

【解析】根据《建筑内部装修防火施工及验收规范》（GB 50354—2005）第2.0.2条，装修施工应按设计要求编写施工方案。施工现场管理应具备相应的施工技术标准、健全的施工质量管理体系和工程质量检验制度。A选项正确。

第2.0.5条，装修材料进入施工现场后，应按本规范的有关规定，在监理单位或建设单位监督下，由施工单位有关人员现场取样，并应由具备相应资质的检验单位进行见证取样检验。B选项错误。

第2.0.4条，进入施工现场的装修材料应完好，并应核查其燃烧性、防火性能型式检验报告、合格证书等技术文件是否符合防火设计要求。核查、检验时，应按本规范附录B的要求填写进场验收记录。C选项正确。

第2.0.9条，装修施工过程中，应分阶段对所选用的防火装修材料按本规范的规定进行抽样检验。D选项正确。

第2.0.8条，建筑工程内部装修不得影响消防设施的使用功能。装修施工过程中，当确需变更防火设计时，应经原设计单位或具有相应资质的设计单位按有关规定进行。E选项正确。

3．对某高层宾馆建筑的室内装修工程进行现场检查，下列检查结果中，不符合现行国家消防技术标

1 答案：D

2 答案：ACDE

准的是（　）。[1]（2017-2-5）

A．客房吊顶采用轻钢龙骨石膏板

B．窗帘采用普通布艺材料制作

C．疏散走道两侧的墙面采用大理石

D．防火门的表面贴了彩色阻燃人造板，门框和门的规格尺寸未减小

【解析】《建筑内部装修设计防火规范（2001 年修订）》（GB 50222—1995）第 3.3.1 条，高层民用建筑内部各部位装修材料的燃烧性能等级，不应低于表 3.3.1 的规定。查表 3.3.1 高层民用建筑内部各部位装修材料的燃烧性能等级可知高层宾馆顶棚的装饰材料的燃烧性能不低于 B_1 级，墙面的装饰材料的燃烧性能是不低于 B_1 级，装饰织物窗帘的装饰材料的燃烧性能是不低于 B_1 级。

查《建筑内部装修设计防火规范》附录 B 常用建筑内部装修材料燃烧性能等级划分举例可知，轻钢龙骨纸面石膏板、大理石燃烧性能等级为 A 级。石膏板、彩色阻燃人造板燃烧性能是 B_1 级。普通布艺材料的燃烧性能是 B_2 级。

选项 A 客房吊顶采用轻钢龙骨石膏板，A 级，达到高层宾馆顶棚的装饰材料的燃烧性能不低于 B_1 级要求，选项 A 正确。

选项 B 窗帘采用普通布艺材料制作，普通布艺材料的燃烧性能是 B_2 级，达不到高层宾馆窗帘应采用不低于 B_1 级的材料要求，选项 B 错误。

选项 C 疏散走道两侧的墙面采用大理石，A 级，达到高层宾馆墙面的装饰材料的燃烧性能是不低于 B_1 级要求，选项 C 正确。

《建筑内部装修防火施工及验收规范》（GB 50354—2005）第 7.0.6 条，防火门的表面加装贴面材料或其他装修时，不得减小门框和门的规格尺寸，不得降低防火门的耐火性能，所用贴面材料的燃烧性能等级不应低于 B_1 级。彩色阻燃人造板燃烧性能是 B_1 级，选项 D 正确。

根据《建筑内部装修设计防火规范》（GB 50222—2017）第 5.2.1 条，高层民用建筑内部各部位装修材料的燃烧性能等级，不应低于本规范表 5.2.1 的规定。查表 5.2.1 高层民用建筑内部各部位装修材料的燃烧性能等级可知高层宾馆客房级公共活动用房等，顶棚的装饰材料的燃烧性能 A 级，墙面、地面、隔断的装饰材料的燃烧性能是 B_1 级，装饰织物窗帘的装饰材料的燃烧性能（一类高层）B_1 级，装饰织物窗帘的装饰材料的燃烧性能（二类高层）B_2 级。这题也是选 B。

4．某施工单位对学校报告厅进行内部装饰，其中吊顶采用轻钢龙骨纸面石膏板，地面铺设地毯，墙面采用不同装修材料进行分层装修。关于该报告厅内部装饰的说法，正确的有（　）。[2]（2017-2-90）

A．纸面石膏板安装在钢龙骨上时，可作为 A 级材料使用

B．复合型装修材料应交专业检测机构进行整体测试确定燃烧性能等级

C．墙面分层装修材料除表面层的燃烧性能等级应符合规范要求外，其余各层的燃烧性能等级可不限

D．地毯应使用阻燃制品，并应加贴阻燃标识

E．进入施工现场的装修材料应按要求填写进场验收记录

【解析】根据《消防安全综合能力》第二篇第六章第一节建筑内部装修，安装在钢龙骨上燃烧性能达到 B_1 级的纸面石膏板可作为 A 级装修材料。当采用不同装修材料进行分层装修时，各层装修材料的燃烧性能等级均要符合相关规定。对于复合型装修材料可通过提交专业检测机构进行整体测试确定燃烧性能等级。公共场所内使用的阻燃制品，要检查阻燃制品标识使用证书、现场检验标识加贴的情况。

1 答案：B

2 答案：ABDE

《建筑内部装修防火施工及验收规范》（GB 50354—2005）第 2.0.4 条，进入施工现场的装修材料应完好，并应核查其燃烧性、防火性能型式检验报告、合格证书等技术文件是否符合防火设计要求。核查、检验时，应按本规范附录 B 的要求填写进场验收记录。选项 E 正确。

根据《建筑内部装修设计防火规范》（GB 50222—2017）第 3.0.4 条，安装在金属龙骨上燃烧性能达到 B1 级的纸面石膏板、矿棉吸声板，可作为 A 级装修材料使用。选项 A 正确。第 3.0.7 条，当使用多层装修材料时，各层装修材料的燃烧性能等级均应符合本规范的规定。复合型装修材料的燃烧性能等级应进行整体检测确定。选项 B 正确，选项 C 错误。学校报告厅地面查表 5.1.1 单层、多层民用建筑内部各部位装修材料的燃烧性能等级序号 3 可知，地面材料的燃烧性能不应低于 B_1 级，地毯经过阻燃后，燃烧性能为 B_1 级。选项 D 正确。

5．某建筑高度为 98 m 的多功能建筑，在进行室内装修工程施工时。不符合现行国家标准要求的做法有（　）。[1]（2018-2-89）

A．对 B_1 级木质材料进场进行见证取样检验

B．对现场阻燃处理后的木质材料，每种取 2 m^2 检验燃烧性能

C．对木质材料表面进行防火涂料处理时，均匀涂覆一次防火涂料

D．对木质材料进行阻燃处理时，将木质材料的含水率控制在 10%以下

E．对木制材料表面涂刷防火涂料的用量为 450 g/m^2

【解析】根据《建筑内部装修防火施工及验收规范》（GB 50354—2005）第 4.0.3 条，下列材料进场应进行见证取样检验：（1）B_1 级木质材料；（2）现场进行阻燃处理所使用的阻燃剂及防火涂料。选项 A 正确。

第 4.04 条，下列材料应进行抽样检验：（1）现场阻燃处理后的木质材料，每种取 4 m^2 检验燃烧性能；（2）表面进行加工后的 B_1 级木质材料，每种取 4 m^2 检验燃烧性能。选项 B 错误。

第 4.0.7 条，木质材料在进行阻燃处理时，木质材料含水率不应大于 12%。选项 D 正确。

第 4.0.11 条，木质材料表面进行防火涂料处理时，应对木质材料的所有表面进行均匀涂刷，且不应少于 2 次，第二次刷涂应在第一次涂层表面干后进行；涂刷防火涂料用量不应少于 500g/m^2。选项 C、E 错误。

6．某一级耐火等级的四星级旅馆建筑，建筑高度为 128.0 m，下部设置 3 层地下室（每层层高 3.3 m），设 4 层裙房，裙房的建筑高度为 33.4 m。高层主体中的疏散楼梯间、客房、公共走道的地面均为阻燃地毯（B_1 级），客房墙面贴有墙布（B_2 级）；旅馆大堂和商店的墙面和地面均为大理石（A 级）装修，顶棚均为石膏板（A 级）。建筑高层主体、裙房和地下室的疏散楼梯均按国家标准要求采用了防烟楼梯间或疏散楼梯。指出该建筑内部装修防火方面存在的问题，并简述理由。（2016-3-四）

答案：（1）存在问题：高层主体中的疏散楼梯间、客房、公共走道的地面均为阻燃地毯（B_1 级）。根据《建筑内部装修设计防火规范》封闭楼梯间、防烟楼梯间及其前室的顶棚、墙面和地面均应采用 A 级装修材料。

（2）存在问题：客房墙面贴有墙布（B_2 级）。因为该建筑是高层综合楼建筑，根据《建筑内部装修设计防火规范》规定，旅馆墙面装修材料燃烧性能不应低于 B_1 级，设置火灾自动报警系统及自动喷水灭火系统均不能降低燃烧性能，故客房墙面贴 B_2 级墙布不符合规范要求。

【解析】《建筑内部装修设计防火规范（2001 年修订）》（GB 50222—1995）第 3.1.6 条，封闭楼梯间、防烟楼梯间及其前室的顶棚、墙面和地面均应采用 A 级装修材料。

第 3.3.2 条，除 100 m 以上的高层民用建筑及大于 800 座位的观众厅、会议厅，顶层餐厅外，当设有火灾自动报警装置和自动灭火系统时，除顶棚外，其内部装修材料的燃烧性能等级可在表 3.3.1 规定的基

1 答案：BCE

础上降低一级。查表 3.3.1，高级旅馆墙面装修材料燃烧性能为 B_1 级。题干中的四星级旅馆建筑高度为 128.0 m，所以旅馆墙面装修材料燃烧性能不应低于 B_1 级。

根据《建筑内部装修设计防火规范》（GB 50222—2017）第 4.0.5 条，疏散楼梯间和前室的顶棚、墙面和地面均应采用 A 级装修材料。

第 5.2.1 条，高层民用建筑内部各部位装修材料的燃烧性能等级，不应低于本规范表 5.2.1 的规定。查表 5.2.1 可知，一类高层宾馆顶棚装修材料燃烧性能 A 级，墙面、地面装修材料燃烧性能不低于 B_1 级。根据第 5.2.3 条，除本规范第 4 章规定的场所和本规范表 5.2.1 中序号为 10 ~ 12 规定的部位外，以及大于 400 m^2 的观众厅、会议厅和 100 m 以上的高层民用建筑外，当设有火灾自动报警装置和自动灭火系统时，除顶棚外，其内部装修材料的燃烧性能等级可在本规范表 5.2.1 规定的基础上降低一级。根据第 5.2.3 条可知，该 128 m 的宾馆内部装修材料燃烧性能等级不能降低。

第十五章　灭火救援设施

本章由陶昆解析

第一节　消防车道

1．下列关于消防车道设置的做法，正确的有（　）。[1]（2016-1-87）

A．二类高层住宅建筑，沿其南北侧两个长边设置净宽度为 3.5 m 的消防车道

B. 消防车道穿过建筑物的洞口处地面标高为–0.300 m，洞口顶部的标高为 3.900 m，门洞净宽度为 4.2 m

C. 占地面积为 2 400 m^2 的单层纺织品仓库，沿其两个长边设置尽头式消防车道，回车场尺寸为 12 m×13 m

D．高层厂房周围的环形消防车道有一处与市政道路连通

E．在一坡地建筑周围设置最大坡度为 5%的环形消防车道

【解析】《建筑设计防火规范》（GB 50016—2014）第 7.1.8 条，消防车道应符合下列要求：（1）车道的净宽度和净空高度均不应小于 4.0 m；（5）消防车道的坡度不宜大于 8%。选项 B 消防车道穿过建筑物洞口的净高是 3.9+0.3=4.2 m，净宽是 4.2 m，选项 B 正确。选项 A 错误。

第 7.1.9 条，环形消防车道至少应有两处与其他车道连通。尽头式消防车道应设置回车道或回车场，回车场的面积不应小于 12 m × 12 m；对于高层建筑，不宜小于 15 m × 15 m；供重型消防车使用时，不宜小于 18 m × 18 m。选项 C 正确。选项 D 错误，选项 E 正确。

2．关于消防车道设置的说法，错误的是（　）。[2]（2017-1-79）

A．消防车道的坡度不宜大于 9%

B．超过 3 000 个座位的体育馆应设置环形消防车道

C．消防车道边缘距离取水点不宜大于 2 m

D．高层住宅建筑可沿建筑的一个长边设置消防车道

【解析】《建筑设计防火规范》（GB 50016—2014）第 7.1.8 条，消防车道应符合下列要求：消防车道的坡度不宜大于 8%。选项 A 错误。

第 7.1.7 条，供消防车取水的天然水源和消防水池应设置消防车道。消防车道的边缘距离取水点不宜

1 答案：BCE

2 答案：A

大于2 m。选项C正确。

第7.1.2条，高层民用建筑，超过3 000个座位的体育馆，超过2 000个座位的会堂，占地面积大于3 000 m^2的商店建筑、展览建筑等单、多层公共建筑应设置环形消防车道，确有困难时，可沿建筑的两个长边设置消防车道；对于高层住宅建筑和山坡地或河道边临空建造的高层民用建筑，可沿建筑的一个长边设置消防车道，但该长边所在建筑立面应为消防车登高操作面。选项B、D正确。

3．某单层木器厂房为砖木结构，屋顶承重构件为难燃性构件，耐火极限为0.50 h，柱子采用不燃性构件，耐火极限为2.50 h。木器厂房建筑面积约为4 500 m^2，其总平面布局和平面布置如下图所示。木器厂

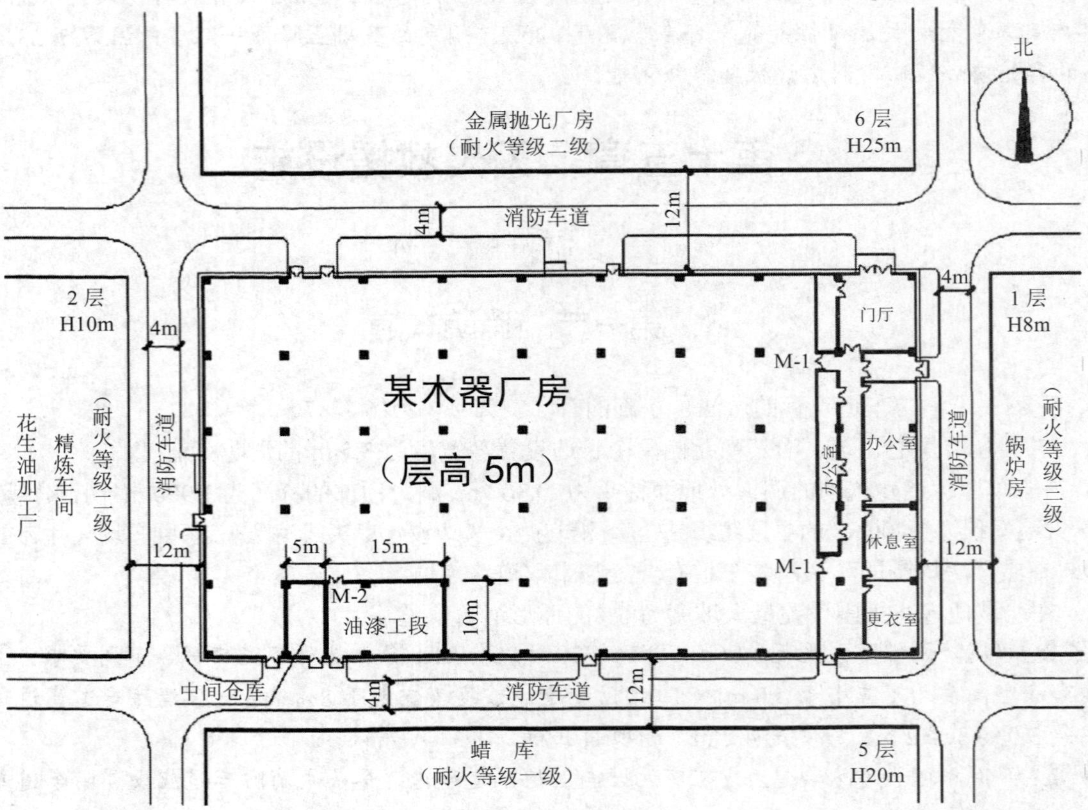

房周边的建筑，面向木器厂房一侧的外墙上均设有门和窗。该木器厂房采用流水线连续生产。工艺不允许设置隔墙。厂房内东侧设有建筑面积500 m^2的办公、休息区，采用耐火极限2.50 h的防火隔墙与车间分隔，防火隔墙上设有双扇弹簧门。南侧分别设有建筑面积为150 m^2的油漆工段（采用封闭喷漆工艺）和50 m^2的中间仓库，中间仓库内储存3昼夜喷漆生产需要量的油漆、稀释剂（甲苯和香蕉水，C=0.11），采用防火墙与其他部位分隔，油漆工段通向车间的防火墙上设有双扇弹簧门。该厂房设置了消防给水及室内消火栓系统、建筑灭火器、排烟设施和应急照明及疏散指示标志。

检查消防车道是否符合消防安全规定。（2015-3-六）

答案：根据《建筑设计防火规范》（GB 50016—2014），大于3 000 m^2的丙类厂房应设环形消防车道，车道的净宽和净高不应小于4.0 m。从图中可知设置了环形车道，净宽为4.0 m，还应说明消防车道的净高不应小于4.0 m。

【解析】《建筑设计防火规范》（GB 50016—2014）第7.1.8条，消防车道的净宽度和净空高度均不应小于4.0 m。

第二节　救援场地

一、消防车登高救援场地

1．一座建筑高度为 55 m 的新建办公楼，无裙房，矩形平面尺寸为 80 m×20 m，沿该建筑南侧的长边连续布置消防车登高操作场地。该消防车登高操作场地的最小平面尺寸应为（　）。[1]（2016-1-73）

A．15 m×10 m　　B．20 m×20 m　　C．15 m×15 m　　D．80 m×10 m

【解析】《建筑设计防火规范》(GB 50016—2014) 第 7.2.1 条，高层建筑应至少沿一个长边或周边长度的 1/4 且不小于一个长边长度的底边连续布置消防车登高操作场地，该范围内的裙房进深不应大于 4 m。第 7.2.2 条，消防车登高操作场地的长度和宽度分别不应小于 15 m 和 10 m。对于建筑高度大于 50 m 的建筑，场地的长度和宽度分别不应小于 20 m 和 10 m。该建筑一个长边是 80 m，周边长度的 1/4 是 50 m，所以沿建筑南侧的长边连续布置消防车登高操作场地，最小平面尺寸应为 80 m×10 m。所以选择 D 选项。

2．消防车登高操作场地是消防灭火救援的重要设施。下列关于消防车登高操作场地的说法中，错误的是（　）。[2]（2016-2-29）

A．高层建筑应至少沿一个长边或周边长度的 1/4 且不小于一个长边长度的底边连续布置消防车登高操作场地

B．消防车登高操作场地靠建筑外墙一侧的边缘距离建筑外墙不应大于 10 m

C．消防车登高操作场地的坡度不宜大于 3%

D．高层建筑的消防车登高面不应布置裙房

【解析】《建筑设计防火规范》(GB 50016—2014) 第 7.2.1 条，高层建筑应至少沿一个长边或周边长度的 1/4 且不小于一个长边长度的底边连续布置消防车登高操作场地，该范围内的裙房进深不应大于 4 m。第 7.2.2 条，消防车登高操作场地应符合下列规定：(1) 场地与厂房、仓库、民用建筑之间不应设置妨碍消防车操作的树木、架空管线等障碍物和车库出入口。(2) 场地的长度和宽度分别不应小于 15 m 和 10 m。对于建筑高度大于 50 m 的建筑，场地的长度和宽度分别不应小于 20 m 和 10 m。(3) 场地及其下面的建筑结构、管道和暗沟等，应能承受重型消防车的压力。(4) 场地应与消防车道连通，场地靠建筑外墙一侧的边缘距离建筑外墙不宜小于 5 m，且不应大于 10 m，场地的坡度不宜大于 3%。所以选项 D 错误。

3．对于 25 层的住宅建筑，消防车登高操作场地的最小长度和宽度是（　）。[3]（2017-1-56）

A．20 m，10 m　　B．15 m，10 m　　C．15 m，15 m　　D．10 m，10 m

【解析】《建筑设计防火规范》(GB 50016—2014) 第 7.2.2 条，消防车登高操作场地的长度和宽度分别不应小于 15 m 和 10 m。对于建筑高度大于 50 m 的建筑，场地的长度和宽度分别不应小于 20 m 和 10 m。对于建筑高度大于 50 m 的建筑，场地的长度和宽度分别不应小于 20 m 和 10 m。根据《住宅设计规范》(GB 50096—2011) 第 5.5.1 条，住宅层高宜为 2.80 m。25 × 2.8=70 m，住宅建筑高度一定大于 50 m，所以选项 A 正确。

4．某建筑在山坡上的办公楼，建筑高度为 48 m，长度和宽度分别为 108 m 和 32 m，地下设置了 2 层汽车库，建筑的背面和两侧无法设置消防车道。下列该办公楼消防车登高操作场地的设计，符合规范要求

1 答案：D
2 答案：D
3 答案：A

的有（　）。[1]（2015-1-88）

A．消防车登高操作场地靠建筑正面一侧的边缘与建筑外墙的距离为5～7 m

B．消防车登高操作场地宽度为12 m

C．消防车登高操作场地坡度为1%

D．消防车登高操作场地设置在建筑正面，因受大门雨篷的影响，在大门前不能连续布置

E．消防车登高操作场位于可承受重型消防车压力的地下室上部

【解析】《建筑设计防火规范》（GB 50016—2014）第7.2.1条，高层建筑应至少沿一个长边或周边长度的1/4且不小于一个长边长度的底边连续布置消防车登高操作场地，该范围内的裙房进深不应大于4 m。建筑高度不大于50 m的建筑，连续布置消防车登高操作场地确有困难时，可间隔布置，但间隔距离不宜大于30 m，且消防车登高操作场地的总长度仍应符合上述规定。第7.2.2条，消防车登高操作场地的长度和宽度分别不应小于15 m和10 m。场地及其下面的建筑结构、管道和暗沟等，应能承受重型消防车的压力。场地应与消防车道连通，场地靠建筑外墙一侧的边缘距离建筑外墙不宜小于5 m，且不应大于10 m，场地的坡度不宜大于3%。所以选择A、B、C、E选项。

二、消防救援窗口

1．某丙类厂房建筑高度为45 m，对其消防救援窗口进行防火检查。下列消防救援窗口设置的做法中，符合规范要求的有（　）。[2]（2016-2-82）

A．消防救援窗口采用易碎安全玻璃，并在外侧设置明显标示

B．每个防火分区设置1个消防救援窗口

C．消防救援窗口设置在3层以上楼层

D．消防救援窗口的净高和净宽均为1.20 m

E．消防救援窗口的下沿距地面室内高度为1.2 m

【解析】《建筑设计防火规范》（GB 50016—2014）第7.2.5条，供消防救援人员进入的窗口的净高度和净宽度均不应小于1.0 m，下沿距室内地面不宜大于1.2 m，间距不宜大于20 m且每个防火分区不应少于2个，设置位置应与消防车登高操作场地相对应。窗口的玻璃应易于破碎，并应设置可在室外易于识别的明显标志。第7.2.4条，厂房、仓库、公共建筑的外墙应在每层的适当位置设置可供消防救援人员进入的窗口。选项A、D、E正确。

2．下列消防救援入口设置的规范中，符合要求的是（　）。[3]（2017-1-48）

A．一类高层办公楼外墙面，连续设置无间隔的广告屏幕

B．救援入口净高和净宽均为1.6 m

C．每个防火分区设置一个救援入口

D．多层医院顶层外墙面，连续设置无间隔的广告屏幕

【解析】《建筑设计防火规范》（GB 50016—2014）第7.2.5条，供消防救援人员进入的窗口的净高度和净宽度均不应小于1.0 m，下沿距室内地面不宜大于1.2 m，间距不宜大于20 m且每个防火分区不应少于2个，设置位置应与消防车登高操作场地相对应。窗口的玻璃应易于破碎，并应设置可在室外易于识别的明显标志。选项B救援入口净高和净宽均为1.6 m符合规范要求，正确。选项C每个防火分区设置一个救援入口错误。选项A一类高层办公楼外墙面连续设置无间隔的广告屏幕，选项D多层医院顶层外墙面连续

1 答案：ABCE

2 答案：ADE

3 答案：B

设置无间隔的广告屏幕，则无法设置消防救援入口，选项 A、D 错误。

3．某耐火等级为二级的多层电视机生产厂房，地上 4 层，设有自动喷水灭火系统，该厂房长 20 m，宽 40 m，每层划分为 1 个防火分区。根据现行国家标准《建筑设计防火规范》（GB 50016），供消防人员进入厂房的救援窗口的下列设计方案中，正确的是（　）。[1]（2018-1-35）

A．救援窗口下沿距室内地面为 1.1 m　　B．救援窗口的净宽度为 0.8 m

C．厂房二层沿一个长边设 2 个救援窗口　　D．利用天窗作为顶层救援窗口

【解析】《建筑设计防火规范》（GB 50016—2014）第 7.2.5 条，供消防救援人员进入的窗口的净高度和净宽度均不应小于 1.0 m，下沿距室内地面不宜大于 1.2 m，间距不宜大于 20 m 且每个防火分区不应少于 2 个，设置位置应与消防车登高操作场地相对应。窗口的玻璃应易于破碎，并应设置可在室外易于识别的明显标志。选项 A 救援窗口下沿距室内地面为 1.1 m，正确。选项 B 救援窗口的净宽度为 0.8 m，错误。

第 7.2.4 条，厂房、仓库、公共建筑的外墙应在每层的适当位置设置可供消防救援人员进入的窗口。选项 C 厂房二层沿一个长边设 2 个救援窗口错误，应每层设置救援窗口。选项 D 利用天窗作为顶层救援窗口错误。

三、综合运用

1．在对某一类高层商业综合体进行检查时，查阅资料得知，该楼地上共 6 层，每层划分为 12 个防火分区，符合规范要求。该综合体外部的下列消防救援设施设置做法中，不符合现行国家消防技术标准要求的是（　）。[2]（2017-2-11）

A．由于该综合体外立面无窗，故在二至六层北侧外墙上每个防火分区分别设置 2 个消防救援窗口

B．仅在该楼的北侧沿长边连续布置宽度 12 m 的消防车登高操作场地

C．消防车登高操作场地内侧与该商业综合体外墙之间的最近距离为 9 m

D．建筑物与消防车登高操作场地相对应范围内有 6 个直通室内防烟楼梯间的入口

【解析】《建筑设计防火规范》（GB 50016—2014）第 7.2.2 条，消防车登高操作场地的长度和宽度分别不应小于 15 m 和 10 m。对于建筑高度大于 50 m 的建筑，场地的长度和宽度分别不应小于 20 m 和 10 m。场地应与消防车道连通，场地靠建筑外墙一侧的边缘距离建筑外墙不宜小于 5 m，且不应大于 10 m，场地的坡度不宜大于 3%。第 7.2.3 条，建筑物与消防车登高操作场地相对应的范围内，应设置直通室外的楼梯或直通楼梯间的入口。第 7.2.4 条，厂房、仓库、公共建筑的外墙应在每层的适当位置设置可供消防救援人员进入的窗口。第 7.2.5 条，供消防救援人员进入的窗口的净高度和净宽度均不应小于 1.0 m，下沿距室内地面不宜大于 1.2 m，间距不宜大于 20 m 且每个防火分区不应少于 2 个，设置位置应与消防车登高操作场地相对应。窗口的玻璃应易于破碎，并应设置可在室外易于识别的明显标志。选项 A 错误，应每层适当位置设置可供消防救援人员进入的窗口。

2．对某建筑高度为 120 m 的酒店进行消防验收检测，消防车道、消防车登高操作场地、消防救援窗口的实测结果中，不符合现行国家标准要求的是（　）。[3]（2018-2-59）

A．沿建筑设置环形消防车道，车道净宽为 4.0 m

B．消防车登高操作场地的长度和宽度分别为 15 m 和 12 m

C．消防车道的转弯半径为 15 m

D．消防救援窗口的净高和净宽均为 1.1 m，下沿距室内地面 1.1 m

---

1 答案：A

2 答案：A

3 答案：B

【解析】《建筑设计防火规范》(GB 50016—2014) 第 7.1.8 条，消防车道的净宽度和净空高度均不应小于 4.0 m。选项 A 正确。

第 7.2.2 条，消防车登高操作场地的长度和宽度分别不应小于 15 m 和 10 m。对于建筑高度大于 50 m 的建筑，场地的长度和宽度分别不应小于 20 m 和 10 m。场地应与消防车道连通，场地靠建筑外墙一侧的边缘距离建筑外墙不宜小于 5 m，且不应大于 10 m，场地的坡度不宜大于 3%。选项 B 错误。

第 7.1.8 条，消防车道转弯半径应满足消防车转弯的要求。第 7.1.8 条条文解释，由于当前在城市或某些区域内的消防车道，大多数需要利用城市道路或居住小区内的公共道路，而消防车的转弯半径一般均较大，通常为 9 ~ 12 m。选项 C 正确。

第 7.2.5 条，供消防救援人员进入的窗口的净高度和净宽度均不应小于 1.0 m，下沿距室内地面不宜大于 1.2 m，间距不宜大于 20 m 且每个防火分区不应少于 2 个，设置位置应与消防车登高操作场地相对应。窗口的玻璃应易于破碎，并应设置可在室外易于识别的明显标志。选项 D 正确。

3．某一级耐火等级的四星级旅馆建筑，建筑高度为 128.0 m，下部设置 3 层地下室（每层层高 3.3 m），设 4 层裙房，裙房的建筑高度为 33.4 m，高层主体东侧为旅馆主入口，设置了长 12 m、宽 6 m、高 5 m 的门廊，北侧设置员工出入口。建筑主体三层（局部四层）以上外墙全部设置玻璃幕墙。建筑周围设置宽度为 6 m 的环形消防车道，消防车道的内边缘距离建筑外墙 6～22 m；沿建筑高层主体东侧和北侧连续设置了宽度为 15 m 的消防车登高操作场地，北侧的消防车登高操作场地距离建筑外墙 12 m，东侧距离建筑外墙 6 m。指出该建筑在总平面布局方面存在的问题，并简述理由。(2016-3-四)

答案：该建筑在总平面布局方面存在问题：

（1）“高层主体东侧为旅馆主入口，设置了长 12 m、宽 6 m、高 5 m 的门廊，北侧设置员工出入口”存在问题。高层建筑应至少沿一个长边或周边长度的 1/4 且不小于一个长边长度的底边连续布置消防车登高操作场地，该范围内的裙房进深不应大于 4 m。

（2）“主体北侧消防车登高操作场地距离建筑外墙 12 m”存在问题。场地应与消防车道连通，场地靠建筑外墙一侧的边缘距离建筑外墙不宜小于 5 m，且不应大于 10 m，场地的坡度不宜大于 3%。

【解析】《建筑设计防火规范》(GB 50016—2014) 第 7.2.1 条，高层建筑应至少沿一个长边或周边长度的 1/4 且不小于一个长边长度的底边连续布置消防车登高操作场地，该范围内的裙房进深不应大于 4 m。

第 7.2.2 条，消防车登高操作场地应与消防车道连通，场地靠建筑外墙一侧的边缘距离建筑外墙不宜小于 5 m，且不应大于 10 m，场地的坡度不宜大于 3%。

第 7.1.8 条，消防车道应符合下列要求：(1) 车道的净宽度和净空高度均不应小于 4.0 m；(2) 转弯半径应满足消防车转弯的要求；(3) 消防车道与建筑之间不应设置妨碍消防车操作的树木、架空管线等障碍物；(4) 消防车道靠建筑外墙一侧的边缘距离建筑外墙不宜小于 5 m；(5) 消防车道的坡度不宜大于 8%。

第三节　消防电梯

1．某建筑高度为 38 m，且设有消防电梯的 5 层针织品生产厂房，耐火等级为一级，每层建筑面积为 5 000 m^2，消防电梯与疏散楼梯间合用前室。下列做法中错误的是（　）。[1]（2015-1-36）

A．设置 2 台消防电梯　　B．前室的使用面积为 12 m^2

C．消防电梯兼做员工用电梯　　D．在前室入口处设置耐火极限为 3.00 h 的防火卷帘

【解析】《建筑设计防火规范》(GB 50016—2014) 第 7.3.2 条，消防电梯应分别设置在不同防火分区内，

1 答案：D

且每个防火分区不应少于 1 台。根据第 3.3.1 条，厂房的层数和每个防火分区的最大允许建筑面积表 3.3.1 的规定，耐火等级为一级的 5 层针织品生产厂房，每个防火分区面积最大为 6 000 m^2，所以每层建筑面积 5 000 m^2 可以划分为一个防火分区。一个防火分区消防电梯不应少于 1 台，选项 A 设置 2 台消防电梯正确。第 7.3.4 条，符合消防电梯要求的客梯或货梯可兼作消防电梯。选项 C 正确。第 7.3.5 条，除设置在仓库连廊、冷库穿堂或谷物筒仓工作塔内的消防电梯外，消防电梯应设置前室，前室的使用面积不应小于 6.0 m^2；与防烟楼梯间合用的前室，公共建筑、高层厂房（仓库）合用前室的使用面积不应小于 10.0 m^2。前室或合用前室的门应采用乙级防火门，不应设置卷帘。选项 B 前室的使用面积为 12 m^2 满足要求，正确。选项 D 前室入口处设置防火卷帘错误。

2．下列关于消防电梯的说法中，正确的是（　）。[1]（2015-2-21）

A．建筑高度大于 24 m 的住宅应设置消防电梯

B．消防电梯轿厢的内部装修应采用难燃材料

C．消防电梯应专用于消防灭火救援

D．满足消防电梯要求的客梯或货梯可以兼作消防电梯

【解析】《建筑设计防火规范》（GB 50016—2014）第 7.3.1 条，建筑高度大于 33 m 的住宅建筑设置消防电梯。第 7.3.8 条，电梯轿厢的内部装修应采用不燃材料。第 7.3.4 条，符合消防电梯要求的客梯或货梯可兼作消防电梯。选项 D 正确。

3．下列建筑中，允许不设置消防电梯的是（　）。[2]（2016-1-56）

A．埋深为 10 m，总建筑面积为 1 000 m^2 的地下商场　　B．建筑高度为 27 m 的病房楼

C．建筑高度为 48 m 的办公建筑　　D．建筑高度为 45 m 的住宅建筑

【解析】《建筑设计防火规范》（GB 50016—2014）第 7.3.1 条，下列建筑应设置消防电梯：（1）建筑高度大于 33 m 的住宅建筑；（2）一类高层公共建筑和建筑高度大于 32 m 的二类高层公共建筑；（3）设置消防电梯的建筑的地下或半地下室，埋深大于 10 m 且总建筑面积大于 3 000 m^2 的其他地下或半地下建筑（室）。选项 A 的地下商场埋深 10 m 且总建筑面积小于 3 000 m^2 可以不设置消防电梯。选项 B 建筑高度为 27 m 的病房楼是一类高层公共建筑。需要设置消防电梯。选项 C48 m 的办公建筑是建筑高度大于 32 m 的二类高层公共建筑，需要设置消防电梯。选项 D45 m 的住宅建筑是建筑高度大于 33 m 的住宅建筑，需要设置消防电梯。所以选 A。

4．对某 33 层住宅建筑的消防电梯进行防火检查时，下列检查内容中，不属于防火检查内容的是（　）。[3]（2016-2-57）

A．消防电梯内安装安防摄像头　　B．电梯的载重量

C．首层设置消防员专用操作按钮　　D．消防电梯从首层直达顶层的时间

【解析】《建筑设计防火规范》（GB 50016—2014）第 7.3.8 条，消防电梯应符合下列规定：（1）应能每层停靠；（2）电梯的载重量不应小于 800 kg；（3）电梯从首层至顶层的运行时间不宜大于 60 s；（4）电梯的动力与控制电缆、电线、控制面板应采取防水措施；（5）在首层的消防电梯入口处应设置供消防队员专用的操作按钮；（6）电梯轿厢的内部装修应采用不燃材料；（7）电梯轿厢内部应设置专用消防对讲电话。选择 A 消防电梯内安装安防摄像头不是消防电梯的防火检查内容。

5．下列建筑中，不需要设置消防电梯的是（　）。[4]（2017-1-70）

---

1 答案：D

2 答案：A

3 答案：A

4 答案：B

A．建筑高度 26 m 的医院　　　　B．总建筑面积 21 000 m^2 的高层商场

C．建筑高度 32 m 的二类办公室　　　　D．12 层住宅建筑

【解析】《建筑设计防火规范》（GB 50016—2014）第 7.3.1 条，下列建筑应设置消防电梯：（1）建筑高度大于 33 m 的住宅建筑；（2）一类高层公共建筑和建筑高度大于 32 m 的二类高层公共建筑；（3）设置消防电梯的建筑的地下或半地下室，埋深大于 10 m 且总建筑面积大于 3 000 m^2 的其他地下或半地下建筑（室）。

选项 A 建筑高度 26 m 的医院是一类公共建筑，应设置消防电梯。选项 B 总建筑面积 21 000 m^2 的高层商场只能得知是高层建筑，不能确定是一类高层公共建筑或者是建筑高度大于 32 m 的二类高层公共建筑，所以选项 B 中的高层商场可能需要设置消防电梯，也可能不设置消防电梯。选项 C 建筑高度 32 m 的二类办公室是建筑高度 32 m 的二类公共建筑，不需要设置消防电梯。选项 D 中 12 层住宅建筑建筑高度是否需要设置消防电梯就是要确定建筑高度是否大于 33 m，根据《住宅设计规范》（GB 50096—2011）第 5.5.1 条，住宅层高宜为 2.80 m。12 × 2.8=33.6（m），D 选项需要设置消防电梯。

6．关于建筑消防电梯设置的说法，错误的是（　）。[1]（2018-1-53）

A．建筑高度为 30 m 的物流公司办公楼可不设置消防电梯

B．埋深 9 m、总建筑面积 4 000 m^2 的地下室可不设置消防电梯

C．建筑高度为 25 m 的门诊楼可不设置消防电梯

D．建筑高度为 32 m 的住宅建筑可不设置消防电梯

【解析】《建筑设计防火规范》（GB 50016—2014）第 7.3.1 条，下列建筑应设置消防电梯：（1）建筑高度大于 33 m 的住宅建筑；（2）一类高层公共建筑和建筑高度大于 32 m 的二类高层公共建筑；（3）设置消防电梯的建筑的地下或半地下室，埋深大于 10 m 且总建筑面积大于 3 000 m^2 的其他地下或半地下建筑（室）。

选项 A 建筑高度为 30 m 的物流公司办公楼是建筑高度 30 m 的二类高层公共建筑，所以可不设置消防电梯。选项 B 的地下室埋深为 9 m，所以可不设置消防电梯。选项 C 建筑高度为 25 m 的门诊楼属于一类高层公共建筑，所以应设置消防电梯，选项 C 错误。选项 D 建筑高度为 32 m 的住宅建筑可不设置消防电梯。

7．对某一类高层宾馆进行防火检查，查阅资料得知，该宾馆每层划分为 2 个防火分区，符合规范要求，下列检查结果中，不符合现行国家消防技术标准的有（　）。[2]（2017-2-100）

A．消防电梯前室的建筑面积为 6.0 m^2，与防烟楼梯间合用前室的建筑面积为 10 m^2

B．兼做客梯用的消防电梯，其前室门采用耐火极限满足耐火完整性和耐火隔热性判定的防火卷帘

C．设有 3 台消防电梯，一个防火分区有 2 台，另一个防火分区有 1 台

D．消防电梯能够停靠每个楼层

E．消防电梯从首层到顶层的运行时间为 59 s

【解析】《建筑设计防火规范》（GB 50016—2014）第 7.3.2 条，消防电梯应分别设置在不同防火分区内，且每个防火分区不应少于 1 台。选项 C 正确。

第 7.3.5 条，除设置在仓库连廊、冷库穿堂或谷物筒仓工作塔内的消防电梯外，消防电梯应设置前室，前室的使用面积不应小于 6.0 m^2；与防烟楼梯间合用的前室，公共建筑、高层厂房（仓库）合用前室的使用面积不应小于 10.0 m^2。前室或合用前室的门应采用乙级防火门，不应设置卷帘。选项 A 中描述是建筑面积，规范要求是使用面积，所以选项 A、B 错误。

第 7.3.8 条，消防电梯应能每层停靠，电梯从首层至顶层的运行时间不宜大于 60 s。选项 D、E 正确。

8．某办公楼，设置 1 部消防电梯和 2 部防烟楼梯间，消防电梯单独设置。在检查消防电梯及其前室

1 答案：C

2 答案：AB

时，下列做法中，符合规定的有（ ）。[1]（2015-2-96）

A．消防电梯从首层到顶层的运行时间为 60 s

B．在首层的消防电梯入口设置供消防队员专用的操作按钮

C．在消防电梯前室的入口处采用防火卷帘分隔

D．地下层为无人员经常停留的汽车库，消防电梯不停靠

E．消防电梯前室的建筑面积为 6 m^2

【解析】根据《建筑设计防火规范》（GB 50016—2014）第 7.3.8 条，消防电梯应符合下列规定：（1）应能每层停靠；（2）电梯的载重量不应小于 800 kg；（3）电梯从首层至顶层的运行时间不宜大于 60 s；（4）电梯的动力与控制电缆、电线、控制面板应采取防水措施；（5）在首层的消防电梯入口处应设置供消防队员专用的操作按钮；（6）电梯轿厢的内部装修应采用不燃材料；（7）电梯轿厢内部应设置专用消防对讲电话。选项 A 正确。选项 D 地下层为无人员经常停留的汽车库，消防电梯不停靠错误，应能每层停靠。

第 7.3.5 条，除设置在仓库连廊、冷库穿堂或谷物筒仓工作塔内的消防电梯外，消防电梯应设置前室，前室的使用面积不应小于 6.0 m^2；与防烟楼梯间合用的前室，公共建筑、高层厂房（仓库）合用前室的使用面积不应小于 10.0 m^2。前室或合用前室的门应采用乙级防火门，不应设置卷帘。选项 C 错误。选项 E 中描述是建筑面积，规范要求是使用面积，所以选项 E 错误。

9．建筑高度为 36 m 的高层住宅楼，疏散楼梯采用剪刀楼梯间，设有消防电梯，剪刀楼梯间共用前室，且与消防电梯的前室合用。该住宅楼的下列防火检查结果中，符合现行国家标准要求的有（ ）。[2]（2018-2-100）

A．每户的入户门为净宽 1.0 m 的乙级防火门

B．消防电梯轿厢内设有专用消防对讲电话

C．合用前室的使用面积为 10 m^2 时，短边长度为 2.4 m

D．消防电梯内铭牌显示其载重量为 1 200 kg

E．消防电梯轿厢内采用阻燃木饰面装修

【解析】根据《建筑设计防火规范》（GB 50016—2014）第 5.5.27 条，建筑高度大于 33 m 的住宅建筑应采用防烟楼梯间。户门不宜直接开向前室，确有困难时，每层开向同一前室的户门不应大于 3 樘且应采用乙级防火门。建筑高度 36 m 的高层住宅楼分户门采用乙级防火门正确。

第 5.5.30 条，住宅建筑的户门、安全出口、疏散走道和疏散楼梯的各自总净宽度应经计算确定，且户门和安全出口的净宽度不应小于 0.90 m，疏散走道、疏散楼梯和首层疏散外门的净宽度不应小于 1.10 m。建筑高度不大于 18 m 的住宅中一边设置栏杆的疏散楼梯，其净宽度不应小于 1.0 m。选项 A 正确。

第 7.3.8 条，消防电梯应符合下列规定：（1）应能每层停靠；（2）电梯的载重量不应小于 800 kg；（3）电梯从首层至顶层的运行时间不宜大于 60 s；（4）电梯的动力与控制电缆、电线、控制面板应采取防水措施；（5）在首层的消防电梯入口处应设置供消防队员专用的操作按钮；（6）电梯轿厢的内部装修应采用不燃材料；（7）电梯轿厢内部应设置专用消防对讲电话。选项 B、D 正确。阻燃木饰面不是不燃材料，选项 E 错误。

第 5.5.28 条，住宅单元的疏散楼梯，当分散设置确有困难且任一户门至最近疏散楼梯间入口的距离不大于 10 m 时，可采用剪刀楼梯间，但应符合下列规定：（1）应采用防烟楼梯间。（2）梯段之间应设置耐火极限不低于 1.00 h 的防火隔墙。（3）楼梯间的前室不宜共用；共用时，前室的使用面积不应小于 6.0 m^2。（4）楼梯间的前室或共用前室不宜与消防电梯的前室合用；楼梯间的共用前室与消防电梯的前室合用时，合用前室的使用面积不应小于 12.0 m^2，且短边不应小于 2.4 m。题干中剪刀楼梯间共用前室，且与消防电

1 答案：AB

2 答案：ABD

梯的前室合用，前室使用面积不应小于 12.0 m^2，且短边不应小于 2.4 m，所以选项 C 错误。

第四节　消防设施的设置

一、室内消火栓

下列建筑或场所中，可不设置室内消火栓的是（　）。[1]（2017-1-13）

A．占地面积 500 m^2 的丙类仓库　　B．粮食仓库

C．高层公共建筑　　D．建筑体积 5 000 m^3 耐火等级三级的丁类厂房

【解析】《建筑设计防火规范》(GB 50016—2014）第 8.2.1 条，下列建筑或场所应设置室内消火栓系统：(1）建筑占地面积大于 300 m^2 的厂房和仓库；(2）高层公共建筑和建筑高度大于 21 m 的住宅建筑；(3）体积大于 5 000 m^3 的车站、码头、机场的候车（船、机）建筑、展览建筑、商店建筑、旅馆建筑、医疗建筑和图书馆建筑等单、多层建筑；(4）特等、甲等剧场，超过 800 个座位的其他等级的剧场和电影院等以及超过 1 200 个座位的礼堂、体育馆等单、多层建筑；(5）建筑高度大于 15 m 或体积大于 10 000 m^3 的办公建筑、教学建筑和其他单、多层民用建筑。因此选项 A、C 要设置室内消火栓。

第 8.2.2 条，本规范第 8.2.1 条未规定的建筑或场所和符合本规范第 8.2.1 条规定的下列建筑或场所，可不设置室内消火栓系统，但宜设置消防软管卷盘或轻便消防水龙：(1）耐火等级为一、二级且可燃物较少的单、多层丁、戊类厂房（仓库)。(2）耐火等级为三、四级且建筑体积不大于 3 000 m^3 的丁类厂房；耐火等级为三、四级且建筑体积不大于 5 000 m^3 的戊类厂房（仓库)。(3）粮食仓库、金库、远离城镇且无人值班的独立建筑。(4）存有与水接触能引起燃烧爆炸的物品的建筑。(5）室内无生产、生活给水管道，室外消防用水取自储水池且建筑体积不大于 5 000 m^3 的其他建筑。因此，选项 B 可不设置室内消火栓，选项 D 须设置室内消火栓。

二、防烟设施

1．对建筑划分防烟分区时，下列构件和设施中，不应用作防烟分区分隔构件和设施的是（　）。[2]（2015-1-8）

A．特级防火卷帘　　B．防火水幕　　C．防火隔墙　　D．高度不小于 50 cm 的建筑结构梁

【解析】根据《消防安全技术综合能力》第二篇第三章第二节防烟分区，划分防烟分区的挡烟设施主要有挡烟垂壁、隔墙和从顶棚下突出不小于 500 mm 的梁等。选项 B 防火水幕不应用作防火烟分区分隔构件和设施。

2．对某建筑内的防烟分区设置情况进行防火检查，不应检查的内容是（　）。[3]（2015-2-60）

A．防烟分区的面积　　B．挡烟垂壁　　C．送风口的风速　　D．防烟分区的划分

【解析】根据《消防安全技术综合能力》第二篇第三章第二节防烟分区，防火检查中，通过对防烟分区的划分、面积等进行检查，核实防烟分区设置是否符合现行国家工程建设消防技术标准的要求。防火检查中，通过对挡烟高度、挡烟垂壁等进行检查，核实挡烟设施的设置是否符合现行国家工程建设消防技术标准的要求。选项 C 错误。

---

1 答案：B

2 答案：B

3 答案：C

3．下列关于高层建筑中设置机械加压送风系统的说法，错误的是（　）。[1]（2015-1-17）

A．地下室的楼梯间和地上部分的防烟楼梯间均需设置机械加压送风系统时，机械加压送风系统宜分别独立设置

B．建筑高度大于 50 m 的公共建筑，其防烟楼梯间、消防电梯前室应设置机械加压送风系统

C．建筑高度大于 50 m 的住宅建筑，其防烟楼梯间、消防电梯前室应设置机械加压送风系统

D．建筑高度大于 50 m 的工业建筑，其防烟楼梯间、消防电梯前室应设置机械加压送风系统

【解析】根据《建筑设计防火规范》（GB 50016—2014）第 8.5.1 条，建筑的下列场所或部位应设置防烟设施：（1）防烟楼梯间及其前室；（2）消防电梯间前室或合用前室；（3）避难走道的前室、避难层（间）。

建筑高度不大于 50 m 的公共建筑、厂房、仓库和建筑高度不大于 100 m 的住宅建筑，当其防烟楼梯间的前室或合用前室符合下列条件之一时，楼梯间可不设置防烟系统：（1）前室或合用前室采用敞开的阳台、凹廊；（2）前室或合用前室具有不同朝向的可开启外窗，且可开启外窗的面积满足自然排烟口的面积要求。

选项 C 建筑高度大于 50 m 的住宅建筑，防烟楼梯间的前室或合用前室的设置在题干中没有明确，所以其防烟楼梯间、消防电梯前室应设置机械加压送风系统是不能确定的，选项 C 错误。

根据 2018 年《建筑防烟排烟系统技术标准》（GB 51251—2017）第 3.3.4 条，设置机械加压送风系统的楼梯间的地上部分与地下部分，其机械加压送风系统应分别独立设置。此题如果在 2018 年考，选项 A 也错误。答案将变成 A、C。

4．下列建筑中，当其楼梯间的前室或合用前室采用敞开阳台时，楼梯间可不设置防烟系统的是（　）。[2]（2016-1-47）

A．建筑高度为 68 m 的旅馆建筑　　B．建筑高度为 52 m 的生产建筑

C．建筑高度为 81 m 的住宅建筑　　D．建筑高度为 52 m 的办公建筑

【解析】根据《建筑设计防火规范》（GB 50016—2014）第 8.5.1 条，建筑的下列场所或部位应设置防烟设施：（1）防烟楼梯间及其前室；（2）消防电梯间前室或合用前室；（3）避难走道的前室、避难层（间）。建筑高度不大于 50 m 的公共建筑、厂房、仓库和建筑高度不大于 100 m 的住宅建筑，当其防烟楼梯间的前室或合用前室符合下列条件之一时，楼梯间可不设置防烟系统：（1）前室或合用前室采用敞开的阳台、凹廊；（2）前室或合用前室具有不同朝向的可开启外窗，且可开启外窗的面积满足自然排烟口的面积要求。所以选择 C 选项。

5．下列关于防烟分区划分的说法中，错误的是（　）。[3]（2016-1-57）

A．防烟分区可采用防火隔墙划分　　B．设置防烟系统的场所应划分防烟分区

C．一个防火分区可划分为多个防烟分区　　D．防烟分区可采用在楼板下突出 0.8 m 的结构梁划分

【解析】根据《消防安全技术综合能力》第二篇第三章第二节防烟分区，划分防烟分区的挡烟设施主要有挡烟垂壁、隔墙和从顶棚下突出不小于 500 mm 的梁等。防烟系统可不设防烟分区，设置排烟系统的场所应划分防烟分区。所以选择 B 选项。

6．关于建筑防烟分区的说法，正确的是（　）。[4]（2017-1-54）

A．防烟分区面积一定时，挡烟垂壁下降越低越有利于烟气及时排除

B．建筑设置敞开楼梯时，防烟分区可跨越防火分区

1 答案：C
2 答案：C
3 答案：B
4 答案：C

C．防烟分区划分得越小越有利于控制烟气蔓延

D．排烟与补风在同一防烟分区时，高位补风优于底位补风

【解析】根据《消防安全技术实务》第二篇第五章第四节防烟分区，储烟仓高度不应小于空间净高的10%，且不应小于500 mm，同时应保证疏散所需的清晰高度，最小清晰高度应由计算确定。挡烟垂壁下降过低会影响疏散所需的清晰高度，A选项错误。

防烟分区不应跨越防火分区，B选项错误。

根据《消防安全技术实务》第三篇第十章第三节机械排烟系统，当补风口与排烟口设置于同一防烟分区时，补风口应设在储烟仓下沿以下。D选项错误。

为保证良好的排烟条件，规定每个防烟分区的建筑面积不宜超过规范要求，因此防烟分区划分较小确实有利于控制烟气蔓延，但同时也应注意对于防烟分区长边的要求。因此在4个选项中，C选项正确。

7．某单层屋面多功能厅，建筑面积600 m^2，屋面板底距室内地面7.0 m，结构梁从顶板下突出0.6 m，吊顶采用镂空轻钢格栅，吊顶下表面距离内地面 5.5 m，该多功能厅设有自动喷水灭火系统、火灾自动报警系统和机械排烟系统。下列关于该多功能厅防烟分区划分的说法中，正确的是（　）。[1]（2017-2-56）

A．该多功能厅应采用屋面板底下垂高度不小于0.5 m的挡烟垂壁划分为2个防烟分区

B．该多功能厅应利用室内结构梁划分为2个防烟分区

C．该多功能厅应采用自吊顶底下垂高度不小于0.5 m的活动挡烟垂壁划分为2个防烟分区

D．该多功能厅可不划分防烟分区

【解析】《建筑设计防火规范》（GB 50016—2014）第9.4.2条，需设置机械排烟设施且室内净高小于等于6.0 m的场所应划分防烟分区。每个防烟分区的建筑面积不宜超过500 m^2，防烟分区不应跨越防火分区。题干中“屋面板底距室内地面7.0 m”，所以该多功能厅可不划分防烟分区，选项D正确。

三、排烟设施

1．下列关于自然排烟的说法，错误的是（　）。[2]（2015-1-10）

A．建筑面积为800 m^2的地下停车库可采用自然排烟方式

B．采用自然排烟的场所可不划分防烟分区

C．防烟楼梯间及其前室不应采用自然排烟方式

D．建筑高度小于50 m的公共建筑，宜优先考虑采用自然排烟方式

【解析】《汽车库、修车库、停车场设计防火规范》（GB 50067—2014）第8.2.1条，除敞开式汽车库、建筑面积小于1 000 m^2的地下一层汽车库和修车库外，汽车库、修车库应设置排烟系统，并应划分防烟分区。选项A正确。

《建筑防烟排烟系统技术标准》（GB 51251—2017）第4.2.1条，设置排烟系统的场所或部位应采用挡烟垂壁、结构梁及隔墙等划分防烟分区。防烟分区不应跨越防火分区。选项B错误。

第3.1.3条，建筑高度小于或等于50 m的公共建筑、工业建筑和建筑高度小于或等于100 m的住宅建筑，其防烟楼梯间、独立前室、共用前室、合用前室（除共用前室与消防电梯前室合用外）及消防电梯前室应采用自然通风系统；当不能设置自然通风系统时，应采用机械加压送风系统。选项D错误。

《建筑设计防火规范》（GB 50016—2014）第8.5.1条，建筑的下列场所或部位应设置防烟设施：（1）防烟楼梯间及其前室；（2）消防电梯间前室或合用前室；（3）避难走道的前室、避难层（间）。选项C正确。

---

1 答案：D

2 答案：B

2．下列厂房或仓库中，按规范应设置排烟设施的是（ ）。[1]（2016-1-71）

A．每层建筑面积为 1 200 m^2 的 2 层丙类仓库　　B．丙类厂房内建筑面积为 120 m^2 的生产监控室

C．建筑面积为 3 000 m^2 的丁类生产车间　　D．单层丙类厂房内长度为 35 m 的疏散走道

【解析】《建筑设计防火规范》（GB 50016—2014）第 8.5.2 条，厂房或仓库的下列场所或部位应设置排烟设施:（1）人员或可燃物较多的丙类生产场所，丙类厂房内建筑面积大于 300 m^2 且经常有人停留或可燃物较多的地上房间;（2）建筑面积大于 5 000 m^2 的丁类生产车间;（3）占地面积大于 1 000 m^2 的丙类仓库;（4）高度大于 32 m 的高层厂房（仓库）内长度大于 20 m 的疏散走道，其他厂房（仓库）内长度大于 40 m 的疏散走道。所以选择 A 选项。

3．下列民用建筑的场所或部位中，应设置排烟设施的是（ ）。[2]（2017-1-40）

A．设置在二层，房间建筑面积为 50 m^2 的歌舞娱乐放映的游艺场所

B．地下一层的防烟楼梯间前室

C．建筑面积 120 m^2 的中庭

D．建筑内长度为 18 m 的疏散走道

【解析】《建筑设计防火规范》（GB 50016—2014）第 8.5.3 条，民用建筑的下列场所或部位应设置排烟设施:（1）设置在一、二、三层且房间建筑面积大于 100 m^2 的歌舞娱乐放映游艺场所，设置在四层及以上楼层、地下或半地下的歌舞娱乐放映游艺场所;（2）中庭;（3）公共建筑内建筑面积大于 100 m^2 且经常有人停留的地上房间;（4）公共建筑内建筑面积大于 300 m^2 且可燃物较多的地上房间;（5）建筑内长度大于 20 m 的疏散走道。选项 C 中庭要设排烟设施。

4．对某公共建筑防排烟系统设置情况进行检查。下列检查结果中，不符合现行国家消防技术标准要求的是（ ）。[3]（2017-2-33）

A．地下一层长度为 20 m 的疏散走道未设置排烟设施

B．地下一层 1 个 50 m^2 的仓库内未设置排烟设施

C．四层 1 个 50 m^2 的会议室内未设置排烟设施

D．四层 1 个 50 m^2 的游戏室内未设置排烟设施

【解析】《建筑设计防火规范》（GB 50016—2014）第 8.5.2 条，厂房或仓库的下列场所或部位应设置排烟设施:（1）人员或可燃物较多的丙类生产场所，丙类厂房内建筑面积大于 300 m^2 且经常有人停留或可燃物较多的地上房间;（2）建筑面积大于 5 000 m^2 的丁类生产车间;（3）占地面积大于 1 000 m^2 的丙类仓库;（4）高度大于 32 m 的高层厂房（仓库）内长度大于 20 m 的疏散走道，其他厂房（仓库）内长度大于 40 m 的疏散走道。

第 8.5.3 条，民用建筑的下列场所或部位应设置排烟设施:（1）设置在一、二、三层且房间建筑面积大于 100 m^2 的歌舞娱乐放映游艺场所，设置在四层及以上楼层、地下或半地下的歌舞娱乐放映游艺场所;（2）中庭;（3）公共建筑内建筑面积大于 100 m^2 且经常有人停留的地上房间;（4）公共建筑内建筑面积大于 300 m^2 且可燃物较多的地上房间;（5）建筑内长度大于 20 m 的疏散走道。选项 D 游戏室是歌舞娱乐放映游艺场所，设置在四层及以上楼层应设置排烟设施，选项 D 错误。

5．在对层高为 3.5 m 的地下车库进行防烟分区检查时，应注意检查挡烟垂壁的材料和挡烟垂壁的高度是否满足现行国家消防技术标准的要求，下列挡烟垂壁的做法中，错误的有（ ）。[4]（2016-2-62）

---

1 答案：A

2 答案：C

3 答案：D

4 答案：C

A．挡烟垂壁的最下端低于机械排烟口　　B．挡烟垂壁突出顶棚 500 mm

C．制作挡烟垂壁的材料为 5 mm 厚的普通玻璃　　D．在挡烟垂壁明显位置设置永久性标志铭牌

【解析】《挡烟垂壁》(GA 533—2012）第 5.1.2.5 条，制作挡烟垂壁的玻璃材料应为防火玻璃，其性能应符合《建筑用安全玻璃防火玻璃》(GB 15763.1）的规定。选项 C 普通玻璃错误。

6．某建筑的排烟系统采用活动式挡烟垂壁，按现行国家标准和系统使用功能以及质量要求进行施工。下列工作中，不属于挡烟垂壁安装工作的是（　）。[1]（2016-2-31）

A．挡烟垂壁与建筑主体结构安装固定　　B．挡烟垂壁之间的缝隙衔接控制

C．挡烟垂壁与建筑主体之间的缝隙控制　　D．模拟火灾时挡烟垂壁动作功能

【解析】根据《建筑防烟排烟系统技术标准》(GB 51251—2017）第 6.4.4，挡烟垂壁的安装应符合下列规定：(1）型号、规格、下垂的长度和安装位置应符合设计要求；(2）活动挡烟垂壁与建筑结构（柱或墙）面的缝隙不应大于 60 mm，由两块或两块以上的挡烟垂帘组成的连续性挡烟垂壁，各块之间不应有缝隙，搭接宽度不应小于 100 mm；(3）活动挡烟垂壁的手动操作按钮应固定安装在距楼地面 1.3 ~ 1.5 m 便于操作、明显可见处。选项 D 模拟火灾时挡烟垂壁动作功能是活动挡烟垂壁的调试方法。

四、综合运用

1．某单层木器厂房为砖木结构，屋顶承重构件为难燃性构件，耐火极限为 0.50 h，柱子采用不燃性构件，耐火极限为 2.50 h。木器厂房建筑面积约为 4 500 m^2。木器厂房周边的建筑，面向木器厂房一侧的外墙上均设有门和窗。该木器厂房采用流水线连续生产。工艺不允许设置隔墙。厂房内东侧设有建筑面积 500 m^2 的办公、休息区，采用耐火极限 2.50 h 的防火隔墙与车间分隔，防火隔墙上设有双扇弹簧门；南侧分别设有建筑面积为 150 m^2 的油漆工段（采用封闭喷漆工艺）和 50 m^2 的中间仓库，中间仓库内储存 3 昼夜喷漆生产需要量的油漆、稀释剂（甲苯和香蕉水，C=0.11），采用防火墙与其他部位分隔，油漆工段通向车间的防火墙上设有双扇弹簧门；该厂房设置了消防给水及室内消火栓系统、建筑灭火器、排烟设施和应急照明及疏散指示标志。

该厂房内还应配置哪些建筑消防设施？（2015-3-六）

答案：该厂房设置了消防给水及室内消火栓系统、建筑灭火器、排烟设施和应急照明及疏散指示标志，还应设置室外消火栓系统、自动喷水灭火系统、疏散指示标志。如果该厂房设置需与火灾自动报警系统联动的机械排烟系统，有关场所或部位应设置火灾自动报警系统。油漆工段应设置可燃气体探测报警系统或自动抑爆装置。

【解析】题干中单层木器厂房是砖木结构，建筑面积约为 4 500 m^2，该厂房的占地面积也可认为有 4 500 m^2。南侧分别设有建筑面积为 150 m^2 的油漆工段（采用封闭喷漆工艺）和 50 m^2 的中间仓库，中间仓库内储存 3 昼夜喷漆生产需要量的油漆、稀释剂。从木器厂房、油漆工段和中间仓库分析需要设置的建筑消防设施。

根据《建筑设计防火规范》(GB 50016—2014）第 3.1.1 条，生产的火灾危险性应根据生产中使用或产生的物质性质及其数量等因素划分，可分为甲、乙、丙、丁、戊类，并应符合表 3.1.1 的规定。从表 3.1.1 中可以判定为丙类生产厂房。

第 8.1.2 条，民用建筑、厂房、仓库、储罐（区）和堆场周围应设置室外消火栓系统。第 8.2.1 条，建筑占地面积大于 300 m^2 的厂房和仓库应设置室内消火栓系统。所以木器厂房需要设置室外消火栓系统和室内消火栓系统。

---

1 答案：D

第 8.3.1 条，除本规范另有规定和不宜用水保护或灭火的场所外，下列厂房或生产部位应设置自动灭火系统，并宜采用自动喷水灭火系统：（3）占地面积大于 1 500 m^2 的木器厂房。所以木器厂房需要设置自动喷水灭火系统。

第 8.4.1 条，下列建筑或场所应设置火灾自动报警系统：（1）任一层建筑面积大于 1 500 m^2 或总建筑面积大于 3 000 m^2 的制鞋、制衣、玩具、电子等类似用途的厂房。第 8.4.3 条，建筑内可能散发可燃气体、可燃蒸气的场所应设置可燃气体报警装置。所以木器厂房可以不设火灾自动报警系统，采用封闭喷漆工艺，油漆工段设置可燃气体报警装置。

第 8.5.2 条，厂房或仓库的下列场所或部位应设置排烟设施：（1）人员或可燃物较多的丙类生产场所，丙类厂房内建筑面积大于 300 m^2 且经常有人停留或可燃物较多的地上房间。所以木器厂房需要设置排烟设施。

《建筑防烟排烟系统技术标准》（GB 51251—2017）第 4.1.1 条，建筑排烟系统的设计应根据建筑的使用性质、平面布局等因素，优先采用自然排烟系统。木器厂房若不能采用自然排烟系统，需要用机械排烟系统，就需要设置火灾自动报警系统。

第 10.3.1 条，除建筑高度小于 27 m 的住宅建筑外，民用建筑、厂房和丙类仓库的下列部位应设置疏散照明：（5）人员密集的厂房内的生产场所及疏散走道。

第 8.1.10 条，高层住宅建筑的公共部位和公共建筑内应设置灭火器，其他住宅建筑的公共部位宜设置灭火器。厂房、仓库、储罐（区）和堆场，应设置灭火器。

2．某高层建筑，设计建筑高度为 68.0 m，总建筑面积为 91 200 m^2。标准层的建筑面积为 2 176 m^2，每层划分为 1 个防火分区；一至二层为上、下连通的大堂，三层设置会议室和多功能厅。四层以上用于办公；建筑的耐火等级设计为二级，其楼板、梁和柱的耐火极限分别为 1.00 h、2.00 h 和 3.00 h。高层主体建筑和裙房的下部设置了 3 层地下室。高层主体建筑设置了 1 部消防电梯，从首层大堂直通至顶层；消防电梯的前室在首层和三层采用防火卷帘和乙级防火门与其他区域分隔，在其他各层均采用乙级防火门和防火隔墙进行分隔。

高层建筑内的办公室均为非开敞办公室，最大一间办公室的建筑面积为 98 m^2，办公室的最多使用人数为 10 人，人数最多的一层为 196 人，办公室内的最大疏散距离为 23 m，直通疏散走道的房间门至最近疏散楼梯间前室入口的最大直线距离为 18 m，且房间门军饷办公室内开启，不影响疏散走道的使用。核心筒内设置了 1 座防烟剪刀楼期间用于高层主体建筑的人员疏散，楼梯梯段以及从楼层进入疏散楼梯间前室和楼梯间的门的净宽度均为 1.10 m，核心筒周围采用环形走道与办公区分隔，走道隔墙的耐火极限为 2.00 h。高层主体建筑的三层增设了 2 座直通地面的防烟楼梯间。

裙房的一至二层为商店，三层为展览厅。首层的建筑面积为 8 100 m^2 划分为 1 个防火分区；二、三层的建筑面积均为 7 640 m^2，分别划分为 2 个建筑面积不大于 4 000 m^2 的防火分区；一至三层设置了一个上、下连通的中庭，除首层采用符合要求的防火卷帘分隔外，二、三层的中庭与周围连通空间的防火分隔为耐火极限 1.50 h 的非隔热性防火玻璃墙。

高层建筑地下一层设置餐饮、超市和设备室；地下二层为人防工程和汽车库、消防水泵房、消防水池、燃油锅炉房、变配电室（干式）等；地下三层为汽车库。地下各层均按标准要求划分了防火分区；其中，人防工程区的建筑面积为 3 310 m^2，设置了歌厅、洗浴桑拿房、健身用房及影院，并划分为歌厅、洗浴桑拿与健身、影院三个防火分区，建筑面积分别为 820 m^2、1 110 m^2 和 1 380 m^2。

该高层建筑的室内消火栓箱内按要求配置了水带、水枪和灭火器。该高层主体建筑及裙房的消防应急照明的备用电源可连续保障供电 60 min，消防水泵、消防电梯等建筑内的全部消防用电设备的供电均能在这些设备所在防火分区的配电箱处自动切换。

该高层建筑防火设计的其他事项均符合国家标准。指出该高层建筑在灭火救援设施方面的问题，并给

出正确的做法。(2017-3-三)

答案：该高层建筑在灭火救援设施方面存在问题：

(1) 存在问题：高层主体建筑设置了1部消防电梯，从首层大堂直通至顶层。整改措施：根据《建筑设计防火规范》规定，设置消防电梯的建筑的地下或半地下室应设置消防电梯。该建筑地下一、二、三层也要设置消防电梯。

(2) 存在问题：消防电梯的前室在首层和三层采用防火卷帘和乙级防火门与其他区域分隔。整改措施：消防电梯前室或合用前室的门应采用乙级防火门，不应设置卷帘。

(3) 题干中没有提到设置消防车道。整改措施：根据《建筑设计防火规范》(GB 50016—2014)规定，高层建筑应设置环形消防车道。该建筑应设置环形消防车道。

(4) 题干中没有提到设置消防车登高操作场地。整改措施：根据《建筑设计防火规范》(GB 50016—2014)规定，高层建筑应至少沿一个长边或周边长度的1/4且不小于一个长边长度的底边连续布置消防车登高操作场地，该范围内的裙房进深不应大于4 m。消防车登高操作场地与民用建筑之间不应设置妨碍消防车操作的树木、架空管线等障碍物和车库出入口。场地的长度和宽度分别不应小于20 m和10 m。场地及其下面的建筑结构、管道和暗沟等，应能承受重型消防车的压力。场地应与消防车道连通，场地靠建筑外墙一侧的边缘距离建筑外墙不宜小于5 m，且不应大于10 m，场地的坡度不宜大于3%。

(5) 题干中没有提到设置供消防救援人员进入的窗口。整改措施：根据《建筑设计防火规范》(GB 50016—2014)规定，公共建筑的外墙应在每层的适当位置设置可供消防救援人员进入的窗口。窗口的净高度和净宽度均不应小于1.0 m，下沿距室内地面不宜大于1.2 m，间距不宜大于20 m且每个防火分区不应少于2个，设置位置应与消防车登高操作场地相对应。窗口的玻璃应易于破碎，并应设置可在室外易于识别的明显标志。

【解析】(1)《建筑设计防火规范》(GB 50016—2014)第7.3.1条，下列建筑应设置消防电梯：设置消防电梯的建筑的地下或半地下室，埋深大于10 m且总建筑面积大于3 000 m^2的其他地下或半地下建筑(室)。

(2)《建筑设计防火规范》(GB 50016—2014)第7.3.5条，除设置在仓库连廊、冷库穿堂或谷物筒仓工作塔内的消防电梯外，消防电梯应设置前室，并应符合下列规定：前室或合用前室的门应采用乙级防火门，不应设置卷帘。

(3)《建筑设计防火规范》(GB 50016—2014)第7.1.2条，高层民用建筑，超过3 000个座位的体育馆，超过2 000个座位的会堂，占地面积大于3 000 m^2的商店建筑、展览建筑等单、多层公共建筑应设置环形消防车道，确有困难时，可沿建筑的两个长边设置消防车道；对于高层住宅建筑和山坡地或河道边临空建造的高层民用建筑，可沿建筑的一个长边设置消防车道，但该长边所在建筑立面应为消防车登高操作面。

(4)《建筑设计防火规范》(GB 50016—2014)第7.2.1条，高层建筑应至少沿一个长边或周边长度的1/4且不小于一个长边长度的底边连续布置消防车登高操作场地，该范围内的裙房进深不应大于4 m。建筑高度不大于50 m的建筑，连续布置消防车登高操作场地确有困难时，可间隔布置，但间隔距离不宜大于30 m，且消防车登高操作场地的总长度仍应符合上述规定。

第7.2.2条，消防车登高操作场地应符合下列规定：①场地与厂房、仓库、民用建筑之间不应设置妨碍消防车操作的树木、架空管线等障碍物和车库出入口。②场地的长度和宽度分别不应小于15 m和10 m。对于建筑高度大于50 m的建筑，场地的长度和宽度分别不应小于20 m和10 m。③场地及其下面的建筑结构、管道和暗沟等，应能承受重型消防车的压力。④场地应与消防车道连通，场地靠建筑外墙一侧的边缘距离建筑外墙不宜小于5 m，且不应大于10 m，场地的坡度不宜大于3%。

(5)《建筑设计防火规范》(GB 50016—2014)第7.2.4条，厂房、仓库、公共建筑的外墙应在每层的适当位置设置可供消防救援人员进入的窗口。第7.2.5条，供消防救援人员进入的窗口的净高度和净宽度均不应小于 1.0 m，下沿距室内地面不宜大于 1.2 m，间距不宜大于 20 m 且每个防火分区不应少于 2 个，设置位置应与消防车登高操作场地相对应。窗口的玻璃应易于破碎，并应设置可在室外易于识别的明显标志。

3．某医院病房楼，地下 1 层，地上 6 层，局部 7 层，屋面为平屋面。首层地面设计标高为±0.000 m，地下室地面标高为−4.200 m，建筑室外地面设计标高为−0.600 m。六层屋面面层的标高为 23.700 m，女儿墙顶部标高为 24.800 m；七层屋面面层的标高为 27.300 m。该病房楼首层平面示意图如下图所示。该病房楼六层以下各层建筑面积均为 1 220 m^2。图中⑨号轴线东侧地下室建筑面积为 560 m^2，布置设备用房。中间走道北侧自西向东依次布置消防水泵房、通风空调机房、排烟机房，中间走道南侧自西向东依次布置柴油发电机房、变配电室（使用干式变压器）；⑨号轴线西侧的地下室布置自行车库。地上一层至地上六层均为病房层，七层（建筑面积为 275 m^2）布置消防水箱间、电梯机房和楼梯出口小间。地下室各设备用房的门均为乙级防火门，各层楼梯 1、楼梯 2 的门和地上各层配电室的门均为乙级防火门，首层 M_1、M_2、M_3、M_4 均为钢化玻璃门，其他各层各房间的门均为普通木门。楼内的 M_1 门净宽为 3.4 m，所有单扇门净宽均为 0.9 m，双扇门净宽均为 1.2 m。该病房楼内按规范要求设置了室内外消火栓系统、湿式自动喷水灭火系统、火灾自动报警系统、防烟和排烟系统及灭火器。疏散走道和楼梯间照明的地面最低水平照度为 6.0 lx，供电时间 1.5 h。

根据以上材料，指出该病房楼在灭火救援设施和消防设施配置方面的问题，并给出正确做法。（2018-3-四）

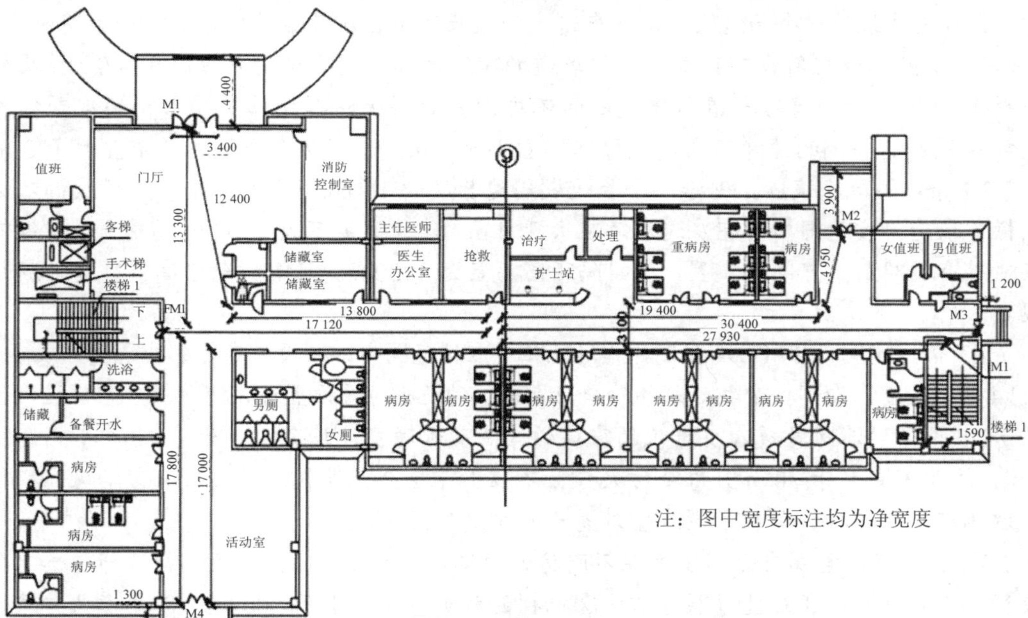

注：图中宽度标注均为净宽度

病房楼首层平面图（建筑面积 1 220 m^2）

答案：该病房楼在灭火救援设施方面存在的问题：

（1）未设置消防车道。该病房楼是一类高层建筑，应设置环形消防车道。消防车道的净宽度和净空高度均不应小于 4.0 m，转弯半径应满足消防车转弯的要求，消防车道与建筑之间不应设置妨碍消防车操作的树木、架空管线等障碍物，消防车道靠建筑外墙一侧的边缘距离建筑外墙不宜小于 5 m，消防车道的坡度不宜大于 8%。

（2）未设置消防车登高操作场地。该病房楼建筑高度是 24.3 m，应至少沿一个长边或周边长度的 1/4 且不小于一个长边长度的底边连续布置消防车登高操作场地，该楼连续布置消防车登高操作场地确有困难时，可间隔布置，但间隔距离不宜大于 30 m，且消防车登高操作场地的总长度仍应符合要求。

（3）未设置病房楼与消防车登高操作场地相对应的范围内直通室外的楼梯或直通楼梯间的入口。应在消防车登高操作场地相对应的范围内设置直通室外的楼梯或直通楼梯间的入口。

（4）未在该病房楼每层的外墙的适当位置设置可供消防救援人员进入的窗口。应在每层的适当位置设置可供消防救援人员进入的窗口，窗口的净高度和净宽度均不应小于 1.0 m，下沿距室内地面不宜大于1.2 m，间距不宜大于 20 m 且每个防火分区不应少于 2 个，设置位置应与消防车登高操作场地相对应。窗口的玻璃应易于破碎，并应设置可在室外易于识别的明显标志。

（5）未设置消防电梯。应在每个防火分区设置不应少于 1 台消防电梯。

该病房楼在消防设施配置方面存在的问题：

（1）疏散走道和楼梯间照明的地面最低水平照度为 6.0 lx 存在问题，该病房楼是人员密集场所，楼梯间、前室或合用前室疏散照明的地面最低水平照度不应低于 10.0 lx。

（2）未设置疏散指示标志，应按要求设置疏散指示标志。

（3）未设置应急广播，应按要求设置应急广播。

【解析】该病房楼在灭火救援设施方面存在的问题：

（1）《建筑设计防火规范》（GB 50016—2014）第 7.1.2 条，高层民用建筑，超过 3 000 个座位的体育馆，超过 2 000 个座位的会堂，占地面积大于 3 000 m^2的商店建筑、展览建筑等单、多层公共建筑应设置环形消防车道，确有困难时，可沿建筑的两个长边设置消防车道；对于高层住宅建筑和山坡地或河道边临空建造的高层民用建筑，可沿建筑的一个长边设置消防车道，但该长边所在建筑立面应为消防车登高操作面。

第 7.1.8 条，消防车道应符合下列要求：①车道的净宽度和净空高度均不应小于 4.0 m；②转弯半径应满足消防车转弯的要求；③消防车道与建筑之间不应设置妨碍消防车操作的树木、架空管线等障碍物；④消防车道靠建筑外墙一侧的边缘距离建筑外墙不宜小于 5 m；⑤消防车道的坡度不宜大于 8%。

（2）第 7.2.1 条，高层建筑应至少沿一个长边或周边长度的 1/4 且不小于一个长边长度的底边连续布置消防车登高操作场地，该范围内的裙房进深不应大于 4 m。建筑高度不大于 50 m 的建筑，连续布置消防车登高操作场地确有困难时，可间隔布置，但间隔距离不宜大于 30 m，且消防车登高操作场地的总长度仍应符合上述规定。

（3）第 7.2.3 条，建筑物与消防车登高操作场地相对应的范围内，应设置直通室外的楼梯或直通楼梯间的入口。第 7.2.4 条，厂房、仓库、公共建筑的外墙应在每层的适当位置设置可供消防救援人员进入的窗口。

（4）第 7.2.5 条，供消防救援人员进入的窗口的净高度和净宽度均不应小于 1.0 m，下沿距室内地面不宜大于 1.2 m，间距不宜大于 20 m 且每个防火分区不应少于 2 个，设置位置应与消防车登高操作场地相对应。窗口的玻璃应易于破碎，并应设置在室外易于识别的明显标志。

（5）第 7.3.2 条，消防电梯应分别设置在不同防火分区内，且每个防火分区不应少于 1 台。第 7.3.8 条，消防电梯应符合下列规定：①应能每层停靠；②电梯的载重量不应小于 800 kg；③电梯从首层至顶层的运行时间不宜大于 60 s；④电梯的动力与控制电缆、电线、控制面板应采取防水措施；⑤在首层的消防电梯入口处应设置供消防队员专用的操作按钮；⑥电梯轿厢的内部装修应采用不燃材料；⑦电梯轿厢内部应设置专用消防对讲电话。

该病房楼在消防设施配置方面存在的问题：

（1）第 10.3.2 条，建筑内疏散照明的地面最低水平照度应符合下列规定：①对于疏散走道，不应低于 1.0 lx；②对于人员密集场所、避难层（间），不应低于 3.0 lx；对于老年人照料设施、病房楼或手术部的避难间，不应低于 10.0 lx；③对于楼梯间、前室或合用前室、避难走道，不应低于 5.0 lx。对于人员密集场所、老年人照料设施、病房楼或手术部内的楼梯间、前室或合用前室、避难走道，不应低于 10.0lx。第 10.3.3 条，消防控制室、消防水泵房、自备发电机房、配电室、防排烟机房以及发生火灾时仍需正常工作的消防设备房应设置备用照明，其作业面的最低照度不应低于正常照明的照度。

（2）第 10.3.4 条，疏散照明灯具应设置在出口的顶部、墙面的上部或顶棚上；备用照明灯具应设置在墙面的上部或顶棚上。第 10.3.5 条，公共建筑、建筑高度大于 54 m 的住宅建筑、高层厂房（库房）和甲、乙、丙类单、多层厂房，应设置灯光疏散指示标志，并应符合下列规定：①应设置在安全出口和人员密集的场所的疏散门的正上方；②应设置在疏散走道及其转角处距地面高度 1.0 m 以下的墙面或地面上。灯光疏散指示标志的间距不应大于 20 m；对于袋形走道，不应大于 10 m；在走道转角区，不应大于 1.0 m。

第十六章 供暖、通风和空调调节

本章由陶昆解析

第一节 供暖

下列关于建筑供暖系统防火防爆的做法中，正确的是（ ）。[1]（2016-1-25）

A．生产过程中散发二硫化碳气体的厂房，冬季采用热风供暖，回风经净化除尘再加热后配部分新风送入送风系统

B．甲醇合成厂房采用热水循环供暖，散热器表面的平均温度为 90℃

C．面粉加工厂的碾磨车间采用热水循环供暖，散热器表面的最高温度为 82.5℃

D．铝合金汽车轮毂的抛光车间采用热水循环供暖，散热器表面的平均温度为 80℃

【解析】《建筑设计防火规范》（GB 50016—2014）第 9.2.1 条，在散发可燃粉尘、纤维的厂房内，散热器表面平均温度不应超过 82.5℃。输煤廊的散热器表面平均温度不应超过 130℃。第 9.2.3 条，生产过程中散发的可燃气体、蒸气、粉尘或纤维与供暖管道、散热器表面接触能引起燃烧的厂房应采用不循环使用的热风供暖。

选项 A 二硫化碳气体是可燃气体，应采用不循环使用的热风供暖，错误。

选项 B 甲醇的自燃点是 436℃，甲醇合成厂房不是散发可燃粉尘、纤维的厂房，散热器表面的平均温度为 90℃在安全范围内，采用热水循环供暖，正确。

选项 C 面粉加工厂的碾磨车间和选项 D 铝合金汽车轮毂的抛光车间是散发可燃粉尘、纤维的厂房，采用热水循环供暖错误，应采用不循环使用的热风供暖。所以此题选 B。

第二节 通风和空气调节

1．某棉纺织厂的纺织联合厂房，在回风机的前端设置滤尘器对空气进行净化处理。如需将过滤后的空气循环使用，应使空气中的含尘浓度低于其爆炸下限的（ ）%。[2]（2015-1-6）

A．15　　B．25　　C．50　　D．100

【解析】《建筑设计防火规范》（GB 50016—2014）第 9.1.2 条，甲、乙类厂房内的空气不应循环使用。丙类厂房内含有燃烧或爆炸危险粉尘、纤维的空气，在循环使用前应经净化处理，并应使空气中的含尘浓度低于其爆炸下限的 25%。棉纺织厂的纺织联合厂房是丙类厂房。

2．根据现行国家消防技术标准，下列净化或输送有爆炸危险粉尘和碎屑的设施上，不需要设置泄压装置的是（ ）。[3]（2016-2-71）

1 答案：B
2 答案：B
3 答案：D

A. 除尘器　B. 过滤器　C. 管道　D. 风机

【解析】《建筑设计防火规范》(GB 50016—2014）第9.3.8条，净化或输送有爆炸危险粉尘和碎屑的除尘器、过滤器或管道，均应设置泄压装置。所以选项D风机不需要设置泄压装置。

3. 某硫酸钾厂房通风、空调系统的下列做法中，不符合现行国家消防技术标准的是（　）。[1]（2017-2-8）

A. 通风设施设置导除静电的接地装置

B. 排风系统采用防爆型通风设备

C. 厂房内的空气在循环使用前经过净化处理，并使空气中的含尘浓度低于其爆炸下限的25%

D. 厂房内选用不发生火花的除尘器

【解析】《建筑设计防火规范》(GB 50016—2014）第9.3.9条，排除有燃烧或爆炸危险气体、蒸气和粉尘的排风系统，应符合下列规定：(1）排风系统应设置导除静电的接地装置；(2）排风设备不应布置在地下或半地下建筑（室）内；(3）排风管应采用金属管道，并应直接通向室外安全地点，不应暗设。第9.3.4条，空气中含有易燃、易爆危险物质的房间，其送、排风系统应采用防爆型的通风设备。第9.1.2条，甲、乙类厂房内的空气不应循环使用。氯酸钾厂房火灾危险性为甲类。第9.3.5条，含有燃烧和爆炸危险粉尘的空气，在进入排风机前应采用不产生火花的除尘器进行处理。所以选择C选项。

4. 对某煤粉生产车间进行防火防爆检查，下列检查结果中，不符合现行国家标准要求的是（　）。[2]（2018-2-68）

A. 车间排风系统设置了导除静电的接地装置

B. 排风管采用明敷的金属管道，并直接通向室外安全地点

C. 送风系统采用了防爆型的通风设备

D. 净化粉尘的干式除尘器和过滤器布置在系统正压段上，且设置了泄压装置

【解析】煤粉生产车间火灾危险性是乙类，能与空气形成爆炸性混合物。

《建筑设计防火规范》(GB 50016—2014）第9.3.9条，排除有燃烧或爆炸危险气体、蒸气和粉尘的排风系统，应符合下列规定：(1）排风系统应设置导除静电的接地装置；(2）排风设备不应布置在地下或半地下建筑（室）内；(3）排风管应采用金属管道，并应直接通向室外安全地点，不应暗设。选项A、B正确。

第9.3.4条，空气中含有易燃、易爆危险物质的房间，其送、排风系统应采用防爆型的通风设备。当送风机布置在单独分隔的通风机房内且送风干管上设置防止回流设施时，可采用普通型的通风设备。选项C正确。

第9.3.8条，净化或输送有爆炸危险粉尘和碎屑的除尘器、过滤器或管道，均应设置泄压装置。净化有爆炸危险粉尘的干式除尘器和过滤器应布置在系统的负压段上。选项D错误。

5. 依据现行国家标准《建筑设计防火规范》(GB 50016)，下列车间中空气调节系统可直接循环使用室内空气的是（　）。[3]（2018-1-74）

A. 纺织车间　B. 白兰地蒸馏车间　C. 植物油加工厂精炼车间　D. 甲酚车间

【解析】《建筑设计防火规范》(GB 50016—2014）第9.1.2条，甲、乙类厂房内的空气不应循环使用。丙类厂房内含有燃烧或爆炸危险粉尘、纤维的空气，在循环使用前应经净化处理，并应使空气中的含尘浓度低于其爆炸下限的25%。第9.1.4条，民用建筑内空气中含有容易起火或爆炸危险物质的房间，应设置自然通风或独立的机械通风设施，且其空气不应循环使用。

选项A纺织车间是有燃烧或爆炸危险粉尘、纤维的空气丙类厂房。选项B是甲类厂房。选项D甲酚车间是乙类厂房。选项C植物油加工厂精炼车间是丙类厂房。

---

1 答案：C

2 答案：D

3 答案：C

6．某地上 5 层，建筑面积 5 800 m^2，燃气锅炉房采用机械通风，应检查该风机事故排风量换气次数是否不少于（　）次/h。[1]（2015-2-61）

A．6　B．10　C．12　D．15

【解析】《建筑设计防火规范》（GB 50016—2014）第 9.3.16 条，燃油或燃气锅炉房应设置自然通风或机械通风设施。燃气锅炉房应选用防爆型的事故排风机。当采取机械通风时，通风量应符合下列规定：燃油锅炉房的正常通风量应按换气次数不少于 3 次/h 确定，事故排风量应按换气次数不少于 6 次/h 确定；燃气锅炉房的正常通风量应按换气次数不少于 6 次/h 确定，事故排风量应按换气次数不少于 12 次/h 确定。

第十七章　电气

本章由陶昆解析

第一节　消防电源

1．下列场所中，消防用电应按一级负荷供电的是（　）。[2]（2015-1-47）

A．座位数超过 3 000 个的体育馆　B．建筑高度为 40 m 的丙类仓库

C．建筑高度为 30 m 的乙类生产厂房　D．建筑高度为 55 m 的住宅建筑

【解析】《建筑设计防火规范》（GB 50016—2014）第 10.1.1 条，下列建筑物的消防用电应按一级负荷供电：（1）建筑高度大于 50 m 的乙、丙类厂房和丙类仓库；（2）一类高层民用建筑。选项 B、C 错误。

第 5.1.1 条，民用建筑根据其建筑高度和层数可分为单、多层民用建筑和高层民用建筑。高层民用建筑根据其建筑高度、使用功能和楼层的建筑面积可分为一类和二类。民用建筑的分类应符合表 5.1.1 的规定。从表 5.1.1 可知，座位数超过 3 000 个的体育馆不能确定是一类高层民用建筑，选项 A 错误。建筑高度为 55 m 的住宅建筑是一类高层住宅，选项 D 正确。

2．对建筑物进行防火检查时，应注意检查建筑物的消防用电负荷设置的合理性。下列建筑物中，消防用电应按一级负荷供电的是（　）。[3]（2016-2-51）

A．座位数超过 1 500 个的电影院　B．座位数超过 3 000 个的体育馆

C．建筑高度大于 50 m 的乙、丙类厂房和丙类库房　D．省级电信和财贸金融建筑

【解析】《建筑设计防火规范》（GB 50016—2014）第 10.1.1 条，下列建筑物的消防用电应按一级负荷供电：（1）建筑高度大于 50 m 的乙、丙类厂房和丙类仓库；（2）一类高层民用建筑。第 5.1.1 条，民用建筑根据其建筑高度和层数可分为单、多层民用建筑和高层民用建筑。高层民用建筑根据其建筑高度、使用功能和楼层的建筑面积可分为一类和二类。民用建筑的分类应符合表 5.1.1 的规定。从表 5.1.1 可知，座位数超过 1 500 个的电影院、座位数超过 3 000 个的体育馆、省级电信和财贸金融建筑不能确定为一类高层民用建筑。

3．某总建筑面积为 7 000 m^2，建筑高度为 80 m 的办公建筑，下列供电电源中，不能满足该建筑消防用电设备供电要求的是（　）。[4]（2016-1-37）

A．由城市一个区域变电站引来两路电源，并且每根电缆均能承受 100%的负荷

1 答案：C
2 答案：D
3 答案：C
4 答案：A

B．由城市不同的两个区域变电站引来两路电源

C．由城市两个不同的发电厂引来两路电源

D．由城市一个区域变电站引来一路电源，同时设置一台自备发电机组

【解析】根据《建筑设计防火规范》（GB 50016—2014）第10.1.1条，下列建筑物的消防用电应按一级负荷供电：（1）建筑高度大于50 m的乙、丙类厂房和丙类仓库；（2）一类高层民用建筑。根据第10.1.4条条文说明，结合目前我国经济和技术条件、不同地区的供电状况以及消防用电设备的具体情况，具备下列条件之一的供电，可视为一级负荷：①电源来自两个不同发电厂；②电源来自两个区域变电站（电压一般在35 kV及以上）；③电源来自一个区域变电站，另一个设置自备发电设备。该建筑为一类高层公共建筑，故A选项错误。

4．消防用电负荷按供电可靠性及终端供电所造成的损失或影响程度分为一级负荷、二级负荷和三级负荷。下列供电方式中，不属于一级负荷的是（　）。[1]（2018-1-49）

A．来自两个不同发电厂的电源　　B．来自两个35 kV的区域变电站的电源

C．来自同一变电站的两个6 kV回路　　D．来自一个区域变电站和一台柴油发电机的电源

【解析】根据《建筑设计防火规范》（GB 50016—2014）第10.1.4条条文说明，（2）结合目前我国经济和技术条件、不同地区的供电状况以及消防用电设备的具体情况，具备下列条件之一的供电，可视为一级负荷：①电源来自两个不同发电厂；②电源来自两个区域变电站（电压一般在35 kV及以上）；③电源来自一个区域变电站，另一个设置自备发电设备。（3）二级负荷的供电系统，要尽可能采用两回线路供电。在负荷较小或地区供电条件困难时，二级负荷可以采用一回6 kV及以上专用的架空线路或电缆供电。由此，选项A、B、D为一级负荷，选项C为二级负荷。

5．某建筑高度为50 m的宾馆，采用一路市政电源供电。柴油发电设备作为备用电源，建筑内的排烟风机采用主备电源自动切换装置。下列关于主备电源自动切换装置的设置中，不合理的是（　）。[2]（2015-1-68）

A．自动切换装置设置在变电站内　　B．自动切换装置设置在排烟风机房的风机控制配电箱内

C．主备电源自动切换时间为20 s　　D．主备电源自动切换时间为25 s

【解析】根据《建筑设计防火规范》（GB 50016—2014）第10.1.4条，消防用电按一、二级负荷供电的建筑，当采用自备发电设备作备用电源时，自备发电设备应设置自动和手动启动装置。当采用自动启动方式时，应能保证在30 s内供电。故选项C、D正确；根据第10.1.8条，消防控制室、消防水泵房、防烟和排烟风机房的消防用电设备及消防电梯等的供电，应在其配电线路的最末一级配电箱处设置自动切换装置。故选项A错误，选项B正确。本题答案为A。

6．某省政府机关办公大楼建筑高度为31.8 m，大楼地下一层设置柴油发电机作为备用电源，市政供电中断时柴油发电机自动启动。根据现行国家标准《建筑设计防火规范》（GB 50016），市政供电中断时，自备发电机最迟应在（　）s内正常供电。[3]（2017-2-28）

A．30　B．10　C．20　D．60

【解析】《建筑设计防火规范》（GB 50016—2014）（2018年版）第10.1.4条，消防用电按一、二级负荷供电的建筑，当采用自备发电设备作备用电源时，自备发电设备应设置自动和手动启动装置。当采用自动启动方式时，应能保证在30s内供电。故选D。

7．某高层建筑，设计建筑高度为68.0 m，总建筑面积为91 200 m^2。标准层的建筑面积为2 176 m^2，

1 答案：C
2 答案：A
3 答案：D

每层划分为 1 个防火分区；一至二层为上、下联通的大堂，三层设置会议室和多功能厅，四层以上用于办公；建筑的耐火等级设计为二级，其楼板、梁和柱子的耐火极限分别为 1.00 h、2.00 h 和 3.00 h。高层主体建筑附建了 3 层裙房，并采用防火墙及甲级防火门与高层主体建筑进行分隔；高层主体建筑和裙房的下部设置了 3 层地下室。

该高层建筑的室内消火栓箱内按要求配置了水带、水枪和灭火器。该高层主体建筑及裙房的消防应急照明的备用电源可连续保障供电 60 min，消防水泵、消防电梯等建筑内的全部消防用电设备的供电均能在这些设备所在防火分区的配电箱处自动切换。指出该高层建筑在消防电源方面的问题，并给出正确做法。（2017-3-三）

答：消防水泵、消防电梯等建筑内的全部消防用电设备的供电均能在这些设备所在防火分区的配电箱处自动切换。不符合要求。消防水泵、防排烟风机及消防电梯的两路低压电源应能在设备机房内自动切换，其他消防设备的电源应能在每个防火分区配电间内自动切换；消防控制室的两路低压电源应能在消防控制室内自动切换。

【解析】根据《建筑设计防火规范》（GB 50016—2014）（2018 年版）第 10.1.8 条，消防控制室、消防水泵房、防烟和排烟风机房的消防用电设备及消防电梯等的供电，应在其配电线路的最末一级配电箱处设置自动切换装置。根据第 10.1.8 条条文说明，本条规定的最末一级配电箱：对于消防控制室、消防水泵房、防烟和排烟风机房的消防用电设备及消防电梯等，为上述消防设备或消防设备室处的最末级配电箱；对于其他消防设备用电，如消防应急照明和疏散指示标志等，为这些用电设备所在防火分区的配电箱。消防电源应独立设置，即从建筑物变电所低压侧封闭母线处或进线柜处就将消防电源分出而各自成独立系统。如果建筑物为低压电缆进线，则从进线隔离电器下端将消防电源分开，从而确保消防电源相对建筑物而言是独立的，提高了消防负荷供电的可靠性。

第二节　电气线路及电气装置

1．在火焰中被燃烧，一定时间内仍能正常运行的电缆是（　）。[1]（2015-1-54）

A．一般阻燃电缆　　B．低烟无卤阻燃电缆　　C．无卤阻燃电缆　　D．耐火电缆

【解析】根据《消防安全技术实务》第二篇第七章第一节电气线路防火，（三）电线电缆绝缘材料及护套的选择。阻燃电缆燃烧时的烟气特性可分为一般阻燃电缆、低烟低卤阻燃、无卤阻燃电缆三大类。电线电缆成束敷设时，应采用阻燃型电线电缆。当电缆在桥架内敷设时，应考虑将来增加电缆时，也能符合阻燃等级，宜按近期敷设电缆的非金属材料体积预留 20%裕量。电线在槽盒内敷设时，也宜按此原则来选择阻燃等级。选项 A、B、C 错误。

耐火电线电缆是指规定试验条件下，在火焰中被燃烧一定时间内能保持正常运行特性的电缆。选项 D 正确。

2．下列关于消防供配电线路说法中，错误的是（　）[2]。（2015-2-42）

A．消防设备供电线路穿越不同防火分区穿孔处应做防火封堵

B．消防供电线路穿越不同防火分区穿孔处所用封堵材料，均应为无机材料

C．消防设备供电线路应采用阻燃电缆或耐火电缆

D．消防供电线路进入配电柜、控制器等电器柜的穿孔处应做防火封堵

1 答案：D

2 答案：B

【解析】《建筑设计防火规范》(GB 50016—2014)第10.1.7条，消防配电干线宜按防火分区划分，消防配电支线不宜穿越防火分区。第6.2.9条，建筑内的电梯井等竖井应符合下列规定：(3)建筑内的电缆井、管道井应在每层楼板处采用不低于楼板耐火极限的不燃材料或防火封堵材料封堵。建筑内的电缆井、管道井与房间、走道等相连通的孔隙应采用防火封堵材料封堵。选项A正确，选项B错误。

第10.1.10条，消防配电线路应满足火灾时连续供电的需要，其敷设应符合下列规定：(1)明敷时(包括敷设在吊顶内)，应穿金属导管或采用封闭式金属槽盒保护，金属导管或封闭式金属槽盒应采取防火保护措施；当采用阻燃或耐火电缆并敷设在电缆井、沟内时，可不穿金属导管或采用封闭式金属槽盒保护；当采用矿物绝缘类不燃性电缆时，可直接明敷；(2)暗敷时，应穿管并应敷设在不燃性结构内且保护层厚度不应小于30 mm；(3)消防配电线路宜与其他配电线路分开敷设在不同的电缆井、沟内；确有困难需敷设在同一电缆井、沟内时，应分别布置在电缆井、沟的两侧，且消防配电线路应采用矿物绝缘类不燃性电缆。选项C消防设备供电线路没有明确是明敷还是暗敷，也没有明确是在电缆井、沟内还是直接敷设，选项C无法判定对错。从此题是单选题的角度出发，选项C可以认为正确选项。

3．下列接线方式中，符合电气防火要求的是(　)。[1] (2015-2-46)

A．将2根不同线径的单芯铜导线直接压接在同一个端子上

B．将铜导线和铝导线直接铰接后用胶布缠绕

C．将铜导线和铝导线烫锡后接到接线端子上

D．将单芯导线烫锡后铰接，再用防水胶布缠绕

【解析】根据《消防安全技术综合能力》第三篇第十二章第二节电气防火要求及技术，低压配电与控制电器的导线绝缘应无老化、腐蚀和损伤现象；同一端子上导线连接不应多于2根，且2根导线线径相同，防松垫圈等部件齐全；进出线接线正确；接线应采用铜质或有电镀金属层防锈的螺栓和螺钉连接，连接应牢固，要有防松装置，电连接点应无过热、锈蚀、烧伤、熔焊等痕迹；金属外壳、框架的接零(PEN)或接地(PE)，连接可靠；套管、瓷件外部无破损、裂纹痕迹。故A、B选项错误。

根据《火灾自动报警系统施工及验收规范》(GB 50166—2007)第3.2.5条，导线在管内或线槽内，不应有接头或扭结。导线的接头，应在接线盒内焊接或用端子连接。故C选项正确。

根据教材《消防安全技术综合能力》第三篇第十二章第二节电气防火要求及技术措施，导线与导线、导线与电气设备的连接必须牢固可靠；铜、铝线相接，宜采用铜铝过渡接头，也可采用在铜线接头处烫锡；通过较大电流的接头，应采用油质或氧焊接头，在连接时加弹力片后拧紧；要定期检查和检测接头，防止接触电阻增大，对重要的连接接头要加强监视。导线不应铰接，铰接会造成电阻过大，另外，应用防火胶布缠绕而不是防水胶布缠绕，D选项错误。

4．下列关于电气防火说法中，错误的是(　)。[2] (2015-2-64)

A．在供配电线路上加装过流保护装置可保证该线路不会引发大火

B．在供配电线路上加装剩余电流式电气火灾监控探测器，可有效降低火灾发生概率

C．采用矿物绝缘电缆可保证该线路本身不会着火

D．供配电线路上加装过电压保护装置可有效降低火灾发生的概率

【解析】根据教材《消防安全技术综合能力》第三篇第十二章第二节电气防火要求及技术措施，在供配电线路上加装过流保护装置、过电压保护装置或剩余电流式电气火灾监控探测器可以有效降低火灾发生的概率，但不能完全避免火灾。A选项说的过于绝对，故A选项错误。B、D选项正确。矿物绝缘电缆(Mineral

1 答案：C

2 答案：A

Insulated Cable）简称 MI 电缆，是由矿物材料氧化镁粉作为绝缘的铜芯铜护套电缆，这种电缆不会燃烧，C 选项正确。

5．下列因素中，不易引起电气线路火灾的是（ ）。[1]（2016-1-70）

A．线路短路　　B．线路绝缘损坏　　C．线路接触不良　　D．电压损失

【解析】根据《消防安全技术实务》第二篇第七章第一节电气线路防火，电气线路是用于传输电能、传递信息和宏观电磁能量转换的载体，电气线路火灾除了由外部的火源或火种直接引燃外，主要是由于自身在运行过程中出现的短路、过载、接触电阻过大以及漏电等故障产生电弧、电火花、电缆过热、引燃电线、电缆及其周围的可燃物而引发的火灾。所以选 D。

6．用电设施安装或使用不规范是引发电气火灾事故的重要因素之一。下列用电设施的安装方案中，正确的有（ ）。[2]（2015-2-93）

A．采用 A 级材料将配电箱箱体与墙面装饰布隔离　　B．开关和插座直接安装在墙面的木饰面板上

C．白炽灯直接安装在木纹人造板吊顶上　　D．敷设在吊顶内的配电线路穿金属管保护

E．吊灯安装在塑料贴面装饰板下

【解析】根据《建筑内部装修设计防火规范（2001 年修改）》（GB 50222—1995）第 3.1.10 条，建筑内部的配电箱不应直接安装在低于 B_1 的装修材料上。安装在 B_1 级及以下的材料基座上时，必须采用具有良好隔热性能的不燃材料隔绝，A 选项采用 A 级材料，故 A 选项正确。

根据《建筑设计防火规范》（GB 50016—2014）第 10.2.4 条，开关、插座和照明灯具靠近可燃物时，应采取隔热、散热等防火措施。木饰面板、木纹人造板和塑料贴面装饰板的燃烧性能为可燃性，B、C 选项直接安装在可燃物上错误，E 选项未采取隔热、散热等防火措施，E 选项错误。

根据《建筑设计防火规范》（GB 50016—2014）第 10.2.3 条，配电线路敷设在有可燃物的闷顶、吊顶内时，应采取穿金属导管、采取封闭式金属槽盒等防火保护措施。D 选项虽然未说吊顶内有无可燃物，但是在没有可燃物的情况下穿管保护安全性更好，也是正确的。

7．某高层宾馆，下列关于消防设备配电装置的做法中，不能满足消防设备供电要求的是（ ）。[3]（2016-1-42）

A．引至消防泵的两路电源在泵房内末端自动切换

B．消防负荷的配电线路设置短路动作保护装置

C．消防负荷的配电线路设置过负荷和过、欠电压保护装置

D．消防负荷的配电线路未设置剩余电流保护装置

【解析】根据《建筑设计防火规范》（GB 50016—2014）第 10.1.8 条，消防控制室、消防水泵房、防烟和排烟风机房的消防用电设备及消防电梯等的供电，应在其配电线路的最末一级配电箱处设置自动切换装置。第 10.1.8 条条文说明，最末一级配电箱：对于消防控制室、消防水泵房、防烟和排烟风机房的消防用电设备及消防电梯等，为上述消防设备或消防设备室处的最末级配电箱；对于其他消防设备用电，如消防应急照明和疏散指示标志等，为这些用电设备所在防火分区的配电箱。选项 A 正确。

《消防安全技术实务》第三篇第十四章第二节消防电源供配电系统，（三）配电设计。消防负荷的配电线路所设置的保护电器要具有短路保护功能，但不宜设置过负荷保护装置，如设置只能动作于报警而不能切断消防供电。选项 B 正确。

《消防安全技术实务》第三篇第十四章第二节消防电源供配电系统，（三）配电设计。消防负荷的配电

1 答案：D

2 答案：AD

3 答案：C

线路不能设置剩余电流动作保护和过欠电压保护。选项 C 错误，D 选项正确。

8．下列关于电气装置设置的做法中，错误的是（　）。[1]（2016-1-78）

A．在照明灯具靠近可燃物处采取隔热防火措施

B．额定功率为 150W 的吸顶白炽灯的引入线采用陶瓷管保护

C．额定功率为 60W 的白炽灯直接安装在木梁上

D．可燃材料仓库内使用密闭型荧光灯具

【解析】《建筑设计防火规范》（GB 50016—2014）第 10.2.4 条，开关、插座和照明灯具靠近可燃物时，应采取隔热、散热等防火措施。卤钨灯和额定功率不小于 100W 的白炽灯泡的吸顶灯、槽灯、嵌入式等，其引入线应采用瓷管、矿棉等不燃材料作隔热保护。额定功率不小于 60W 的白炽灯、卤钨灯、高压钠灯、金属卤化物灯、荧光高压汞灯（包括电感镇流器）等，不应直接安装在可燃物体上或采取其他防火措施。选项 A、B 正确，选项 C 木梁是可燃物体，额定功率为 60W 的白炽灯不应直接安装在木梁上，所以错误。

参见教材《消防安全技术实务》第二篇第七章第二节用电设备防火。根据电气照明灯具的选择用符合国家相关标准的规定，既要满足使用功能和照明质量的要求，又要满足防火安全的要求。火灾危险场所应选用闭合型、封闭性、密闭性灯具。火灾危险环境根据火灾事故发生的可能性和后果、危险程度和物质状态的不同，分为 A 区、B 区、C 区。选项 D 可燃材料仓库没有表述具体的物质，所以选用要求最高的密闭型荧光灯具符合要求。

9．为建筑内部装修防火工程进行验收时，应对电气设备及灯具的设置进行检查。在对某建筑的内装修工程检查时，下列检查结果中，不符合现行国家消防技术标准规定的是（　）。[2]（2016-2-78）

A．插座安装在木制装修材料上

B．配电箱的壳体和底板采用金属材料制作，安装在轻钢龙骨纸面石膏板墙上

C．吊顶内的电线采用金属管保护

D．开关安装在水泥板隔墙上

【解析】《建筑设计防火规范》（GB 50016—2014）第 10.2.3 条，配电线路敷设在有可燃物的闷顶、吊顶内时，应采取穿金属导管、采用封闭式金属槽盒等防火保护措施。《建筑内部装修设计防火规范（2001 年版）》（GB 50222—1995）第 2.0.4 条，安装在钢龙骨上的纸面石膏板，可作为 A 级装修材料使用。《建筑内部装修防火施工及验收规范》（GB 50354—2005）第 7.0.10（4）条，安装在 B_1 级以下（含 B_1 级）装修材料内的配件，如插座、开关等，必须采用防火封堵密封件或具有良好隔热性能的 A 级材料隔绝。所以选择 A。

按照《建筑内部装修设计防火规范》（GB 50222—2017）第 3.0.4 条，安装在金属龙骨上燃烧性能达到 B_1 级的纸面石膏板、矿棉吸声板，可作为 A 级装修材料使用。本题也选择 A 选项。

10．对某印刷厂的印刷成品仓库进行电气防火检查。下列检查结果中，不符合现行国家标准《建筑设计防火规范》（GB 50016）的是（　）。[3]（2018-2-33）

A．仓库安装了 40W 白炽照明灯

B．对照明灯具的发热部件采取了隔热措施

C．在仓库外部设有 1 个照明配电箱

D．在仓库内部设有 2 个照明开关

【解析】《建筑设计防火规范》（GB 50016—2014）第 10.2.4 条，开关、插座和照明灯具靠近可燃物时，应采取隔热、散热等防火措施。卤钨灯和额定功率不小于 100W 的白炽灯泡的吸顶灯、槽灯、嵌入式等，其引入线应采用瓷管、矿棉等不燃材料作隔热保护。额定功率不小于 60W 的白炽灯、卤钨灯、高压钠灯、金属卤化物灯、荧光高压汞灯（包括电感镇流器）等，不应直接安装在可燃物体上或采取其他防火措施。

---

1 答案：C

2 答案：A

3 答案：D

选项 B 在印刷成品仓库对照明灯具的发热部件采取了隔热措施，正确。

第 10.2.5 条，可燃材料仓库内宜使用低温照明灯具，并应对灯具的发热部件采取隔热等防火措施，不应使用卤钨灯等高温照明灯具。配电箱及开关应设置在仓库外。40W 白炽照明灯是低温照明灯具，选项 A 正确。选项 C 正确。选项 D 仓库内部设照明开关，错误。

11．为防止电气火灾发生，应采取有效措施，预防电气线路过载。下列预防电气线路过载的措施中，正确的是（　）。[1]（2016-2-75）

A．安装电气火灾监控器　　B．根据负载的情况选择合适的电线

C．安装剩余电流保护装置　　D．安装测温式电气水灾监控探测器

【解析】参见教材《消防安全技术综合能力》第三篇第十二章第二节电气防火防爆要求及技术措施。预防电气线路过负荷的措施，根据负载情况，选择合适的电线；严禁滥用铜丝、铁丝代替熔断器的熔丝；不准乱拉电线和接入过多或功率过大的电气设备；严禁随意增加用电设备尤其是大功率用电设备；应根据线路负荷的变化及时更换适宜容量的导线；可根据生产程序和需要，采取排列先后控制使用的方法，把用电时间调开，以使线路不超过负荷。

12．下列照明灯具的防火措施中，符合规范要求的有（　）。[2]（2017-1-84）

A．燃气锅炉房内固定安装任意一种防爆类型的照明灯具

B．照明线路接头采用钎焊焊接并用绝缘布包好，配单盘后线路接头数量不限

C．潮湿的厂房外采用封闭型灯具或有防水型灯座的开启型灯具

D．木制吊顶上安装附带镇流器的荧光灯具

E．舞池脚灯的电源导线采用截面积不小于 2.5 mm^2 阻燃电缆明敷

【解析】参见教材《消防安全技术实务》第二篇第七章第二节用电设备防火。根据教材电气照明灯具的选型（2）爆炸危险环境应选用防爆型、隔爆型灯具，灯具的选型见表 2-7-2。

表 2-7-2　爆炸危险环境照明装置的选型

<table>
<tr><td colspan="2">等级场所</td><td colspan="3">有可燃气体、液体场所</td><td colspan="2">有可燃粉尘、纤维的场所</td></tr>
<tr><td colspan="2">选型电气设备及其使用条件</td><td>连续出现或长期出现气体混合物的场所</td><td>在正常运时可能出现爆炸性气体混合物的场所</td><td>在正常运时不可能出现或即使出现也仅是短时间存在的爆炸性气体混合物的场所</td><td>连续出现或长期出现爆炸性粉尘混合物的场所</td><td>有时会将积留下的粉尘扬起而出现爆炸性粉尘混合物的场所</td></tr>
<tr><td rowspan="2">照明灯具</td><td>固定安装、移动式</td><td>防爆型、防爆通风充气性</td><td>任意一种防爆类型</td><td>密闭性</td><td>任意一级隔爆类型</td><td rowspan="3">密闭性</td></tr>
<tr><td>携带式</td><td>隔爆型</td><td>隔爆型</td><td>隔爆型、防爆安全性</td><td>任意一级隔爆类型</td></tr>
<tr><td colspan="2">配电装置</td><td>防爆型、防爆通风充气性</td><td></td><td>密闭性</td><td>任意一级隔爆类型、防爆通风充气性</td></tr>
</table>

选项 A 燃气锅炉房是在正常运时可能出现爆炸性气体混合物的场所，固定安装照明灯具选用任意一种防爆类型，选项 A 正确。

（4）潮湿的厂房内和户外可采用封闭型灯具，亦可采用有防水灯座的开启型灯具。选项 C 正确。

1 答案：B

2 答案：AC

教材《消防安全技术实务》第二篇第七章第二节用电设备防火，(二)照明灯具的设置要求。(2)照明与动力合用一电源时，应有各自的分支回路，所有照明线路均应有短路保护装置。配电盘盘后接线要尽量减少接头，接头应采用锡钎焊焊接并应用绝缘布包好，金属盘面还应有良好接地。选项B错误。

(8)明装吸顶灯具采用木制底台时，应在灯具与底台中间铺垫石板或石棉布。附带镇流器的各式荧光吸顶灯，应在灯具与可燃材料之间加垫瓷夹板隔热，禁止直接安装在可燃吊顶上。选项D错误。

(9)可燃吊顶上所有暗装、明装灯具，舞台暗装彩灯，舞池脚灯的电源导线，均应穿钢管敷设。选项E错误。

13．下列消防配电设计方案中，符合规范要求的是（　）。[1]（2017-1-27）

A．消防水泵电源由建筑一层低压分配电室出线　　B．消防电梯配电线路采用树干式供电

C．消防配电线路设置过负载保护装置　　D．排烟风机两路电源在排烟机房内自动切换

【解析】《建筑设计防火规范》(GB 50016—2014)第10.1.8条，消防控制室、消防水泵房、防烟和排烟风机房的消防用电设备及消防电梯等的供电，应在其配电线路的最末一级配电箱处设置自动切换装置。选项D正确。

消防电源应独立设置，即从建筑物变电所低压侧封闭母线处或进线柜处就将消防电源分出而各自成独立系统。如果建筑物为低压电缆进线，则从进线隔离电器下端将消防电源分开，从而确保消防电源相对建筑物而言是独立的，提高了消防负荷供电的可靠性。故A选项错误。

消防水泵、喷淋水泵、水幕泵和消防电梯要由变配电站或主配电室直接出线，采用放射式供电；防排烟风机、防火卷帘以及疏散照明可采用放射式或树干式供电。故B选项错误。

消防负荷的配电线路不能设置剩余电流动作保护和过、欠电压保护，因为在火灾这种特殊情况下，不管消防线路和消防电源处于什么状态或故障，为消防设备供电是最重要的。故C选项正确。

14．消防部门对某大厦的消防电源及其配电进行验收，下列验收检查结果中，不符合现行国家标准《建筑设计防火规范》(GB 50016)的是（　）。[2]（2018-2-53）

A．大厦的消防用电设备采用了专用的供电回路，并在地下一层设置了柴油发电机作为备用消防电源

B．大厦的消防配电干线按防火分区划分，配电支线未穿越防火分区

C．大厦的消防配电干线采用阻燃电缆，直接明敷设在与动力配电线路共用的电缆井内，并分别布置在电缆井的两侧

D．消防控制室、消防水泵房、防烟和排烟风机房的消防用电设备供电，在其配电线路的最末一级配电箱处设置了自动切换装置

【解析】《建筑设计防火规范》(GB 50016—2014)第10.1.6条，消防用电设备应采用专用的供电回路，当建筑内的生产、生活用电被切断时，应仍能保证消防用电。备用消防电源的供电时间和容量，应满足该建筑火灾延续时间内各消防用电设备的要求。选项A正确。

第10.1.7条，消防配电干线宜按防火分区划分，消防配电支线不宜穿越防火分区。选项B正确。

第10.1.10条，消防配电线路应满足火灾时连续供电的需要，其敷设应符合下列规定：(1)明敷时(包括敷设在吊顶内)，应穿金属导管或采用封闭式金属槽盒保护，金属导管或封闭式金属槽盒应采取防火保护措施；当采用阻燃或耐火电缆并敷设在电缆井、沟内时，可不穿金属导管或采用封闭式金属槽盒保护；当采用矿物绝缘类不燃性电缆时，可直接明敷；(2)暗敷时，应穿管并应敷设在不燃性结构内且保护层厚度不应小于30 mm；(3)消防配电线路宜与其他配电线路分开敷设在不同的电缆井、沟内；确有困难需敷

1 答案：D
2 答案：C

设在同一电缆井、沟内时，应分别布置在电缆井、沟的两侧，且消防配电线路应采用矿物绝缘类不燃性电缆。选项 C 错误。

第 10.1.8 条，消防控制室、消防水泵房、防烟和排烟风机房的消防用电设备及消防电梯等的供电，应在其配电线路的最末一级配电箱处设置自动切换装置。选项 D 正确。

15．可以安装在消防配电线路上，以保证消防用电设备供电安全性和可靠性的装置是（　）[1]。（2018-1-55）

A．过流保护装置　　B．剩余电流动作保护装置　　C．欠压保护装置　　D．短路保护装置

【解析】根据《消防安全技术实务》第三篇第十四章第二节消防电源供配电系统，消防负荷的配电线路所设置的保护电器要具有短路保护功能，但不宜设置过负荷保护装置，不能设置剩余电流动作保护和过欠电压保护。《火灾自动报警系统设计规范》（GB 50116—2013）第 10.1.4 条，火灾自动报警系统主电源不应设置剩余电流动作保护和过负荷保护装置。选项 D 正确。

第三节　爆炸危险环境电气防爆

1．下列建筑电气防爆基本措施中，错误的是（　）。[2]（2015-1-3）

A．选用与爆炸危险区域的分区和范围相适应的防爆电气设备

B．在同时存在爆炸性气体和粉尘的区域，按照爆炸性气体的防爆要求选用电气设备

C．设置防爆型剩余电流式电气火灾监控报警系统和紧急断电装置

D．将在正常运行时会产生火花、电弧的电气设备和线路布置在爆炸危险性小或没有爆炸危险性的环境内

【解析】参见教材《消防安全技术实务》第二篇第八章第四节爆炸危险环境电气防爆。电气防爆基本措施:（1）宜将正常运行时产生火花、电弧和危险温度的电气设备和线路，布置在爆炸危险性较小或没有爆炸危险的环境内。电气线路的设计、施工应根据爆炸危险环境物质特性，选择相应的敷设方式、导线材质、配线技术、连接方式和密封隔断措施等。（2）采用防爆的电气设备。在满足工艺生产及安全的前提下，应减少防爆电气设备的数量。如无特殊需要，不宜采用携带式电气设备。（3）按有关电力设备接地设计技术规程规定的一般情况不需要接地的部分，在爆炸危险区域内仍应接地，电气设备的金属外壳应可靠接地。（4）设置漏电火灾报警和紧急断电装置。在电气设备可能出现故障之前，采取相应补救措施或自动切断爆炸危险区域电源。（5）安全使用防爆电气设备。正确地划分爆炸危险环境类别，正确地选型、安装防爆电气设备，正确地维护、检修防爆电气设备。（6）散发较空气重的可燃气体、可燃蒸气的甲类厂房以及有粉尘、纤维爆炸危险的乙类厂房，应采用不发火花的地面。采用绝缘材料作整体面层时，应采取防静电措施。散发可燃粉尘、纤维的厂房内表面应平整、光滑，并易于清扫。选项 A、C、D 正确。

《爆炸危险环境电力装置设计规范》（GB 50058—2014）第 5.2.3 条条文说明，对于爆炸性气体和粉尘同时存在的区域，其防爆电气设备的选择应该既满足爆炸性气体的防爆要求，又要满足爆炸性粉尘的防爆要求，其防爆标志同时包括气体和粉尘的防爆标识。选项 B 错误。

2．下列内容中，不属于电气防爆检查的是（　）。[3]（2015-2-13）

A．可燃粉尘干式除尘器是否布置在系统的负压段上　　B．导线材质

C．电气线路敷设方式　　D．带电部件的接地

---

1 答案：D

2 答案：B

3 答案：A

【解析】根据教材《消防安全技术综合能力》第二篇第五章防爆检查第一节建筑防爆，电气防爆检查内容，防火检查中，通过对导线材料和允许载流量、线路的敷设和连接、电气设备的选型和带电部件的接地等进行检查，核实易燃易爆场所的电气防爆是否满足现行国家工程建设消防技术标准的要求。选项A可燃粉尘干式除尘器是否布置在系统的负压段上不是电气防爆检查内容。

3．在对易燃易爆危险环境进行防火检查时，应注意检查电气设备和电缆电线的选型及其安装情况，下列做法中符合现行国家消防技术标准要求的有（　）。[1]（2016-2-90）

A．在爆炸性气体混合体级别为ⅡA级的爆炸性气体环境，选用ⅡB级别的防爆电气设备

B．在爆炸危险区域为Ⅰ区的爆炸性环境采用截面积为2.0 mm^2的铜芯照明电缆

C．安装的正压型电器设备与通风系统联锁

D．电气设备房间与爆炸性环境相通，采取对爆炸性环境保持相对正压的措施

E．在爆炸危险区域不同的方向，接地干线有1处与接地体连接

【解析】《爆炸危险环境电力装置设计规范》（GB 50058—2014）第5.2.3条，防爆电气设备的级别和组别不应低于该爆炸性气体环境内爆炸性气体混合物的级别和组别。查表5.2.3-1气体、蒸气或粉尘分级与电气设备类别的关系可知，得知ⅡA级可选用ⅡA、ⅡB、ⅡC的设备，选项A正确。

第5.4.1条，爆炸性环境电缆和导线的选择应符合下列规定：（4）除本质安全系统的电路外，爆炸性环境电缆配线的技术要求应符合表5.4.1-1的规定。查表5.4.1-1爆炸性环境电缆配线的技术要求可知Ⅰ区照明铜芯最小截面在2.5 mm^2以上。选项B错误。

第5.2.4条，当选用正压型电气设备及通风系统时，应符合下列规定：（2）电气设备应与通风系统联锁。运行前应先通风，并应在通风量大于电气设备及其通风系统管道容积的5倍时，接通设备的主电源。选项C正确。

第5.3.2条，在采用非防爆型设备作隔墙机械传动时，应符合下列规定：（3）安装电气设备房间的出口应通向非爆炸危险区域的环境；当安装设备的房间必须与爆炸性环境相通时，应对爆炸性环境保持相对的正压。选项D正确。

第5.5.3条，爆炸性环境内设备的保护接地应符合下列规定：在爆炸危险区域不同方向，接地干线应不少于两处与接地体连接。选项E错误。

4．根据《爆炸危险环境电力装置设计规范》（GB 50058），某面粉加工厂中的面粉碾磨车间电气设备不需要考虑的因素是（　）。[2]（2018-2-28）

A．爆炸危险区域的分区

B．可燃性物质和可燃性粉尘的分级

C．可燃性物质和可燃性粉尘的物质重量

D．可燃性粉尘云、可燃性粉尘层的最低引燃温度

【解析】《爆炸危险环境电力装置设计规范》（GB 50058—2014）第5.2.1条，在爆炸性环境内电气设备应根据下列因素进行选择：（1）爆炸危险区域的分区；（2）可燃性物质和可燃性粉尘的分级；（3）可燃性物质的引燃温度；（4）可燃性粉尘云、可燃性粉尘层的最低引燃温度。所以C选项错误。

5．下列生产车间内电缆、导线的选型及敷设的做法中，不符合现行国家消防技术标准要求的是（　）。[3]（2017-2-29）

A．低压电力线路绝缘导线的额定电压等于工作电压

1 答案：ACD

2 答案：C

3 答案：B

B．在 1 区内的供电线路采用铅芯电缆

C．接线箱内的供配电线路采用无护套的电线

D．电气线路在较高处敷设

【解析】《爆炸危险环境电力装置设计规范》（GB 50058—2014）第 5.4.1 条，爆炸性环境电缆和导线的选择应符合下列规定：（1）在爆炸环境内，低压电力、照明线路采用的绝缘导线和电缆的额定电压应高于或等于工作电压，且 U_0/U 不应低于工作电压。中性线的额定电压应与相线电压相等，并应在同一护套或保护管内敷设。（2）在爆炸危险区内，除在配电盘、接线箱或采用金属导管配线系统内，无护套的电线不应作为供配电线路。（3）在 1 区内应采用铜芯电缆；除本质安全电路外，在 2 区内宜采用铜芯电缆，当采用铝芯电缆时，其截面不得小于 16 mm^2，且与电气设备的连接应采用铜-铝过渡接头。敷设在爆炸性粉尘环境 20 区、21 区以及在 22 区内有剧烈振动区域的回路，均应采用铜芯绝缘导线或电缆。甲醇生产车间是爆炸性气体环境。选项 B 错误。

第 5.4.3 条，爆炸性环境电气线路的安装应符合下列规定：（1）电气线路宜在爆炸危险性较小的环境或远离释放源的地方敷设，并应符合下列规定：1）当可燃物质比空气重时，电气线路宜在较高处敷设或直接埋地；架空敷设时宜采用电缆桥架；电缆沟敷设时沟内应充砂，并宜设置排水措施。2）电气线路宜在有爆炸危险的建筑物、构筑物的墙外敷设。3）在爆炸粉尘环境，电缆应沿粉尘不易堆积并且易于粉尘清除的位置敷设。甲醇蒸汽比空气略重，选项 D 电气线路在较高处敷设正确。

第十八章 木结构建筑

本章由陶昆解析

1．某多层砖木结构的古建筑，砖墙承重，四坡木结构屋顶，其东侧与一座多层的平屋面钢筋混凝土结构办公楼（外墙上没有凸出的构件）相邻。该办公楼相邻侧外墙与该古建筑东侧的基础、外墙面、檐口和屋脊的最近水平距离分别是 11.0 m、12 m、10.0 m 和 14 m。该办公楼与该古建筑的防火间距应为（ ）m。[1]（2016-1-7）

A．10.0　　B．11.0　　C．12　　D．14

【解析】根据《建筑设计防火规范》（GB 50016—2014）附录 B 第 B.0.1 条，建筑物之间的防火间距应按相邻建筑外墙的最近水平距离计算，当外墙有凸出的可燃或难燃构件时，应从其凸出部分外缘算起。办公楼相邻侧外墙与该古建筑东侧的基础、外墙面、檐口和屋脊的最近水平距离分别是 11.0 m、12 m、10.0 m 和 14 m，四坡木结构屋顶的檐口为外墙有凸出的可燃构件，所以防火间距应是 10.0 m，选择 A 选项。

2．某景区，一字形排列建有 6 栋 2 层木结构建筑，使用性质为餐饮、商店。每栋之间间距 4.0～8.7 m，部分山墙开有窗户。其中 3 栋每层建筑面积为 630 m^2，另 3 栋每层建筑面积分别为 900 m^2、450 m^2、500 m^2。有关部门组织专家论证后，在相邻建筑山墙之间中线处加砌了平行于山墙且高出屋面 0.5 m、厚 370 mm 的防火墙。后在防火检查中发现，景区位于建筑抗震 7 度设防区，该防火墙顶部无约束支座，其高度大于最大允许砌筑高度。下列处理措施中，正确的是（ ）。[2]（2015-2-81）

A．按相关规定封闭相邻山墙上的门窗和洞口

B．调整相邻山墙上的门窗和洞口不正对，且开口面积之和不大于山墙面积的 10%

1 答案：A

2 答案：A

C．将相邻山墙改造为厚 240 mm 砖墙且高出屋面 0.5 m

D．在相邻山墙屋檐处增设水幕

E．增设湿式自动喷水灭火系统

【解析】《建筑设计防火规范》（GB 50016—2014）第 11.0.10 条注 1，两座木结构建筑之间或木结构建筑与其他民用建筑之间，外墙均无任何门、窗、洞口时，防火间距可为 4 m；外墙上的门、窗、洞口不正对且开口面积之和不大于外墙面积的 10%时，防火间距可按 11 m 减少 25%。选项 A 按相关规定封闭相邻山墙上的门窗和洞口，题干中每栋之间间距 4.0 ~ 8.7 m，符合防火间距可为 4 m 要求。选项 B 调整相邻山墙上的门窗和洞口不正对，且开口面积之和不大于山墙面积的 10%，防火间距可按 11 m 减少 25%，即 11 ×（1−25%）=8.25 m，题干中每栋之间间距 4.0 ~ 8.7 m，4.0 ~ 8.7 m 和 8.25 m 比较，有的两栋建筑之间防火间距符合要求，有的两栋建筑之间不符合防火间距要求，所以选项 B 错误。

第 2.1.12 条，防火墙是防止火灾蔓延至相邻建筑或相邻水平防火分区且耐火极限不低于 3.00 h 的不燃性墙体。选项 C 相邻山墙改造为厚 240 mm 砖墙没有具体明确达到防火墙的构造和耐火极限要求，所以选项 C 不明确。

选项D相邻山墙屋檐处增设水幕和选项E增设湿式自动喷水灭火系统对木结构建筑防火间距的影响在规范中没有规定。

此题是多选题，分析过后认为只有选项A正确。

第十九章　城市交通隧道

本章由陶昆解析

1．某地区有一条城市交通隧道，长度 1 500 m，按照防火规范要求，隧道内设置了各种消防设施。下列关于隧道设置机械排烟系统的说法中，正确的是（　）。[1]（2015-1-53）

A．采用纵向排烟方式时，排烟风速纵向气流的速度不应小于 2 m/s

B．排烟风机应能在 280℃下连续正常运行不小于 2.00 h

C．排烟管道的耐火极限不应低于 2.00 h

D．机械排烟系统与隧道的通风系统应共用

【解析】《建筑设计防火规范》（GB 50016—2014）第 12.3.4 条，隧道内设置的机械排烟系统应符合下列规定：（1）采用全横向和半横向通风方式时，可通过排风管道排烟；（2）采用纵向排烟方式时，应能迅速组织气流、有效排烟，其排烟风速应根据隧道内的最不利火灾规模确定，且纵向气流的速度不应小于 2 m/s，并应大于临界风速；（3）排烟风机和烟气流经的风阀、消声器、软接等辅助设备，应能承受设计的隧道火灾烟气排放温度，并应能在 250℃下连续正常运行不小于 1.0 h。第 12.3.3 条，机械排烟系统与隧道的通风系统宜分开设置。合用时，合用的通风系统应具备在火灾时快速转换的功能，并应符合机械排烟系统的要求。所以选择 A 选项。

2．判定某封闭段长度为 1.5 km 的城市交通隧道的类别，正确的是（　）。[2]（2017-1-45）

A．允许通行危险化学品车的隧道，定为一类隧道

B．不允许通行危险化学品车的隧道，定为二类隧道

1 答案：A

2 答案：C

C．仅限通行非危险化学品车的隧道，无论单孔双孔，均定为二类隧道

D．单孔的隧道定为一类隧道，双孔的隧道定为二类隧道

【解析】《建筑设计防火规范》（GB 50016—2014）第 12.1.2 条，单孔和双孔隧道应按其封闭段长度和交通情况分为一、二、三、四类，并应符合表 12.1.2 单孔和双孔隧道分类的规定，见下表。

用途	一类	二类	三类	四类
	隧道封闭段长度 L/m			
可通行危险化学品等机动车	L＞1 500	500＜L≤1 500	L≤500	—
仅限通行非危险化学品等机动车	L＞3 000	1 500＜L≤3 000	500＜L≤1 500	L≤500
仅限人行或通行非机动车	—	—	L＞1 500	L≤1 500

3．某长度为 1 400 m 的城市交通隧道，顶棚上悬挂有若干射流风机。该隧道的排烟方式属于（　）方式。[1]（2016-1-48）

A．纵向排烟　　B．重点排烟　　C．横向排烟　　D．半横向排烟

【解析】《建筑设计防火规范》（GB 50016—2014）第 12.3.2 条，隧道内机械排烟系统的设置应符合下列规定：（1）长度大于 3 000 m 的隧道，宜采用纵向分段排烟方式或重点排烟方式；（2）长度不大于 3 000 m 的单洞单向交通隧道，宜采用纵向排烟方式；（3）单洞双向交通隧道，宜采用重点排烟方式。题干中城市交通隧道长度为 1 400 m，采用纵向排烟，选 A。

4．某城市交通隧道，封闭段长度为 1 500 m，可通行危险化学品车，该隧道的下列防火设计方案中，正确的是（　）。[2]（2018-1-39）

A．隧道内的地下设备用房按二级耐火等级确定构件的燃烧性能和耐火极限

B．隧道的消防用电按二级负荷要求供电

C．采用防火墙和甲级防火门将隧道内设置的可燃气体管道与其他区域分隔

D．采用耐火极限不低于 2.0 h 的防火隔墙将隧道内设置的 10kV 高压电缆与其他区域分隔

【解析】根据《建筑设计防火规范》（GB 50016—2014）第 12.1.4 条，隧道内的地下设备用房、风井和消防救援出入口的耐火等级应为一级，地面的重要设备用房、运营管理中心及其他地面附属用房的耐火等级不应低于二级。所以隧道内的地下设备用房耐火等级应为一级，选项 A 错误。

根据第 12.1.2 条，封闭段长度为 1 500 m，可通行危险化学品车的隧道是二类。根据第 12.5.1 条，一、二类隧道的消防用电按一级负荷要求供电；三类隧道的消防用电应按二级负荷要求供电。所以隧道的消防用电按一级负荷要求供电，选项 B 错误。

根据第 12.5.4 条，隧道内严禁设置可燃气体管道，电缆线槽应与其他管道分开敷设。当设置 10kV 及以上的高压电缆时，应采用耐火极限不低于 2.00 h 的防火分隔体与其他区域分隔。选项 C 错误，选项 D 正确。

1 答案：A

2 答案：D

第三篇　建筑消防设施

第一章　建筑消防设施的作用与管理

本章由杨晨解析

1．消防工程施工工地的进场检验含合法性检查、一致性检查及产品质量检查。某工地对消火栓进行检查，下列检查项目中，属于合法性检查的项目是（　）。[1]（2016-2-65）

A．型式检验报告　B．抽样试验　C．型号规格　D．设计参数

【解析】教材《消防安全技术综合能力》第三篇第一章第一节消防设施安装调试与检测，合法性检查的内容为市场准入文件（强制认证证书、技术鉴定证书、型式检验报告）和产品质量检验文件（法定检验报告、出厂检验报告、出厂合格证）。

2．根据现行国家标准《建筑消防设施的维护管理》（GB 25201），在建筑消防设施维护管理时，应对自动喷水灭火系统进行巡查并填写《建筑消防设施巡查记录表》。下列内容中，不属于自动喷水灭火系统巡查记录内容的是（　）。[2]（2017-2-38）

A．报警阀组外观、试验阀门状况、排水设施状况、压力显示值

B．水流指示器外观及现场环境

C．充气设备、排气设备及控制装置等的外观及运行状况

D．系统末端试验装置外观及现场环境

【解析】根据《建筑消防设施的维护管理》（GB 25201—2010）第 6.2.7 条，自动喷水灭火系统的巡查内容见表 C.1 中“自动喷水灭火系统”部分。表 C.1 中自动喷水灭火系统巡查内容有：（1）喷头外观及距周边障碍物或保护对象的距离；（2）报警阀外观、试验阀门状况、排水设施状况、压力表显示值；（3）充气设备及控制装置、排气设备及控制装置、火灾探测传动及现场手动控制装置外观及运行状况；（4）楼层或区域末端试验阀处压力值及现场环境，系统末端试验装置外观及现场环境。

3．某商场消防设施维护管理人员对商场设置的防烟排烟系统进行日常巡查。下列内容中，不属于防烟排烟系统日常巡查的是（　）[3]（2015-2-53）

A．每天检查送风机、排烟风机及其控制柜的外观及工作状态

B．每天检查挡烟垂壁及其控制装置外观及工作状态

C．每天检查送风阀、排烟阀联动启动送风机、排烟风机的功能

D．每天检查电动排烟窗，自然排烟设施的外观

【解析】根据《建筑消防设施的维护管理》（GB 25201—2010）附录 C，防烟排烟系统的巡查内容：送风阀外观；送风机及控制柜外观及工作状态；挡烟垂壁及其控制装置外观及工作状况、排烟阀及其控制装

1 答案：A

2 答案：B

3 答案：C

置外观；电动排烟窗，自然排烟设施外观；排烟机及控倒框外观及工作状况；送风、排烟机房环境。ABD属于日常巡查内容，C选项不属于。

4．单位管理人员对低压二氧化碳灭火系统进行巡查，根据现行国家标准《建筑消防设施的维护管理》（GB 25201），不属于该系统巡查内容的是（ ）[1]。（2018-2-40）

A．气体灭火控制器的工作状态　　B．低压二氧化碳系统安全阀的外观

C．低压二氧化碳储存装置内灭火剂的液位　　D．低压二氧化碳系统制冷装置的运行状况

【解析】根据《建筑消防设施的维护管理》（GB 25201—2010）附录C，属于巡查项目的是低压二氧化碳系统制冷装置、控制装置、安全阀等组件外观、运行状况。

根据《气体灭火系统施工及验收规范》（GB 50263—2007）第8.0.6条，每月检查应符合下列要求：（1）低压二氧化碳灭火系统储存装置的液位计检查，灭火剂损失10%时应及时补充。故选项C属于月检的内容，不属于巡查的内容。

5．根据现行国家标准《建筑消防设施的维护管理》（GB 25201），属于自动喷水灭火系统巡查内容的是（ ）[2]。（2018-2-55）

A．水流指示器的外观　　B．报警阀组的强度

C．喷头外观及距周边障碍物或保护对象距离　　D．压力开关是否动作

【解析】根据《建筑消防设施的维护管理》（GB 25201—2010）附录C，自动喷水灭火系统巡查内容：喷头外观及距周边障碍物或保护对象的距离。故C选项正确。

6．根据现行行业标准《建筑消防设施检测技术规程》（GA 503）。不属于消防设施检测项目的是（ ）[3]。（2018-2-74）

A．电动排烟窗　　B．电动防火阀　　C．灭火器　　D．消防救援窗口

【解析】根据《建筑消防设施检测技术规程》（GA 503—2004）第4.10.3条、第4.16条，电动排烟窗、电动防火阀、灭火器均属于消防设施检查项目。

7．消防技术服务机构对东北地区某公司的高架成品仓库开展消防设施检测工作。该仓库建筑高度24 m，建筑面积4 590 m^2。储存物品为单层机涂布白板纸成品。业主介绍，仓库内曾安装干式自动喷水灭火系统，后改为由火灾自动报警系统和充气管道上的压力开关联动开启的预作用自动喷水灭火系统，该仓库的高位消防水箱、消防水池以及消防水泵的设置符合现行国家消防技术标准规定。除气泵外，对该仓库预作用自动喷水灭火系统至少应检测哪些内容？（2018-3-三）

答：该仓库预作用自动喷水灭火系统至少应检测的内容有预作用报警阀组、水流指示器、喷头、末端试水装置、压力开关、电磁阀、电动阀水力警铃声压级以及消防控制设备的信号反馈功能等。

【解析】根据《建筑消防设施检测技术规程》（GA 503—2004）第4.6条，预作用自动喷水灭火系统应检测下列内容：预作用报警阀组、水流指示器、喷头、末端试水装置等组件。根据4.6.5.3条，预作用系统还应检测下列内容：（1）火灾报警控制器确认火灾后，应自动启动雨淋阀、排气阀入口电动阀及消防水泵；水流指示器、压力开关应动作，距水力警铃3 m远处的声压级不应低于70dB。（2）火灾报警控制器确认火灾后2 min，末端试水装置的出水压不应低于0.05MPa。（3）消防控制设备应显示电磁阀、电动阀、水流指示器及消防水泵的反馈信号。

8．某大型城市综合体设有 3 个消防控制室。对消防控制室的下列检查结果中，不符合现行国家标准

1 答案：C

2 答案：C

3 答案：D

《消防控制室通用技术要求》（GB 25506）的是（　）[1]。（2018-2-49）

A．确定了主消防控制室和分消防控制室

B．分消防控制室之间的消防设备可以互相控制并传输、显示状态信息

C．主消防控制室可对系统内共用的消防设备进行控制，并显示其状态信息

D．主消防控制室可对分消防控制室内的消防设备及其控制的消防系统和设备进行控制

【解析】根据《消防控制室通用技术要求》（GB 25506—2010）第3.4条，具有两个或两个以上消防控制室时，应确定主消防控制室和分消防控制室。主消防控制室的消防设备应对系统内共用的消防设备进行控制，并显示其状态信息；主消防控制室内的消防设备应能显示各分消防控制室内消防设备的状态信息，并可对分消防控制室内的消防设备及其控制的消防系统和设备进行控制；各分消防控制室的消防设备之间可以互相传输、显示状态信息，但不应互相控制。

第二章　消防给水及消火栓系统

本章由杨晨解析

第一节　消防供水设施设备

一、高位消防水箱

1．下列建筑中，室内采用临时高压消防给水系统时，必须设置高位消防水箱的是（　）。[2]（2015-1-38）

A．建筑面积为5 000 m^{2}的单层丙类厂房　　B．建筑面积为40 000 m^{2}的4层丁类厂房

C．建筑面积为5 000 m^{2}的2层办公楼　　D．建筑面积为30 000 m^{2}的3层商业中心

【解析】根据《消防给水及消火栓系统技术规范》（GB 50974—2014）第6.1.9条，室内采用临时高压消防给水系统时，高位消防水箱的设置应符合下列规定：高层民用建筑、总建筑面积大于10 000 m^{2}且层数超过2层的公共建筑和其他重要建筑，必须设置高位消防水箱。D选项符合要求。

2．某建筑地下2层，地上40层，建筑高度137 m，总建筑面积116 000 m^2，设有相应的消防设施。地下二层设有消防水泵房和540 m^{3}的室内消防水池，屋顶设置有效容积为40 m^{3}的高位消防水箱，其最低有效水位为 141.000 m，屋顶水箱内分别设置消火栓系统和自动喷水灭火系统的稳压装置。消防水泵房分别设置2台（一用一备）消火栓给水泵和自动喷水给水泵。室内消火栓系统和自动喷水灭火系统分为高、中、低三个分区，中低区由减压阀减压供水。

2015年6月，维保单位对该建筑内消火栓系统和自动喷水灭火系统进行了检测，情况如下：检查40层屋顶试验消火栓时，其栓口静压为0.1 MPa，打开试验消火栓，给水泵自动启动，栓口压力为0.65 MPa。

根据以上材料，回答问题：

（1）简析高位消防水箱有效容积是否符合消防规范规定。（2015-3-五）

答案：不符合。建筑高度超过 100 m 以上的公共建筑，水箱容积应当不小于50 m^3。

【解析】根据《消防给水及消火栓系统技术规范》（GB 50974—2014）第5.2.1条，一类高层公共建筑，其高位消防水箱的有效容积不应小于36 m^3，但当建筑高度大于100 m时，不应小于50 m^3，当建筑高度大

1 答案：B

2 答案：D

于 150 m 时，不应小于 100 m^3。

（2）屋顶试验消火栓静压和动压是否符合要求？如不符合要求，应如何解决？（2015-3-五）

答案：不符合。建筑高度超过 100 m 以上的公共建筑，且设有稳压系统，最不利点静水压力不应小于 0.15 MPa，不能满足时应调高稳压泵启停泵设置压力；动压不应大于 0.5 MPa，消火栓处应设减压设施。

【解析】根据《消防给水及消火栓系统技术规范》（GB 50974—2014）第 5.3.3 条，稳压泵的设计压力应保持系统最不利点处水灭火设施在准工作状态时的静水压力应大于 0.15 MPa。根据第 7.4.12 条，室内消火栓栓口动压力不应大于 0.50 MPa，当大于 0.70 MPa 时必须设置减压装置。

（3）简述针对该消火栓系统的检测方案。（2015-3-五）

答案：（1）选择最不利点处消火栓，连接压力表及闷盖，测量栓口静水压力；（2）连接水带、水枪，触发启泵按钮，查看消防泵启动和信号显示，测量栓口静水压力；（3）完全开启 8 个消火栓，测量最不利点处消火栓出水压力；（4）完全开启 8 个消火栓，测量最有利点处消火栓的出水压力；（5）系统恢复正常状态。

【解析】根据《建筑消防设施检测技术规程》（GA 503—2004）第 5.5.5.1 条，室内消火栓检测方法：（1）选择最不利处消火栓，连接压力表及闷盖，开启消火栓，测量栓口静水压力。（2）连接水带、水枪，触发启泵按钮，查看消防泵启动和信号显示，测量栓口静水压力。（3）按设计出水量开启消火栓，测量最不利处消火栓出水压力。（4）按设计出水量开启消火栓，测量最有利处消火栓出水压力。（5）系统恢复正常状态。根据《消防给水及消火栓系统技术规范》（GB 50974—2014）表 3.5.2 建筑物室内消火栓设计流量，该建筑的室内消火栓设计流量为 40 L/s，同时使用消防水枪数为 8 支。

3．某寒冷地区公共建筑，地下 3 层，地上 37 层，建筑高度 160 m，总建筑面积 121 000 m^2，按照国家标准设置相应的消防设施。

该建筑室内消火栓系统采用消防水泵串联分区供水形式，分高、低区两个分区。消防水泵房和消防水池位于地下一层，设置低区消火栓泵 2 台（1 用 1 备）和高区消火栓转输泵 2 台（1 用 1 备）。中间消防水泵房和转输水箱位于地上十七层，设置高区消火栓加压泵 2 台（1 用 1 备），高区消火栓加压泵控制柜与消防水泵布置在同一房间。屋顶设置高位消防水箱和稳压泵等稳压装置。低区消火栓由中间转输水箱和低区消火栓泵供水，高区消火栓由屋顶消防水箱和高区消火栓转输泵、高区消火栓加压泵联锁启动供水。

维保单位对该建筑室内消火栓系统进行检查，情况如下：检查屋顶消防水箱，发现水箱内水的表面有结冰；水箱进水管管径为 DN25，出水管管径为 DN75；询问消防控制室消防水箱水位情况，控制室值班人员回答无法查看。

根据以上材料，回答下列问题：

（1）关于该建筑屋顶消防水箱，下列说法正确的有（　）。[1]（2016-3-一）

A．应采取防冻措施　　B．进水管管径符合规范要求

C．出水管管径符合规范要求　　D．消防控制室应能显示消防水箱高水位、低水位报警信号

E．消防控制室应能显示消防水箱正常水位

【解析】根据《消防给水及消火栓系统技术规范》（GB 50974—2014）第 5.2.5 条，高位消防水箱间应通风良好，不应结冰，当必须设置在严寒、寒冷等冬季结冰地区的非采暖房间时，应采取防冻措施，环境温度或水温不应低于 5℃，A 选项正确。根据第 5.2.6 条，（5）进水管的管径应满足消防水箱 8 h 充满水的要求，但管径不应小于 DN32，进水管宜设置液位阀或浮球阀；（9）高位消防水箱出水管管径应满足消防给水设计流量的出水要求，且不应小于 DN100。本题进水管为 DN25，出水管为 DN75，故 B、C 选项错

1 答案：ADE

误。根据第 11.0.7 条，消防控制柜或控制盘应能显示消防水池、高位消防水箱等水源的高水位、低水位报警信号以及正常水位。D、E 选项正确。

（2）关于该建筑中间转输水箱及屋顶消防水箱的有效储水容积，下列说法正确的有（ ）。[1]（2016-3-一）

A．中间转输水箱有效储水容积不应小于 36 m^3

B. 屋顶消防水箱有效储水容积不应小于 50 m^3

C．中间转输水箱有效储水容积不应小于 60 m^3

D. 屋顶消防水箱有效储水容积不应小于 36 m^3

E．屋顶消防水箱有效储水容积不应小于 100 m^3

【解析】根据《消防给水及消火栓系统技术规范》（GB 50974—2014）第 6.2.3 条，中间转输水箱有效储水容积不应小于 60 m^3，故 C 选项正确、A 选项错误。

根据第 5.2.1 条，建筑高度大于 150 m 的一类高层公共建筑，屋顶消防水箱有效储水容积不应小于 100 m^3，故 E 选项正确，B、D 选项错误。

4．某多层科研楼设有室内消防给水系统，其高位消防水箱进水管管径为 DN100。该高位消防水箱溢流管的下列设置方案中，正确的有（ ）。[2]（2018-1-97）

A．溢流水管经排水沟与建筑排水管网连接

B. 溢流水管上安装用于检修的闸阀

C．溢流管采用 DN150 的钢管

D. 溢流管的喇叭口直径为 250 mm

E．溢流水位低于进水管口的最低点 100 mm

【解析】根据《消防给水及消火栓系统技术规范》（GB 50974—2014）第 12.3.3.6 条，消防水池、消防水箱的溢流管、泄水管不应与生产或生活用水的排水系统直接相连，应采用间接排水方式。经排水沟与建筑排水管网连接属于间接排水方式，故 A 选项正确。

消防水池、消防水箱的溢流水管应保证一直畅通，B 选项错误。

根据《消防给水及消火栓系统技术规范》（GB 50974—2014）第 5.2.6.8 条，溢流管的直径不应小于进水管直径的 2 倍，且不应小于 DN100，溢流管的喇叭口直径不应小于溢流管直径的 1.5 ~ 2.5 倍。因此溢流管至少为 DN200，溢流管的喇叭口至少为 DN300，C、D 选项错误。

根据第 5.2.6.6 条，进水管应在溢流水位以上接入，进水管口的最低点高出溢流边缘的高度应等于进水管管径，但最小不应小于 100 mm，最大不应大于 150 mm。E 选项正确。

5．华北地区的某高层公共建筑，地上 7 层，地下 3 层，建筑高度 35 m，总建筑面积 70 345 m^2。其中地下总建筑面积为 25 934 m^2，地下一层层高 6 m，为仓储式超市（货品高度 3.5 m）和消防控制室及设备用房，地下二、三层层高均为 3.9 m，为汽车库及设备用房。地上总建筑面积 41 411 m^2，每层层高为 5 m，一至五层为商场，六、七层为餐饮、健身、休闲场所，屋顶设消防水箱和稳压泵，水箱底面高出屋面 0.45 m。该建筑供水设施的下列设计方案中，正确的有（ ）。[3]（2018-3-一）

A．高位消防水箱间采用采暖防冻措施，室内温度设计为 10℃

B．高位消防水箱材质采用钢筋混凝土材料

C．高位消防水箱的设计有效容量为 50 m^3

D．高位消防水箱的进、出水管道上的阀门用信号阀阀门

E．屋顶水箱间设置高位水箱和稳压泵流量为 0.5 L/s

【解析】根据《消防给水及消火栓系统技术规范》（GB 50974—2014）第 5.2.5 条，高位消防水箱间应通风良好，不应结冰，当必须设置在严寒、寒冷等冬季结冰地区的非采暖房间时，应采取防冻措施，环境温度或水温不应低于 5℃。A 选项正确。

1 答案：CE

2 答案：AE

3 答案：ABCD

根据第 5.2.3 条，高位消防水箱可采用热浸锌镀锌钢板、钢筋混凝土、不锈钢板等建造。B 选项正确。

根据第 5.2.1 条，临时高压消防给水系统的高位消防水箱的有效容积应满足初期火灾消防用水量的要求，并应符合下列规定：（1）一类高层公共建筑，不应小于 36 m^3，但当建筑高度大于 100 m 时，不应小于 50 m^3，当建筑高度大于 150 m 时，不应小于 100 m^3；（6）总建筑面积大于 10 000 m^2 且小于 30 000 m^2 的商店建筑，不应小于 36 m^3，总建筑面积大于 30 000 m^2 的商店，不应小于 50 m^3，当与本条第 1 款规定不一致时应取其较大值。该建筑为一类高层公共建筑，高位水箱不应小于 36 m^3；一至五层为商场，其面积为：41 411 × 5/7=29 579 m^2＜30 000 m^2，高位水箱不应小于 36 m^3，故 C 选项正确。

根据第 5.2.6 条，高位消防水箱应符合下列规定：（11）高位消防水箱的进、出水管应设置带有指示启闭装置的阀门。信号阀阀门能指示启闭状态，故 D 选项正确。

根据第 5.3.2 条，稳压泵的设计流量应符合下列规定：（1）稳压泵的设计流量不应小于消防给水系统管网的正常泄漏量和系统自动启动流量；（2）消防给水系统管网的正常泄漏量应根据管道材质、接口形式等确定，当没有管网泄漏量数据时，稳压泵的设计流量宜按消防给水设计流量的 1%～3%计，且不宜小于 1 L/s；故 E 选项错误。

二、消防水池

1．某寒冷地区公共建筑，地下 3 层，地上 37 层，建筑高度 160 m，总建筑面积 121 000 m^2，按照国家标准设置相应的消防设施。室外消防用水由市政给水管网供水。室内消火栓和自动喷水灭火系统用水由消防水池保证。室内消火栓系统的设计流量为 40 L/s，自动喷水灭火系统的设计流量为 40 L/s。

根据以上材料，关于该建筑消防水池，下列说法正确的有（　）。[1]（2016-3-一）

A．不考虑补水时，消防水池的有效容积不应小于 432 m^3

B．消防控制室应能显示消防水池正常水位

C．消防水池玻璃水位计两端的角阀应常开

D．应设置就地水位显示装置

E．消防控制室应能显示消防水池高水位、低水位报警信号

【解析】根据《消防给水及消火栓系统技术规范》（GB 50974—2014）第 3.6.2 条，表 3.6.2 不同场所的火灾延续时间要求，该公共建筑无法判断火灾延续时间，故 A 选项无法判断正确与否，若火灾延续时间为 2 h，3.6×（2＋1）×40=432（m^3），则正确；若为 3 h，3.6×（3＋1）×40=576（m^3），则不正确。

根据第 11.0.7 条，消防控制室或值班室，应具有下列控制和显示功能：消防控制柜或控制盘应设置专用线路连接的手动直接启泵按钮；消防控制柜或控制盘应有显示消防水泵和稳压泵的运行状态；消防控制柜或控制盘应能显示消防水池、高位消防水箱等水源的高水位、低水位报警信号，以及正常水位。故 B、E 选项正确。

根据第 4.3.9 条，消防水池应设置就地水位显示装置，并应在消防控制中心或值班室等地点设置显示消防水池水位的装置，同时应有最高和最低报警水位。故 D 选项正确。

根据第 14.0.3 条，每月应对消防水池、高位消防水池、高位消防水箱等消防水源设施的水位等进行一次检测；消防水池（箱）玻璃水位计两端的角阀在不进行水位观察时应关闭，故 C 选项错误。

2．消防技术服务机构受东北某造纸企业委托，对其成品仓库设置的干式自动喷水灭火系统进行检测。该仓库地上 2 层，耐火等级为二级，建筑高度 15.8 m，建筑面积 7 800 m^2，还设置了室内消火栓系统、火灾自动报警系统等消防设施，厂区内环状消防供水管网（管径 DN250 mm）保证室内外消防用水，消防水

1 答案：BDE

泵设计扬程为1.0 MPa。屋顶消防水箱最低有效水位至仓库地面的高差为20 m，水箱的有效水位高度为3 m。厂区共有2个相互连通的地下消防水池，总容积为1 120 m^3。

根据以上材料，回答下列问题：

（1）分析该仓库消防给水设施存在的主要问题。（2016-3-三）

答案：①屋顶消防水箱的设置不满足静压要求，应加设稳压泵。本案中，最不利点消火栓静水压力为20−15.8÷2−1.1=11（m），即 0.11 MPa，满足要求；但最不利点喷头静水压力为 20−15.8=4.2（m），即0.042 MPa，不满足要求。

②题干描述2个相互连通的地下消防水池，未说明是否最低有效水位连通及能否独立使用。不符合规范要求。

【解析】根据《消防给水及消火栓系统技术规范》（GB 50974—2014）第5.2.2条，高位消防水箱应满足工业建筑最不利点处的静水压力不应低于0.10 MPa，当建筑体积小于20 000 m^3时，不宜低于0.07 MPa；自动喷水灭火系统最小不应小于0.1 MPa。该仓库建筑面积为7 800 m^2，体积大于20 000 m^3，因此对于消火栓系统和自动喷水灭火系统，静水压力均不应低于0.10 MPa。

根据《消防给水及消火栓系统技术规范》（GB 50974—2014）第4.3.6条，消防水池的总蓄水有效容积大于500 m^3时，宜设两格能独立使用的消防水池；当大于1 000 m^3时，应设置能独立使用的两座消防水池。每格（或座）消防水池应设置独立的出水管，并应设置满足最低有效水位的连通管，且其管径应能满足消防给水设计流量的要求。

（2）检测该仓库内消火栓系统是否符合设计要求时，应出几支水枪？（2016-3-三）

答案：该仓库同时使用的消防水枪为5支，因此进行室内消火栓检测时应出5支水枪。

【解析】根据《建筑消防设施检测技术规程》（GA 503—2004）第5.5.5.1.3条，按设计出水量开启消火栓，测量最不利处消火栓出水压力。第5.5.5.1.4条，按设计出水量开启消火栓，测量最有利处消火栓出水压力。根据《消防给水及消火栓系统技术规范》（GB 50974—2014）第3.5.2条，建筑物室内消火栓设计流量不应小于表3.5.2的规定。

表3.5.2　建筑物室内消火栓设计流量

建筑物名称	高度 h/m、体积 V/m^3、火灾危险性			消火栓设计流量/（L/s）	同时使用消防水枪数/支	每根竖管最小流量/（L/s）
厂房	h≤24	甲、乙、丁、戊		10	2	10
		丙	V≤5 000	10	2	10
			V>5 000	20	4	15
	24<h≤50	乙、丁、戊		25	5	15
		丙		30	6	15
	h>50	乙、丁、戊		30	6	15
		丙		40	8	15
仓库	h≤24	甲、乙、丁、戊		10	2	10
		丙	V≤5 000	15	3	15
			V>5 000	25	5	15
	h>24	丁、戊		30	6	15
		丙		40	8	15

注：丁、戊类高层厂房（仓库）室内消火栓的设计流量可按本表减少10 L/s，同时使用消防水枪数量可按本表减少2支。

该仓库建筑高度为 15.8 m，体积＞5 000 m^3，为丙类仓库，同时使用的消防水枪为 5 支。

3．华北地区的某高层公共建筑，地上 7 层，地下 3 层，建筑高度 35 m，总建筑面积 70 345 m^2。地下一层层高 6 m，为仓储式超市（货品高度 3.5 m）和消防控制室及设备用房：地下二、三层层高均为 3.9 m，为汽车库及设备用房。该建筑消防供水的下列设计方案中，不符合规范的有（　）。[1]（2018-3-一）

A．距该建筑 18 m 处，设置消防水池取水口

B．消防水池水泵房设在地下一层

C．消防水池地面与室外地面高差 8 m

D．将距建筑物外缘 5～180 m 范围内的 3 个市政消火栓计入建筑的室外消火栓数量

E．室外消火栓采用湿式地上式消火栓

【解析】根据《消防给水及消火栓系统技术规范》（GB 50974—2014）第 4.3.7 条，储存室外消防用水的消防水池或供消防车取水的消防水池，应符合下列规定：（1）消防水池应设置取水口（井），且吸水高度不应大于 6.0 m；（2）取水口（井）与建筑物（水泵房除外）的距离不宜小于 15 m；A 选项符合规范，C 选项不符合规范。

根据第 5.5.12.2 条，附设在建筑物内的消防水泵房，不应设置在地下三层及以下，或室内地面与室外出入口地坪高差大于 10 m 的地下楼层。B 选项符合规范。

根据第 5.4.1 条，高层民用建筑的室内消火栓给水系统应设置消防水泵接合器。（1）根据第 6.1.5 条，市政消火栓或消防车从消防水池吸水向建筑供应室外消防给水时，应符合下列规定：（2）距建筑外缘 5～150 m 的市政消火栓可计入建筑室外消火栓的数量，但当为消防水泵接合器供水时，距建筑外缘 5～40 m 的市政消火栓可计入建筑室外消火栓的数量。D 选项不符合规范。

根据第 7.2.1 条，市政消火栓宜采用地上式室外消火栓；在严寒、寒冷等冬季结冰地区宜采用干式地上式室外消火栓，严寒地区宜增置消防水鹤。该大楼在华北，属于冬季结冰地区，室外消火栓不能采用湿式地上式消火栓。E 选项不符合规范。

三、消防水泵

1．某建筑采用临时高压消防给水系统，经计算消防水泵设计扬程为 0.90 MPa，选择消防水泵时，消防水泵零流量时的压力应在（　）MPa。[2]（2015-1-51）

A．0.90～1.08　B．1.26～1.35　C．1.26～1.44　D．1.08～1.26

【解析】根据《消防给水及消火栓系统技术规范》（GB 50974—2014）第 5.1.6 条，消防水泵的选择和应用应符合下列规定：流量扬程性能曲线应为无驼峰、无拐点的光滑曲线，零流量时的压力不应大于设计工作压力的 140%，且宜大于设计工作压力的 120%。$0.9 \times 1.2 = 1.08$（MPa），$0.9 \times 1.4 = 1.26$（MPa）。

2．下列关于消防水泵选用的说法中，正确的有（　）。[3]（2016-1-99）

A．柴油机消防水泵应采用火花塞点火型柴油机

B．消防水泵流量—扬程性能曲线应平滑，无拐点，无驼峰

C．消防给水同泵组的消防水泵型号应一致，且工作泵不宜超过 5 台

D．消防水泵泵轴的密封方式和材料应满足消防水泵在最低流量时运转的要求

E．电动机驱动的消防水泵时，应选择电动机干式安装的消防水泵

【解析】根据《消防给水及消火栓系统技术规范》（GB 50974—2014）第 5.1.8 条，当采用柴油机消防

1 答案：CDE

2 答案：D

3 答案：BDE

水泵时应符合下列规定：柴油机消防水泵应采用压缩式点火型柴油机。A 选项错误。根据第 5.1.6 条，消防水泵的选择和应用应符合下列规定：当采用电动机驱动的消防水泵时，应选择电动机干式安装的消防水泵；流量扬程性能曲线应无驼峰、无拐点的光滑曲线，零流量时的压力不应大于设计压力的 140%，且宜大于设计工作压力的 120%；泵轴的密封方式和材料应满足消防水泵在低流量时运转的要求；消防给水同一泵组的消防水泵型号宜一致，且工作泵不宜超过 3 台。B、D、E 选项正确，C 选项错误。

3．南方某工业厂区，占地面积为 180 万 m^2，长方形地块，其宽度为 1 000 m，消防水泵房为独立建设且设置在地块的中心位置，消防给水系统采用室内外合用的临时高压系统，系统设计流量和压力分别为 120 L/s、1.0 MPa。厂区消防控制室至消防水泵房行走距离为 800 m。验收时，下列检测结果中，符合现行国家消防技术标准的有（　）。[1]（2016-2-99）

A．消防水泵地面与室外地坪相差 50 mm 高差，没有挡水设施

B．室外最不利点消火栓到消防泵房的行走距离为 1 350 m

C．稳压泵设计流量 3 L/s

D．消防水泵五用一备

E．消防水泵房不设值班室

【解析】根据《消防给水及消火栓系统技术规范》（GB 50974—2014）第 5.5.14 条，消防水泵房应采取防水淹没的技术措施。故 A 选项错误。根据第 5.3.2.2 条，消防给水系统管网的正常泄漏量应根据管道材质、接口形式等确定，当没有管网泄漏量数据时，稳压泵的设计流量宜按消防给水设计流量的 1%～3%计，且不宜小于 1 L/s。C 选项正确。根据第 5.1.6.7 条，消防给水同一泵组的消防水泵型号宜一致，且工作泵不宜超过 3 台。D 选项错误。消防泵房相对室外最不利点消火栓没有保护半径的要求，室外栓只要满足流量和压力的要求就可以，故 B 选项正确。根据第 11.0.12 条，消防水泵控制柜应设置机械应急启泵功能，并应保证在控制柜内的控制线路发生故障时由有管理权限的人员在紧急时启动消防水泵。机械应急启动时，应确保消防水泵在报警 5.0 min 内正常工作。题干中厂区消防控制室至消防水泵房行走距离为 800 m，需要应急操作时人员无法用 5.0 min 从消控室来到消防水泵房，故泵房应设值班室，故 E 选项错误。

4．某寒冷地区公共建筑，地下 3 层，地上 37 层，建筑高度 160 m，总建筑面积 121 000 m^2，按照国家标准设置相应的消防设施。该建筑室内消火栓系统采用消防水泵串联分区供水形式，分高、低区两个分区。消防水泵房和消防水池位于地下一层，设置低区消火栓泵 2 台（1 用 1 备）和高区消火栓转输泵 2 台（1 用 1 备）。维保单位对该建筑室内消火栓系统进行检查发现：在地下消防水泵房打开低区消火栓泵试验阀，低区消火栓泵没有启动。

根据以上材料，低区消火栓泵没有启动的主要原因有（　）。[2]（2016-3-一）

A．消防水泵控制柜处于手动启泵状态

B．消防联动控制器处于自动启泵状态

C．消防联动控制器处于手动启泵状态

D．消防水泵的控制线路故障

E．消防水泵的电源处于关闭状态

【解析】控制柜处于手动启泵状态、水泵控制线路故障、电源关闭均无法自动启动消防水泵，故 A、D、E 选项正确；根据《消防给水及消火栓系统技术规范》（GB 50974—2014）第 11.0.4 条，消防水泵应由消防水泵出水干管上设置的压力开关、高位消防水箱出水管上的流量开关，或报警阀压力开关等开关信号应能直接自动启动消防水泵。根据《火灾自动报警系统设计规范》（GB 50116—2013）第 4.3.1 条，联动控制方式，应由消火栓系统出水干管上设置的低压压力开关、高位消防水箱出水管上设置的流量开关或报警阀

1 答案：BC

2 答案：ADE

压力开关等信号作为触发信号，直接控制启动消火栓泵，联动控制不应受消防联动控制器处于自动或手动状态影响。故 B、C 选项不是主要原因。

5．单台消防水泵的设计压力和流量分别不大于（ ）时，消防泵组应在泵房内预留流量计和压力计接口。[1]（2017-1-26）

A．0.50 MPa、25 L/s B．1.00 MPa、25 L/s C．1.00 MPa、20 L/s D．0.50 MPa、20 L/s

【解析】根据《消防给水及消火栓系统技术规范》（GB 50974—2014）第 5.1.11 条，一组消防水泵应在消防水泵房内设置流量和压力测试装置，并应符合下列规定：（1）单台消防给水泵的流量不大于 20 L/s、设计工作压力不大于 0.50 MPa 时，泵组应预留测量用流量计和压力计接口，其他泵组宜设置泵组流量和压力测试装置；（2）消防水泵流量检测装置的计量精度应为 0.4 级，最大量程的 75%应大于最大一台消防水泵设计流量值的 175%；（3）消防水泵压力检测装置的计量精度应为 0.5 级，最大量程的 75%应大于最大一台消防水泵设计压力值的 165%；（4）每台消防水泵出水管上应设置 DN65 的试水管，并应采取排水措施。

6．关于消防水泵控制的说法，正确的有（ ）。[2]（2017-1-90）

A．消防水泵出水干管上设置的压力开关应能控制消防水泵的启动

B．消防水泵出水干管上设置的压力开关应能控制消防水泵的停止

C．消防控制室应能控制消防水泵启动

D．消防水泵控制柜应能控制消防水泵启动、停止

E．手动火灾报警按钮信号应能直接启动消防水泵

【解析】根据《消防给水及消火栓系统技术规范》（GB 50974—2014）第 11.0.4 条，消防水泵应由消防水泵出水干管上设置的压力开关、高位消防水箱出水管上的流量开关，或报警阀压力开关等开关信号应能直接自动启动消防水泵。消防水泵房内的压力开关宜引入消防水泵控制柜内。A 选项正确，E 选项错误。根据第 11.0.2 条，消防水泵不应设置自动停泵的控制功能，停泵应由具有管理权限的工作人员根据火灾扑救情况确定。B 选项错误。根据第 11.0.7 条，消防控制室或值班室，应具有下列控制和显示功能：消防控制柜或控制盘应设置专用线路连接的手动直接启泵按钮。C 选项正确。消防水泵控制柜应能控制消防水泵启动、停止，D 选项正确。

7．某消防检测机构对一栋二类高层办公楼的消防给水系统进行检测。该建筑室外有两路消防进水，自动喷水灭火系统设计流量为 27 L/s，设计扬程为 1.0 MPa；室内消火栓系统设计流量为 20 L/s，设计扬程为 0.98 MPa；高位消防水箱最低有效水位距最高层喷头的有效距离为 10 m。查验收报告，系统所有检测合格。检测消防泵性能及其运行情况，下列检测结果中，符合现行国家消防技术标准的是（ ）。[3]（2016-2-72）

A．自动喷水泵零流量时的压力为 1.50 MPa

B．自动喷水灭火系统最不利点末端试水装置打开 5 s 后，流量开关发出信号启动自动喷水泵

C．消火栓泵出流量 25 L/s 时电机停止工作

D．室内消火栓系统试验消火栓出流量为 3 L/s 时，消火栓泵没有启动

【解析】根据《消防给水及消火栓系统技术规范》（GB 50974—2014）第 5.1.6 条，流量扬程性能曲线应无驼峰、无拐点的光滑曲线，零流量时的压力不应大于设计压力的 140%，且宜大于设计工作压力的 120%；当出流量为设计流量的 150%时，其出口压力不应低于设计压力的 65%。根据第 11.0.4 条，消防水泵应由消防水泵出水干管上设置的低压压力开关、高位消防水箱出水管上的流量开关，或报警阀压力开关等开关信号应能直接自动启动消防水泵。消防水泵房内的压力开关宜引入消防水泵控制柜内。根据第 11.0.5

1 答案：D

2 答案：ACD

3 答案：D

条，消防水泵应能手动启停和自动启动。水泵零流量时的压力最大为 1.0 × 1.4 = 1.4（MPa），故 A 选项错误。流量不超过设计流量 150%的时候，水泵仍然应能正常工作，并不允许设置自动停泵功能，故 C 选项错误。流量大于 5 L/s 时消火栓泵才会启动，D 选项正确。

根据《自动喷水灭火系统设计规范》（GB 50084—2017）第 11.0.1 条，湿式系统、干式系统应由消防水泵出水干管上设置的压力开关、高位消防水箱出水管上的流量开关和报警阀组压力开关直接自动启动消防水泵。本条在维持原有启泵方式的基础上，新增了采用消防水泵出水干管上设置的压力开关、高位消防水箱出水管上的流量开关的直接启泵方式。老题新做则 B 选项正确。但本题为 2016 年的考题，新规范还未出台，按原规范规定仅采用报警阀压力开关信号直接联锁启泵这一种启泵方式，所以喷淋泵应该由压力开关信号启动，应按原规范做，B 选项不选。

8．某多层科研楼设有室内消防给水系统，消防水泵采用两台离心式消防水泵（一用一备），该组消防水泵管路的下列设计方案中正确的是（　）。[1]（2018-1-42）

A．两台消防水泵的 2 条 DN150 的吸水管通过 1 条 DN200 钢管接入消防水池

B．两台消防水泵的 2 条 DN150 的吸水管均采用同心异径管件与水泵连接

C．消防水管吸水口处设置吸水井，喇叭口在消防水池最低有效水位下的淹没深度为 650 mm

D．消防水泵吸水口处设置旋流防止器，其在消防水池最低有效水位下的淹没深度为 150 mm

【解析】根据《消防给水及消火栓系统技术规范》（GB 50974—2014）第 5.1.13 条，离心式消防水泵吸水管、出水管和阀门等，应符合下列规定：（1）一组消防水泵，吸水管不应少于两条；（4）消防水泵吸水口的淹没深度应满足消防水泵在最低水位运行安全的要求，吸水管喇叭口在消防水池最低有效水位下的淹没深度应根据吸水管喇叭口的水流速度和水力条件确定，但不应小于 600 mm，当采用旋流防止器时，淹没深度不应小于 200 mm；（11）消防水泵的吸水管穿越消防水池时，应采用柔性套管；采用刚性防水套管时应在水泵吸水管上设置柔性接头，且管径不应大于 DN150。故 A、D 选项错误，C 选项正确。

第 12.3.2 条，消防水泵的安装应符合下列要求：（7）吸水管水平管段上不应有气囊和漏气现象。变径连接时，应采用偏心异径管件并应采用管顶平接。B 项中用的是同心异径管，故 B 选项错误。

9．对某民用建筑设置的消防水泵进行验收检查，根据现行国家标准《消防给水及消火栓系统技术规范》（GB 50974），关于消防水泵验收要求的做法，正确的有（　）。[2]（2017-2-91）

A．消防水泵应采用自灌式引水方式，并应保证全部有效储水被有效利用

B．消防水泵就地和远程启泵功能应正常

C．打开消防出水管上试水阀，当采用主电源启动消防水泵时，消防水泵应启动正常

D．消防水泵启动控制应置于自动启动挡

E．消防水泵停泵期间，水锤消除设施后的压力不应超过水泵出口设计工作压力的 1.6 倍

【解析】《消防给水及消火栓系统技术规范》（GB 50974—2014）第 13.2.6 条，消防水泵验收应符合下列要求：（1）消防水泵运转应平稳，应无不良噪声的振动；（2）工作泵、备用泵、吸水管、出水管及出水管上的泄压阀、水锤消除设施、止回阀、信号阀等的规格、型号、数量，应符合设计要求；吸水管、出水管上的控制阀应锁定在常开位置，并应有明显标记；（3）消防水泵应采用自灌式引水方式，并应保证全部有效储水被有效利用；（4）分别开启系统中的每一个末端试水装置、试水阀和试验消火栓，水流指示器、压力开关、压力开关（管网）、高位消防水箱流量开关等信号的功能，均应符合设计要求；（5）打开消防水泵出水管上试水阀，当采用主电源启动消防水泵时，消防水泵应启动正常；关掉主电源，主、备电源应

---

1 答案：C

2 答案：ABCD

能正常切换；备用泵启动和相互切换正常；消防水泵就地和远程启停功能应正常；（6）消防水泵停泵时，水锤消除设施后的压力不应超过水泵出口设计工作压力的 1.4 倍；（7）消防水泵启动控制应置于自动启动挡；（8）采用固定和移动式流量计和压力表测试消防水泵的性能，水泵性能应满足设计要求。

10．某消防工程施工单位对已安装的消防水泵进行调试，水泵的额定流量为 30 L/s，扬程为 100 m，系统设计工作压力 1.0 MPa，下列调试结果中，符合现行国家标准《消防给水及消火栓系统技术规范》（GB 50974）的是（　）。[1]（2018-2-8）

A．自动直接启动消防水泵时，消防水泵在 60 s 时投入正常运行

B．消防水泵零流量时，水泵出水口压力表的显示压力为 1.30 MPa

C．以备用电源切换方式启动消防水泵时，消防水泵在 2 min 时投入正常运行

D．消防水泵出口流量为 45L/s 时，出口处压力表显示为 0.55 MPa

【解析】根据《消防给水及消火栓系统技术规范》（GB 50974—2014）第 13.1.4 条，消防水泵调试应符合下列要求：（1）以自动直接启动或手动直接启动消防水泵时，消防水泵应在 55 s 内投入正常运行，且应无不良噪声和振动。故 A 选项错误。（2）以备用电源切换方式或备用泵切换启动消防水泵时，消防水泵应分别在 1 min 或 2 min 内投入正常运行。故 C 选项错误。（4）消防水泵零流量时的压力不应超过设计工作压力的 140%；当出流量为设计工作流量的 150%时，其出口压力不应低于设计工作压力的 65%。1.0 MPa × 140%=1.4MPa；45/30 × 100%=150%，1.0MPa × 65%=0.65MPa，故 B 选项正确，D 选项错误。

11．工程竣工验收时应测试的消防水泵性能有（　）。[2]（2017-3-一）

A．电机功率全覆盖性能曲线　　B．设计流量和扬程

C．零流量的压力　　D．1.5 倍设计流量的压力

E．水泵控制功能

【解析】根据《消防给水及消火栓系统技术规范》（GB 50974—2014）第 13.2.6 条，消防水泵验收应符合下列要求：采用固定和移动式流量计和压力表测试消防水泵的性能，水泵性能应满足设计要求。根据第 5.1.6 条，消防水泵的选择和应用应符合下列规定：（1）消防水泵的性能应满足消防给水系统所需流量和压力的要求。B 选项正确。（2）消防水泵所配驱动器的功率应满足所选水泵流量—扬程性能曲线上任何一点运行所需功率的要求。A 选项正确。（3）流量—扬程性能曲线应为无驼峰、无拐点的光滑曲线，零流量时的压力不应大于设计工作压力的 140%，且宜大于设计工作压力的 120%。C 选项正确。（4）当出流量为设计流量的 150%时，其出口压力不应低于设计工作压力的 65%。根据第 13.1.4 条，消防水泵调试应符合下列要求：消防水泵安装后应进行现场性能测试，其性能应与生产厂商提供的数据相符，并应满足消防给水设计流量和压力的要求；消防水泵零流量时的压力不应超过设计工作压力的 140%；当出流量为设计工作流量的 150%时，其出口压力不应低于设计工作压力的 65%。D 选项正确。水泵控制功能不属于水泵性能要求。E 选项不选。

12．华北地区的某高层公共建筑，地上 7 层，地下 3 层，建筑高度 35 m，总建筑面积 70 345 m^2。屋顶设消防水箱和稳压泵，水箱底面高出屋面 0.45 m。地下一层设消防水池和消防泵房，室内外消防栓系统分别设置消防水池，并用 DN300 管道连通，水池有效水深 3 m，室内消火栓水泵扬程 84 m，室内外消火栓系统均采用环状管网。根据以上材料，回答下列问题。（2018-3-一）

（1）该建筑消火栓水泵控制的下列设计方案中，不符合相关规范的有（　）。[3]

A．消防水泵由高位消防水箱出水管上的流量开关直接自动启停控制

1 答案：B

2 答案：ABCD

3 答案：ACE

B．火灾时消防水泵工频直接启动，并保持工频运行消防水泵

C．消防水泵由报警阀压力开关信号直接自动启停控制

D．消防水泵就地设置有保护装置的启停控制按钮

E．消火栓按钮信号直接启动消防水泵

【解析】根据《消防给水及消火栓系统技术规范》（GB 50974—2014）第 11.0.2 条，消防水泵不应设置自动停泵的控制功能，停泵应由具有管理权限的工作人员根据火灾扑救情况确定。故 A、C 选项不符合规范要求，当选。

根据第 11.0.14 条，火灾时消防水泵应工频运行，消防水泵应工频直接启泵。B 选项符合规范要求，不选。

根据第 11.0.8 条，消防水泵、稳压泵应设置就地强制启停泵按钮，并应有保护装置。D 选项符合规范要求，不选。

根据第 11.0.19 条，消火栓按钮不宜作为直接启动消防水泵的开关，但可作为发出报警信号的开关或启动干式消火栓系统的快速启闭装置等。E 选项不符合规范要求，当选。

（2）确定该建筑消防水泵主要技术参数时，应考虑的因素有（　）。[1]

A．室内消火栓设计流量　　B．室内消火栓管道管径

C．消防水泵的抗震技术措施　　D．消防水泵控制模式

E．试验用消火栓标高和消防水池水位标高

【解析】根据《消防给水及消火栓系统技术规范》（GB 50974—2014）第 5.1.1 条，消防水泵宜根据可靠性、安装场所、消防水源、消防给水设计流量和扬程等综合因素确定水泵的型式。第 5.1.5 条，当消防水泵采用离心泵时，泵的型式宜根据流量、扬程、气蚀余量、功率和效率、转速、噪声，以及安装场所的环境要求等因素综合确定。A 选项、E 选项正确。

四、稳压泵

1．某寒冷地区公共建筑，地下 3 层，地上 37 层，建筑高度 160 m，总建筑面积 121 000 m^2，按照国家标准设置相应的消防设施。维保单位对该建筑室内消火栓系统进行检查，情况如下：屋顶室内消火栓系统稳压装置气压水罐有效容积为 120 L，无法直接识别稳压泵出水管阀门的开闭情况，深入细查发现阀门处于关闭状态，稳压泵控制柜电源未接通，当场排除故障。

根据以上材料，关于该建筑屋顶消火栓稳压装置，下列说法正确的有（　）。[2]（2016-3-一）

A．气压水罐有效储水容积符合规范要求　　B．出水管阀门应常开并锁定

C．气压水罐有效储水容积不符合规范要求　　D．出水管应设置明杆闸阀

E．稳压泵控制柜平时应处于停止启泵状态

【解析】根据《消防给水及消火栓系统技术规范》（GB 50974—2014）第 5.3.4 条，气压罐有效储水容积不应小于 150 L，本题为 120 L，故 A 选项错误，C 选项正确。第 13.2.6 条，吸水管、出水管上的控制阀应锁定在常开位置，并应有明显标记，故 B 选项正确。第 5.3.5 条，稳压泵吸水管应设置明杆闸阀，稳压泵出水管应设置消声止回阀和明杆闸阀，D 选项正确。气压罐压力降低到启泵压力时则需要启动稳压泵，故 E 选项错误。

2．某服装加工厂，室内消防采用临时高压消防给水系统联合供水，稳压泵稳压，系统设计流量 57 L/s，

1 答案：AE

2 答案：BCD

室外供水干管采用 DN200 球墨铸铁管，埋地敷设，长度为 2 000 m。消防检测机构现场检测结果为：室外管网漏水率为 2.40 L/（min·km），室内管网部分漏水量为 0.2 L/s，该系统管网总泄漏量计算和稳压泵设计流量正确的有（　）。[1]（2017-2-93）

A．管网泄漏量 0.28 L/s，稳压泵设计流量 1.0 L/s

B．管网泄漏量 0.20 L/s，稳压泵设计流量 0.28 L/s

C．管网泄漏量 0.28 L/s，稳压泵设计流量 1.28 L/s

D．管网泄漏量 0.20 L/s，稳压泵设计流量 1.0 L/s

【解析】《消防给水及消火栓系统技术规范》（GB 50974—2014）第 5.3.2 条，稳压泵的设计流量应符合下列规定：（1）稳压泵的设计流量不应小于消防给水系统管网的正常泄漏量和系统自动启动流量；（2）消防给水系统管网的正常泄漏量应根据管道材质、接口形式等确定，当没有管网泄漏量数据时，稳压泵的设计流量宜按消防给水设计流量的 1%～3%计，且不宜小于 1 L/s。本题中，室外管网漏水量：2.4×2 ÷ 60= 0.08（L/s），管网总泄漏量：0.2+0.08=0.28（L/s）。稳压泵设计流量：57 L/s ×（1%～3%）= 0.57～1.71（L/s）；不小于管网漏损量 0.28 L/s 且不小于 1 L/s。故可选 A、C 选项。

3．华北地区的某高层公共建筑，地上 7 层，地下 3 层，建筑高度 35 m，总建筑面积 70 345 m^2。屋顶设消防水箱和稳压泵，水箱底面高出屋面 0.45 m。根据该建筑物业管理的记录，稳压泵启动次数 20 次/h。该建筑室内消火栓系统稳压泵出现频繁启停的原因有（　）[2]。（2018-3-一）

A．管网漏水量超过设计值

B．稳压泵配套气压水罐有效储水 200L

C．压力开关或控制柜失灵

D．稳压泵设在屋顶

E．稳压泵选型不当

【解析】根据稳压泵的工作原理，当管网漏水量超过设计值时，稳压泵会出现频繁启动；当压力开关或控制柜失灵时也有可能导致稳压泵出现频繁启动；当稳压泵选型不当致使管网漏水量与稳压泵流量不匹配时也有可能导致稳压泵出现频繁启动。故 A、C、E 选项当选。B、D 选项的设置都是符合规范要求，与稳压泵出现频繁启停没有关系，故 B、D 选项不选。

五、水泵接合器

1．下列有关消防水泵接合器安装说法中，错误的是（　）。[3]（2015-2-18）

A．墙壁水泵接合器安装高度距地面宜为 1.1 m

B．组装时消防水泵接合器的安装，应按接口、本体、接连管、止回阀、安全阀、放空管、控制阀的顺序进行

C．止回阀的安装方向应使消防用水能从消防水泵接合器进入系统

D．消防水泵接合器接口距离室外消火栓或消防水池的距离宜为 15～40 m

【解析】根据《消防给水及消火栓系统技术规范》（GB 50974—2014）第 12.3.6 条，消防水泵接合器的安装应符合下列规定：（1）水泵接合器的安装，应按接口、本体、连接管、止回阀、安全阀、放空管、控制阀的顺序进行；止回阀的安装方向应使消防用水能从消防水泵接合器进入系统；整体式消防水泵接合器的安装，应按其使用安装说明书进行。（2）墙壁消防水泵接合器的安装应符合设计要求。设计无要求时，其安装高度距地面宜为 0.7 m；与墙面上的门、窗、孔、洞的净距离不应小于 2.0 m，且不应安装在玻璃幕墙下方。根据第 5.4.7 条，水泵接合器应设在室外便于消防车使用的地点，且距室外消火栓或消防水池的

1 答案：AC

2 答案：ACE

3 答案：A

距离不宜小于 15 m，并不宜大于 40 m。

2．下列关于消防水泵接合器的安装要求的说法中，正确的有（　）。[1]（2016-2-96）

A．应安装在便于消防车接近使用的地方

B．墙壁式消防水泵接合器不应安装在玻璃幕墙下方

C．墙壁式消防水泵接合器与门窗洞口的净距不应小于 2.0 m

D．距室外消防栓或消防水池的距离宜为 5～40 m

E．地下消防水泵接合器进水口与井盖底部的距离不应小于井盖的直径

【解析】根据《消防给水及消火栓系统技术规范》（GB 50974—2014）第 5.4.7 条，水泵接合器应设在室外便于消防车使用的地点，且距室外消火栓或消防水池的距离不宜小于 15 m，并不宜大于 40 m。故 A 选项正确，D 选项错误。根据第 5.4.8 条，墙壁消防水泵接合器的安装高度距地面宜为 0.70 m；与墙面上的门、窗、孔、洞的净距离不应小于 2.0 m，且不应安装在玻璃幕墙下方；地下消防水泵接合器的安装，应使进水口与井盖底面的距离不大于 0.4 m，且不应小于井盖的半径。故 B、C 选项正确、E 选项错误。

3．下列设施中，不属于消防车取水用的设施的是（　）。[2]（2017-2-63）

A．水泵接合器　　B．市政消火栓　　C．消防水池取水口　　D．消防水鹤

【解析】根据《消防水泵接合器》（GB 3446—2013）第 3.1 条，消防水泵接合器：固定设置在建筑物外，用于消防车或机动泵向建筑物内消防给水系统输送消防用水和其他液体灭火剂的连接器具。B、C、D 选项均可用于消防车取水。

第二节　消防用水量

1. 某居住小区由 4 座建筑高度为 69.0 m 的 23 层单元式住宅楼和 4 座建筑高度为 54.0 m 的 18 层单元式住宅楼组成。住宅楼的室外消火栓设计流量为 15 L/s，23 层住宅楼和 18 层住宅楼的室内消火栓设计流量分别为 20 L/s、10 L/s；火灾延续时间为 2 h。小区消防给水与生活用水共用，采用两路进水环状管网供水，在管网上设置了室外消火栓。室内采用湿式临时高压消防给水系统，其消防水池、消防水泵房设置在一座住宅楼的地下一层，高位消防水箱设置在其中一座 23 层高的住宅楼屋顶。消防水池两路进水，火灾时考虑补水，每条进水管的补水量为 50 m^3/h。

根据以上材料，两路补水时，下列消防水池符合现行国家标准的有（　）。[3]（2017-3-一）

A．有效容积为 4 m^3 的消防水池　　B．有效容积为 24 m^3 的消防水池

C．有效容积为 44 m^3 的消防水池　　D．有效容积为 55 m^3 的消防水池

E．有效容积为 60 m^3 的消防水池

【解析】根据《消防给水及消火栓系统技术规范》（GB 50974—2014）第 3.6.1 条，一起火灾灭火用水量应按需要同时作用的室内外消防给水用水量之和计算，两座及以上建筑合用时，应取最大者。第 4.3.2.1 条，当市政给水管网能保证室外消防给水设计流量时，消防水池的有效容积应满足在火灾延续时间内室内消防用水量的要求。室外栓设置在两路供水的环状生活用水管网上，故消防水池有效容积为 $3.6\times20\times2-50\times2=44$（$m^3$）。根据第 4.3.4 条，当消防水池采用两路消防供水且在火灾情况下连续补水能满足消防要求时，消防水池的有效容积应根据计算确定，但不应小于 100 m^3，当仅设有消火栓系统时不应小于 50 m^3。根据《建筑设计防火规范》（GB 50016—2014）第 8.3.3 条，下列建筑或场所应设置自动灭火系统，并宜采

1 答案：ABC

2 答案：A

3 答案：DE

用自动喷水灭火系统：建筑高度大于 100 m 的住宅建筑。该小区建筑设施消火栓即可，消防水池不应小于 50 m^3。故 D、E 选项正确。

2．某工业园区地块内有 5 座单层丙类厂房，耐火等级为二级，其中 2 座厂房建筑高度为 5 m，占地均为 1 000 m^2，3 座高为 10 m，占地均为 2 000 m^2，相邻厂房防火间距为 6 m，各厂房自然排烟。该工业园区地块室外消火栓设计流量至少为（ ）。[1]（2018-1-28）

A．20 L/s B. 25 L/s C. 30 L/s D. 40 L/s

【解析】根据《消防给水及消火栓系统技术规范》（GB 50974—2014）第 3.3.2 条，建筑物室外消火栓设计流量不应小于表 3.3.2 的规定。

表 3.3.2 一、二级耐火等级丙类厂房室外消火栓设计流量

建筑体积 *V*/（m^3）	3 000＜*V*≤5 000	5 000＜*V*≤20 000	20 000＜*V*≤50 000	*V*＞50 000
最小设计流量 *Q*/（L/s）	20	25	30	35

注：成组布置的建筑物应按消火栓设计流量较大的相邻两座建筑物的体积之和确定。

故建筑体积为 10 × 2 000 × 2=40 000（m^3），室外消火栓设计流量为 30 L/s。C 选项正确。

3．某一类高层商业建筑，室内消火栓系统设计流量为 30 L/s，该建筑室内消火栓系统设计灭火用水量至少应为（ ）。[2]（2018-1-44）

A．324 m^3 B. 216 m^3 C. 108 m^3 D. 432 m^3

【解析】根据《消防给水及消火栓系统技术规范》（GB 50974—2014）第 3.6.2 条，不同场所消火栓系统和固定冷却水系统的火灾延续时间不应小于表 3.6.2 的规定。

表 3.6.2 不同场所的火灾延续时间

<table>
<tr><th colspan="3">建筑</th><th>场所与火灾危险性</th><th>火灾延续时间/h</th></tr>
<tr><td rowspan="10">建筑物</td><td rowspan="4">工业建筑</td><td rowspan="2">仓库</td><td>甲、乙、丙类仓库</td><td>3.0</td></tr>
<tr><td>丁、戊类仓库</td><td>2.0</td></tr>
<tr><td rowspan="2">厂房</td><td>甲、乙、丙类厂房</td><td>3.0</td></tr>
<tr><td>丁、戊类厂房</td><td>2.0</td></tr>
<tr><td rowspan="3">民用建筑</td><td rowspan="2">公共建筑</td><td>高层建筑中的商业楼、展览楼、综合楼，建筑高度大于 50 m 的财贸金融楼、图书馆、书库、重要的档案楼、科研楼和高级宾馆等</td><td>3.0</td></tr>
<tr><td>其他公共建筑</td><td rowspan="2">2.0</td></tr>
<tr><td>住宅</td><td></td></tr>
<tr><td colspan="2" rowspan="2">人防工程</td><td>建筑面积小于 3 000 m^2</td><td>1.0</td></tr>
<tr><td>建筑面积大于等于 3 000 m^2</td><td rowspan="2">2.0</td></tr>
<tr><td colspan="3">地下建筑、地铁车站</td></tr>
</table>

故该一类高层商业建筑室内消火栓系统的设计灭火用水量为 30 × 3 × 3 600/1 000=324（m^3），A 选项正确。

1 答案：C

2 答案：A

第三节　给水形式

1．某超高层建筑，室内消火栓系统采用临时高压消防给水系统，并采用减压阀减压分区供水，减压阀设置在该区域最高部位。减压阀至最不利消火栓的水头损失约 0.04 MPa，其阀后静、动压设计压力值分别为 0.50 MPa、0.40 MPa。下列系统调试检测结果中，不符合现行国家消防技术标准的是（　）。[1]（2016-2-11）

A．减压阀后静压为 0.495 MPa，出水达到设计流量时，阀后动压为 0.395 MPa

B．试验消火栓出水时，阀后动压力为 0.45 MPa

C．出水量为设计流量的 150%时，阀后动压为 0.23 MPa

D．在试验消火栓出水、设计流量出水和 150%设计流量出水时，减压阀的噪音没有明显异常

【解析】根据《自动喷水灭火系统第 17 部分：减压阀》（GB 5135.17—2011）第 6.8.2 条，按第 7.12 条规定的试验方法进行压力特性试验，减压阀应工作正常，实测出口压力与初始出口压力的偏差，对于先导式减压阀来说应不超过初始出口压力的 5%，对于直接作用式减压阀来说应不超过初始出口压力的 10%。A 选项符合标准。

根据《消防给水及消火栓系统技术规范》（GB 50974—2014）第 7.4.12 条，室内消火栓栓口压力和消防水枪充实水柱，应符合下列规定：高层建筑、厂房、库房和室内净空高度超过 8 m 的民用建筑等场所，消火栓栓口动压不应小于 0.35 MPa。试验栓出水，动压测得 0.45 MPa，减去水头损失 0.04 MPa，栓口动压为 0.41 MPa，不小于 0.35 MPa，满足要求，B 选项符合标准。根据第 6.2.4 条，采用减压阀减压分区供水时应符合下列规定：减压阀应根据消防给水设计流量和压力选择，且设计流量应在减压阀流量压力特性曲线的有效段内，并校核在 150%设计流量时，减压阀的出口动压不应小于设计值的 65%。0.4 × 65%= 0.26（MPa），C 选项不符合标准。根据第 13.1.7 条，减压阀调试应符合下列要求：减压阀在小流量、设计流量和设计流量的 150%时不应出现噪声明显增加。D 选项符合标准。

2．下列设备和设施中，属于临时高压消防给水系统构成必需的设备设施是（　）。[2]（2017-2-14）

A．消防稳压泵　B．消防水泵　C．消防水池　D．市政管网

【解析】根据《消防给水及消火栓系统技术规范》（GB 50974—2014）第 2.1.3 条，临时高压消防给水系统为平时不能满足水灭火设施所需的工作压力和流量，火灾时能自动启动消防水泵以满足水灭火设施所需的工作压力和流量的供水系统。

3．华北地区的某高层公共建筑，地上 7 层，地下 3 层，建筑高度 35 m，总建筑面积 70 345 m^2。屋顶设消防水箱和稳压泵，水箱底面高出屋面 0.45 m。建筑消防给水由市政供水管引入 1 条 DN150 的管道供给，并在该地块内形成环状管网，建筑物四周外缘 5～150 m 内设有 3 个市政消火栓，市政供水压力为 0.25 MPa，每个市政消火栓的流量按 10 L/s 设计，消防储水量不考虑火灾期间的市政补水，地下一层设消防水池和消防泵房，室内外消火栓系统分别设置消防水池，并用 DN300 管道连通，水池有效水深 3 m，室内消火栓水泵扬程 84 m，室内外消火栓系统均采用环状管网。该建筑消防给水及消火栓系统的下列设计方案中，符合规范的有（　）[3]。（2018-3-一）

A．室内外消火栓系统合用消防水池

B．室内消火栓系统采用由高位水箱稳压的临时高压消防给水系统

C．室内外消火栓系统分别设置独立的消防给水管网系统

1 答案：C

2 答案：B

3 答案：AE

D．室内消火栓系统设置气压罐，不设水锤消除设施

E．室内消火栓系统采用由稳压泵稳压的临时高压消防给水系统

【解析】根据《消防给水及消火栓系统技术规范》（GB 50974—2014）第 4.3.6 条，消防水池的总蓄水有效容积大于 500 m^3 时，宜设两格能独立使用的消防水池；当大于 1 000 m^3 时，应设置能独立使用的两座消防水池。每格（或座）消防水池应设置独立的出水管，并应设置满足最低有效水位的连通管，且其管径应能满足消防给水设计流量的要求。室内外消防水池采用了 DN300 管道连通，A 选项正确。

根据第 5.2.2 条，高位消防水箱的设置位置应高于其所服务的水灭火设施，且最低有效水位应满足水灭火设施最不利点处的静水压力，并应按下列规定确定：（2）高层住宅、二类高层公共建筑、多层公共建筑，不应低于 0.07 MPa，多层住宅不宜低于 0.07 MPa。该建筑“水箱底面高出屋面 0.45 m”，故仅由高位水箱稳压不满足最不利点处静水压力要求。另外，该背景交代室内消火栓设置了稳压泵和消防水泵。B 选项错误，E 选项正确。

根据第 6.1.3 条，建筑物室外宜采用低压消防给水系统，当采用市政给水管网供水时，应符合下列规定：（1）应采用两路消防供水，除建筑高度超过 54 m 的住宅外，室外消火栓设计流量小于等于 20 L/s 时可采用一路消防供水；（2）室外消火栓应由市政给水管网直接供水。而本题中“由市政供水管引入 1 条 DN150 的管道供给”，不能采用市政管网供水的低压消防给水系统，从题意中看只能采用临时高压消防给水系统。根据第 6.1.6 条，当室外采用高压或临时高压消防给水系统时，宜与室内消防给水合用。合用方案可以参考《消防给水及消火栓系统技术规范》图集 6.1.6 提示第 3、4 项。故 C 选项不选。

根据第 8.3.3 条，消防水泵出水管上的止回阀宜采用水锤消除止回阀，当消防水泵供水高度超过 24 m 时，应采用水锤消除器。当消防水泵出水管上设有囊式气压水罐时，可不设水锤消除设施。D 选项虽设置了气压罐，但没有明确气压罐的形式类别和设置位置，作为标准化考试笔者认为不应当选。

第四节 室外消火栓

一、市政消火栓

根据现行国家标准，《消防给水及消火栓系统技术规范》（GB 50974）关于市政消防栓设置的说法，正确的是（ ）。[1]（2018-1-63）

A．市政消防栓最大保护半径应为 120 m

B．当市政道路宽度不超过 65 m 时，可在道路的一侧设置市政消防栓

C．市政消防栓距路边不宜小于 0.5 m，不应大于 5 m

D．室外地下室消火栓应设置直径为 100 mm 和 65 mm 的栓口各一个

【解析】根据《消防给水及消火栓系统技术规范》（GB 50974—2014）第 7.2.5 条，市政消火栓的保护半径不应超过 150 m，间距不应大于 120 m。A 选项错误。

根据第 7.2.3 条，当市政道路宽度超过 60 m 时，应在道路的两侧交叉错落设置市政消火栓。B 选项错误。

根据第 7.2.6 条，市政消火栓距路边不宜小于 0.5 m 并不应大于 2.0 m。C 选项错误。

根据第 7.2.2 条，室外地下式消火栓应有直径为 100 mm 和 65 mm 的栓口各一个。D 选项正确。

1 答案：D

二、室外消火栓的设置

1. 下列关于室外消火栓设置的说法中，错误的是（　）。[1]（2016-1-13）

A. 室外消火栓应集中布置在建筑消防扑救面一侧，且不宜小于2个

B. 室外消火栓的保护半径不应大于150 m

C. 地下民用建筑应在出入口附近设置室外消火栓，且距离出入口不宜小于5 m、不宜大于40 m

D. 停车场的室外消火栓与最近一排汽车的距离不宜小于7 m

【解析】《消防给水及消火栓系统技术规范》（GB 50974—2014）第7.3.3条，室外消火栓宜沿建筑周围均匀布置，且不宜集中布置在建筑一侧；建筑消防扑救面一侧的室外消火栓数量不宜少于2个。

2. 下列关于储罐区和工艺装置区室外消火栓的说法中，错误的是（　）。[2]（2016-1-27）

A. 可燃液体储罐区的室外消火栓，应设置在防火堤外，距离罐壁15 m范围内的消火栓不应计入该罐可使用的消火栓数量

B. 采用临时高压消防给水系统的工艺装置区，室外消火栓的间距不应大于60 m

C. 采用高压消防给水系统且宽度大于120 m的工艺装置区，宜在该工艺装置区内的路边设置室外消火栓

D. 液化烃储罐区的室外消火栓，应设置在防护墙外，距离罐壁15 m范围内的消火栓可计入该罐可使用的消火栓数量

【解析】《消防给水及消火栓系统技术规范》（GB 50974—2014）第7.3.6条，甲、乙、丙类液体储罐区和液化烃罐罐区等构筑物的室外消火栓，应设在防火堤或防护墙外，数量应根据每个罐的设计流量经计算确定，但距罐壁15 m范围内的消火栓，不应计算在该罐可使用的数量内。故A正确，D错误。

根据第7.3.7条，工艺装置区等采用高压或临时高压消防给水系统的场所，其周围应设置室外消火栓，数量应根据设计流量经计算确定，且间距不应大于60.0 m。当工艺装置区宽度大于120.0 m时，宜在该装置区内的路边设置室外消火栓。B、C正确。

3. 下列建筑或场所中，可不设置室外消火栓的是（　）。[3]（2017-1-8）

A. 用于消防救援和消防车停靠的屋面上

B. 高层民用建筑

C. 3层居住区，居住人数≤500人

D. 耐火等级不低于二级，且建筑物体积≤3 000 m^3的戊类厂房

【解析】《建筑设计防火规范》（GB 50016—2014）第8.1.2条，城镇（包括居住区、商业区、开发区、工业区等）应沿可通行消防车的街道设置市政消火栓系统。民用建筑、厂房、仓库、储罐（区）和堆场周围应设置室外消火栓系统。用于消防救援和消防车停靠的屋面上，应设置室外消火栓系统。

注：耐火等级不低于二级且建筑体积不大于3 000 m^3的戊类厂房，居住区人数不超过500人且建筑层数不超过两层的居住区，可不设置室外消火栓系统。

4. 室外消火栓距建筑物外墙不宜小于（　）m。[4]（2017-1-15）

A. 2.0　B. 3.0　C. 6.0　D. 5.0

---

1 答案：A

2 答案：D

3 答案：D

4 答案：D

【解析】《消防给水及消火栓系统技术规范》(GB 50974—2014) 第 7.2.6 条，市政消火栓应布置在消防车易于接近的人行道和绿地等地点，且不应妨碍交通，并应符合下列规定：(1) 市政消火栓距路边不宜小于 0.5 m，并不应大于 2.0 m；(2) 市政消火栓距建筑外墙或外墙边缘不宜小于 5.0 m；(3) 市政消火栓应避免设置在机械易撞击的地点，当确有困难时，应采取防撞措施。

5．下列室外消火栓的设置中，符合现行国家标准的有（ ）。[1]（2017-3-一）

A．保护半径 150 m　　B．间距 120 m　　C．扑救面一侧不宜小于 2 个

D．距离路边 0.5 m　　E．距离建筑物外墙 2 m

【解析】根据《消防给水及消火栓系统技术规范》(GB 50974—2014) 第 7.3.1 条，建筑室外消火栓的布置除应符合本节的规定外，还应符合本规范第 7.2 节的有关规定。根据第 7.3.2 条，建筑室外消火栓的数量应根据室外消火栓设计流量和保护半径经计算确定，保护半径不应大于 150.0 m。根据第 7.3.3 条，室外消火栓宜沿建筑周围均匀布置，且不宜集中布置在建筑一侧；建筑消防扑救面一侧的室外消火栓数量不宜少于 2 个。根据第 7.2.5 条，市政消火栓的保护半径不应超过 150 m，间距不应大于 120 m。根据第 7.2.6 条，市政消火栓应布置在消防车易于接近的人行道和绿地等地点，且不应妨碍交通，并应符合下列规定：(1) 市政消火栓距路边不宜小于 0.5 m，并不应大于 2.0 m；(2) 市政消火栓距建筑外墙或外墙边缘不宜小于 5.0 m。

三、室外消火栓的数量

1．某商业建筑，东西长 100 m、南北宽 60 m，建筑高度 26 m，室外消火栓设计流量 40 L/s，南侧布置消防扑救面。沿该建筑南侧消防扑救面设置的室外消火栓数量，不宜少于（ ）个。[2]（2015-1-16）

A．1　B．3　C．4　D．2

【解析】根据《消防给水及消火栓系统技术规范》(GB 50974—2014) 第 7.3.2 条，建筑室外消火栓的数量应根据室外消火栓设计流量和保护半径经计算确定，保护半径不应大于 150.0 m，每个室外消火栓的出流量宜按 10 ~ 15 L/s 计算，所以室外所需消火栓数量为 3 ~ 4 个。根据《消防给水及消火栓系统技术规范》(GB 50974—2014) 第 7.3.3 条，室外消火栓宜沿建筑周围均应布置，且不宜集中布置在建筑一侧；建筑消防扑救面一侧的室外消火栓数量不宜少于 2 个。D 选项正确。

2．某可燃物堆场，室外消火栓的设计流量为 55 L/s，室外消火栓选用 DN150，其流量为 15 L/s。根据室外消火栓设计流量，该堆场的室外消火栓数量不应小于（ ）个。[3]（2015-1-65）

A．6　B．4　C．5　D．3

【解析】《消防给水及消火栓系统技术规范》(GB 50974—2014) 第 7.3.2 条，建筑室外消火栓的数量应根据室外消火栓设计流量和保护半径经计算确定，保护半径不应大于 150.0 m，每个室外消火栓的出流量宜按 10 ~ 15 L/s 计算。55 L/s ÷ 15 L/s=3.6，取 4 个。

3．某 2 层商业建筑，呈矩形布置，建筑东西长为 80 m，南北宽为 50 m。该建筑室外消火栓设计流量为 30 L/s，周围无可利用的市政消火栓，该建筑周边至少应设置（ ）室外消火栓。[4]（2018-1-26）

A．2 个　　B. 3 个　　C. 4 个　　D. 5 个

【解析】根据《消防给水及消火栓系统技术规范》(GB 50974—2014) 第 7.3.2 条，建筑室外消火栓的数量应根据室外消火栓设计流量和保护半径计算确定，保护半径不应大于 150.0 m，每个室外消火栓的出

1 答案：ABCD

2 答案：D

3 答案：B

4 答案：A

流量宜按10～15 L/s计算。因此至少需要30/15=2个。故A选项正确。

四、室外消火栓的安装

下列关于室外消火栓安装的说法中，正确的有（ ）。[1]（2015-2-92）

A．地下式消火栓应安装的消火栓井内，消火栓井内径不宜小于1.2 m

B．同一建筑物设置的室外消火栓应采用同一厂家的栓口及配件

C．消火栓栓口安装高度允许偏差为±20 mm

D．地下式消火栓顶部出水口应正对井口

E．地下式消火栓应设置永久性固定标志

【解析】《消防给水及消火栓系统技术规范》（GB 50974—2014）第7.2.1条，市政消火栓宜采用地上式室外消火栓；在严寒、寒冷等冬季结冰地区宜采用干式地上式室外消火栓，严寒地区宜增置消防水鹤。当采用地下式室外消火栓，地下消火栓井的直径不宜小于1.5 m，且当地下式室外消火栓的取水口在冰冻线以上时，应采取保温措施。A选项错误。根据第12.3.9条，室内消火栓及消防软管卷盘或轻便水龙的安装应符合下列规定：同一建筑物内设置的消火栓、消防软管卷盘和轻便水龙应采用统一规格的栓口、消防水枪和水带及配件。B选项错误。

根据《建筑给水排水及采暖工程施工质量验收规范》（GB 50242—2002）第9.3.4条，室外消火栓和消防水泵接合器的各项安装尺寸应符合设计要求，栓口安装高度允许偏差为±20 mm。C选项正确。

根据《消防给水及消火栓系统技术规范》（GB 50974—2014）第12.3.7条，市政和室外消火栓的安装应符合下列规定：地下式消火栓顶部进水口或顶部出水口应正对井口。顶部进水口或顶部出水口与消防井盖底面的距离不应大于0.4 m，井内应有足够的操作空间，并应做好防水措施；地下式室外消火栓应设置永久性固定标志。D、E选项正确。

第五节 室内消火栓

一、室内消火栓的设置

1．某建筑高度为23.8 m的4层商业建筑，对其进行室内消火栓的配置和设计中，正确的有（ ）。[2]（2015-1-94）

A．选用DN65的室内消火栓

B．消火栓栓口动压大于0.5 MPa

C．消火栓栓口动压不小于0.25 MPa

D．配置直径65 mm、长30 m的消防水带

E．水枪充实水柱不小于10 m

【解析】《消防给水及消火栓系统技术规范》（GB 50974—2014）第7.4.2条，室内消火栓的配置应符合下列要求：（1）应采用DN65室内消火栓，并可与消防软管卷盘或轻便水龙设置在同一箱体内；（2）应配置公称直径65有内衬里的消防水带，长度不宜超过25.0 m；消防软管卷盘应配置内径不小于$\phi 19$的消防软管，其长度宜为30.0 m；轻便水龙应配置公称直径25有内衬里的消防水带，长度宜为30.0 m。故A选项正确，D选项错误。

《消防给水及消火栓系统技术规范》（GB 50974—2014）第7.4.12条，室内消火栓栓口压力和消防水枪

1 答案：CDE

2 答案：ACE

充实水柱，应符合下列规定：（1）消火栓栓口动压力不应大于 0.50 MPa，当大于 0.70 MPa 时必须设置减压装置；（2）高层建筑、厂房、库房和室内净空高度超过 8 m 的民用建筑等场所，消火栓栓口动压不应小于 0.35 MPa，且消防水枪充实水柱应按 13 m 计算；其他场所，消火栓栓口动压不应小于 0.25 MPa，且消防水枪充实水柱应按 10 m 计算。故 B 选项错误，C、E 选项正确。

2．下列关于建筑室内消火栓设置的说法，错误的是（ ）。[1]（2016-1-38）

A．消防电梯前室应设置室内消火栓，并应计入消火栓使用数量

B．设置室内消火栓的建筑，层高超过 2.2 m 的设备层宜设置室内消火栓

C．冷库的室内消火栓应设置在常温穿堂或楼梯间内

D．屋顶设置直升机停机坪的建筑，应在停机坪出入口设置消火栓

【解析】根据《消防给水及消火栓系统技术规范》（GB 50974—2014）第 7.4.3 条，设置室内消火栓的建筑，包括设备层在内的各层均应设置消火栓。故 B 选项错误。

3．某一级耐火等级的四星级旅馆建筑，建筑高度为 128.0 m，下部设置 3 层地下室（每层层高 3.3 m，和 4 层裙房，裙房的建筑高度为 33.4 m，高层主体东侧为旅馆主入口，设置了长 12 m、宽 6 m、高 5 m 的门廊，北侧设置员工出入口。建筑主体三层（局部四层）以上外墙全部设置玻璃幕墙。建筑按国家标准设置了自动喷水灭火系统、室内外消火栓系统、火灾自动报警系统、防烟系统及灭火器等，每个消火栓箱内配置消防水带、消防水枪、消防水泵接合器直接设置在高层主体北侧的外墙上，地下室、商店、酒店区的公共走道和建筑面积大于 100 m^2 的房间均按国家标准设置了机械排烟系统。指出该建筑在消防设备配置方面存在的问题，并简述理由。（2016-3-四）

答：（1）每个消火栓箱内未配置消防软管卷盘或轻便消防水龙，不符合规范要求；人员密集的公共建筑、建筑高度大于 100 m 的建筑应设置消防软管卷盘或轻便消防水龙。

（2）消防水泵接合器直接设置在高层主体北侧的外墙上，而该外墙三层以上的外墙全部设置玻璃幕墙，故水泵接合器设置不符合规范要求；墙壁消防水泵接合器不应安装在玻璃幕墙下方。

【解析】根据《建筑防火设计规范》（GB 50016—2014）第 8.2.4 条，人员密集的公共建筑、建筑高度大于 100 m 的建筑应设置消防软管卷盘或轻便消防水龙。根据《消防给水及消火栓系统技术规范》（GB 50974—2014）第 5.4.8 条，墙壁消防水泵接合器的安装高度距地面宜为 0.70 m；与墙面上的门、窗、孔、洞的净距离不应小于 2.0 m，且不应安装在玻璃幕墙下方；地下消防水泵接合器的安装，应使进水口与井盖底面的距离不大于 0.4 m，且不应小于井盖的半径。

4．某单层丙类厂房，室内净空高度为 7 m，该建筑室内消火栓系统最不利点消火栓栓口最低动压应为（ ）。[2]（2018-1-34）

A. 0.10 MPa　B. 0.35 MPa　C. 0.25 MPa　D. 0.50 MPa

【解析】根据《消防给水及消火栓系统技术规范》（GB 50974—2014）第 7.4.12 条，室内消火栓栓口压力和消防水枪充实水柱，应符合下列规定：（1）消火栓栓口动压力不应大于 0.50 MPa，当大于 0.70 MPa 时必须设置减压装置；（2）高层建筑、厂房、库房和室内净空高度超过 8 m 的民用建筑等场所，消火栓栓口动压不应小于 0.35 MPa，且消防水枪充实水柱应按 13 m 计算；其他场所，消火栓栓口动压不应小于 0.25 MPa，且消防水枪充实水柱应按 10 m 计算。故 B 选项正确。

5．华北地区的某高层公共建筑，地上 7 层，地下 3 层，建筑高度 35 m，总建筑面积 70 345 m^2。屋顶设消防水箱和稳压泵，水箱底面高出屋面 0.45 m。室内外消防栓系统分别设置消防水池，并用 DN300 管

---

1 答案：B

2 答案：B

道连通，水池有效水深3 m，室内消火栓水泵扬程84 m，室内外消火栓系统均采用环状管网。根据以上材料，回答下列问题：（2018-3-一）

（1）该建筑室内消火栓的下列设计方案中，正确的有（　）。[1]

A．室内消火栓栓口动压不小于0.35 MPa，消防水枪充实水柱按13 m计算

B．消防电梯前室未设置室内消火栓

C．室内消火栓的最小保护半径为29.23 m，消火栓的间距不大于30 m

D．室内消火栓均采用减压稳压消火栓

E．屋顶试验消火栓设在水箱间

【解析】根据《消防给水及消火栓系统技术规范》（GB 50974—2014）第7.4.12条，室内消火栓栓口压力和消防水枪充实水柱应符合下列规定：（1）消火栓栓口动压力不应大于0.50 MPa，当大于0.70 MPa时必须设置减压装置；因此，消火栓栓口水压大于0.70 MPa时必须采取减压措施，可采用减压稳压消火栓，但并非全都需要减压。故D选项错误。（2）高层建筑、厂房、库房和室内净空高度超过8 m的民用建筑等场所，消火栓栓口动压不应小于0.35 MPa，且消防水枪充实水柱应按13 m计算；其他场所，消火栓栓口动压不应小于0.25 MPa，且消防水枪充实水柱应按10 m计算。该建筑属于高层建筑，A选项正确。

根据第7.4.5条，消防电梯前室应设置室内消火栓，并应计入消火栓使用数量；B选项错误。

根据第7.4.10条，室内消火栓宜按直线距离计算其布置间距，并应符合下列规定：（1）消火栓按2支消防水枪的2股充实水柱布置的建筑物，消火栓的布置间距不应大于30 m。根据第10.2条，室内消火栓保护半径R_0可按$R_0=k_3 L_d+L_s$计算。$R_0=k_3 L_d+L_s=k_3 L_d+0.71S_k=(0.8\sim0.9)\times25+0.71\times13=29.23\sim31.73$（m），C选项正确。

根据第7.4.9条，设有室内消火栓的建筑应设置带有压力表的试验消火栓，其设置位置应符合下列规定：（1）多层和高层建筑应在其屋顶设置，严寒、寒冷等冬季结冰地区可设置在顶层出口处或水箱间内等便于操作和防冻的位置。该地区属于华北，属于寒冷地区，屋顶试验消火栓可设在水箱间，E选项正确。

（2）该建筑室内消火栓系统的下列设计方案中，不符合相关规范的有（　）[2]。

A．室内消火栓系统采用一个供水分区

B．室内消火栓水泵出水管设置低压压力开关

C．消防水泵采用离心式水泵

D．每台消防水泵在消防泵房内设置一套流量和压力测试装置

E．消防水泵接合器沿幕墙设置

【解析】根据《消防给水及消火栓系统技术规范》（GB 50974—2014）第6.2.1条，符合下列条件时，消防给水系统应分区供水：（1）系统工作压力大于2.40 MPa；（2）消火栓栓口处静压大于1.0 MPa；该建筑高度35 m，室内消火栓水泵扬程84 m，不需要进行分区供水。故A选项符合规范要求，不选。

根据第11.0.4条，消防水泵出水干管上设置的压力开关、高位消防水箱出水管上的流量开关，或报警阀压力开关等开关信号应能直接自动启动消防水泵。消防水泵房内的压力开关宜引入消防水泵控制柜内。出水管不等于出水干管，故B选项可选。

消防水泵可以用离心式水泵，C选项符合规范要求，故不选。

根据第5.1.11条，一组消防水泵应在消防水泵房内设置流量和压力测试装置，并不限制单台泵不能设置，D选项不违反规范要求，故不选。

---

1 答案：ACE

2 答案：BE

根据第 5.4.8 条，墙壁消防水泵接合器的安装高度距地面宜为 0.70 m；与墙面上的门、窗、孔、洞的净距离不应小于 2.0 m，且不应安装在玻璃幕墙下方。E 选项不符合规范要求，故可选。

二、室内消火栓的数量

1. 建筑高度为 48 m 的 16 层住宅建筑，一梯二户，每户建筑面积 120 m²，每个单元设置一座防烟楼梯间、一部消防电梯和一部客梯。该建筑每个单元需设置的室内消火栓总数量不应少于（ ）个。[1]（2016-1-59）

A. 16　B. 8　C. 32　D. 48

【解析】根据《消防给水及消火栓系统技术规范》（GB 50974—2014）第 7.4.6 条，室内消火栓的布置应满足同一平面有 2 支消防水枪的 2 股充实水柱同时达到任何部位的要求，但建筑高度小于或等于 24.0 m 且体积小于或等于 5 000 m³ 的多层仓库、建筑高度小于或等于 54 m 且每单元设置一部疏散楼梯的住宅，可采用 1 支消防水枪的 1 股充实水柱到达室内任何部位。所以该住宅建筑每层设 1 个消火栓，16 层，则总数量为 16 个。根据第 7.4.5 条，消防电梯前室应设置室内消火栓，并应计入消火栓使用数量。因此消火栓应设在前室。

2. 某高层办公楼，建筑高度为 32 m，内走廊为“一”字形，设置两座防烟楼梯间，前室内入口的中心线间距为 15 m。走廊两端的袋型走道长度为 3 m，走廊两侧房间的进深均为 6 m。该办公楼每层设置的室内消火栓竖管数量不应少于（ ）。[2]（2015-1-61）

A. 1　B. 2　C. 3　D. 4

【解析】根据《建筑设计防火规范》（GB 50016—2014）第 5.1.1 条，该建筑为二类高层公共建筑。根据《消防给水及消火栓系统技术规范》（GB 50974—2014）表 3.5.2，二类高层公共建筑消火栓设计流量至少为 20 L/s，同时使用的消防水枪不少于 4 支，每根竖管最小流量为 10 L/s。每层 2 个竖数管。根据第 7.4.6 条，室内消火栓的布置应满足同一平面有 2 支消防水枪的 2 股充实水柱同时达到任何部位的要求，但建筑高度小于或等于 24.0 m 且体积小于或等于 5 000 m³ 的多层仓库、建筑高度小于或等于 54 m 且每单元设置一部疏散楼梯的住宅，以及本规范表 3.5.2 中规定可采用 1 支消防水枪的场所，可采用 1 支消防水枪的 1 股充实水柱到达室内任何部位。根据第 7.4.10 条，室内消火栓宜按直线距离计算其布置间距，并应符合下列规定：消火栓按 2 支消防水枪的 2 股充实水柱布置的建筑物，消火栓的布置间距不应大于 30.0 m；在每层每座防烟楼梯间前室设置一个消火栓，能够满足规范的要求。故本题选 B。

3. 某高层宿舍楼，标准层内走道长度 66 m，走道侧布置进深 5 m、建筑面积不超过 20 m² 的宿舍和附属用房，走道两端各设置一部疏散楼梯，室内消火栓设计流量为 20 L/s。该建筑每个标准层至少应设（ ）室内消火栓。[3]（2018-1-66）

A. 2 个　B. 4 个　C. 3 个　D. 5 个

【解析】根据《建筑设计防火规范》（GB 50016—2014）第 5.1.1 条，民用建筑的分类应符合表 5.1.1 的规定。表注 2：除本规范另有规定外，宿舍、公寓等非住宅类居住建筑的防火要求，应符合本规范有关公共建筑的规定。

根据《消防给水及消火栓系统技术规范》（GB 50974—2014）第 7.4.6 条，室内消火栓的布置应满足同一平面有 2 支消防水枪的 2 股充实水柱同时达到任何部位的要求，但建筑高度小于或等于 24.0 m 且体积小于或等于 5 000 m³ 的多层仓库、建筑高度小于或等于 54 m 且每单元设置一部疏散楼梯的住宅，以及本规

1 答案：A
2 答案：B
3 答案：B

范表3.5.2中规定可采用1支消防水枪的场所，可采用1支消防水枪的1股充实水柱到达室内任何部位。

根据第7.4.10条，室内消火栓宜按直线距离计算其布置间距，并应符合下列规定：(1)消火栓按2支消防水枪的2股充实水柱布置的建筑物，消火栓的布置间距不应大于30.0 m。

标准层内走道长度66 m，故需要4个室内消火栓才能达到任意一点受到两支枪保护的要求，如下图所示。

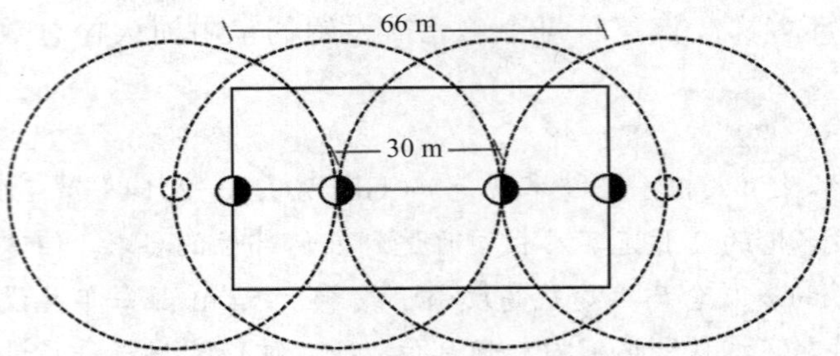

三、室内消防火栓的检测、检查

1．某寒冷地区公共建筑，地下3层，地上37层，建筑高度160 m，总建筑面积121 000 m^2，按照国家标准设置相应的消防设施。维保单位对该建筑室内消火栓系统进行检查，情况如下：在屋顶打开试验消火栓，放水3 min后测量栓口的动压，测量值为0.21 MPa，消防水枪充实水柱测量值为12 m；询问消防控制室有关消防水泵和稳压泵的情况，控制室值班人员回答不清楚。

根据以上材料，关于屋顶试验消火栓检测，下列说法正确的有（　）。[1]（2016-3-一）

A．栓口动压符合规范要求

B．消防控制室应能显示高区消火栓加压泵的运行状态

C．检查人员应到消防水泵房确认高区消火栓加压泵启动情况

D．消防控制室应能显示屋顶消火栓稳压泵运行状态

E．消防水枪充实水柱符合规范要求

【解析】《消防给水及消火栓系统技术规范》(GB 50974—2014)第7.4.12条，室内消火栓栓口压力和消防水枪充实水柱，应符合下列规定：(1)消火栓栓口动压力不应大于0.50 MPa，当大于0.70 MPa时必须设置减压装置；(2)高层建筑、厂房、库房和室内净空高度超过8 m的民用建筑等场所，消火栓栓口动压不应小于0.35 MPa，且消防防水枪充实水柱应按13 m计算；其他场所，消火栓栓口动压不应小于0.25 MPa，且消防水枪充实水柱应按10 m计算。故A、E选项错误。

根据第11.0.7条，消防控制室或值班室，应具有下列控制和显示功能：(1)消防控制柜或控制盘应设置专用线路连接的手动直接启泵按钮；(2)消防控制柜或控制盘应有显示消防水泵和稳压泵的运行状态；(3)消防控制柜或控制盘应能显示消防水池、高位消防水箱等水源的高水位、低水位报警信号，以及正常水位。B、D选项正确。

情景描述中，在屋顶打开试验消火栓，放水3 min后测量栓口的动压，测量值为0.21 MPa，消防水枪充实水柱测量值为12 m，栓口动压不符合规范要求，询问消防控制室有关消防水泵和稳压泵的情况，控制室值班人员回答不清楚，为此检查人员应到消防水泵房确认高区消火栓加压泵启动情况查找原因。C选项正确。

---

1 答案：BCD

2．室内消火栓栓口动压大于（　）MPa 时，必须设置减压装置。[1]（2017-1-46）

A．0.70　B．0.30　C．0.35　D．0.50

【解析】《消防给水及消火栓系统技术规范》（GB 50974—2014）第 7.4.12 条，室内消火栓栓口压力和消防水枪充实水柱，应符合下列规定：（1）消火栓栓口动压力不应大于 0.50 MPa，当大于 0.70 MPa 时必须设置减压装置；（2）高层建筑、厂房、库房和室内净空高度超过 8 m 的民用建筑等场所，消火栓栓口动压不应小于 0.35 MPa，且消防水枪充实水柱应按 13 m 计算；其他场所，消火栓栓口动压不应小于 0.25 MPa，且消防水枪充实水柱应按 10 m 计算。

3．根据现行国家标准《消防给水及消火栓系统技术规范》（GB 50974），干式消火栓系统允许的最大充水时间是（　）min。[2]（2017-2-43）

A．5　B．10　C．2　D．3

【解析】《消防给水及消火栓系统技术规范》（GB 50974—2014）第 7.1.6 条，干式消火栓系统的充水时间不应大于 5 min，并应符合下列规定：（1）在供水干管上宜设干式报警阀、雨淋阀或电磁阀、电动阀等快速启闭装置，当采用电动阀时开启时间不应超过 30 s；（2）当采用雨淋阀、电磁阀和电动阀时，在消火栓箱处应设置直接开启快速启闭装置的手动按钮；（3）在系统管道的最高处应设置快速排气阀。

4．下列关于消防水枪抗跌落性能检查的说法中，正确的是（　）。[3]（2015-2-30）

A．水枪应从距地（1.5±0.02）m 高处自由跌落　B．水枪应从距地（2.0±0.02）m 高处自由跌落

C．水枪应从距地（1.8±0.02）m 高处自由跌落　D．水枪应从距地（2.2±0.02）m 高处自由跌落

【解析】《消防水枪》（GB 8181—2005）第 5.11 条，水枪按 6.8 规定的条件做跌落试验后，应能正常操作使用。第 6.8 条，水枪以喷嘴垂直朝上、喷嘴垂直朝下（旋转开关处于关闭位置）以及水枪轴线处于水平（若有开关时，开关处于水枪水平轴线之下并处于关闭位置）3 个位置，从离地 2.0 m±0.02 m 高处（从水枪的最低点算起）自由落到混凝土地面上。水枪于每个位置坠落两次后检查，检查结果应符合第 5.11 条要求。

第六节　控制与操作

1．某住宅小区，有 18 栋 20 层住宅，建筑高度为 57 m，20 层楼板标高为 54.2 m，高位消防水箱底标高为 62.6 m，室内消防采用联合供水的临时高压消防给水系统，设计流量 57 L/s，室外埋地供水干管采用 DN200 球墨铸铁管，长 2 000 m，漏水率为 1.40 L/（min·km），室内管网总的漏水量为 0.25 L/s。下列关于该系统稳压设施的设置和参数的设计的做法中，符合安全可靠、经济合理要求的有（　）。[4]（2016-2-86）

A．临时高压消防给水系统采用高位消防水箱加稳压泵稳压的方式

B．高位消防水箱出水管的流量开关启动流量设计值为 1.2 L/s

C．高位消防水箱出水管的流量开关启动流量设计值为 0.25 L/s

D．高位消防水箱出水管的流量开关启动流量设计值为 0.30 L/s

E．临时高压消防给水系统采用高位消防水箱稳压的方式

【解析】根据《消防给水及消火栓系统技术规范》（GB 50974—2014）第 5.2.2 条，高位消防水箱的设置位置应高于其所服务的水灭火设施，且最低有效水位应满足水灭火设施最不利点处的静水压力，并应按

1 答案：A

2 答案：A

3 答案：B

4 答案：BE

下列规定确定：高层住宅、二类高层公共建筑、多层公共建筑，不应低于0.07 MPa。根据第7.4.8条，建筑室内消火栓栓口的安装高度应便于消防水龙带的连接和使用，其距地面高度宜为1.1 m。20层消火栓标高为54.2+1.1=55.3（m），该消火栓相对高位水箱最低有效水位的表水压力为62.6–55.3=7.3（m），大于0.07 MPa，可不设稳压泵，故A选项错误，E选项正确。

不设稳压泵由高位水箱稳压的临时高压给水系统应当由高位消防水箱出水管上设置的流量开关启动消防泵，流量开关的动作流量应大于系统管网的泄流量，室内管网总的漏水量为0.25 L/s，故C选项错误。根据第12.2.8条：压力开关、流量开关、水位显示与控制开关等仪表的进场检验，应符合下列要求：流量开关应能在管道流速为0.1～10 m/s时可靠启动，其他性能宜符合现行国家标准《自动喷水灭火系统　第7部分：水流指示器》（GB 5135.7）的有关规定。消防竖管直径一般为100 mm，可计算流量开关的最小可靠启动流量为$3.14\times(0.1/2)^2\times0.1\times1\,000=0.785$ L/s。B选项正确，D选项不选。

2．某寒冷地区公共建筑，地下3层，地上37层，建筑高度160 m，总建筑面积121 000 m^2，按照国家标准设置相应的消防设施。该建筑室内消火栓系统采用消防水泵串联分区供水形式，分高、低区两个分区。消防水泵房和消防水池位于地下一层，设置低区消火栓泵2台（1用1备）和高区消火栓转输泵2台（1用1备）。中间消防水泵房和转输水箱位于地上第十七层，设置高区消火栓加压泵2台（1用1备），高区消火栓加压泵控制柜与消防水泵布置在同一房间。屋顶设置高位消防水箱和稳压泵等稳压装置。低区消火栓由中间转输水箱和低区消火栓泵供水，高区消火栓由屋顶消防水箱和高区消火栓转输泵、高区消火栓加压泵联锁启动供水。

根据以上材料，回答下列问题：

（1）关于该建筑高区消火栓加压泵，下列做法正确的是（　）。[1]（2016-3-一）

A．应有自动停泵的控制功能

B．消防控制室应能手动远程启动该泵

C．流量不应小于40 L/s

D．从接到启泵信号到水泵正常运转的自动启动时间不应大于5 min

E．应能机械应急启动

【解析】根据《消防给水及消火栓系统技术规范》（GB 50974—2014）第11.0.2条，不应设置自动停泵的控制功能，故A选项错误。根据第11.0.7条，消防控制柜或控制盘应设置专用线路连接的手动直接启泵按钮，B选项正确。根据第3.5.2条表3.5.2，高度大于50 m的一类公共建筑室内消火栓设计流量为40 L/s，C选项正确。根据第11.0.3条，消防水泵应确保从接到启泵信号到水泵正常运转的自动启动时间不应大于2 min，故D选项错误。根据第11.0.12条，消防水泵控制柜应设置机械应急启泵功能，并应保证在控制柜内的控制线路发生故障时由有管理权限的人员在紧急时启动消防水泵。机械应急启动时，应确保消防水泵在报警5.0 min内正常工作。E选项正确。

（2）关于该建筑高区消火栓加压泵控制柜，下列说法错误的有（　）。[2]（2016-3-一）

A．机械应急启动时，应确保消防水泵在报警后5 min内正常工作

B．应采取防止被水淹的措施

C．防护等级不应低于IP30

D．应具有自动巡检可调、显示巡检状态和信号功能

E．控制柜对话界面英汉双语语言

---

1 答案：BCE

2 答案：CE

【解析】根据《消防给水及消火栓系统技术规范》(GB 50974—2014)第 11.0.12 条，消防水泵控制柜应设置机械应急启泵功能，并应保证在控制柜内的控制线路发生故障时由有管理权限的人员在紧急时启动消防水泵。机械应急启动时，应确保消防水泵在报警 5.0 min 内正常工作。A 选项正确。根据第 5.5.14 条，消防水泵房应采取防水淹没的技术措施，B 选项正确。根据第 11.0.9 条，消防水泵控制柜与消防水泵设置在同一空间时，其防护等级不应低于 IP55，故 C 选项错误。根据第 11.0.18 条，防水泵控制柜应有显示消防水泵工作状态和故障状态的输出端子及远程控制消防水泵启动的输入端子。控制柜应具有自动巡检可调、显示巡检状态和信号等功能，且对话界面应为汉语语言，图标应便于识别和操作。D 选项正确，E 选项错误。

(3) 下列消火水泵控制柜的 IP 等级中，符合现行国家标准的有（ ）。[1]（2017-3-一）

A．IP25　B．IP35　C．IP45　D．IP55　E．IP65

【解析】《消防给水及消火栓系统技术规范》(GB 50974—2014)第 11.0.9 条，消防水泵控制柜设置在专用消防水泵控制室时，其防护等级不应低于 IP30；与消防水泵设置在同一空间时，其防护等级不应低于 IP55。

3．某建筑消防水泵控制柜与消防水泵设置在同一房间。系统管网泄漏量测试结果为 0.75 L/s，高位消防水箱出水管上设置流量开关，动作流量设定值为 1.75 L/s。消防水泵性能和控制柜性能合格，室内外消火栓系统系统验收合格。在竣工验收三年后的日常运行中，消防水泵经常发生误动作。勘查原因后发现，高位消防水箱的补水量与竣工验收时相比，增加了 1 倍。针对消防水泵经常误动作，下列整改措施中，可行的有（ ）。[2]（2017-3-一）

A．检测管道漏水点并补漏　B．更换流量开关　C．关闭消防水箱的出水管

D．调整流量开关启动流量至 2.5 L/s　E．更换控制柜

【解析】水泵经常发生误动作，高位消防水箱补水量增加 1 倍，说明系统泄漏量增大近 1 倍，0.75 L/s × 2 = 1.5 L/s。可行的整改措施为补漏或调高启动流量至 2.5 L/s。故选择 A、D 选项。

第七节 施工、调试、验收

一、现场检查

1．某消防工程施工单位在室内消防给水系统施工前，采用消防软管卷盘进场检验，下列检查要求和符合现行国家标准《消防给水及消火栓系统技术规范》(GB 50974)的是（ ）。[3]（2018-2-29）

A．消防软管卷盘的公称直径为 16 mm，长度为 30 m

B．应对消防软管卷盘的密封性能进行测试，每批次抽查 2 个，以 50 个为 1 批次

C．应对消防软管卷盘进行一般检查，检查数量从每批次中抽查 50%

D．应对消防软管卷盘外观进行全数检查

【解析】根据《消防给水及消火栓系统技术规范》(GB 50974—2014)第 7.4.2 条，室内消火栓的配置应符合下列要求：(2) 消防软管卷盘应配置内径不小于 ϕ19 的消防软管，其长度宜为 30.0 m。故 A 选项错误。

根据第 12.2.3 条，性能检查数量：抽查符合本条第 14 款的规定；其第 14 款为：试验数量宜从每批中抽查 1%，但不应少于 5 个。B 选项错误；

1 答案：DE

2 答案：AD

3 答案：D

根据第 12.2.3 条，外观和一般检查数量：全数检查。故 C 选项错误，D 选项正确。

2．室内消火栓的性能和质量应符合现行国家标准《室内消火栓》（GB 3445）的要求。对室内消火栓进行施工现场检查时，下列检验项目中，不属于现场检验项目的是（　）。[1]（2016-2-13）

A．油漆等外观质量检查　　B．水压强度试验　　C．机械损伤检查　　D．密封性能试验

【解析】根据《消防给水及消火栓系统技术规范》（GB 50974—2014）第 12.2.3 条，消火栓的现场检验应符合下列要求：消火栓外观应无加工缺陷和机械损伤；消火栓的螺纹出水口和快速连接卡扣应无缺陷和机械损伤；消火栓固定接口应进行密封性能试验，应以无渗漏、无损伤为合格。根据第 12.4.1 条，消防给水及消火栓系统试压和冲洗应符合下列要求：管网安装完毕后，应对其进行强度试验、冲洗和严密性试验。

3．按照施工过程质量控制要求，消防给水系统安装前应对采用的主要设备、系统组件、管材管件及其他设备、材料进行现场检验。根据现行国家标准《消防给水及消火栓系统技术规范》（GB 50974），下列说法中，正确的是（　）。[2]（2017-2-41）

A．流量开关应经相应国家产品质量监督检验中心检验合格

B．消防水箱应经国家消防产品质量监督检验中心检验合格

C．压力开关应经国家消防产品质量监督检验中心检验合格

D．安全阀应经国家消防产品质量监督检验中心检验合格

【解析】根据《消防给水及消火栓系统技术规范》（GB 50974—2014）第 12.2.1 条，消防给水及消火栓系统施工前应对采用的主要设备、系统组件、管材管件及其他设备、材料进行进场检查，并应符合下列要求：消防水泵、消火栓、消防水带、消防水枪、消防软管卷盘或轻便水龙、报警阀组、电动（磁）阀、压力开关、流量开关、消防水泵接合器、沟槽连接件等系统主要设备和组件，应经国家消防产品质量监督检验中心检测合格；稳压泵、气压水罐、消防水箱、自动排气阀、信号阀、止回阀、安全阀、减压阀、倒流防止器、蝶阀、闸阀、流量计、压力表、水位计等，应经相应国家产品质量监督检验中心检测合格；气压水罐、组合式消防水池、屋顶消防水箱、地下水取水和地表水取水设施，以及其附件等，应符合国家现行相关产品标准的规定。

4．某消防工程施工单位对消火栓系统进行施工前的经常检验，根据现行国家标准《消防给水及消火栓系统技术规范》（GB 50974），关于消火栓固定接口密封性能现场试验的说法中，正确的是（　）。[3]（2017-2-35）

A．试验数量宜从每批中抽查 1%，但不应少于 3 个

B．当仅有 1 个不合格时，应再抽查 2%，但不应少于 10 个

C．应缓慢而均匀地升压至 1.6 MPa，并应保压 1 min

D．当第 2 次抽查仍有不合格时，应继续进行批量抽查，抽查数量按前次递增

【解析】《消防给水及消火栓系统技术规范》（GB 50974—2014）第 12.2.3 条第 14 项，消火栓固定接口应进行密封性能试验，应以无渗漏、无损伤为合格。试验数量宜从每批中抽查 1%，但不应少于 5 个，应缓慢而均匀地升压 1.6 MPa，应保压 2 min。当两个及两个以上不合格时，不应使用该批消火栓。当仅有 1 个不合格时，应再抽查 2%，但不应少于 10 个，并应重新进行密封性能试验；当仍有不合格时，亦不应使用该批消火栓。

---

1 答案：B

2 答案：C

3 答案：B

5．某消防工程施工单位对室内消火栓进场检查。根据现行国家标准《消防给水及消火栓系统技术规范》（GB 50974），下列消火栓固定接口密封性能试验抽样数量的说法，正确的是（　）。[1]（2018-2-46）

A．宜从每批中抽查 0.5%，但不应少于 5 个，当仅有 1 个不合格时，应再抽查 1%，但不应少于 10 个

B．宜从每批中抽查 1%，但不应少于 3 个，当仅有 1 个不合格时，应再抽查 2%，但不应少于 5 个

C．宣从每批中抽查 0.5%，但不应少于 3 个，当仅有 1 个不合格时，应再抽查 1%，但不应少于 5 个

D．宣从每批中抽查 1%，但不应少于 5 个，当仅有 1 个不合格时，应再抽查 2%，但不应少于 10 个

【解析】根据《消防给水及消火栓系统技术规范》（GB 50974—2014）第 12.2.3 条，消火栓的现场检验应符合下列要求：（14）消火栓固定接口应进行密封性能试验，应以无渗漏、无损伤为合格。试验数量宜从每批中抽查 1%，但不应少于 5 个。当仅有 1 个不合格时，应再抽查 2%，但不应少于 10 个，并应重新进行密封性能试验；当仍有不合格时，亦不应使用该批消火栓。故 D 选项正确。

6．安装单位技术人员对某医院综合楼消防给水系统的进场设备、材料进行安装前检查。下列检查方案中，符合相关规范要求的是（　）。[2]（2015-2-80）

A．按 20%的比例对镀锌铜管进行现场外观检查

B．持有消防产品强制性认证证书的产品免于现场检查

C．全数检查阀门的铭牌、安全操作指示标志、产品说明书和水流方向的永久标志

D．按 30%的比例，且不少于 1 个的规定，对螺纹密封件进行现场外观检查

【解析】根据《消防给水及消火栓系统技术规范》（GB 50974—2014）第 12.2.5 条，管材、管件应进行现场外观检查，检查数量：全数检查。A、D 选项错误。根据第 12.2.1 条，消防给水及消火栓系统施工前应对采用的主要设备、系统组件、管材管件及其他设备、材料进行进场检查，并应符合下列要求：消防水泵、消火栓、消防水带、消防水枪、消防软管卷盘或轻便水龙、报警阀组、电动（磁）阀、压力开关、流量开关、消防水泵接合器、沟槽连接件等系统主要设备和组件，应经国家消防产品质量监督检验中心检测合格；检查数量：全数检查。B 选项错误。根据第 12.2.6 条，阀门及其附件的现场检验应符合下列要求：阀门应有清晰的铭牌、安全操作指示标志、产品说明书和水流方向的永久性标志。检查数量：全数检查。C 选项符合题意。

二、施工安装

1．管径大于 DN50 mm 的消防管道水平架空安装时，应按规定设置防晃支架，下列相关要求中，正确的有（　）。[3]（2015-2-88）

A．应在管道拐弯位置处设置一个防晃支架

B．应在管道三通位置处设置一个防晃支架

C．应在管道的始端设置一个防晃支架

D．应在管道的终端设置一个防晃支架

E．应在管道四通位置处设置一个防晃支架

【解析】《消防给水及消火栓系统技术规范》（GB 50974—2014）第 12.3.20 条第 6 项，下列部位应设置固定支架或防晃支架：（1）配水管宜在中点设置一个防晃支架，但当管径小于 DN50 时可不设；（2）配水干管及配水管，配水支管的长度超过 15 m，每 15 m 长度内应至少设一个防晃支架，但当管径不大于 DN40 时可不设；（3）管径大于 DN50 的管道拐弯、三通及四通位置处应设 1 个防晃支架；（4）防晃支架的强度，应满足管道、配件及管内水的重量再加 50%的水平方向推力时不损坏或不产生永久变形；当管道穿梁安装时，管道再用紧固件固定于混凝土结构上，宜可作为 1 个防晃支架处理。A、B、E 选项正确。根据 12.3.21

1 答案：D

2 答案：C

3 答案：ABE

条，架空管道每段管道设置的防晃支架不应少于1个；当管道改变方向时，应增设防晃支架；立管应在其始端和终端设防晃支架或采用管卡固定。C、D选项错误。

2. 某居住小区由4座建筑高度为69.0 m的23层单元式住宅楼和4座建筑高度为54.0 m的18层单元式住宅楼组成。设备机房设地下一层（标高-5.0 m）。小区南北侧市政道路上各有一条DN300的市政给水管，供水压力为0.25 MPa，小区所在地区冰冻线深度为0.85 m。

根据以上材料，回答下列问题：

（1）下列室外埋地消防给水管道的设计管顶覆土深度中，符合国家标准的有（　）m。[1]（2017-3-一）

A. 0.70　B. 1.00　C. 1.05　D. 1.15　E. 1.25

【解析】《消防给水及消火栓系统技术规范》（GB 50974—2014）第8.2.6条，埋地金属管道的管顶覆土应符合下列规定：（1）管道最小管顶覆土应按地面荷载、埋深荷载和冰冻线对管道的综合影响确定；（2）管道最小管顶覆土不应小于0.70 m；但当在机动车道下时管道最小管顶覆土应经计算确定，并不宜小于0.90 m；（3）管道最小管顶覆土应至少在冰冻线以下0.30 m。0.85+0.30=1.15（m），D、E选项符合题意。

3. 建筑消火栓系统施工的做法正确的有（　）。[2]（2018-3-一）

A. 消火栓控制阀采用沟槽式阀门或法兰式阀门

B. 钢丝网骨架塑料复合管的过渡接头钢带端与钢管采用焊接连接

C. 室内消火栓管道的热浸镀锌钢管采用法兰连接时二次镀锌

D. 室内消火栓架空管道采用钢丝网骨架塑料复合管

E. 吸水管变径连接时，采用偏心异径管件并采用管顶平接

【解析】根据《消防给水及消火栓系统技术规范》（GB 50974—2014）第8.2.7条，埋地管道采用钢丝网骨架塑料复合管时应符合下列规定：（5）管材及连接管件应采用同一品牌产品，连接方式应采用可靠的电熔连接或机械连接。B选项错误。

根据第12.3.11条，当管道采用螺纹、法兰、承插、卡压等方式连接时，应符合下列要求：（4）当热浸镀锌钢管采用法兰连接时应选用螺纹法兰。根据条文解释第12.3.11条，法兰连接时，如采用焊接法兰连接，焊接后要求必须重新镀锌或采用其他有效防锈蚀的措施，法兰连接采用螺纹法兰可不要二次镀锌。C选项错误。

根据第12.3.18条，架空管道应采用热浸镀锌钢管，并宜采用沟槽连接件、螺纹、法兰和卡压等方式连接；架空管道不应安装使用钢丝网骨架塑料复合管等非金属管道。D选项错误。

根据第12.3.2条，消防水泵的安装应符合下列要求：（7）吸水管水平管段上不应有气囊和漏气现象。变径连接时，应采用偏心异径管件并应采用管顶平接。E选项正确。

三、试压冲洗

1. 根据《消防给水及消火栓系统技术规范》（GB 50974—2014）的规定，室内消火栓系统管网安装完成后，对其进行水压试验和冲洗的正确顺序是（　）。[3]（2015-2-70）

A. 强度试验—严密性试验—冲洗　　B. 强度试验—冲洗—严密性试验

C. 冲洗—强度试验—严密性试验　　D. 冲洗—严密性试验—强度试验

【解析】《消防给水及消火栓系统技术规范》（GB 50974—2014）第12.4.1条，消防给水及消火栓系统试压和冲洗应符合下列要求：（1）管网安装完毕后，应对其进行强度试验、冲洗和严密性试验；（2）强度

1 答案：DE

2 答案：AE

3 答案：B

试验和严密性试验宜用水进行。干式消火栓系统应做水压试验和气压试验；（3）系统试压完成后，应及时拆除所有临时盲板及试验用的管道，并应与记录核对无误，且应按本规范表 C.0.2 的格式填写记录；（4）管网冲洗应在试压合格后分段进行。冲洗顺序应先室外，后室内；先地下，后地上；室内部分的冲洗应按供水干管、水平管和立管的顺序进行。

2．某厂区室外消防给水管管材采用钢丝网骨架塑料管，系统设计工作压力 0.5 MPa，管道水压强度试验的试验压力最小应为（　）。[1]（2018-2-42）

A．0.6 MPa　B. 0.75 MPa　C. 1.0 MPa　D. 0.8 MPa

【解析】根据《消防给水及消火栓系统技术规范》（GB 50974—2014）第 12.4.2 条，压力管道水压强度试验的试验压力应符合表 12.4.2 的规定，表 12.4.2 的第三项内容为：钢丝网骨架塑料管的试验压力为系统工作压力 p 的 1.5 倍，且不应小于 0.8 MPa。$0.5 \times 1.5=0.75<0.8$，故取 0.8 MPa。

3．某消防工程施工单位对设计工作压力为 0.8 MPa 的消火栓系统管网进行水压严密性试验，水压严密性试验的下列做法中，正确的是（　）。[2]（2018-2-54）

A．试验压力为 0.96 MPa，稳压 12 h　　B．试验压力为 1.0 MPa，稳压 10 h

C．试验压力为 0.8 MPa，稳压 24 h　　D．试验压力为 1.2 MPa，稳压 8 h

【解析】根据《消防给水及消火栓系统技术规范》（GB 50974—2014）第 12.4.4 条，水压严密性试验应在水压强度试验和管网冲洗合格后进行。试验压力应为系统工作压力，稳压 24 h，应无泄漏。

四、调试验收

1．某消防工程施工单位在消火栓系统安装结束后对系统进行调试。根据现行国家标准《消防给水及消火栓系统技术规范》（GB 50974），关于消火栓调试和测试的说法中，正确的是（　）。[3]（2017-2-34）

A．只需测试一层消火栓的出流量、压力

B．应根据试验消火栓的流量，检测减压阀的减压能力

C．应在消防水泵启动后，检测消防水泵自动停泵的时间

D．应检查旋转型消火栓的性能

【解析】《消防给水及消火栓系统设计规范》（GB 50974—2014）第 13.1.8 条，消火栓的调试和测试应符合下列规定：（1）试验消火栓动作时，应检测消防水泵是否在本规范规定的时间内自动启动。（2）试验消火栓动作时，应测试其出流量、压力和充实水柱的长度；并应根据消防水泵的性能曲线核实消防水泵供水能力。（3）应检查旋转型消火栓的性能能否满足其性能要求。（4）应采用专用检测工具，测试减压稳压型消火栓的阀后动静压是否满足设计要求。检查数量：全数检查。

要全数检查，只测一层不符合要求。A 选项错误，D 选项正确。试验栓不能检测减压阀减压能力；C 选项：消防水泵不能设置自动停泵功能。

2．某旅馆，地下 1 层，地上 4 层，每层层高 4 m，设置常高压消防给水系统，高位消防水池设于 100 m 外的山坡上，与建筑屋面高差 60 m。根据现行国家标准《消防给水及消火栓系统技术规范》（GB 50974），该旅馆消防给水系统的调试方案可不包括的内容是（　）。[4]（2018-2-9）

A．水源测试　　B．消火栓调试　　C．排水设施调试　　D．消防水泵调试

---

1 答案：D

2 答案：C

3 答案：D

4 答案：D

【解析】根据《消防给水及消火栓系统技术规范》（GB 50974—2014）第2.1.2条，高压消防给水系统：能始终保持满足水灭火设施所需的工作压力和流量，火灾时无须消防水泵直接加压的供水系统。根据题意"设置常高压消防给水系统"，不需要水泵，因此也就不存在消防水泵的调试，选D。

3．根据现行国家标准，室内消火栓系统竣工验收时，应检查的内容有（　）。[1]（2017-3-一）

A．消火栓设置位置　B．栓口压力　C．消防水带长度　D．消火栓安装高度

E．消火栓试验高度

【解析】《消防给水及消火栓系统技术规范》（GB 50974—2014）第13.2.13条，消火栓验收应符合下列要求：（1）消火栓的设置场所、位置、规格、型号应符合设计要求和本规范第7.2节～第7.4节的有关规定；（2）室内消火栓的安装高度应符合设计要求；（3）消火栓的设置位置应符合设计要求和本规范第7章的有关规定，并应符合消防救援和火灾扑救工艺的要求；（4）消火栓的减压装置和活动部件应灵活可靠，栓后压力应符合设计要求。根据第7.4.2条，室内消火栓的配置应符合下列要求：（2）应配置公称直径65有内衬里的消防水带，长度不宜超过25.0m；消防软管卷盘应配置内径不小于ϕ19的消防软管，其长度宜为30.0m；轻便水龙应配置公称直径25有内衬里的消防水带，长度宜为30.0m。在消火栓验收中没有提及消火栓试验高度，故E错误。

4．根据现行国家标准《消防给水及消火栓系统技术规范》（GB 50974），对消防给水及消火栓系统进行验收前的检测。下列检测结果中，属于工程质量缺陷项目重缺陷项的有（　）。[2]（2018-2-91）

A．消防水泵出水管上的控制阀关闭　B．消防水泵主、备泵相互切换不正常

C．消防水泵运转中噪声及震动较大　D．消防水池吸水管喇叭口位置与设计位置存在误差

E．高位消防水箱未设置水位报警装置

【解析】根据《消防给水及消火栓系统技术规范》（GB 50974—2014）附录F，A、E选项属于严重缺陷项，B、C选项属于重缺陷项，D选项属于轻缺陷项。

第八节　维护管理

1．根据《消防给水及消火栓系统技术规范》（GB 50974—2014）的规定，对消防给水系统供水设施进行维护管理，每（　）应手动启动消防水泵运转一次，并应检查供电电源的情况。[3]（2015-2-36）

A．月　B．年　C．半年　D．季度

【解析】《消防给水及消火栓系统技术规范》（GB 50974—2014）第14.0.4条，消防水泵和稳压泵等供水设施的维护管理应符合下列规定：（1）每月应手动启动消防水泵运转一次，并应检查供电电源的情况；（2）每周应模拟消防水泵自动控制的条件自动启动消防水泵运转一次，且应自动记录自动巡检情况，每月应检测记录；（3）每日应对稳压泵的停泵启泵压力和启泵次数等进行检查和记录运行情况；（4）每日应对柴油机消防水泵的启动电池的电量进行检测，每周应检查储油箱的储油量，每月应手动启动柴油机消防水泵运行一次；（5）每季度应对消防水泵的出流量和压力进行一次试验；（6）每月应对气压水罐的压力和有效容积等进行一次检测。

2．根据《消防给水及消火栓系统技术规范》（GB 50974—2014）的规定，下列关于室内消火栓系统日常维护管理的说法中，正确的是（　）。[4]（2015-2-55）

---

1 答案：ABCD
2 答案：BC
3 答案：A
4 答案：B

A．每季度应该对消火栓进行一次严密性试验检查，发现有不正确的消火栓应及时更换

B．每季度应该对消火栓进行一次外观和漏水检查，发现有不正确的消火栓应及时更换

C．每季度应该对消火栓进行一次出水试验检查，发现有不正常的消火栓应及时更换

D．每季度应该对消火栓进行一次水压强度试验检查，发现有不正常的消火栓应及时更换

【解析】根据《消防给水及消火栓系统技术规范》（GB 50974—2014）第 14.0.7 条，每季度应该对消火栓进行一次外观和漏水检查，发现有不正常的消火栓应及时更换。

3．对高位消防水箱进行维护保养，应定期检查水箱水位，检查水位的周期至少应为每（　）。[1]（2016-2-17）

A．日　B．月　C．季　D．年

【解析】根据《消防给水及消火栓系统技术规范》（GB 50974—2014）第 14.0.3 条，水源的维护管理应符合下列规定：每月应对消防水池、高位消防水池、高位消防水箱等消防水源设施的水位等进行一次检测；消防水池（箱）玻璃水位计两端的角阀在不进行水位观察时应关闭。

4．消防给水系统维护管理人员，应掌握和熟悉消防给水系统的（　）、性能和操作规程。[2]（2016-2-53）

A．灭火机理　B．运行规律　C．设计原理　D．工作原理

【解析】根据《消防给水及消火栓系统技术规范》（GB 50974—2014）第 14.0.2 条，维护管理人员应掌握和熟悉消防给水系统的原理、性能和操作规程。

5．某住宅小区采用临时高压消防给水系统，电动消防水泵供水，高位消防水箱稳压。运行维护管理时，根据现行国家消防技术标准，正确的做法是（　）。[3]（2016-2-74）

A．每月手动启动消防泵运行，并检查供电情况　　B．每季度检查供电情况

C．每年测试泵的流量和压力　　D．每周对稳压泵的停泵启泵压力进行检查

【解析】《消防给水及消火栓系统技术规范》（GB 50974—2014）第 14.0.4 条，消防水泵和稳压泵等供水设施的维护管理应符合下列规定：（1）每月应手动启动消防水泵运转一次，并应检查供电电源的情况；（2）每周应模拟消防水泵自动控制的条件自动启动消防水泵运转一次，且应自动记录自动巡检情况，每月应检测记录；（3）每日应对稳压泵的停泵启泵压力和启泵次数等进行检查和记录运行情况；（4）每日应对柴油机消防水泵的启动电池的电量进行检测，每周应检查储油箱的储油量，每月应手动启动柴油机消防水泵运行一次；（5）每季度应对消防水泵的出流量和压力进行一次试验；（6）每月应对气压水罐的压力和有效容积等进行一次检测。

6．关于该建筑室内消火栓系统维护管理，下列说法正确的有（　）。[4]（2016-3-一）

A．每季度应对消防水池、消防水箱的水位进行一次检查

B．每月应手动启动消防水泵运转一次

C．每月应模拟消防水泵自动控制的条件自动启动消防水泵运转一次

D．每月应对控制阀门铅封、锁链进行一次检查

E．每周应对稳压泵的停泵启泵压力和启泵次数等进行检查，并记录运行情况

【解析】根据《消防给水及消火栓系统技术规范》（GB 50974—2014）第 14.0.3 条第 4 款，每月应对消防水池、消防水箱的水位进行一次检查，A 选项错误。根据第 14.0.4 条第 1 款，每月应手动启动消防水泵运转一次，故 B 选项正确。根据第 14.0.4 条第 2 款，每周应模拟消防水泵自动控制的条件自动启动消防水

1 答案：B

2 答案：D

3 答案：A

4 答案：BD

泵运转一次，且应自动记录自动巡检情况，每月应检测记录，C选项错误。根据第14.0.6条第3款，系统上所有的控制阀门均应采用铅封或锁链固定在开启或规定的状态，每月应对铅封、锁链进行一次检查，当有破坏或损坏时应及时修理更换，D选项正确。根据第14.0.4条第3款，每日应对稳压泵的停泵、启泵压力和启泵次数等进行检查和记录运行情况，E选项错误。

7．根据现行国家标准《消防给水及消火栓系统技术规范》（GB 50974），消火栓系统上所有的控制阀门均应采用铅封或锁链固定在开启或规定的状态，且应（ ）对铅封、锁链进行一次检查，当有破坏或损坏时应及时修理更换。[1]（2018-2-70）

A．每月　B．每季度　C．每半年　D．每年

【解析】根据《消防给水及消火栓系统技术规范》（GB 50974—2014）第14.0.6条，阀门的维护管理应符合下列规定：（3）系统上所有的控制阀门均应采用铅封或锁链固定在开启或规定的状态，每月应对铅封、锁链进行一次检查，当有破坏或损坏时应及时修理更换。故选A选项。

8．在消防给水系统减压阀的维护管理中，应定期对减压阀进行检测，对减压阀进行放水试验应（ ）。[2]（2018-2-79）

A．每季度一次　B．每半年一次　C．每月一次　D．每年一次

【解析】根据《消防给水及消火栓系统技术规范》（GB 50974—2014）第14.0.5条，减压阀的维护管理应符合下列规定：（1）每月应对减压阀组进行一次放水试验，并应检测和记录减压阀前后的压力，当不符合设计值时应采取满足系统要求的调试和维修等措施。

9．某建筑工程竣工验收一年后，在对系统进行季度检查时，打开试水阀，高位消防水箱出水管上的流量开关动作，消防水泵无法自动启动。消防控制中心值班人员按下手动专用线路按钮后，消防水泵仍不启动。值班人员到消防水泵房操作机械应急开关后，消防水泵启动。经维修消防控制柜后，恢复正常。对系统进行季度检查时发现，消防水泵的自动和远程手动功能均失效，机械应急启动功能有效。消防水泵控制柜故障的可能原因有（ ）。[3]（2017-3-一）

A．控制回路继电器故障　B．控制回路电气线路故障　C．主电源故障

D．交流接触电磁系统故障　E．信号输出模块故障

【解析】A、B选项：手动和自动都启动不了，说明电气线路或继电器故障。D选项：电磁系统故障下，线路接通时磁路不能闭合，机械应急时可以强制闭合。E选项：自动和手动均失效，排除模块故障，因为手动控制不需要模块，是直接与控制线路的启动按钮并联，在自动控制失效时能正常启动。C选项：主电源故障则机械应急也不可能启动，C选项可以排除。

10．某消防检测机构，检查物业公司的临时高压消防给水系统维护管理记录，发现有一条维护管理记录如下：自动和手动启动消防水泵时，水泵无法实现运转，按下控制柜的机械应急启动操纵杆时，水泵能正常运转。下列关于系统故障的原因中，正确的是（ ）。[4]（2016-2-55）

A．自动巡检变频器故障　B．控制电器元件故障

C．电机供电回路故障　D．供电电压不足

【解析】机械应急可以启动，自动或手动启动不了，说明水泵没有问题，控制电器元件出现了故障。

1 答案：A

2 答案：C

3 答案：ABD

4 答案：B

11. 对某高层公共建筑消防给水系统进行维护检测，消防水泵出水干管上的压力开关动作后，消防水泵未启动，下列故障原因分析中，可排除的是（　）。[1]（2018-2-14）

A. 消防联动控制器处于手动起泵状态　　B. 压力开关与水泵之间线路故障

C. 消防水泵控制柜处于手动起泵状态　　D. 消防水泵控制柜内继电器损坏

【解析】《消防给水及消火栓系统技术规范》（GB 50974—2014）第 11.0.4 条，消防水泵出水干管上设置的压力开关、高位消防水箱出水管上的流量开关，或报警阀压力开关等开关信号应能直接自动启动消防水泵。消防水泵房内的压力开关宜引入消防水泵控制柜内。《火灾自动报警系统设计规范》（GB 50116—2013）第 4.3.1 条，联动控制方式，应由消火栓系统出水干管上设置的低压压力开关、高位消防水箱出水管上设置的流量开关或报警阀压力开关等信号作为触发信号，直接控制启动消火栓泵，联动控制不应受消防联动控制器处于自动或手动状态的影响。所以，出水干管上的压力开关属于直接联锁启动水泵，和联动控制器在手动或自动挡无关，选 A。

第三章　自动喷水灭火系统

本章由宋瑞明解析

第一节　系统基础

一、系统术语

1. 根据现行国家标准《自动喷水灭火系统设计规范》，下列自动喷水灭火系统中，可组成防护冷却系统的是（　）。[2]（2018-1-72）

A. 闭式洒水喷头湿式报警阀组　　B. 开式洒水喷头雨淋报警阀组

C. 水幕喷头雨淋报警阀组　　D. 闭式洒水喷头干式报警阀组

【解析】《自动喷水灭火系统设计规范》（GB 50084—2017）第 2.1.12 条，防护冷却系统：由闭式洒水口喷头、湿式报警阀组等组成，发生火灾时用于冷却防火卷帘、防火玻璃墙等防火分隔设施的闭式系统。故 A 选项正确。

2. 根据现行国家标准《自动喷水灭火系统设计规范》（GB 50084），属于自动喷水灭火系统中防护冷却系统组件的是（　）。[3]（2018-2-12）

A. 开式洒水喷　　B. 水幕喷头　　C. 雨淋报警阀组　　D. 闭式洒水喷头

【解析】《自动喷水灭火系统设计规范》（GB 50084—2017）第 2.1.12 条防护冷却系统：由闭式洒水口喷头、湿式报警阀组等组成，发生火灾时用于冷却防火卷帘、防火玻璃墙等防火分隔设施的闭式系统。故 D 选项正确。

1 答案：A

2 答案：A

3 答案：D

二、系统原理

1．下列自动喷水灭火系统中，属于开式系统的是（　）。[1]（2017-1-29）

A．湿式系统　　B．干式系统　　C．雨淋系统　　D．预作用系统

【解析】根据《自动喷水灭火系统设计规范》（GB 50084—2017）第2.1.4条，湿式系统是准工作状态时配水管道内充满用于启动系统的有压水的闭式系统。根据第2.1.5条，干式系统是准工作状态时配水管道内充满用于启动系统的有压气体的闭式系统。根据第2.1.6条，预作用系统是准工作状态时配水管道内不充水，发生火灾时由火灾自动报警系统、充气管道上的压力开关联锁控制预作用装置和启动消防水泵，向配水管道供水的闭式系统。根据第2.1.8条，雨淋系统是由开式洒水喷头、雨淋报警阀组等组成，发生火灾时由火灾自动报警系统或传动管控制，自动开启雨淋报警阀组并启动消防水泵，用于灭火的开式系统。故C选项正确。

2．下列关于干式自动喷水灭火系统的说法中，错误的是（　）。[2]（2016-1-62）

A．在准工作状态下，由稳压系统维持干式报警阀入口前管道内的充水压力

B．在准工作状态下，干式报警阀出口后的配水管道内应充满有压气体

C．当发生火灾后，干式报警阀开启，压力开关动作后管网开始排气充水

D．当发生火灾后，配水管道排气充水后，开启的喷头开始喷水

【解析】参见教材《消防安全技术实务》第三篇第三章第二节干式自动喷水灭火系统工作原理。报警阀开启后开始排气充水，然后开启报警阀的压力开关，连锁启动消防水泵。故C选项错误。

3．消防技术服务机构对某商业大厦中的湿式自动喷水灭火系统进行验收前的检测。消防技术服务机构人员将末端试水装置打开，湿式报警阀、压力开关相继动作，主泵启动，运行5 min后，在业主建议下，将其余各层喷淋系统给水管网上的试水阀打开，观察给水管是否通畅。全部试水阀打开10 min后，主泵虽仍运行，但出口压力显示为零；切换至备用泵继续试验，结果同前。经检查，电器设备、主备用水泵均无故障。

分析有可能导致自动喷水灭火系统主、备用水泵出水管路压力为零的原因。（2017-3-四）

答案：（1）消防水池容积过小，水量不足。（2）没有设置吸水井，不满足自灌式吸水要求。（3）压力表安装位置错误，压力表安装在了测试管路。（4）压力表测试管路控制阀关闭，无法测量压力。（5）压力表本身损坏。

二、火灾危险等级

1．自动喷水灭火系统设置场所的危险等级应根据建筑规模、高度以及火灾危险性、火灾荷载和保护对象的特点等确定。下列建筑中，自动喷水灭火系统设置场所的火灾危险等级为中级危险Ⅰ级的是（　）。[3]（2015-1-52）

A．建筑高度为50 m的办公楼　　B．建筑高度为23 m的四星旅馆

C．2 000个座位剧场的舞台　　D．总建筑面积5 600 m^2的商场

【解析】根据《自动喷水灭火系统设计规范》（GB 50084—2017）附录A。

火灾危险等级	分类依据或设置场所举例
轻危险级	可燃物品较少、预计火灾放热速率较低（住宅建筑、幼儿园、老年人建筑、建筑高度为24 m及以下的旅馆、办公楼；仅在走道设置闭式系统的建筑等）

1 答案：C

2 答案：C

3 答案：A

火灾危险等级		分类依据或设置场所举例
中危险级	Ⅰ级	可燃物品数量和其可燃性为中等，火灾初期不会发生剧烈燃烧： （1）高层民用建筑：旅馆、办公楼、综合楼、邮政楼、金融电信楼、指挥调度楼、广播电视楼（塔）等 （2）公共建筑（含单多高层）：医院、疗养院；图书馆（书库除外）、档案馆、展览馆（厅）；影剧院、音乐厅和礼堂（舞台除外）及其他娱乐场所；火车站和飞机场及码头的建筑；总建筑面积小于 5 000 m^2 的商场、总建筑面积小于 1 000 m^2 的地下商场等 （3）文化遗产建筑：木结构古建筑、国家文物保护单位等 （4）工业建筑：食品、家用电器、玻璃制品等工厂的备料与生产车间等；冷藏库、钢屋架等建筑构件
中危险级	Ⅱ级	可燃物品数量和其可燃性由中到较高，火灾初期有中等到较高放热速率： （1）民用建筑：书库，舞台（葡萄架除外），汽车停车场，总建筑面积 5 000 m^2 及以上的商场，总建筑面积 1 000 m^2 及以上的地下商场，净空高度不超过 8 m、物品高度不超过 3.5 m 的超级市场等 （2）工业建筑：棉毛麻丝及化纤的纺织、织物及制品、木材木器及胶合板、谷物加工、烟草及制品、饮用酒（啤酒除外）、皮革及制品、造纸及纸制品、制药等工厂的备料与生产车间
严重危险级	Ⅰ级	印刷厂、酒精制品、可燃液体制品等工厂的备料与生产车间，净空高度不超过 8 m、物品高度超过 3.5 m 的超级市场等
	Ⅱ级	易燃液体喷雾操作区域、固体易燃物品、可燃的气溶胶制品、溶剂清洗、喷涂油漆、沥青制品等工厂的备料及生产车间、摄影棚、舞台葡萄架下部等
仓库危险级	Ⅰ级	食品、烟酒；木箱、纸箱包装的不燃、难燃物品等
	Ⅱ级	木材，纸，皮革，谷物及制品，棉毛麻丝化纤及制品，家用电器，电缆，B 组塑料与橡胶及其制品，钢塑混合材料制品，各种塑料瓶盒包装的不燃、难燃物品及各类物品混杂储存的仓库等
	Ⅲ级	A 组塑料与橡胶及其制品、沥青制品等

选项 A，建筑高度为 50 m 的办公楼为中级危险Ⅰ级。

选项 B，建筑高度为 23 m 的四星旅馆为轻危险级。

选项 C，舞台为中级危险Ⅱ级。

选项 D，总建筑面积 5 600 m^2 的商场为中级危险Ⅱ级。

2．某总建筑面积为 5 200 m^2 的百货商场，其营业厅的室内净高为 5.8 m，所设置的自动喷水灭火系统的设计参数应按火灾危险等级不低于（ ）确定。[1]（2016-1-34）

A．中危险Ⅱ级　　B．严重危险Ⅱ级　　C．严重危险Ⅰ级　　D．中危险Ⅰ级

【解析】根据《自动喷水灭火系统设计规范》（GB 50084—2017）附录 A，A 选项正确。

3．消防技术服务机构受东北某造纸企业委托，对其成品仓库设置的干式自动喷水灭火系统进行检测。该仓库地上 2 层，耐火等级为二级，建筑高度 15.8 m，建筑面积 7 800 m^2，还设置了室内消火栓系统、火灾自动报警系统等消防设施。

根据以上材料，回答下列问题：

按照国家标准有关自动喷水灭火系统设置场所火灾危险等级的划分规定，该仓库属于什么级别？自动喷水灭火系统的设计喷水持续时间为多少？（2016-3-三）

答案：（1）该仓库火灾危险等级为仓库危险级Ⅱ级；（2）自动喷水灭火系统的设计喷水持续时间为 2 h [《自动喷水灭火系统设计规范》（GB 50084—2001）]；根据 [《自动喷水灭火系统设计规范》（GB 50084—2017）]不能确定。

【解析】根据《自动喷水灭火系统设计规范》附录 A，仓库火灾危险等级为仓库危险级Ⅱ级。

根据《自动喷水灭火系统设计规范》（GB 50084—2001）第 5.0.5 条，仓库危险级Ⅱ级，持续喷水时间

1 答案：A

为2 h。根据《自动喷水灭火系统设计规范》（GB 50084—2017）第5.0.4条第2款，本题无答案，新规范中不同的储存方式和最大储物高度相对应的持续时间不同。

第二节　系统设计

一、系统选型

1．某寒冷地区环境温度低于4℃，有一个地上3层、建筑面积为40 000 m^2的汽车库，未设置采暖设施。该汽车库设置自动喷水灭火系统时，可采用（　）等系统。[1]（2015-1-91）

A．干式　B．预作用　C．自动喷水—泡沫联用　D．湿式　E．雨淋

【解析】根据《自动喷水灭火系统设计规范》（GB 50084—2017）第4.2.3条，环境温度低于4℃或高于70℃的场所，应采用干式系统。故选项A正确。

根据第4.2.4条，具有下列要求之一的场所，应采用预作用系统：（1）系统处于准工作状态时严禁误喷的场所；（2）系统处于准工作状态时严禁管道充水的场所；（3）用于替代干式系统的场所。自动喷水—泡沫联用属于湿式系统。故选项B正确。

湿式系统适合在环境温度不低于4℃且不高于70℃的环境中使用，闭式自动喷水—泡沫联用系统也是湿式系统，选项C、D错误；雨淋系统主要适应于需大面积喷水、快速扑灭火灾的特别危险场所，选项E错误。

2．某冷库冷藏室室内净高为4.5 m，设计温度为5℃，冷藏室内设有自动喷水灭火系统，该冷藏室自动喷水灭火系统的下列设计方案中，正确的是（　）。[2]（2018-1-69）

A．采用干式系统，选用公称动作温度为68℃的喷头

B．采用湿式系统，选用公称动作温度为57℃的喷头

C．采用预作用系统，选用公称动作温度为79℃的喷头

D．采用雨淋系统，选用水幕喷头

【解析】《自动喷水灭火系统设计规范》（GB 50084—2017）第4.2.2条，环境温度不低于4℃且不高于70℃的场所，应采用湿式系统。

第4.2.3条，环境温度低于4℃或高于70℃的场所，应采用干式系统。

第4.2.4条，具有下列要求之一的场所，应采用预作用系统：（1）系统处于准工作状态时严禁误喷的场所；（2）系统处于准工作状态时严禁管道充水的场所；（3）用于替代干式系统的场所。

第4.2.6条，具有下列条件之一的场所，应采用雨淋系统：（1）火灾的水平蔓延速度快、闭式洒水喷头的开放不能及时使喷水有效覆盖着火区域的场所；（2）设置场所的净空高度超过《自动喷水灭火系统设计规范》（GB 50084—2017）第6.1.1条的规定，且必须迅速扑救初期火灾的场所；（3）火灾危险等级为严重危险级Ⅱ级的场所。

第6.1.2条，闭式系统的洒水喷头，其公称动作温度宜高于环境最高温度30℃。

该冷库冷藏室室内净高为4.5 m，设计温度为5℃，应采用湿式系统，选用公称动作温度最低的57℃橙色玻璃球洒水喷头。故B选项正确。该冷库冷藏室可不采用雨淋系统，且雨淋系统不能选用水幕喷头，故D选项错误。

1 答案：AB

2 答案：B

二、设计参数

1．在环境温度低于 4℃的地区，建设一座地下车库，采用干式自动喷水灭火系统保护，系统的设计参数按照火灾危险等级的中危险级Ⅱ级确定，其作用面积不应小于（ ）m^2。[1]（2015-1-55）

A．160　B．208　C．192　D．260

【解析】根据《自动喷水灭火系统设计规范》（GB 50084—2017）第 5.0.1 条，民用建筑和厂房采用湿式系统时，设计基本参数不应低于表 5.0.1 的规定。

表 5.0.1　民用建筑和厂房采用湿式系统的设计基本参数

火灾危险等级		净空高度/m	喷水强度/[L/（min·m^2）]	作用面积/m^2
轻危险级		≤8	4	160
中危险级	Ⅰ级		6	
	Ⅱ级		8	
严重危险级	Ⅰ级		12	260
	Ⅱ级		16	

注：系统最不利点处喷头的工作压力不应低于 0.05 MPa。

根据《自动喷水灭火系统设计规范》（GB 50084—2017）第 5.0.10 条，干式系统和雨淋系统的设计要求应符合下列规定：干式系统的喷水强度应按本规范表 5.0.1、表 5.0.4-1 ~ 表 5.0.4-5 的规定值确定，系统作用面积应按对应值的 1.3 倍确定。160 × 1.3 = 208（m^2）。故 B 选项正确。

2．某 3 层图书馆，建筑面积为 12 000 m^2，室内最大净空高度为 4.5 m，图书馆内全部设置自动喷水灭火系统等，下列关于该自动喷水灭火系统的做法中，正确的有（ ）。[2]（2016-1-84）

A．系统的喷水强度为 4 L/s（min·m^2）　B．共设置 1 套湿式报警阀组

C．采用流量系数 K=80 的洒水喷头　D．系统的作用面积为 160 m^2

E．系统最不利点处喷头的工作压力为 0.1 MPa

【解析】根据《自动喷水灭火系统设计规范》（GB 50084—2017）表 5.0.1 和附录 A 设置场所火灾危险等级分类，图书馆为中危险Ⅰ级，系统的喷水强度应为 6 L/（min·m^2），作用面积为 160 m^2。A 选项错误，D 选项正确。

根据表 7.1.2，中危险级Ⅰ级一只直立型或下垂型标准覆盖面积洒水喷头的最大保护面积为 12.5 m^2，故图书馆配置的喷头总数为 12 000 ÷ 12.5=960（只）。根据第 6.2.3 条，一个报警阀组控制的洒水喷头数应符合下列规定：湿式系统、预作用系统不宜超过 800 只，干式系统不宜超过 500 只。故应设 2 套湿式报警阀组。B 选项错误。

第 6.1.1 条，民用建筑普通场所净空高度≤8 m 时，采用流量系数 K≥80 的洒水喷头。C 选项正确。

根据表 5.0.1 表注，系统最不利点处洒水喷头的工作压力不应低于 0.05 MPa。E 选项正确。

3．某百货商场，地上 4 层，每层建筑面积均为 1 500 m^2，层高均为 5.2 m，该商场的营业厅设置自动喷水灭火系统，该自动喷水灭火系统最低喷水强度应为（ ）。[3]（2018-1-12）

A．4 L/（min·m^2）　B．8 L/（min·m^2）　C．6 L/（min·m^2）　D．12 L/（min·m^2）

---

1 答案：B

2 答案：CDE

3 答案：B

【解析】根据《自动喷水灭火系统设计规范》(GB 50084—2017)附录A，总建筑面积5 000 m^2及以上的商场属于中危险Ⅱ级，该百货商场总建筑面积为1 500×4=6 000(m^2)。

根据第5.0.1条，民用建筑和厂房采用湿式系统时的设计基本参数不应低于表5.0.1的规定。B选项正确。

表5.0.1　民用建筑和厂房采用湿式系统的设计基本参数

火灾危险等级		净空高度/m	喷水强度/[L/(min·m²)]	作用面积/m²
轻危险级		≤8	4	160
中危险级	Ⅰ级		6	
	Ⅱ级		8	
严重危险级	Ⅰ级		12	260
	Ⅱ级		16	

注：系统最不利点处喷头的工作压力不应低于0.05 MPa。

4．下列民用建筑(场所)自动喷水灭火系统参数设计方案中，正确的有(　)。[1]（2018-1-87）

方案	建筑(场所)	室内净高	喷水强度	作用面积
1	高层办公楼	3.8 m	6 L/(min·m²)	160 m²
2	地下汽车库	3.6 m	8 L/(min·m²)	200 m²
3	商业中庭	10 m	12 L/(min·m²)	160 m²
4	体育馆	13 m	12 L/(min·m²)	160 m²
5	会展中心	16 m	15 L/(min·m²)	160 m²

A．方案4　B．方案5　C．方案1　D．方案2　E．方案3

【解析】参见《自动喷水灭火系统设计规范》(GB 50084—2017)附录A、第5.0.1条民用建筑和厂房采用湿式系统的设计基本参数、第5.0.2条民用建筑和厂房高大空间场所采用湿式系统的设计基本参数。

表5.0.1　民用建筑和厂房采用湿式系统的设计基本参数

火灾危险等级		净空高度/m	喷水强度/[L/(min·m²)]	作用面积/m²
轻危险级		≤8	4	160
中危险级	Ⅰ级		6	
	Ⅱ级		8	
严重危险级	Ⅰ级		12	260
	Ⅱ级		16	

注：系统最不利点处喷头的工作压力不应低于0.05 MPa。

表5.0.2　民用建筑和厂房高大空间场所采用湿式系统的设计基本参数

适用场所		最大净空高度/m	喷水强度/[L/(min·m²)]	作用面积/m²	喷头最大间距 S/m
民用建筑	中庭、体育馆、航站楼等	$8<h\leqslant12$	12	160	$1.8\leqslant S\leqslant3.0$
		$12<h\leqslant18$	15		
	影剧院、音乐厅、会展中心等	$8<h\leqslant12$	15		
		$12<h\leqslant18$	20		

1 答案：CDE

适用场所		最大净空高度/m	喷水强度/[L/（min·m²）]	作用面积/m²	喷头最大间距 S/m
厂房	制衣、制鞋、玩具、木器、电子生产车间等	8<h≤12	15	160	1.8≤S≤3.0
	棉纺厂、麻纺厂、泡沫塑料生产车间等		20		

注：（1）表中未列入的场所，应根据本表规定场所的火灾危险性类比确定。

（2）当民用建筑高大空间场所的最大净空高度为 12 m<h≤18 m 时，应采用非仓库型特殊应用喷头。

（3）最大净空高度超过 8 m 的超级市场采用湿式系统的，设计基本参数应按《自动喷水灭火系统设计规范》（GB 50084—2017）第 5.0.4 条和第 5.0.5 条的规定执行（仓库及类似场所）。

方案 4 体育馆：最大净空高度（12 m<h≤18 m），喷水强度 15 L/（min·m²），作用面积 160 m²，故 A 选项错误。

方案 5 会展中心：最大净空高度（12 m<h≤18 m），喷水强度 20 L/（min·m²），作用面积 160 m²，故 B 选项错误。

方案 1 高层办公楼：中危Ⅰ级，喷水强度 6 L/（min·m²），作用面积 160 m²，故 C 选项正确。

方案 2 地下汽车库：中危Ⅱ级，喷水强度 8 L/（min·m²），作用面积 160 m²，故 D 选项正确。

方案 3 商业中庭：最大净空高度（12 m<h≤18 m），喷水强度 12 L/（min· m²），作用面积 160 m²，故 E 选项正确。

第三节　系统组件

一、报警阀组

1．某 3 层商业建筑，采用湿式自动喷水灭火系统保护，共设计有 2 800 个喷头保护吊顶下方空间，该建筑自动喷水灭火系统报警阀组的设置数量不应小于（　）个。[1]（2015-1-30）

A．2　B．3　C．4　D．5

【解析】根据《自动喷水灭火系统设计规范》（GB 50084—2017）第 6.2.3 条，一个报警阀组控制的洒水喷头数应符合下列规定：湿式系统、预作用系统不宜超过 800 只。因此，对于 2800 个喷头，至少设置 4 个报警阀组。

2．某座 3 100 个座位的大剧院，地下车库采用预作用自动喷水灭火系统，演员化妆间等采用湿式自动喷水灭火系统，舞台葡萄架下采用雨淋系统，舞台口采用防护冷却水幕系统。该建筑的自动喷水灭火系统应选用（　）种报警阀组。[2]（2015-1-64）

A．1　B．2　C．3　D．4

【解析】参见《消防安全技术实务》第三篇第三章第四节系统安装调试与检测验收。湿式自动喷水灭火系统用湿式报警阀，预作用自动喷水灭火系统用预作用报警阀，雨淋系统和防护冷却水幕系统用雨淋阀。

3．某消防技术服务机构承接了某仓库干式自动喷水灭火系统维保工作，在对差动式干式报警阀进行检查时，发现安装在通往延迟塞管道上的小孔排水阀偶尔有水滴滴出，但报警阀启动后就不滴了。下列关于此情况的说法中，正确的是（　）。[3]（2015-2-49）

A．报警阀正常　　B．报警阀故障，应拆下报警组进行检修

1 答案：D

2 答案：C

3 答案：A

C．报警阀故障，应立即堵住排水阀出口　　　　D．报警阀故障，应影响不大，暂不采取措施

【解析】《自动喷水灭火系统　第4部分：干式报警阀》（GB 5135.4—2003）第4.12.11条规定："差动式干式报警阀应该具有把水从中间室排出的设施和防止在阀瓣组件上下侧密封元件之间形成局部真空的设施。"第4.12.13条规定："干式报警阀中间室的自动排水阀，在0.13～0.63 L/s的流量范围内，水流压力不大于0.14 MPa的条件下应该关闭。"

4．发生火灾时，湿式喷水灭火系统的湿式报警阀由（　）开启。[1]（2017-1-52）

A．火灾探测器　　B．水流指示器　　C．闭式喷头　　D．压力开关

【解析】《自动喷水灭火系统设计规范》（GB 50084—2017）第4.1.3条，自动喷水灭火系统的设计原则应符合下列规定：（1）闭式洒水喷头或启动系统的火灾探测器，应能有效探测初期火灾；（2）湿式系统、干式系统应在开放一只洒水喷头后自动启动，预作用系统、雨淋系统和水幕系统应根据其类型由火灾探测器、闭式洒水喷头作为探测元件，报警后自动启动；（3）作用面积内开放的洒水喷头，应在规定时间内按设计选定的喷水强度持续喷水；（4）喷头洒水时，应均匀分布，且不应受阻挡。故C选项正确。

5．某建筑地下2层，地上40层，建筑高度137 m，其消防水泵房分别设置2台（一用一备）消火栓给水泵和自动喷水给水泵。室内消火栓系统和自动喷水灭火系统分为高、中、低三个分区，中、低区由减压阀减压供水。地下二层自动喷水灭火系统报警阀集中设置8个湿式报警阀组，在此8个报警阀组前安装了1个比例式减压阀组，减压阀组前无过滤器。2015年6月，维保单位对该建筑内消火栓系统和自动喷水灭火系统进行了检测，情况如下：检查发现，地下室8个湿式报警阀组前的减压阀不定期出现超压现象。

根据以上材料回答问题：

简述地下室湿式报警阀组前安装的减压阀组存在的问题及解决方案。（2015-3-五）

答案：存在问题：中、低区报警阀组前只设1个比例式减压阀组，数量不足；解决方法：中、低区每一供水分区应设不少于2个减压阀组，每个减压阀组宜设备用减压阀。

存在问题：减压阀无过滤器。解决方法：减压阀进口应设过滤器。

【解析】根据《消防给水及消火栓系统技术规范》（GB 50974—2014）第6.2.4条，采用减压阀减压分区供水时，每一供水分区应设不少于两组减压阀组，每组减压阀组宜设置备用减压阀。根据《自动喷水灭火系统设计规范》（GB 50084—2017）第9.3.5条，减压阀的入口前应设过滤器，且应便于排污。

6．消防技术服务机构对某商业大厦中的湿式自动喷水灭火系统进行验收前检测。该大厦地上5层，地下1层，建筑高度22.8 m，层高均为4.5 m，每层建筑面积均为1 080 m^2。该大厦顶层的钢屋架采用自动喷水灭火系统保护，其给水管网串联接入大厦湿式自动喷水灭火系统的配水干管。检查时发现：钢屋架处的自动喷水管网未设置独立的湿式报警阀，且未安装水流指示器，消防技术服务机构人员认为这种做法是错误的。随后又发现湿式报警阀的报警口与延迟器之间的阀门处于关闭状态，业主解释说，此阀一开，报警阀就异常灵敏而频繁动作报警。检测人员对于湿式报警阀相关的管路及附件、控制线路、模块、压力开关都进行了全面检查，并未发现异常。

根据以上材料，回答以下问题：

（1）消防技术服务机构人员认为该大厦钢屋架处独立的自动喷水管网上应安装湿式报警阀及水流指示器，这种说法是否正确？简述理由。（2017-3-四）

答案：不完全正确。理由：（1）串联接入湿式系统配水干管的其他自动喷水灭火系统，应分别设置独立的报警阀组，所以技术人员安装报警阀组的建议正确；（2）报警阀组控制的喷头只保护不超过防火分区面积的同层场所时，可不设水流指示器，所以增设水流指示器的建议错误。

---

1 答案：C

【解析】《自动喷水灭火系统设计规范》（GB 50084—2017）第 6.2.1 条规定：自动喷水灭火系统应设报警阀组。保护室内钢屋架等建筑构件的闭式系统，应设独立的报警阀组。水幕系统应设独立的报警阀组或感温雨淋阀。第 6.2.2 条规定：串联接入湿式系统配水干管的其他自动喷水灭火系统，应分别设置独立的报警阀组，其控制的喷头数计入湿式阀组控制的喷头总数。第 6.3.1 条规定：除报警阀组控制的喷头只保护不超过防火分区面积的同层场所外，每个防火分区、每个楼层均应设水流指示器。

（2）分析有可能导致报警阀异常灵敏而频繁启动的原因，并给出解决方法。（2017-3-四）

答案：（1）原因：未按照安装图样安装或者未按照调试要求进行调试。故障处理：按照安装图样核对报警阀组组件安装情况，重新对报警阀组伺应状态进行调试。（2）原因：报警阀组渗漏液体通过报警管路流出。故障处理：查找报警阀组泄漏原因，进行相应处理。（3）原因：延迟器下部节流孔板堵塞，发生报警或者缩短延迟时间。故障处理：延迟器下部孔板溢出水孔堵塞，卸下筒体，拆下孔板进行清洗。

【解析】参见《消防安全技术综合能力》第三篇第四章第四节系统维护管理：四、系统常见故障。

7. 消防技术服务机构受东北某造纸企业委托，对其成品仓库设置的干式自动喷水灭火系统进行检测。该仓库地上 2 层，耐火等级为二级，建筑高度 15.8 m，建筑面积 7 800 m^2，还设置了室内消火栓系统、火灾自动报警系统等消防设施，干式自动喷水灭火系统设有一台干式报警阀，放置在距离仓库约 980 m 的值班室内（有采暖），喷头型号为 ZSTX15-68（℃）。

根据以上材料，指出干式自动喷水灭火系统有关组件选型、配置存在的问题，并说明如何改正。（2016-3-三）

答案：

（1）存在问题：干式报警阀组的位置不合理，满足不了 1 min 充水时间要求。改正措施：干式报警阀组就近安装在仓库附近安全且易于操作的地点。

（2）存在问题：干式报警阀组的数量不足。改正措施：应增加一个干式报警阀组。

（3）存在问题：喷头型号为 ZSTX15-68（℃）（下垂型），喷头动作温度 68℃，不符合规范要求。改正措施：应采用干式下垂型或直立型喷头，其公称动作温度宜高于环境最高温度 30℃，可根据当地室内环境温度而选择动作温度。

【解析】《自动喷水灭火系统设计规范》（GB 50084—2017）第 8.0.11 条规定："干式系统、由火灾自动报警系统和充气管道上设置的压力开关开启预作用装置的预作用系统，其配水管道充水时间不宜大于 1 min。"第 9.2.1 条规定："管道内的水流速度宜采用经济流速，必要时可超过 5 m/s，但不应大于 10 m/s。由此，充水时间必然超过 1 min。"

根据附录 A 可知该仓库的危险等级为仓库危险级Ⅱ级。根据第 7.1.2 条，有关直立型、下垂型标准覆盖面积洒水喷头布置的规定，仓库危险级一只喷头的最大保护面积为 9 m^2，需要喷头总数为 7800 ÷ 9 ≈ 867（只）。根据第 6.2.3 条，一个报警阀组控制的洒水喷头数应符合下列规定：湿式系统、预作用系统不宜超过 800 只；干式系统不宜超过 500 只。故应配 2 个干式报警阀组。

第 6.1.4 条规定："干式系统、预作用系统应采用直立型洒水喷头或干式下垂型洒水喷头。"第 6.1.2 条规定："闭式系统的洒水喷头，其公称动作温度宜高于环境最高温度 30℃。"

二、喷头

1. 下列关于自动喷水灭火系统的说法中，错误的是（ ）。[1]（2016-1-17）

A. 雨淋系统与预作用系统均采用开式洒水喷头

1 答案：A

B．干式系统和预作用系统的配水管道应设置快速排气阀

C．雨淋系统应能由配套的火灾自动报警系统或传动管控制并启动雨淋报警阀

D．预作用系统应由火灾自动报警系统自动开启雨淋报警阀，并转换为湿式系统

【解析】根据《自动喷水灭火系统设计规范》（GB 50084—2017）第 2.1.2 条，闭式系统是指采用闭式洒水喷头的自动喷水灭火系统。根据第 2.1.6 条，预作用系统是指，准工作状态时配水管道内不充水，发生火灾时由火灾自动报警系统、充气管道上的压力开关联锁控制预作用装置并启动消防水泵，向配水管道供水的闭式系统。预作用系统采用闭式洒水喷头。

2．某建筑自动喷水灭火系统采用玻璃球洒水喷头，其中部分喷头玻璃球色标为黄色，该喷头公称动作温度为（　）℃。[1]（2016-2-24）

A．57　B．68　C．79　D．93

【解析】根据《自动喷水灭火系统　第 1 部分：洒水喷头》（GB 5135.1—2003）第 5.2 条，玻璃球洒水喷头的公称动作温度和颜色标志见下表。

公称动作温度/℃	57	68	79	93	107	121	141	163	182	204	227	260	343
玻璃球色标	橙	红	黄	绿		蓝		紫		黑			

3．某单层工业厂房，建筑面积 10 000 m²，室内最大净高为 8 m，屋面坡度为 2%，未设置吊顶。该建筑按中危险级Ⅱ级设置自动喷水灭火系统，应选择（　）。[2]（2015-1-66）

A．直立型　B．隐蔽型　C．吊顶型　D．边墙型

【解析】根据《自动喷水灭火系统设计规范》（GB 50084—2017）第 6.1.3 条，湿式系统的洒水喷头选型应符合下列规定：不做吊顶的场所，当配水支管布置在梁下时，应采用直立型洒水喷头。

4．某地下车库，设置的自动喷水灭火系统采用直立型喷头。下列关于喷头溅水盘与车库顶板的垂直距离的说法，符合规范规定的有（　）。[3]（2015-1-82）

A．喷头无障碍物遮挡时，不应小于 25 mm，不应大于 150 mm

B．喷头有障碍物遮挡时，不应大于 850 mm

C．喷头无障碍物遮挡时，不应小于 75 mm，不应大于 150 mm

D．喷头有障碍物遮挡时，不应大于 650 mm

E．喷头有障碍物遮挡时，不应大于 550 mm

【解析】《自动喷水灭火系统设计规范》（GB 50084—2017）第 7.1.6 条规定："除吊顶型洒水喷头及吊顶下设置的洒水喷头外，直立型、下垂型标准覆盖面积洒水喷头和扩大覆盖面积洒水喷头溅水盘与顶板的距离应为 75 ~ 150 mm。并应符合下列规定：（1）当在梁或其他障碍物底面下方的平面上布置洒水喷头时，溅水盘与顶板的距离不应大于 300 mm，同时溅水盘与梁等障碍物底面的垂直距离应为 25 ~ 100 mm。（2）当在梁间布置洒水喷头时，洒水喷头与梁的距离应符合本规范第 7.2.1 条的规定。确有困难时，溅水盘与顶板的距离不应大于 550 mm。梁间布置的洒水喷头，溅水盘与顶板距离达到 550 mm 仍不能符合本规范第 7.2.1 条的规定时，应在梁底面的下方增设洒水喷头。"故 C、E 选项正确。

5．某建筑高度为 25 m 的办公建筑，地上部分全部用作办公，地下 2 层为汽车库，建筑内部全部设置自动喷水灭火系统。下列关于该自动喷水灭火系统的做法中，正确的有（　）。[4]（2016-1-89）

1 答案：C
2 答案：A
3 答案：CE
4 答案：AD

A．办公楼层采用玻璃球色标为红色的喷头　　B．办公楼层采用边墙型喷头

C．汽车库内一只喷头的最大保护面积为 11.5 m^2　　D．汽车库采用直立型喷头

E．办公楼层内一只喷头的最大保护面积为 20.0 m^2

【解析】根据《自动喷水灭火系统　第 1 部分：洒水喷头》（GB 5135.1—2003）第 5.2 条，红色玻璃球喷头公称动作温度为 68℃。根据《自动喷水灭火系统设计规范》（GB 50084—2017）第 6.1.2 条，闭式系统的洒水喷头，其公称动作温度宜高于环境最高温度 30℃。办公楼层可采用红色玻璃球喷头，故 A 选项正确。

根据《自动喷水灭火系统设计规范》（GB 50084—2017）第 6.1.3 条第 3 项，顶板为水平面的轻危险级、中危险级 I 级居室和办公室，可采用边墙型喷头。B 选项不能确定顶板形式，故不能判断 B 是否正确。

根据《自动喷水灭火系统设计规范》（GB 50084—2017）附录 A，汽车库火灾危险等级为中危险 II 级。第 7.1.2 条，中危险 II 级，标准覆盖面积洒水喷头保护面积为 11.5 m^2，扩大覆盖面积洒水喷头保护面积为 17.5 m^2。但题干未明确采用哪种喷头，故 C 选项按《自动喷水灭火系统设计规范》（GB 50084—2017）不能确定。

根据《自动喷水灭火系统设计规范》（GB 50084—2017）第 6.1.3 条第 1 项，不做吊顶的场所，当配水支管布置在梁下时，应采用直立型洒水喷头。汽车库一般不设吊顶，故采用直立型喷头正确，D 选项正确。

根据《自动喷水灭火系统设计规范》（GB 50084—2017）附录 A，办公楼火灾危险等级为中危险 I 级。根据《自动喷水灭火系统设计规范》（GB 50084—2017）第 7.1.2 条，中危险 I 级，采用标准覆盖面积洒水喷头保护面积为 12.5 m^2，扩大覆盖面积洒水喷头保护面积为 23.0 m^2。题干未明确采用哪种喷头，故 E 选项按自动喷水灭火系统设计规范》（GB 50084—2017）不能确定。

6．某场所内设置自动喷水灭火系统，洒水喷头玻璃球工作液色标为黄色，则该洒水喷头公称动作温度为（　）。[1]（2018-1-54）

A．57℃　　B．68℃　　C．93℃　　D．79℃

【解析】根据《自动喷水灭火系统　第 1 部分：洒水喷头》（GB 5135.1—2003）第 5.2 条，玻璃球洒水喷头的公称动作温度和颜色标志见下表。

公称动作温度/℃	57	68	79	93	107	121	141	163	182	204	227	260	343
玻璃球色标	橙	红	黄	绿		蓝		紫		黑			

7．下列建筑场所湿式自动喷水灭火系统喷头选型方案中，正确的有（　）。[2]（2018-1-88）

A．办公楼附建的地下汽车库：选用直立型洒水喷头

B．装有非通透性吊顶的商场：选用下垂型洒水喷头

C．多层旅馆客房：选用边墙型洒水喷头

D．工业园区员工集体宿舍：选用家用喷头

E．总建筑面积为 5 000 m^2 的地下商场：选用隐蔽式洒水喷头

【解析】为便于记忆，特汇总喷头选型与设置要求：

喷头类型	应用场所及使用条件
直立型喷头 ZSTZ	无吊顶的场所，配水支管在喷头下方。可用于湿式系统、干式系统、预作用系统
下垂型喷头 ZSTX	有吊顶场所，或无吊顶时配水支管在喷头上方的场所，只能用于湿式系统
干式下垂型喷头 ZSTG	专门用于干式系统或预作用系统，可以下垂式安装的喷头

1 答案：D

2 答案：ABCD

喷头类型	应用场所及使用条件
吊顶型喷头： 齐平式喷头 ZSTDQ 嵌入式喷头 ZSTDR 隐蔽式喷头 ZSTDY	安装在吊顶平面以上或嵌入吊顶，或带有装饰盖板的喷头，共有三种形式。主要用于湿式系统，保护设有吊顶而又有装饰要求的场所，或易受外部机械损伤的场所。湿式系统不宜选用隐蔽式洒水喷头；确需采用时，应仅适用于轻危险级和中危险级Ⅰ级场所
边墙型喷头： 水平式 ZSTBS 直立式 ZSTBZ 下垂式 ZSTBX	顶板为水平面的轻危险级、中危险级Ⅰ级住宅建筑、宿舍、旅馆建筑客房、医疗建筑病房和办公室，可采用边墙型洒水喷头。安装在边墙上方的闭式喷头，按安装位置有三种形式
快速响应喷头 ZSTY	用于公共娱乐场所、中庭环廊；医院、疗养院的病房及治疗区域，老年、少儿、残疾人的集体活动场所；超出水泵接合器供水高度的楼层；地下的商业场所
早期抑制快速响应喷头 ESFR	专门为高堆垛与高货架仓库设计，较普通喷头具有快速响应火灾、流量大、水滴直径大、灭火效率高等优点，是灭火型喷头，只能用于湿式系统
扩大覆盖面积洒水喷头 EC	顶板为水平面，且无梁、通风管道等障碍物影响喷头洒水的场所，可采用扩大覆盖面积洒水喷头
家用喷头 RES	住宅建筑和宿舍、公寓等非住宅类居住建筑宜采用家用喷头
雨淋喷头 DS	用于大空间场所或露天堆场，能够将水喷洒成雨滴状，均匀分布在保护区域内的大流量喷头
水幕喷头 ZSTM	用于冷却防火卷帘、防火玻璃墙等防火分隔设施的水幕系统的喷头

不做吊顶的场所，当配水支管布置在梁下时，应采用直立型洒水喷头。地下汽车库一般不做吊顶，故A选项正确。

吊顶下布置的洒水喷头，应采用下垂型洒水喷头或吊顶型洒水喷头。故B选项正确。

顶板为水平面的轻危险级、中危险级Ⅰ级住宅建筑、宿舍、旅馆建筑客房、医疗建筑病房和办公室，可采用边墙型洒水喷头。故C选项正确。

住宅建筑和宿舍、公寓等非住宅类居住建筑宜采用家用喷头。故D选项正确。

湿式系统不宜选用隐蔽式洒水喷头：确需采用时应仅适用于轻危险级和中危险级Ⅰ级场所。E选项为中危Ⅱ级，故E选项错误。

8．消防技术服务机构对东北地区某公司的高架成品仓库开展消防设施检测工作。该仓库建筑高度24 m，建筑面积4 590 m^2。储存物品为单层机涂布白板纸成品。业主介绍，仓库内曾安装干式自动喷水灭火系统，后改为由火灾自动报警系统和充气管道上的压力开关联动开启的预作用自动喷水灭火系统，该仓库的高位消防水箱、消防水池以及消防水泵的设置符合现行国家消防技术标准规定，检测中发现：仓库顶板下设置了早期抑制快速响应喷头，自地面起每4 m设置一层货架内置洒水喷头，最高层货架内置洒水喷头与储存货物顶部的距离为3.85 m。

根据以上材料，回答下列问题：

1．该仓库顶板下的喷头选型是否正确？简要说明理由？（2018-3-三）

答案：选型不正确，该仓库采用早期抑制快速响应喷头时，场所净空高度H≤13.5 m，仓库的建筑高度应为24 m，因此仓库顶板下不能选用早期抑制快速响应喷头。本系统为预作用灭火系统，当采用早期抑制快速响应喷头时，系统应为湿式系统。

【解析】根据《自动喷水灭火系统设计规范》（GB 50084—2017）第6.1.1条：设置闭式系统的场所，洒水喷头类型和场所的最大净空高度应符合下表的规定。

设置场所		喷头类型			场所净空高度 h（m）
		一只喷头的保护面积	响应时间性能	流量系数 K	
民用建筑	普通场所	标准覆盖面积洒水喷头	快速响应喷头 特殊响应喷头 标准响应喷头	$K\geqslant 80$	$h\leqslant 8$
		扩大覆盖面积洒水喷头	快速响应喷头	$K\geqslant 80$	
	高大空间场所	标准覆盖面积洒水喷头	快速响应喷头	$K\geqslant 115$	$8<h\leqslant 12$
		非仓库型特殊应用喷头			
		非仓库型特殊应用喷头			$12<h\leqslant 18$
厂房		标准覆盖面积洒水喷头	特殊响应喷头 标准响应喷头	$K\geqslant 80$	$h\leqslant 8$
		扩大覆盖面积洒水喷头	标准响应喷头	$K\geqslant 80$	
		标准覆盖面积洒水喷头	特殊响应喷头 标准响应喷头	$K\geqslant 115$	$8<h\leqslant 12$
		非仓库型特殊应用喷头			
仓库		标准覆盖面积洒水喷头	特殊响应喷头 标准响应喷头	$K\geqslant 80$	$h\leqslant 9$
		仓库型特殊应用喷头			$h\leqslant 12$
		早期抑制快速响应喷头			$h\leqslant 13.5$

2．该仓库货架内置洒水喷头的设置是否正确？为什么？（2018-3-三）

答案：不正确，理由如下：（1）该仓库属于仓库危险级Ⅱ级，仓库危险级Ⅰ级、Ⅱ级场所应在自地面起每 3.0 m 设置一层货架内置洒水喷头。（2）最高层货架内置洒水喷头与储物顶部的距离不应超过 3.0 m。

【解析】根据《自动喷水灭火系统设计规范》（GB 50084—2017）第 5.0.8 条，货架仓库的最大净空高度或最大储物高度超过本规范第 5.0.5 条的规定时，应设货架内置洒水喷头，且货架内置洒水喷头上方的层间隔板应为实层板。货架内置洒水喷头的设置应符合下列规定：（1）仓库危险级Ⅰ级、Ⅱ级场所应在自地面起每 3.0 m 设置一层货架内置洒水喷头，仓库危险级Ⅲ级场所应在自地面起每 1.5～3.0 m 设置一层货架内置洒水喷头，且最高层货架内置洒水喷头与储物顶部的距离不应超过 3.0 m。

三、水流指示器

某 2 层地上商店建筑，每层建筑面积为 6 000 m^2，所设置的自动喷水灭火系统应至少设置（　）个水流指示器。[1]（2016-1-41）

A．2　B．3　C．4　D．5

【解析】《自动喷水灭火系统设计规范》（GB 50084—2017）第 6.3.1 条规定："除报警阀组控制的洒水喷头只保护不超过防火分区面积的同层场所外，每个防火分区、每个楼层均应设水流指示器。"

《建筑设计防火规范》（GB 50016—2014）第 2.1.3 条规定："重要公共建筑：发生火灾可能造成重大人员伤亡、财产损失和严重社会影响的公共建筑。"根据第 5.1.3 条第 2 款，单、多层重要公共建筑和二类高层建筑的耐火等级不应低于二级。根据表 5.3.1，耐火等级为一、二级的单、多层民用建筑防火分区最大允许面积为 2 500 m^2。根据表 5.3.1 表注 1，当建筑内设置自动灭火系统时，可按本表的规定增加 1.0 倍。

地上二层商店，每层建筑面积为 6 000 m^2，耐火等级应为一、二级，则每个防火分区的最大允许建筑面积更大，为 2 500 m^2，设置自喷之后可为 5 000 m^2，即每层至少应划分为 2 个防火分区，而每个防火分

1 答案：C

区或每个楼屋均应设置水流指示器，故该建筑至少应设置4个水流指示器。

四、末端试水装置

某高层建筑，建筑高度50 m，设有3台湿式报警阀。下列关于末端试水装置设置的说法中，正确的有（　）。[1]（2016-2-87）

A．每层最不利点喷头处均应设置末端试水装置

B．末端试水装置的出流量应由系统流量系数最大的喷头确定

C．末端试水装置应由试水阀、压力表、试水接头组成

D．末端试水装置的出水应采取孔口出流的方式排入排水管道

E．末端试水装置处排水管道的直径不宜小于DN75

【解析】根据《自动喷水灭火系统设计规范》（GB 50084—2017）第6.5.1条，每个报警阀组控制的最不利点洒水喷头处应设末端试水装置，其他防火分区、楼层均应设直径为25 mm的试水阀。根据第6.5.2条，末端试水装置应由试水阀、压力表以及试水接头组成。试水接头出水口的流量系数，应等同于同楼层或同防火分区内的最小流量系数洒水喷头的流量系数。末端试水装置的出水，应采取孔口出流的方式排入排水管道，排水立管宜设伸顶通气管，且管径不应小于75 mm。

根据《消防给水及消火栓系统技术规范》（GB 50974—2014）第9.3.1条，消防给水系统试验装置处应设置专用排水设施，排水管管径应符合下列规定：自动喷水灭火系统等自动水灭火系统末端试水装置处的排水立管管径，应根据末端试水装置的泄流量确定，并不宜小于DN75。

五、水力警铃

检测建筑内自动喷水灭火系统报警阀水力警铃声强时，打开报警阀试水阀，放水流量为1.5 L/s，水力警铃喷嘴处压力为0.1 MPa；在距离水利警铃3 m处测试水力警铃声强，根据现行国家消防技术标准，警铃声强至少不小于（　）dB。[2]（2016-2-79）

A．60　B．70　C．65　D．75

【解析】根据《自动喷水灭火系统施工及验收规范》（GB 50261—2017）第8.0.7条，报警阀组的验收应符合下列要求：水力警铃的设置位置应正确。测试时，水力警铃喷嘴处压力不应小于0.05 MPa，且距水力警铃3 m远处警铃声声强不应小于70 dB。

六、管道

1．下列关于消防给水设施的说法中，错误的是（　）。[3]（2016-1-63）

A．消防水泵的串联可在流量不变的情况下增加扬程，消防水泵的并联可增加流量

B．消防水泵控制柜在平时应使消防水泵处于自动启泵状态

C．室内消火栓给水管网宜与自动喷水等其他灭火系统的管网分开设置，当合用消防水泵时，供水管路沿水流方向应在报警阀后分开设置

D．室外消防给水管道应采用阀门分成若干独立段，每段内室外消火栓数量不宜超过5个

【解析】《自动喷水灭火系统设计规范》（GB 50084—2017）第10.2.1条规定："采用临时高压给水系统的自动喷水灭火系统，宜设置独立的消防水泵，并应按一用一备或二用一备，及最大一台消防水泵的工作

1 答案：CDE

2 答案：B

3 答案：C

性能设置备用泵。当与消火栓系统合用消防水泵时，系统管道应在报警阀前分开。”

2．干式自动喷水灭火系统和预作用自动喷水灭火系统的配水管道上应设（　）。[1]（2017-2-18）

A．压力开关　B．报警阀组　C．快速排气阀　D．过滤器

【解析】《自动喷水灭火系统设计规范》（GB 50084—2017）第 4.3.2 条规定：“自动喷水灭火系统应有下列组件、配件和设施：（1）应设有洒水喷头、报警阀组、水流报警装置等组件和末端试水装置以及管道、供水设施等；（2）控制管道静压的区段宜分区供水或设减压阀，控制管道动压的区段宜设减压孔板或节流管；（3）应设有泄水阀（或泄水口）、排气阀（或排气口）和排污口；（4）干式系统和预作用系统的配水管道应设快速排气阀。有压充气管道的快速排气阀入口前应设电动阀。”

3．某酒店，建筑高度为 130 m，地上 38 层，地下 3 层，消防泵房设置在地下一层，自动喷水灭火系统高区稳压泵设置在屋顶消防水箱间内。对该建筑的湿式自动喷水灭火系统进行检测，检测结果中，符合现行国家标准要求的是（　）。[2]（2018-2-45）

A．安装在客房内管径为 50 mm 的配水支管采用氯化聚氯乙烯管

B．高区喷淋系统报警阀组设置在一层，系统配水管道的工作压力为 1.35 MPa

C．高区喷淋系统末端试水装置处的压力为 0.12 MPa

D．末端试水装置的出水排入排水立管，排水立管管径为 65 mm

【解析】根据《自动喷水灭火系统设计规范》（GB 50084—2017）第 8.0.2 条，配水管道可采用内外壁热镀锌钢管、涂覆钢管、铜管、不锈钢管和氯化聚氯乙烯（PVC-C）管。当报警阀入口前管道采用不防腐的钢管时，应在报警阀前设置过滤器。第 8.0.3 条，自动喷水灭火系统采用氯化聚氯乙烯（PVC-C）管材及管件时，设置场所的火灾危险等级应为轻危险级或中危险级 I 级，系统应为湿式系统，并采用快速响应洒水喷头，且氯化聚氯乙烯（PVC-C）管材及管件应符合下列要求。（1）应符合现行国家标准《自动喷水灭火系统　第 19 部分　塑料管道及管件》GB/T 5135.19 的规定；（2）应用于公称直径不超过 DN80 的配水管及配水支管，且不应穿越防火分区；（3）当设置在有吊顶场所时，吊顶内应无其他可燃物，吊顶材料应为不燃或难燃装修材料；（4）当设置在无吊顶场所时，该场所应为轻危险级场所，顶板应为水平、光滑顶板，且喷头溅水盘与顶板的距离不应大于 100 mm。

此建筑为高层旅馆火灾危险等级为中危险级 I 级。故 A 选项正确。

第 6.2.4 条，每个报警阀组供水的最高与最低位置洒水喷头，其高程差不宜大于 50 m。第 8.0.1 条，配水管道的工作压力不应大于 1.20 MPa，并不应设置其他用水设施。故 B 选项错误。

该酒店自动喷水灭火系统高区稳压泵设置在屋顶消防水箱间内，根据《消防给水及消火栓系统技术规范》（GB 50974—2014）第 5.3.3-3 条，稳压泵的设计压力应保持系统最不利点处水灭火设施在准工作状态时的静水压力应大于 0.15 MPa。故 C 选项错误。

根据《自动喷水灭火系统设计规范》（GB 50084—2017）第 6.5.2 条规定：末端试水装置的出水，应采取孔口出流的方式排入排水管道，排水立管宜设伸顶通气管，且管径不应小于 75 mm。故 D 选项错误。

第四节　操作与控制

1．设置湿式自动喷水灭火系统的房间，起火时喷头动作喷水，水流指示器动作并报警，报警阀动作，延迟器充水，启泵装置动作报警并直接启动消防水泵。该系统应选择的启泵装置是（　）。[3]（2015-1-35）

---

1 答案：C

2 答案：A

3 答案：A

A．压力开关　B．电接点压力表　C．流量开关　D．水位仪

【解析】《自动喷水灭火系统设计规范》（GB 50084—2017）第 11.0.1 条规定："湿式系统、干式系统应由消防水泵出水干管上设置的压力开关、高位消防水箱出水管上的流量开关和报警阀组压力开关直接自动启动消防水泵。"《火灾自动报警系统设计规范》（GB 50116—2013）第 4.2.1 条规定："湿式系统和干式系统的联动控制设计，应符合下列规定：（1）联动控制方式，应以湿式报警阀压力开关的动作信号作为触发信号，直接控制启动喷淋消防泵，联动控制不应受消防联动控制器处于自动或手动状态影响。"

2．某信息中心大楼内设有自动喷水灭火系统、气体灭火系统、火灾自动报警系统等自动消防设施和灭火器。2015 年 2 月 5 日，该单位安保部对信息中心的消防设施进行了全面检查测试，部分检查情况如下：打开湿式报警阀组上的试验阀，水力警铃动作，按规定方法测量水力警铃声强为 65 dB，火灾报警控制器（联动型）接收到报警阀组压力开关动作信号，自动喷水给水泵未启动。

指出场景中存在的问题及自动喷水给水泵未启动的原因，并简述湿式自动喷水灭火系统联动功能检查测试的方法。（2015-3-一）

答案：

（1）存在问题：①水力警铃声强为 65 dB，不符合规范要求，应为 70 dB；②压力开关动作，水泵未能启动，不符合规范要求。

（2）自动喷水给水泵未启动的原因：①压力开关与水泵控制柜的连接线路故障；②水泵控制柜的控制模式未设置成"自动"；③压力开关与水泵控制柜间的连接模块损坏；④水泵故障；⑤水泵控制柜故障。

（3）湿式自动喷水灭火系统联动检测方法：将系统控制装置设置为"自动"控制方式，启动一只喷头或开启末端试水装置，流量保持在 0.94～1.5 L/s，水流指示器、报警阀、压力开关、水力警铃和消防水泵等应及时动作，并有相应组件的动作信号反馈到消防联动控制设备。

【解析】（1）根据《自动喷水灭火系统施工及验收规范》（GB 50261—2017）第 5.4.4 条，安装后的水力警铃启动时，警铃声强度应不小于 70 dB。

（2）参见教材《消防安全技术综合能力》第三篇第四章第四节系统维护管理，常见故障分析，"5. 开启测试阀，消防水泵不能正常启动原因分析"；以及《自动报警系统设计规范图示》（14X505-1）第 4.2.1 条图示 1 注 1"压力开关直接连锁启泵电路图"。

（3）《自动喷水灭火系统施工及验收规范》（GB 50261—2017）第 7.2.7 条规定："联动试验应符合下列要求，并应按本规范附录 C 表 C.0.4 的要求进行记录：湿式系统的联动试验，启动一只喷头或以 0.94～1.5 L/s 的流量从末端试水装置处放水时，水流指示器、报警阀、压力开关、水力警铃和消防水泵等应及时动作，并发出相应的信号。"

3．消防技术服务机构受东北某造纸企业委托，对其成品仓库设置的干式自动喷水灭火系统进行检测。该仓库地上 2 层，耐火等级为二级，建筑高度 15.8 m，建筑面积 7 800 m^2，还设置了室内消火栓系统火灾自动报警系统等消防设施。现场测试情况为：在干式自动喷水灭火系统最不利点处开启末端试水装置，干式报警阀加速排气阀随之开启，6.5 min 后干式报警阀水力警铃开始报警，后又停止（警铃及配件质量、连接管路均正常），末端试水装置出水量不足。人工启动消防泵加压，首层的水流指示器动作后始终不复位。查阅水流指示器产品进场验收记录、系统竣工验收试验记录等，均未发现问题。开启末端试水装置测试出哪些问题？原因是什么？（2016-3-三）

答案：

（1）问题：其配水管道充水时间大于 1 min，不满足规范要求。原因：报警阀组管路过长。

（2）问题：末端试水装置出水量不足。原因：高位水箱设置高度不足，且未设置增压稳压设施。

（3）问题：压力开关未联锁启动消防泵。原因：压力开关损坏，喷淋泵控制柜处于手动状态，压力开

关连接线断路等原因。

（4）问题：水力警铃在报警阀动作后又停止。原因：报警管路有堵塞或报警管路过长；水量不足使其工作压力小于 0.05 MPa。

（5）水流指示器未动作。原因：水流量过小不能使水流指示器动作。

4．湿式自动喷水灭火系统的喷淋泵，应由（ ）信号直接控制启动。[1]（2017-1-78）

A．信号阀 B．水流指示器 C．压力开关 D．消防联动控制器

【解析】《自动喷水灭火系统设计规范》（GB 50084—2017）第 11.0.1 条规定：“湿式系统、干式系统应由消防水泵出水干管上设置的压力开关、高位消防水箱出水管上的流量开关和报警阀组压力开关直接自动启动消防水泵。”《火灾自动报警系统设计规范》（GB 50116—2013）第 4.2.1 条规定：“湿式系统和干式系统的联动控制设计，应符合下列规定：（1）联动控制方式，应由湿式报警阀压力开关的动作信号作为触发信号，直接控制启动喷淋消防泵，联动控制不应受消防联动控制器处于自动或手动状态影响。”

5．末端试水装置开启后，（ ）等组件和喷淋泵应动作。[2]（2017-1-86）

A．水流指示器 B．水力警铃 C．闭式喷头 D．压力开关 E．湿式报警阀

【解析】根据《自动喷水灭火系统施工及验收规范》（GB 50261—2017）第 7.2.7 条，联动试验应符合下列要求，并应按本规范附录 C 表 C.0.4 的要求进行记录：（1）湿式系统的联动试验，启动 1 只喷头或以 0.94～1.5 L/s 的流量从末端试水装置处放水时，水流指示器、报警阀、压力开关、水力警铃和消防水泵等应及时动作，并发出相应的信号。（2）干式系统的联动试验，启动 1 只喷头或模拟 1 只喷头的排气量排气，报警阀应及时启动，压力开关、水力警铃动作并发出相应信号。

6．某剧场舞台设置雨淋系统，雨淋报警阀组采用充水传动管控制，该雨淋系统消防水泵的下列控制方式中，错误的是（ ）。[3]（2018-1-46）

A．由火灾自动报警系统报警信号直接自动启动消防喷淋泵

B．由报警阀组压力开关直接启动消防喷淋泵

C．由高位水箱出水管上设置的流量开关直接启动消防喷淋泵

D．由消防水泵出水管上设置的压力开关直接启动消防喷淋泵

【解析】根据《火灾自动报警系统设计规范》（GB 50116—2013）第 4.2.3 条，雨淋系统的联动控制方式，应由同一报警区域内 2 只及以上独立的感温火灾探测器或 1 只感温火灾探测器与 1 只手动火灾报警按钮的报警信号，作为雨淋阀组开启的联动触发信号。应由消防联动控制器控制雨淋阀组的开启。A 选项错误。

根据《自动喷水灭火系统设计规范》（GB 50084—2017）第 11.0.3 条，雨淋系统和自动控制的水幕系统，消防水泵的自动启动方式应符合下列要求：（1）当采用火灾自动报警系统控制雨淋报警阀时，消防水泵应由火灾自动报警系统、消防水泵出水干管上设置的压力开关、高位消防水箱出水管上的流量开关和报警阀组压力开关直接自动启动；（2）当采用充液（水）传动管控制雨淋报警阀时，消防水泵应由消防水泵出水干管上设置的压力开关、高位消防水箱出水管上的流量开关和报警阀组压力开关直接启动。故 B、C、D 选项正确。

7．根据现行国家标准《自动喷水灭火系统设计规范》（GB 50084），下列湿式自动喷水灭火系统消防水泵控制方案中，正确的有（ ）。[4]（2018-1-89）

A．由消防水泵出水干管上设置的压力开关动作信号与高位水箱出水管上设置的流量开关信号作为联

1 答案：C

2 答案：ABDE

3 答案：A

4 答案：DE

动与触发信号，自动启动消防喷淋泵

B．由高位水箱出水管上设置的流量开关动作信号与火灾自动报警系统报警信号作为联动与触发信号，自动启动消防喷淋泵

C．由消防水泵出水干管上设置的压力开关动作信号与火灾自动报警系统报警信号作为联动与触发信号，直接自动启动消防喷淋泵

D．火灾自动报警联动控制器处于手动状态时，由报警阀组压力开关动作信号作为触发信号，直接控制启动消防喷淋泵

E．火灾自动报警联动控制器处于自动状态时，由高位水箱出水管上设置的流量开关信号作为触发信号，直接自动启动消防喷淋泵

【解析】根据《自动喷水灭火系统设计规范》（GB 50084—2017）第 11.0.1 条，湿式系统、干式系统应由消防水泵出水干管上设置的压力开关、高位消防水箱出水管上的流量开关和报警阀组压力开关直接自动启动消防水泵。需要说明的是，规定不同的启泵方式，并不是要求系统均应设置这几种起泵方式，而是指任意一种方式均应能直接启动消防水泵。火灾自动报警联动控制器的手动或自动状态不影响启动消防水泵，上述三种方式直接自动启动消防水泵为多线连接。故 D、E 选项正确。

8．消防技术服务机构对东北地区某公司的高架成品仓库开展消防设施检测工作。该仓库建筑高度 24 m，建筑面积 4 590 m^2。储存物品为单层机涂布白板纸成品。业主介绍，仓库内曾安装干式自动喷水灭火系统，后改为由火灾自动报警系统和充气管道上的压力开关联动开启的预作用自动喷水灭火系统，该仓库的高位消防水箱、消防水池以及消防水泵的设置符合现行国家消防技术标准规定。检测中发现：

（1）确认火灾报警控制器（联动型）、消防水泵控制柜均处于自动状态后，检查人员触发防护区内的一个火灾探测器，并手动开启预作用阀组上的试验排气阀，仅火灾报警控制器（联动型）发出声光报警信号，系统的其他部件及消防水泵均未动作。

（2）检测人员关闭预作用阀组上的排气阀后再次触发另一火灾探测器，电磁阀、排气阀入口处电动阀、报警阀组压力开关等部件动作，消防水泵启动，火灾报警控制器（联动型）接收反馈信号正常。

根据以上材料，回答下列问题

1．预作用自动喷水灭火系统的实际开启方式与业主介绍的是否一致？这种开启方式合理吗？为什么？（2018-3-三）

答案：不一致，背景里描述的开启方式不合理，理由如下：（1）手动开启预作用阀组上的试验排气阀，充气管道上的压力开关应该动作，背景里说系统的其他部件未动作是不合理的。（2）检测人员关闭预作用阀组上的排气阀后再次触发另一火灾探测器，电磁阀、排气阀入口处电动阀、报警阀组压力开关等部件动作，消防水泵启动，火灾报警控制器（联动型）接收反馈信号正常。这个是不合理的。这里仅有两路探测器信号，属于单联锁控制。

2．除气泵外，对该仓库预作用自动喷水灭火系统至少应检测哪些内容？（2018-3-三）

答案：根据《建筑消防设施检测技术规程》（GA 503—2004），该仓库预作用自动喷水灭火系统至少应检测下列内容：预作用报警阀组、水流指示器、喷头、末端试水装置等。

（1）模拟火灾探测报警，火灾报警控制器确认火灾后，自动启动预作用装置（雨淋报警阀）、排气阀入口电动阀以及消防水泵水流指示器、压力开关、流量开关动作；

（2）报警阀组动作后，测试水力警铃声强，不得低于 70dB；

（3）开启末端试水装置，火灾报警控制器确认火灾 1 min 后，其出水压力不低于 0.05 MPa；

（4）消防控制设备准确显示电磁阀、电动阀、水流指示器、压力开关、流量开关以及消防水泵反馈信号。

【解析】根据《建筑消防设施检测技术规程》(GA 503—2004)，第 4.6.5.3 条预作用系统：4.6.5.3.1 火灾报警控制器确认火灾后，应自动启动雨淋阀、排气阀入口电动阀及消防水泵；水流指示器、压力开关应动作，距水力警铃 3 m 远处的声压级不应低于 70 dB。4.6.5.3.2 火灾报警控制器确认火灾后 2 min，末端试水装置的出水压力不应低于 0.05 MPa。4.6.5.3.3 消防控制设备应显示电磁阀、电动阀、水流指示器及消防水泵的反馈信号。

第 5.6.5.3 条预作用系统：5.6.5.3.1 先后触发防护区内两个火灾探测器，查看电磁阀、电动阀、消防水泵和水流指示器、压力开关的动作情况及反馈信号，以及排气阀的排气情况。5.6.5.3.2 报警后 2 min 打开末端试水装置，测量出水压力。5.6.5.3.3 用声级计测量水力警铃声强值。5.6.5.3.4 系统恢复正常。

《自动喷水灭火系统施工及验收规范》(GB 50261—2017) 第 8.0.8 条规定：干式系统、由火灾自动报警系统和充气管道上设置的压力开关开启预作用装置的预作用系统，其配水管道充水时间不宜大于 1 min；雨淋系统和仅由水灾自动报警系统联动开启预作用装置的预作用系统，其配水管道充水时间不宜大于 2 min。

3．火灾报警及联动控制信号发出后 2 min，检查末端试水装置，先是仅有气体排出，50s 后出现断续水流的现象，说明什么问题？分析其最有可能的原因。(2018-3-三)

答案：(1) 检查末端试水装置，先是仅有气体排出是不合理的，火灾报警及联动控制信号发出后 2 min，预作用系统应该已经完成排气和充水，打开末端试水装置，应该直接有水流出。仅有气体排出的最可能的原因是系统侧管网充气压力过大，排气过慢。(2) 50s 后出现断续水流的现象，可能是系统侧管网依然有残余气体，也有可能是消防水泵扬程不够，导致末端的出水压力和流量不足。(3) 消防水泵未启动，可能的原因有：报警阀组未完全开启、控制阀未完全开启；压力开关或流量开关设定值过大；控制线路故障；控制柜控制元件故障；水泵控制柜未设置在“自动”状态；水泵控制柜控制模块损坏。

第五节　系统施工、调试、验收

一、材料、设备进场检验

1．对自动灭火系统洒水喷头进行现场检查时，应确认其标志齐全。直立型玻璃球喷头溅水盘或者本体上至少应具有商标、型号、公称动作温度、制造厂(代号)、生产日期及(　)等标志。[1] (2015-2-68)

A．玻璃球色标　　B．响应时间指数　　C．玻璃球公称直径　　D．水流方向

【解析】《自动喷水灭火系统施工及验收规范》(GB 50261—2005) 第 3.2.7 条规定：“喷头的现场检验必须符合下列要求：(1) 喷头的商标、型号、公称动作温度、响应时间指数 (RTI)、制造厂及生产日期等标志应齐全。(2) 喷头的型号、规格等应符合设计要求。(3) 喷头外观应无加工缺陷和机械损伤。(4) 喷头螺纹密封面应无伤痕、毛刺、缺丝或断丝现象。(5) 闭式喷头应进行密封性能试验，以无渗漏、无损伤为合格。”

2．某工地按现行国家标准《通用阀门压力试验》(GB/T 13927) 和《自动喷水灭火系统　第六部分：通用阀门》(GB 5135.6) 的要求，对消防用蝶阀开展进场检验。下列检查项目中，不属于进场检查项目的是(　)。[2] (2016-2-43)

A．水头损失检查　B．外观质量检查　C．规格型号检查　D．开关指示标志

1 答案：B
2 答案：A

【解析】根据《自动喷水灭火系统施工及验收规范》（GB 50261—2017）第 3.2.8 条，阀门及其附件的现场检验应符合下列要求：阀门的商标、型号、规格等标志应齐全，阀门的型号、规格应符合设计要求。水头损失不属于进场检查的内容。注：《通用阀门压力试验》（GB/T 13927—1992）由《工业阀门压力试验》（GB/T 13927—2008）所代替。

3．某工地在自动喷水灭火系统施工安装前进行进场检测，下列关于报警阀组现场检查验收项目的要求中，正确的是（　）。[1]（2016-2-69）

A．附件配置、外观标识、外观质量、渗漏试验和报警阀结构等

B．附件配置、外观标识、外观质量、渗漏试验和强度试验等

C．阀门材质、外观标识、外观质量、渗漏试验和强度试验等

D．压力等级、外观标识、外观质量、渗漏试验和强度试验等

【解析】参见教材《消防安全技术综合能力》第三篇第四章第二节系统组件（设备）安装前检查，报警阀组现场检查内容包括：报警阀外观检查、报警阀结构检查、报警阀组操作性能检查、报警阀渗漏试验。

4．某消防工程施工单位对自动喷水灭火系统的喷头进行安装前检查，根据现行国家标准《自动喷水灭火系统施工及验收规范》（GB 50261），关于喷头现场检验的说法中，错误的是（　）。[2]（2017-2-53）

A．喷头螺纹密封面应无缺丝、断丝现象

B．喷头商标、型号等标志应齐全

C．喷头外观应无加工缺陷和机械损伤

D．每批应抽 3 只喷头进行密封性能试验，且试验合格

【解析】根据《自动喷水灭火系统施工及验收规范》（GB 50261—2017）第 3.2.7 条规定："喷头的现场检验必须符合下列要求：（1）喷头的商标、型号、公称动作温度、响应时间指数（RTI）、制造厂及生产日期等标志应齐全。（2）喷头的型号、规格等应符合设计要求。（3）喷头外观应无加工缺陷和机械损伤。（4）喷头螺纹密封面应无伤痕、毛刺、缺丝或断丝现象。（5）闭式喷头应进行密封性能试验，以无渗漏、无损伤为合格。

"试验数量应从每批中抽查 1%，并不得少于 5 只，试验压力应为 3.0 MPa，保压时间不得少于 3 min。当两只及两只以上不合格时，不得使用该批喷头。当仅有一只不合格时，应再抽查 2%，并不得少于 10 只，并重新进行密封性能试验；当仍有不合格时，亦不得使用该批喷头。"

5．某商业综合体建筑中庭高度为 15 m，设置是自动喷水灭火系统，根据现行国家标准《自动喷水灭火系统施工及验收规范》（GB 50261），属于该中庭使用的喷头的进场检验内容是（　）。[3]（2018-2-35）

A．标准覆盖面积洒水喷头的外观　　B．扩大覆盖面积洒水喷头的响应时间指数

C．非仓库型特殊应用喷头的规格型号　　D．非仓库型特殊应用喷头的工作压力

【解析】根据《自动喷水灭火系统施工及验收规范》（GB 50261—2017）第 3.2.7 条，喷头的现场检验必须符合下列要求：（1）喷头的商标、型号、公称动作温度、响应时间指数（RTI）、制造厂及生产日期等标志应齐全。（2）喷头的型号、规格等应符合设计要求。（3）喷头外观应无加工缺陷和机械损伤。（4）喷头螺纹密封面应无伤痕、毛刺、缺丝或断丝现象。（5）闭式喷头应进行密封性能试验，以无渗漏、无损伤为合格。

喷头的型号、规格等应符合设计要求，根据第 6.1.1 条：设置闭式系统的场所，洒水喷头类型和场所的最大净空高度应符合下表的规定；仅用于保护室内钢屋架等建筑构件的洒水喷头和设置货架内置洒水喷

1 答案：A
2 答案：D
3 答案：C

头的场所，可不受此表规定的限制。

<table>
<tr><th colspan="2" rowspan="2">设置场所</th><th colspan="3">喷头类型</th><th rowspan="2">场所净空高度
h/m</th></tr>
<tr><th>1 只喷头的保护面积</th><th>响应时间性能</th><th>流量系数 K</th></tr>
<tr><td rowspan="5">民用建筑</td><td rowspan="2">普通场所</td><td>标准覆盖面积洒水喷头</td><td>快速响应喷头
特殊响应喷头
标准响应喷头</td><td>$K \geqslant 80$</td><td rowspan="2">$h \leqslant 8$</td></tr>
<tr><td>扩大覆盖面积洒水喷头</td><td>快速响应喷头</td><td>$K \geqslant 80$</td></tr>
<tr><td rowspan="3">高大空间场所</td><td>标准覆盖面积洒水喷头</td><td>快速响应喷头</td><td>$K \geqslant 115$</td><td rowspan="2">$8 < h \leqslant 12$</td></tr>
<tr><td colspan="3">非仓库型特殊应用喷头</td></tr>
<tr><td colspan="3">非仓库型特殊应用喷头</td><td>$12 < h \leqslant 18$</td></tr>
<tr><td colspan="2" rowspan="4">厂房</td><td>标准覆盖面积洒水喷头</td><td>特殊响应喷头
标准响应喷头</td><td>$K \geqslant 80$</td><td rowspan="2">$h \leqslant 8$</td></tr>
<tr><td>扩大覆盖面积洒水喷头</td><td>标准响应喷头</td><td>$K \geqslant 80$</td></tr>
<tr><td>标准覆盖面积洒水喷头</td><td>特殊响应喷头
标准响应喷头</td><td>$K \geqslant 115$</td><td rowspan="2">$8 < h \leqslant 12$</td></tr>
<tr><td colspan="3">非仓库型特殊应用喷头</td></tr>
<tr><td colspan="2" rowspan="3">仓库</td><td>标准覆盖面积洒水喷头</td><td>特殊响应喷头
标准响应喷头</td><td>$K \geqslant 80$</td><td>$h \leqslant 9$</td></tr>
<tr><td colspan="3">仓库型特殊应用喷头</td><td>$h \leqslant 12$</td></tr>
<tr><td colspan="3">早期抑制快速响应喷头</td><td>$h \leqslant 13.5$</td></tr>
</table>

民用建筑中，净空高度 12 m＜h≤18 m 的高大空间场所选用非仓库型特殊应用喷头。故选项 C 正确。

二、系统组件安装

1．对自动喷水灭火系统喷头的安装情况进行检查，下列说法中，正确的有（　）。[1]（2016-2-83）

A．喷头安装应在系统试压、冲洗合格后进行

B．同一隔间内不能同时安装 3 mm 和 5 mm 玻璃球洒水喷头

C．水平边墙型洒水喷头溅水盘与顶板的距离不应小于 150 mm，且不应大于 300 mm

D．湿式系统在吊顶下不应安装下垂型喷头

E．喷头的型号、规格、使用场所应符合规范规定

【解析】《自动喷水灭火系统施工及验收规范》（GB 50261—2005）第 5.2.1 条，喷头安装应在系统试压、冲洗合格后进行。故 A 选项正确。第 6.1.8 条及条文解释，同一隔间内应采用相同热敏性能的洒水喷头。同一隔间内采用热敏性能、规格及安装方式一致的喷头，是为了防止混装不同喷头对系统的启动与操作造成不良影响。故 B 选项正确。第 7.1.14 条（表 7.1.15），水平式边墙型喷头溅水盘与顶板的距离不应小于 150 mm，且不应大于 300 mm。故 C 选项正确。第 6.1.3 条，湿式系统的喷头选型应符合下列规定：（1）不做吊顶的场所，当配水支管布置在梁下时，应采用直立型喷头；（2）吊顶下布置的喷头，应采用下垂型喷头或吊顶型喷头，故不选 D 选项。第 5.2.6 条，安装前检查喷头的型号、规格、使用场所应符合设计要求。题干要求为安装情况检查，故 E 选项不选。

1 答案：ABC

2．自动喷水灭火系统水流指示器的安装应在管道试压和冲洗合格后进行，在水流指示器前管道上安装的信号阀与水流指示器之间的距离不宜小于（ ）mm。[1]（2015-2-48）

A．400　B．500　C．300　D．600

【解析】根据《自动喷水灭火系统施工及验收规范》（GB 50261—2017）第5.4.6条，信号阀应安装在水流指示器前的管道上，与水流指示器之间的距离不宜小于300 mm。

三、试压冲洗

1．闭式自动喷水灭火系统施工安装前，需对已进场的闭式喷头进行密封性能试验。下列情况中，符合相关施工验收规范要求的是（ ）。[2]（2015-2-22）

A．施工单位按规范要求抽样并使用专用试验装置进行密封性能试验

B．密封性能试验压力为3 MPa，保压时间1 min

C．施工单位按每批喷头总数量的1%抽样送国家法定检测机构进行密封性能试验

D．施工单位按每批喷头5只喷头抽样送国家法定检测机构进行密封性能试验

【解析】《自动喷水灭火系统施工及验收规范》（GB 50261—2017）第3.2.7条规定："喷头的现场检验必须符合下列要求：（1）喷头的商标、型号、公称动作温度、响应时间指数（RTI）、制造厂及生产日期等标志应齐全。（2）喷头的型号、规格等应符合设计要求。（3）喷头外观应无加工缺陷和机械损伤。（4）喷头螺纹密封面应无伤痕、毛刺、缺丝或断丝现象。（5）闭式喷头应进行密封性能试验，以无渗漏、无损伤为合格。试验数量应从每批中抽查1%，并不得少于5只，试验压力应为3.0 MPa，保压时间不得少于3 min。当两只及两只以上不合格时，不得使用该批喷头。当仅有一只不合格时，应再抽查2%，并不得少于10只，并重新进行密封性能试验；当仍有不合格时，亦不得使用该批喷头。"B、C、D选项错误。

2．自动喷水灭火系统的管网安装完毕后应对其进行（ ）。[3]（2015-2-85）

A．强度试验　B．密封性试验　C．严密性试验　D．渗漏试验　E．冲洗

【解析】《自动喷水灭火系统施工及验收规范》（GB 50261—2017）第6.1.1条规定："管网安装完毕后，必须对其进行强度试验、严密性试验和冲洗。"

3．某消防工程施工单位对自动喷水灭火系统闭式喷头进行密封性能试验，下列试验压力和保压时间的做法中，正确的是（ ）。[4]（2017-2-71）

A．试验压力2.0 MPa，保压时间5 min　　B．试验压力3.0 MPa，保压时间1 min

C．试验压力3.0 MPa，保压时间3 min　　D．试验压力2.0 MPa，保压时间2 min

【解析】根据《自动喷水灭火系统施工及验收规范》（GB 50261—2017）第3.2.7条，喷头的现场检验必须符合下列要求：闭式喷头应进行密封性能试验，以无渗漏、无损伤为合格。试验数量应从每批中抽查1%，并不得少于5只，试验压力应为3.0 MPa，保压时间不得少于3 min。当2只及2只以上不合格时，不得使用该批喷头。当仅有1只不合格时，应再抽查2%，并不得少于10只，并重新进行密封性能试验；当仍有不合格时，亦不得使用该批喷头。

四、系统检测及调试

1．在自动喷水灭火设施检测工作中，通常会用到移动后有可能影响测试精度的仪器设备，如电子秤、

1 答案：C
2 答案：A
3 答案：ACE
4 答案：C

超声波流量计等。为保证检测结果的可靠性，应采取的措施是（　）。[1]（2015-2-39）

A．在每次移动后，立即进行现场校准和必要的调整

B．对完成三次检测工作的仪器设备自行调整和校准

C．对完成五次检测工作的仪器设备自行调整和校准

D．对完成三次检测工作的仪器设备送法定计量机构校准

【解析】根据《检测和校准实验室能力的通用要求》（GB/T 27025—2008）第 5.4.4 条，检查设备工作是否正常，需要时，在每次使用之前对设备进行校准和调整。

2．自动喷水灭火系统定期巡视检查测试时，下列关于湿式报警阀组检测试验的内容及要求的说法中，错误的是（　）。[2]（2016-2-28）

A．测试过程中系统排出的水应通过排水设施全部排走，湿式报警阀处的排水立管不宜小于 DN75

B．开启末端试水装置，以 1.2 L/s 的流量放水，水流指示器、湿式报警阀、压力开关动作

C．消防联动控制器应准确接收并显示水流指示器、压力开关、水泵的反馈信号

D．压力开关应直接连锁启动消防水泵

【解析】《消防给水及消火栓系统技术规范》（GB 50974—2014）第 9.3.1 条规定："消防给水系统试验装置处应设置专用排水设施，排水管径应符合下列规定：（1）自动喷水灭火系统等自动水灭火系统末端试水装置处的排水立管管径，应根据末端试水装置的泄流量确定，并不宜小于 DN75；（2）报警阀处的排水立管宜为 DN100；（3）减压阀处的压力试验排水管道直径应根据减压阀流量确定，但不应小于 DN100。"故 A 选项错误。

3．检查自动喷水灭火系统，湿式报警阀前压力为 0.35 MPa，打开湿式报警阀组试水阀，以 1.2 L/s 的流量放水，不带延迟器的水力警铃最迟在（　）s 内发出报警铃声。[3]（2016-2-42）

A．5　　B．30　　C．15　　D．90

【解析】《自动喷水灭火系统施工及验收规范》（GB 50261—2017）第 7.2.5 条，湿式报警阀调试时，在试水装置处放水，当湿式报警阀进口水压大于 0.14 MPa、放水流量大于 1 L/s 时，报警阀应及时启动；带延迟器的水力警铃应在 5～90 s 内发出报警铃声，不带延迟器的水力警铃应在 15 s 内发出报警铃声，压力开关应及时动作，并反馈信号。

4．消防技术服务机构受东北某造纸企业委托，对其成品仓库设置的干式自动喷水灭火系统进行检测。该仓库地上 2 层，耐火等级为二级，建筑高度 15.8 m，建筑面积 7 800 m^2，还设置了室内消火栓系统火灾自动报警系统等消防设施，检测人员核查相关系统试压及调试记录后，有如下发现：（1）干式自动喷水灭火系统管网水压强度及严密性试验均采用气压试验替代，且未对管进行冲洗。（2）干式报警阀调试记录中，没有发现开启系统试验阀后报警阀启动时间及水流到试验装置出口所需时间的记录值。

根据以上材料，干式自动喷水灭火系统试压及调试记录中存在的主要问题是什么？（2016-3-三）

答案：

（1）干式自动喷水灭火系统管网水压强度及严密性试验不能采用气压试验替代。

（2）未对管进行冲洗。

（3）干式报警阀调试记录中，没有记录开启系统试验阀和报警阀启动时间及水流到试验装置出口所需时间不得大于 1 min 的记录值。

【解析】《自动喷水灭火系统施工及验收规范》（GB 50261—2017）第 6.1.2 条规定："强度试验和严密性

1 答案：A

2 答案：A

3 答案：C

试验宜用水进行。干式喷水灭火系统、预作用喷水灭火系统应做水压试验和气压试验。”第 6.1.1 条规定：“管网安装完毕后，必须对其进行强度试验、严密性试验和冲洗。”第 7.2.5 条，报警阀调试应符合下列要求：干式报警阀调试时，开启系统试验阀，报警阀的启动时间、启动点压力、水流到试验装置出口所需时间，均应符合设计要求。根据附录 C.0.4，自动喷水灭火系统联动试验记录中要求记录干式系统的充水时间。

5．某消防工程施工单位在调试自动喷水灭火系统时，使用压力表、流量计、秒表、声强计和观察检查的方法对雨淋阀组进行调试，根据现行国家标准《自动喷水灭火系统施工及验收规范》（GB 50261），关于雨淋阀调试的说法中，正确的是（　）。[1]（2017-2-9）

A．自动和手动方式启动公称直径为 80 mm 的雨淋阀，应在 15 s 内启动

B．公称直径大于 200 mm 的雨淋阀调试时，应在 80 s 内启动

C．公称直径大于 100 mm 的雨淋阀调试时，应在 30 s 内启动

D．控制当报警水压为 0.15 MPa 时，雨淋阀的水力警铃应发出报警铃声

【解析】根据《自动喷水灭火系统施工及验收规范》（GB 50261—2017）第 7.2.5 条第 3 项，雨淋阀调试宜利用检测、试验管道进行。自动和手动方式启动的雨淋阀，应在 15 s 之内启动；公称直径大于 200 mm 的雨淋阀调试时，应在 60 s 之内启动。雨淋阀调试时，当报警水压为 0.05 MPa，水力警铃应发出报警铃声。

6．在自动喷水灭火系统设备和组件安装完成后应对系统进行测试，根据现行国家标准《自动喷水灭火系统施工及验收规范》（GB 50261），系统调试项目应包括的内容有（　）。[2]（2017-2-82）

A．电动阀调试　B．水源测试　C．消防水泵调试　D．排水设施调试　E．稳压泵调试

【解析】《自动喷水灭火系统施工及验收规范》（GB 50261—2017）第 7.2.1 条规定：“系统调试应包括下列内容：（1）水源测试；（2）消防水泵调试；（3）稳压泵调试；（4）报警阀调试；（5）排水设施调试；（6）联动试验。”

7．消防技术服务机构对某商业大厦中的湿式自动喷水灭火系统进行验收前检测。发现如下情况：消防水泵出水口处的止回阀下游与明杆闸阀之间的管路上安装了压力表，但吸水管路上未安装压力表。根据以上材料，回答以下问题：

（1）水泵出水管路处压力表的安装位置是否正确？说明理由。（2017-3-四）

答案：水泵出水管路处压力表的安装位置不正确。水泵出水管路处压力表应安装在止回阀的上游管道，防止压力表受水锤的影响。

【解析】根据《自动喷水灭火系统施工及验收规范》（GB 50261—2017）第 4.2.4 条条文解释，安装顺序为水泵出口、出水压力表、止回阀、出水管。

（2）有人说，水泵吸水管上应安装与出水管上相同规格型号的压力表，这种说法是否正确？说明理由。（2017-3-四）

答案：水泵吸水管上应安装与出水管相同规格型号的压力表，这种说法是错误的。水泵吸水管上应安装真空表、压力表或者真空压力表。压力表的最大量程应根据高层和具体情况确定，但不应低于 0.70 MPa，真空表的最大量程宜为−0.1 MPa。水泵出水管上应安装压力表，最大量程不应低于其工作压力的 2 倍，且不应低于 1.6 MPa。

【解析】《消防给水及消火栓系统技术规范》（GB 50974—2014）第 5.1.17 条规定：“消防水泵吸水管和出水管上应设置压力表，并应符合下列规定：（1）消防水泵出水管压力表的最大量程不应低于其设计工作压力

1 答案：A

2 答案：BCDE

的 2 倍，且不应低于 1.60 MPa；（2）消防水泵吸水管宜设置真空表、压力表或真空压力表，压力表的最大量程应根据工程具体情况确定，但不应低于 0.70 MPa，真空表的最大量程宜为–0.10 MPa；（3）压力表的直径不应小于 100 mm，应采用直径不小于 6 mm 的管道与消防水泵进出口管相接，并应设置关断阀门。”

8．根据现行国家标准《自动喷水灭火系统施工及验收规范》（GB 50261），对自动喷水灭火系统报警阀组进行调试，下列调试结果中，不符合现行国家标准要求的是（ ）。[1]（2018-2-19）

A．湿式报警阀进口水压为 0.15 MPa、放水流量为 1.1 L/s 时，报警阀组及时启动

B．湿式报警阀启动后，不带延迟器的水力警铃在 14 s 时发出报警铃声

C．湿式报警阀启动后，带延迟器的水力警铃在 85 s 时发出报警铃声

D．雨淋报警阀动作后，压力开关在 25 s 时发出动作信号

【解析】根据《自动喷水灭火系统施工及验收规范》第 7.2.5 条，报警阀调试应符合下列要求：（1）湿式报警阀调试时，在末端装置处放水，当湿式报警阀进口水压大于 0.14 MPa、放水流量大于 1 L/s 时，报警阀应及时启动；带延迟器的水力警铃应在 5 ~ 90 s 内发出报警铃声，不带延迟器的水力警铃应在 15 s 内发出报警铃声；压力开关应及时动作，启动消防泵并反馈信号。故 A、B、C 选项正确。

（2）雨淋阀调试宜利用检测、试验管道进行。自动和手动方式启动的雨淋阀，应在 15 s 之内启动；公称直径大于 200 mm 的雨淋阀调试时，应在 60 s 之内启动。雨淋阀调试时，当报警水压为 0.05 MPa 时，水力警铃应发出报警铃声。故 D 选项错误。

9．某消防技术服务机构对单位安装的自动喷水灭火系统进行检测，检测结果如下：（1）开启末端试水装置，以 1.1 L/s 的流量放水，带延迟功能的水流指示器 15 s 时动作：（2）末端试水装置安装高度为 1.5 m；（3）最不利点末端试水试验法，自放水开始至水泵启动时间为 3 min：（4）报警阀距地面的高度为 1.2 m。上述检测结果中，符合现行国家标准要求的共有（ ）。[2]（2018-2-31）

A．1 个　B．2 个　C．4 个　D．3 个

【解析】根据《自动喷水灭火系统施工及验收规范》（GB 50261—2017）第 7.2.5 条，报警阀调试应符合下列要求：（1）湿式报警阀调试时，在末端装置处放水，当湿式报警阀进口水压大于 0.14 MPa、放水流量大于 1 L/s 时，报警阀应及时启动；带延迟器的水力警铃应在 5 ~ 90 s 内发出报警铃声，不带延迟器的水力警铃应在 15 s 内发出报警铃声；压力开关应及时动作，启动消防泵并反馈信号。故检测结果（1）正确。

根据《自动喷水灭火系统设计规范》（GB 50084—2007）第 6.5.3 条，末端试水装置和试水阀应有标识，距地面的高度宜为 1.5 m，并应采取不被他用的措施。故检测结果（2）正确。

根据《自动喷水灭火系统施工及验收规范》（GB 50261—2017）第 8.0.6-3 条，湿式自动喷水灭火系统的最不利点做末端放水试验时，自放水开始至水泵启动时间不应超过 5 min。故检测结果（3）正确。

根据《自动喷水灭火系统施工及验收规范》（GB 50261—2017）第 5.3.1 条，报警阀钮安装的位置应符合设计要求；当设计无要求时，报警阀钮应安装在便于操作的明显位置，距室内地面高度宜为 1.2 m。故检测结果（4）正确。

上述检测结果中，符合现行国家标准要求的共有 4 个，故 C 选项正确。

五、系统验收

1．某公共建筑内设置喷头 1 000 只，根据现行国家标准《自动喷水灭火系统施工及验收规范》（GB 50261），对喷淋系统进行验收时，应对现场安装的喷头规格、安装间距分别进行抽查，分别抽查的喷

---

1 答案：D

2 答案：C

头数量应为（　）。[1]（2017-2-67）

A．20个、10个　　B．100个、50个　　C．25个、10个　　D．50个、25个

【解析】根据《自动喷水灭火系统施工及验收规范》（GB 50261—2017）第8.0.9条，喷头验收应符合下列要求：（1）喷头设置场所、规格、型号、公称动作温度、响应时间指数（RTI）应符合设计要求。检查数量：抽查设计喷头数量10%，总数不少于40个，合格率应为100%。（2）喷头安装间距，喷头与楼板、墙、梁等障碍物的距离应符合设计要求。检查数量：抽查设计喷头数量5%，总数不少于20个，距离偏差±15 mm，合格率不小于95%时为合格。

故，喷头规格抽查：1 000 × 10% = 100（个）；安装间距抽查：1 000 × 5% = 50（个）。

2．对某多层旅馆设置的自动喷水灭火系统进行验收前检测，检测结果如下：（1）手动启动消防泵29 s后，未投入正常运行；（2）系统使用的喷头均无备用品；（3）直立型标准覆盖面积洒水喷头与端墙的距离为2.2 m；（4）水力警铃卡阻致水力警铃不报警，根据《自动喷水灭火系统施工级验收规范》（GB 50261），对该系统施工质量缺陷及系统验收结果进行判定，结论正确的有（　）。[2]（2018-2-82）

A．检测结果中有严重缺陷1项　　B．检测结果中有重缺陷2项

C．检查结果中有轻缺陷1项　　D．该项目整体质量合格

E．该项目整体质量不合格

【解析】参见《自动喷水灭火系统施工及验收规范》（GB 50261—2017）附录F自动喷水灭火系统验收缺陷项目划分表。为便于记忆特汇总如下。

项目	对应本规范包含的条款
严重缺陷项	**第8.0.4条第1款、第2款（水源）：**1. 应检查室外给水管网的进水管管径及供水能力，并应检查高位消防水箱和消防水池容量，均应符合设计要求。2. 当采用天然水源作系统的供水水源时，其水量、水质应符合设计要求，并应检查枯水期最低水位时确保消防用水的技术措施
	第8.0.6条第4款（水泵）：4. 打开消防水泵出水管上的试水阀，当采用主电源启动消防水泵时，消防水泵应启动正常；关掉主电源，主、备电源应能正常切换。备用电源切换时，消防水泵应在1 min或2 min内投入正常运行。自动或手动启动消防泵时应在55 s内投入正常运行
	第8.0.8条第1款（管网）：1. 管道的材质、管径、接头、连接方式及采取的防腐、防冻措施，应符合设计规范及设计要求
	第8.0.9条第1款（喷头）：1. 喷头设置场所、规格、型号、公称动作温度、响应时间指数（RTI）应符合设计要求
	第8.0.11条（系统流量、压力）：系统流量、压力的验收，应通过系统流量压力检测装置进行放水试验，系统流量、压力应符合设计要求
	第8.0.12条第3、第4款（模拟灭火功能试验）：3. 压力开关动作，应启动消防水泵及与其联动的相关设备，并应有反馈信号显示。4. 电磁阀打开，雨淋阀应开启，并应有反馈信号显示
重缺陷项	**第8.0.5条第1～3款（泵房）：**1. 消防泵房的建筑防火要求应符合相应的建筑设计防火规范的规定。2. 消防泵房设置的应急照明、安全出口应符合设计要求。3. 备用电源、自动切换装置的设置应符合设计要求
	第8.0.6条第1～3款、第5款、第6款（水泵）：1. 工作泵、备用泵、吸水管、出水管及出水管上的阀门、仪表的规格、型号、数量，应符合设计要求；吸水管、出水管上的控制阀应锁定在常开位置，并有明显标记。2. 消防水泵应采用自灌式引水或其他可靠的引水措施。3. 分别开启系统中的每一个末端试水装置和试水阀，水流指示器、压力开关等信号装置的功能应均符合设计要求。湿式自动喷水灭火系统的最不利点做末端放水试验时，自放水开始至水泵启动时间不应超过5 min。5. 消防水泵停泵时，水锤消除设施后的压力不应超过水泵出口额定压力的1.3～1.5倍。6. 对消防气压给水设备，当系统气压下降到设计最低压力时，通过压力变化信号应能启动稳压泵

1 答案：B

2 答案：BCD

项目	对应本规范包含的条款
重缺陷项	**第 8.0.7 条第 1～4 款、第 6 款（报警阀组）：**1. 报警阀组的各组件应符合产品标准要求。2. 打开系统流量压力检测装置放水阀，测试的流量、压力应符合设计要求。3. 水力警铃的设置位置应正确。测试时，水力警铃喷嘴处压力不应小于 0.05 MPa，且距水力警铃 3 m 远处警铃声声强不应小于 70dB。4. 打开手动试水阀或电磁阀时，雨淋阀组动作应可靠。6. 空气压缩机或水灾自动报警系统的联动控制，应符合设计要求
	第 8.0.8 条第 4 款、第 5 款（管网）：4. 管网不同部位安装的报警阀组、闸阀、止回阀、电磁阀、信号阀、水流指示器、减压孔板、节流管、减压阀、柔性接头、排水管、排气阀、泄压阀等，均应符合设计要求。5. 干式系统、由火灾自动报警系统和充气管道上设置的压力开关开启预作用装置的预作用系统，其配水管道充水时间不宜大于 1 min；雨淋系统和仅由水灾自动报警系统联动开启预作用装置的预作用系统，其配水管道充水时间不宜大于 2 min
	第 8.0.9 条第 2 款（喷头）：2. 喷头安装间距，喷头与楼板、墙、梁等障碍物的距离应符合设计要求
	第 8.0.10 条（水泵接合器）：水泵接合器数量及进水管位置应符合设计要求，消防水泵接合器应进行充水试验，且系统最不利点的压力、流量应符合设计要求
	第 8.0.12 条第 5～7 款（系统模拟灭火功能试验）：5. 消防水泵启动后，应有反馈信号显示。6. 加速器动作后，应有反馈信号显示。7. 其他消防联动控制设备启动后，应有反馈信号显示
轻缺陷项	**第 8.0.3 条第 1～5 款（资料）：**1. 竣工验收申请报告、设计变更通知书、竣工图。2. 工程质量事故处理报告。3. 施工现场质量管理检查记录。4. 自动喷水灭火系统施工过程质量管理检查记录。5. 自动喷水灭火系统质量控制检查资料
	第 8.0.7 条第 5 款、第 7 款（报警阀组）：5. 控制阀均应锁定在常开位置。7. 打开末端试（放）水装置，当流量达到报警阀动作流量时，湿式报警阀和压力开关应及时动作，带延迟器的报警阀应在 90 s 内压力开关动作，不带延迟器的报警阀应在 15 s 内压力开关动作。雨淋报警阀动作后 15 s 内压力开关动作
	第 8.0.8 条第 2 款、第 3 款（管网）：2. 管网排水坡度及辅助排水设施。3. 系统中的末端试水装置、试水阀、排气阀应符合设计要求
	第 8.0.9 条第 3～5 款（喷头）：3. 有腐蚀性气体的环境和有冰冻危险场所安装的喷头，应采取防护措施。4. 有碰撞危险场所安装的喷头应加设防护罩。5. 各种不同规格的喷头均应有一定数量的备用品，其数量不应小于安装总数的 1%，且每种备用喷头不应少于 10 个
	第 8.0.12 条第 1 款、第 2 款（系统模拟灭火功能试验）：1. 报警阀动作，水力警铃应鸣响。2. 水流指示器动作，应有反馈信号显示

（1）手动启动消防泵 29 s 后，未投入正常运行——合格项。

（2）系统使用的喷头均无备用品——轻缺陷项。

（3）直立型标准覆盖面积洒水喷头与端墙的距离为 2.2 m——重缺陷项。

（4）的水力警铃卡阻致水力警铃不报警——重缺陷项。

第 8.0.13 条：系统工程质量验收判定应符合下列规定：（1）系统工程质量缺陷应按本规范附录 F 要求划分：严重缺陷项（A），重缺陷项（B），轻缺陷项（C）。（2）系统验收合格判定的条件为：A=0，且 B≤2，且 B+C≤6 为合格，否则为不合格。故 B、C、D 选项正确。

第六节　维护管理

一、维护管理

1．对自动喷水灭火系统实施检查维护，下列项目中，属于年度检查内容的是（　）。[1]（2015-2-28）

A．报警阀组气动性能测试　　B．水流指示器动作性能测试

C．水源供水能力测试　　D．水泵接合器完好性检查

1 答案：C

【解析】《自动喷水灭火系统施工及验收规范》（GB 50261—2017）第 9.0.3 条规定："每年应对水源的供水能力进行一次测定，每日应对电源进行检查。"第 9.0.6 条规定："每个季度应对系统所有的末端试水阀和报警阀旁的放水试验阀进行一次放水试验，检查系统启动、报警功能以及出水情况是否正常。"第 9.0.16 条规定："消防水泵接合器的接口及附件应每月检查一次，并应保证接口完好、无渗漏、闷盖齐全。"第 9.0.17 条规定："每月应利用末端试水装置对水流指示器进行试验。"

2．下列关于自动喷水灭火系统日常维护管理的做法中，正确的是（　）。[1]（2015-2-67）

A．每季度对所有的末端试水阀和报警阀的放水试验阀进行一次放水试验，并应检查系统的压力是否正常

B．每季度对所有的末端试水阀和报警阀的放水试验阀进行一次放水试验，并应检查系统的出水情况是否正常

C．每季度对所有的末端试水阀和报警阀的放水试验阀进行一次放水试验，并应检查系统的严密性是否正常

D．每季度对所有的末端试水阀和报警阀的放水试验阀进行一次放水试验，并应检查系统的启动、报警功能以及出水情况是否正常

【解析】《自动喷水灭火系统施工及验收规范》（GB 50261—2005）第 9.0.6 条规定："每个季度应对系统所有的末端试水阀和报警阀旁的放水试验阀进行一次放水试验，检查系统启动、报警功能以及出水情况是否正常。"

3．物业管理公司对自动喷水灭火系统进行维护管理，定期巡视检查测试。根据《自动喷水灭火系统施工及验收规范》（GB 50361）的要求，下列检查项目中，属于每月检查项目的是（　）。[2]（2016-2-59）

A．消防水源供水能力的测试　　B．室外阀门井中进水管道控制阀的开启状态

C．控制阀的铅封、锁链　　D．所有报警阀组的试水阀防水测试及其启动性能测试

【解析】《自动喷水灭火系统施工及验收规范》（GB 50261—2017）第 9.0.7 条规定："系统上所有的控制阀门均应采用铅封或锁链固定在开启或规定的状态。每月应对铅封、锁链进行一次检查，当有破坏或损坏时应及时修理更换。"

4．对消防设施进行定期检测是消防设施维护管理工作的一项重要内容，确定自动喷水灭火系统末端试水的检测周期所依据的标准是（　）。[3]（2016-2-64）

A．《建筑消防设施检测技术规范》（GA 503）

B．《建筑消防设施维护管理规定》（GB 25201）

C．《自动喷水灭火系统施工及验收规范》（GB 50261）

D．《自动喷水灭火系统设计规范》（GB 50084）

【解析】《自动喷水灭火系统施工及验收规范》（GB 50261—2005）第 9.0.6 条规定："每个季度应对系统所有的末端试水阀和报警阀旁的放水试验阀进行一次放水试验，检查系统启动、报警功能以及出水情况是否正常。"

5．根据国家标准《消防给水及消火栓系统技术规范》（GB 50974）；对室内消火栓应（　）进行一次外观和漏水检查，发现存在问题的消火栓应及时修复或更换。[4]（2017-2-24）

A．每季度　　B．每月　　C．每半年　　D．每年

【解析】《消防给水及消火栓系统技术规范》（GB 50974—2014）第 14.0.7 条规定："每季度应对消火栓

1 答案：D
2 答案：C
3 答案：C
4 答案：A

进行一次外观和漏水检查，发现有不正常的消火栓应及时更换。”

6．根据国家现行消防技术标准，对投入使用的自动喷水灭火系统需要每月进行检查维护的内容是（　）。[1]（2017-2-97）

A．对控制阀门的铅封、锁链进行检查　　B．消防水泵启动运转

C．对水源控制阀、报警阀组进行外观检查　　D．利用末端试水装置对水流指示器进行试验

E．检查电磁阀并做启动试验

【解析】《自动喷水灭火系统施工及验收规范》（GB 50261—2017）第 9.0.7 条规定：“系统上所有的控制阀门均应采用铅封或锁链固定在开启或规定的状态。每月应对铅封、锁链进行一次检查，当有破坏或损坏时应及时修理更换。”故 A 选项正确。第 9.0.4 条规定：“消防水泵或内燃机驱动的消防水泵应每月启动运转一次。当消防水泵为自动控制启动时，应每月模拟自动控制的条件启动运转一次。”故 B 选项正确。第 9.0.10 条规定：“维护管理人员每天应对水源控制阀、报警阀组进行外观检查，并应保证系统处于无故障状态。”故 C 选项错误。第 9.0.17 条规定：“每月应利用末端试水装置对水流指示器进行试验。”故 D 选项正确。第 9.0.5 条规定：“电磁阀应每月检查并应做启动试验，动作失常时应及时更换。”故 E 选项正确。

二、故障排除

1．下列关于自动喷水灭火系统水力警铃故障原因的说法中，错误的是（　）。[2]（2015-2-76）

A．未按照水力警铃的图样进行组件的安装　　B．水力警铃产品质量不合格或损坏

C．水力警铃的喷嘴堵塞或叶轮、铃锤组件卡阻　　D．水力警铃前的延迟器下部孔板的溢出水孔堵塞

【解析】延迟器下部孔板的溢出水孔堵塞不影响水力警铃工作。

2．对自动喷水灭火系统进行年度检测，测试某个防火分区的末端试水装置，压力开关和水流指示器均正常动作，但消防水泵却没有启动，出现这种情况的原因有（　）。[3]（2015-2-98）

A．水流指示器前的信号蝶阀故障　　B．水流指示器的报警信号没有反馈到联动控制设备

C．消防联动控制设备中的控制模块损坏　　D．水泵控制柜的控制模式未设定在“自动”状态

E．水泵控制柜故障

【解析】水流指示器不参与水泵启动，A、B 选项错误。湿式自动喷水灭火系统水泵由压力开关连锁启动，与联动控制无关，故 C 选项错误。水泵控制柜未设在自动状态或故障时，压力开关不能连锁启泵。

3．2015 年 6 月，维保单位对该建筑内消火栓系统和自动喷水灭火系统进行了检测，情况如下：（1）检查 40 层屋顶试验消火栓时，其栓口静压为 0.1 MPa，打开试验消火栓，给水泵自动启动，栓口压力为 0.65 MPa。（2）检查发现，地下室 8 个湿式报警阀组前的减压阀不定期出现超压现象。（3）检查自动喷水灭火系统，打开 40 层末端试水装置，水流指示器报警，报警阀组的水力警铃未报警；消防控制室未收到压力开关动作信号，5 min 内未接收到自动喷水给水泵启动信号。

根据以上材料回答问题：

（1）指出 40 层末端试水装置放水时，报警阀组的水力警铃未报警、压力开关未动作的原因。（2015-3-五）

答案：（1）水力警铃不工作原因：①水力警铃产品质量不合格或损坏；②水力警铃组件安装错误；③水力警铃的喷嘴堵塞或叶轮、铃锤组件卡组；④警铃进水口堵塞；⑤报警管路控制阀被关闭；⑥延迟器下的排水阀泄水流量过大；⑦过滤器被堵塞；⑧报警阀阀瓣未开启；⑨水源控制阀被关闭。

（2）压力开关不工作原因：①压力开关产品质量不合格或损坏；②压力开关线路故障；③压力开关进

1 答案：ABDE

2 答案：D

3 答案：DE

水口堵塞；④报警管路控制阀被关闭；⑤延迟器下的排水阀泄水流量过大。

【解析】参见教材《消防安全技术综合能力》第三篇第四章第四节系统维护管理：4. 水力警铃工作不正常；5. 消防水泵不正常启动。

（2）指出导致水流指示器始终不复位的原因。（2016-3-三）

答案：（1）桨片被管腔内杂物卡阻；（2）调整螺母与触头未调试到位；（3）输出继电器不能复位。

4．某消防设施检测机构的人员在对一商场的自动喷水灭火系统进行检测时，打开系统末端试水装置在达到规定流量时指示器不动作。下列故障原因中可以排除的是（　）。[1]（2017-2-3）

A．桨片被管腔内杂物卡阻　　B．调整螺母与触头未调试到位

C．报警阀前端的水源控制阀完全打开　　D．链接水流指示器的电路线脱落

【解析】参见教材《消防安全技术综合能力》第三篇第四章系统维护管理（四）水流指示器。水流指示器故障原因：（1）桨片被管腔内杂物卡阻。（2）调整螺母与触头未调试到位。（3）电路接线脱落。故障处理：（1）清除水流指示器管腔内的杂物。（2）将调整螺母与触头调试到位。（3）检查并重新将脱落电路接通。

5．根据现行国家标准《自动喷水灭火系统施工及验收规范》（GB 50261），自动喷水灭火系统应每月检查维护项目的说法，正确的有（　）。[2]（2018-2-80）

A．每月对消防水泵的供电电源进行检查

B．每月利用末端试水装置对水流指示器进行试验

C．每月对喷头进行一次外观及备用数量检查

D．寒冷季节，每月检查设置储水设备的房间，保持室温不低于5℃，任何部位不得结冰

E．每月对消防水池、消防水箱的水位及消防气压给水设备的气体压力进行检查

【解析】根据《自动喷水灭火系统施工及验收规范》（GB 50261—2017）第9.0.3条，每年应对水源的供水能力进行一次测定，每日应对电源进行检查。故A选项错误。

第9.0.17条，每月应利用末端试水装置对水流指示器进行试验。故B选项正确。

第9.0.18条，每月应对喷头进行一次外观及备用数量检查，发现有不正常的喷头应及时更换。故C选项正确。

第9.0.13条，寒冷季节，消防储水设备的任何部位均不得结冰。每天应检查设置储水设备的房间，保持室温不低于5℃。故D选项错误。

第9.0.11条，消防水池、消防水箱及消防气压给水设备应每月检查一次，并应检查其消防储备水位及消防气压给水设备的气体压力。故E选项正确。

第四章　水喷雾灭火系统

本章由宋瑞明解析

第一节　系统基础

灭火机理

1．水喷雾灭火系统的水雾喷头使水从连续的水流状态分解转变成不连续的细小水雾滴喷射出来，因

1 答案：C

2 答案：BCE

此它具有较高的电绝缘性能和良好的灭火性能。下列不属于水喷雾灭火机理的是（　）。[1]（2015-1-33）

A．冷却　B．隔离　C．窒息　D．乳化

【解析】参见教材《消防安全技术实务》第三篇第四章第一节水喷雾灭火系统灭火机理。

2．下列火灾中，不适合采用水喷雾进行灭火的是（　）。[2]（2016-1-35）

A．樟脑油火灾　B．人造板火灾　C．电缆火灾　D．豆油火灾

【解析】《水喷雾灭火系统技术规范》（GB 50219—2014）第 1.0.3 条规定："水喷雾灭火系统可用于扑救固体物质火灾、丙类液体火灾、饮料酒火灾和电气火灾，并可用于可燃气体和甲、乙、丙类液体的生产、储存装置或装卸设施的防护冷却。"第 1.0.4 条规定："水喷雾灭火系统不得用于扑救遇水能发生化学反应造成燃烧、爆炸的火灾，以及水雾会对保护对象造成明显损害的火灾。"樟脑油为乙类液体，故不适合采用水喷雾对樟脑油火灾进行灭火。

3．水喷雾的主要灭火机理不包括（　）。[3]（2017-1-23）

A．窒息　B．乳化　C．稀释　D．阻断链式反应

【解析】水喷雾系统灭火机理：冷却、窒息、乳化、稀释。

第二节　系统设计

一、工作压力

1．某高层办公楼的柴油发电机房设置了水喷雾灭火系统。该系统水雾喷头的灭火工作压力不应小于（　）MPa。[4]（2015-1-45）

A．0.05　B．0.10　C．0.2　D．0.35

【解析】《水喷雾灭火系统技术规范》（GB 50219—2014）第 3.1.3 条规定："水雾喷头的工作压力，当用于灭火时不应小于 0.35 MPa；当用于防护冷却时不应小于 0.2 MPa，但对于甲$_B$、乙、丙类液体储罐不应小于 0.15 MPa。"选 D。

2．某国家重点工程的地下变电站装有 3 台大型油浸变压器，设置了水喷雾灭火系统。系统安装初调完毕后进行实喷试验时，所有离心雾化喷头始终只能喷出水珠，均不能成雾。现场用仪器测得水雾喷头入口处压力为 0.36 MPa，并拆下全部离心雾化型喷头与设计图纸、喷头样本和产品相关检测资料核对无异常。可能造成这种现象的原因是（　）。[5]（2015-2-65）

A．水泵额定流量偏小　B．管网压力偏低　C．喷头存在质量问题　D．管网压力偏高

【解析】《水喷雾灭火系统技术规范》（GB 50219—2014）第 3.1.3 条规定："水雾喷头的工作压力，当用于灭火时不应小于 0.35 MPa；当用于防护冷却时不应小于 0.2 MPa，但对于甲$_B$、乙、丙类液体储罐不应小于 0.15 MPa。"现场用仪器测得水雾喷头入口处压力为 0.36 MPa，符合要求，故管网压力正常，说明水泵额定流量正常，故排除 A、B、D 选项。全部喷头与设计图纸、喷头样本和产品相关检测资料对无异常，说明喷头存在质量问题。

3．某大型商业建筑油浸变压器室，消防水池和消防水泵房均位于建筑地下一层，油浸变压器用水喷雾

1 答案：B
2 答案：A
3 答案：D
4 答案：D
5 答案：C

灭火系统进行了灭火操作，检测后得知水喷雾管道沿程和局部水头损失总计 0.13 MPa，最不利点处水雾喷头与连接水池的最低水位之间的静压差为 0.02 MPa，则该系统消防水泵扬程至少应为（ ）。[1]（2018-1-22）

A．0.30 MPa B．0.35 MPa C．0.65 MPa D．0.50 MPa

【解析】《水喷雾灭火系统技术规范》（GB 50219—2014）第 3.1.3 条规定："水雾喷头的工作压力，当用于灭火时不应小于 0.35 MPa。"消防水泵扬程至少应为 0.35 + 0.13 + 0.02 = 0.50（MPa）。故 D 选项正确。

二、响应时间

水喷雾灭火系统的基本设计参数根据其防护目的和保护对象确定。水喷雾灭火系统用于液化石油气罐瓶间防护冷却目的时，系统响应时间不应大于（ ）s。[2]（2015-1-73）

A．45 B．120 C．60 D．300

【解析】根据《水喷雾灭火系统技术规范》（GB 50219—2014）第 3.1.2 条表 3.1.2，水喷雾灭火系统用于液化石油气罐瓶间防护冷却时，系统响应时间不应大于 60 s。

三、用水量

某储存丙类液体的储罐区共有 6 座单座容积为 1 000 m^3 的地上固定顶灌，分两排布置，每排三座，设置水喷雾灭火系统进行防护冷却。在计算该储罐区的消防冷却用水量时，最多考虑同时冷却（ ）座储罐。[3]（2016-1-55）

A．2 B．4 C．3 D．5

【解析】根据《消防给水及消火栓系统技术规范》（GB 50974—2014）第 3.4.2 条表 3.4.2-1 表注 4，距着火固定罐罐壁 1.5 倍着火罐直径范围内的邻近罐应设置冷却水系统，当邻近罐超过 3 个小时，冷却水系统可按 3 个罐的设计流量计算。根据《水喷雾灭火系统技术规范》（GB 50219—2014）第 3.1.9 条，系统用于冷却甲$_B$、乙、丙类液体储罐时，其冷却范围及保护面积应符合下列规定：着火的地上固定顶储罐及距着火储罐罐壁 1.5 倍着火罐直径范围内的相邻地上储罐应同时冷却，当相邻地上储罐超过 3 座时，可按 3 座较大的相邻储罐计算消防冷却水用量。故 C 选项正确。

四、保护面积

某火力发电厂输煤栈桥输送皮带总长 405 m，采用水喷雾灭火系统保护时，该输煤栈桥最多可划分为（ ）段分段进行保护。[4]（2016-1-19）

A．5 B．4 C．6 D．7

【解析】根据《水喷雾灭火系统技术规范》（GB 50219—2014）第 3.1.6 条，每段长度不宜小于 100 m，故最多划分 4 段，B 选项正确。

五、系统组件

1．某一类高层办公楼的自备柴油发电机房，设置电动启动雨淋阀组的水喷雾灭火系统保护，当该系统的火灾探测装置动作后，打开雨淋报警阀组，压力开关动作，联锁启动消防水泵，水雾喷头喷水灭火。

---

1 答案：D

2 答案：C

3 答案：C

4 答案：B

该系统采用的火灾探测装置应该是（ ）。[1]（2015-1-46）

A．气动传动管探测装置　　B．液体传动管探测装置

C．感烟感温火灾探测装置　　D．闭式喷头驱动传动管探测装置

【解析】参见教材《消防安全技术实务》第三篇第四章第五节系统组件及设置要求。电动启动水喷雾灭火系统是以普通的火灾报警系统作为火灾探测系统，通过传统的点式感温、感烟探头或缆式火灾探测器探测火灾，当有火情发生时，探测器将火警信号传到火灾报警控制器上，火灾报警控制器打开雨淋阀，同时启动水泵，喷水灭火。注意题干为电动启动，应注意电动启动和传动管启动的区别。

2．某钢铁生产企业从国外进口了一套水喷雾灭火系统，用于油浸变压器。该系统使用的喷头均为撞击型水雾喷头，其产品说明书上标注为“高速雾化喷头”。下列关于能否使用该喷头的说法中，正确的是（ ）。[2]（2015-2-23）

A．可以使用，国外产品质量有保证　　B．可以使用，该喷头系高速雾化喷头

C．可以使用，进口查验时未发现任何问题　　D．不能使用

【解析】《水喷雾灭火系统技术规范》（GB 50219—2014）第 4.0.2 条规定：“水雾喷头的选型应符合下列要求：（1）扑救电气火灾，应选用离心雾化型水雾喷头；（2）室内粉尘场所设置的水雾喷头应带防尘帽，室外设置的水雾喷头宜带防尘帽；（3）离心雾化型水雾喷头应带柱状过滤网。”根据第 4.0.2 条条文解释，离心雾化型喷头喷射出的雾状水滴是不连续的间断水滴，具有良好的电绝缘性能，可有效地扑救电气火灾，适合在保护电气设施的水喷雾灭火系统中使用。撞击型水雾喷头是利用撞击原理分解水流的，水的雾化程度较差，不能保证雾状水的电绝缘性能，因此不适用于扑救电气火灾。

3．下列关于水喷雾灭火系统水喷雾喷头选型和设置要求的说法中，错误的是（ ）。[3]（2016-1-30）

A．扑灭电器火灾所选用离心雾化型水雾喷头

B．室内散发粉尘的场所设置的水雾喷头佩戴防尘帽

C．保护可燃气体储罐时，水雾喷头距离保护储罐外壁不应大于 0.7 m

D．保护油湿式变压器时，水雾喷头之间的水平距离与垂直距离不应大于 1.2 m

【解析】根据《水喷雾灭火系统技术规范》（GB 50219—2014）第 3.2.5 条，当保护对象为油浸式电力变压器时，水雾喷头的布置应符合下列要求：水雾喷头之间的水平距离与垂直距离应满足水雾锥相交的要求。

4．下列关于采用传动管启动水喷雾灭火系统的做法中错误的是（ ）。[4]（2016-1-46）

A．雨淋报警阀组通过电动开启　　B．系统利用闭式喷头探测火灾

C．雨淋报警阀组通过气动开启　　D．雨淋报警阀组通过液动开启

【解析】根据《水喷雾灭火系统技术规范》（GB 50219—2014）第 3.2.5 条，传动管系统无电动开启的装置，故 A 错误。

5．下列水喷雾灭火系统喷头选型方案中错误的是（ ）。[5]（2018-1-37）

A．用于白酒厂酒缸灭火保护的水喷雾灭火系统，选用离心雾化型水雾喷头

B．用于液化石油气罐瓶间防护冷却的水喷雾灭火系统，选用撞击型水雾喷头

C．用于电缆沟电缆灭火保护的水喷雾灭火系统，选用撞击型水雾喷头

D．用于丙类液体固定顶储罐防护冷却的水喷雾灭火系统，选用离心雾化型水雾喷头

1 答案：C
2 答案：D
3 答案：D
4 答案：A
5 答案：C

【解析】水雾喷头按结构可分为离心雾化型水雾喷头和撞击型水雾喷头两种。根据《水喷雾灭火系统技术规范》（GB 50219—2014）第 4.0.2 条，扑救电气火灾应选用离心雾化型水雾喷头。选项 C 错误。

六、维护管理

水喷雾灭火系统投入运行后应进行维护管理。根据现行国家标准《水喷雾灭火系统技术规范》（GB 50219），维护管理人员应掌握的知识和技能不包括（　）。[1]（2018-2-39）

A．熟悉水喷雾灭火系统的操作维护规程　　B．熟悉水喷雾灭火系统各部件的结构

C．熟悉水喷雾灭火系统的性能　　D．熟悉水喷雾灭火系统的原理

【解析】根据《水喷雾灭火系统技术规范》（GB 50219—2014）第 10.0.2 条，维护管理人员应经过消防专业培训，应熟悉水喷雾灭火系统的原理、性能和操作与维护规程。

第三节　系统施工、调试、验收

1．根据《水喷雾灭火系统技术规范》（GB 50219），对水喷雾灭火系统应进行联动试验检查，系统响应时间、工作压力和流量应符合设计要求，当系统为手动控制时，应以手动方式进行至少（　）次试验。[2]（2016-2-25）

A．3　B．1　C．4　D．5

【解析】根据《水喷雾灭火系统技术规范》（GB 50219—2014）第 8.4.11 条，联动试验应符合下列规定：系统的响应时间、工作压力和流量应符合设计要求。检查数量：全数检查。检查方法：当为手动控制时，以手动方式进行 1 ~ 2 次试验；当为自动控制时，以自动和手动方式各进行 1 ~ 2 次试验，并用压力表、流量计、秒表计量。

2．某消防工程施工单位分别以自动、手动方式对采用自动控制方式的水喷雾灭火系统进行联动试验。下列试验次数最少且符合现行国家标准要求的是（　）。[3]（2017-2-76）

A．自动 3 次、手动 2 次　　B．自动 2 次、手动 2 次

C．自动 2 次、手动 3 次　　D．自动 3 次、手动 3 次

【解析】根据《水喷雾灭火系统技术规范》（GB 50219—2014）第 8.4.11 条，联动试验应符合下列规定：系统的响应时间、工作压力和流量应符合设计要求。检查方法：当为手动控制时，以手动方式进行 1 ~ 2 次试验；当为自动控制时，以自动和手动方式各进行 1 ~ 2 次试验，并用压力表、流量计、秒表计量。试验次数最少自动、手动各 1 次，题目中试验次数最少且符合现行国家标准要求的是 B 选项。

3．根据现行国家标准《水喷雾灭火系统技术规范》（GB 50219），关于水喷雾灭火系统管道水压试验的说法，正确的是（　）。[4]（2018-2-10）

A．不能参与试压的设备，应加以隔离或拆除

B．水压试验时应采取防冻措施的最高环境温度为 4℃

C．试验的测试点宜设在系统管网的最高点

D．水压试验的试验压力应为设计压力的 1.2 倍

【解析】根据《水喷雾灭火系统技术规范》（GB 50219—2014）第 8.3.15 条，管道安装完毕应进行水压

1 答案：B
2 答案：B
3 答案：B
4 答案：A

试验，并应符合下列规定：（1）试验宜采用清水进行，试验时，环境温度不宜低于 5℃，当环境温度低于 5℃时，采取防冻措施。故选项 B 错误。（2）试验压力应为设计压力的 1.5 倍。故选项 D 错误。（3）试验的测试点宜设在系统管网的最低点，对不能参与试压的设备、阀门及附件，应加以隔离或拆除。故选项 A 正确，选项 C 错误。

4．某酒店设置有水喷雾灭火系统，检查中发现雨淋报警阀组自动滴水阀漏水。下列原因分析中，与该漏水现象无关的是（　）。[1]（2018-2-26）

A．系统侧管道中余水未排净　　B．雨淋报警阀密封橡胶件老化

C．雨淋报警阀组快速复位阀关闭　　D．雨淋报警阀阀瓣密封处有杂物

【解析】雨淋阀组常见故障及故障处理整理见下表。

故障表现	原因分析	故障处理
（1）自动滴水阀漏水	①产品存在质量问题 ②安装调试或者平时定期试验、实施灭火后，没有将系统侧管内的余水排尽 ③雨淋报警阀隔膜球面中线密封处因施工遗留的杂物、不干净消防用水中的杂质等导致球状密封面不能完全密封	①更换存在问题的产品或者部件 ②开启放水控制阀，排除系统侧管道内的余水 ③启动雨淋报警阀，采用洁净水流冲洗遗留在密封面处的杂质
（2）复位装置不能复位	水质过脏，有细小杂质进入复位装置密封面	拆下复位装置，用清水冲洗干净后重新安装，调试到位
（3）长期无故报警	①未按照安装图纸进行安装调试 ②误将试验管路控制阀常开	①检查各组件安装情况，按照安装图纸重新进行安装调试 ②关闭试验管路控制阀
（4）系统测试不报警	①消防用水中的杂质堵塞了报警管道上过滤器的滤网 ②水力警铃进水口处喷嘴被堵塞、未配置铃锤或者铃锤卡死	①拆下过滤器，用清水将滤网冲洗干净后，重新安装到位 ②检查水力警铃的配件，配齐组件；对被杂物卡阻、堵塞的部件进行冲洗后重新装配到位
（5）雨淋报警阀不能进入伺应状态	①复位装置存在问题 ②未按照安装调试说明书将报警阀组调试到伺应状态（隔膜室控制阀、复位球阀未关闭） ③消防用水水质存在问题，杂质堵塞了隔膜室管道上的过滤器	①修复或者更换复位装置 ②按照安装调试说明书将报警阀组调试到伺应状态（开启隔膜室控制阀、复位球阀） ③将供水控制阀关闭，拆下过滤器的滤网，用清水冲洗干净后，重新安装到位

雨淋报警阀组快速复位阀关闭不是导致雨淋报警阀组自动滴水阀漏水的原因。故 C 选项错误。

第五章　细水雾灭火系统

本章由宋瑞明解析

第一节　系统基础

一、灭火机理

基于细水雾灭火系统的灭火机理，下列场所中，细水雾灭火系统不适用于扑救的是（　）。[2]（2015-1-41）

1 答案：C

2 答案：D

A．电缆夹层　B．柴油发电机　C．锅炉房　D．电石仓库

【解析】《细水雾灭火系统技术规范》（GB 50898—2013）第1.0.3条规定："细水雾灭火系统适用于扑救相对封闭空间内的可燃固体表面火灾、可燃液体火灾和带电设备的火灾。细水雾灭火系统不适用于扑救下列火灾：（1）可燃固体的深位火灾；（2）能与水发生剧烈反应或产生大量有害物质的活泼金属及其化合物的火灾；（3）可燃气体火灾。"电石遇水反应产生乙炔，并放出热量，不适用细水雾灭火系统。

二、系统分类

细水雾灭火系统按供水方式分类，可分为泵组式系统、瓶组与泵组结合式系统和（　）。[1]（2017-1-68）

A．低压系统　B．瓶组式系统　C．中压系统　D．高压系统

【解析】细水雾灭火系统按供水方式分类，可分为泵组式系统、瓶组式系统、瓶组与泵组结合式系统，故B选项正确。

第二节　系统设计

1．下列关于细水喷雾灭火系统联动控制的做法中，错误的是（　）。[2]（2016-1-45）

A．开式系统在接收到两个不同类型的火灾报警信号后自动启动

B．开式系统在接收到两个独立回路中相同类型的两个火灾报警信号后自动启动

C．闭式系统在喷头动作后，由压力开关直接联锁自动启动

D．闭式系统在喷头动作后，由分区控制阀启闭信号自动启动

【解析】《细水雾灭火系统技术规范》（GB 50898—2013）第3.6.2条规定："开式系统的自动控制应能在接收到两个独立的火灾报警信号后自动启动。闭式系统的自动控制应能在喷头动作后，由动作信号反馈装置直接联锁自动启动。"对于闭式系统，当发生火灾时，由闭式喷头上的感温元件自动接受火灾温度和触发喷头动作，继而使压力开关动作，自动启动水泵（含稳压泵）。闭式系统的分区控制阀可以采用信号阀或带锁定装置的阀门，而这类阀门不能自动开启或关闭，无法自动启动系统，故D选项错误。

2．某文物库采用细水雾灭火系统进行保护，系统选型为全淹没应用方式的开式系统。该系统最不利点喷头最低工作压力为（　）。[3]（2018-1-76）

A．0.1 MPa　B．1.0 MPa　C．1.6 MPa　D．1.2 MPa

【解析】根据《细水雾灭火系统技术规范》（GB 50898—2013）第3.4.1条，喷头的最低设计工作压力不应小于1.20 MPa。故D选项正确。

第三节　系统施工及验收

1．细水雾灭火系统喷头的安装，应在管道安装完毕，试压，吹扫合格后进行，喷头与管道连接处的密封材料宜采用（　）。[4]（2016-2-18）

A．聚四氯乙烯　B．麻丝　C．O型密封圈　D．黏结剂

【解析】根据《细水雾灭火系统技术规范》（GB 50898—2013）第4.3.11条，喷头的安装应在管道试压、

1 答案：B
2 答案：D
3 答案：D
4 答案：C

吹扫合格后进行，并应符合下列规定：喷头与管道的连接宜采用端面密封或O型圈密封，不应采用聚四氟乙烯、麻丝、黏结剂等作密封材料。

2．某消防工程施工单位的人员在细水雾灭火系统调试过程中，对系统的泵组进行调试。根据现行国家标准《细水雾灭火系统技术规范》(GB 50898)，下列泵组调试结果，不符合要求的是（ ）。[1]（2017-2-7）

A．以自动方式启动泵组时，泵组立即投入运行

B．以备用电源切换方式切换启动泵组时，泵组10 s投入运行

C．采用柴油泵作为备用泵时，柴油泵的启动时间为5 s

D．控制柜进行空载和加载控制调试时，控制柜正常动作和显示

【解析】根据《细水雾灭火系统技术规范》(GB 50898—2013）第4.4.3条，泵组调试应符合下列规定：(1）以自动或手动方式启动泵组时，泵组应立即投入运行。(2）以备用电源切换方式或备用泵切换启动泵组时，泵组应立即投入运行。(3）采用柴油泵作为备用泵时，柴油泵的启动时间不应大于5 s。(4）控制柜应进行空载和加载控制调试，控制柜应能按其设计功能正常动作和显示。

3．对某电信大楼安装的细水雾灭火系统进行系统验收，根据现行国家标准《细水雾灭火系统技术规范》(GB 50898)，下列检测结果中，属于工程质量缺陷项目一般缺陷的是（ ）。[2]（2018-2-63）

A．水泵的流量为设计流量的90%

B．资料中缺少系统及其主要组件的安装使用和维护说明书

C．水质不符合设计规定的标准

D．安装的管道支架间距为设计要求的120%

【解析】根据《细水雾灭火系统技术规范》(GB 50898—2013）第5.0.11条系统工程质量缺陷项目划分表，为便于记忆特汇总如下：

项目	对应本规范的要求
严重缺陷项	第5.0.2条（资料）
	第5.0.3条（水源）
	第5.0.4条第4款、第6款：4. 泵组在主电源下应能在规定时间内正常启动。6. 泵组应能自动启动和手动启动
	第5.0.6条第3款：闭式系统分区控制阀组应能采用手动方式可靠动作
	第5.0.7条第1款：管道的材质与规格、管径、连接方式、安装位置及采取的防冻措施，应符合设计要求
	第5.0.8条第1款：喷头的数量、规格、型号以及闭式喷头的公称动作温度等，应符合设计要求
	第5.0.9条：每个系统应进行模拟联动功能试验，应符合规定
	第5.0.10条：开式系统应进行冷喷试验，除应符合本规范第5.0.9条的规定外，其响应时间应符合设计要求
一般缺陷项	第5.0.4条第1～3款、第5款、第7款：1. 工作泵、备用泵、吸水管、出水管、出水管上的安全阀、止回阀、信号阀等的规格、型号、数量应符合设计要求；吸水管、出水管上的检修阀应锁定在常开位置，并应有明显标记。2. 水泵的引水方式应符合设计要求。3. 水泵的压力和流量应满足设计要求
	第5.0.5条第2款：储水容器内水的充装量和储气容器内氮气或压缩空气的储存压力应符合设计要求
	第5.0.6条第1、第2款：1. 控制阀的型号、规格、安装位置、固定方式和启闭标识等，应符合设计要求。2. 开式系统分区控制阀组应能采用手动和自动方式可靠动作
	第5.0.7条第2款：管网上的控制阀、动作信号反馈装置、止回阀、试水阀、安全阀、排气阀等，其规格和安装位置均应符合设计要求
	第5.0.8条第2款：喷头的安装位置、安装高度、间距及与墙体、梁等障碍物的距离，均应符合设计要求和本规范第4.3.11条的有关规定，距离偏差不应大于±15 mm
轻度缺陷项	第5.0.7条第1款、第3款：1. 管道的材质与规格、管径、连接方式、安装位置及采取的防冻措施，应符合设计要求和本规范第4.3.7条的有关规定。3. 管道固定支、吊架的固定方式、间距及其与管道间的防电化学腐蚀措施，应符合设计要求 第5.0.6条第4款：分区控制阀前后的阀门均应处于常开位置 第5.0.7条第3款：管道固定支、吊架的固定方式、间距及其与管道间的防电化学腐蚀措施，应符合设计要求 第5.0.8条第3款：不同型号规格喷头的备用量不应小于其实际安装总数的1%，且每种备用喷头数不应少于5只

1 答案：B

2 答案：A

选项A，参见第5.0.4条第3款，水泵的压力和流量应满足设计要求，属于一般缺陷项；

选项B，参见第5.0.2条，系统验收时应提供相关资料，属于严重缺陷项；

选项C，参见第5.0.3条第2款（水源），水质应符合设计规定的标准，属于严重缺陷项；

选项D，参见第5.0.7条第3款，管道固定支、吊架的固定方式、间距及其与管道间的防电化学腐蚀措施，应符合设计要求，属于轻缺陷项。

第六章　火灾自动报警系统

本章由杨晨解析

第一节　系统基础

一、系统分类

1．根据《火灾自动报警系统设计规范》(GB 50116—2013）的规定，火灾自动报警系统的形式可分为区域报警系统、集中报警系统和（　）。[1]（2015-1-39）

A．消防联动报警系统　　B．火灾探测报警系统

C．控制中心报警系统　　D．集中区域报警系统

【解析】根据《火灾自动报警系统设计规范》(GB 50116—2013）第3.2.1条，火灾自动报警系统的形式可分为区域报警系统、集中报警系统和控制中心报警系统。

2．控制中心报警系统的说法，不符合规范要求的是（　）。[2]（2017-1-2）

A．控制中心报警系统至少包含两个集中报警系统

B．控制中心报警系统具备消防联动控制功能

C．控制中心报警系统至少设置1个消防主控制室

D．控制中心报警系各分消防控制室之间可以相互传输信息并控制重要设备

【解析】根据《消防安全技术实务》第三篇第九章第一节火灾探测器、手动火灾报警按钮和系统分类，控制中心报警系统由火灾探测器、手动火灾报警按钮、火灾声光警报器、消防应急广播、消防专用电话、消防控制室图形显示装置、火灾报警控制器、消防联动控制器等组成，且包含2个及2个以上集中报警系统。故A选项正确。

根据《火灾自动报警系统设计规范》(GB 50116—2013）第3.2.4条，控制中心报警系统的设计，应符合下列规定:（1）有2个及2个以上消防控制室时，应确定1个主消防控制室。(2）主消防控制室应能显示所有火灾报警信号和联动控制状态信号，并应能控制重要的消防设备；各分消防控制室内消防设备之间可互相传输、显示状态信息，但不应互相控制。故B、C选项正确，D选项错误。

3．根据《火灾自动报警系统设计规范》(GB 50116—2013）的规定，区域报警系统应由火灾探测器、手动火灾报警按钮、火灾报警控制器和（　）等组成。[3]（2015-1-19）

A．消防应急广播　　B．消防专用电话　　C．气体灭火控制器　　D．火灾声光警报器

【解析】根据《火灾自动报警系统设计规范》(GB 50116—2013）第3.2.2条，区域报警系统应由火灾

1 答案：C

2 答案：D

3 答案：D

探测器、手动火灾报警按钮、火灾声光警报器及火灾报警控制器等组成，系统中可包括消防控制室图形显示装置和指示楼层的区域显示器。

4．根据国家标准《火灾自动报警系统》（GB 50116）不属于区域火灾报警系统的组成部分的是（　）[1]。（2018-1-80）

A．火灾探测器　　B．消防联动控制器　　C．手动火灾报警按钮　　D．火灾报警控制器

【解析】根据《火灾自动报警系统设计规范》（GB 50116—2013）第 3.2.2 条，区域报警系统的设计，应符合下列规定：（1）系统应由火灾探测器、手动火灾报警按钮、火灾声光警报器及火灾报警控制器等组成，系统中可包括消防控制室图形显示装置和指示楼层的区域显示器。消防联动控制器是集中报警系统的组成部件，B 选项正确。

二、系统组件

1．感烟火灾探测器是响应悬浮在空气中的燃烧和（或）热解产生的固体或液体微粒的探测器，可分为离子感烟、红外光束感烟、吸气型和（　）等探测器。[2]（2015-1-56）

A．火焰探测　　B．光电感烟　　C．光纤感烟　　D．缆式线型探测

【解析】参见教材《消防安全技术实务》第三篇第九章第一节火灾探测器、手动火灾报警按钮和系统分类或《火灾自动报警系统设计规范》（GB 50116—2013）第 5 节。感烟火灾探测器是指响应悬浮在大气中的燃烧和热解产生的固体或液体微粒的探测器，进一步可分为离子感烟、光电感烟、红外光束、吸气型等。

2．根据现行国家标准《火灾自动报警系统设计规范》（GB 50116），（　）属于线型火灾探测器。[3]（2018-1-57）

A．红紫外线复合火灾探测器　　B．红外光束火灾探测器

C．图像型火灾探测器　　D．管路吸气式火灾探测器

【解析】根据《火灾自动报警系统设计规范》（GB 50116—2013）第 5.3.1 条，红外光束火灾探测器属于线型火灾探测器。

3．关于火灾探测器的说法，正确的是（　）。[4]（2017-1-1）

A．点型感温探测器是不可复位探测器

B．感烟型火灾探测器都是点型火灾探测器

C．既能探测烟雾又能探测温度的探测器是复合火灾探测器

D．剩余电流式电气火灾监控探测器不属于火灾探测器

【解析】参见教材《消防安全技术实务》第三篇第九章第一节火灾探测器、手动火灾报警按钮和系统分类。点型感温探测器既有可复位也有不可复位的，A 选项错误。感烟型火灾探测器包括点型、线型，B 选项错误。复合火灾探测器就是将多种探测原理集中于一身的探测器，故 C 选项正确。剩余电流式电气火灾监控探测器也是火灾探测器的一种，D 选项错误。

4．下列关于火灾自动报警系统组件设置的做法中，错误的是（　）。[5]（2016-1-58）

A．壁挂手动火灾报警按钮的底边距离楼地面 1.4 m

B．壁挂紧急广播扬声器的底边距离地面 2.2 m

---

1 答案：B
2 答案：B
3 答案：B
4 答案：C
5 答案：B

C．壁挂消防联动控制器的主显示屏的底边距离楼地面 1.5 m

D．墙上安装的消防专用电话插孔的底边距离楼地面 1.3 m

【解析】根据《火灾自动报警系统设计规范》（GB 50116—2013）第 6.3.2 条，手动火灾报警按钮应设置在明显和便于操作的部位。当采用壁挂方式安装时，其底边距地面高度宜为 1.3 ~ 1.5 m，且应有明显的标志，A 选项正确。根据第 6.6.2 条，壁挂扬声器的底边距地面高度应大于 2.2 m，B 选项错误。根据第 6.1.3 条，火灾报警控制器和消防联动控制器安装在墙上时，其主显示屏高度宜为 1.5 ~ 1.8 m，其靠近门轴的侧面距墙不应小于 0.5 m，正面操作距离不应小于 1.2 m，C 选项正确。根据第 6.7.4-4 条，电话插孔在墙上安装时，其底边距地面高度宜为 1.3 ~ 1.5 m，D 选项正确。

5．关于火灾自动报警系统组件的说法，正确的是（　）。[1]（2017-1-3）

A．手动火灾报警按钮是手动产生火灾报警信号的器件，不属于火灾自动报警系统触发器件

B．火灾报警控制器可以接受、显示和传递火灾报警信号，并能发出控制信号

C．剩余电流式电气火灾监控探测器与电气火灾监控器连接，不属于火灾自动报警系统

D．火灾自动报警系统备用电源采用的蓄电池满足供电时间要求时，主电源可不采用消防电源

【解析】参见教材《消防安全技术实务》第三篇第九章第二节系统组成、工作原理和适用范围。在火灾自动报警系统中，自动或手动产生火灾报警信号的器件称为触发器件，主要包括火灾探测器和手动火灾报警按钮。火灾自动报警系统中，用以接收、显示和传递火灾报警信号，并能发出控制信号且具有其他辅助功能的控制指示设备称为火灾报警装置。火灾报警控制器就是其中最基本的一种。电气火灾监控系统是火灾自动报警系统的独立子系统，属于火灾预警系统。

手动火灾报警按钮是手动产生火灾报警信号的器件，属于火灾自动报警系统触发器件，故 A 选项错误。

火灾报警控制器可以接受、显示和传递火灾报警信号，并能发出控制信号，故 B 选项正确。

剩余电流式电气火灾监控探测器与电气火灾监控器连接是电气火灾监控系统，是火灾自动报警系统的独立子系统，属于火灾预警系统，故 C 选项错误。

火灾自动报警系统属于消防用电设备，其主电源应当采用消防电源，备用电源采用蓄电池，故 D 选项错误。

6．联动型火灾报警控制器的功能不包括（　）。[2]（2017-1-22）

A．显示火灾显示盘的工况　　　　B．显示系统屏蔽信息

C．联动控制稳压泵启动　　　　　D．切断非消防电源供电

【解析】根据《火灾自动报警系统设计规范》（GB 50116—2013）第 4.1.1 条，消防联动控制器应能按设定的控制逻辑向各相关的受控设备发出联动控制信号，并接收相关设备的联动反馈信号。稳压泵启动和停止由电接点压力表设定的启停压力控制。稳压泵的启停由压力开关控制，和报警控制器无关，故 C 选项正确。

7．下列关于火灾声警报器的做法中，正确的有（　）。[3]（2016-1-94）

A．火灾自动报警系统能同时启动和停止所有火灾声警报器工作

B．火灾声警报器采用火灾报警控制器控制

C．火灾声警报与消防应急广播同步播放

D．学校阅览室、礼堂等公共场所采用具有同一种火灾变调声的火灾声警报器

E．教学楼使用警铃作为火灾声警报器

1 答案：B

2 答案：C

3 答案：ABD

【解析】 根据《火灾自动报警系统设计规范》（GB 50116—2013）第 4.8.5 条，同一建筑内设置多个火灾声光警报器时，火灾自动报警系统应能同时启动和停止所有火灾声光警报器工作。故 A 选项正确。

根据第 4.8.2 条，未设置消防联动控制器的火灾自动报警系统，火灾声光警报器应由火灾报警控制器控制；设置消防联动控制器的火灾自动报警系统，火灾声光警报器应由火灾报警控制器或消防联动控制器控制。故 B 选项正确。

根据第 4.8.6 条，火灾声光警报器单次发出火灾警报时间宜为 8 ~ 20 s，同时设有消防应急广播时，火灾声光警报器应与消防应急广播交替循环播放。故 C 选项错误。

根据第 4.8.3 条，公共场所宜设置具有同一种火灾变调声的火灾声光警报器；具有多个报警区域的保护对象，宜选用带有语音提示的火灾声光警报器；学校、工厂等日常使用电铃的场所，不应使用警铃作为火灾声光警报器。故 D 选项正确，E 选项错误。

8．消防控制室图形显示装置与火灾报警控制器、电器火灾监控器、消防联动控制器和（　）应采用专用线路连接。[1]（2016-1-31）

A．区域显示器　　　　B．消防应急广播扬声器

C．可燃气体报警控制器　　　　D．火灾报警器

【解析】 根据《火灾自动报警系统设计规范》（GB 50116—2013）第 6.9.2 条，消防控制室图形显示装置与火灾报警控制器、消防联动控制器、电气火灾监控器、可燃气体报警控制器等消防设备之间，应采用专用线路连接。故 C 选项正确。

9．下列关于消防控制室内设置的消防控制室图形显示装置与火灾报警控制器、电气火灾监控设备、火灾报警传输设备等之间关系描述中，错误的是（　）。[2]（2015-2-33）

A．火灾报警控制器可将所有信息传输至图形显示装置

B．通过操作图形显示装置，可控制消防水泵控制器的工作状态

C．电气火灾监控系统是由另一生产企业提供的产品，不能与火灾报警控制器连接的图形显示装置直接通信，所以连接了该企业提供的图形显示装置

D．火灾报警传输设备可直接连接图形显示装置

【解析】 根据《火灾显示盘》（GB 17429—2011）第 3.3.1.1 条，火灾显示盘应能接收与其连接的火灾报警控制器发出的火灾报警信号。《火灾自动报警系统设计规范》（GB 50116—2013）3.4.2 消防控制室内设置的消防控制室图形显示装置应能显示本规范附录 A 规定的建筑物内设置的全部消防系统及相关设备的动态信息和本规范附录 B 规定的消防安全管理信息。故 A 选项正确。

根据《消防控制室通用技术要求》（GB 25506—2010）第 5.3.1 条，应能将 5.3.2 ~ 5.3.10 消防系统及设备的状态信息传输到消防控制室图形显示装置。第 5.3.3 条，消防联动控制器对消火栓系统的控制和显示应符合下列要求：（c）应能手动和自动控制消防水泵启、停，并显示其动作反馈信号。由此可见，水泵的控制不是通过图形显示装置，而是控制器，故 B 选项错误，当选。

根据《火灾自动报警系统设计规范》（GB 50116—2013）第 9.1.5 条，在设置消防控制室的场所，电气火灾监控器的报警信息和故障信息应在消防控制室图形显示装置或起集中控制功能的火灾报警控制器上显示，但该类信息与火灾报警信息的显示应有区别。故 C 选项错误，当选。

根据《火灾自动报警系统设计规范》（GB 50116—2013）第 6.10.2 条，火灾报警传输设备或用户信息传输装置与火灾报警控制器、消防联动控制器等设备之间应采用专用线路连接。故 D 选项正确。

---

1 答案：C

2 答案：BC

10．根据现行国家标准《火灾自动报警系统设计规范》(GB 50116)，消防联动控制器应具有切断火灾区域及相关区域非消防电源的功能。当局部区域发生电气设备火灾时，不可立即切断的非消防电源有(　)[1]。(2018-1-83)

A．客用电梯电源　　B．空调电源　　C．生活给水泵电源

D．自动扶梯电源　　E．正常照明电源

【解析】根据《火灾自动报警系统设计规范》(GB 50116—2013)第4.10.1条文说明，本规范列出的火灾时应切断的非消防电源用电设备和不应切断的非消防电源用电设备如下，设计人员可参照执行。(1)火灾时可立即切断的非消防电源有普通动力负荷、自动扶梯、排污泵、空调用电、康乐设施、厨房设施等。B、D选项错误。(2)火灾时不应立即切掉的非消防电源有正常照明、生活给水泵、安全防范系统设施、地下室排水泵、客梯和Ⅰ~Ⅲ类汽车库作为车辆疏散口的提升机。A、C、E选项正确。

三、布线要求

1．根据现行国家标准《火灾自动报警系统设计规范》(GB 50116)，关于火灾自动报警系统线缆选择的说法，正确的有(　)。[2] (2018-1-81)

A．供电线路应选择耐火铜芯电缆　　B．火灾探测报警总线应选择阻燃铜芯导线

C．消防联动控制线路应选择阻燃铜芯电缆　　D．消防专用电话传输线路应选择耐高温铜芯导线

E．消防应急广播传输线路应选择耐火铜芯导线

【解析】根据《火灾自动报警系统设计规范》(GB 50116—2013)第11.2.2条，火灾自动报警系统的供电线路、消防联动控制线路应采用耐火铜芯电线电缆，报警总线、消防应急广播和消防专用电话等传输线路应采用阻燃或阻燃耐火电线电缆。A、B选项正确。

2．消防设施检查机构的人员对建筑物内安装的火灾自动报警系统进行检查时，对引入火灾报警及联动控制器的电缆和导线进行检查。下列检查结果中，符合现行国家消防技术标准要求的有(　)。[3] (2016-2-89)

A．端子板的每个接线端，接线最多为2根

B．24 V供电的控制线路采用电压等级为300V/500V的铜芯导线

C．接地导线采用截面面积16 mm^2铝芯导线

D．每根电缆芯和导线留有200 mm的余量

E．传输总线采用截面面积为0.5 mm^2的阻燃双绞线

【解析】根据《火灾自动报警系统施工及验收规范》(GB 50166—2007)第3.3.3-3条，端子板的每个接线端，接线不得超过2根。第3.3.3-4条，电缆芯和导线，应留有不小于200 mm的余量。故A、D选项正确。

根据《火灾自动报警系统设计规范》(GB 50116—2013)第10.2.4条，消防控制室接地板与建筑接地体之间，应采用线芯截面面积不小于25 mm^2的铜芯绝缘导线连接。根据第11.1.1条，火灾自动报警系统的传输线路和50 V以下供电的控制线路，应采用电压等级不低于交流300 V/500 V的铜芯绝缘导线或铜芯电缆。故B选项正确，C选项错误。

根据第11.1.2条，线芯截面面积为0.5 mm^2的传输线路应采用多芯电缆。故E选项错误。

3．某建筑内安装的火灾自动报警系统进行检查时，发现部分模块的连接导线余量不够。根据现行国

1 答案：ACE
2 答案：AB
3 答案：ABD

家消防技术标准，模块的连接导线余量应留不小于（　）mm。[1]（2016-2-37）

A．100　B．150　C．200　D．250

【解析】根据《火灾自动报警系统施工及验收规范》（GB 50166—2007）第 3.7.3 条，模块的连接导线应留有不小于 150 mm 的余量，其端部应有明显标志。B 选项正确。

第二节　系统设计

一、火灾探测器的设置

1．某设置有中央空调送风系统的建筑，其火灾自动报警系统中的点型火灾探测器至空调送风口和多孔送风顶棚孔口边缘的水平距离，分别不应小于（　）。[2]（2015-1-74）

A．1.2 m，1.0 m　B．2.0 m，1.0 m　C．1.0 m，1.5 m　D．1.5 m，0.5 m

【解析】根据《火灾自动报警系统设计规范》（GB 50116—2013）第 6.2.8 条，点型探测器至空调送风口边的水平距离不应小于 1.5 m，并宜接近回风口安装。探测器至多孔送风顶棚孔口的水平距离不应小于 0.5 m。D 选项正确。

2．某藏书 60 万册的图书馆，其条形疏散走道宽度为 2.1 m，长度为 51 m，该走道顶棚上至少应设置（　）只点型感烟火灾探测器。[3]（2016-1-50）

A．2　B．3　C．5　D．4

【解析】根据《火灾自动报警系统设计规范》（GB 50116—2013）第 6.24 条，在宽度小于 3 m 的内走道顶棚上设置点型探测器时，宜居中布置。感温火灾探测器的安装间距不应超过 10 m；感烟火灾探测器的安装间距不应超过 15 m；探测器至端墙的距离，不应大于探测器安装间距的 1/2。故 51 ÷ 15=3.4，取 4，故 D 选项正确。

3．下列场所中，不宜选择感烟探测器的是（　）。[4]（2017-1-4）

A．汽车库　B．计算机房　C．发电机房　D．电梯机房

【解析】根据《火灾自动报警系统设计规范》（GB 50116—2013）第 5.2.2 条，下列场所宜选择点型感烟火灾探测器：（1）饭店、旅馆、教学楼、办公楼的厅堂、卧室、办公室、商场、列车载客车厢等。（2）计算机房、通信机房、电影或电视放映室等。（3）楼梯、走道、电梯机房、车库等。（4）书库、档案库等。故 A、B、D 选项宜选择点型感烟火灾探测器。

根据第 5.2.5 条，符合下列条件之一的场所，宜选择点型感温火灾探测器，且应根据使用场所的典型应用温度和最高应用温度选择适当类别的感温火灾探测器：（1）相对湿度经常大于 95%。（2）可能发生无烟火灾。（3）有大量粉尘。（4）吸烟室等在正常情况下有烟或蒸气滞留的场所。（5）厨房、锅炉房、发电机房、烘干车间等不宜安装感烟火灾探测器的场所。（6）需要联动熄灭“安全出口”标志灯的安全出口内侧。（7）其他无人滞留且不适合安装感烟火灾探测器，但发生火灾时需要及时报警的场所。故 C 选项宜选择点型感温火灾探测器，不宜选择点型感烟火灾探测器。

4．在有结构梁突出的顶棚上设置的点型感烟火灾探测器，当梁间净距小于（　）m 时，可忽略梁对

1 答案：B
2 答案：D
3 答案：D
4 答案：C

探测器保护面积的影响。[1]（2016-1-26）

A．2　　B．3　　C．4　　D．1

【解析】根据《火灾自动报警系统设计规范》（GB 50116—2013）第 6.2.3 条，在有梁的顶棚上设置点型感烟探测器、感温探测器时，应符合下列规定：（1）当梁突出顶棚的高度小于 200 mm 时，可不计梁对探测器保护面积的影响。（2）当梁突出顶棚的高度为 200 ~ 600 mm 时，应按本规范附录 F、附录 G 确定梁对探测器保护面积的影响和 1 只探测器能够保护的梁间区域的数量。（3）当梁突出顶棚的高度超过 600 mm 时，被梁隔断的每个梁间区域应至少设置 1 只探测器。（4）当被梁隔断的区域面积超过 1 只探测器的保护面积时，被隔断的区域应按本规范第 6.2.2 条第 4 款规定计算探测器的设置数量。（5）当梁间净距小于 1 m 时，可不计梁对探测器保护面积的影响。D 选项正确。

5．某电厂调度楼共 6 层，设置了火灾自动报警系统、气体灭火系统等消防设施。火灾自动报警控制器每个总线回路最大负载能力为 256 个报警点，每层有 70 个报警点，共分 2 个总线回路，其中第一层至第三层为第一回路，第四层至第六层为第二回路。每个楼层弱电井中安装 1 只总线短路隔离器，在本楼层总线出现短路时保护其他楼层的报警设备不受影响。

使用单位拟定一层重新装修改造，走道（宽 1.5 m）采用通透面积占吊顶面积 12%的格栅吊顶，在部分房间增加空调送风口，将一个房间改为吸烟室。按使用单位的改造要求，提出探测器设置和安装应该注意的问题。（2015-3-四）

答案：（1）一层重新装修改造中宜选用点型火灾探测器。走道顶棚宜选择点型感烟火灾探测器，宜居中安装，应设置在吊顶下方，安装间距不应超过 15 m；探测器至端墙的距离，不应大于安装间距的一半。（2）在房间安装点型火灾探测器时，探测器至空调送风口边的水平距离不应小于 1.5 m；点型探测器至墙壁、梁边的水平距离，不应小于 0.5 m；点型探测器周围 0.5 m 内，不应有遮挡物。（3）吸烟室宜选择点型感温火灾探测器。

【解析】根据《火灾自动报警系统设计规范》（GB 50116—2013）第 5.2.2 条，下列场所宜选择点型感烟火灾探测器：（3）楼梯、走道、电梯机房、车库等。第 6.2.4 条，在宽度小于 3 m 的内走道顶棚上设置点型探测器时，宜居中布置。感温火灾探测器的安装间距不应超过 10 m；感烟火灾探测器的安装间距不应超过 15 m；探测器至端墙的距离，不应大于探测器安装间距的 1/2。第 6.2.18 条，感烟火灾探测器在格栅吊顶场所的设置，应符合下列规定：（1）镂空面积与总面积的比例不大于 15% 时，探测器应设置在吊顶下方。

根据 6.2.5 条，点型探测器至墙壁、梁边的水平距离，不应小于 0.5 m。第 6.2.6 条，点型探测器周围 0.5 m 内，不应有遮挡物。第 6.2.8 条，点型探测器至空调送风口边的水平距离不应小于 1.5 m，并宜接近回风口安装。探测器至多孔送风顶棚孔口的水平距离不应小于 0.5 m。

根据 5.2.5 条，符合下列条件之一的场所，宜选择点型感温火灾探测器：（4）吸烟室等在正常情况下有烟或蒸气滞留的场所。

6．消防设施检测机构对某厂房进行验收前的消防设施检测，检查了火灾探测器的类型、型号、适用场所、安装高度等，发现的下列情况中，不符合现行国家消防技术标准要求的是（　）。[2]（2016-2-19）

A．类别为 B 的点型感温火灾探测安装高度为 6 m

B．类别为 A2 的点型感温火灾探测安装高度为 7 m

C．类别为 A1 的点型感温火灾探测安装高度为 8 m

1 答案：D

2 答案：D

D．类别为 C 的点型感温火灾探测安装高度为 5 m

【解析】根据《火灾自动报警系统设计规范》（GB 50116—2013）第 5.2.1 条，对不同高度的房间，可按表 5.2.1 选择点型火灾探测器。由表 5.2.1 可知 D 当选。

表 5.2.1 对不同高度的房间点型火灾探测器的选择

房间高度 h/m	点型感烟火灾探测器	点型感温火灾探测器			火焰探测器
		A1、A2	B	C、D、E、F、G	
$12<h\leqslant20$	不适合	不适合	不适合	不适合	适合
$8<h\leqslant12$	适合	不适合	不适合	不适合	适合
$6<h\leqslant8$	适合	适合	不适合	不适合	适合
$4<h\leqslant6$	适合	适合	适合	不适合	适合
$h\leqslant4$	适合	适合	适合	适合	适合

7．根据现行国家标准《火灾自动报警系统设计规范》（GB 50116），关于探测器设置的说法，正确的是（ ）。[1]（2018-1-33）

A．点型感烟火灾探测器距墙壁的水平距离不应小于 0.5 m

B．在 2.8 m 宽的内走道顶棚上安装的点型感温火灾探测器之间的间距不应超过 15 m

C．相邻两组线型光束感烟火灾探测器的水平距离不应超过 15 m

D．管路采样吸气式感烟火灾探测器的一个探测单元的采样管总长不应超过 100 m

【解析】根据《火灾自动报警系统设计规范》（GB 50116—2013）第 6.2.5 条，点型探测器至墙壁、梁边的水平距离，不应小于 0.5 m。故 A 选项正确。根据第 6.2.4 条，在宽度小于 3 m 的内走道顶棚上设置点型探测器时，宜居中布置。感温火灾探测器的安装间距不应超过 10 m；感烟火灾探测器的安装间距不应超过 15 m。B 选项错误。根据第 6.2.15 条，线型光束感烟火灾探测器的设置应符合下列规定：（2）相邻两组探测器的水平距离不应大于 14 m，探测器至侧墙水平距离不应大于 7 m，且不应小于 0.5 m，探测器的发射器和接收器之间的距离不宜超过 100 m。C 选项错误。根据第 6.2.17 条，管路采样式吸气感烟火灾探测器的设置，应符合下列规定：（3）一个探测单元的采样管总长不宜超过 200 m，单管长度不宜超过 100 m，同一根采样管不应穿越防火分区。采样孔总数不宜超过 100 个，单管上的采样孔数量不宜超过 25 个。D 选项错误。

8．某建筑面积为 2 000 m^2 的展厅，层高为 7 m，设置了格栅吊顶，吊顶距离楼地面 6 m，镂空面积占吊顶总面积的 10%，该展厅内感烟火灾探测器应设置的位置是（ ）。[2]（2016-1-32）

A．吊顶上方　　B．吊顶上方和下方　　C．吊顶下方　　D．根据实际试验结果确定

【解析】根据《火灾自动报警系统设计规范》（GB 50116—2013）第 6.2.18 条，感烟火灾探测器在格栅吊顶场所的设置，应符合下列规定：（1）镂空面积与总面积的比例不大于 15%时，探测器应设置在吊顶下方。（2）镂空面积与总面积的比例大于 30%时，探测器应设置在吊顶上方。（3）镂空面积与总面积的比例为 15%～30%时，探测器的设置部位应根据实验结果确定。（4）探测器设置在吊顶上方且火警确认灯无法观察时，应在吊顶下方设置火警确认灯。（5）地铁站台等有活塞风影响的场所，镂空面积与总面积的比例为 30%～70%时，探测器宜同时设置在吊顶上方和下方。C 选项正确。

1 答案：A

2 答案：C

二、控制器及总线回路的容量

1. 某电厂调度楼共 6 层，设置了火灾自动报警系统、气体灭火系统等消防设施。火灾自动报警控制器每个总线回路最大负载能力为 256 个报警点，每层有 70 个报警点，共分 2 个总线回路，其中第一层至第三层为第一回路，第四层至第六层为第二回路。每个楼层弱电井中安装 1 只总线短路隔离器，在本楼层总线出现短路时保护其他楼层的报警设备不受影响。根据以上材料，回答问题：

对该生产综合楼火灾自动报警系统设置问题进行分析，提出改进措施。（2015-3-四）

答：（1）存在问题：

1）每一总线回路连接 3 层，每层 70 个报警点，报警点总数为 210 个点，超过规范每个总线回路不超过 200 点的要求。

2）每层设一个短路隔离器，每个隔离器保护 70 个点，超过了 32 个不符合规范要求。

（2）改进措施：

1）该控制器共分 3 个总线回路，一层到二层设置一个总线回路，三层到四层设置一个总线回路，五层到六层设置一个总线回路。

2）每个楼层安装 3 只总线短路隔离器。

3）选用树型结构总线短路隔离器时可以集中放置在弱电井内。

【解析】根据《火灾自动报警系统设计规范》（GB 50116—2013）第 3.1.5 条，任意一台火灾报警控制器所连接的火灾探测器、手动火灾报警按钮和模块等设备总数和地址总数，均不应超过 3 200 点，其中每一总线回路连接设备的总数不宜超过 200 点，且应留有不少于额定容量 10%的余量；任意一台消防联动控制器地址总数或火灾报警控制器（联动型）所控制的各类模块总数不应超过 1 600 点，每一联动总线回路连接设备的总数不宜超过 100 点，且应留有不少于额定容量 10%的余量。第 3.1.6 条，系统总线上应设置总线短路隔离器，每只总线短路隔离器保护的火灾探测器、手动火灾报警按钮和模块等消防设备的总数不应超过 32 点；总线穿越防火分区时，应在穿越处设置总线短路隔离器。

2. 某建筑高度为 128 m 的民用建筑内设置的火灾自动报警系统，需要配备总数为 1 600 点的联动控制模块，故应至少选择（ ）台消防联动控制器或联动型火灾报警控制器。[1]（2016-1-33）

A. 1　B. 3　C. 2　D. 4

【解析】根据《火灾自动报警系统设计规范》（GB 50116—2013）第 3.1.5 条，任意一台火灾报警控制器所连接的火灾探测器、手动火灾报警按钮和模块等设备总数和地址总数，均不应超过 3 200 点，其中每一总线回路连接设备的总数不宜超过 200 点，且应留有不少于额定容量 10%的余量；任意一台消防联动控制器地址总数或火灾报警控制器（联动型）所控制的各类模块总数不应超过 1 600 点，每一联动总线回路连接设备的总数不宜超过 100 点，且应留有不少于额定容量 10%的余量。故 C 正确。

3. 某建筑消防设置投入运行一年后，因局部功能变化，原有的火灾自动报警及联动控制功能需增容，火灾报警控制器（联动型）原有 4 块联动控制主板，经核算共需 6 块联动控制主板才能满足扩容要求。下列系统增容措施中，正确的是（ ）。[2]（2015-2-71）

A. 从原供货厂家购买 2 块联动控制主板，由施工单位直接安装调试

B. 由原供货厂家技术人员带 2 块联动控制主板到现场安装调试

C. 增设符合增容要求的火灾报警控制器（联动型）

1 答案：C

2 答案：C

D．断开原有已验收部分的控制线路，接入需增容部分

【解析】根据《火灾自动报警系统施工及验收规范》（GB 50166—2007）第 2.1.8 条，火灾自动报警系统施工前，应对设备、材料及配件进行现场检查，检查不合格者不得使用；第 4.1.4 条，调试负责人必须由专业技术人员担任。故 A 选项错误。原供货厂家可能是经销商，不能将原供货厂家等同于生产厂家并应提供同一型号的产品，故 B 选项错误。增设符合增容要求的火灾报警控制器（联动型），增设后两个报警控制器共 6 块联动控制主板，能够满足系统需求，C 选项正确。没有增加新的联动控制主板，直接把需增容部分连入原有线路，D 选项是不正确的。

三、联动控制

（一）联动信号要求

根据现行国家标准《火灾自动报警系统设计规范》（GB 50116），（　）不应作为联动启动火灾声光警报器的触发器件。[1]（2018-1-56）

A．手动火灾报警按钮　　B．红紫外复合火灾探测器

C．吸气式火灾探测器　　D．输出模块

【解析】根据《火灾自动报警系统设计规范》（GB 50116—2013）第 4.1.6 条，需要火灾自动报警系统联动控制的消防设备，其联动触发信号应采用两个独立的报警触发装置报警信号的“与”逻辑组合。根据第 4.8.2 条，未设置消防联动控制器的火灾自动报警系统，火灾声光警报器应由火灾报警控制器控制；设置消防联动控制器的火灾自动报警系统，火灾声光警报器应由火灾报警控制器或消防联动控制器控制。A、B、C 选项为触发器件，D 选项不是触发器件。

（二）水灭火系统

1．某办公建筑设有火灾自动报警系统、自动喷水灭火系统和防排烟系统。建筑内下列消防系统中，启动联动控制不应受消防联动控制器处于自动或手动状态影响的有（　）。[2]（2015-1-93）

A．预作用式自动喷水灭火系统　　B．湿式自动喷水灭火系统

C．干式自动喷水灭火系统　　D．湿式室内消火栓系统

E．防排烟系统

【解析】根据《火灾自动报警系统设计规范》（GB 50116—2013）第 4.2.2-1 条，预作用系统的联动控制方式，应由同一报警区域内 2 只及以上独立的感烟火灾探测器或 1 只感烟火灾探测器与 1 只手动火灾报警按钮的报警信号，作为预作用阀组开启的联动触发信号。由消防联动控制器控制预作用阀组的开启，使系统转变为湿式系统；当系统设有快速排气装置时，应联动控制排气阀前的电动阀的开启。故 A 选项错误。

根据第 4.2.1-1 条，湿式系统和干式系统的联动控制方式，应以湿式报警阀压力开关的动作信号作为触发信号，直接控制启动喷淋消防泵，联动控制不应受消防联动控制器处于自动或手动状态影响。B、C 选项正确。

根据第 4.3.1 条，消火栓系统的联动控制方式，应以消火栓系统出水干管上设置的低压压力开关、高位消防水箱出水管上设置的流量开关或报警阀压力开关等信号作为触发信号，直接控制启动消火栓泵，联动控制不应受消防联动控制器处于自动或手动状态影响。故 D 选项正确。

1 答案：D

2 答案：BCD

2．某建筑设有火灾自动报警系统和湿式自动喷水灭火系统，使消防泵控制柜处于自动状态，检测消防泵联动控制功能，能启动消防泵的操作有（　）。[1]（2015-2-86）

A．使消防联动控制器处于自动状态，断开压力开关与消防泵控制柜的控制连接线，在没有任何火灾报警信号的情况下，打开末端试水装置，压力开关动作

B．使消防联动控制器处于手动状态，打开末端试水装置，压力开关动作

C．使消防联动控制器处于手动状态，断开压力开关与消防泵控制柜的控制连接线，使末端试水装置所在防火分区内的 1 只感烟火灾探测器报警，打开末端试水装置，压力开关动作

D．使消防联动控制器处于自动状态，打开末端试水装置，压力开关动作

E．使消防联动控制器处于自动状态，断开压力开关与消防泵控制柜的控制连接线，打开末端试水装置，压力开关动作，在消防联动控制器上手动操作启动消防泵

【解析】根据《火灾自动报警系统设计规范》（GB 50116—2013）第 4.2.1 条，湿式系统和干式系统的联动控制设计，应符合下列规定：（1）联动控制方式，应以湿式报警阀压力开关的动作信号作为触发信号，直接控制启动喷淋消防泵，联动控制不应受消防联动控制器处于自动或手动状态影响。（2）手动控制方式，应将喷淋消防泵控制箱（柜）的启动、停止按钮用专用线路直接连接至设置在消防控制室内的消防联动控制器的手动控制盘，直接手动控制喷淋消防泵的启动、停止。（3）水流指示器、信号阀、压力开关、喷淋消防泵的启动和停止的动作信号应反馈至消防联动控制器。

压力开关采用专用的线路连接至消防泵控制柜，和联动控制的线路是不同的两条线路，正常情况下消防泵控制柜处于自动状态，压力开关动作是可以启泵的，但是 A 选项断开了压力开关和消防泵控制柜的连线，所以压力开关动作是启不了泵的。虽然消防联动控制器处于自动状态，但并没有任何其他火灾报警信号，所以是不会联动控制消防泵启动的。故 A、C 选项错误。

打开末端试水装置，压力开关动作，可以启动消防泵；正因为压力开关采用专用的线路连接至消防泵控制柜，和联动控制线路是不同的两条线路，所以不管消防联动控制器处于自动或手动状态都可以启动消防泵。B、D 选项正确。

E 选项断开压力开关和消防泵控制柜的连线，打开末端试水装置，压力开关可以动作，但是动作信号不能传输至消防泵控制柜，所以不能控制消防泵的开启；消防泵控制柜的启动、停止按钮采用专用线路和消防联动控制器的手动控制盘连接，在消防联动控制器的手动控制盘上就可以控制消防泵的开启。E 选项正确。

3．为了防止建筑物在火灾时发生轰燃，有效的方法是采用自动喷水灭火系统保护建筑物，闭式自动喷水灭火系统必须在（　）启动并控制火灾的增长。[2]（2016-2-45）

A．火灾自动报警系统的感烟探测器探测到火灾之前

B．火灾自动报警系统的感温探测器探测到火灾之前

C．火灾自动报警系统接收到手动报警按钮信号之前

D．起火房间达到轰燃阶段之前

【解析】根据《自动喷水灭火系统设计规范》（GB 50084—2017）第 4.1.4 条，自动喷水灭火系统的设计原则应符合下列规定：（1）闭式洒水喷头或启动系统的火灾探测器，应能有效探测初期火灾；（2）湿式系统、干式系统应在开放一只洒水喷头后自动启动，预作用系统、雨淋系统和水幕系统应根据其类型由火灾探测器、闭式洒水喷头作为探测元件，报警后自动启动。故可排除 A、B、C 选项。

---

1 答案：BDE

2 答案：D

4．在对有火灾自动报警系统联动启动的雨淋喷水灭火系统的建筑进行检测时，应检测雨淋阀组联动控制功能，根据现行国家消防技术标准，下列关于开启雨淋阀组的联动触发信号的说法中，正确的有（　）。[1]（2016-2-100）

A．同一报警区域内 2 只及以上独立的感温火灾探测器的报警信号

B．同一报警区域内 2 只及以上独立的感烟火灾探测器的报警信号

C．同一报警区域内 1 只感烟火灾探测器与 1 只手动火灾报警按钮的报警信号

D．同一报警区域内 1 只感烟火灾探测器与 1 只感温火灾报警的报警信号

E．同一报警区域内 1 只感温火灾探测器与 1 只手动火灾报警按钮的报警信号

【解析】根据《火灾自动报警系统设计规范》（GB 50116—2013）第 4.2.3 条，雨淋系统的联动控制设计，应符合下列规定：联动控制方式，应由同一报警区域内两只及以上独立的感温火灾探测器或 1 只感温火灾探测器与 1 只手动火灾报警按钮的报警信号，作为雨淋阀组开启的联动触发信号。应由消防联动控制器控制雨淋阀组的开启。故 A、E 选项正确。

（三）气体灭火系统

某单层洁净厂房，设有中央空调系统，用防火墙划分为两个防火分区，有一条输送带贯通两个防火分区，在输送带穿过防火墙的洞口外设有专用防火闸门，厂房内设置 IG541 组合分配灭火系统保护。下列关于该气体灭火系统启动联动控制的说法中，正确的有（　）。[2]（2015-1-86）

A．应联动关闭输送带穿过防火墙处的专用防火闸门

B．应联动关闭中央空调系统

C．应由一个火灾探测器动作启动系统

D．应联动打开气体灭火系统的选择阀

E．应联动打开空调系统穿越防火墙处的防火阀

【解析】根据《火灾自动报警系统设计规范》（GB 50116—2013）第 4.4.2 条第 1 款，气体灭火控制器直接连接火灾探测器时，气体灭火系统的自动控制方式应由同一防护区域内 2 只独立的火灾探测器的报警信号、1 只火灾探测器与 1 只手动火灾报警按钮的报警信号或防护区外的紧急启动信号，作为系统的联动触发信号，C 选项错误。

根据第 4.4.2 条第 3 款，联动控制信号应包括：（1）关闭防护区域的送（排）风机及送（排）风阀门；（2）停止通风和空气调节系统及关闭设置在该防护区域的电动防火阀；（3）联动控制防护区域开口封闭装置的启动，包括关闭防护区域的门、窗。A、B 选项正确，E 选项错误。

根据第 4.4.2 条第 5 款，组合分配系统应首先开启相应防护区域的选择阀，然后启动气体灭火装置、泡沫灭火装置。D 选项正确。

（四）防火卷帘

1．在某商业建筑的疏散走道上设置的防火卷帘，其联动控制程序应是（　）。[3]（2015-1-32）

A．专门用于联动防火卷帘的感烟火灾探测器动作后，防火卷帘下降至距楼板高 1.8 m 处；专门用于联动防火卷帘的感温火灾探测器动作后，防火卷帘下降到楼板面

B．专门用于联动防火卷帘的感温火灾探测器动作后，防火卷帘下降至距楼板面 1.8 m 处；专门用于联动防火卷帘的感烟火灾探测器动作后，防火卷帘下降到楼板面

C．专门用于联动防火卷烟的感烟火灾探测器动作后，防火卷帘下降至距楼板面 1.5 m 处；专门用于

---

1 答案：AE

2 答案：ABD

3 答案：A

联动防火卷帘的感温火灾探测器动作后，防火卷帘下降到楼板面

D．专门用于联动防火卷帘的感温火灾探测器动作后，防火卷帘下降至距楼板面 1.5 m 处；专门用于联动防火卷帘的感温火灾探测器动作后，防火卷帘下降至楼板面

【解析】根据《火灾自动报警系统设计规范》（GB 50116—2013）第 4.6.3 条，疏散通道上设置的防火卷帘的联动控制设计，应符合下列规定：（1）联动控制方式，防火分区内任 2 只独立的感烟火灾探测器或任 1 只专门用于联动防火卷帘的感烟火灾探测器的报警信号应联动控制防火卷帘下降至距楼板面 1.8 m 处；任一只专门用于联动防火卷帘的感温火灾探测器的报警信号应联动控制防火卷帘下降到楼板面；在卷帘的任一侧距卷帘纵深 0.5 ~ 5 m 内应设置不少于 2 只专门用于联动防火卷帘的感温火灾探测器。（2）手动控制方式，应由防火卷帘两侧设置的手动控制按钮控制防火卷帘的升降。A 选项正确。

2．某商场中庭开口部位设置用作防火分隔的防火卷帘。根据现行国家标准《火灾自动报警系统设计规范》（GB 50116），关于该防火卷帘联动控制的说法，正确的是（ ）。[1]（2018-1-13）

A．应由设置在防火卷帘所在防火分区内任一专门联动防火卷帘的感温火灾探测器的报警信号作为联动触发信号，联动控制防火卷帘直接下降到楼板面

B．防火卷帘下降到楼板面的动作信号和直接与防火卷帘控制器连接的火灾探测器报警信号，应反馈至消防控制室内的消防联动控制器

C．应由防火卷帘一侧距卷帘纵深 0.5～5 m 内设置的感温火灾探测器报警信号作为联动触发信号，联动控制防火卷帘直接下降到楼板面

D．防火卷帘两侧设置的手动控制按钮应能控制防火卷帘的升降，在消防控制室内消防联动控制器上不得手动控制防火卷帘的降落

【解析】根据《火灾自动报警系统设计规范》（GB 50116—2013）第 4.6.4 条，非疏散通道上设置的防火卷帘的联动控制设计，应符合下列规定：（1）联动控制方式，应由防火卷帘所在防火分区内任两只独立的火灾探测器的报警信号，作为防火卷帘下降的联动触发信号，并应联动控制防火卷帘直接下降到楼板面。（2）手动控制方式，应由防火卷帘两侧设置的手动控制按钮控制防火卷帘的升降，并应能在消防控制室内的消防联动控制器上手动控制防火卷帘的降落。"中庭开口部位"为非疏散通道，故 A、C、D 选项错误。根据第 4.6.5 条，防火卷帘下降至距楼板面 1.8 m 处、下降到楼板面的动作信号和防火卷帘控制器直接连接的感烟、感温火灾探测器的报警信号，应反馈至消防联动控制器。B 选项正确。

3．某商场的防火分区采用防火墙和防火卷帘进行防火分隔，对建筑防火卷帘的检查测试结果中不符合现行国家标准要求的是（ ）。[2]（2018-2-20）

A．防火卷帘装配温控释放装置，当施放装置的感温元件周围温度达到 79℃时，释放装置动作，卷帘依自重下降关闭

B．垂直卷帘电动启、闭的运行速度为 7 m/min

C．疏散通道上的防火卷帘的控制器在接收到专门用于联动防火卷帘的感烟火灾探测器的报警信号后，下降至距楼板面 1.8 m 处

D．防火卷帘的控制器及手动按钮盒安装在底边距地面高度为 1.5 m 的位置

【解析】根据《防火卷帘》（GB 14102—2005）第 6.4.7 条，防火卷帘应装配温控释放装置，当释放装置的感温元件周围温度达到 73 ± 0.5℃时，释放装置动作，卷帘应依自重下降关闭。A 选项不符合规范要求，当选。根据第 6.4.5 条，垂直卷帘电动启、闭的运行速度应为 2 ~ 7.5 m/min。其自重下降速度不应大于

1 答案：B
2 答案：A

9.5 m/min。B 选项符合规范要求，不选。

根据《火灾自动报警系统设计规范》（GB 50116—2013）第 4.6.3 条，疏散通道上设置的防火卷帘的联动控制设计，应符合下列规定：（1）联动控制方式，防火分区内任两只独立的感烟火灾探测器或任一只专门用于联动防火卷帘的感烟火灾探测器的报警信号应联动控制防火卷帘下降至距楼板面 1.8 m 处；任一只专门用于联动防火卷帘的感温火灾探测器的报警信号应联动控制防火卷帘下降到楼板面；在卷帘的任一侧距卷帘纵深 0.5 ~ 5 m 内应设置不少于 2 只专门用于联动防火卷帘的感温火灾探测器。C 选项符合规范要求，不选。

根据《防火卷帘、防火门、防火窗施工及验收规范》（GB 50877—2014）第 5.2.10 条，防火卷帘控制器安装应符合下列规定：（2）防火卷帘控制器及手动按钮盒的安装应牢固可靠，其底边距地面高度宜为 1.3 ~ 1.5 m。D 选项符合规范要求，不选。

4. 某高层公共建筑地下 2 层地上 30 层，地下各层均为车库及设备用房。地上 1 层至 4 层为商场。5～30 层为办公楼。商场中庭贯通 1～4 层，2～4 层中庭回廊按规范要求设置防火卷帘，其他部位按规范要求设置了火灾自动报警系统、防排烟系统以及消防应急照明和疏散指示系统等。某消防技术服务机构对该项目进行年度检测，消防技术服务机构人员将联动控制功能设置为自动工作方式，在 1 层模拟触发 2 只火灾探测器报警，2～4 层中庭回廊防火卷帘下降到距楼板面 1.8 m 处。该建筑防火卷帘的联动控制功能是否正常？为什么？（2018-3-五）

答：（1）不正常。（2）原因为：2～4 层中庭防火卷帘位于非疏散通道上，2 只探测器触发后，防火卷帘应下降到楼板面。而题中将其按疏散通道上防火卷帘的要求设置，故不正常。

【解析】根据《火灾自动报警系统设计规范》（GB 50116—2013）第 4.6.4 条，非疏散通道上设置的防火卷帘的联动控制设计，应符合下列规定：（1）联动控制方式，应由防火卷帘所在防火分区内任两只独立的火灾探测器的报警信号作为防火卷帘下降的联动触发信号，并应联动控制防火卷帘直接下降到楼板面。

（五）防排烟系统

1. 某办公楼，每层为一个防火分区，设有火灾自动报警系统、室内消火栓系统和防烟排烟系统等消防设施。当正压送风机控制柜处于自动状态时，检测风机的启动情况，下列操作中，能够启动正压送风机的有（　）。[1]（2015-2-95）

A. 使消防联动控制器处于自动状态，使用发烟器分别对十层的楼梯间前屋及内走道的各一只感烟探测器进行模拟火灾报警测试，两只探测器先后发出火灾报警信号

B. 使消防联动控制器处于手动状态，试验发烟器对一楼大堂的一只感烟探测器进行模拟火灾报警测试，探测器发出火灾报警信号，再按下一只手动火灾报警按钮发出火灾报警信号

C. 在消防控制室内的消防联动控制器上手动按下正压送风机的启动按钮

D. 使消防联动控制器处于手动状态，使用发烟器分别对八层的两间办公室内的各一只感烟探测器进行模拟火灾报警测试，两只探测器先后发出火灾报警信号

E. 使消防联动控制器处于自动状态，手动开启设在六层防烟楼梯间的送风口

【解析】根据《火灾自动报警系统设计规范》（GB 50116—2013）第 4.5.1 条第 1 款，防烟系统的联动控制方式应符合下列规定：应由加压送风口所在防火分区内的两只独立的火灾探测器或一只火灾探测器与一只手动火灾报警按钮的报警信号，作为送风口开启和加压送风机启动的联动触发信号，并应由消防联动控制器联动控制相关层前室等需要加压送风场所的加压送风口开启和加压送风机启动。处于手动状态无法

1 答案：ACE

启动正压风机，故A选项正确，B、D选项错误。

根据第4.1.4条，消防水泵、防烟和排烟风机的控制设备，除应采用联动控制方式外，还应在消防控制室设置手动直接控制的装置。根据第4.5.3条，防烟风机的启动按钮应采用专用线路直接连接至设置在消防控制室内的消防联动控制器的手动控制盘，并应直接手动控制防烟风机的启动。故C选项正确。

根据《建筑防烟排烟系统技术标准》（GB 51251—2017）第5.1.2条，加压送风机的启动应符合下列规定：（1）现场手动启动；（2）通过火灾自动报警系统自动启动；（3）消防控制室手动启动；（4）系统中任一常闭加压送风口开启时，加压风机应能自动启动。故E选项正确。

2. 根据防排烟系统的联动控制设计要求，当（　）时，送风口不会动作。[1]（2017-1-19）

A. 同一防护区内一只火灾探测器和一只手动报警按钮报警

B. 联动控制器接收到送风机启动的反馈信号

C. 同一防护区内两只独立的感烟探测器报警

D. 在联动控制器上手动控制送风口开启

【解析】根据《火灾自动报警系统设计规范》（GB 50116—2013）第4.5.1条，防烟系统的联动控制方式应符合下列规定：应由加压送风口所在防火分区内的两只独立的火灾探测器或一只火灾探测器与一只手动火灾报警按钮的报警信号，作为送风口开启和加压送风机启动的联动触发信号，并应由消防联动控制器联动控制相关层前室等需要加压送风场所的加压送风口开启和加压送风机启动。故A、C选项正确，B选项错误。

根据第4.5.3条，防烟系统、排烟系统的手动控制方式，应能在消防控制室内的消防联动控制器上手动控制送风口、电动挡烟垂壁、排烟口、排烟窗、排烟阀的开启或关闭及防烟风机、排烟风机等设备的启动或停止。故D选项正确。

3. 关于防烟排烟系统联动控制的做法，符合规范要求的有（　）。[2]（2017-1-87）

A. 同一防烟分区内的一只感烟探测器和一只感温探测器报警，联动控制该防烟分区的排烟口开启

B. 同一防烟分区内的两只感烟探测器报警，联动控制该防烟分区及相邻防烟分区的排烟口开启

C. 排烟口附近的一只手动报警按钮报警，控制该排烟口开启

D. 排烟阀开启动作信号联动控制排烟风机启动

E. 通过消防联动控制器上的手动控制盘直接控制排烟风机启动、停止

【解析】根据《火灾自动报警系统设计规范》（GB 50116—2013）第4.5.2条，排烟系统的联动控制方式应符合下列规定：（1）应由同一防烟分区内的两只独立的火灾探测器的报警信号，作为排烟口、排烟窗或排烟阀开启的联动触发信号，并应由消防联动控制器联动控制排烟口、排烟窗或排烟阀的开启，同时停止该防烟分区的空气调节系统。（2）应由排烟口、排烟窗或排烟阀开启的动作信号，作为排烟风机启动的联动触发信号，并应由消防联动控制器联动控制排烟风机的启动。故A、D选项正确，C选项错误。第4.5.3条，防烟、排烟风机的启动、停止按钮应采用专用线路直接连接至设置在消防控制室内的消防联动控制器的手动控制盘，并应直接手动控制防烟、排烟风机的启动、停止。故E选项正确。

《建筑防烟排烟系统技术标准》（GB 51251—2017）第5.2.4条，当火灾确认后，担负两个及以上防烟分区的排烟系统，应仅打开着火防烟分区的排烟阀或排烟口，其他防烟分区的排烟阀或排烟口应呈关闭状态。故B选项错误。

4. 某高层公共建筑地下2层地上30层，地下各层均为车库及设备用房。地上1层至4层为商场。5～

1 答案：B

2 答案：ADE

30层为办公楼。某消防技术服务机构对排烟系统联动控制功能进行检测，消防技术服务机构人员将联动控制功能设置为自动工作方式。在 28 层模拟触发两只感烟探测器，排烟风机联动启动。现场查看该层排烟阀没有打开。通过消防联动控制器手动启动 28 层排烟阀，该排烟阀打开。该建筑排烟系统的联动控制功能是否正常？为什么？（2018-3-五）

答：（1）不正常。（2）原因：机械排烟系统联动逻辑设置错误，在 28 层模拟触发两只感烟探测器时，应先联动开启排烟阀，再由排烟阀开启的动作信号作为排烟风机启动的联动触发信号，并由消防联动控制器联动控制排烟风机的启动。

【解析】依据《火灾自动报警系统设计规范》(GB 50116—2013) 第 4.5.2 条，排烟系统的联动控制方式应符合下列规定：(1) 应由同一防烟分区内的两只独立的火灾探测器的报警信号，作为排烟口、排烟窗或排烟阀开启的联动触发信号，并应由消防联动控制器联动控制排烟口、排烟窗或排烟阀的开启，同时停止该防烟分区的空气调节系统。(2) 应由排烟口、排烟窗或排烟阀开启的动作信号，作为排烟风机启动的联动触发信号，并应由消防联动控制器联动控制排烟风机的启动。

(六) 火灾报警和应急广播

关于火灾报警和消防应急广播系统联动控制设计的说法，符合规范要求的有（ ）。[1]（2017-1-93）

A．火灾确认后应启动建筑内所有火灾声光警报器

B．消防控制室应能手动控制选择广播分区、启动和停止应急广播系统

C．消防应急广播启动后应停止相应区域的声警报器

D．集中报警系统和控制中心报警系统应设置消防应急广播

E．当火灾确认后，消防联动控制器应联动启动消防应急广播向火灾发生区域及相邻防火分区广播

【解析】根据《火灾自动报警系统设计规范》(GB 50116—2013) 第 4.8.1 条，火灾自动报警系统应设置火灾声光警报器，并应在确认火灾后启动建筑内的所有火灾声光警报器。故 A 选项正确，E 选项错误。

第 4.8.7 条，集中报警系统和控制中心报警系统应设置消防应急广播。故 D 选项正确。

第 4.8.9 条，消防应急广播的单次语音播放时间宜为 10～30 s，应与火灾声警报器分时交替工作。故 C 选项错误。

第 4.8.10 条，在消防控制室应能手动或按预设控制逻辑联动控制选择广播分区、启动或停止应急广播系统，并应能监听消防应急广播。在通过传声器进行应急广播时，应自动对广播内容进行录音。B 选项描述不完整，手动或按预设控制逻辑联动控制二选一即可，"说法正确的"和"做法正确的"是不一样的，慎选。

四、消防控制室

1．根据《火灾自动报警系统设计规范》(GB 50116—2013) 的规定，消防控制室内的设备面盘至墙的距离不应小于（ ）m。[2]（2015-2-9）

A．1.5 B．3 C．2 D．2.5

【解析】根据《火灾自动报警系统设计规范》(GB 50116—2013) 第 3.4.8 条，消防控制室内设备面盘前的操作距离，单列布置时不应小于 1.5 m；双列布置时不应小于 2 m；在值班人员经常工作的一面，设备面盘至墙的距离不应小于 3 m；设备面盘后的维修距离不宜小于 1 m；设备面盘的排列长度大于 4 m 时，

1 答案：AD

2 答案：B

其两端应设置宽度不小于1 m的通道；在与建筑其他弱电系统合用的消防控制室内，消防设备应集中设置，并应与其他设备之间有明显的间隔。

2．某商业综合体建筑，其办公区、酒店区、商业区分别设置消防控制室，并将办公区的消防控制室作为主消防控制室，其他两个作为分消防控制室。下列关于各分消防控制室内的消防设备之间的关系的说法，正确的是（　）。[1]（2015-1-57）

A．不可以相互传输，显示状态信息，不应相互控制

B．不可以相互传输，显示状态信息，但应相互控制

C．可以相互传输，显示状态信息，也应相互控制

D．可以相互传输，显示状态信息，但不应相互控制

【解析】根据《火灾自动报警系统设计规范》（GB 50116—2013）第3.2.4条，主消防控制室应能显示所有火灾报警信号和联动控制状态信号，并应能控制重要的消防设备；各分消防控制室内的消防设备之间可以互相传输并显示状态信息，但不应互相控制。

3．消防控制室的下列检查记录中，应该立即整改的项目是（　）。[2]（2015-2-44）

A．消防联动控制器处于手动控制状态

B．消防水池水位略高于正常水位下限

C．有5只探测器出现过故障，但现在处于正常状态

D．消防水泵控制柜处于手动控制状态

【解析】根据《建筑消防设施的维护管理》（GB 25201—2010）第5.2条，正常工作状态下，不应将自动喷水灭火系统、防烟排烟系统和联动控制的防火卷帘等防火分隔设施设置在手动控制状态。其他消防设施及其相关设备如设置在手动状态时，应有在火灾情况下迅速将手动控制转换为自动控制的可靠措施。由此可见，不是所有的联动设备的控制状态都应当自动状态，也有可放置于手动状态的联动设备，故A选项不准确。B、C选项都处于正常状态，不需要整改。根据《消防给水及消火栓系统技术规范》（GB 50974—2014）第11.0.1条，消防水泵控制柜在平时应使消防水泵处于自动启泵状态。故D选项正确。

4．根据现行国家标准《火灾自动报警系统设计规范》（GB 50116—2013），关于消防控制室设计的说法，正确的是（　）。[3]（2018-1-64）

A．设有3个消防控制室时，各消防控制室可相互控制建筑内的消防设备

B．一类高层民用建筑的消防控制室不应与弱电系统中的中央控制室合用

C．消防控制室内双列布置的设备面板前的操作距离不应小于1.5 m

D．消防控制室内的消防控制室图形显示装置应能显示消防安全管理信息

【解析】根据《火灾自动报警系统设计规范》（GB 50116—2013）第3.2.4条，控制中心报警系统的设计，应符合下列规定：（1）有两个及以上消防控制室时，应确定一个主消防控制室。（2）主消防控制室应能显示所有火灾报警信号和联动控制状态信号，并应能控制重要的消防设备；各分消防控制室内消防设备之间可互相传输、显示状态信息，但不应互相控制。A选项错误。

根据第3.4.8条，消防控制室内设备的布置应符合下列规定：（1）设备面盘前的操作距离，单列布置时不应小于1.5 m，双列布置时不应小于2 m。（5）与建筑其他弱电系统合用的消防控制室内，消防设备应集中设置，并应与其他设备间有明显间隔。B、C选项错误。

根据第3.4.2条，消防控制室内设置的消防控制室图形显示装置应能显示本规范附录A规定的建筑物内

1 答案：D
2 答案：D
3 答案：D

设置的全部消防系统及相关设备的动态信息和本规范附录B规定的消防安全管理信息，并应为远程监控系统预留接口，同时应具有向远程监控系统传输本规范附录A和附录B规定的有关信息的功能。D选项正确。

五、可燃气体探测报警系统

1．对于可能散发可燃气体密度小于空气密度的场所，可燃气体探测器应设置在被保护空间的（　）。[1]（2015-1-69）

A．下部　　B．中间部位　　C．中间部位或下部　　D．顶部

【解析】根据《火灾自动报警系统设计规范》（GB 50116—2013）第8.2.1条，探测气体密度小于空气密度的可燃气体探测器应设置在被保护空间的顶部，探测气体密度大于空气密度的可燃气体探测器应设置在被保护空间的下部，探测气体密度与空气密度相当时，可燃气体探测器可设置在被保护空间的中间部位或顶部。故D选项正确。

2．对于可能散发相对密度为1的可燃气体的场所，可燃气体探测器应设置在该场所室内空间的（　）。[2]（2016-1-40）

A．中间高度位置　　B．中间高度位置或顶部　　C．下部　　D．中间高度位置或下部

【解析】根据《火灾自动报警系统设计规范》（GB 50116—2013）第8.2.1条，探测气体密度小于空气密度的可燃气体探测器应设置在被保护空间的顶部，探测气体密度大于空气密度的可燃气体探测器应设置在被保护空间的下部，探测气体密度与空气密度相当时，气体探测器可设置在被保护空间的中间部位或顶部。故B选项正确。

3．关于可燃气体探测报警系统设计的说法，符合规范要求的是（　）。[3]（2017-1-53）

A．可燃气体探测器可接入可燃气体报警器，也可直接接入火灾报警控制器的探测回路

B．探测天然气的可燃气体探测器应安装在保护空间的下部

C．液化石油气探测器可采用壁挂及吸顶安装方式

D．能将报警信号传输至消防控制室时，可燃气体报警控制器可安装在保护区域附近无人值班的场所

【解析】根据《火灾自动报警系统设计规范》（GB 50116—2013）第8.1.2条，可燃气体探测报警系统应独立组成，可燃气体探测器不应接入火灾报警控制器的探测器回路；当可燃气体的报警信号需接入火灾自动报警系统时，应由可燃气体报警控制器接入。故A选项错误。根据第8.2.1条，探测气体密度小于空气密度的可燃气体探测器应设置在被保护空间的顶部，探测气体密度大于空气密度的可燃气体探测器应设置在被保护空间的下部，探测气体密度与空气密度相当时，可燃气体探测器可设置在被保护空间的中间部位或顶部。液化石油气的相对密度为1.686，天然气的相对密度为0.55，故B、C选项错误。

根据第8.3.1条，当有消防控制室时，可燃气体报警控制器可设置在保护区域附近；当无消防控制室时，可燃气体报警控制器应设置在有人值班的场所。D选项中消防控制室能够正常接收报警信号，故可燃气体报警控制器可安装在保护区域附近无人值班的场所。故D选项正确。

4．根据现行国家标准《火灾自动报警系统设计规范》（GB 50116—2013），关于可燃气体探测器和可燃气体报警控制器设置的说法，正确的是（　）。[4]（2018-1-32）

A．可燃气体探测器少于8只时，可直接接入火灾报警控制器的探测回路

B．可燃气体报警控制器发出报警信号后，应由消防联动控制器启动防护区的火灾声光警报器

---

1 答案：D
2 答案：B
3 答案：D
4 答案：C

C．人工煤气探测器可安装在保护区的顶部

D．天然气探测器可安装在保护区的下部

【解析】根据《火灾自动报警系统设计规范》（GB 50116—2013）第 8.1.2 条，可燃气体探测报警系统应独立组成，可燃气体探测器不应接入火灾报警控制器的探测器回路；当可燃气体的报警信号需接入火灾自动报警系统时，应由可燃气体报警控制器接入。A 选项错误。

根据第 8.1.5 条，可燃气体报警控制器发出报警信号时，应能启动保护区域的火灾声光警报器。B 选项错误。

根据第 8.2.1 条，探测气体密度小于空气密度的可燃气体探测器应设置在被保护空间的顶部，探测气体密度大于空气密度的可燃气体探测器应设置在被保护空间的下部，探测气体密度与空气密度相当时，可燃气体探测器可设置在被保护空间的中间部位或顶部。人工煤气主要成分为一氧化碳和氢气，比空气略轻，可安装在防护区顶部，C 选项正确；天然气主要成分为 CH_4，比空气轻，应安装在保护区上部，D 选项错误。

六、电气火灾监控系统

1．根据规范要求，剩余电流式电气火灾检测探测器应设置在（　）。[1]（2017-1-44）

A．高压配电系统末端　　B．采用 IT/TN 系统的配电线路上

C．泄漏电流大于 500 mA 的供电线路上　　D．低压配电系统首端

【解析】根据《火灾自动报警系统设计规范》（GB 50116—2013）第 9.2.1 条，剩余电流式电气火灾监控探测器应以设置在低压配电系统首端为基本原则，宜设置在第一级配电柜（箱）的出线端。在供电线路泄漏电流大于 500 mA 时，宜在其下一级配电柜（箱）设置。故 A、C 选项错误，D 选项正确。根据第 9.2.2 条，剩余电流式电气火灾监控探测器不宜设置在 IT 系统的配电线路和消防配电线路中。故 B 选项错误。

2．用于保护 1 kV 及以下的配电线路的电气火灾监控系统，其测温式电气火灾监控探测器的布置方式应采用（　）。[2]（2015-1-75）

A．非接触式　B．独立式　C．接触式　D．脱开式

【解析】根据《火灾自动报警系统设计规范》（GB 50116—2013）第 9.3.2 条，保护对象为 1 000V 及以下的配电线路，测温式电气火灾监控探测器应采用接触式布置。故 C 选项正确。

3．对剩余电流式电器火灾监控系统进行检查时，应主要检查剩余电流式探测器安装情况。检查发现的下列做法中，正确的是（　）。[3]（2016-2-16）

A．将相线和 PE 线穿过剩余电流式探测器　　B．将 PE 线和中性线穿过剩余电流式探测器

C．将相线和中性线穿过剩余电流式探测器　　D．将相线、中性线和 PE 线穿过剩余电流式探测器

【解析】根据《剩余电流动作保护装置安装和运行》（GB 13955—2005）第 6.3.4 条，PE 线不得接入剩余电流保护装置。A、B、D 选项均错误。

4．下列关子电气火灾监控系统设置的做法中，错误的是（　）。[4]（2016-1-68）

A．将剩余电流式电气火灾监控探测器的报警值设定为 400 mA

B．对于泄漏电流大于 500 mA 的供电线路，将剩余电流式电气火灾监控探测器设置在下一级配电柜处

C．将非独立式电气火灾监控探测器接入火灾报警控制器的探测回路

---

1 答案：D

2 答案：C

3 答案：C

4 答案：C

D．将线型感温火灾探测器接入电气火灾监控器用于电气火灾监控

【解析】根据《火灾自动报警系统设计规范》（GB 50116—2013）第 9.2.3 条，选择剩余电流式电气火灾监控探测器时，应计及供电系统自然漏流的影响，并应选择参数合适的探测器；探测器报警值宜为 300 ~ 500 mA。A 选项正确。

根据第 9.2.1 条，剩余电流式电气火灾监控探测器应以设置在低压配电系统首端为基本原则，宜设置在第一级配电柜（箱）的出线端。在供电线路泄漏电流大于 500 mA 时，宜在其下一级配电柜（箱）设置。故 B 选项正确。

根据第 9.1.4 条，非独立式电气火灾监控探测器不应接入火灾报警控制器的探测器回路。故 C 选项错误。

根据第 9.1.7 条，当线型感温火灾探测器用于电气火灾监控时，可接入电气火灾监控器。故 D 选项正确。

5．根据现行国家标准《火灾自动报警系统设计规范》（GB 50116—2013），关于电气火灾监控探测器设置的说法，正确的是（ ）。[1]（2018-1-78）

A．剩余电流式电气火灾监控探测器应设置在低压配电系统的末端配电柜内

B．在无消防控制室且电气火灾监控探测器设置数量不超过 10 只时，非独立式电气火灾监控探测器可接入火灾报警控制器的探测器回路

C．电气火灾监控探测器发出报警信号后，应在 3 s 内联动电气火灾监控器切断保护对象的供电电源

D．设有消防控制室时，电气火灾监控器的报警信息应在集中火灾报警控制器上显示

【解析】根据《火灾自动报警系统设计规范》（GB 50116—2013）第 9.2.1 条，剩余电流式电气火灾监控探测器应以设置在低压配电系统首端为基本原则，宜设置在第一级配电柜（箱）的出线端。在供电线路泄漏电流大于 500 mA 时，宜在其下一级配电柜（箱）设置。A 选项错误。

根据第 9.1.4 条，非独立式电气火灾监控探测器不应接入火灾报警控制器的探测器回路。B 选项错误。

根据第 9.1.6 条，电气火灾监控系统的设置不应影响供电系统的正常工作，不宜自动切断供电电源。C 选项错误。

根据第 9.1.5 条，在设置消防控制室的场所，电气火灾监控器的报警信息和故障信息应在消防控制室图形显示装置或起集中控制功能的火灾报警控制器上显示，但该类信息与火灾报警信息的显示应有区别。D 选项正确。

第三节 系统安装、调试与验收

一、系统安装

1．某建筑物内设有火灾自动报警系统，下列关于火灾探测器的安装质量检查结果中，不符合安装要求的是（ ）。[2]（2015-2-57）

A．安装在顶棚上的点型感烟探测器距多孔送风顶棚孔口的水平距离为 1 m

B．安装在宽度为 2 m 的内走道顶棚上的点型感温探测器的间距为 12 m

C．在净高为 12 m 的中庭安装的一对红外光束感烟探测器距地面的垂直距离为 11 m，且在这一高度上没有任何遮挡物

D．会议室内感烟探测器的报警确认灯朝向会议室的门口

---

1 答案：D

2 答案：B

【解析】根据《火灾自动报警系统施工及验收规范》（GB 50166—2007）第 3.4.1 条，点型感烟、感温火灾探测器的安装，应符合下列要求：（3）探测器至空调送风口最近边的水平距离，不应小于 1.5 m；至多孔送风顶棚孔口的水平距离，不应小于 0.5 m。故 A 选项正确。（4）在宽度小于 3 m 的内走道顶棚上安装探测器时，宜居中安装。点型感温火灾探测器的安装间距，不应超过 10 m；点型感烟火灾探测器的安装间距，不应超过 15 m。探测器至端墙的距离，不应大于安装间距的一半。故 B 选项错误。

根据第 3.4.2 条，当探测区域的高度不大于 20 m 时，光束轴线至顶棚的垂直距离宜为 0.3 ~ 1.0 m；当探测区域的高度大于 20 m 时，光束轴线距探测区域的地（楼）面高度不宜超过 20 m。红外光束感烟探测器距地面垂直距离为 11 m，中庭净高为 12 m。C 选项正确。

根据第 3.4.11 条，探测器报警确认灯应朝向便于人员观察的主要入口方向。故 D 选项正确。

2．对某大型商业综合体的火灾自动报警系统的安装质量进行检查，下列检查结果中，不符合现行国家标准《火灾自动报警系统施工及验收规范》（GB 50166—2007）的是（　）。[1]（2018-2-13）

A．在高度为 12 m 的共享空间设置的红外光束感烟火灾探测器的光束轴线至顶棚的垂直距离为 1.5 m

B．在商场顶棚安装的点型感烟探测器距多孔送风顶棚孔口的水平距离为 0.6 m

C．在厨房内安装的可燃气体探测器位于天然气管道及用气部位的上部顶棚处

D．在宽度为 2.4 m 的餐饮区内走道顶棚上安装的点型感烟探测器间距为 12.5 m

【解析】根据《火灾自动报警系统施工及验收规范》（GB 50166—2007）第 3.4.2 条，线型红外光束感烟火灾探测器的安装，应符合下列要求：（1）当探测区域的高度不大于 20 m 时，光束轴线至顶棚的垂直距离宜为 0.3 ~ 1.0 m；当探测区域的高度大于 20 m 时，光束轴线距探测区域的地（楼）面高度不宜超过 20 m。A 选项不符合规范要求，当选。

根据第 3.4.1 条，点型感烟、感温火灾探测器的安装，应符合下列要求：（3）探测器至空调送风口最近边的水平距离，不应小于 1.5 m；至多孔送风顶棚孔口的水平距离，不应小于 0.5 m。B 选项符合规范要求，不选。（4）在宽度小于 3 m 的内走道顶棚上安装探测器时宜居中安装。点型感温火灾探测器的安装间距，不应超过 10 m；点型感烟火灾探测器的安装间距，不应超过 15 m。D 选项符合规范要求，不选。

根据第 3.4.5 条，可燃气体探测器的安装应符合下列要求：（1）安装位置应根据探测气体密度确定。若其密度小于空气密度，探测器应位于可能出现泄漏点的上方或探测气体的最高可能聚集点上方；若其密度大于或等于空气密度，探测器应位于可能出现泄漏点的下方。天然气的密度小于空气密度，故 C 选项符合规范要求。

3．火灾自动报警系统施工安装过程中出现的下列做法中，错误是（　）。[2]（2015-2-94）

A．将火灾报警总线金属管直接穿到安装盒中，并在盒外侧加锁母

B．将不小心弄断的火灾报警总线重新剥线，烫锡后铰接，用胶布缠绕好后再穿管

C．将不小心弄断的火灾报警总线重新剥线、烫锡，并在中断处增加一个接线盒，再将金属管切断后按要求接入接线盒

D．接线过程中，如只剩下一种颜色的导线，将其中一根导线两端分别打个结，以区分电源极性

E．施工人员在看起来十分干净、干燥的工作环境施工后，还特意将穿管与接线盒的接口处做了密封处理

【解析】根据《火灾自动报警系统施工及验收规范》（GB 50166—2007）第 3.2.9 条，金属管子入盒，盒外侧应套锁母，内侧应装护口；在吊顶内敷设时，盒的内外侧均应套锁母。塑料管入盒应采取相应固定

1 答案：A

2 答案：BD

措施。A 选项正确。

根据第 3.2.5 条，导线在管内或线槽内，不应有接头或扭结。导线的接头，应在接线盒内焊接或用端子连接。B 选项错误，C 选项正确。

根据第 3.2.15 条，同一工程中的导线，应根据不同用途选择不同颜色加以区分，相同用途的导线颜色应一致。电源的正极为红色，负极应为蓝色或黑色。D 选项错误。

根据第 3.2.7 条，敷设在多尘或潮湿场所管路的管口和管子连接处，均应做密封处理。在多尘或潮湿的场所干燥的环境中对接口做密封处理，是为了防止灰尘或者水汽进入管内引起导电，在干净、干燥的环境中可以不做密封处理，但做了密封处理工程质量更高工程也更安全。E 选项是正确的。

4．某消防设施检测机构对建筑内火灾自动报警系统进行检测时，对手动火灾报警按钮进行检查。根据现行国家消防技术标准，关于手动火灾报警按钮安装的说法中，正确的是（　）。[1]（2017-2-59）

A．墙上手动火灾报警按钮的底边距离楼面高度应为 1.5 m

B．手动火灾报警按钮的连接导线的余量不应小于 150 mm

C．墙上手动火灾报警按钮的底边距离楼面高度应为 1.7 m

D．手动火灾报警按钮的连接导线的余量不应大于 100 mm

【解析】根据《火灾自动报警系统施工及验收规范》（GB 50166—2007）第 3.5.1 条，手动火灾报警按钮应安装在明显和便于操作的部位。当安装在墙上时，其底边距地（楼）面高度宜为 1.3 ~ 1.5 m。A、C 选项错误。根据第 3.5.3 条，手动火灾报警按钮的连接导线应留有不小于 150 mm 的余量，且在其端部应有明显标志。D 选项错误，B 选项正确。

二、系统调试

1．某建筑物内的火灾自动报警系统施工结束后，调试人员对通过管路采样的吸气式火灾探测器进行调试。下列调试方法和结果中，不符合现行国家消防技术标准要求的是（　）。[2]（2016-2-8）

A．在其中一根采样管末端（最不利处）采样孔加入试验烟，控制器在 120 s 内发出火灾报警信号

B．断开其中一根探测器的采样管路，控制器在 100 s 内发出故障信号

C．断开其中一根探测器的采样管路，控制器在 120 s 内发出故障信号

D．在其中一根采样管最末端（最不利处）采样孔加入试验烟，控制器在 100 s 内发出火灾报警信号

【解析】根据《火灾自动报警系统施工及验收规范》（GB 50166—2007）第 4.7.1 条，在采样管最末端（最不利处）采样孔加入试验烟，探测器或其控制装置应在 120 s 内发出火灾报警信号。A、D 选项符合要求。根据第 4.7.2 条，产品说明书上说明，改变探测器的采样管路气流，使探测器处于故障状态，探测器或其控制装置应在 100 s 内发出故障信号。B 选项符合要求，C 选项不符合要求。

2．消防设施检测机构的人员对某建筑内火灾自动报警系统进行检测时，对在宽度小于 3 m 的内走道顶棚上的点型感烟探测器进行检查。下列检测结果中，符合现行国家消防技术标准要求的是（　）。[3]（2017-2-69）

A．探测器的安装间距为 16 m　　B．探测器至端墙的距离为 8 m

C．探测器的安装间距为 14 m　　D．探测器至端墙的距离为 10 m

【解析】根据《火灾自动报警系统施工及验收规范》（GB 50166—2007）第 3.4.1 条，点型感烟、感温火灾探测器的安装，应符合下列要求：在宽度小于 3 m 的内走道顶棚上安装探测器时，宜居中安装。点型

1 答案：B

2 答案：C

3 答案：C

感温火灾探测器的安装间距，不应超过 10 m；点型感烟火灾探测器的安装间距，不应超过 15 m，探测器至端墙的距离，不应大于安装间距的一半。故 C 选项正确。

3．消防工程施工单位对某体育场安装的火灾自动报警系统进行调试。下列调试方法中，不符合现行国家标准《火灾自动报警系统施工及验收规范》（GB 50166—2007）的是（　）。[1]（2018-2-30）

A．使任一总线回路上多只火灾探测器同时处于火灾报警状态，检查控制器的火警优先功能

B．断开火灾报警控制器与任一探测器之间的连线，检查控制器的故障报警功能

C．向任一感烟探测器发烟，检查点型感烟探测器的报警功能，火灾报警控制器的火灾报警功能

D．使总线隔离器保护范围内的任一点短路，检查总线隔离器的隔离保护功能

【解析】根据《火灾自动报警系统施工及验收规范》（GB 50166—2007）第 4.3.2 条，按现行国家标准《火灾报警控制器》（GB 4717—2005）的有关要求对控制器进行下列功能检查并记录，控制器应满足标准要求：（7）使任一总线回路上不少于 10 只的火灾探测器同时处于火灾报警状态，检查控制器的负载功能。A 选项不符合，当选。

4．消防工程施工单位的技术人员对某商场的火灾自动报警系统进行联动调试。下列对防火门和防火卷帘联动调试的结果中，符合现行国家标准要求的有（　）。[2]（2018-2-85）

A．常开防火门所在防火分区内的两只独立的火灾探测器报警后，防火门关闭

B．常开防火门所在防火分区内的一只手动火灾报警按钮动作后，防火门关闭

C．防火分区内的一只专门用于联动防火卷帘的感温探测器报警后，疏散走道上的防火卷帘下降至距楼板面 1.8 m 处

D．防火分区内的两只独立的感烟探测器报警后，疏散走道上的防火卷帘下降至距楼板面 1.8 m 处

E．防火分区两只独立的感烟探测器报警后，用于防火分区分隔的防火卷帘直接下降至楼板面

【解析】根据《火灾自动报警系统设计规范》（GB 50116—2013）第 4.6.1 条，防火门系统的联动控制设计，应符合下列规定：（1）应由常开防火门所在防火分区内的两只独立的火灾探测器或一只火灾探测器与一只手动火灾报警按钮的报警信号，作为常开防火门关闭的联动触发信号，联动触发信号应由火灾报警控制器或消防联动控制器发出，并应由消防联动控制器或防火门监控器联动控制防火门关闭。A 选项正确，B 选项错误。

根据第 4.6.3 条，疏散通道上设置的防火卷帘的联动控制设计，应符合下列规定：（1）联动控制方式，防火分区内任两只独立的感烟火灾探测器或任一只专门用于联动防火卷帘的感烟火灾探测器的报警信号应联动控制防火卷帘下降至距楼板面 1.8 m 处。C 选项错误，D 选项正确。

根据第 4.6.4 条，非疏散通道上设置的防火卷帘的联动控制设计，应符合下列规定：（1）联动控制方式，应由防火卷帘所在防火分区内任两只独立的火灾探测器的报警信号，作为防火卷帘下降的联动触发信号，并应联动控制防火卷帘直接下降到楼板面。E 选项正确。

三、系统检测验收

1．在火灾自动报警系统工程质量验收判定准则中，下列情形中，可判定为 B 类不合格的是（　）。[3]（2015-2-27）

A．报警控制器规格型号与设计不符　　B．施工过程质量管理检查记录不完整

C．火灾探测器的备品数量不足　　D．系统抽检中有一探测器无法发出警报信号

1 答案：A

2 答案：ADE

3 答案：B

【解析】根据《火灾自动报警系统施工及验收规范》（GB 50166—2007）第 5.1.7 条，系统工程质量验收判定标准应符合下列要求：（1）系统内的设备及配件规格型号与设计不符、无国家相关证书和检验报告；系统内的任一控制器和火灾探测器无法发出报警信号，无法实现要求的联动功能，定为 A 类不合格。（2）验收前提供资料不符合本规范第 5.2.1 条要求的定为 B 类不合格。（3）除（1）（2）款规定的 A、B 类不合格外，其余不合格项均为 C 类不合格。（4）系统验收合格判定应为：A=0，且 B≤2，且 B+C≤检查项的 5% 为合格，否则为不合格。根据第 5.2.1 条，系统验收时，施工单位应提供下列资料：（1）竣工验收申请报告、设计变更通知书、竣工图。（2）工程质量事故处理报告。（3）施工现场质量管理检查记录。（4）火灾自动报警系统施工过程质量管理检查记录。（5）火灾自动报警系统的检验报告、合格证及相关材料。A、C、D 选项属于 A 类不合格，B 选项正确。

2．某商业大厦按规范要求设置了火灾自动报警系统、自动喷水灭火系统以及气体灭火系统等建筑消防设施，消防技术服务机构受业主委托，对相关消防设施进行检测，有关情况如下。

（1）火灾自动报警设施功能性检测

消防技术服务机构人员切断火灾报警控制器主电源，控制器显示主电故障。选择 2 只感烟探测器加烟测试，控制器正确显示报警信息，5 min 后，控制器自行关机。恢复控制器主电源供电，控制器重新开机工作正常。现场拆下一只探测器，将探测器底座上的总线信号端子短路，控制器上显示 48 条探测器故障信息。检测过程中控制器显示屏上显示 2 只感烟探测器报故障情况，据业主值班人员介绍，经常有此类故障出现，一般取下后用高压气枪吹扫几次后就可恢复。检测人员到现场找到故障探测器，取下后用高压气枪吹扫，然后重新安装到原来位置，其中一只探测器恢复正常，另一只探测器故障依然存在，更换新的探测器后，该故障依然存在。

该商业大厦中庭高 15 m，设置了 1 台管路吸气式火灾探测器，安装在距地面 1.5 m 高的墙面上，探测器采样管路长 90 m，垂直管路上每隔 4 m 设置一个采样孔。消防技术服务机构人员随机选择一个采样孔加烟进行报警功能测试，125 s 后探测器报警；封堵末端采样孔后，120 s 时探测器报气流故障。

（2）自动喷水灭火系统联动控制功能检测

消防技术服务机构人员开启末端试水装置，湿式报警阀、压力开关随之动作，但喷淋泵一直未启动，再将火灾报警控制器的联动启泵功能设置为自动方式后，喷淋泵自动启动。

（3）气体灭火联动控制功能检测

配电室设置了 5 套预制七氟丙烷气体灭火装置，消防技术服务机构人员加烟触发配电室内一只感烟探测器报警，再加温触发一只感温探测器报警，配电室内声光报警器随之启动，但气体灭火控制器一直没有输出灭火启动及联动控制信号。按下气体灭火控制器上的启动按钮，气体灭火控制器仍然一直没有输出灭火启动及联动控制信号。经检查，确认气体灭火控制连接路线及接线均无问题。

根据以上材料，回答下列问题：

（1）指出火灾自动报警系统存在的问题，并简要说明原因。（2017-3-五）

答案：火灾自动报警系统存在的问题如下：

①备用电源工作 5 min 后控制器即自行关机，说明备用电源电量不足。

②控制器上显示 48 条探测器故障信息，不符合规范要求。系统总线上应设置总线短路隔离器，每只总线短路隔离器保护的火灾探测器、手动火灾报警按钮盒模块等消防设备的总数不应超过 32 点。

③有一个探测器故障，该探测器在吹扫后可恢复，说明是探测器问题。

④有一个探测点有故障，该探测点的探测器更换后故障依然存在，说明该点线路或模块发生故障。

⑤管路吸气式火灾探测器垂直管路上每隔 4 m 设置一个采样孔不符合规范要求，垂直采样时，每 2℃温差间隔或 3 m 间隔（取最小者）应设置一个采样孔，采样孔不应背对气流方向。

（2）指出消防技术服务机构检测人员处理探测器故障的方式是否正确并说明理由。探测器故障的原因可能有哪些？（2017-3-五）

答案：检测人员处理探测器故障的方式不正确。探测器的清洗应由有相关资质的机构根据产品生产企业的要求进行。探测器清洗后应做响应阈值及其他必要的功能试验，合格者方可继续安装使用。

探测器故障的原因可能有：

①探测器与底座脱落，接触不良；

②报警总线与底座接触不良；

③报警总线开路或接地性能不良造成短路；

④探测器本身损坏；

⑤探测器接口板故障。

【解析】《建筑消防设施的维护管理》（GB 25201—2010）第 8.3 条，故障排除后应进行相应功能试验并经单位消防安全管理人检查确认。《火灾自动报警系统施工及验收规范》（GB 50166—2007）第 6.2.5 条，探测器的清洗应由有相关资质的机构根据产品生产企业的要求进行。探测器清洗后应做响应阈值及其他必要的功能试验，合格者方可继续使用。不合格探测器严禁重新安装使用，并应将该不合格品返回产品生产企业集中处理，严禁将离子感烟火灾探测器随意丢弃。

（3）指出吸气式探测器设置功能及测试方法有哪些不符合规范之处，并说明理由。（2017-3-五）

答案：①垂直管路上每隔 4 m 设置一个采样孔不符合规范要求，垂直采样时，每 2℃ 温差间隔或 3 m 间隔（取最小者）应设置一个采样孔。

②随机选择一个采样孔加烟进行报警功能测试，不合规范要求；应逐一在采样管最末端（最不利处）采样孔加入试验烟进行测试。

③125 s 后探测器报警，不合规范要求；探测器应在 120 s 内发出火灾报警信号。

④封堵末端采样孔后，120 s 时探测器报气流故障，不合规范要求；探测器应在 100 s 内发出故障信号。

【解析】根据《火灾自动报警系统设计规范》（GB 50116—2013）第 6.2.17 条，管路采样式吸气感烟火灾探测器的设置，应符合下列规定：（7）当采样管道布置形式为垂直采样时，每 2℃ 温差间隔或 3 m 间隔（取最小者）应设置一个采样孔，采样孔不应背对气流方向。

根据《火灾自动报警系统施工及验收规范》（GB 50166—2007）第 4.7.1 条，在采样管最末端（最不利处）采样孔加入试验烟，探测器或其控制装置应在 120 s 内发出火灾报警信号。检查数量：全数检查。根据第 4.7.2 条，产品说明书上说明，改变探测器的采样管路气流，使探测器处于故障状态，探测器或其控制装置应在 100 s 内发出故障信号。检查数量：全数检查。

3．消防设施检测机构对某单位的火灾报警系统进行验收前的检测，根据现行国家标准《火灾自动报警系统施工及验收规范》（GB 50166—2007），该单位的下列做法中，错误的是（　）。[1]（2017-2-60）

A．对消防电梯进行 2 次报警联动控制功能检验

B．对自动喷水系统给水泵在消防控制室内进行 3 次远程启泵操作实验

C．对防排烟风机进行 4 次报警联动启动试验

D．对各类消防用电设备主、备电源的自行转换装置进行 1 次转换试验

【解析】根据《火灾自动报警系统施工及验收规范》（GB 50166—2007）第 5.1.5 条，（1）消防电梯应进行 1～2 次手动控制和联动控制功能检验，非消防电梯应进行 1～2 次联动返回首层功能检验，其控制功能、信号均应正常。（2）自动喷水灭火系统在消防控制室内操作启、停泵 1～3 次。（3）报警联动启动、

1 答案：D

消防控制室直接启停、现场手动启动联动防烟排烟风机 1～3 次。（4）各类消防用电设备主、备电源的自动转换装置，应进行 3 次转换试验。故 D 选项错误，当选。

4．某公共建筑火灾自动报警系统的控制器进行功能检查。下列检查结果中，符合现行国家消防技术标准要求的有（　）。[1]（2017-2-83）

A．控制器与探测器之间的连线短路，控制器在 120 s 时发出故障信号

B．在故障状态下，使一非故障部位的探测器发出火灾报警信号，控制器在 70 s 时发出火灾报警信号

C．控制器与探测器之间的连线短路，控制器在 80 s 时发出故障信号

D．在故障状态下，使一非故障部位的探测器发出火灾报警信号，控制器在 50 s 时发出火灾报警信号

E．控制器与备用电源之间的连线短路，控制器在 90 s 时发出故障信号

【解析】根据《火灾自动报警系统施工及验收规范》（GB 50166—2007）第 4.3.2 条，按现行国家标准《火灾自动报警控制器》（GB 4717—2005）的有关要求对控制器进行下列功能检查并记录：使控制器与探测器之间的连线断路和短路，控制器应在 100 s 内发出故障信号（短路时发出火灾报警信号除外）；在故障状态下，使任一非故障部位的探测器发出火灾报警信号，控制在 1 min 内发出火灾报警信号，并应记录火灾报警时间；再使其他探测器发出火灾报警信号，检查控制器的再次报警功能。使控制器与备用电源之间的连线断路和短路，控制器应在 100 s 内发出故障信号。A、B 选项错误，C、D、E 选项正确。

5. 某消防技术服务机构对已完工的防烟排烟系统进行检测，下列做法中，错误的是（　）。[2]（2015-2-17）

A．采用发烟器分别对消防电梯前室及附近的两只感烟探测器进行模拟火灾试验，待相应的正压送风机启动后，使用风速仪对消防电梯前室设置的送风口处的风速进行测量，获得测量结果并观察消防联动控制器是否接收到相应正压送风机的动作信号

B．对二层商场电动挡烟垂壁附近的一只感烟探测器进行发烟试验，观察电动挡烟垂壁的自动降落情况

C．手动打开设在地下车库的排烟阀，待相应的排烟风机启动后，使用风速仪对排烟口处的风速进行测量，获得测量结果并观察消防联动控制器是否接收到相应排烟阀、排烟风机的动作信号

D．启动地下车库的排烟系统，手动关闭排烟风机入口处总管上设置的排烟防火阀，观察排烟风机的运行

【解析】根据《火灾自动报警系统设计防火规范》（GB 50116—2013）第 4.5.1-2 条，应由同一防烟分区内且位于电动挡烟垂壁附近的两只独立的感烟火灾探测器的报警信号，作为电动挡烟垂壁降落的联动触发信号，并应由消防联动控制器联动控制电动挡烟垂壁的降落。对挡烟垂壁附近的一只感烟探测器进行发烟试验，只会有一个动作信号，在收到一个动作信号的情况下消防联动控制器是不会控制电动挡烟垂壁降落的。B 选项这种检测方法是错误的，本题答案为 B。

6．对某展览馆安装的火灾自动报警系统进行验收前检测，下列检查结果中，符合现行国家标准《火灾自动报警系统施工及验收规范》（GB 50166—2007）的有（　）。[3]（2018-2-94）

A．使用发烟器对任一感烟探测器发烟，火灾报警控制器发出火灾报警信号

B．在火灾报警控制器处于故障报警状态下，对任一非故障部位的探测器发出火灾报警信号后 55 s，控制器发出火灾报警信号

C．断开消防联动控制器与输入/输出模块的连线后 80 s，控制器发出故障信号

D．消防联动控制器接收到任意两只独立的火灾探测器的报警信号后，联动启动消防泵

E．消防联动控制器接收到两只独立的火灾探测器的报警信号后，火警信号所在防火分区的火灾声光

1 答案：CDE

2 答案：B

3 答案：ABC

警报器启动

【解析】根据《火灾自动报警系统施工及验收规范》（GB 50166—2007）第 4.3.2 条，按现行国家标准《火灾报警控制器》（GB 4717—2005）的有关要求对控制器进行下列功能检查并记录：（2）使控制器与探测器之间的连线断路和短路，控制器应在 100 s 内发出故障信号（短路时发出火灾报警信号除外）；在故障状态下，使任一非故障部位的探测器发出火灾报警信号，控制器应在 1 min 内发出火灾报警信号，并应记录火灾报警时间；再使其他探测器发出火灾报警信号，检查控制器的再次报警功能。A、B、C 选项正确。

根据《火灾自动报警系统设计规范》（GB 50116—2013）第 4.3.1 条，联动控制方式，应由消火栓系统出水干管上设置的低压压力开关、高位消防水箱出水管上设置的流量开关或报警阀压力开关等信号作为触发信号，直接控制启动消火栓泵，联动控制不应受消防联动控制器处于自动或手动状态影响。当设置消火栓按钮时，消火栓按钮的动作信号应作为报警信号及启动消火栓泵的联动触发信号，由消防联动控制器联动控制消火栓泵的启动。故两个独立火灾探测器的报警信号联动启动消防泵不符合规范要求，D 选项不正确。根据第 4.8.1 条，火灾自动报警系统应设置火灾声光警报器，并应在确认火灾后启动建筑内的所有火灾声光警报器。E 选项不正确。

7. 某高层公共建筑地下 2 层、地上 30 层，地下各层均为车库及设备用房。地上 1～4 层为商场，5～30 层为办公楼。商场中庭贯通 1～4 层，2～4 层中庭回廊按规范要求设置防火卷帘，其他部位按规范要求设置了火灾自动报警系统、防排烟系统以及消防应急照明和疏散指示系统等。某消防技术服务机构对该项目进行年度检测，消防技术服务机构人员拆下安装在消防控制室顶棚上的一只感烟探测器，火灾报警控制器（联动型）在 50 s 内显示故障信息并发出故障声音；选取另外一只感烟探测器加烟测试，火灾报警控制器（联动型）在 50 s 内显示探测器火灾报警信息和故障报警信息，并切换为火灾报警声音。该建筑火灾报警控制器（联动型）功能检测过程中的火灾报警功能是否正常？火灾报警控制器（联动型）功能检查还应包括哪些内容？（2018-3-五）

答：（1）火灾报警功能正常。

（2）火灾报警控制器（联动型）功能检查还应包括：①检查自检功能和操作级别；②检查消音和复位功能；③使控制器与备用电源之间的连线断路和短路，控制器应在 100 s 内发出故障信号；④屏蔽功能；⑤使总线隔离器保护范围内的任一点短路，检查总线隔离器的隔离保护功能；⑥使任一总线回路上不少于 10 只的火灾探测器同时处于火灾报警状态，检查控制器的负载功能；⑦检查主、备电源的自动转换功能，并在备电工作状态下重复负载功能；⑧检查控制器特有的其他功能。

【解析】依据《火灾自动报警系统施工及验收规范》（GB 50166—2007）第 4.3.2 条，对火灾报警控制器进行下列功能检查并记录：（1）检查自检功能和操作级别。（2）使控制器与探测器之间的连线断路和短路，控制器应在 100 s 内发出故障信号（短路时发出火灾报警信号除外）；在故障状态下，使任一非故障部位的探测器发出火灾报警信号，控制器应在 1 min 内发出火灾报警信号，并应记录火灾报警时间；再使其他探测器发出火灾报警信号，检查控制器的再次报警功能。（3）检查消音和复位功能。（4）使控制器与备用电源之间的连线断路和短路，控制器应在 100 s 内发出故障信号。（5）检查屏蔽功能。（6）使总线隔离器保护范围内的任一点短路，检查总线隔离器的隔离保护功能。（7）使任一总线回路上不少于 10 只的火灾探测器同时处于火灾报警状态，检查控制器的负载功能。（8）检查主、备电源的自动转换功能，并在备电工作状态下重复第（7）款检查。（9）检查控制器特有的其他功能。

第四节　系统维护管理

一、系统维护

1．根据现行国家标准《建筑消防设施维护管理》（GB 25201—2010）对火灾自动报警系统报警控制器的检测内容主要包括（　）。[1]（2017-2-86）

A．火灾显示盘和 CRT 显示器的报警、显示功能

B．火灾报警、故障报警、火警优先功能

C．联动控制器是控制模块的手动、自动联动控制功能

D．自检、消音、复位功能

E．打印机打印功能

【解析】《建筑消防设施的维护管理》（GB 25201—2010）附录 D.1 中火灾自动报警系统报警控制器的检测内容主要包括试验火灾报警、故障报警、火警优先、打印机打印、自检、消音等功能，火灾显示盘和 CRT 显示器的报警、显示功能。

2．对火灾自动报警系统实施检查维护，每季度应开展一次检查和试验的项目有（　）。[2]（2015-2-91）

A．强制切断非消防电源功能试验

B．火灾报警装置的声光显示功能试验

C．水流指示器、压力开关的报警功能试验

D．1～3 次主电源和备用电源自动切换试验

E．防火卷帘抽查试验

【解析】根据《火灾自动报警系统施工及验收规范》（GB 50116—2007）第 6.2.3 条，每季度应检查和试验火灾自动报警系统的下列功能：①采用专用检测仪器分期分批试验探测器的动作及确认灯显示；②试验火灾警报装置的声光显示；③试验水流指示器、压力等报警功能、信号显示开关；④对主电源和备用电源进行 1～3 次自动切换试验；⑤用自动或手动检查消防控制设备的控制显示功能，其中抽验电动防火门、防火卷帘门，数量不小于总数的 25%；⑥检查消防电梯迫降功能；⑦应抽取不小于总数 25%的消防电话和电话插孔在消防控制室进行对讲通话试验。B、C、D、E 选项正确。

根据第 6.2.4 条，每年应检查和试验火灾自动报警系统下列功能，并按要求填写相应的记录：①应用专用检测仪器对所安装的全部探测器和手动报警装置试验至少 1 次；②自动和手动打开排烟阀，关闭电动防火阀和空调系统；③对全部电动防火门、防火卷帘的试验至少 1 次；④强制切断非消防电源功能试验；⑤对其他有关的消防控制装置进行功能试验。A 选项错误。

3．根据《火灾自动报警系统施工及验收规范》（GB 50166—2007）要求，下列关于火灾自动报警系统周期性维护保养的说法中，正确的是（　）。[3]（2016-2-98）

A．点型感烟火灾探测器投入运行 3 年后，应每隔 2 年至少全部清洗一遍

B．每年应用专用检测仪器对所安装的全部探测器试验至少 1 次

C．每年应用专用检测仪器对所安装的全部手动报警器装置试验至少 1 次

D．每年应对全部防火卷帘试验至少 1 次

E．每年应对全部电动防火门试验至少 1 次

【解析】根据《火灾自动报警系统施工及验收规范》（GB 50166—2007）第 6.2.4 条，每年应检查和试

---

1 答案：ABDE

2 答案：BCDE

3 答案：BCDE

验火灾自动报警系统下列功能，并按本规范附录F的要求填写相应的记录：应用专用检测仪器对所安装的全部探测器和手动报警装置试验至少1次；对全部电动防火门、防火卷帘的试验至少1次。B、C、D、E选项正确。

根据第6.2.5条，点型感烟火灾探测器投入运行2年后，应每隔3年至少全部清洗一遍。故A选项错误。

4．某酒店厨房的火灾探测器经常误报火警，最可能的原因是（　）。[1]（2017-1-5）

A．厨房内安装的是感烟火灾探测器　B．厨房内的火灾探测器编码地址错误

C．火灾报警控制器供电电压不足　D．厨房内的火灾探测器通信信号总线故障

【解析】根据《火灾自动报警系统设计规范》（GB 50116—2013）第5.2.5条，符合下列条件之一的场所，宜选择点型感温火灾探测器，且应根据使用场所的典型应用温度和最高应用温度选择适当类别的感温火灾探测器：厨房、锅炉房、发电机房、烘干车间等不宜安装感烟火灾探测器的场所。

5．根据现行国家标准《火灾自动报警系统施工及验收规范》（GB 50166—2007），下列火灾自动报警系统的功能中，应每季度进行检查和试验的有（　）。[2]（2017-2-95）

A．分期分批试验探测器的动作及确认灯显示功能　B．试验火灾警报装置的声光显示功能

C．试验主、备电源自动切换功能　D．试验非消防电源强制切断功能

E．试验相关消防控制设备的控制显示功能

【解析】根据《火灾自动报警系统施工及验收规范》（GB 50166—2007）第6.2.3条，每季度应检查和试验火灾自动报警系统的下列功能，并按本规范附录F的要求填写相应的记录。（1）采用专用检测仪器分期分批试验探测器的动作及确认灯显示。（2）试验火灾警报装置的声光显示。（3）试验水流指示器、压力开关等报警功能、信号显示。（4）对主电源和备用电源进行1~3次自动切换试验。（5）用自动或手动检查消防控制设备的控制显示功能。（6）检查消防电梯迫降功能。（7）应抽取不小于总数25%的消防电话和电话插孔在消防控制室进行对讲通话试验。不包括D选项的内容。

6．消防技术服务机构受托对某地区银行办公的综合楼进行消防设施的专项检查，该综合楼火灾自动报警系统采用双电源供电，双电源切换控制箱安装在一层低压配电室，考虑系统供电的可靠性，在供电回路上设置剩余电流电气火灾探测器，实现电流故障动作保护和过负载保护。火灾报警控制器显示12只感烟探测器被屏蔽（洗衣房2只，其他楼层10只），1只防火阀模块故障。

对火灾自动报警系统进行测试，过程如下：切断控制器与备用电源之间的连接，控制器无异常显示；恢复控制器与备用电源之间的连接，切断火灾报警控制器的主电源，控制器自动切换到备用电源工作，显示主电故障；测试8只感烟探测器，6只正常报警，2只不报警，试验过程中控制器出现重启现象，继续试验报警功能，控制器关机，无法重新启动；恢复控制器主电源，控制器启动并正常工作；使探测器底座上的总线接线端子短路，控制器上显示该探测器所在回路总线故障；触发满足防排烟系统启动条件的报警信号，消防联动控制器发出了同时启动5个排烟阀和5个送风阀的控制信号，控制器显示了3个排烟阀和5个送风阀的开启反馈信号，相对应的排烟机和送风机正常启动并在联动控制器上显示启动反馈信号。

根据以上材料，回答下列问题：（2016-3-五）

（1）根据检查测试情况指出消防供电及火灾报警系统中存在的问题。

答案：①双电源切换控制箱安装在一层低压配电室，不符合规范要求。双电源切换控制箱应设置到最末端控制箱。

---

1 答案：A

2 答案：ABCE

②消防供电线路设置剩余电流式电气火灾监控探测器，不符合规范要求。消防供电线路不宜设置剩余电流式电气火灾监控探测器。

③对探测器和故障模块进行屏蔽，不符合规范要求。有故障或误报警应及时维修保养。

④切断控制器与备用电源之间的连接，控制器无异常显示，不符合规范要求。控制器应在 100 s 内发出故障信号。

⑤测试 8 只感烟探测器，6 只正常报警，2 只不报警，说明有 2 只探测器不能正常工作，不符合规范要求。

⑥试验过程中控制器出现重启现象，继续试验报警功能，控制器关机，无法重新启动。恢复控制器主电源，控制器启动并正常工作。说明备用电源容量不够，不能保证控制器正常工作，不符合规范要求。

⑦使探测器底座上的总线接线端子短路，控制器上显示该探测器所在回路总线故障，不符合要求，说明没有按要求设置短路隔离器。

⑧排烟阀未反馈开启信号，不符合规范要求。

【解析】根据《建筑设计防火规范》（GB 50016—2014）第 10.1.8 条，消防控制室、消防水泵房、防烟和排烟风机房的消防用电设备及消防电梯等的供电，应在其配电线路的最末一级配电箱处设置自动切换装置。

根据《火灾自动报警系统设计规范》（GB 50116—2013）第 9.2.2 条，剩余电流式火灾监控探测器不宜设置在 IT 系统的配电线路和消防配电线路中。根据第 10.1.4 条，火灾自动报警系统主电源不应设置剩余电流动作保护和过负荷保护装置。

根据《火灾自动报警系统施工及验收规范》（GB 50166—2007）第 4.3.2-4 条，使控制器与备用电源之间的连线断路和短路，控制器应在 100 s 内发出故障信号。

根据《火灾自动报警系统设计规范》（GB 50116—2013）第 3.1 条，系统总线上应设置总线短路隔离器，每只总线短路隔离器保护的火灾探测器、手动火灾报警按钮和模块等消防设备的总数不应超过 32 点；总线穿越防火分区时，应在穿越处设置总线短路隔离器。

根据《火灾探测报警产品的维修保养与报废》（GB 29837—2013）第 3.1.3 条，火灾探测器、模块、手动报警按钮和消火栓启动按钮一般应在维修企业内进行维修，将上述部件拆下维修时，应立即更换备品，不应对相应部位实施屏蔽；没有备品时，应对该部位采取有效的消防安全措施。

（2）导致排烟阀未反馈开启信号的原因是什么？

答案：①排烟阀与控制器之间的线路故障；②排烟阀控制模块故障；③排烟阀自身故障。

7．某消防技术服务机构对办公楼的火灾自动报警系统进行维护保养。在检查火灾报警控制器的信息显示与查询功能时，发现位于会议室的 1 只感烟探测器出现故障报警信号。感烟探测器出现故障报警信号，可排除的原因是（　）。[1]（2018-2-72）

A．感烟探测器与底座接触不良　　B．感烟探测器本身老化损坏

C．感烟探测器底座与吊顶脱离　　D．感烟探测器底座一个接线端子松脱

【解析】根据《消防安全技术综合能力》第三篇第十四章第三节第五点系统故障及处理，火灾探测器常见故障有：探测器与底座脱落，接触不良；报警总线与底座接触不良；报警总线开路或接地性能不良造成短路；探测器本身损坏；探测器接口板故障。可排除 C 选项。

1 答案：C

二、系统故障排除

1．某大厦地下车库共设置两樘防火卷帘，对其进行联动检查试验时，使两个独立的感烟探测器动作后，一樘防火卷帘直接下降到楼地面，另一樘防火卷帘未动作，但联动控制器显示控制该防火卷帘的模块已经动作。防火卷帘未动作的原因可能有（　）[1]。（2018-2-99）

A．防火卷帘手动按钮盒上的按钮损坏　　B．防火卷帘控制器未接通电源

C．防火卷帘控制器中的控制继电器损坏　　D．联动控制防火卷帘的逻辑关系错误

E．联动模块至防火卷帘控制器之间线路断路

【解析】根据题意可知联动控制器到模块均没有问题，则卷帘未动作的原因应当在卷帘控制器、卷帘本身以及它们之间的连接上，卷帘控制器未接通电源、卷帘控制器中的控制继电器损坏及模块至防火卷帘控制器之间线路断路均是可能的原因。B、C、E选项当选；选项A手动按钮损坏与此无关，故不选；“模块已经动作”说明联动逻辑没有问题，D选项不选。

2．某高层公共建筑地下2层、地上30层，地下各层均为车库及设备用房。地上1～4层为商场，5～30层为办公楼。消防技术服务机构人员检查了消防控制室值班记录，发现地下车库有两只感烟探测器，近半年来多次报警，但现场核实均没有发生火灾，确认为误报火警后值班人员做复位处理。该建筑地下车库感烟探测器误报火警的可能原因有哪些？值班人员对误报火警的处理是否正确？为什么？（2018-3-五）

答：（1）探测器误报火警的可能原因有：灰尘、尾气、潮湿、探测器本身故障。

（2）不正确。火灾探测报警产品的使用或管理单位在发现产品存在问题和故障时，应及时进行维修。

【解析】根据《火灾探测报警产品的维修保养与报废》（GB 29837—2013）第3.1.1条，火灾探测报警产品的使用或管理单位在发现产品存在问题和故障时，应及时进行维修。

第七章　防烟排烟系统

本章由杨晨解析

第一节　系统基础

一、烟气控制

导致高层建筑火灾烟气快速蔓延的主要因素包括（　）。[2]（2016-1-96）

A．热浮力　　B．建筑物的高度　　C．风压

D．建筑物的楼层面积　　E．建筑的室内外温差

【解析】建筑物内火灾蔓延，是通过热传播进行的，与起火点、建筑材料、物质的燃烧性能和可燃物的数量等因素有关。在火场上燃烧物质所放出的热能，通常是以传导、辐射和对流三种方式传播，并影响火势蔓延扩大。故A选项正确。

当建筑物内外的温度不同时，室内外空气的密度随之出现差别，这将引发浮力驱动的流动。如果室内空气温度高于室外，室内空气将发生向上运动，建筑物越高，这种流动越强。竖井是发生这种现象的主要

1 答案：BCE

2 答案：ABCE

场合，在竖井中，由于浮力作用产生的气体运动十分显著，通常称这种现象为烟囱效应。在火灾过程中，烟囱效应是造成烟气向上蔓延的主要因素。故 B、C、E 选项正确。

二、防烟分区

对某建筑进行防火检查，防烟分区的活动挡烟垂壁的下列检查结果中，不符合现行国家标准要求的是（　）。[1]（2018-2-34）

A．采用厚度为 1.00 mm 的金属板材作挡烟垂壁

B．挡烟垂壁的单节宽度为 2 m

C．挡烟垂壁的实际挡烟高度为 600 mm

D．采用感温火灾探测器的报警信号作为挡烟垂壁的联动触发信号

【解析】根据《挡烟垂壁》（GA 533—2012）第 5.1.2.2 条，制作挡烟垂壁的金属板材的厚度不应小于 0.8 mm，其熔点不应低于 750℃。故 A 符合要求。

根据 5.1.3.2 条，采用不燃无机复合板、金属板材、防火玻璃等材料制作刚性挡烟垂壁的单节宽度不应大于 2 000 mm；采用金属板材、无机纤维织物等制作柔性挡烟垂壁的单节宽度不应大于 4 000 mm。故 B 符合要求。

根据 5.1.3.1 条，挡烟垂壁的挡烟高度应符合设计要求，其最小值不应低于 500 mm，最大值不应大于企业申请检测产品型号的公示值。故 C 符合要求。

根据《火灾自动报警系统设计规范》（GB 50116—2013）第 4.5.1 条，防烟系统的联动控制方式应符合下列规定：（2）应由同一防烟分区内且位于电动挡烟垂壁附近的两只独立的感烟火灾探测器的报警信号，作为电动挡烟垂壁降落的联动触发信号，并应由消防联动控制器联动控制电动挡烟垂壁的降落。D 不符合要求，当选。

三、自然通风与自然排烟

自然排烟是利用火灾烟气的热浮力和外部风压等作用，通过建筑物的外墙或屋顶开口将烟气排至室外的排烟方式。下列关于自然排烟的说法中，错误的是（　）。[2]（2016-1-61）

A．自然排烟窗的开启方式应采用上悬外开式

B．具备自然排烟条件的多层建筑，宜采用自然排烟方式

C．排烟窗应设置在建筑排烟空间室内净高的 1/2 以上

D．排烟口的排放速率主要取决于烟气的厚度和温度

【解析】根据《建筑防烟排烟系统技术标准》（GB 51251—2017）第 4.3.5 条条文说明，可开启外窗的形式有上悬窗、中悬窗、下悬窗、平推窗、平开窗和推拉窗等。在设计时，必须将这些作为排烟使用的窗设置在储烟仓内。如果中悬窗的下开口部分不在储烟仓内，这部分的面积不能计入有效排烟面积之内。A 选项错误。

根据第 4.1.1 条条文说明，多层建筑比较简单，受外部条件影响较少，一般采用自然通风方式较多。高层建筑主要受自然条件（如室外风速、风压、风向等）的影响会较大，一般采用机械方式较多。B 选项正确。

根据第 4.3.3 条，自然排烟窗（口）应设置在排烟区域的顶部或外墙，并应符合下列规定：（1）当设置在外墙上时，自然排烟窗（口）应在储烟仓以内，但走道、室内空间净高不大于 3 m 的区域的自然排烟

---

1 答案：D

2 答案：AC

窗（口）可设置在室内净高度的1/2以上；C选项错误，净高大于3 m的室内空间应当在储烟仓内，而不是在1/2以上就可以。

根据《消防安全技术实务》第三篇第十章第一节自然通风与自然排烟，自然排烟系统是利用火灾热烟气流的浮力和外部风压作用，通过建筑开口将建筑内的烟气直接排至室外的排烟方式。其排烟口的排放率在很大程度上取决于烟气的厚度和温度，D选项正确。

第二节　系统设计

一、系统选型

1．某建筑高度为23 m的5层商业建筑，长度110 m，宽度50 m，每层建筑面积为5 000 m^2，设置有自动喷水灭火系统、火灾自动报警系统和防排烟系统等消防设施。下列关于机械排烟系统应满足要求的说法中正确的有（　）。[1]（2015-1-83）

A．与垂直管道连接的每层水平支管应设置在楼层配电间内

B．排烟风机配电线路的末端自动切换应设置在楼层配电间内

C．采用排烟风机应能在280℃时连续工作30 min

D．火灾时应由火灾自动报警系统联动开启排烟口

E．排烟口应设置现场手动开启装置

【解析】高温烟管的水平支管不能设置在楼层的配电间内，有可能会因为高温破坏绝缘，进而造成火灾隐患，A选项错误。根据《建筑设计防火规范》（GB 50016—2014）第10.1.8条，消防控制室、消防水泵房、防烟和排烟风机房的消防用电设备及消防电梯等的供电，应在其配电线路的最末一级配电箱处设置自动切换装置，B选项错误。

根据《建筑防烟排烟系统技术标准》（GB 51251—2017）第4.4.6条，排烟风机应满足280℃时连续工作30 min的要求，排烟风机应与风机入口处的排烟防火阀连锁，当该阀关闭时，排烟风机应能停止运转。C选项正确。根据第5.2.3条，机械排烟系统中的常闭排烟阀或排烟口应具有火灾自动报警系统自动开启、消防控制室手动开启和现场手动开启功能，其开启信号应与排烟风机联动。当火灾确认后，火灾自动报警系统应在15 s内联动开启相应防烟分区的全部排烟阀、排烟口、排烟风机和补风设施，并应在30 s内自动关闭与排烟无关的通风、空调系统。D、E选项正确。

2．某二类高层建筑设有独立的机械排烟系统，该机械排烟系统的组件可不包括（　）[2]。（2018-2-52）

A．在280℃的环境条件下能够连续工作30 min的排烟风机

B．动作温度为70℃的防火阀

C．采取了隔热防火措施的镀锌钢板风道

D．可手动和电动启动的常闭排烟口

【解析】根据《建筑通风和排烟系统用防火阀门》（GB 15930—2007）第3.1条，防火阀是安装在通风、空气调节系统的送、回风管道上，平时呈开启状态，火灾时当管道内烟气温度达到70℃时关闭，并在一定时间内能满足漏烟量和耐火完整性要求、起隔烟阻火作用的阀门。动作温度为70℃的防火阀不属于机械排烟系统的组件。

---

1 答案：CDE

2 答案：B

二、设计要求

1. 净空高度不大于 6.0 m 的民用建筑采用自然排烟的防烟分区内任一点至最近排烟窗的水平距离不应大于（　）m。[1]（2017-1-34）

A．20　B．35　C．50　D．30

【解析】根据《建筑防烟排烟系统技术标准》（GB 51251—2017）第 4.3.2 条，防烟分区内自然排烟窗（口）的面积、数量、位置应按本标准第 4.6.3 条规定经计算确定，且防烟分区内任一点与最近的自然排烟窗（口）之间的水平距离不应大于 30 m。当工业建筑采用自然排烟方式时，其水平距离不应大于建筑内空间净高的 2.8 倍；当公共建筑空间净高大于或等于 6 m，且具有自然对流条件时，其水平距离不应大于 37.5 m。此题按《建筑设计防火规范》（GB 50016—2006）（已废止）应选 D，按《建筑防烟排烟系统技术标准》（GB 51251—2017）则无答案，此知识点应按《建筑防烟排烟系统技术标准》（GB 51251—2017）的规定记忆。

2．关于防火阀和排烟防火阀在建筑通风和排烟系统中的设置要求，下列说法中，错误的是（　）。[2]（2016-2-7）

A．排烟防火阀开启和关闭的动作信号应反馈至消防联动控制器

B．防火阀和排烟防火阀应具备感温器控制方式

C．安装在排烟风机出口总管处的排烟防火阀关闭后，应直接联动控制排烟风机停止运作

D．当建筑内每个防火分区的通风、空调系统均独立设置时，水平风管向竖向总管的交接处应设置防火阀

【解析】根据《火灾自动报警系统设计规范》（GB 50116—2013）第 4.5.5 条，排烟风机入口处的总管上设置的 280℃排烟防火阀在关闭后应直接联动控制风机停止，排烟防火阀及风机的动作信号应反馈至消防联动控制器。A 选项正确。

《建筑防烟排烟系统技术标准》（GB 51251—2017）第 2.1.14 条，排烟防火阀是安装在机械排烟系统的管道上，平时呈开启状态，火灾时当排烟管道内烟气温度达到 280℃时关闭，并在一定时间内能满足漏烟量和耐火完整性要求，起隔烟阻火作用的阀门。根据《建筑通风和排烟系统用防火阀门》（GB 15930—2007）第 3.1 条，防火阀是安装在通风、空气调节系统的送、回风管道上，平时呈开启状态，火灾时当管道内烟气温度达到 70℃时关闭，并在一定时间内能满足漏烟量和耐火完整性要求，起隔烟阻火作用的阀门。B 选项正确。

《建筑防烟排烟系统技术标准》（GB 51251—2017）第 4.4.6 条，排烟风机应满足 280℃时连续工作 30 min 的要求，排烟风机应与风机入口处的排烟防火阀连锁，当该阀关闭时，排烟风机应能停止运转。C 选项正确，但新规范出台后，不再用“直接联动”的说法，用“连锁”或“直接控制”。

《建筑设计防火规范》（GB 50016—2014）（2018 年版）第 9.3.11 条注，当建筑内每个防火分区的通风、空气调节系统均独立设置时，水平风管与竖向总管的交接处可不设置防火阀。D 选项错误。

3．关于建筑机械防烟系统联动控制的说法，正确的是（　）。[3]（2018-1-9）

A．由同一防火分区内的两只独立火灾探测器作为相应机械加压送风机开启的联动触发信号

B．火灾确认后，火灾自动报警系统应能在 30 s 内联动开启相应的机械加压送风机

C．加压送风口所在防火分区确认火灾后，火灾自动报警系统应仅联动开启所在楼层前室送风口

D．火灾确认后，火灾自动报警系统应能在 20 s 内联动开启相应的常压加压送风口

1 答案：D

2 答案：D

3 答案：A

【解析】根据《火灾自动报警系统设计规范》（GB 50116—2013）第 4.5.1 条，防烟系统的联动控制方式应符合下列规定：（1）应由加压送风口所在防火分区内的两只独立的火灾探测器或一只火灾探测器与一只手动火灾报警按钮的报警信号，作为送风口开启和加压送风机启动的联动触发信号，并应由消防联动控制器联动控制相关层前室等需要加压送风场所的加压送风口开启和加压送风机启动。A 选项正确。

根据《建筑防烟排烟系统技术标准》（GB 51251—2017）第 5.1.3 条，当防火分区内火灾确认后，应能在 15 s 内联动开启常闭加压送风口和加压送风机，并应符合下列规定：（1）应开启该防火分区楼梯间的全部加压送风机；（2）应开启该防火分区内着火层及其相邻上下层前室及合用前室的常闭送风口，同时开启加压送风机。B、C、D 选项错误。

4．某建筑高度为 156 m 的公共建筑设有机械加压送风系统。根据现行国家标准《建筑防烟排烟系统技术标准》（GB 51251—2017），该机械加压送风系统的下列设计方案中，错误的是（ ）。[1]（2018-1-15）

A．封闭避难层的送风量按避难层净面积每平方米不小于 25 m^3/h 确定

B．楼梯间与走道之间的压差为 40 Pa

C．前室与走道之间的压差为 25 Pa

D．机械加压送风系统按服务区段高度分段独立设置

【解析】根据《建筑防烟排烟系统技术标准》（GB 51251—2017）第 3.4.3 条，封闭避难层（间）、避难走道的机械加压送风量应按避难层（间）、避难走道的净面积每平方米不少于 30 m^3/h 计算。避难走道前室的送风量应按直接开向前室的疏散门的总断面积乘以 1.0 m/s 门洞断面风速计算。A 选项错误，当选。

根据第 3.4.4 条，机械加压送风量应满足走廊至前室至楼梯间的压力呈递增分布，余压值应符合下列规定：（1）前室、封闭避难层（间）与走道之间的压差应为 25 ~ 30 Pa；（2）楼梯间与走道之间的压差应为 40 ~ 50 Pa。故 B、C 选项正确。

根据第 3.3.1 条，建筑高度大于 100 m 的建筑，其机械加压送风系统应竖向分段独立设置，且每段高度不应超过 100 m。D 选项正确。

5．根据现行国家标准《建筑防烟排烟系统技术标准》（GB 51251—2017），下列民用建筑楼梯间的防烟设计方案中，错误的是（ ）。[2]（2018-1-29）

A．建筑高度为 97 m 的住宅建筑，防烟楼梯间及其前室均采用自然通风方式防烟

B．建筑高度为 48 m 的办公楼，防烟楼梯间及其前室均采用自然通风方式防烟

C．采用自然通风方式的封闭楼梯间，在最高部位设置 1.0 m^2 的固定窗

D．采用自然通风的防烟楼梯间，楼梯间外墙上开设的可开启外窗最大布置间隔为 3 层

【解析】根据《建筑防烟排烟系统技术标准》（GB 51251—2017）第 3.1.3 条，建筑高度小于或等于 50 m 的公共建筑、工业建筑和建筑高度小于或等于 100 m 的住宅建筑，其防烟楼梯间、独立前室、共用前室、合用前室（除共用前室与消防电梯前室合用外）及消防电梯前室应采用自然通风系统。A、B 选项正确。

根据第 3.2.1 条，采用自然通风方式的封闭楼梯间、防烟楼梯间，应在最高部位设置面积不小于 1.0 m^2 的可开启外窗或开口；当建筑高度大于 10 m 时，尚应在楼梯间的外墙上每 5 层内设置总面积不小于 2.0 m^2 的可开启外窗或开口，且布置间隔不大于 3 层。C 选项错误，当选；D 选项正确。

6．某建筑净空高度为 5 m 的商业营业厅，设有机械排烟系统，共划分为 4 个防烟分区，最小防烟分区面积为 500 m^2，根据《建筑防烟排烟系统技术标准》（GB 51251—2017），该建筑内机械排烟系统设置的下列方案中，正确的是（ ）。[3]（2018-1-60）

---

1 答案：A

2 答案：C

3 答案：B

A．排烟口与最近安全出口的距离为 1.2 m　　　B．最小防烟分区的排烟量为 30 000 m^3/h

C．防烟分区的最大长边长度为 40 m　　　D．最大防烟分区的建筑面积为 1 500 m^2

【解析】根据《建筑防烟排烟系统技术标准》（GB 51251—2017）第 4.4.12 条，排烟口的设置应符合下列规定：（5）排烟口的设置宜使烟流方向与人员疏散方向相反，排烟口与附近安全出口相邻边缘之间的水平距离不应小于 1.5 m。A 选项错误。

根据第 4.6.3 条，除中庭外下列场所一个防烟分区的排烟量计算应符合规定：（1）建筑空间净高小于或等于 6 m 的场所，其排烟量应按不小于 60 m^3/（h · m^2）计算，且取值不小于 15 000 m^3/h，或设置有效面积不小于该房间建筑面积 2%的自然排烟窗（口）。500 × 60=30 000（m^3/h），B 选项正确。

根据第 4.2.4 条，净空高度为 3.0 m＜H≤6.0 m 时，防烟分区最大允许面积为 1 000 m^2，长边最大允许长度为 36 m。故 C、D 选项错误。

7．某多层商场，每层设有 2 个防火分区，6 个防烟分区。根据现行国家标准《建筑防烟排烟系统技术标准》（GB 51251—2017），下列关于该建筑排烟系统联动的说法中错误的有（　）。[1]（2018-1-94）

A．将排烟风机入口处设置的排烟防火阀的关闭动作信号作为排烟风机关闭的触发信号

B．火灾确认后，火灾自动报警系统在 20 s 内联动开启全部防烟分区的活动挡烟垂壁

C．火灾确认后，火灾自动报警系统在 30 s 内自动关闭与排烟无关的空调系统

D．每层设一套排烟系统，该层任一排烟阀开启后，该层排烟风机自动开启

E．火灾确认后，火灾自动报警系统在 20 s 内联动开启全部防烟分区全部排烟口

【解析】根据《建筑防烟排烟系统技术标准》（GB 51251—2017）第 4.4.6 条，排烟风机应满足 280℃时连续工作 30 min 的要求，排烟风机应与风机入口处的排烟防火阀连锁，当该阀关闭时，排烟风机应能停止运转。故 A 选项正确。

根据第 5.2.5 条，当火灾确认后，火灾自动报警系统应在 15 s 内联动相应防烟分区的全部活动挡烟垂壁，60 s 以内挡烟垂壁应开启到位。故 B 选项错误。

根据第 5.2.3 条，当火灾确认后，火灾自动报警系统应在 15 s 内联动开启相应防烟分区的全部排烟阀、排烟口、排烟风机和补风设施，并应在 30 s 内自动关闭与排烟无关的通风、空调系统。故 C 选项正确；E 选项错误。

根据第 5.2.4 条，当火灾确认后，担负两个及以上防烟分区的排烟系统，应仅打开着火防烟分区的排烟阀或排烟口，其他防烟分区的排烟阀或排烟口应呈关闭状态。故 D 选项错误。

第三节　系统安装、调试、检测与验收

1．消防设施检测机构对该建筑的正压送风系统进行检测，结果：十一层送风量满足设计值，五层正压送风量为设计风量值的 80%，二层正压送风量为设计风量值的 60%。造成这一结果的可能原因有（　）。[2]（2016-2-95）

A．风机风量压力不足　　B．风道尺寸偏小　　C．部件选用不当

D．风道泄漏　　E．风口位置不当

【解析】风机风量压力不足，风道尺寸偏小压力损失大，使风量有衰减。风道泄漏也能使风量变小。实测中发现防排烟系统风量满足不了规范要求，可能的原因有如下几个方面：

1 答案：BDE

2 答案：ABD

（1）设计的问题。

（2）排烟管的管径。

（3）末端执行机构的安装距离不够，从而使防火阀占据了一定的断面，造成风量偏小。

（4）漏风严重导致风量偏小。

（5）设备的额定风量满足不了设计要求。

2．机械加压送风系统启动后，按照余压值从大到小排列，排序正确的是（　）。[1]（2017-1-12）

A．走道、前室、防烟楼梯间　　B．前室、防烟楼梯间、走道

C．防烟楼梯间、前室、走道　　D．防烟楼梯间、走道、前室

【解析】根据《建筑防烟排烟系统技术标准》（GB 51251—2017）第 3.4.4 条，机械加压送风量应满足走廊至前室至楼梯间的压力呈递增分布，余压值应符合下列规定：（1）前室、封闭避难层（间）与走道之间的压差应为 25 ~ 30 Pa；（2）楼梯间与走道之间的压差应为 40 ~ 50 Pa。故 C 选项正确。

3．下列关于建筑防烟系统联动控制要求的做法中，错误的是（　）。[2]（2016-1-67）

A．常闭加压送风口开启由其所在防火分区内两只独立火灾探测器的报警信号作为联动触发信号

B．加压送风机启动由其所在防火分区内的一只火灾探测器与一只手动火灾报警按钮的报警号作为联动触发信号

C．楼梯间的前室或合用前室的加压送风系统中任一常闭加压送风口开启时，联动启动该楼梯间各楼层的前室及合用前室内的常闭加压送风口

D．对于防火分区跨越多个楼层的建筑，楼梯间的前室或合用前室内任一常闭加送风口开启时联动启动该防火分区内全部楼层的楼梯间前室及合用前室内的常闭加压送风口

【解析】根据《火灾自动报警系统设计规范》（GB 50116—2013）第 4.5.1 条，防烟系统的联动控制方式应符合下列规定：（1）应由加压送风口所在防火分区内的两只独立的火灾探测器或一只火灾探测器与一只手动火灾报警按钮的报警信号，作为送风口开启和加压送风机启动的联动触发信号，并应由消防联动控制器联动控制相关层前室等需要加压送风场所的加压送风口开启和加压送风机启动。（2）应由同一防烟分区内且位于电动挡烟垂壁附近的两只独立的感烟火灾探测器的报警信号，作为电动挡烟垂壁降落的联动触发信号，并应由消防联动控制器联动控制电动挡烟垂壁的降落。故 A、B 选项正确。

根据《建筑防烟排烟系统技术标准》（GB 51251—2017）第 5.1.3 条，当防火分区内火灾确认后，应能在 15 s 内联动开启常闭加压送风口和加压送风机，并应符合下列规定：（1）应开启该防火分区楼梯间的全部加压送风机；（2）应开启该防火分区内着火层及其相邻上下层前室及合用前室的常闭送风口，同时开启加压送风机。故 C、D 选项错误。老题新做，答案为 CD。

4．某建筑高度为 24 m 的商业建筑，中部设置一个面积为 600 m^2、贯穿建筑地上 5 层的中庭，该中庭同时设置线型光束感烟火灾探测器和图像型火灾探测器，中庭的环廊设置点型感烟火灾探测器，环廊与中庭之间无防烟分隔，中庭顶部设置机械排烟设施。下列报警信号中，可作为该中庭顶部机械排烟设施开启联动触发信号的有（　）。[3]（2016-1-88）

A．中庭任一线型光束感烟火灾探测器和任一图像型火灾探测器的报警信号

B．中庭两个地址线型光束感烟火灾探测器的报警信号

C．中庭任一线型光束感烟火灾探测器和环廊任一点型感烟火灾探测器的报警信号

D．中庭两个地址图像型火焰探测器的报警信号

---

1 答案：C

2 答案：CD

3 答案：ABCD

E．环廊任一点型感烟火灾探测器及其相邻商铺内任一火灾探测器的报警信号

【解析】根据《火灾自动报警系统设计规范》（GB 50116—2013）第 4.5.2 条，排烟系统的联动控制方式应符合下列规定：（1）应由同一防烟分区内的两只独立的火灾探测器的报警信号，作为排烟口、排烟窗或排烟阀开启的联动触发信号，并应由消防联动控制器联动控制排烟口、排烟窗或排烟阀的开启，同时停止该防烟分区的空气调节系统。（2）应由排烟口、排烟窗或排烟阀开启的动作信号，作为排烟风机启动的联动触发信号，并应由消防联动控制器联动控制排烟风机的启动。本题答案为 A、B、C、D 选项。

5．消防设施检测机构对某建筑的机械排烟系统进行检测时，打开排烟阀，消防控制室接到风机启动的反馈信号，现场测量，排烟口入口处排烟风速过低。排烟口风速过低的可能原因有（　）。[1]（2017-2-98）

A．风机反转　　B．风道阻力过大　　C．风口尺寸偏小

D．风机位置不当　　E．风道漏风量过大

【解析】风机反转会导致排烟风机变为送风机，而不是出现题干描述的风速过低的情况，故 A 选项错误。风道阻力过大可以导致风量变小，故 B 选项正确。风口尺寸变小，如果排烟量不变，风速将增大，故 C 选项错误。风机位置不当，并不必然导致风速过低，故 D 选项错误。风道漏风量过大，会导致风量不足，排烟口处风速过低，故 E 选项正确。

6．建筑防排烟系统验收包含资料验收、外观质量检查、系统功能测试和合格判定等四部分内容，下列文件资料中，不属于资料验收内容的是（　）。[2]（2016-2-10）

A．施工图等设计文件　　B．立项批准文件

C．联动调试记录表　　D．风管系统安装及检验记录

【解析】根据《建筑防烟排烟系统技术标准》（GB 51251—2017）第 8.1.4 条，工程竣工验收时，施工单位应提供下列资料：（1）竣工验收申请报告；（2）施工图、设计说明书、设计变更通知书和设计审核意见书、竣工图；（3）工程质量事故处理报告；（4）防烟、排烟系统施工过程质量检查记录；（5）防烟、排烟系统工程质量控制资料检查记录。B 选项不属于资料验收内容。

7．在防排烟系统中，系统组件在正常工作状态下的启闭状态是不同的，关于防排烟系统组件启闭状态的说法中，正确的是（　）。[3]（2017-2-20）

A．加压送风口既有常开式，也有常闭式　　B．防排烟火阀及排烟阀平时均呈开启状态

C．防排烟火阀及排烟阀平时均呈关闭状态　　D．自垂百叶式加压送风口平时呈开启状态

【解析】根据《建筑通风和排烟系统用防火阀门》（GB 15930—2007）第 3.3.6 条，加压送风口的设置应符合下列规定：（1）除直灌式加压送风方式外，楼梯间宜每隔 2～3 层设一个常开式百叶送风口；（2）前室应每层设一个常闭式加压送风口，并应设手动开启装置；故 A 选项正确。根据第 3.2 条，排烟防火阀是安装在机械排烟系统的管道上，平时呈开启状态，火灾时当排烟管道内烟气温度达到 280℃时关闭，并在一定时间内能满足漏烟量和耐火完整性要求，起隔烟阻火作用的阀门。根据第 3.3 条，排烟阀是安装在机械排烟系统各支管端部（烟气吸入口）处，平时呈关闭状态并满足漏风量要求，火灾或需要排烟时手动和电动打开，起排烟作用的阀门。B、C 选项错误。自垂百叶式加压送风口平时是靠重力作用处于关闭状态，当加压送风机开启时，气流将百叶吹开送风。故 D 选项错误。

8．对某大厦设置的机械防烟系统的正压送风机进行单机调试，下列调试方法和结果中，不符合现行国家标准《建筑防烟排烟系统技术标准》（GB 51251—2017）的是（　）[4]。（2018-2-61）

---

1 答案：BE

2 答案：B

3 答案：A

4 答案：B

A．模拟火灾报警后，相应防烟分区的正压送风口打开联动正压送风机启动

B．手动开启正压送风机，风机正常运转 1.0 h 后，手动停止风机

C．经现场测定，正压送风机的风量值、风压值分别为风机铭牌值的 97%、105%

D．在消防控制室远程手动启、停正压送风机，风机启动、停止功能正常

【解析】根据《建筑防烟排烟系统技术标准》（GB 51251—2017）第 5.1.3 条，当防火分区内火灾确认后，应能在 15 s 内联动开启常闭加压送风口和加压送风机；根据第 7.3.1 条，机械加压送风系统的联动调试方法及要求应符合下列规定：（1）当任何一个常闭送风口开启时，相应的送风机均应能联动启动。A 选项符合规范要求。"相应防烟分区的正压送风口"应理解为"该防烟分区所在防火分区相对应的正压送风口"。

根据第 7.2.5 条，送风机、排烟风机调试方法及要求应符合下列规定：（1）手动开启风机，风机应正常运转 2.0 h，叶轮旋转方向应正确、运转平稳、无异常振动与声响；（2）应能在消防控制室手动控制风机的启动、停止，风机的启动、停止状态信号应能反馈到消防控制室。B 选项不符合规范要求，D 选项符合规范要求。

根据第 7.2.5 条，送风机、排烟风机调试方法及要求应符合下列规定：（2）应核对风机的铭牌值，并应测定风机的风量、风压、电流和电压，其结果应与设计相符。根据第 7.2.6 条，机械加压送风系统风速及余压的调试方法及要求应符合下列规定：（1）应选取送风系统末端所对应的送风最不利的三个连续楼层模拟起火层及其上下层，封闭避难层（间）仅需选取本层，调试送风系统使上述楼层的楼梯间、前室及封闭避难层（间）的风压值及疏散门的门洞断面风速值与设计值的偏差不大于 10%。C 选项"97%、105%"均在 10%偏差内，故符合规范要求。

9．对某大型超市设置的机械排烟系统进行验收，其中两个防烟分区的验收测试结果中符合现行国家标准《建筑防烟排烟系统技术标准》（GB 51251—2017）的是（　）。[1]（2018-2-75）

A．开启防烟分区一的全部排烟口，排烟风机启动后测试排烟口处的风速为 13 m/s

B．开启防烟分区一的全部排烟口，补风机启动后测试补风口处的风速为 9 m/s

C．开启防烟分区二的全部排烟口，排烟风机启动后测试排烟口处的风速为 8 m/s

D．开启防烟分区二的全部排烟口，补风机启动后测试补风口处的风速为 7 m/s

【解析】根据《建筑防烟排烟系统技术标准》（GB 51251—2017）第 4.4.12 条，排烟口的设置应按本标准第 4.6.3 条经计算确定，且防烟分区内任一点与最近的排烟口之间的水平距离不应大于 30 m。除本标准第 4.4.13 条规定的情况以外，排烟口的设置尚应符合下列规定：（7）排烟口的风速不宜大于 10 m/s。A 选项错误，C 选项正确。

根据第 4.5.6 条，机械补风口的风速不宜大于 10 m/s，人员密集场所补风口的风速不宜大于 5 m/s；自然补风口的风速不宜大于 3 m/s。"大型超市"为人员密集场所，故 B、D 选项错误。

10．消防工程施工单位对安装在某大厦地下车库的机械排烟系统进行系统联动调试。下列调试方法和结果中，符合现行国家标准《建筑防烟排烟系统技术标准》（GB 51251—2017）的有（　）。[2]（2018-2-92）

A．手动开启任一常闭排烟口，相应的排烟风机联动启动

B．模拟火灾报警后 12 s，相应的排烟口、排烟风机联动启动

C．补风机启动后，在补风口处测得的风速为 8 m/s

D．模拟火灾报警后 20 s，相应的补风机联动启动

1 答案：C

2 答案：ABC

E．排烟风机启动后，在排烟口处测得的风速为 12 m/s

【解析】根据《建筑防烟排烟系统技术标准》（GB 51251—2017）第 7.3.2 条，机械排烟系统的联动调试方法及要求应符合下列规定：（1）当任何一个常闭排烟阀或排烟口开启时，排烟风机均应能联动启动。A 选项正确。

根据 5.2.3 条，当火灾确认后，火灾自动报警系统应在 15 s 内联动开启相应防烟分区的全部排烟阀、排烟口、排烟风机和补风设施，并应在 30 s 内自动关闭与排烟无关的通风、空调系统。B 选项正确，D 选项错误。

根据 4.5.6 条，机械补风口的风速不宜大于 10 m/s，人员密集场所补风口的风速不宜大于 5 m/s；自然补风口的风速不宜大于 3 m/s。C 选项正确。

根据第 4.4.12 条，排烟口的风速不宜大于 10 m/s。E 选项错误。

第四节 系统维护管理

1．防排烟系统施工安装前，对风管部件进行现场检验时，下列检查项目中，不属于现场检查项目的是（ ）。[1]（2016-2-15）

A．电动防火阀　　B．送风口　　C．正压送风机　　D．柔性短管

【解析】根据《消防安全技术综合能力》第三篇第十一章第二节系统组件安装前检查——风管部件现场检查规定：（1）排烟防火阀、送风口、排烟阀（口）等符合有关消防产品标准的规定，其规格、型号应符合设计要求，手动开启灵活、关闭可靠严密；（2）电动防火阀、送风口和排烟阀（口）的驱动装置，动作应可靠，在最大工作压力下工作正常；（3）防烟、排烟系统柔性短管的制作材料必须为不燃材料。C 正压送风机不属于风管部件。

2．建筑防排烟系统运行周期性维护管理中，下列检查项目中，不属于每半年检查项目的是（ ）。[2]（2016-2-22）

A．防火阀　　B．排烟口（阀）　　C．联动性能　　D．送风口（阀）

【解析】根据《建筑防烟排烟系统技术标准》（GB 51251—2017）第 9.0.4 条，每半年应对全部排烟防火阀、送风阀或送风口、排烟阀或排烟口进行自动和手动启动试验一次。根据第 9.0.5 条，每年应对全部防烟、排烟系统进行一次联动试验和性能检测，其联动功能和性能参数应符合原设计要求。故选 D。

3．对某商场地下车库的机械排烟系统进行验收时，选择一个防烟分区的一只感温探测器和一只手动报警装置进行模拟火灾试验，然后观察排烟阀和排烟风机的动作情况，并使用风速仪测试相应排烟口处的风速。下列现场情况及排烟口处的风速测试结果中，符合验收要求的是（ ）。[3]（2015-2-7）

A．相应防烟区的排烟阀开启，并联动相应的排烟风机，排烟口处的风速仪测试结果为 8.5 m/s

B．相应防烟区的排烟阀开启，并联动相应的排烟风机，排烟口处的风速仪测试结果为 12 m/s

C．相邻防烟区的排烟阀开启，并联动相应的排烟风机，排烟口处的风速仪测试结果为 8.5 m/s

D．相邻防烟区的排烟阀开启，并联动相应的排烟风机，排烟口处的风速仪测试结果为 12 m/s

【解析】根据《汽车库、修车库、停车场设计防火规范》（GB 50067—2014）第 8.2.9 条，机械排烟管道的风速，用金属管道时不应大于 20 m/s；采用内表面光滑的非金属材料风道时，不应大于 15 m/s。排烟口的风速不宜大于 10 m/s。故 A 选项正确，B、D 选项错误。

---

1 答案：C
2 答案：D
3 答案：A

根据《建筑防烟排烟系统技术标准》(GB 51251—2017)第5.2.4条，当火灾确认后，担负两个及以上防烟分区的排烟系统，应仅打开着火防烟分区的排烟阀或排烟口，其他防烟分区的排烟阀或排烟口应呈关闭状态。C、D选项错误。

4. 下列建筑防排烟系统周期性检查维护项目中，不属于每月检查项目的是（ ）。[1]（2017-2-21）

A. 风机流量压力性能测试　　B. 排烟风机手动启停

C. 挡烟垂壁启动复位　　D. 排烟风机自动启动

【解析】根据16版的教材，本题选C，但此题应当老题新做，新规范中没有每月检查的内容。《建筑防烟排烟系统技术标准》(GB 51251—2017)第9.0.3条，每季应对防烟、排烟风机、活动挡烟垂壁、自动排烟窗进行一次功能检测启动试验及供电线路检查，检查方法应符合本标准第7.2.3条、第7.2.4条、第7.2.5条的规定。根据第9.0.5条，每年应对全部防烟、排烟系统进行一次联动试验和性能检测，其联动功能和性能参数应符合原设计要求，检查方法应符合本标准第7.3节和第8.2.5条、第8.2.6条、第8.2.7条的规定。

5. 消防技术服务机构对某医院设置的机械防烟系统进行维护保养的做法中，符合现行国家标准《建筑防烟排烟系统技术标准》(GB 51251—2017)的是（ ）。[2]（2018-2-21）

A. 每年对全部送风阀或送风口进行一次自动启动试验

B. 每年对机械防烟系统进行一次联动试验

C. 每半年对全部正压送风机进行一次功能检测启动试验

D. 每半年对正压送风机的供电线路进行一次检查

【解析】根据《建筑防烟排烟系统技术标准》(GB 51251—2017)第9.0.4条，每半年应对全部排烟防火阀、送风阀或送风口、排烟阀或排烟口进行自动和手动启动试验一次。故A选项错误。

根据第9.0.5条，每年应对全部防烟、排烟系统进行一次联动试验和性能检测。故B选项正确。

根据第9.0.3条，每季度应对防烟、排烟风机、活动挡烟垂壁、自动排烟窗进行一次功能检测启动试验及供电线路检查。故C、D选项错误。

第八章　消防应急照明和疏散指示系统

本章由杨晨解析

第一节　系统基础

一、适用条件

下列场所中，应在疏散走道和主要疏散路径的地面上增设能保持视觉连续的疏散指示标志的是（ ）。[3]（2015-1-76）

A. 总建筑面积为6 000 m^2的展览厅　　B. 座位数为1 200个的剧场

C. 总建筑面积为500 m^2的电子游艺厅　　D. 总建筑面积为500 m^2的地下超市

【解析】根据《建筑设计防火规范》(GB 50016—2014)第10.3.6条，下列建筑或场所应在疏散走道和主要疏散路径的地面上增设能保持视觉连续的灯光疏散指示标志或蓄光疏散指示标志：(1)总建筑面积大

1 答案：A

2 答案：B

3 答案：C

于 8 000 m^2 的展览建筑；（2）总建筑面积大于 5 000 m^2 的地上商店；（3）总建筑面积大于 500 m^2 的地下或半地下商店；（4）歌舞娱乐放映游艺场所；（5）座位数超过 1 500 个的电影院、剧场，座位数超过 3 000 个的体育馆、会堂或礼堂；（6）车站、码头建筑和民用机场航站楼中建筑面积大于 3 000 m^2 的候车室、候船厅和航站楼的公共区。电子游艺厅属于歌舞娱乐放映游艺场所，选项 C 应在疏散走道和主要疏散路径的地面上增设能保持视觉连续的疏散指示标志。

二、系统组件

1．集中电源集中控制型消防应急照明和疏散指示系统不包括（　）。[1]（2017-1-77）

A．分配电装置　　B．应急照明控制器　　C．输入模块　　D．疏散指示灯具

【解析】根据《消防应急照明和疏散指示系统》（GB 17945—2010）第 3.15 条，集中电源集中控制型系统由集中控制型消防应急灯具、应急照明控制器、应急照明集中电源、应急照明分配电装置及相关附件组成的消防应急照明和疏散指示系统。A、B 选项包括。第 3.2 条，消防应急灯具为人员疏散、消防作业提供照明和标志的各类灯具，包括消防应急照明灯具和消防应急标志灯具。第 3.2.2 条，消防应急标志灯具用图形和/或文字完成下述功能的消防应急灯具：b）指示疏散方向。故 D 选项包括。

2．某地铁地下车站消防应急照明和疏散指示系统由 1 台应急照明控制器、2 台应急照明配电箱和 50 只消防应急照明灯具组成。现有 3 只消防应急灯具损坏需要更换，更换消防应急灯具可以选择的类型是（　）[2]。（2018-1-71）

A．集中电源非集中控制型　　B．自带电源集中控制型

C．自带电源非集中控制型　　D．集中电源集中控制型

【解析】根据《消防应急照明和疏散指示系统》（GB 17945—2010）第 3.13 条，自带电源集中控制型系统由自带电源型消防应急灯具、应急照明控制器、应急照明配电箱及相关附件等组成的消防应急照明和疏散指示系统。由题意可知，该系统属于自带电源集中控制型系统，故 B 选项正确。

第二节　系统设计

一、设计要求

1．下列建筑中的消防应急照明备用电源的连续供电时间按 1.0 h 设置，其中不符合规范要求的是（　）。[3]（2016-1-39）

A．医疗建筑、老年人建筑　　B．总建筑面积大于 100 000 m^2 的商店建筑

C．建筑高度大于 100 m 的住宅建筑　　D．总建筑面积大于 20 000 m^2 的地下汽车库

【解析】根据《建筑设计防火规范》（GB 50016—2014）第 10.1.5 条，建筑内消防应急照明和灯光疏散指示标志的备用电源的连续供电时间应符合下列规定：（1）建筑高度大于 100 m 的民用建筑，不应小于 1.5 h；（2）医疗建筑、老年人建筑、总建筑面积大于 100 000 m^2 的公共建筑和总建筑面积大于 20 000 m^2 的地下、半地下建筑，不应少于 1.0 h；（3）其他建筑，不应少于 0.5 h。故 C 选项不符合规范要求。

2．某高层公共建筑地下 2 层、地上 30 层，地下各层均为车库及设备用房。地上 1～4 层为商场，5～30 层为办公楼。某消防技术服务机构对该建筑消防应急照明和疏散指示系统进行功能检测。系统由一台应

1 答案：C
2 答案：B
3 答案：C

急照明集中控制器、消防应急灯具、消防应急照明配电箱组成。应急照明控制器显示工作正常，现场发现5个消防应急标志灯不同程度损坏；消防控制室发出10层以上应急转换联动控制信号，10层以上除11层、12层以外的消防应急灯具，均转入应急工作状态。对5个损坏的消防应急标志灯具更换为什么类型的消防应急灯具？11层、12层的消防应急灯具未转入应急工作状态的原因是什么？（2018-3-五）

答案：（1）应更换自带电源集中控制型灯具。（2）11层、12层的消防应急灯具未转入应急工作状态的原因是：①应急照明集中控制器与11层、12层配电箱之间连接断开；②11层、12层配电箱与灯具之间的连接断路或短路；③配电箱损坏；④灯具故障。

【解析】根据《消防应急照明和疏散指示系统》（GB 17945—2010）第3.13条，自带电源集中控制型系统是由自带电源型消防应急灯具、应急照明控制器、应急照明配电箱及相关附件等组成的消防应急照明和疏散指示系统。

二、设计参数

1．某高度为120 m的高层办公建筑，其消防应急照明备用电源的连续供电时间不应低于（　）min。[1]（2015-1-60）

A．90　B．20　C．30　D．60

【解析】根据《建筑设计防火规范》（GB 50016—2014）第10.1.5条，建筑内消防应急照明和灯光疏散指示标志的备用电源的连续供电时间应符合下列规定：（1）建筑高度大于100 m的民用建筑，其建筑内消防应急照明和灯光疏散指示标志的备用电源的连续供电时间不应小于1.5 h。本题答案为A。

2．大学生集体宿舍楼疏散走道内设置的疏散照明，其地面水平照度不应低于（　）lx。[2]（2017-1-16）

A．3.0　B．1.0　C．6.0　D．10.0

【解析】《建筑设计防火规范》（GB 50016—2014）第10.3.2条，建筑内疏散照明的地面最低水平照度应符合下列规定：（1）对于疏散走道，不应低于1.0 lx；（2）对于人员密集场所、避难层（间），不应低于3.0 lx；对于老年人照料设施、病房楼或手术部的避难间，不应低于10.0 lx；（3）对于楼梯间、前室或合用前室、避难走道，不应低于5.0 lx。对于人员密集场所、老年人照料设施、病房楼或手术部内的楼梯间、前室或合用前室、避难走道，不应低于10.0 lx。大学生集体宿舍是人员密集场所，疏散走道内设置的疏散照明，其地面水平照度不应低于10.0 lx，选项D正确。

3．消防技术服务机构对某大型商场内设置的疏散照明设施进行检测。下列检测结果中，不符合《建筑设计防火规范》（GB 50016—2014）要求的是（　）。[3]（2016-2-23）

A．避难间疏散照明的地面最低水平照度为10.0 lx

B．营业厅疏散照明的地面最低水平照度为2.0 lx

C．楼梯间疏散照明的地面最低水平照度为5.5 lx

D．前室疏散照明的地面最低水平照度为6.0 lx

【解析】根据《建筑设计防火规范》（GB 50016—2014）第10.3.2条、第10.3.2条，建筑内疏散照明的地面最低水平照度应符合下列规定：（1）对于疏散走道，不应低于1.0 lx；（2）对于人员密集场所、避难层（间），不应低于3.0 lx；对于老年人照料设施、病房楼或手术部的避难间，不应低于10.0 lx；（3）对于楼梯间、前室或合用前室、避难走道，不应低于5.0 lx。对于人员密集场所、老年人照料设施、病房楼或手术部内的楼梯间、前室或合用前室、避难走道，不应低于10.0lx。人员密集场所，是指公众聚集场所，

---

1 答案：A

2 答案：D

3 答案：B

医院的门诊楼、病房楼，学校的教学楼、图书馆、食堂和集体宿舍，养老院，福利院，托儿所，幼儿园，公共图书馆的阅览室，公共展览馆、博物馆的展示厅，劳动密集型企业的生产加工车间和员工集体宿舍，旅游、宗教活动场所等。营业厅是人员密集场所，疏散照明的地面最低水平照度为 10.0 lx，选项 B 错误。

4．消防技术服务机构对某高层写字楼的消防应急照明系统进行检测。下列检查结果中，不符合现行国家标准《建筑设计防火规范》（GB 50016—2014）的是（ ）。[1]（2018-2-66）

A．在二层疏散走道测得的地面照度值为 2.0 lx

B．在消防水泵房切断正常照明前、后测得的地面照度值相同

C．在十六层避难层测得的地面照度值为 5.0 lx

D．在二十层楼梯间前室测得的地面照度值为 4.0 lx

【解析】根据《建筑设计防火规范》（GB 50016—2014）第 10.3.2 条，建筑内疏散照明的地面最低水平照度应符合下列规定：（1）对于疏散走道，不应低于 1.0 lx。A 选项正确。（2）对于人员密集场所、避难层（间），不应低于 3.0 lx；对于老年人照料设施、病房楼或手术部的避难间，不应低于 10.0 lx。C 选项正确。（3）对于楼梯间、前室或合用前室、避难走道，不应低于 5.0 lx；对于人员密集场所、老年人照料设施、病房楼或手术部内的楼梯间、前室或合用前室、避难走道，不应低于 10.0 lx。D 选项错误。

根据第 10.3.3 条，消防控制室、消防水泵房、自备发电机房、配电室、防排烟机房以及发生火灾时仍需正常工作的消防设备房应设置备用照明，其作业面的最低照度不应低于正常照明的照度。B 选项正确。

5．某购物中心地下 2 层、地上 4 层，建筑高度为 24 m，耐火等级二级，地下二层室内地面与室外出入口地坪高差为 11.5 m。地下每层建筑面积 15 200 m^2，地下二层设置汽车库和变配电房、消防水泵房等设备用房及建筑面积为 5 820 m^2 的建材商场（经营五金，洁具，瓷砖，桶装油漆、香蕉水等）；地下一层为家具、灯饰商场，设有多部自动扶梯与建材商场连通，自动扶梯上下层和连通的开口部位设置防火卷帘。地下商场部分的每个防火分区面积不大于 2 000 m^2，采用耐火极限为 1.5 h 的不燃性楼板和防火墙及符合规定的防火卷帘进行分隔，在相邻防火分区的防火墙上均设有向疏散方向开启的甲级防火门。每层疏散照明的地面水平照度为 1.0 lx，备用电源连续供电时间 0.6 h。判断购物中心的疏散照明设置是否正确，并说明理由。（2015-3-二）

答案：（1）每层疏散照明的地面水平照度为 1.0 lx 不正确。应符合下列规定：①疏散走道，不应低于 1.0 lx；②人员密集场所，不应低于 3.0 lx；③楼梯间、前室或合用前室、避难走道，不应低于 5.0 lx；④消防控制室、消防水泵房、自备发电机房、配电室、防排烟机房以及发生火灾时仍需正常工作的消防设备房应设置备用照明，其作业面的最低照度不应低于正常照明的照度。

（2）疏散照明的备用电源连续供电时间 0.6 h 不正确。医疗建筑、老年人建筑、总建筑面积大于 100 000 m^2 的公共建筑和总建筑面积大于 20 000 m^2 的地下、半地下建筑，备用电源的连续供电时间不应少于 1.0 h。

【解析】（1）《建筑设计防火规范》（GB 50016—2014）第 10.3.2 条，建筑内疏散照明的地面最低水平照度应符合下列规定：①对于疏散走道，不应低于 1.0 lx；②对于人员密集场所、避难层（间），不应低于 3.0 lx；对于病房楼或手术部的避难间，不应低于 10.0 lx；③对于楼梯间、前室或合用前室、避难走道，不应低于 5.0 lx。根据第 10.3.3 条，消防控制室、消防水泵房、自备发电机房、配电室、防排烟机房以及发生火灾时仍需正常工作的消防设备房应设置备用照明，其作业面的最低照度不应低于正常照明的照度。

（2）根据《建筑设计防火规范》（GB 50016—2014）第 10.1.5 条，建筑内消防应急照明和灯光疏散指示标志的备用电源的连续供电时间应符合下列规定：①建筑高度大于 100 m 的民用建筑，不应小于 1.5 h；

1 答案：D

②医疗建筑、老年人建筑、总建筑面积大于 100 000 m^2 的公共建筑和总建筑面积大于 20 000 m^2 的地下、半地下建筑，不应少于 1.0 h；③其他建筑，不应少于 0.5 h。

第三节　系统安装与维护

一、系统安装、检测、调试、验收

1．建筑进行防火检查时，应对建筑内设置的应急照明和疏散指示标志进行检查，下列关于公共建筑内安装应急照明灯具的说法中，错误的是（　）。[1]（2016-2-80）

A．在侧面墙上顶部安装时其底部距地面不得低于 1.8 m

B．消防应急照明灯具应均匀布置

C．在距地面 1 m 以下墙面上安装时应采用嵌入式安装

D．在侧面墙上顶部安装时其底部距地面不得低于 2 m

【解析】根据《消防安全技术综合能力》第十三章第三篇第二节系统安装与调试——消防应急照明灯具的安装：（1）消防应急照明灯具应均匀布置；（2）在侧面墙上顶部安装时，其底部距地面距离不得低于 2 m，在距地面 1 m 以下侧面墙上安装时，应采用嵌入式安装。

2．根据现行国家消防技术标准，关于建筑内消防应急照明和疏散指示标志的检查结果中，不符合标准要求的是（　）。[2]（2017-2-49）

A．人员密集场所安全出口标志设置在疏散门的正上方

B．疏散走道内灯光疏散指示标志的间距为 19.5 m

C．灯光疏散指示标志均设置在疏散走道的顶棚上

D．袋型疏散走道内灯光疏散指示标志间距为 9 m

【解析】根据《建筑设计防火规范》（GB 50016—2014）第 10.3.5 条，公共建筑、建筑高度大于 54 m 的住宅建筑、高层厂房（库房）和甲、乙、丙类单、多层厂房，应设置灯光疏散指示标志，并应符合下列规定：（1）应设置在安全出口和人员密集的场所的疏散门的正上方。（2）应设置在疏散走道及其转角处距地面高度 1.0 m 以下的墙面或地面上。灯光疏散指示标志的间距不应大于 20 m；对于袋形走道，不应大于 10 m；在走道转角区，不应大于 1.0 m。所以选择 C 选项。

3．对一家大型医院安装的消防应急照明和疏散指示系统的安装质量进行检查。下列检查结果中，符合现行国家标准《建筑设计防火规范》（GB 50016—2014）的是（　）。[3]（2018-2-62）

A．消防控制室内的应急照明灯使用插头连接在侧墙上部的插座上

B．疏散走道的灯光疏散指示标志安装在距离地面 1.1 m 的墙面上

C．主要疏散走道的灯光疏散指示标志的安装距离为 30 m

D．门诊大厅疏散走道的应急照明灯嵌入式安装在吊顶上

【解析】根据《消防安全技术综合能力》第三篇第十三章消防应急照明和疏散指示系统第二节系统安装与调试——系统安装的一般要求，消防应急灯具与供电线路之间不能使用插头连接，选项 A 错误。

根据《建筑设计防火规范》（GB 50016—2014）第 10.3.5 条，选项 B 灯光疏散指示标志安装在距离地面 1.1 m 的墙面上错误，应设置在疏散走道及其转角处距地面高度 1.0 m 以下的墙面或地面上。选项 C 疏

1 答案：A
2 答案：C
3 答案：D

散走道的灯光疏散指示标志的安装距离为 30 m 错误，灯光疏散指示标志的间距不应大于 20 m。

根据第 10.3.4 条，疏散照明灯具应设置在出口的顶部、墙面的上部或顶棚上；备用照明灯具应设置在墙面的上部或顶棚上。D 选项正确。

4．下列检测消防应急灯具的应急工作时间的方法中，错误的是（ ）。[1]（2015-2-31）

A．切断所有消防应急灯具的电源，巡视每台灯具的应急工作情况，发现灯具熄灭时，记录灯具的应急工作时间

B．切断集中电源型消防应急灯具的主电源，使其中一个供电回路供电的所有灯具转入应急工作状态，巡视每台灯具的应急工作情况，发现灯具熄灭时，记录灯具的应急工作时间

C．依次切断不同防火分区内所有的消防应急灯具的主电源，巡视每台灯具的应急工作情况，发现灯具熄灭时，记录灯具的应急工作时间

D．切断集中电源型消防应急灯具的主电源，使所有灯具转入应急工作状态，观察任意一台灯具，发现该灯具熄灭时，记录灯具的应急工作时间

【解析】根据《消防安全技术综合能力》第三篇第十三章第二节系统安装与调试，断开主电电源，应急照明集中电源和该电源供电的所有消防应急灯具均应转入应急工作状态，应急工作时间应不小于本身标称的应急工作时间。故选项 D 是错误的。

5．消防应急照明集中电源的应急输出回路中，不应连接的设备是（ ）。[2]（2015-2-75）

A．应急照明配电箱　　B．应急照明分配电装置

C．应急照明灯具　　D．应急标志灯具

【解析】《消防应急照明和疏散指示系统》（GB 17945—2010）术语规定：应急照明集中电源是指火灾发生时，为集中电源型消防应急灯具供电，以蓄电池为能源的电源。消防应急照明配电箱是为自带电源型消防应急灯具供电的供配电装置；应急照明分配电装置是为应急照明集中电源应急输出进行分配电的供配电装置。根据《消防应急照明和疏散指示系统》（GB 17945—2010）第 7.2.3 条，消防应急照明集中电源的基本功能实验步骤中，将消防应急照明集中电源与消防应急灯具、应急照明分配电箱、等效负载等附件连接。综上所述，故选择 A 选项。

二、系统维护管理

1．对建筑内的消防应急照明和疏散指示系统应定期进行维护保养，根据现行国家标准《建筑消防设施的维护管理》（GB 25201—2010），下列检测内容中，不属于消防应急照明系统检测内容的是（ ）。[3]（2017-2-72）

A．通过报警联动，测试非消防用电应急强制切断功能

B．切断正常供电，测试电源切换和应急照明电源充电、放电功能

C．通过报警联动，检查应急照明系统自动转入应急工作状态的控制功能

D．测试应急照明系统应急电源供电时间

【解析】根据《建筑消防设施的维护与管理》（GB 25201—2010）附录 D，应急照明系统的检测内容包括：切断正常供电，测量应急灯具照度，电源切换、充电、放电功能；测试应急电源的供电时间；通过报警联动，检查应急灯具自动投入功能。不包括 A。

2．某小型机场航站楼，消防应急照明和疏散指示系统由 1 台应急照明控制器、1 台应急照明集中电

1 答案：D
2 答案：A
3 答案：A

源、3 台应急照明分配电装置和 100 只消防应急灯具组成。当应急照明系统由正常工作状态转为应急状态时，发出应急转换控制信号，但消防应急灯具未正常点亮。据此，可以排除的故障原因是（　）[1]。（2018-1-18）

A．应急照明控制器未向系统内应急照明集中电源发出联动控制信号

B．消防应急灯具电池衰减无法保证灯具转入应急工作

C．系统内应急照明集中电源未转入应急输出

D．系统内应急照明分配电装置未转入应急输出

【解析】根据《消防应急照明和疏散指示系统》（GB 17945—2010）第 3.15 条，集中电源集中控制型系统是由集中控制型消防应急灯具、应急照明控制器、应急照明集中电源、应急照明分配电装置及相关附件组成的消防应急照明和疏散指示系统。由题意可知，该建筑的消防应急照明和疏散指示系统为集中电源集中控制型系统，A、C、D 选项为该系统应急灯具未正常点亮的故障原因。而 B 选项是自带电源系统的故障原因，故可以排除。

第九章　城市消防远程监控系统

本章由杨晨解析

1．城市消防远程监控系统由用户信息传输装置、报警传输网络、监控中心和（　）等部分组成。[2]（2016-1-36）

A．用户服务系统　B．火警信息终端　C．报警受理系统　D．远程查岗系统

【解析】根据《城市消防远程监控系统技术规范》（GB 50440—2007）第 4.3.1 条，远程监控系统应由用户信息传输装置、报警传输网络、报警受理系统、信息查询系统、用户服务系统及相关终端和接口构成。监控中心包括了报警受理系统、信息查询系统、用户服务系统。

2．城市消防远程监控系统不包括（　）。[3]（2017-1-41）

A．用户信息传输装置　B．报警传输网络　C．火警信息终端　D．火灾报警控制器

【解析】根据《城市消防远程监控系统技术规范》（GB 50440—2007）第 4.3.1 条，远程监控系统应由用户信息传输装置、报警传输网络、报警受理系统、信息查询系统、用户服务系统及相关终端和接口构成。不包括 D。

3．各地在智慧消防建设过程中，积极推广应用城市消防远程监控系统，根据现行国家标准《城市消防远程监控系统技术规范》（GB 50440—2007），下列系统和装置中，属于城市消防远程监控系统构成部分是（　）。[4]（2017-2-62）

A．用户信息传输装置　B．火灾警报装置　C．火灾探测报警系统　D．消防联动控制系统

【解析】根据《城市消防远程监控系统技术规范》（GB 50440—2007）第 4.3.1 条，远程监控系统应由用户信息传输装置、报警传输网络、报警受理系统、信息查询系统、用户服务系统及相关终端和接口构成。故选 A。

4．根据现行国家标准《城市消防远程监控系统技术规范》（GB 50440—2007），关于城市消防远程监

1 答案：B

2 答案：B

3 答案：D

4 答案：A

控系统设计的说法，正确的是（　）[1]。（2018-1-8）

A．城市消防远程监控中心应能同时接收不少于 3 个联网用户的火灾报警信息

B．监控中心的城市消防通信指挥中心转发经确认的火灾报警信息的时间不应大于 5 s

C．城市消防远程监控中心的火灾报警信息、建筑消防设施运行状态信息等记录的保存周期不应少于 6 个月

D．城市消防远程监控中心录音文件的保存周期不应少于 3 个月

【解析】根据《城市消防远程监控系统技术规范》（GB 50440—2007）第 4.2.2 条，远程监控系统的性能指标应符合下列要求：（1）监控中心应能同时接收和处理不少于 3 个联网用户的火灾报警信息。故 A 选项正确。（3）监控中心向城市消防通信指挥中心或其他接处警中心转发经确认的火灾报警信息的时间不应大于 3 s。故 B 选项错误。（5）监控中心的火灾报警信息、建筑消防设施运行状态信息等记录应备份，其保存周期不应小于 1 年。当按年度进行统计处理时，应保存至光盘、磁带等存储介质中。故 C 选项错误。（6）录音文件的保存周期不应少于 6 个月。故 D 选项错误。

第十章　泡沫灭火系统

本章由陶昆解析

第一节　泡沫灭火系统设计

一、术语

1．泡沫灭火系统按系统结构可分为固定式泡沫灭火系统、半固定泡沫灭火系统、移动泡沫灭火系统。半固定灭火系统是指（　）。[2]（2015-1-29）

A．采用泡沫枪，固定泡沫设置和固定消防水泵供应泡沫混合液的灭火系统

B．泡沫产生器和部分连接管道固定，采用泡沫消防车或机动消防泵，用水带供应泡沫混合液的灭火系统

C．泡沫产生器与部分连接管道连接，固定消防水泵供应泡沫混合液的灭火系统

D．采用泡沫枪，泡沫液由消防车供应，水由固定消防水泵供应的灭火系统

【解析】根据《泡沫灭火系统设计规范》（GB 50151—2010）第 2.1.11 条，半固定式系统是由固定的泡沫产生器与部分连接管道，泡沫消防车或机动消防泵，用水带连接组成的灭火系统。选项 B 正确。

2．在低倍数泡沫灭火系统中，泡沫从储罐底部注入，并通过软管浮升到燃烧液体表面进行喷放的灭火系统是（　）。[3]（2016-1-53）

A．固定式系统　　B．半固定式系统　　C．液下喷射系统　　D．半液下喷射系统

【解析】根据《泡沫灭火系统设计规范》（GB 50151—2010）第 2.2.3 条，半液下喷射系统是指泡沫从储罐底部注入，并通过软管浮升到燃料液体表面进行喷放的灭火系统。选项 D 正确。

1 答案：A
2 答案：B
3 答案：D

二、泡沫液和系统组件

1．某乙类可燃液体储罐设置固定液上喷射低倍数泡沫灭火器系统。当采用环泵式泡沫比例混合器时，泡沫液的投加点应在（ ）。[1]（2015-1-72）

A．消防水泵的出水管上 B．消防给水管道临近储罐处

C．消防水泵的吸水管上 D．在消防水泵房处的给水管道上

【解析】根据教材《消防安全技术综合能力》第三篇第八章第三节系统组件安装调试与检测验收，环泵式比例混合器的进口要与水泵的出口管段连接，环泵式比例混合器的出口要与水泵的进口管段连接，环泵式比例混合器的进泡沫液口要与泡沫液储罐上的出液口管段连接。所以选择C选项。

2．某消防技术服务机构对某石油化工企业安装的低倍数泡沫灭火系统进行了技术检测。下列检测结果中，不符合现行国家标准《泡沫灭火系统施工及验收规范》（GB 50281—2006）的是（ ）。[2]（2018-2-36）

A．整体平衡式比例混合装置竖直安装在压力水的水平管道上

B．安装在防火堤内的水平管道坡向防火堤，坡度为3‰

C．液下喷射的高背压泡沫产生器水平安装在防火堤外的泡沫混合液管道上

D．在防火堤外连接泡沫产生装置的泡沫混合液管道上水平安装了压力表接口

【解析】根据《泡沫灭火系统施工及验收规范》（GB 50281—2006）第5.4.4条，平衡式比例混合装置的安装应符合下列规定：（1）整体平衡式比例混合装置应竖直安装在压力水的水平管道上，并应在水和泡沫液进口的水平管道上分别安装压力表，且与平衡式比例混合装置进口处的距离不宜大于0.3 m。A选项正确。D选项错误。

根据第5.5.1条条文说明，水平管道在防火堤内应以3‰的坡度坡向防火堤，在防火堤外应以2‰的坡度坡向放空阀。B选项正确。

根据第5.6.1条，低倍数泡沫产生器的安装规定，液下及半液下喷射的高背压泡沫产生器应水平安装在防火堤外的泡沫混合液管道上。C选项正确。

3．采用非吸气型喷射装置的泡沫喷淋保护非水溶性甲、乙、丙类液体时，应选用（ ）。[3]（2017-1-24）

A．水成膜泡沫液或成膜氟蛋白泡沫液 B．蛋白泡沫液

C．氟蛋白泡沫液 D．抗溶性泡沫液

【解析】根据《泡沫灭火系统设计规范》（GB 50151—2010）第3.2.2条，保护非水溶性液体的泡沫一水喷淋系统、泡沫枪系统、泡沫炮系统泡沫液的选择应符合下列规定：（1）当采用吸气型泡沫产生装置时，应选用蛋白、氟蛋白、水成膜或成膜氟蛋白泡沫液；（2）当采用非吸气型喷射装置时，应选用水成膜或成膜氟蛋白泡沫液。A选项正确。

4．采用泡沫灭火系统保护酒精储罐应选用（ ）。[4]（2017-1-35）

A．水成膜泡沫液 B．氟蛋白泡沫液 C．抗溶泡沫液 D．蛋白泡沫液

【解析】根据《泡沫灭火系统设计规范》（GB 50151—2010）第3.2.3条，水溶性甲、乙、丙类液体和其他对普通泡沫有破坏作用的甲、乙、丙类液体，以及用一套系统同时保护水溶性和非水溶性甲、乙、丙类液体的，必须选用抗溶泡沫液。酒精是水溶性甲类液体，所以选C。

5．根据现行国家标准《泡沫灭火系统设计规范》（GB 50151—2010），油罐采用液下喷射泡沫灭火系

1 答案：C

2 答案：D

3 答案：A

4 答案：C

统时，泡沫产生器应选用（ ）。[1]（2018-1-48）

A．横式泡沫产生器 B．立式泡沫产生器 C．高背压泡沫产生器 D．高倍数泡沫产生器

【解析】根据《泡沫灭火系统设计规范》（GB 50151—2010）第 4.2.4 条，液下喷射系统高背压泡沫产生器的设置，应符合下列规定：（1）高背压泡沫产生器应设置在防火堤外，设置数量及型号应根据本规范第 4.2.1 条和第 4.2.2 条计算所需的泡沫混合液流量确定；（2）当一个储罐所需的高背压泡沫产生器数量大于 1 个时，宜并联使用；（3）在高背压泡沫产生器的进口侧应设置检测压力表接口，在其出口侧应设置压力表、背压调节阀和泡沫取样口。液下喷射系统应选用高背压泡沫产生器。C 选项正确。

三、低倍数泡沫灭火系统

1．某储罐区有 4 个固定顶轻柴油储罐，单罐容积 2 000 m^3，设置了低倍数泡沫灭火系统。该泡沫灭火系统的设计保护面积应按（ ）确定。[2]（2015-1-59）

A．储罐罐壁与泡沫堰板间的环形面积 B．储罐表面积

C．储罐横截面积 D．防火堤内的地面面积

【解析】根据《泡沫灭火系统设计规范》（GB 50151—2010）第 4.2.1 条，固定顶储罐的保护面积应按其横截面积确定。C 选项正确。

2．某储存汽油、轻石脑油的储罐区，采用内浮顶罐，储罐上所设置的固定式泡沫灭火系统的泡沫混合液供给强度为 12.5 L/（min·m^2），连续供给时间不应小于（ ）min。[3]（2016-1-9）

A．25 B．30 C．40 D．45

【解析】根据《泡沫灭火系统设计规范》（GB 50151—2010）第 4.4.2 条，钢制单盘式、双盘式与敞口隔舱式内浮顶储罐的泡沫堰板设置、单个泡沫产生器保护周长及泡沫混合液供给强度与连续供给时间，应符合下列规定：（1）泡沫堰板与罐壁的距离不应小于 0.55 m，其高度不应小于 0.5 m；（2）单个泡沫产生器保护周长不应大于 24 m；（3）非水溶性液体的泡沫混合液供给强度不应小于 12.5 L/（min·m^2）；（4）水溶性液体的泡沫混合液供给强度不应小于《泡沫灭火系统设计规范》第 4.2.2 条第 3 款规定的 1.5 倍；（5）泡沫混合液连续供给时间不应小于 30 min。所以选择 B 选项。

3．某石油库储罐区共有 14 个储存原油的外浮顶储罐，单罐容量均为 100 000 m^3，该储罐区应选用的泡沫灭火系统是（ ）。[4]（2016-1-52）

A．液上喷射中倍数泡沫灭火系统 B．液下喷射低倍数泡沫灭火系统

C．液上喷射低倍数泡沫灭火系统 D．液下喷射中倍数泡沫灭火系统

【解析】根据《泡沫灭火系统设计规范》（GB 50151—2010）第 5.2.1 条，丙类固定顶与内浮顶油罐，单罐容量小于 10 000 m^3 的甲、乙类固定顶与内浮顶油罐，当选用中倍数泡沫灭火系统时，宜为固定式。题干原油的火灾危险性是丙类，单罐容量均为 100 000 m^3 储存原油外浮顶储罐，选项 A 中倍数泡沫灭火系统错误。

根据第 5.2.2 条，油罐中倍数泡沫灭火系统应采用液上喷射形式，且保护面积应按油罐的横截面积确定。选项 D 错误。

根据第 4.1.2 条，储罐区低倍数泡沫灭火系统的选择，应符合下列规定：（3）外浮顶和内浮顶储罐应选用液上喷射低倍数泡沫灭火系统。单罐容量均为 100 000 m^3 储存原油外浮顶储罐，应选择低倍数泡沫灭

1 答案：C
2 答案：C
3 答案：B
4 答案：C

火系统。外浮顶储罐应选择液上喷射，所以选项C正确，选项B错误。

4．某重型石油库航空煤油的立式固定顶储罐设置了低倍数泡沫灭火系统，采用水成膜泡沫液，运行几年后，消防设施检测机构对该系统进行检测与评估，下列检测结果中，不符合现行国家消防技术标准的有（　）。[1]（2016-2-63）

A．泡沫混合液的连续供给时间为45 min

B．泡沫混合液的发泡倍数为10

C．系统最不利点泡沫发生装置出泡沫时间为4.6 min

D．泡沫混合液的供给强度为4.7 L/（min·m^2）

【解析】根据《泡沫灭火系统设计规范》（GB 50151—2010）第4.2.2条，泡沫混合液供给强度及连续供给时间应符合下列规定：（1）非水溶性液体储罐液上喷射系统，其泡沫混合液供给强度和连续供给时间不应小于表4.2.2-1的规定；查表4.2.2-1可知，固定式水溶性泡沫混合液供给强度不应小于5.0 L/（min·m^2）、甲、乙类液体连续供给时间不应小于45 min，丙类液体连续供给时间不应小于30 min。液下或半液下喷射系统，泡沫混合液供给强度不应小于5.0 L/（min·m^2）、连续供给时间不应小于40 min。航空煤油是非水溶性液体。选项A中虽然没有明确是液上喷射系统还是液下喷射系统，但是连续供给时间为45 min均满足要求，所以A正确。选项D错误。

根据第2.1.6条，低倍数泡沫是发泡倍数低于20 的灭火泡沫，选项B正确。

根据第4.1.10条，固定式泡沫灭火系统的设计应满足在泡沫消防水泵或泡沫混合液泵启动后，将泡沫混合液或泡沫输送到保护对象的时间不大于5 min。选项C正确。

5．某高15 m、直径15 m的非水溶性丙类液体固定顶储罐，拟采用低倍数泡沫灭火系统保护，可选择的类型有（　）。[2]（2017-1-99）

A．液上喷射系统　B．液下喷射系统　C．半固定式泡沫系统

D．移动式低倍数泡沫系统　E．半液下喷射系统

【解析】根据《泡沫灭火系统设计规范》（GB 50151—2010）第4.1.2条，储罐区低倍数泡沫灭火系统的选择，应符合下列规定：（1）非水溶性甲、乙、丙类液体固定顶储罐，应选用液上喷射、液下喷射或半液下喷射系统；（4）非水溶性液体外浮顶储罐、内浮顶储罐、直径大于18 m的固定顶储罐及水溶性甲、乙、丙类液体立式储罐，不得选用泡沫炮作为主要灭火设施；（5）高度大于7 m或直径大于9 m的固定顶储罐，不得选用泡沫枪作为主要灭火设施。所以选择A、B、E选项。

6．某储罐区中共有6个储存闪点为65℃的柴油固定顶储罐，储罐直径均为35 m，均设置固定式液下喷射泡沫灭火系统保护，并配备辅助泡沫枪。根据现行国家标准《泡沫灭火系统设计规范》（GB 50151），关于该储罐区泡沫灭火系统连续供给时间的下列说法中，正确的是（　）。[3]（2018-1-68）

A．每支辅助泡沫枪的泡沫混合液流量不应小于200 L/min，连续供给时间不应小于30 min

B．液下喷射泡沫灭火系统的泡沫混合液供给强度不应小于5.0 L/（min·m^2），连续供给时间不应小于40 min

C．泡沫混合液启动后，将泡沫混合液输送到保护对象的时间不应大于10 min

D．储罐区扑救一次火灾的泡沫混合液设计用量应按1个储罐内用量、辅助泡沫枪用量之和计算

【解析】根据《泡沫灭火系统设计规范》（GB 50151—2010）第4.1.4条，设置固定式泡沫灭火系统的储罐区，应配置用于扑救液体流散火灾的辅助泡沫枪，泡沫枪的数量及其泡沫混合液连续供给时间不应小

1 答案：D

2 答案：ABE

3 答案：B

于表 4.1.4 的规定。每支辅助泡沫枪的泡沫混合液流量不应小于 240 L/min。

表 4.1.4　泡沫枪数量及泡沫混合液连续供应时间

储罐直径/m	配备泡沫枪数/支	连续供给时间/min
≤10	1	10
>10 且≤20	1	20
>20 且≤30	2	20
>30 且≤40	2	30
>40	3	30

从表中可知直径为 35 m 的储罐连续供给时间不应小于 30 min。选项 A 错误。

根据第 4.2.2 条，非水溶性液体储罐液下或半液下喷射系统，泡沫混合液供给强度不应小于 5 L/(min·m^2)，连续供给时间不应小于 40 min。选项 B 正确。

根据第 4.1.10 条，固定式泡沫灭火系统的设计应满足在泡沫消防水泵或泡沫混合液泵启动后，将泡沫混合液或泡沫输送到保护对象的时间不大于 5 min。选项 C 错误。

根据第 4.1.3 条，储罐区泡沫灭火系统扑救一次火灾的泡沫混合液设计用量，应按罐内用量、该罐辅助泡沫枪用量、管道剩余量三者之和最大的储罐确定。选项 D 错误。

7．某固定顶储罐，储存 5 000 m^3 航空煤油。该储罐低倍数泡沫灭火系统可选用（　）[1]。（2018-1-90）

A．固定式液上喷射系统　　B．固定式半液下喷射系统

C．半固定式液下喷射系统　　D．固定式液下喷射系统

E．半固定式液上喷射系统

【解析】根据《泡沫灭火系统设计规范》（GB 50151—2010）第 4.1.2 条，储罐区低倍数泡沫灭火系统的选择，应符合下列规定：（1）非水溶性甲、乙、丙类液体固定顶储罐，应选用液上喷射、液下喷射或半液下喷射系统；（4）非水溶性液体外浮顶储罐、内浮顶储罐，直径大于 18 m 的固定顶储罐及水溶性甲、乙、丙类液体立式储罐，不得选用泡沫炮作为主要灭火设施；（5）高度大于 7 m 或直径大于 9 m 的固定顶储罐，不得选用泡沫枪作为主要灭火设施。

题干中固定顶储罐储存 5 000 m^3 航空煤油，航空煤油为非水溶性乙类液体，应选用液上喷射、液下喷射或半液下喷射系统。

根据《石油化工企业设计防火规范》（GB 50160—2008）第 8.7.2 条，下列场所应采用固定式泡沫灭火系统：（1）甲、乙类和闪点等于或小于 90℃的丙类可燃液体的固定顶罐及浮盘为易熔材料的内浮顶罐：①单罐容积等于或大于 10 000 m^3 的非水溶性可燃液体储罐；（3）移动消防设施不能进行有效保护的可燃液体储罐。

根据第 8.7.3 条，下列场所可采用移动式泡沫灭火系统：（1）罐壁高度小于 7 m 或容积等于或小于 200 m^3 的非水溶性可燃液体储罐；（2）润滑油储罐；（3）可燃液体地面流淌火灾、油池火灾。

根据第 8.7.4 条，除本规范第 8.7.2 条及第 8.7.3 条规定外的可燃液体罐宜采用半固定式泡沫灭火系统。题干中固定顶储罐储存 5 000 m^3 航空煤油，应选择半固定式泡沫灭火系统。所以选项 C、E 正确。

四、中倍数泡沫灭火系统

新建一个内浮顶原油储罐，容量为 6 000 m^3，采用中倍数泡沫灭火系统时，宜选用（　）泡沫灭火系

1 答案：CE

统。[1]（2015-1-26）

A．固定　　B．移动　　C．半固定　　D．半移动

【解析】根据《泡沫灭火系统设计规范》（GB 50151—2010）第 5.2.1 条，丙类固定顶与内浮顶油罐，单罐容量小于 10 000 m^3 的甲、乙类固定顶与内浮顶油罐，当选用中倍数泡沫灭火系统时，宜为固定式。原油的火灾危险性是丙类。选项 A 正确。

五、泡沫—水喷淋系统与泡沫喷雾系统

闭式泡沫—水喷淋系统的供给强度不应小于（　）L/（min·m^2）。[2]（2017-1-67）

A．4.5　B．6.5　C．5.0　D．6.0

【解析】根据《泡沫灭火系统设计规范》（GB 50151—2010）第 7.3.5 条，闭式泡沫—水喷淋系统的供给强度不应小于 6.5 L/（min·m^2）。选项 B 正确。

第二节　泡沫灭火系统施工及验收

一、进场检验

1．泡沫产生装置进场检验时，下列检查项目中，不属于外观检查项目的是（　）。[3]（2016-2-12）

A．材料材质　　B．铭牌标记　　C．机械损伤　　D．表面涂层

【解析】根据《泡沫灭火系统施工及验收规范》（GB 50281—2006）第 4.3.1 条，泡沫产生装置、泡沫比例混合器（装置）、泡沫液储罐、消防泵、泡沫消火栓、阀门、压力表、管道过滤器、金属软管等系统组件的外观质量，应符合下列规定：（1）无变形及其他机械性损伤；（2）外露非机械加工表面保护涂层完好；（3）无保护涂层的机械加工面无锈蚀；（4）所有外露接口无损伤，堵、盖等保护物包封良好；（5）铭牌标记清晰、牢固。选项 A 材料材质不属于外观检查项目。

2．泡沫灭火系统的组件进入工地后，应对其进行现场检查。下列检查项目中，不属于泡沫产生器现场检查项目的是（　）。[4]（2017-2-45）

A．严密性试验　　B．表面保护涂层　　C．机械性损伤　　D．产品性能参数

【解析】根据《泡沫灭火系统施工及验收规范》（GB 50281—2006）第 4.3.1 条，泡沫产生装置、泡沫比例混合器（装置）、泡沫液储罐、消防泵、泡沫消火栓、阀门、压力表、管道过滤器、金属软管等系统组件的外观质量，应符合下列规定：（1）无变形及其他机械性损伤；（2）外露非机械加工表面保护涂层完好；（3）无保护涂层的机械加工面无锈蚀；（4）所有外露接口无损伤，堵、盖等保护物包封良好；（5）铭牌标记清晰、牢固。选项 A 泡沫产生器严密性试验不是现场检查项目。

二、系统施工

泡沫灭火系统使用的常压钢制泡沫液储罐通常采用现场制作的方式，下列关于现场制作要求的说法中，正确的是（　）。[5]（2015-2-40）

1 答案：A
2 答案：B
3 答案：A
4 答案：A
5 答案：B

A．泡沫液管道吸液口应紧贴常压钢制泡沫液储罐底面

B．现场制作的常压钢制泡沫液储罐应进行严密性试验，试验时间应在 30 min 以上，目测不能有泄漏

C．现场制作的常压钢制泡沫液储罐，仅需对内表面进行防腐处理

D．现场制作的常压钢制泡沫液储罐的防腐处理应在严密性试验前进行

【解析】根据《泡沫灭火系统施工及验收规范》（GB 50281—2006）第 5.3.2 条，常压泡沫液储罐的现场制作、安装和防腐应符合下列规定：（1）现场制作的常压钢质泡沫液储罐，泡沫液管道出液口不应高于泡沫液储罐最低液面 1 m，泡沫液管道吸液口距泡沫液储罐底面不应小于 0.15 m，且宜做成喇叭口形。（2）现场制作的常压钢质泡沫液储罐应该进行严密性试验，试验压力应为储罐装满水后的静压力，试验时间不应小于 30 min，目测应无渗漏。（3）现场制作的常压钢质泡沫液储罐内、外表面应按设计要求防腐，并应在严密性试验合格后进行。（4）常压泡沫液储罐的安装方式应符合设计要求，当设计无要求时，应根据其形状按立式或卧式安装在支架或支座上，支架应与基础固定，安装时不得损坏其储罐上的配管和附件。（5）常压钢质泡沫液储罐罐体与支座接触部位的防腐，应符合设计要求，当设计无规定时，应按加强防腐层的做法施工。选项 B 正确。

三、系统调试

1．在对泡沫灭火系统进行功能验收时，可用手持折射仪测量混合比的是（　）。[1]（2015-2-63）

A．水成膜泡沫液　　B．折射仪指数较小的泡沫液

C．氟蛋白泡沫液　　D．抗溶水成膜泡沫液

【解析】根据《泡沫灭火系统施工及验收规范》（GB 50281—2006）第 6.2.3 条，泡沫比例混合器（装置）调试时，应与系统喷泡沫试验同时进行，其混合比应符合设计要求。检查数量为全数检查。检查方法是用流量计测量；蛋白、氟蛋白等折射指数高的泡沫液可用手持折射仪测量，水成膜、抗溶水成膜等折射指数低的泡沫液可用手持导电度测量仪测量。所以选择 C 选项。

2．对某石化企业的原油储罐区安装的低倍数泡沫自动灭火系统进行喷泡沫试验。下列喷泡沫试验的方法和结果中，符合现行国家标准《泡沫灭火系统施工及验收规范》（GB 50281—2006）的是（　）。[2]（2018-2-41）

A．以自动控制方式进行 1 次喷泡沫试验，喷射泡沫的时间为 2 min

B．以手动控制方式进行 1 次喷泡沫试验，喷射泡沫的时间为 1 min

C．以手动控制方式进行 2 次喷泡沫实验，喷射泡沫的时间为 30 s

D．以自动控制方式进行 2 次喷泡沫实验，喷射泡沫的时间为 30 s

【解析】根据《泡沫灭火系统施工及验收规范》（GB 50281—2006）第 6.2.6 条，泡沫灭火系统的调试应符合下列规定：（1）当为手动灭火系统时，应以手动控制的方式进行一次喷水试验；当为自动灭火系统时，应以手动和自动控制的方式各进行一次喷水试验，其各项性能指标均应达到设计要求。（2）低、中倍数泡沫灭火系统按本条第 1 款的规定喷水试验完毕，将水放空后，进行喷泡沫试验；当为自动灭火系统时，应以自动控制的方式进行；喷射泡沫的时间不应小于 1 min；实测泡沫混合液的混合比及泡沫混合液的发泡倍数及到达最不利点防护区或储罐的时间和湿式联用系统自喷水至喷泡沫的转换时间应符合设计要求。选项 A 正确。

1 答案：C

2 答案：A

四、系统验收

某化工企业的立式甲醇储罐采用液上喷射低倍数泡沫灭火系统，某消防设施检测机构对该系统进行检测，下列检测结果中，不符合现行国家消防技术标准要求的是（　）。[1]（2017-2-27）

A．泡沫泵启动后3.1 min泡沫产生器喷出泡沫　　B．自动喷泡沫试验，喷射泡沫时间为1 min

C．泡沫混合液的发泡倍数为10倍　　D．泡沫液选用水成膜泡沫液

【解析】根据《泡沫灭火系统设计规范》(GB 50151—2010)第4.1.10条，固定式泡沫灭火系统的设计应满足在泡沫消防水泵或泡沫混合液泵启动后，将泡沫混合液或泡沫输送到保护对象的时间不大于5 min。故A选项正确。

根据第6.2.6条，泡沫灭火系统的调试应符合下列规定：(1)当为手动灭火系统时，应以手动控制的方式进行一次喷水试验；当为自动灭火系统时，应以手动和自动控制的方式各进行一次喷水试验，其各项性能指标均应达到设计要求。检查数量：当为手动灭火系统时，选择最远的防护区或储罐；当为自动灭火系统时，选择最大和最远两个防护区或储罐分别以手动和自动的方式进行试验。检查方法：用压力表、流量计、秒表测量。(2)低、中倍数泡沫灭火系统按本条第1款的规定喷水试验完毕，将水放空后，进行喷泡沫试验；当为自动灭火系统时，应以自动控制的方式进行；喷射泡沫的时间不应小于1 min；实测泡沫混合液的混合比及泡沫混合液的发泡倍数及到达最不利点防护区或储罐的时间和湿式联用系统自喷水至喷泡沫的转换时间应符合设计要求。检查数量：选择最不利点的防护区或储罐，进行一次试验。检查方法：泡沫混合液的混合比按本规范第6.2.3条的检查方法测量；泡沫混合液的发泡倍数按本规范附录C的方法测量；喷射泡沫的时间和泡沫混合液或泡沫到达最不利点防护区或储罐的时间及湿式联用系统自喷水至喷泡沫的转换时间，用秒表测量。故B选项正确。

根据第2.1.6条，低倍数泡沫是发泡倍数低于20的灭火泡沫。故C选项正确。

根据第3.2.3条，水溶性甲、乙、丙类液体和其他对普通泡沫有破坏作用的甲、乙、丙类液体，以及用一套系统同时保护水溶性和非水溶性甲、乙、丙类液体的，必须选用抗溶泡沫液。甲醇属于水溶性液体。故D选项错误。

五、维护管理

1．某油库采用低倍数泡沫灭火系统，根据《泡沫灭火系统施工及验收规范》(GB 50281—2006)有关维护管理规定，下列检查项目中，属于每两年检查一次的项目是（　）。[2]（2016-2-9）

A．储罐立管除锈　　B．喷泡沫实验　　C．冲洗管道　　D．自动控制设施功能测试

【解析】根据《泡沫灭火系统施工及验收规范》(GB 50281—2006)第8.2.4条，每两年应对系统进行检查和试验，检查和试验的内容及要求应符合下列规定：(1)对于低倍数泡沫灭火系统中的液上、液下及半液下喷射、泡沫喷淋、固定式泡沫炮和中倍数泡沫灭火系统进行喷泡沫试验，并对系统所有的组件、设施、管道及管件进行全面检查。(2)对于高倍数泡沫灭火系统，可在防护区内进行喷泡沫试验，并对系统所有组件、设施、管道及附件进行全面检查。(3)系统检查和试验完毕，应对泡沫液泵或泡沫混合液泵、泡沫液管道、泡沫混合液管道、泡沫管道、泡沫比例混合器(装置)、泡沫消火栓、管道过滤器或喷过泡沫的泡沫产生装置等用清水冲洗后放空，复原系统。所以选择B选项。

2．某油库采用低倍数泡沫灭火系统。根据现行国家标准《泡沫灭火系统及验收规范》(GB 50281—2006)，

---

1 答案：D

2 答案：B

下列检查项目中，不属于每月检查一次的项目是（　）。[1]（2017-2-48）

A．系统管道清洗　　　　　　　　　B．对储罐上的泡沫混合液立管清除锈渣

C．泡沫喷头外观检查　　　　　　　D．水源及水位指示装置检查

【解析】根据《泡沫灭火系统施工及验收规范》（GB 50281—2006）第 8.2.2 条，每月应对系统进行检查，检查内容及要求应符合下列规定：（1）对低、中、高倍数泡沫发生器，泡沫喷头，固定式泡沫炮，泡沫比例混合器（装置），泡沫液储罐进行外观检查，应完好无损。（6）对储罐上的低、中倍数泡沫混合液立管应清除锈渣。（8）水源及水位指示装置应正常。选项 B、C、D 是每月检查项目。

根据第 8.2.3 条，每半年除储罐上泡沫混合液立管和液下喷射防火堤内泡沫管道及高倍数泡沫产生器进口端控制阀后的管道外，其余管道应全部冲洗，清除锈渣，并应按规范 D.0.2 记录。所以选择 A 选项。

3．消防技术服务机构对某石化企业安装的低倍数泡沫灭火系统进行日常检查与维护。维保人员开展的下列检查与维护工作中，不符合现行国家标准《泡沫灭火系统施工及验收规范》（GB 50281—2006）的是（　）。[2]（2018-2-11）

A．每周以手动或自动控制方式对消防泵和备用泵进行一次启动试验

B．每年对除储罐上泡沫混合液立管外的全部管道进行冲洗，清除锈渣

C．每月对低倍数泡沫产生器、泡沫比例混合装置、泡沫喷头等外观是否完好无损进行检查

D．每两年对系统进行喷泡沫试验

【解析】根据《泡沫灭火系统施工及验收规范》（GB 50281—2006）第 8.2.1 条，每周应对消防泵和备用动力进行一次启动试验。选项 A 正确。

根据第 8.2.3 条，每半年除储罐上泡沫混合液立管和液下喷射防火堤内泡沫管道及高倍数泡沫产生器进口端控制阀后的管道外，其余管道应全部冲洗，清除锈渣。选项 B 错误。

根据第 8.2.2 条，每月应对系统进行检查，检查内容及要求应符合下列规定：（1）对低、中、高倍数泡沫发生器、泡沫喷头、固定式泡沫炮、泡沫比例混合器（装置）、泡沫液储罐进行外观检查，应完好无损。（2）对固定式泡沫炮的回转机构、仰俯机构或电动操作机构进行检查，性能应达到标准的要求。（3）泡沫消火栓和阀门的开启与关闭应自如，不应锈蚀。（4）压力表、管道过滤器、金属软管、管道及附件不应有损伤。（5）对遥控功能或自动控制设施及操纵机构进行检查，性能应符合设计要求。（6）对储罐上的低、中倍数泡沫混合液立管应清除锈渣。（7）动力源和电气设备工作状况应良好。（8）水源及水位指示装置应正常。选项 C 正确。

根据第 8.2.4 条，每两年应对系统进行检查和试验，对于低倍数泡沫灭火系统中的液上、液下及半液下喷射、泡沫喷淋、固定式泡沫炮和中倍数泡沫灭火系统进行喷泡沫试验，并对系统所有组件、设施、管道及管件进行全面检查。选项 D 正确。

4．消防技术检测机构对某油田采油储罐区设置的泡沫灭火系统进行维保检查，该系统使用柴油动力给水泵组，当主泵启动 5 min 时，控制器接到水温超高信号，对此情况，正确的处理措施为（　）。[3]（2015-2-45）

A．立即停机停水，进行维修　　　　　　B．立即停机停水，水温降低后再开机

C．在 10 s 内切换至备用泵　　　　　　D．允许主泵继续运行

【解析】根据《泡沫灭火系统施工及验收规范》（GB 50281—2006）第 6.2.2 条，（2）消防泵与备用泵应在设计负荷下进行转换运行试验，其主要性能应符合设计要求。检查方法：当为手动启动时，以手动的方式进行 1～2 次试验；当为自动启动时，以自动和手动的方式各进行 1～2 次试验，并用压力表、流量计、

1 答案：A

2 答案：B

3 答案：B

秒表计量。

《消防给水及消火栓系统技术规范》(GB 50974—2014)第 11.0.17 条,(2)消防水泵的双电源切换时,当一路电源与内燃机动力的切换时间不应大于 15 s。故 C 选项错误。控制器接到水温超高信号,应立即停机停水,水温降低后查明原因,再开机。

第十一章　气体灭火系统

本章由陶昆解析

第一节　气体灭火系统设计

一、基础知识

1．某单位的汽车喷漆车间采用二氧化碳灭火系统保护,下列关于二氧化碳灭火系统灭火机理的说法中,正确的是(　)。[1](2015-1-62)

A．窒息和隔离　　B．窒息和吸热冷却　　C．窒息和乳化　　D．窒息和化学抑制

【解析】参见教材《消防安全技术实务》第三篇第六章第一节系统灭火机理。二氧化碳灭火机理主要是窒息,其次在于冷却。选项 B 正确。

2．七氟丙烷的主要灭火机理有(　)。[2](2017-1-91)

A．降低燃烧反应速度　　B．降低燃烧区可燃气体浓度　　C．隔绝空气

D．抑制、阻断链式反应　　E．降低燃烧区的温度

【解析】参见教材《消防安全技术实务(2016 年版)》第三篇第六章第一节系统灭火机理。七氟丙烷灭火主要在于它去除热量的速度快以及灭火剂分散和消耗氧气。七氟丙烷灭火剂是以液态的形式喷射到保护区内的,在喷出喷头时,液态灭火剂迅速转变成气态需要吸收大量的热量,降低了保护区和火焰周围的温度。一方面,七氟丙烷灭火剂是由大分子组成的,灭火时分子中的一部分键断裂需要吸收热量。另一方面,保护区内灭火剂的喷射和火焰的存在降低了氧气的浓度,从而降低了燃烧的速度。所以选择 A、B、D、E 选项。

参见教材《消防安全技术实务(2018 年版)》第三篇第六章第一节系统灭火机理。七氟丙烷灭火剂是一种无色无味、不导电的气体,其密度大约是空气密度的 6 倍,可在一定压力下呈液态储存。灭火剂为洁净药剂,释放后无残留物,不会污染环境和保护对象。一方面,当七氟丙烷喷射到保护区后,液态灭火剂迅速转变成气态,吸收大量热量,从而显著减低了保护区和火焰周围的温度;另一方面,七氟丙烷灭火剂的热解产物对燃烧过程也具有相当程度的抑制作用。选择 A、B、D、E 选项。

3．下列火灾中,可以采用 IG541 混合气体灭火剂扑救的是(　)。[3](2016-1-18)

A．硝化纤维、硝酸钠火灾　　B．精密仪器火灾　　C．钾、钠、镁火灾　　D．联胺火灾

【解析】根据《气体灭火系统设计规范》(GB 50370—2005)第 3.2.2 条,气体灭火系统不适用于扑救下列火灾:(1)硝化纤维、硝酸钠等氧化剂或含氧化剂的化学制品火灾;(2)钾、镁、钠、钛、锆、铀等活泼金属火灾;(3)氢化钾、氢化钠等金属氢化物火灾;(4)过氧化氢、联胺等能自行分解的化学物质火灾;(5)可燃固体物质的深位火灾。选项 ACD 不适用于气体灭火系统。

---

1 答案:B

2 答案:ABDE

3 答案:B

第 3.2.1 条，气体灭火系统适用于扑救下列火灾：（1）电气火灾；（2）固体表面火灾；（3）液体火灾；（4）灭火前能切断气源的气体火灾。所以选择 B。

4. 七氟丙烷气体灭火系统不适用于扑救（ ）。[1]（2017-1-39）

A. 电气火灾　B. 固体表面火灾　C. 金属氢化物火灾　D. 灭火前能切断气源的气体火灾

【解析】根据《气体灭火系统设计规范》（GB 50370—2005）第 3.2.1 条，气体灭火系统适用于扑救下列火灾：（1）电气火灾；（2）固体表面火灾；（3）液体火灾；（4）灭火前能切断气源的气体火灾。根据第 3.2.2 条，气体灭火系统不适用于扑救下列火灾：（1）硝化纤维、硝酸钠等氧化剂或含氧化剂的化学制品火灾；（2）钾、镁、钠、钛、锆、铀等活泼金属火灾；（3）氢化钾、氢化钠等金属氢化物火灾；（4）过氧化氢、联胺等能自行分解的化学物质火灾；（5）可燃固体物质的深位火灾。所以选择 C 选项。

5. 需要 24 h 有人值守的大型通信机房，不应选用（ ）。[2]（2017-1-74）

A. 二氧化碳灭火系统　B. 七氟丙烷灭火系统　C. IG541 灭火系统　D. 细水雾灭火系统

【解析】根据《二氧化碳灭火系统设计规范（2010 年版）》（GB 50193—1993）第 1.0.5A 条，二氧化碳全淹没灭火系统不应用于经常有人停留的场所。选项 A 二氧化碳灭火系统没有明确是全淹没系统还是局部应用系统，所以选项 A 可以选择也可以不选择。

根据《气体灭火系统设计规范》（GB 50370—2005）第 3.2.1 条，气体灭火系统适用于扑救下列火灾：（1）电气火灾；（2）固体表面火灾；（3）液体火灾；（4）灭火前能切断气源的气体火灾。选项 C IG541 灭火系统可以选用。

根据第 3.3.5 条条文说明，七氟丙烷与卤代烷 1301 比较，在火场上它比卤代烷 1301 的分解产物多，其中主要成分是 HF，HF 对人体与精密设备是有伤害和侵蚀影响的。但据美国 Fessisa 的试验报告指出，提高七氟丙烷的灭火设计浓度，可以抑制分解产物的生成量，提高 20%的灭火设计浓度就可减少 50%的生成量。所以，选项 B 需要 24 小时有人值班的通信机房不应选用七氟丙烷灭火系统。

根据《细水雾灭火系统技术规范》（GB 50898—2013）第 3.1.3 条，系统选型应符合下列规定：液压站，配电室，电缆隧道，电缆夹层，电子信息系统机房，文物库，以及密集柜存储的图书库、资料库和档案库，宜选择全淹没应用方式的开式系统。选项 D 细水雾灭火系统可以选用。

需要注意此题中选项 A 二氧化碳灭火系统和选项 B 七氟丙烷灭火系统都不能选择，但是选项 A 中没有明确是全淹没系统，所以选项 B 更符合题意。

6. 某电子计算机房，拟采用气体灭火系统保护，下列气体灭火系统中，灭火设计浓度最低的是（ ）。[3]（2018-1-2）

A. 氮气灭火系统　B. IG541 灭火系统　C. 二氧化碳灭火系统　D. 七氟丙烷灭火系统

【解析】根据《气体灭火系统设计规范》（GB 50370—2005）第 3.3.5 条七氟丙烷灭火系统，通信机房和电子计算机房等防护区，灭火设计浓度宜采用 8%。根据第 3.4.1 条，IG541 混合气体灭火系统的灭火设计浓度不应小于灭火浓度的 1.3 倍，惰化设计浓度不应小于惰化浓度的 1.1 倍。根据第 3.4.2 条，（IG541 混合气体灭火系统的）固体表面火灾的灭火浓度为 28.1%，其他灭火浓度可按本规范附录 A 中表 A-3 的规定取值，惰化浓度可按本规范附录 A 中表 A-4 的规定取值。本规范附录 A 中未列出的，应经试验确定。

《二氧化碳灭火系统设计规范（2010 年版）》（GB 50193—1993）第 3.2.1 条，二氧化碳设计浓度不应小于灭火浓度的 1.7 倍，并不得低于 34%。可燃物的二氧化碳设计浓度可按本规范附录 A 的规定采用。

《气体消防系统选用、安装与建筑灭火器配置 07S207》IG-100 气体灭火系统淹没系数、管径估算表，

1 答案：C
2 答案：B
3 答案：D

设计浓度（体积百分比）范围为36%～62%。

所以，电子计算机房采用气体灭火系统保护，设计灭火浓度最低的是七氟丙烷灭火系统。

二、设计要求

1．下列气体灭火系统分类中，按系统的结构特点进行分类的是（　）。[1]（2016-1-49）

A．二氧化碳灭火系统、七氟丙烷灭火系统、惰性气体灭火系统和气溶胶灭火系统

B．管网灭火系统和预制灭火系统

C．全淹没灭火系统和局部应用灭火系统

D．自压式气体灭火系统、内储压式气体灭火系统和外储压式气体灭火系统

【解析】参见教材《消防安全技术实务》第三篇第六章第二节系统分类和组成，气体灭火系统按系统结构特点分为无管网灭火系统和管网灭火系统。无管网灭火系统又称预制灭火系统。所以选择B选项。

2．某电子计算机主机房为无人值守的封闭区域，室内净高为3.6 m，采用全淹没式七氟丙烷灭火系统防护。该防护区设置的泄压口下沿距离防护区楼地板的高度不应低于（　）m。[2]（2016-1-64）

A．2.4　B．1.8　C．3.0　D．3.2

【解析】根据《气体灭火系统设计规范》（GB 50370—2005）第3.2.7条，防护区应设置泄压口，七氟丙烷灭火系统的泄压口应位于防护区净高的2/3以上。3.6 m × 2/3=2.4 m，所以A选项正确。

3．某建筑的电子计算机房采用气体灭火系统保护，在一个防护区内安装了3台预制灭火装置，根据《气体灭火系统设计规范》（GB 50370—2005）的规定，3台预制灭火装置动作响应时差最大不得大于（　）s。[3]（2016-2-14）

A．1　B．2　C．3　D．4

【解析】《气体灭火系统设计规范》（GB 50370—2005）第3.1.15条，同一防护区内的预制灭火系统装置多于1台时，必须能同时启动，其动作响应时差不得大于2 s。选项B正确。

4．一个防护区内设置5台预制七氟丙烷灭火器装置，启动时其动作响应时差不得大于（　）s。[4]（2017-1-50）

A．1　B．3　C．5　D．2

【解析】根据《气体灭火系统设计规范》（GB 50370—2005）第3.1.15条，同一防护区内的预制灭火系统装置多于1台时，必须能同时启动，其动作响应时差不得大于2 s。选项D正确。

5．根据现行国家标准《气体灭火系统设计规范》（GB 50370—2005），当IG541混合气体灭火剂喷放至设计用量的95%时，其最长喷放时间应为（　）。[5]（2018-1-43）

A．30 s　B．38 s　C．70 s　D．60 s

【解析】根据《气体灭火系统设计规范》（GB 50370—2005）第3.4.3条，当IG541混合气体灭火剂喷放至设计用量的95%时，喷放时间不应大于60 s且不应小于48 s。选项D正确。

6．某电信大楼设备机房设置气体灭火系统，有3个相同的防护区，采用IG541气体灭火系统进行防护，防护区吊顶为活动吊顶，吊顶上方空间和吊顶下方空间分别设置一套组合分配系统。下列检查结论中，正确的有（　）。[6]（2016-2-88）

---

1 答案：B
2 答案：A
3 答案：B
4 答案：D
5 答案：D
6 答案：ABE

A．防护区吊顶上方空间与吊顶下方空间的设计浓度相同，符合规范要求

B．防护区吊顶上方空间与吊顶下方空间的喷头喷放时间相同，符合规范要求

C．防护区泄压口的安装高度低于防护区净高的2/3，不符合规范要求

D．两套系统分别设置启动装置，同一防护区吊顶上方空间与吊顶下方空间的启动装置同时启动，符合规范要求

E．两个集流管上的储存容器规格及充装压力分别为“90 L，15 MPa”和“70 L，15 MPa”，符合规范要求

【解析】根据《气体灭火系统设计规范》(GB 50370—2005)第3.1.10条，同一防护区，当设计两套或三套管网时，集流管可分别设置，系统启动装置必须共用。各管网上喷头流量均应按同一灭火设计浓度、同一喷放时间进行设计。根据第3.2.4条，防护区划分应符合下列规定：防护区宜以单个封闭空间划分；同一区间的吊顶层和地板下需同时保护时，可合为一个防护区。所以A、B选项正确，D选项错误。

根据第3.2.7条，防护区应设置泄压口，七氟丙烷灭火系统的泄压口应位于防护区净高的2/3以上。IG541气体灭火系统设置泄压口位置无要求。所以C选项错误。

根据第3.1.9条，同一集流管上的储存容器，其规格、充压压力和充装量应相同。两个集流管上的储存容器规格及充装压力不同是可以的。所以E选项正确。

7．某5层数据计算机房，层高5 m，每层有1 200 m^2的大空间计算机用房，设置IG541组合分配气体灭火系统保护。该建筑的气体灭火系统防护区最少应划为（　）个。[1]（2015-1-11）

A．5　　B．6　　C．8　　D．10

【解析】根据《气体灭火系统设计规范》(GB 50370—2005)第3.2.4条，防护区划分应符合下列规定：(1)防护区宜以单个封闭空间划分，同一区间的吊顶层和地板下需同时保护时，可合为一个防护区；(2)采用管网灭火系统时，一个防护区的面积不宜大于800 m^2，且容积不宜大于3 600 m^3；(3)采用预制灭火系统时，一个防护区的面积不宜大于500 m^2，且容积不宜大于1 600 m^3。计算机房每层的体积是1 200×5=6 000 m^3，大于标准的3 600 m^3，所以每一层最少设置2个防护区，5层最少设置10个。所以D选项正确。

8．某室内净高为4.0 m的档案馆拟设置七氟丙烷灭火系统。根据现行国家标准《气体灭火系统设计规范》(GB 50370—2005)，该气体灭火系统的下列设计方案中，错误的是（　）。[2]（2018-1-31）

A．泄压口下沿距顶棚为1.0 m　　B．一套系统保护5个防护区

C．设计喷放时间为12 s　　D．灭火设计浓度为10%

【解析】根据《气体消防系统选用、安装与灭火器配置07S207》第7.4条，防护区应设置泄压口，并安装不小于泄压计算面积的成品泄压阀。泄压口泄压面积应按相应气体灭火系统的设计规定计算。泄压口宜设在外墙上；当防护区无外墙时，可设在与走廊相邻的内墙上。由于七氟丙烷、二氧化碳、三氟甲烷灭火剂比空气重，其泄压口应开在防护区净高的2/3以上部位，即泄压口下沿不低于防护区净高的2/3。根据《气体灭火系统设计规范》(GB 50370—2005)第3.2.7条，防护区应设置泄压口，七氟丙烷灭火系统的泄压口应位于防护区净高的2/3以上。即泄压口应位于4 m × 2/3=2.67 m以上，选项A泄压口下沿距顶棚1.0 m，即泄压口高度为4 m−1 m=3 m，选项A正确。

根据《气体灭火系统设计规范》(GB 50370—2005)第3.1.4条，两个或两个以上的防护区采用组合分配系统时，一个组合分配系统所保护的防护区不应超过8个。选项B正确。

根据第3.3.7条，在通信机房和电子计算机房等防护区，设计喷放时间不应大于8 s；在其他防护区，

1 答案：D

2 答案：C

设计喷放时间不应大于10 s。选项C错误。

根据第3.3.3条七氟丙烷灭火系统，图书、档案、票据和文物资料库等防护区，灭火设计浓度宜采用10%。选项D正确。

三、系统组件

某大型城市综合体中的变配电间、计算机主机房、通信设备间等场所内设置了组合分配式七氟丙烷气体灭火系统。下列关于该系统组件的说法中，错误的是（　）。[1]（2016-1-20）

A．集流管应设置安全泄压装置

B．选择阀的公称直径应和与其对应的防护区灭火系统的主管道的公称直径相同

C．输送启动气体的管道宜采用铜管

D．输送气体灭火剂的管道必须采用不锈钢管

【解析】根据《气体灭火系统设计规范》（GB 50370—2005）第4.1.4条，在储存容器或容器阀上，应设安全泄压装置和压力表。组合分配系统的集流管，应设安全泄压装置。安全泄压装置的动作压力，应符合相应气体灭火系统的设计规定。选项A正确。

根据第4.1.6条，组合分配系统中的每个防护区应设置控制灭火剂流向的选择阀，其公称直径应与该防护区灭火系统的主管道公称直径相等。选择阀的位置应靠近储存容器且便于操作。选择阀应设有标明其工作防护区的永久性铭牌。选项B正确。

根据第4.1.9条，管道及管道附件应符合下列规定：（3）输送启动气体的管道，宜采用铜管，其质量应符合现行国家标准《拉制铜管》（GB 1527—2006）的规定。选项C正确。

根据第4.1.9条，管道及管道附件应符合输送气体灭火剂的管道应采用无缝钢管。其质量应符合现行国家标准《输送流体用无缝钢管》（GB/T 8163—2008）、《高压锅炉用无缝钢管》（GB 5310—2017）等的规定。选项D错误。

四、操作与控制

1．某通信机房设置七氟丙烷预制灭火系统，该系统应有（　）种启动方式。[2]（2015-1-23）

A．1　B．2　C．3　D．4

【解析】根据《气体灭火系统设计规范》（GB 50370—2005）第5.0.2条，管网灭火系统应设自动控制、手动控制和机械应急操作三种启动方式。预制灭火系统应设自动控制和手动控制两种启动方式。选项B正确。

2．管网七氟丙烷灭火系统的控制方式有（　）。[3]（2017-1-89）

A．自动控制启动　B．手动控制启动　C．紧急停止　D．温控启动　E．机械应急操作启动

【解析】根据《气体灭火系统设计规范》（GB 50370—2005）第5.0.2条，管网灭火系统应设自动控制、手动控制和机械应急操作三种启动方式。预制灭火系统应设自动控制和手动控制两种启动方式。另外参见教材《消防安全技术实务》第三篇第六章第三节系统工作原理及控制方式，气体灭火系统主要有自动、手动、机械应急手动和紧急启动/停止四种控制方式。选项A、B、C、E正确。

3．某通信楼，设置IG541管网灭火系统。该系统的机械应急操作装置应设在（　）。[4]（2015-1-34）

A．防护区内　　B．消防控制室内

---

1 答案：D

2 答案：B

3 答案：ABCE

4 答案：C

C．贮瓶间内或防护区外便于操作的地方　　　　D．防护区液压口处

【解析】根据《气体灭火系统设计规范》(GB 50370—2005）第 5.0.5 条，自动控制装置应在接到两个独立的火灾信号后才能启动。手动控制装置和手动与自动转换装置应设在防护区疏散出口的门外便于操作的地方，安装高度为中心点距地面 1.5 m。机械应急操作装置应设在储瓶间内或防护区疏散出口门外便于操作的地方。选项 C 正确。

4．下列关于气体灭火系统操作和控制的说法中，正确的有（　）。[1]（2016-1-92）

A．组合分配启动系统启动时，选择阀应在容器阀开启后打开

B．采用气体灭火系统防护区应选用灵敏度级别高的火灾探测器

C．自动控制装置应在接到任一火灾信号后联动启动

D．预制灭火系统设置自动控制和手动控制两种启动方式

E．气体灭火系统的操作和控制应包括对防火阀、通风机械、开口封闭装置的联动操作与控制

【解析】根据《气体灭火系统设计规范》(GB 50370—2005）第 5.0.9 条，组合分配系统启动时，选择阀应在容器阀开启前或同时打开。故 A 选项错误。

根据第 5.0.1 条，采用气体灭火系统的防护区，应设置火灾自动报警系统，其设计应符合现行国家标准《火灾自动报警系统设计规范》(GB 50116—2013）的规定，并应选用灵敏度级别高的火灾探测器。B 选项正确。

根据第 5.0.5 条，自动控制装置应在接到两个独立的火灾信号后才能启动。手动控制装置和手动与自动转换装置应设在防护区疏散出口的门外便于操作的地方，安装高度为中心点距地面 1.5 m。机械应急操作装置应设在储瓶间内或防护区疏散出口门外便于操作的地方。C 选项错误。

根据第 5.0.2 条，管网灭火系统应设自动控制、手动控制和机械应急操作三种启动方式。预制灭火系统应设自动控制和手动控制两种启动方式。D 选项正确。

根据第 5.0.6 条，气体灭火系统的操作与控制，应包括对开口封闭装置、通风机械和防火阀等设备的联动操作与控制。E 选项正确。

5．某单位的图书馆书库采用无管网七氟丙烷气体灭火装置进行防护，委托消防检查机构对该气体灭火系统进行检测。下列检测结果中，符合现行国家消防技术标准要求的有（　）。[2]（2017-2-87）

A．系统仅设置自动控制、手动控制两种启动方式　　B．防护区内设置 10 台预制灭火装置

C．防护区门口未设手动与自动控制的转换装置　　D．储存容器的充装压力为 4.2 MPa

E．气体灭火系统采用自动控制方式

【解析】根据《气体灭火系统设计规范》(GB 50370—2005）第 5.0.2 条，管网灭火系统应设自动控制、手动控制和机械应急操作三种启动方式。预制灭火系统应设自动控制和手动控制两种启动方式。A 选项正确，E 选项错误。

根据第 3.1.14 条，一个防护区设置的预制灭火系统，其装置数量不宜超过 10 台。B 选项正确。

根据第 5.0.4 条，灭火设计浓度或实际使用浓度大于无毒性反应浓度（NOAEL 浓度）的防护区和采用热气溶胶预制灭火系统的防护区，应设手动与自动控制的转换装置。当人员进入防护区时，应能将灭火系统转换为手动控制方式；当人员离开时，应能恢复为自动控制方式。防护区内外应设手动、自动控制状态的显示装置。C 选项错误。

根据第 6.0.8 条，防护区内设置的预制灭火系统的充压压力不应大于 2.5 MPa。D 选项错误。

6．根据现行国家标准《气体灭火系统设计规范》(GB 50370—2005)，关于七氟丙烷气体灭火系统的

1 答案：BDE

2 答案：AB

说法，正确的有（ ）。[1]（2018-1-95）

A．在防护区疏散出口门外应设置气体灭火装置的手动启动和停止装置

B．手动与自动控制转换状态应在防护区内外的显示装置上显示

C．同一防护区内多台预制灭火系统装置同时启动的动作响应时差不应大于2 s

D．防护区外的手动启动按钮按下时，应通过火灾报警控制器联动控制气体灭火装置的启动

E．防护区最低环境温度不应低于−15℃

【解析】根据《气体灭火系统设计规范》（GB 50370—2005）第5.0.5条，自动控制装置应在接到两个独立的火灾信号后才能启动。手动控制装置和手动与自动转换装置应设在防护区疏散出口的门外便于操作的地方，安装高度为中心点距地面1.5 m。机械应急操作装置应设在储瓶间内或防护区疏散出口门外便于操作的地方。A选项正确。

根据第5.0.4条，灭火设计浓度或实际使用浓度大于无毒性反应浓度（NOAEL浓度）的防护区和采用热气溶胶预制灭火系统的防护区，应设手动与自动控制的转换装置。当人员进入防护区时，应能将灭火系统转换为手动控制方式；当人员离开时，应能恢复为自动控制方式。防护区内外应设手动、自动控制状态的显示装置。B选项正确。

根据第3.1.15条，同一防护区内的预制灭火系统装置多于1台时，必须能同时启动，其动作响应时差不得大于2 s。C选项正确。

根据第3.2.10条，防护区的最低环境温度不应低于−10℃。E选项错误。

根据《火灾自动报警系统设计规范》（GB 50116—2013）第4.4.1条，气体灭火系统、泡沫灭火系统应分别由专用的气体灭火控制器、泡沫灭火控制器控制。根据第4.4.6条，在防护区域内设有手动与自动控制转换装置的系统，其手动或自动控制方式的工作状态应在防护区内、外的手动和自动控制状态显示装置上显示，该状态信号应反馈至消防联动控制器。D选项错误。

7．某电厂调度楼共6层，设置了火灾自动报警系统、气体灭火系统等消防设施。四层主控室为一个气体灭火防护区，安装了4台柜式预制七氟丙烷灭火装置，充压压力为4.2 MPa。自动联动模拟喷气检测时，有2台气体灭火装置没有启动，启动的2台灭火装置动作时差为4 s。经检查确认，气体灭火控制器功能正常。简述主控室气体灭火系统充压压力和启动时间存在的问题。（2015-3-四）

答案：（1）“四层主控室为一个气体灭火防护区，安装了4台柜式预制七氟丙烷灭火装置，充压压力为4.2 MPa”错误。因为防护区内设置的预制灭火系统的充压压力不应大于2.5 MPa。

（2）“自动联动模拟喷气检测时，有2台气体灭火装置没有启动，启动的2台灭火装置动作时差为4 s”错误。因为同一防护区内的预制灭火系统装置多于1台时，必须能同时启动，其动作响应时差不得大于2 s。

【解析】根据《气体灭火系统设计规范》（GB 50370—2005）第6.0.8条，防护区内设置的预制灭火系统的充压压力不应大于2.5 MPa。根据第3.1.15条，同一防护区内的预制灭火系统装置多于1台时，必须能同时启动，其动作响应时差不得大于2 s。

第二节　气体灭火系统施工及验收

一、进场检验

某气体灭火系统储罐瓶内设有6只150 L七氟丙烷灭火剂储存容器，根据现行国家标准《气体灭火系

1 答案：ABC

统施工及验收规范》（GB 50263—2007），各储存容器的高度差最大不宜超过（　）mm。[1]（2017-2-44）

A．10　　B．30　　C．50　　D．20

【解析】根据《气体灭火系统施工及验收规范》（GB 50263—2007）第 4.3.1 条，同一规格的灭火剂储存容器，其高度差不宜超过 20 mm；同一规格的驱动气体储存容器，其高度差不宜超过 10 mm。选项 D 正确。

二、系统安装

1．根据《气体灭火系统施工及验收规范》（GB 50263—2007），安装气体灭火器系统气动驱动装置的管道时，水平管道采用管卡固定，管卡的间距不宜大于（　）m，转弯处增设 1 个管卡。[2]（2016-2-47）

A．0.6　　B．0.5　　C．0.7　　D．0.8

【解析】根据《气体灭火系统施工及验收规范》（GB 50263—2007）第 5.4.5 条，气动驱动装置的管道安装规定：（1）管道布置符合设计要求；（2）竖直管道在其始端和终端设防晃支架或采用管卡固定；（3）水平管道采用管卡固定。管卡的间距不宜大于 0.6 m。转弯处应增设 1 个管卡。选项 A 正确。

2．某高低压配电间设置组合分配式七氟丙烷气体灭火系统，防护区数量为 2 个，1 个防护区的灭火剂用量是另一个防护区的两倍，系统驱动装置由驱动气体瓶组及电磁阀等组成。为实现该气体灭火系统的启动控制功能，在保障安全的前提下，驱动气体管道上设置的气体单向阀最少应为（　）[3]。（2018-2-76）

A．0 个　　B．1 个　　C．2 个　　D．3 个

【解析】根据《气体灭火系统设计规范》（GB 50370—2005）第 3.1.9 条，同一集流管上的储存容器，其规格、充压压力和充装量应相同。根据第 3.1.5 条，组合分配系统的灭火剂储存量，应按储存量最大的防护区确定。题干“高低压配电间设置组合分配式七氟丙烷气体灭火系统，防护区数量为 2 个，1 个防护区的灭火剂用量是另一个防护区的两倍”，根据要求选用两个规格、充压压力和充装量一样的七氟丙烷灭火剂罐。两个防护区需要设置两个驱动气瓶。若选择外贮压式七氟丙烷灭火系统，系统原理图如下：

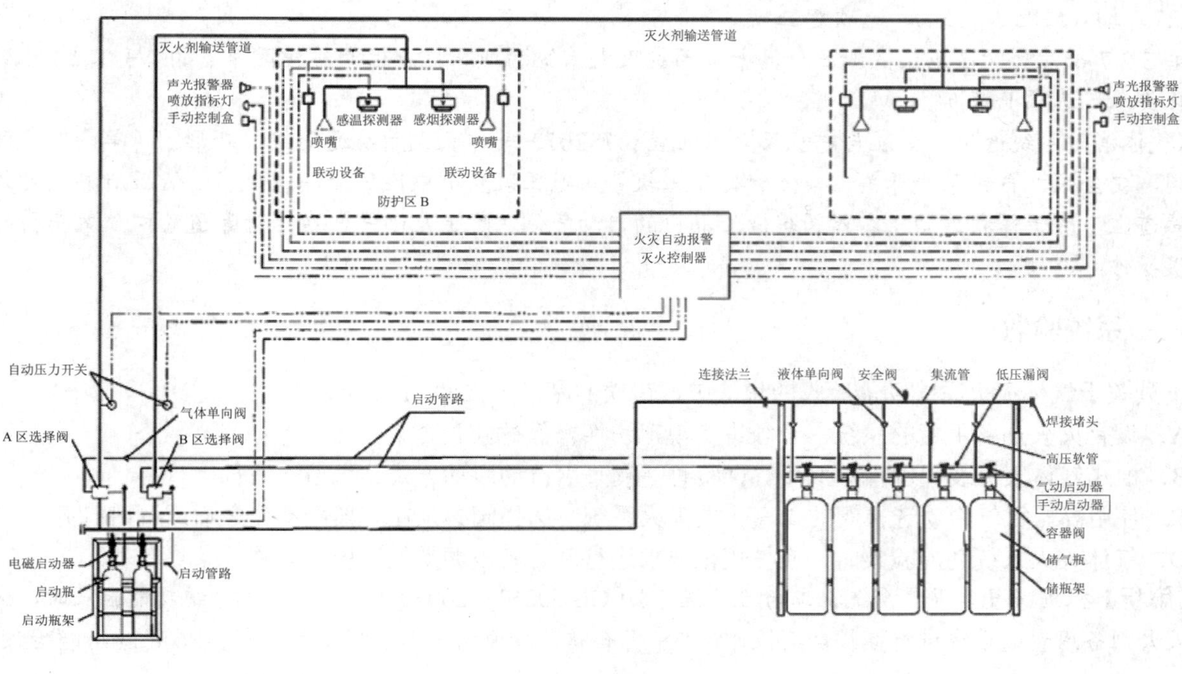

1 答案：D

2 答案：A

3 答案：C

《气体消防系统选用、安装与建筑灭火器配置 07S207》气体灭火系统通用组件外形图中单向阀说明：气体单向阀用于组合分配系统，安装在控制管路上，使启动气体只能打开响应防护区的灭火剂储瓶，释放灭火剂。根据要求需要安装 3 个气体单向阀，题干问驱动气体管道上设置的气体单向阀的最少数，需要全部打开灭火剂储瓶的防护区可以不安装单向阀，也就是上图中的气体单向阀 2 可以不安装。所以选 C。

3. 某单位计算机房位于地下一层，净空高度为 4.5 m，采用单元独立式 IG541 气体灭火系统进行防护，灭火剂设计储存压力为 20 MPa，消防技术服务机构对该气体灭火系统进行检测。下列检测结果中，符合现行国家标准要求的有（ ）。[1]（2018-2-84）

A. 防护区内设置机械排风装置，其通风换气次数为每小时 3 次

B. 80 L 灭火剂储存容器内的灭火剂储存量为 19.5 kg

C. 灭火剂储存容器阀上安全泄压装置的动作压力为 28 MPa

D. 低泄高封阀安装在驱动气体管道的末端

E. 泄压口距地面高度为 2.9 m

【解析】根据《气体灭火系统设计规范》第 6.0.4 条，灭火后的防护区应通风换气，地下防护区和无窗或设固定窗扇的地上防护区，应设置机械排风装置，排风口宜设在防护区的下部并应直通室外。通信机房、电子计算机房等场所的通风换气次数应不小于每小时 5 次。选项 A 错误。

根据第 3.4.5 条，IG541 混合气体灭火系统储存容器充装量应符合下列规定：（1）一级充压，20℃，充装压力为 15.0 MPa（表压）时，其充装量应为 211.15kg/m^3；（2）二级充压，20℃，充装压力为 20.0 MPa（表压）时，其充装量应为 281.06kg/m^3。题干中已知灭火剂设计储存压力为 20 MPa，二级充压，选项 B 计算 80 L 灭火剂储存容器内的灭火剂储存重量，80 L=0.08 m^3，281.06 kg/m^3 × 0.08 m^3=22.485kg。选项 B 错误。

根据第 4.3.1 条，储存容器或容器阀以及组合分配系统集流管上的安全泄压装置的动作压力，应符合下列规定：一级充压（15.0 MPa）系统，应为 20.7 ± 1.0 MPa（表压）；二级充压（20.0 MPa）系统，应为 27.6 ± 1.4 MPa（表压）。选项 C 正确。

第 3.2.7 条，防护区应设置泄压口，七氟丙烷灭火系统的泄压口应位于防护区净高的 2/3 以上。IG541 没有此要求。选项 E 正确。

《气体消防系统选用、安装与建筑灭火器配置 07S207》气体灭火系统通用组件外形图（单向阀、低压泄漏阀、安全阀、自锁压力开关、集流管、高压软管、减压装置）中低压泄漏阀说明：低压泄漏阀安装在启动管道上，用于释放启动瓶容器阀缓慢泄漏出的启动气体，防止启动气体在启动管道路内积聚而引起系统的误操作。选项 D 正确。

三、系统验收

下列关于气体灭火系统功能验收的说法中，错误的是（ ）。[2]（2015-2-79）

A. 设有灭火剂备用量的系统，必须进行模拟切换操作试验且合格

B. 柜式气体灭火装置进行模拟喷气试验时，宜采用自动启动方式且合格

C. 使用高压氮气启动选择阀的二氧化碳灭火系统，选择阀必须在容器阀动作之后或同时打开

D. 气体灭火系统功能验收时，应按规范要求进行主、备电源切换试验并合格

【解析】根据《气体灭火系统施工与验收规范》（GB 50263—2007）第 7.4.3 条，系统功能验收时，应对设有灭火剂备用量的系统进行模拟切换操作试验，并合格。选项 A 正确。根据第 7.4.1 条，系统功能验收时，

1 答案：CDE

2 答案：C

应进行模拟启动试验，并合格。根据附录 E.3.1 条，模拟喷气试验的条件应符合下列规定：4 模拟喷气试验宜采用自动启动方式。选项 B 正确。第 7.4.2 条，系统功能验收时，应进行模拟喷气试验，并合格。根据第 7.4.4 条，系统功能验收时，应对主用、备用电源进行切换试验，并合格。选项 D 正确。根据《二氧化碳灭火系统设计规范（2010 年版）》（GB 50193—93）第 5.2.3 条，系统在启动时，选择阀应在二氧化碳储存容器的容器阀动作之前或同时打开；采用灭火剂自身作为启动气源打开的选择阀，可不受此限。选项 C 错误。

四、维护管理

1．下列关于气体灭火系统维护管理的说法中，正确的是（ ）。[1]（2015-2-50）

A．气体灭火系统的储存器应定期抽样送国家级消防产品检验中心检验

B．应按《气瓶安全监察规程》的规定对气体灭火系统使用的钢瓶进行维护保养

C．每两个季度应对高压二氧化碳储存容器逐个进行称重检查

D．发现七氟丙烷灭火系统储存容器内的压力低于额定工作压力时，应立即使用氮气增压

【解析】根据《气体灭火系统施工与验收规范》（GB 50263—2007）第 8.0.9 条，低压二氧化碳灭火剂储存容器的维护管理应按《压力容器安全技术监察规程》执行，钢瓶的维护管理应按《气瓶安全监察规程》执行，灭火剂输送管道耐压试验周期应按《压力管道安全管理与监察规定》执行。A 选项错误，B 选项正确。

根据第 8.0.7 条，每季度应对气体灭火系统进行 1 次全面检查，对高压二氧化碳储存容器逐个进行称重检查，灭火剂净重不得小于设计储存量的 90%。C 选项错误。

根据第 8.0.6 条，高压二氧化碳灭火系统、七氟丙烷管网灭火系统及 IG541 灭火系统等系统的检查内容及要求应符合下列规定：灭火剂和驱动气体储存容器内的压力，不得小于设计储存压力的 90%。D 选项错误。

2．关于气体灭火系统维护管理周期检查项目的说法，错误的是（ ）。[2]（2017-2-17）

A．每日应检查低压二氧化碳储存装置的运行情况和储存装置间的设备状态

B．每月应检查预制灭火系统的设备状态和运行情况

C．每年应对选定的防护区进行 1 次模拟启动试验

D．每月应检查低压二氧化碳灭火系统储存装置的液位

【解析】根据《气体灭火系统施工及验收规范》（GB 50263—2007）第 8.0.5 条，每日应对低压二氧化碳储存装置的运行情况、储存装置间的设备状态进行检查并记录。A 选项正确。

根据第 8.0.6 条，每月检查应符合下列要求：（1）低压二氧化碳灭火系统储存装置的液位计检查，灭火剂损失 10%时应及时补充。（2）高压二氧化碳灭火系统、七氟丙烷管网灭火系统及 IG541 灭火系统等系统的检查内容及要求应符合下列规定：①灭火剂储存容器及容器阀、单向阀、连接管、集流管、安全泄放装置、选择阀、阀驱动装置、喷嘴、信号反馈装置、检漏装置、减压装置等全部系统组件应无碰撞变形及其他机械性损伤，表面应无锈蚀，保护涂层应完好，铭牌和标志牌应清晰，手动操作装置的防护罩、铅封和安全标志应完整。②灭火剂和驱动气体储存容器内的压力，不得小于设计储存压力的 90%。③预制灭火系统的设备状态和运行状况应正常。B、D 选项正确。

根据第 8.0.8 条，每年应按本规范第 E.2 节的规定，对每个防护区进行 1 次模拟启动试验，并应按本规范第 7.4.2 条规定进行 1 次模拟喷气试验。C 选项错误。

3．某信息中心大楼内设有自动喷水灭火系统、气体灭火系统、火灾自动报警系统等自动消防设施和灭火器。2015 年 2 月 5 日，该单位安保部对信息中心的消防设施进行了全面检查测试，部分检查情况如下：

1 答案：B

2 答案：C

信息中心的通信机房设有七氟丙烷灭火系统（如图 1 所示），系统设置情况如表 1 所示。检查发现，储瓶间 2#灭火剂储瓶的压力表显示压力为设计储存压力的 85%，系统存在组件缺失的问题。检查结束后，该单位安保部委托专业维修单位对气体灭火设备进行了维修。维修单位派人到现场，焊接了缺失组件的底座，并安装了缺失组件；对 2#灭火剂储瓶补压至设计压力。

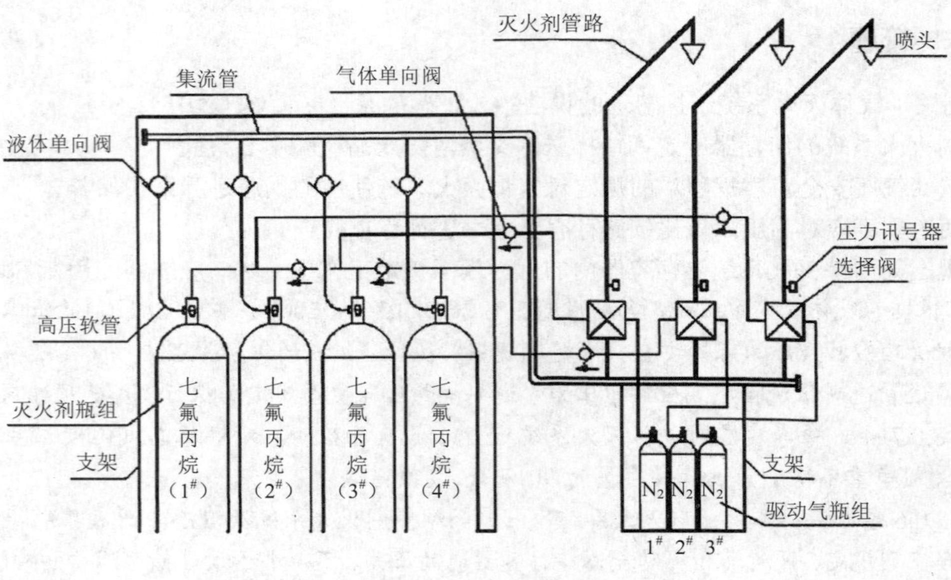

图 1　七氟丙烷灭火系统组成示意图

表 1　七氟丙烷灭火系统设置情况

防护区	防护区容积/m^3	灭火设计浓度/%	灭火剂用量/kg	灭火剂钢瓶容积/L	灭火剂储存压力/MPa	灭火剂钢瓶数量/只
A	600		398			4
B	450	8	298	120	4.2	3
C	300		199			2

（1）七氟丙烷灭火系统在储瓶间内未安装哪种组件？最大防护区对应的驱动装置为几号驱动气瓶？（2015-3-一）

答案：①七氟丙烷灭火系统在储瓶间内未安装容器阀和安全阀。

②最大防护区对应 2#驱动气瓶。根据图 1 气体单向阀的方向，2#驱动气瓶驱动气体能连接打开 4 只灭火剂钢瓶，由此对应驱动装置为 2#驱动气瓶。

【解析】参见教材《消防安全技术实务》第三篇第六章第二节。外储压式七氟丙烷灭火系统由灭火剂瓶组、加压气体瓶组、驱动气体瓶组（可选）、单项阀、选择阀、减压装置、驱动装置、集流管、连接管、喷头、信号反馈装置、安全泄放装置、控制盘、检漏装置、管道管件及吊钩支架等组成。题干图 1 与《消防安全技术实务》第三篇第六章第二节图 3-6-3 对照可知七氟丙烷灭火系统在储瓶间内未安装容器阀和安全阀。

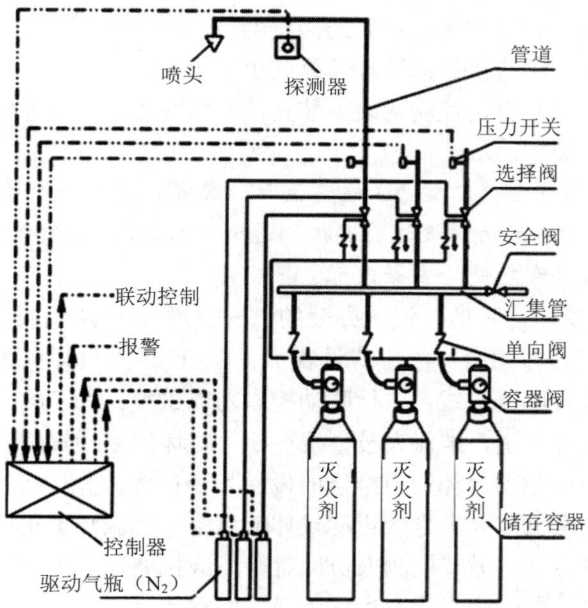

图 3-6-3　气体灭火系统组成示意图

（2）检修维修单位对储瓶间气体灭火设备维修时存在的问题。（2015-3-一）

答案：①现场焊接了缺失组件的底座，应在场外焊接场内安装。

②维修单位派人到现场安装了缺失的组件，中心控制组件应由厂家技术人员进行安装更换。

③应查明气瓶压力不足的原因并维修。

④维修单位维修完以后，未进行试运行。

【解析】根据《气体灭火系统施工及验收规范》（GB 50263—2007）第 8.0.9 条，低压二氧化碳灭火剂储存容器的维护管理应按《压力容器安全技术监察规程》执行，钢瓶的维护管理应按《气瓶安全监察规程》执行，灭火剂输送管道耐压试验周期应按《压力管道安全管理与监察规定》执行。

根据《气瓶安全监察规程》第九条，从事气瓶焊接和无损检测的人员，应当经安全监察机构考核合格，并取得证书后，方可从事相应工作。根据第二十三条，气瓶充装单位应当向省级质监部门特种设备安全监察机构提出充装许可书面申请。经审查，确认符合条件者，由省级质监部门颁发《气瓶充装许可证》。未取得《气瓶充装许可证》的，不得从事气瓶充装工作。根据第二十五条，气瓶充装单位应当符合以下条件：（一）具有营业执照；（二）有适应气瓶充装和安全管理需要的技术人员和特种设备作业人员，具有与充装的气体种类相适应的完好的充装设施、工器具、检测手段、场地厂房，有符合要求的安全设施；（三）具有一定的气体储存能力和足够数量的自有产权气瓶；（四）符合相应气瓶充装站安全技术规范及国家标准的要求，建立健全的气瓶充装质量保证体系和安全管理制度。

4．某电厂调度楼共 6 层，设置了火灾自动报警系统、气体灭火系统等消防设施。四层主控室为一个气体灭火防护区，安装了 4 台柜式预制七氟丙烷灭火装置，充压压力为 4.2 MPa。自动联动模拟喷气检测时，有 2 台气体灭火装置没有启动，启动的 2 台灭火装置动作时差为 4 s。经检查确认，气体灭火控制器功能正常。简述主控室 2 套气体灭火装置未启动的原因及解决措施。（2015-3-四）

答案：主控室 2 套气体灭火装置未启动的原因及解决措施：

（1）储存容器内压力不够。解决措施：对储存容器充压。

（2）瓶头阀损坏。解决措施：更换瓶头阀。

（3）驱动瓶组连接错误。解决措施：重新连接正确。

（4）连接管或喷嘴堵塞。解决措施：清理管路或更换喷嘴。

（5）可能未设置手动控制与自动控制的装换装置，2台气体灭火装置处于手动状态。解决措施：设置手动控制与自动控制的转换装置。

【解析】参见教材《消防安全技术能力》第三篇第七章第四节系统的检测与验收。气体灭火系统安装调试完成后，委托具有相应资质的消防设施检测机构进行技术检测。系统部件及功能检测要全数进行检查。检查包括直观检查、安装检查和功能检查等内容。

5．消防技术服务机构受托对某地区银行办公的综合楼进行消防设施的专项检查，银行数据中心机房设置了IG541气体灭火系统，以组合分配方式设置A、B、C三个气体灭火防护区。断开气体灭火控制器与各防护区气体灭火驱动装置的连接线，进行联动控制功能试验。据了解，消防维保单位进行系统试验过程中不慎碰坏了两段驱动气体管道，维保人员直接更换了损坏的驱动气体管道并填写了维修更换记录。维保人员对配电室气体灭火系统驱动气体管道维修的做法是否正确，为什么？（2016-3-五）

答案：维保人员对配电室气体灭火系统驱动气体管道维修的做法不正确。因为更换后管道要进行强度试验和严密性试验，并达到合格。另外检测人员应持有高级技能以上等级职业资格证书，维修人员应持有技师以上等级职业资格证书，题干中未提及维保人员的职业资格。

【解析】参见教材《消防安全技术能力》第三篇第七章第五节系统维护管理，在灭火剂输送管道有损伤与堵塞现象时，应按有关规范的规定进行严密性试验和吹扫。

参见教材《消防安全技术能力》第三篇第一章第二节消防设施维护管理，消防设施操作管理以及值班、巡查、检测、维修、保养的从业人员，需要具备符合下列规定的从业资格：（1）消防设施检测、维护保养等消防技术服务机构的项目经理、技术人员，经注册消防工程师考试合格，具有规定数量的、持有一级或者二级注册消防工程师的执业资格证书。（2）消防设施操作、值班、巡查的人员，经消防行业特有工种职业技能鉴定合格，持有初级技能（含，下同）以上等级的职业资格证书，能够熟练操作消防设施。（3）消防设施检测、保养人员，经消防行业特有工种职业技能鉴定合格，持有高级技能以上等级职业资格证书。（4）消防设施维修人员，经消防行业特有工种职业技能鉴定合格，持有技师以上等级职业资格证书。

6．某商业大厦按规范要求设置了火灾自动报警系统、自动喷水灭火系统以及气体灭火系统等建筑消防设施，消防技术服务机构受业主委托，对相关消防设施进行检测，有关情况如下：配电室设置了5套预制七氟丙烷气体灭火装置，消防技术服务机构人员加烟触发配电室内一只感烟探测器报警，再加温触发一只感温探测器报警，配电室内声光报警器随之启动，但气体灭火控制器一直没有输出灭火启动及联动控制信号：按下气体灭火控制器上的启动按钮，气体灭火控制器仍然一直没有输出灭火启动及联动控制信号。经检查，确认气体灭火控制连接路线及接线均无问题。气体灭火控制器没有输出灭火启动及联动控制信号的原因主要有哪些？（2017-3-五）

答案：气体灭火控制器没有输出灭火启动及联动控制信号的原因如下：（1）气体灭火控制器输入输出控制模块损坏。（2）气体灭火控制器显示装置损坏，无法显示。（3）气体灭火控制器通信控制单元损坏。

【解析】参见教材《消防安全技术能力》第三篇第七章第一节系统构成。气体灭火控制器一般由主控单元、显示操作单元、输入/输出控制单元、通信控制单元和电源单元组成。主控单元即主CPU（或逻辑电路）控制单元，用于负责管理控制器的所有资源，如外部数据存储器的数据存取、档案管理、采样信号分析、逻辑判断、外控输出、系统时钟以及人机交互界面等项的管理。显示操作单元用于气体灭火控制器的工作状态、电源状态、报警信息、系统时钟等指示及键盘输入，是实现人机交互指令输入和信息交流的器件。输入单元通过接收消防联动控制器的指令或操作现场启动和停止按键（按钮）等方式输入信号，输出控制单元输出信号控制喷洒声光警报器、防火门和窗、防火阀、通风空调和气体灭火设备启停控制。通信控制单元用于与主控单元通信，将主控单元发来的命令、内部信息或所带设备信息通过通信控制单元发送给消防联动控制器。电源单元为气体灭火控制器供电。

五、试验方法

1．下列关于气体灭火系统灭火剂输送管道强度试验与气密性试验的说法中，正确的是（ ）。[1]（2015-2-72）

A．经气体强度试验合格且在试验后未拆卸过的管道可不进行气密性试验

B．IG541 混合气体灭火剂输送管道的气密性试验压力与气压强度试验压力相差无几，故可只做气密性试验

C．气压强度试验或气密性试验的加压介质可采用空气、二氧化碳或氮气

D．同时具备水压强度试验与气压强度试验条件时，可选择任一方式进行试验

【解析】根据《气体灭火系统施工及验收规范》（GB 50263—2007）第 E.1.5 条，灭火剂输送管道经水压强度试验合格后还应进行气密性试验，经气压强度试验合格且在试验后未拆卸过的管道可不进行气密性试验。A 选项正确。

根据第 5.5.4 条，灭火剂输送管道安装完毕后，应进行强度试验和气压严密性试验，并合格。B 选项错误。

根据第 E.1.9 条，气压强度试验和气密性试验必须采取有效的安全措施。加压介质可采用空气或氮气。气动管道试验时应采取防止误喷射的措施。C 选项错误。

根据第 E.1.3 条，当水压强度试验条件不具备时，可采用气压强度试验代替。气压强度试验压力取值：二氧化碳灭火系统取 80%水压强度试验压力，IG541 混合气体灭火系统取 10.5 MPa，卤代烷 1301 灭火系统和七氟丙烷灭火系统取 1.15 倍最大工作压力。D 选项错误。

2．对气体灭火系统进行维护保养，应定期对系统功能进行测试，下列关于模拟喷气试验的说法，错误的是（ ）。[2]（2016-2-50）

A．七氟丙烷系统的模拟喷气试验时，试验瓶的数量不应小于灭火剂储存容器数的 10%，且不少于 1 个

B．每年应对防护区进行一次模拟喷气试验

C．10%混合气体灭火系统应采用其充装的灭火剂进行模拟喷气试验

D．高压二氧化碳灭火系统应采用其充装的灭火剂进行模拟喷气试验

【解析】根据《气体灭火系统施工及验收规范》（GB 50263—2007）附录 E.3 模拟喷气试验方法第 E.3.1 条，卤代烷灭火系统模拟喷气试验不采用卤代烷灭火剂，宜采用氮气或压缩空气进行。氮气或压缩空气储存容器与被试验的防护区或保护对象用的灭火剂储存容器的结构、型号、规格应相同，连接与控制方式要一致，氮气或压缩空气的充装压力按设计要求执行。氮气或压缩空气储存容器数不少于灭火剂储存容器数的 20%，且不少于 1 个。

3．某计算机房设置组合分配式七氟丙烷气体灭火系统，最大防护区的灭火剂存储容器数量为 6 个，规格为 120 L，对该防护区进行系统模拟喷气试验。关于该防护区模拟喷气试验的说法，正确的是（ ）。[3]（2018-2-15）

A．试验时，应采用其充装的灭火剂进行模拟喷气试验

1 答案：A

2 答案：A

3 答案：B

B．试验时，模拟喷气用灭火剂存储容器的数量最少为 2 个

C．试验时，可选用规格为 150 L 的灭火剂存储容器进行模拟喷气试验

D．试验时，喷气试验宜采用手动启动方式

【解析】根据《气体灭火系统施工及验收规范》（GB 50263—2007）附录 E.3 模拟喷气试验方法第 E.3.1 条，模拟喷气试验的条件应符合下列规定：（1）IG 541 混合气体灭火系统及高压二氧化碳灭火系统应采用其充装的灭火剂进行模拟喷气试验。试验采用的储存容器数应为选定试验的防护区或保护对象设计用量所需容器总数的 5%，且不得少于 1 个。（2）低压二氧化碳灭火系统应采用二氧化碳灭火剂进行模拟喷气试验。试验应选定输送管道最长的防护区或保护对象进行，喷放量不应小于设计用量的 10%。（3）卤代烷灭火系统模拟喷气试验不应采用卤代烷灭火剂，宜采用氮气，也可采用压缩空气。氮气或压缩空气储存容器与被试验的防护区或保护对象用的灭火剂储存容器的结构、型号、规格应相同，连接与控制方式应一致，氮气或压缩空气的充装压力按设计要求执行。氮气或压缩空气储存容器数不应少于灭火剂储存容器数的 20%，且不得少于 1 个。（4）模拟喷气试验宜采用自动启动方式。

选项 A 试验时应采用其充装的灭火剂进行模拟喷气试验错误，宜采用氮气或压缩空气进行。选项 B 模拟喷气用灭火剂存储容器的数量最少为 2 个正确，6 × 20%=1.2（个），取 2 个。选项 C 错误，应选用与灭火剂储存容器的结构、型号、规格相同的存储容器，即 120 L。选项 D 错误。

4．某七氟丙烷气体灭火系统防护区的灭火剂储存容器，在 20℃时容量内压力为 2.5 MPa，50℃时的容器内压力为 4.2 MPa。对该防护区灭火剂输送管道采用气压强度试验代替水压强度试验时，最小试验压力应为（　）MPa。[1]（2017-2-16）

A．4.83　　B．3.75　　C．4.62　　D．6.3

【解析】根据《气体灭火系统施工及验收规范》（GB 50263—2007）附录 E.1.3，当水压强度试验条件不具备时，可采用气压强度试验代替。气压强度试验压力取值：二氧化碳灭火系统取 80%水压强度试验压力，IG541 混合气体灭火系统取 10.5 MPa，卤代烷 1301 灭火系统和七氟丙烷灭火系统取 1.15 倍最大工作压力。故 4.2×1.15=4.83 MPa。

5．消防技术服务机构对某电视发射塔安装的 IG541 混合气体灭火系统进行验收前检测。在模拟启动试验环节，正确的检测方法有（　）。[2]（2015-2-90）

A．手动模拟启动试验时，按下手动启动按钮，观察相关声光报警系统及启动输出端负载的动作信号、联动设备动作是否正常

B．手动模拟启动试验时，使压力信号反馈装置动作，观察相关防护区门外的气体喷放指示灯动作是否正常

C．自动模拟启动试验时，用人工模拟火警使防护区内的任一火灾探测器动作，观察火警信号输出后，相关报警设备动作是否正常；再用人工模拟火警使防护区内的另一火灾探测器动作，观察相关声光报警及启动输出端负载的动作信号、联动设备动作是否正常

D．可用一个与灭火系统驱动装置启动电压、电流相同的负载代替灭火系统驱动装置进行模拟启动试验

E．手动模拟启动试验与自动模拟启动试验任选一项即可

【解析】根据《气体灭火系统施工及验收规范》（GB 50263—2007）第 E.2.1 条，手动模拟启动试验可按下述方法进行：按下手动启动按钮，观察相关动作信号及联动设备动作是否正常（如发出声、光报警，启动输出端的负载响应，关闭通风空调、防火阀等）。人工使压力信号反馈装置动作，观察相关防护区门

---

1 答案：A

2 答案：ABCD

外的气体喷放指示灯是否正常。选项 A、B 正确。

第 E.2.2 条，自动模拟启动试验可按下述方法进行：

（1）将灭火控制器的启动输出端与灭火系统相应防护区驱动装置连接。驱动装置应与阀门的动作机构脱离。也可以用一个启动电压、电流与驱动装置的启动电压、电流相同的负载代替。

（2）人工模拟火警使防护区内任意一个火灾探测器动作，观察单一火警信号输出后，相关报警设备动作是否正常（如警铃、蜂鸣器发出报警声等）。

（3）人工模拟火警使该防护区内另一个火灾探测器动作，观察复合火警信号输出后，相关动作信号及联动设备动作是否正常（如发出声、光报警，启动输出端的负载，关闭通风空调、防火阀等）。选项 C、D 正确。

根据第 6.2.1 条，调试时，应对所有防护区或保护对象按本规范第 E.2 节的规定进行系统手动、自动模拟启动试验，并应合格。选项 E 错误。

第十二章 干粉灭火系统

本章由陶昆解析

第一节 系统设计

1．某大型钢铁企业设置了预制干粉灭火装置，下列关于该装置设置要求中，正确的是（ ）。[1]（2016-1-16）

A．一个防护区或保护对象所用预制干粉灭火装置最多不得超过 4 套，并应同时启动，其动作响应时间差不得大于 4 s

B．一个防火区或保护对象所用预制干粉灭火装置最多不得超过 8 套，并应同时启动，其动作响应时间差不得大于 2 s

C．一个防火区或保护对象所用预制干粉灭火装置最多不得超过 8 套，并应同时启动，其动作响应时间差不得大于 4 s

D．一个防护区或保护对象所用预制干粉灭火装置最多不得超过 4 套，并应同时启动，其动作响应时间差不得大于 2 s

【解析】根据《干粉灭火系统设计规范》（GB 50347—2004）第 3.4.3 条，一个防护区或保护对象所用预制灭火装置最多不得超过 4 套，并应同时启动，其动作响应时间差不得大于 2 s。

2．消防设施检测机构对某单位安装的干粉预制灭火装置进行检测，下列检测结果之后，不符合现行国家消防技术标准规定的是（ ）。[2]（2016-2-52）

A．灭火剂储存量为 160 kg　　B．管道长度为 18 m

C．工作压力为 2.3 MPa　　D．一个防护区使用 3 套预制灭火装置

【解析】根据《干粉灭火系统设计规范》（GB 50347—2004）第 3.4.1 条，预制干粉灭火装置应符合下列规定：（1）灭火剂储存量不得大于 150 kg。（2）管道长度不得大于 20 m。（3）工作压力不得大于 2.5 MPa。根据第 3.4.3 条，一个防护区或保护对象所用预制灭火装置最多不得超过 4 套，并应同时启动，其动作响应时间差不得大于 2 s。

1 答案：D

2 答案：A

3．某消防技术服务机构单位设置的预制干粉灭火装置进行验收前检。根据现行国家标准《干粉灭火系统设计规范》（GB 50374—2004），下列检测结果中，不符合规范要求的是（　）。[1]（2018-2-48）

A．1个防护区内设置了5套预制干粉灭火装置　　B．干粉储存容器的存储压力为2.5 MPa

C．预制干粉灭火装置的灭火剂储存量为120kg　　D．预制干粉灭火装置的管道长为15 m

【解析】根据《干粉灭火系统设计规范》（GB 50347—2004）第3.4.3条，一个防护区或保护对象所用预制灭火装置最多不得超过4套，并应同时启动，其动作响应时间差不得大于2 s。选项A错误。

根据第3.4.1条，预制干粉灭火装置应符合下列规定：（1）灭火剂储存量不得大于150 kg。（2）管道长度不得大于20 m。（3）工作压力不得大于2.5 MPa。选项B、C、D正确。

第二节　系统组件

1．下列关于干粉灭火系统组件及其设置要求的说法中，正确的是（　）。[2]（2015-1-43）

A．储存装置的驱动气体应选用压缩空气

B．储存装置可设在耐火等级为三级的房间内

C．干粉储存容器设计压力可取1.6 MPa或2.5 MPa压力级

D．驱动压力应大于储存容器的最高工作压力

【解析】根据《干粉灭火系统设计规范》（GB 50347—2004）第5.1.2条，驱动气体应选用惰性气体，宜选用氮气；二氧化碳含水率不应大于0.015%（*m/m*），其他气体含水率不得大于0.006%（*m/m*）；驱动压力不得大于干粉储存容器的最高工作压力。故A、D选项错误。

根据第5.1.4条，储存装置宜设在专用的储存装置间内。专用储存装置间的设置应符合下列规定：（1）应靠近防护区，出口应直接通向室外或疏散通道。（2）耐火等级不应低于二级。（3）宜保持干燥和良好通风，并应设应急照明。故B选项错误。

根据第5.1.1条，储存装置宜由干粉储存容器、容器阀、安全泄压装置、驱动气体储瓶、瓶头阀、集流管、减压阀、压力报警及控制装置等组成，并应符合下列规定：干粉储存容器设计压力可取1.6 MPa或2.5 MPa压力级；其干粉灭火剂的装量系数不应大于0.85；其增压时间不应大于30 s。故C选项正确。

2．下列关于干粉灭火系统组件选型及设置要求的说法中，正确的是（　）。[3]（2015-2-14）

A．喷头的单孔直径不应大于6 mm

B．应采用快开型选择阀

C．采用局部应用灭火方式时，可不设置火灾声光警报器

D．干粉灭火剂输送管道分支可使用四通管件

【解析】根据《干粉灭火系统设计规范》（GB 50347—2004）第5.2.6条，喷头的单孔直径不得小于6 mm。A选项错误。

根据第5.2.2条，选择阀应采用快开型阀门，其公称直径应与连接管道的公称直径相等。B选项正确。

根据第7.0.6条，局部应用灭火系统，应设置火灾声光警报器。C选项错误。

根据第5.3.1条，管道及附件应能承受最高环境温度下工作压力，并应符合下列规定：管道分支不应使用四通管件。D选项错误。

1 答案：A

2 答案：C

3 答案：B

3．下列关于干粉灭火系统管理要求的说法，正确的是（　）。[1]（2015-2-43）

A．储存容器允许的最低环境温度为−30℃

B．地上防护区有固定窗扇时可不设机械排风装置

C．驱动气体储瓶管理应执行《气瓶安全监察规程》

D．自动控制状态下的干粉灭火系统不得延迟喷放

【解析】根据《干粉灭火系统设计规范》（GB 50347—2004）第 5.1.3 条，储存装置的布置应方便检查和维护，并宜避免阳光直射。其环境温度应为 20～50℃。故 A 选项错误。

根据第 7.0.5 条，地下防护区和无窗或设固定窗扇的地上防护区，应设置独立的机械排风装置，排风口应通向室外。故 B 选项错误。

根据第 5.1.1 条，储存装置宜由干粉储存容器、容器阀、安全泄压装置、驱动气体储瓶、瓶头阀、集流管、减压阀、压力报警及控制装置等组成，并符合下列规定：干粉储存容器应符合国家现行标准《压力容器安全技术监察规程》的规定；驱动气体储瓶及其充装系数应符合国家现行标准《气瓶安全监察规程》的规定。故 C 选项正确。

根据第 6.0.2 条，设有火灾自动报警系统时，灭火系统的自动控制应在收到两个独立火灾探测信号后才能启动，并应延迟喷放，延迟时间不应大于 30 s，且不得小于干粉储存容器的增压时间。故 D 选项错误。

第三节　维护管理

1．对干粉灭火系统进行周期性检查维护管理，下列检查项目中，不属于年度维护检查项目的是（　）。[2]（2016-2-76）

A．气瓶和干粉储罐充装量　　B．模拟启动检查

C．模拟备用瓶组功能试验　　D．模拟紧急启停功能

【解析】参见教材《消防安全技术综合能力》第三篇第九章第四节系统维护管理；二、系统周期性检查维护。年度检查内容下列项目每年检查一次。（1）防护区及干粉储存装置间。（2）管网、支架及喷放组件。检查内容：干粉储存容器的数量、型号和规格，位置与固定方式，油漆和标志，干粉充装量，以及干粉储存容器的安装质量。（3）模拟启动检查。选项 A 中干粉储罐充装量是年度检查内容。

三、系统年度检测。功能检测内容及要求：（1）模拟干粉喷放功能检测。（2）模拟自动启动功能检测。（3）模拟手动启动/紧急停止功能检测。（4）备用瓶组切换功能检测。选项 A 气瓶充装量是月检，要求对驱动气瓶逐个进行称重检查。所以选 A。

2．对干粉灭火系统进行维护管理时，下列检查项目中，属于每月检查一次的项目是（　）。[3]（2017-2-54）

A．驱动气瓶充装量　　B．启动气体储瓶压力

C．灭火控制器运行情况　　D．管网、支架及喷放组件

【解析】参见教材《消防安全技术综合能力》第三篇第九章第四节系统维护管理。月检查内容：（1）干粉储存装置部件。（2）驱动气体储瓶充装量。选项 A 正确。

下列项目至少每日检查 1 次：（1）干粉储存装置外观。（2）灭火控制器运行情况。（3）启动气体储瓶和驱动气体储瓶压力。选项 B、C 错误。

下列项目每年检查一次：（2）管网、支架及喷放组件。选项 D 错误。

---

1 答案：C

2 答案：A

3 答案：A

3．某消防检测机构对一单位设置的局部应用干粉灭火系统进行检测，关于保护对象环境及系统功能检查的下列结果中，不符合现行国家消防技术标准要求的是（　）。[1]（2017-2-55）

A．喷射的干粉覆盖保护对象垂直投影面积的 120%　　B．可燃液体液面至容器缘口的距离为 155 mm

C．保护对象周围的空气流动速度最大为 3 m/s　　D．干粉喷射时间为 60 s

【解析】根据《干粉灭火系统设计规范》（GB 50347—2004）第 3.3.1 条，局部应用灭火系统的设计可采用面积法或体积法。当保护对象的着火部位是平面时，宜采用面积法；当采用面积法不能做到使所有表面被完全覆盖时，应采用体积法。根据第 3.3.3 条，当采用面积法设计时，应符合下列规定：1 保护对象计算面积应取被保护表面的垂直投影面积。选项 A 覆盖保护对象垂直投影面积的 120%大于保护表面的垂直投影面积，所以选项 A 正确。

根据第 3.1.3 条，采用局部应用灭火系统的保护对象应符合下列规定：（1）保护对象周围的空气流动速度不应大于 2 m/s。必要时，应采取挡风措施。（2）在喷头和保护对象之间，喷头喷射角范围内不应有遮挡物。（3）当保护对象为可燃液体时，液面至容器缘口的距离不得小于 150 mm。选项 B 正确，选项 C 错误。

根据第 3.3.2 条，室内局部应用灭火系统的干粉喷射时间不应小于 30 s；室外或有复燃危险的室内局部应用灭火系统的干粉喷射时间不应小于 60 s。题干中对一单位设置的局部应用干粉灭火系统进行检测，没有明确是室内、室外还是复燃危险的室内应用，选项 A 干粉喷射时间为 60 s 都符合要求，所以选项 D 正确。

第十三章　建筑灭火器

本章由陶昆解析

第一节　建筑灭火器配置设计

一、基础知识

1．某场所配置的灭火器型号为“MF/ABC10”。下列对该灭火器类型、规格的说明中，正确的是（　）。[2]（2015-1-14）

A．该灭火器是 10 kg 手提式（磷酸铵盐）干粉灭火器

B．该灭火器是 10 kg 推车式（磷酸铵盐）干粉灭火器

C．该灭火器是 10 L 手提式（碳酸氢钠）干粉灭火器

D．该灭火器是 10 L 手提式（磷酸铵盐）干粉灭火器

【解析】根据《建筑灭火器配置设计规范》（GB 50140—2005）第 2.1.4 条条文解释：MF/ABC5——5 kg 手提储气瓶式通用（磷酸铵盐）干粉灭火器。所以 MF/ABC10 为 10 kg 手提储气瓶式通用（磷酸铵盐）干粉灭火器。所以选择 A 选项。

2．与其他手提式灭火器相比，手提式二氧化碳灭火器的结构特点是（　）。[3]（2016-1-43）

A．取消了压力表，增加了虹吸管　　B．取消了安全阀，增加了虹吸管

C．取消了安全阀，增加了压力表　　D．取消了压力表，增加了安全阀

【解析】参见教材《消防安全技术实务》第三篇第十三章第二节灭火器的结构。手提式二氧化碳灭火

1 答案：C

2 答案：A

3 答案：D

器的结构与其他手提式灭火器的结构基本相似，只是二氧化碳灭火器的充装压力较大，取消了压力表，增加了安全阀。

3．灭火器组件不包括（　）。[1]（2017-1-17）

A．筒体、阀门　　B．压力开关　　C．压力表、保险销　　D．虹吸管、密封阀

【解析】参见教材《消防安全技术实务》第三篇第十三章第二节灭火器的结构。灭火器配件主要由灭火器筒体、阀门（俗称器头）、灭火剂、保险销、虹吸管、密封圈和压力指示器（二氧化碳灭火器除外）等组成。所以选 B。

4．下列灭火器中，灭火剂的灭火机理为化学抑制作用的是（　）。[2]（2016-1-15）

A．泡沫灭火器　　B．二氧化碳灭火器　　C．水基型灭火器　　D．干粉灭火器

【解析】参见教材《消防安全技术实务》第三篇第十三章第二节灭火器的结构。干粉灭火器的主要灭火机理是靠干粉中的无机盐的挥发性分解物，与燃烧过程中燃料所产生的自由基或活性基团发生化学抑制和副催化作用，使燃烧的链式反应中断而灭火。选项 D 正确。

二、灭火器的选择

1．在对可燃纤维织物加工车间配置灭火器时，除水基型灭火器外，下列灭火器中，应选择的是（　）。[3]（2016-1-24）

A．轻水泡沫灭火器　　B．卤代烷灭火器　　C．二氧化碳灭火器　　D．碳酸氢钠干粉灭火器

【解析】根据《建筑灭火器配置设计规范》（GB 50140—2005）第 4.2 条，A 类火灾场所应选择水型灭火器、磷酸铵盐干粉灭火器、泡沫灭火器或卤代烷灭火器。该标准附录 F 非必要配置卤代烷灭火器的场所举例表 F.0.2 中，22 化纤厂后加工润湿部位是非必要配置卤代烷灭火器场所，题干中可燃纤维织物加工车间没有明确是加工润湿部位，无法判断可燃纤维织物加工车间是否是非必要配置卤代烷灭火器场所，无法判断是否使用卤代烷灭火器，所以选项 B 不选。选项 A 轻水泡沫灭火器是泡沫灭火器的一种，所以选 A。

2．对建筑灭火器的配置进行检查时，应注意检查灭火器的适用性。宾馆客房区域的走道上不应布置（　）。[4]（2016-2-26）

A．水型灭火器　　B．碳酸氢钠灭火器　　C．泡沫灭火器　　D．磷酸铵盐灭火器

【解析】根据《建筑灭火器配置设计规范》（GB 50140—2005）第 4.2.1 条条文说明，A 类火灾场所应选择水型灭火器、磷酸铵盐干粉灭火器、泡沫灭火器或卤代烷灭火器。宾馆客房区域的走道是 A 类火灾。所以选项 B 不对。

3．下列火灾中，不应采用碳酸氢钠干粉灭火的是（　）。[5]（2017-1-62）

A．可燃气体火灾　　B．易燃、可燃液体火灾　　C．可溶化固体火灾　　D．可燃固体表面火灾

【解析】根据《建筑灭火器配置设计规范》（GB 50140—2005）第 4.2.1 条条文说明表 3。A 类火灾场所应选择水型灭火器、磷酸铵盐干粉灭火器、泡沫灭火器或卤代烷灭火器。B 类火灾场所应选择泡沫灭火器、碳酸氢钠干粉灭火器、磷酸铵盐干粉灭火器、二氧化碳灭火器、灭 B 类火灾的水型灭火器或卤代烷灭火器。极性溶剂的 B 类火灾场所应选择灭 B 类火灾的抗溶性灭火器。根据第 4.2.3 条，C 类火灾场所应选择磷酸铵盐干粉灭火器、碳酸氢钠干粉灭火器、二氧化碳灭火器或卤代烷灭火器。根据第 4.2.4 条，D 类

1 答案：B
2 答案：D
3 答案：A
4 答案：B
5 答案：D

火灾场所应选择扑灭金属火灾的专用灭火器。根据第4.2.5条，E类火灾场所应选择磷酸铵盐干粉灭火器、碳酸氢钠干粉灭火器、卤代烷灭火器或二氧化碳灭火器，但不得选用装有金属喇叭喷筒的二氧化碳灭火器。

碳酸氢钠干粉灭火器是BC类干粉灭火器，不能扑救A类可燃固体表面火灾。所以选择D。

4．下列场所灭火器配置方案中，错误的是（ ）。[1]（2017-1-33）

A．商场女装库房配置水型灭火器　　B．碱金属（钾、钠）库房配置水型灭火器

C．食用油库房配置泡沫灭火器　　D．液化石油气罐瓶间配置干粉灭火器

【解析】根据《建筑灭火器配置设计规范》（GB 50140—2005）第4.2.1条条文说明表3。根据第4.2.1条，A类火灾场所应选择水型灭火器、磷酸铵盐干粉灭火器、泡沫灭火器或卤代烷灭火器。根据第4.2.2条，B类火灾场所应选择泡沫灭火器、碳酸氢钠干粉灭火器、磷酸铵盐干粉灭火器、二氧化碳灭火器、灭B类火灾的水型灭火器或卤代烷灭火器。极性溶剂的B类火灾场所应选择灭B类火灾的抗溶性灭火器。根据第4.2.3条，C类火灾场所应选择磷酸铵盐干粉灭火器、碳酸氢钠干粉灭火器、二氧化碳灭火器或卤代烷灭火器。根据第4.2.4条，D类火灾场所应选择扑灭金属火灾的专用灭火器。根据第4.2.5条，E类火灾场所应选择磷酸铵盐干粉灭火器、碳酸氢钠干粉灭火器、卤代烷灭火器或二氧化碳灭火器，但不得选用装有金属喇叭喷筒的二氧化碳灭火器。

碱金属遇水发生剧烈反应，碱金属、（钾、钠）库房不应配置水型灭火器，所以选择B。

5．某白酒灌装车间设置推车式灭火器，应优先选择的是（ ）。[2]（2015-1-21）

A．抗溶性泡沫灭火器　B．清水灭火器　C．水雾灭火器　D．碳酸氢钠干粉灭火器

【解析】根据《建筑灭火器配置设计规范》（GB 50140—2005）第4.2.2条，B类火灾场所应选择泡沫灭火器、碳酸氢钠干粉灭火器、磷酸铵盐干粉灭火器、二氧化碳灭火器、灭B类火灾的水型灭火器或卤代烷灭火器。极性溶剂的B类火灾场所应选择灭B类火灾的抗溶性灭火器。白酒灌装车间是B类火灾，白酒是极性溶剂，所以选择抗溶性泡沫灭火器。

6．磷酸铵盐干粉灭火剂不适合扑救（ ）火灾。[3]（2018-1-17）

A．汽油　B．石蜡　C．钠　D．木质家具

【解析】根据《建筑灭火器配置设计规范》（GB 50140—2005）第4.2条条文说明，从表3“灭火器的适用性”中可知，磷酸铵盐干粉灭火器适用于扑灭A、B、C和E类火灾。选项A汽油是B类火灾，选项B石蜡是B类火灾，选项C钠是D类火灾，选项D木质家具是A类火灾。所以选择C选项。

7．某综合楼的变配电室拟配置灭火器。该配电室应配置的灭火器是（ ）。[4]（2018-1-23）

A．水基型灭火器　　B．磷酸铵盐干粉灭火器

C．泡沫灭火器　　D．装有金属喇叭筒的二氧化碳灭火器

【解析】根据《建筑灭火器配置设计规范》（GB 50140—2005）第4.2.5条，E类火灾场所应选择磷酸铵盐干粉灭火器、碳酸氢钠干粉灭火器、卤代烷灭火器或二氧化碳灭火器，但不得选用装有金属喇叭喷筒的二氧化碳灭火器。配电室是E类火灾，所以选项B正确。

8．据现行国家标准《建筑灭火器设计规范》（GB 50140—2005），某酒店配置灭火器的做法中符合要求的是（ ）。[5]（2018-2-32）

A．酒店多功能厅配置了水型灭火器　　B．酒店的厨房配置了泡沫灭火器

1 答案：B
2 答案：A
3 答案：C
4 答案：B
5 答案：D

C．酒店的布草间配置了二氧化碳灭火器　　D．酒店的客房区走道上配置了磷酸铵盐干粉灭火器

【解析】根据《建筑灭火器配置设计规范》（GB 50140—2005）第 4.2.1 条，A 类火灾场所应选择水型灭火器、磷酸铵盐干粉灭火器、泡沫灭火器或卤代烷灭火器。

根据第 4.2.2 条，B 类火灾场所应选择泡沫灭火器、碳酸氢钠干粉灭火器、磷酸铵盐干粉灭火器、二氧化碳灭火器、灭 B 类火灾的水型灭火器或卤代烷灭火器。极性溶剂的 B 类火灾场所应选择灭 B 类火灾的抗溶性灭火器。根据第 4.2.5 条，E 类火灾场所应选择磷酸铵盐干粉灭火器、碳酸氢钠干粉灭火器、卤代烷灭火器或二氧化碳灭火器，但不得选用装有金属喇叭喷筒的二氧化碳灭火器。

选项 A 酒店多功能厅 A、E 类火灾，配置水型灭火器不正确。选项 B 厨房 A、B、E 类火灾，配置泡沫灭火器不正确。选项 C 布草间 A 类火灾，配置二氧化碳灭火器不正确。选项 D 客房区走道 A 类火灾，配置磷酸铵盐干粉灭火器正确。

三、灭火器的设置

1．某学校宿舍楼长度 40 m，宽度 13 m，建筑层数 6 层，建筑高度 21 m，设有室内消火栓系统。宿舍楼每层设置 15 间宿舍，每间宿舍学生人数为 4 人，每层中间沿长度方向设 2 m 宽的走道。该楼每层灭火器布置的做法中，符合现行国家标准《建筑灭火器配置设计规范》（GB 50140—2005）要求的是（　）。[1]（2017-2-77）

A．从距走道端部 5 m 处开始每隔 10 m 布置一具 MF/ABC5 灭火器

B．在走道尽端部 5 m 处分别布置 2 具 MF/ABC4 灭火器

C．在走道尽端部 5 m 处分别布置 2 具 MF/ABC5 灭火器

D．从距走道端部 5 m 处开始每隔 10 m 布置一具 MS/Q6 灭火器

【解析】根据《建筑灭火器配置设计规范》（GB 50140—2005）附录 D 表 D 民用建筑灭火器配置场所的危险等级举例，学生住宿床位在 100 张及以上的学校集体宿舍属于严重危险等级。根据第 5.2.1 条，设置在 A 类火灾场所的灭火器，其最大保护距离应符合下表的规定。

单位：m

灭火器形式 / 危险等级	A 类火灾场所	
	手提式	推车式
严重危险级	15	30
中危险级	20	40
轻危险级	25	50

MF/ABC5 是手提式磷酸铵盐 5 kg 干粉灭火器，灭火级别是 3A、89B。MF/ABC4 是手提式磷酸铵盐 4 kg 干粉灭火器，灭火级别是 2A、55B。MS/Q6 灭火器是手提式水基型 6 L 灭火器，灭火级别是 1A。从灭火级别和最大保护距离要求选择，故 A 选项正确。

2．根据现行国家标准《建筑灭火器配置验收及检查规范》（GB 50444—2008），下列灭火器中，应报废的有（　）。[2]（2017-2-81）

A．筒体表面有凹坑的灭火器　　B．出厂期满 2 年首次维修后，4 年内又维修 2 次的干粉灭火器

C．出厂满 10 年的二氧化碳灭火器　D．无间隙喷射机构的手提式灭火器

E．筒体为平底的灭火器

1 答案：A

2 答案：ADE

【解析】根据《建筑灭火器配置验收及检查规范》(GB 50444—2008）第 5.4.2 条，有下列情况之一的灭火器应报废：(1）筒体严重锈蚀，锈蚀面积大于、等于筒体总面积的 1/3，表面有凹坑；(2）筒体明显变形，机械损伤严重；(3）器头存在裂纹、无泄压机构；(4）筒体为平底等结构不合理；(5）没有间歇喷射机构的手提式；(6）没有生产厂名称和出厂年月，包括铭牌脱落，或虽有铭牌，但已看不清生产厂名称，或出厂年月钢印无法识别；(7）筒体有锡焊、铜焊或补缀等修补痕迹；(8）被火烧过。

根据第 5.3.2 条，灭火器的维修期限应符合下表的规定：

灭火器类型		维修期限
水基型灭火器	手提式水基型灭火器	出厂期满 3 年；首次维修以后每满 1 年
	推车式水基型灭火器	
干粉灭火器	手提式（贮压式）干粉灭火器	出厂期满 5 年；首次维修以后每满 2 年
	手提式（储气瓶式）干粉灭火器	
	推车式（贮压式）干粉灭火器	
	推车式（储气瓶式）干粉灭火器	
洁净气体灭火器	手提式洁净气体灭火器	
	推车式洁净气体灭火器	
二氧化碳灭火器	手提式二氧化碳灭火器	出厂期满 5 年；首次维修以后每满 2 年
	推车式二氧化碳灭火器	

B 选项 4 年内又维修 2 次的干粉灭火器，若题干中明确是 4 年内每满两年就维修一次，选项 B 更为严谨。

根据第 5.4.3 条，灭火器出厂时间达到或超过下表规定的报废期限时应报废。

灭火器类型		报废期限/年
水基型灭火器	手提式水基型灭火器	6
	推车式水基型灭火器	
干粉灭火器	手提式（贮压式）干粉灭火器	10
	手提式（储气瓶式）干粉灭火器	
	推车式（贮压式）干粉灭火器	
	推车式（储气瓶式）干粉灭火器	
洁净气体灭火器	手提式洁净气体灭火器	
	推车式洁净气体灭火器	
二氧化碳灭火器	手提式二氧化碳灭火器	12
	推车式二氧化碳灭火器	

选项 C 出厂满 10 年的二氧化碳灭火器没有达到报废年限。所以选择 A、D、E 选项。

3. 根据现行国家行业标准《灭火器维修》(GA 95—2015)，下列零部件和灭火剂中，无须在每次维修灭火器时都更换的是（　）。[1]（2017-2-39）

A. 密封垫　　B. 二氧化碳灭火器的超压安全膜片

C. 水基灭火器的滤网　　D. 水基型灭火剂

【解析】根据《灭火器维修》(GA 95—2015）第 6.6.5 条，每次维修时，下列零部件应作更换：(1）密封片、圈、垫等密封零件；(2）水基型灭火剂；(3）二氧化碳灭火器的超压安全膜片。所以选项 C 水基灭火器的滤网不是每次维修时应作更换的零件。

4. 某高层建筑，设计建筑高度为 68.0 m，总建筑面积为 91 200 m^2。标准层的建筑面积为 2 176 m^2，每层划分为 1 个防火分区。一至二层为上、下连通的大堂，三层设置会议室和多功能厅。四层以上用于办

1 答案：C

公。建筑的耐火等级设计为二级，其楼板、梁和柱的耐火极限分别为 1.00 h、2.00 h 和 3.00 h。高层主体建筑和裙房的下部设置了 3 层地下室。高层建筑地下一层设置餐饮、超市和设备室。地下二层为人防工程和汽车库、消防水泵房、消防水池、燃油锅炉房、变配电室（干式）等。地下三层为汽车库。地下各层均按标准要求划分了防火分区。其中，人防工程区的建筑面积为 3 310 m^2，设置了歌厅、洗浴桑拿房、健身用房及影院，并划分为歌厅、洗浴桑拿与健身、影院三个防火分区，建筑面积分别为 820 m^2、1 110 m^2 和 1 380 m^2。指出该高层建筑在消防设置方面的问题，并给出正确做法。（2017-3-三）

答案：室内消火栓箱内配置灭火器不符合要求，该建筑是一类高层，灭火器配置级别按严重危险级，灭火器最大保护距离是 15 m。因此灭火器不能完全按室内消火栓箱的位置布置。需要在合适的地方增设灭火器。

【解析】根据《建筑灭火器配置设计规范》（GB 50140—2005）附录 D 表 D 民用建筑灭火器配置场所的危险等级举例，超高层建筑和一类高层建筑的写字楼、办公楼属于严重危险等级。根据第 5.2.1 条，设置在 A 类火灾场所的灭火器，其最大保护距离应符合下表的规定。

单位：m

灭火器形式 / 危险等级	A 类火灾场所	
	手提式	推车式
严重危险级	15	30
中危险级	20	40
轻危险级	25	50

四、灭火器的配置

1．某多层民用建筑的第二层为舞厅，建筑面积为 1 000 m^2，该场所设有室内消火栓系统、自动喷水灭火系统、火灾自动报警系统及防排烟系统，并按严重危险等级配置灭火器。若在该层设置 3 个灭火器设置点，每处设置干粉灭火器 2 具，则每具灭火器的灭火级别应为（　）。[1]（2015-1-78）

A．2A　　B．21B　　C．3A　　D．55B

【解析】根据《建筑灭火器配置设计规范》（GB 50140—2005）附录 D 表 D 民用建筑灭火器配置场所的危险等级举例，建筑面积在 200 m^2 及以上的公共娱乐场所属于严重危险等级。题目中建筑面积为 1 000 m^2 的舞厅属于严重危险等级。根据第 6.2.1 条，A 类火灾场所灭火器的最低配置基准应符合表 6.2.1 的规定。所以选择 C 选项。

表 6.2.1　A 类火灾场所灭火器的最低配置基准

危险等级	严重危险级	中危险级	轻危险级
单具灭火器最小配置灭火级别	3A	2A	1A
单位灭火级别最大保护面积/（m^2/A）	50	75	100

2．某二级耐火等级的 3 层养老院，老人住宿床位数 80 张，总建筑面积 4 000 m^2，设置了室内外消火栓系统、自动喷水灭火系统、火灾自动报警系统等。下列关于该场所配置手提式灭火器的说法中，正确的是（　）。[2]（2016-1-51）

A．单具灭火器的最低配置基准应为 3A，最大保护距离应为 15 m

1 答案：C

2 答案：A

B．单具灭火器的最低配置基准应为 5A，最大保护距离应为 15 m

C．单具灭火器的最低配置基准应为 3A，最大保护距离应为 20 m

D．单具灭火器的最低配置基准应为 5A，最大保护距离应为 20 m

【解析】根据《建筑灭火器配置设计规范》（GB 50140—2005）附录 D 表 D 民用建筑灭火器配置场所的危险等级举例，老人住宿床位在 50 张及以上的养老院属于严重危险等级。根据第 6.2.1 条，A 类火灾场所灭火器的最低配置基准表，最低配置基准为 3A。严重危险等级 A 类火灾最大保护距离为 15 m。所以选择 A。

3．关于古建筑灭火器配置的说法，错误的是（　）。[1]（2017-1-98）

A．县级以上的文物保护古建筑，单具灭火器最小配置灭火级别是 3A

B．县级以上的文物保护古建筑，单具灭火级别最大保护面积是 60 m^2/A

C．县级以下的文物保护古建筑，单具灭火器最小配置灭火级别是 2A

D．县级以下的文物保护古建筑，单位灭火级别最大保护面积是 90 m^2/A

E．县级以下的文物保护古建筑，单位灭火级别最大保面积是 75 m^2/A

【解析】根据《建筑灭火器配置设计规范》（GB 50140—2005）附录 D 表 D 民用建筑灭火器配置场所的危险等级举例，县级以上的文物保护单位是严重危险级，县级以下的文物保护单位县级是中危险级。文物保护单位是 A 类火灾。A 类火灾场所灭火器的最低配置基准应符合表 6.2.1 的规定。

表 6.2.1　A 类火灾场所灭火器的最低配置基准

危险等级	严重危险级	中危险级	轻危险级
单具灭火器最小配置灭火级别	3A	2A	1A
单位灭火级别最大保护面积/（m^2/A）	50	75	100

综合知识点可得到县级以上的文物保护古建筑，单具灭火器最小配置灭火级别是 3A，单位灭火级别最大保护面积是 50 m^2/A。县级以下的文物保护古建筑，单具灭火器最小配置灭火级别是 2A，单位灭火级别最大保护面积是 75 m^2/A。所以选择 B、D 选项。

4．根据现行国家标准《建筑灭火器配置设计规范》（GB 50140—2005），下列建筑灭火器的配置方案中，正确的是（　）。[2]（2018-1-36）

A．某电子游戏厅，建筑面积 150 m^2，配置 2 具 MF/ABC4 型手提式灭火器

B．某办公楼，将 1 间计算机房和 5 间办公室作为一个计算单元配置灭火器

C．某酒店建筑首层的门厅与二层相通，两层按照一个计算单元配置灭火器

D．某高校教室，配置的 MF/ABC3 型手提灭火器，最大保护半径 25 m

【解析】根据《建筑灭火器配置设计规范》（GB 50140—2005）附录 D 表 D 民用建筑灭火器配置场所的危险等级举例可知，建筑面积在 200 m^2 以下的公共娱乐场所属于中危险级。选项 A 建筑面积 150 m^2 电子游戏厅是中危险级。电子游戏厅火灾种类是 A、E 类火灾。

根据第 6.2.1 条，A 类火灾场所灭火器的最低配置基准应符合表 6.2.1 的规定。

表 6.2.1　A 类火灾场所灭火器的最低配置基准

危险等级	严重危险级	中危险级	轻危险级
单具灭火器最新配置灭火级别	3A	2A	1A
单具灭火级别最大保护面积/（m^2/A）	50	75	100

1 答案：BD

2 答案：A

根据第6.2.4条，E类火灾场所的灭火器最低配置基准不应低于该场所内A类（或B类）火灾的规定。

选项A配置2具MF/ABC4型手提式灭火器，查《建筑灭火器配置设计规范》（GB 50140—2005）附录A建筑灭火器配置类型、规格和灭火级别基本参数，表A.0.1 手提式灭火器类型、规格和灭火级别可知，MF/ABC4型手提式灭火器举例灭火级别是2A、55B。建筑面积150 m^2配置2具MF/ABC4型手提式灭火器符合要求，选项A正确。

根据《建筑灭火器配置设计规范》（GB 50140—2005）第7.2.1条，灭火器配置设计的计算单元应按下列规定划分:（1）当一个楼层或一个水平防火分区内各场所的危险等级和火灾种类相同时，可将其作为一个计算单元。（2）当一个楼层或一个水平防火分区内各场所的危险等级和火灾种类不相同时，应将其分别作为不同的计算单元。（3）同一计算单元不得跨越防火分区和楼层。

选项B办公楼的计算机房和办公室危险等级和火灾种类不同。计算机房是严重危险级，A、E类火灾。选项中未明确办公室是否设有集中空调、电子计算机、复印机等设备，若有是中危险级，若无是轻危险级，A类火灾。计算机房和办公室危险等级和火灾种类不同，所以应分别作为不同的计算单元。选项B错误。

选项C酒店首层门厅与二层按照一个计算单元配置灭火器错误，同一计算单元不得跨越防火分区和楼层。

选项D高校教室是中危险级。根据《建筑灭火器配置设计规范》（GB 50140—2005）第6.2.1条，A类火灾场所灭火器的最低配置基准应符合表6.2.1的规定。根据附录A建筑灭火器配置类型、规格和灭火级别基本参数，表A.0.1 手提式灭火器类型、规格和灭火级别可知，MF/ABC3型手提式灭火器举例灭火级别是2A、34B。根据第5.2.1条，设置在A类火灾场所的灭火器，其最大保护距离应符合下表的规定。

单位：m

灭火器形式 / 危险等级	A类火灾场所	
	手提式	推车式
严重危险级	15	30
中危险级	20	40
轻危险级	25	50

选项D高校教室配置的MF/ABC3型手提灭火器正确，但是最大保护半径25 m错误，最大保护距离应是20 m。

5. 根据现行国家标准《建筑灭火器配置设计规范》（GB 50140—2005），下列配置灭火器的场所中，危险等级属于严重危险级的是（ ）。[1]（2018-1-77）。

A. 中药材库房　　B. 酒精度小于60°的白酒库房

C. 工厂分控制室　　D. 电脑、电视机等电子产品库房

【解析】由《建筑灭火器配置设计规范》（GB 50140—2005）附录C表C工业建筑灭火器配置场所的危险等级举例中可知，中药材库房属于中危险级，酒精度小于60°的白酒库房属于中危险级，工厂分控制室属于严重危险级，电脑、电视机等电子厂品库房属于中危险级。所以选C。

五、灭火器的配置设计计算

1. 地下汽车库配置灭火器时，计算单元的最小需配灭火级别计算应比地上汽车库增加（ ）。[2]（2015-1-7）

A. 10%　B. 20%　C. 30%　D. 25%

【解析】根据《建筑灭火器配置设计规范》（GB 50140—2005）第7.3.3条，歌舞娱乐放映游艺场所、网吧、商场、寺庙以及地下场所等的计算单元的最小需配灭火级别比地上建筑相应场所增配30%的灭火器，

1 答案：C

2 答案：C

即其增配系数为1.3。地下汽车库是地下场所，计算单元的最小需配灭火级别比地上建筑相应场所增配30%的灭火器，所以选C。

2．关于灭火器配置计算修正系统的说法，错误的是（　）。[1]（2017-1-36）

A．仅设室内消火栓系统时，修正系数为0.9

B．仅设有灭火系统时，修正系数为0.7

C．同时设置室内消火栓系统和灭火系统时，修正系数为0.5

D．同时设置室内消火栓系统、灭火系统和火灾自动报警系统时，修正系数为0.3

【解析】根据《建筑灭火器配置设计规范》(GB 50140—2005)第7.3.2条，修正系数（K）应按表7.3.2的规定取值。

表7.3.2　修正系数

计算单元	K
未设室内消火栓系统和灭火系统	1.0
设有室内消火栓系统	0.9
设有灭火系统	0.7
设有室内消火栓系统和灭火系统	0.5
可燃物露天堆场 甲、乙、丙类液体储罐区 可燃气体储罐区	0.3

3．某服装加工厂，共4层，建筑高度23 m，呈矩形布置，长40 m，宽25 m，设有室内消火栓系统和自动喷水灭火系统，该服装加工厂拟配置ME/ABC3型手提式灭火器，每层配置的灭火器数量至少应为（　）。[2]（2018-1-65）

A类火灾场所灭火器的最低配置基准选用表

危险等级	严重危险级	中危险级	轻危险级
单具灭火器最新配置灭火级别	3A	2A	1A
单具灭火级别最大保护面积/（m^2/A）	50	75	100

A．6具　　B．5具　　C．4具　　D．3具

【解析】灭火器配置场所的配置设计计算按以下步骤进行:

（1）确定各灭火器配置场所的火灾种类和危险等级。

服装加工厂火灾类别为A类，灭火器配置场所危险等级为中危险级，由《建筑灭火器配置设计规范》(GB 50140—2005)附录C表C民用建筑灭火器配置场所的危险等级举例可知。

（2）划分计算单元，计算各单元的保护面积。

根据《建筑设计防火规范》(GB 50016—2014)第3.1.1条，生产的火灾危险性应根据生产中使用或产生的物质性质及其数量等因素划分，可分为甲、乙、丙、丁、戊类，并应符合表3.1.1的规定。查表3.1.1可知，服装加工厂是丙类厂房。根据第3.3.1条，除本规范另有规定外，厂房的层数和每个防火分区的最大允许建筑面积应符合表3.3.1的规定。根据表3.3.1厂房的层数和每个防火分区的最大允许建筑面积可知，多层丙类厂房的一、二、三级耐火等级建筑物的防火分区面积分别为6 000 m^2、4 000 m^2、2 000 m^2。该题干中4层服装加工厂的耐火等级没有明确的信息可以判定，所以需要把一、二、三级的防火分区要求都了

1 答案：D

2 答案：C

解清楚。

《建筑灭火器配置设计规范》(GB 50140—2005）第 7.2.1 条，灭火器配置设计的计算单元应按下列规定划分:（1）当一个楼层或一个水平防火分区内各场所的危险等级和火灾种类相同时，可将其作为一个计算单元。(2）当一个楼层或一个水平防火分区内各场所的危险等级和火灾种类不相同时，应将其分别作为不同的计算单元。(3）同一计算单元不得跨越防火分区和楼层。

题干中每层面积是 40 m × 25 m=1 000 m^2，该 4 层服装加工厂可以每层为一个计算单元。

（3）计算各单元的最小需配灭火级别。

表 6.2.1　A 类火灾场所灭火器的最低配置基准

危险等级	严重危险级	中危险级	轻危险级
单具灭火器最新配置灭火级别	3A	2A	1A
单具灭火级别最大保护面积/（m^2/A）	50	75	100

根据第 7.3.1 条，计算单元的最小需配灭火级别应按下式计算:

$$Q = K\frac{S}{U}$$

设有室内消火栓系统和自动喷水灭火系统时 K 取 0.5，U 为 75 m^2/A。

$$Q=0.5\times40\times25\div75=6.7\text{A}$$

（4）计算单元的最小需配灭火级别的计算。

根据第 5.2.1 条，设置在 A 类火灾场所的灭火器，其最大保护距离应符合表 5.2.1 的规定。

表 5.2.1　A 类火灾场所的灭火器最大保护距离　　单位：m

灭火器形式 / 危险等级	A 类火灾场所	
	手提式	推车式
严重危险级	15	30
中危险级	20	40
轻危险级	25	50

根据题干建筑平面尺寸长 40 m、宽 25 m，需要设置两个点。

（5）计算每个灭火器设置点的最小需配灭火级别。

根据第 7.3.4 条，计算单元中每个灭火器设置点的最小需配灭火级别应按下式计算:

$$Q_e = \frac{Q}{N}$$

Q_e=6.7A/2=3.35A，取 4A。

（6）确定每个设置点灭火器的类型、规格与数量。

题干中该服装加工厂拟配置 ME/ABC3 型手提式灭火器。查《建筑灭火器配置设计规范》(GB 50140 —2005）附录 A 建筑灭火器配置类型、规格和灭火级别基本参数表 A.0.1 手提式灭火器类型、规格和灭火级别可知，MF/ABC3 型手提式灭火器举例灭火级别是 2A、34B。

每个设置点需要配置 2 具 ME/ABC3 型手提式灭火器，每层有 2 个设置点，所以每层需要配置 4 具 ME/ABC3 型手提式灭火器才满足要求。

第二节　建筑灭火器配置验收及检查

一、基本规定

1．下列检查项目中，不属于推车式干粉灭火器进场检查项目的是（　）。[1]（2017-2-68）

A．间歇喷射机构　　B．筒体　　C．灭火器结构　　D．行驶机构

【解析】根据《建筑灭火器配置验收及检查规范》（GB 50444—2008）第 2.2.1 条，灭火器的进场检查应符合下列要求：（1）灭火器应符合市场准入的规定，并应有出厂合格证和相关证书；（2）灭火器的铭牌、生产日期和维修日期等标志应齐全；（3）灭火器的类型、规格、灭火级别和数量应符合配置设计要求；（4）灭火器筒体应无明显缺陷和机械损伤；（5）灭火器的保险装置应完好；（6）灭火器压力指示器的指针应在绿区范围内；（7）推车式灭火器的行驶机构应完好。选项 A 不属于进场检查项目。

2．某消防工程施工单位对进场的一批手提式二氧化碳灭火器进行现场检查，根据现行国家标准《建筑灭火器配置验收及检查规范》（GB 50444—2008），（　）不属于该灭火器的进场检查项目。[2]（2018-2-25）

A．市场准入证明　　B．压力表指针位置　　C．筒体机械损伤　　D．永久性钢印标识

【解析】根据《建筑灭火器配置验收及检查规范》（GB 50444—2008）第 2.2.1 条，灭火器的进场检查应符合下列要求：（1）灭火器应符合市场准入的规定，并应有出厂合格证和相关证书；（2）灭火器的铭牌、生产日期和维修日期等标志应齐全；（4）灭火器筒体应无明显缺陷和机械损伤；（6）灭火器压力指示器的指针应在绿区范围内。手提式二氧化碳灭火器的结构与其他手提式灭火器的结构基本相似，只是二氧化碳灭火器的充装压力较大，取消了压力表，增加了安全阀。B 错误。

二、安装设置

1．对建筑灭火器进行防火检查时，也应注意检查灭火器箱与地面的距离。根据现行国家消防技术标准，灭火器箱底部距地面的高度不应小于（　）cm。[3]（2016-2-41）

A．8　　B．5　　C．10　　D．15

【解析】根据《建筑灭火器配置验收及检查规范》（GB 50444—2008）第 3.2.7 条，根据现行国家标准《建筑灭火器配置设计规范》（GB 50140—2005）的要求，手提式灭火器顶部离地面高度不应大于 1.50 m，底部离地面高度不宜小于 0.08 m。选项 A 正确。

2．对灭火器整体结构及箱门开启性能实质检查门开启操作，翻盖箱盖的开启角度不得小于（　）。[4]（2015-2-59）

A．155°　　B．165°　　C．170°　　D．100°

【解析】根据《灭火器箱》（GA 139—2009）第 5.4.3 条，开门式灭火器箱的箱门开启角度不应小于 160°，翻盖式灭火器箱的箱盖开启角度不应小于 100°。选项 D 正确。

三、配置验收

1．对在同一配置单元内设置有两种类型的灭火器的场所进行验收检查时，下列检查结论中正确的是

1 答案：A
2 答案：B
3 答案：A
4 答案：D

（ ）。[1]（2015-2-47）

A．核查灭火器的类型、数量、规格、灭火级别均符合设计要求，而且两种灭火剂的充装量相等，判定灭火器的配置合格

B．核查灭火器的类型、数量、规格、灭火级别均符合设计要求，而且两种灭火剂的类型不相容，判定灭火器的配置合格

C．核查灭火器的类型、数量、规格、灭火级别均符合设计要求，而且两种灭火剂的类型相容，判定灭火器的配置合格

D．核查灭火器的类型、数量、规格、灭火级别均符合设计要求，但两种灭火剂的充装量不相等，判定灭火器的配置不合格

【解析】根据《建筑灭火器配置验收及检查规范》（GB 50444—2008）第 4.2.3 条，在同一灭火器配置单元内，采用不同类型灭火器时，其灭火器应能相容。选项 C 正确。

2．建筑灭火器配置缺陷项分为三类，分别为严重（A）、重（B）、轻（C）。下列灭火器配置中，属于严重缺陷项的有（ ）。[2]（2016-2-84）

A．堆场上露天设置 MFT/ABC20 灭火器

B．柴油发电机房设置 1 具磷酸铵盐灭火器及 1 具碳酸氢钠灭火器

C．建筑地下室灭火器锁在灭火器箱中

D．普通住宅内配置的灭火器未取得 3C 认证证书

E．民用机场候机厅配置的灭火器型号为 MF/ABC4

【解析】参见《建筑灭火器配置验收及检查规范》（GB 50444—2008）附录 B 建筑灭火器配置缺陷项分类及验收报告。堆场上露天设置 MFT/ABC20 灭火器，属于重缺陷，故 A 选项错误。柴油发电机房设置 1 具磷酸铵盐灭火器及 1 具碳酸氢钠灭火器，两种灭火器的灭火剂不相容，属于严重缺陷，故 B 选项正确。建筑地下室灭火器锁在灭火器箱中，属于重缺陷，故 C 选项错误。普通住宅内配置的灭火器未取得 3C 认证证书，属于严重缺陷，故 D 选项应选。根据《建筑灭火器配置设计规范》（GB 50140—2005）附录 D 民用建筑灭火器配置场所的危险等级举例，民用机场的候机厅、安检厅及空管中心、雷达机房为严重危险级。根据第 6.2.1 条，A 类火灾场所灭火器的最低配置基准应符合表 6.2.1 的规定。严重危险级单具灭火器最小配置灭火级别为 3A，MF/ABC4 灭火级别为 2A，为严重缺陷。故 E 选项应选。所以选择 B、D、E 选项。

四、检查与维护

1．灭火器日常检查中，发现灭火器达到维修条件或维修期限时，建筑使用管理单位应及时按照规定程序送修。（ ）的灭火器应及时送修。[3]（2015-2-82）

A．未曾使用过但出厂期刚满 2 年　　B．机械损伤　　C．筒体明显锈蚀

D．灭火剂泄漏　　E．再次维修以后刚满 2 年

【解析】根据《建筑灭火器配置验收及检查规范》（GB 50444—2008）第 5.3.1 条，存在机械损伤、明显锈蚀、灭火剂泄漏、被开启使用过或符合其他维修条件的火火器应及时进行维修。选项 B、C、D 应送修。

根据第 5.3.2 条，灭火器的维修期限应符合下表的规定：

1 答案：C

2 答案：BDE

3 答案：BCDE

灭火器类型		维修期限
水基型灭火器	手提式水基型灭火器	出厂期满3年； 首次维修以后每满1年
	推车式水基型灭火器	
干粉灭火器	手提式（贮压式）干粉灭火器	出厂期满5年； 首次维修以后每满2年
	手提式（储气瓶式）干粉灭火器	
	推车式（贮压式）干粉灭火器	
	推车式（储气瓶式）干粉灭火器	
洁净气体灭火器	手提式洁净气体灭火器	
	推车式洁净气体灭火器	
二氧化碳灭火器	手提式二氧化碳灭火器	出厂期满5年； 首次维修以后每满2年
	推车式二氧化碳灭火器	

题干中没有明确灭火器的类型，从第5.3.2条中可知所有类型的未曾使用过但出厂期刚满2年的灭火器不需要送修，选项A不选择。选项E再次维修以后刚满2年的灭火器是需要送修的。

2．灭火器使用一定年限后，对符合报废条件、报废年限的灭火器，建筑使用管理单位应及时采购符合要求的灭火器进行等效更换。下列灭火器中，正常情况下出厂时间已满10年但不满12年可不报废的是（　）。[1]（2015-2-10）

A．二氧化碳灭火器　　B．水基型灭火器　　C．洁净气体灭火器　　D．干粉灭火器

【解析】根据《建筑灭火器配置验收及检查规范》（GB 50444—2008）第5.4.3条，灭火器出厂时间达到或超过下表规定的报废期限时应报废。

灭火器类型		报废期限
水基型灭火器	手提式水基型灭火器	6年
	推车式水基型灭火器	
干粉灭火器	手提式（贮压式）干粉灭火器	10年
	手提式（储气瓶式）干粉灭火器	
干粉灭火器	推车式（贮压式）干粉灭火器	10年
	推车式（储气瓶式）干粉灭火器	
洁净气体灭火器	手提式洁净气体灭火器	
	推车式洁净气体灭火器	
二氧化碳灭火器	手提式二氧化碳灭火器	12年
	推车式二氧化碳灭火器	

所以选择选项A。

3．某消防技术服务结构的检测人员对一大型商业综合体设置的各类灭火器进行检查。根据现行国家标准《建筑灭火器配置验收及检查规范》（GB 50444—2008）的要求，下列关于灭火器的检查结论中，正确的是（　）。[2]（2016-2-48）

A．每个月对顶层办公区与配置的灭火器进行一次检查，符合要求

B．每个月对商场部分配置的灭火器进行一次检查，符合要求

C．每个月对地下室配置的灭火器进行一次检查，符合要求

D．每个月对锅炉房配置的灭火器进行一次检查，符合要求

1 答案：A

2 答案：A

【解析】根据《建筑灭火器配置验收及检查规范》（GB 50444—2008）第 5.2.1 条，灭火器的配置、外观等应按要求每月进行一次检查。根据第 5.2.2 条，候车（机、船）室、歌舞娱乐放映游艺等人员密集的公共场所，堆场、罐区、石油化工装置区、加油站、锅炉房、地下室等场所配置的灭火器，应按要求每半月进行一次检查。选项 A 商场是人员密集的公共场所，应按要求每半月进行一次检查，所以选择 A。

4．某信息中心大楼内设有自动喷水灭火系统、气体灭火系统、火灾自动报警系统等自动消防设施和灭火器。2015 年 2 月 5 日，该单位安保部对信息中心的消防设施进行了全面检查测试，部分检查情况如下：

表 1　建筑灭火器检查情况

灭火器型号	出厂日期	数量/具	上次维修时间	外观检查存在问题的灭火器/具			
				压力表指针位于红区	筒体锈蚀面积与筒体面积之比		筒体严重变形
					＜1/3	≥1/3	
MFZ/ABC4	2010 年 1 月	82	无	2	5	2	0
	2010 年 7 月	82	无	3	3	2	0
MT5	2003 年 1 月	18	2014 年 1 月	0	0	0	2
	2003 年 7 月	18	2014 年 7 月	0	0	0	1

根据建筑灭火器检查情况，简述哪些灭火器需要维修、报废。（2015-3-一）

答案：需要维修的灭火器有：

（1）干粉灭火器出厂满 5 年需要送检，出厂日期为 2010 年 1 月的 82 具 MFZ/ABC4 灭火器，需要维修。

（2）2010 年 7 月出厂的灭火器中压力表位于红区的 3 具 MFZ/ABC4 需要维修。

（3）出厂日期为 2010 年 7 月的 3 具筒体锈蚀面积＜1/3 的灭火器需要维修。

需要报废的灭火器有：

（1）出厂日期为 2010 年 7 月的 2 具筒体锈蚀面积≥1/3 的灭火器需要报废。

（2）出厂日期为 2003 年 1 月 18 具超过了报废年限 12 年的 MT5（二氧化碳灭火器）需全部报废。

（3）出厂日期为 2003 年 7 月 1 具筒体严重变形的 MT5（二氧化碳灭火器）需报废。

【解析】根据《建筑灭火器配置验收及检查规范》（GB 50444—2008）第 5.4.3 条，灭火器出厂时间达到或超过下表规定的报废期限时应报废。

灭火器类型		报废期限
水基型灭火器	手提式水基型灭火器	6 年
	推车式水基型灭火器	
干粉灭火器	手提式（贮压式）干粉灭火器	10 年
	手提式（储气瓶式）干粉灭火器	
	推车式（贮压式）干粉灭火器	
	推车式（储气瓶式）干粉灭火器	
洁净气体灭火器	手提式洁净气体灭火器	
	推车式洁净气体灭火器	
二氧化碳灭火器	手提式二氧化碳灭火器	12 年
	推车式二氧化碳灭火器	

根据第 5.4.2 条，有下列情况之一的灭火器应报废：（1）筒体严重锈蚀，锈蚀面积大于、等于筒体总面积的 1/3，表面有凹坑；（2）筒体明显变形，机械损伤严重；（3）器头存在裂纹、无泄压机构；（4）筒体为平底等结构不合理；（5）没有间歇喷射机构的手提式；（6）没有生产厂名称和出厂年月，包括铭牌脱

落，或虽有铭牌，但已看不清生产厂名称，或出厂年月钢印无法识别；（7）筒体有锡焊、铜焊或补缀等修补痕迹；（8）被火烧过。

根据第 5.3.1 条，存在机械损伤、明显锈蚀、灭火剂泄漏、被开启使用过或符合其他维修条件的灭火器应及时进行维修。

5．某幼儿园共配置了 20 具 4kg 磷酸铵盐干粉灭火器，委托某消防技术服务机构进行检查维护。经检查有 8 具灭火器需送修。该幼儿园无备用灭火器，根据现行国家标准《建筑灭火器配置验收及检查规范》（GB 50444—2008），幼儿园一次送修的灭火器数量最多为（　）。[1]（2018-2-37）

A．8 具　　B．5 具　　C．6 具　　D．7 具

【解析】根据《建筑灭火器配置验收及检查规范》（GB 50444—2008）第 5.1.2 条，每次送修的灭火器数量不得超过计算单元配置灭火器总数量的 1/4。超出时，应选择相同类型和操作方法的灭火器替代，替代灭火器的灭火级别不应小于原配置灭火器的灭火级别。题干中幼儿园共 20 具 4kg 磷酸铵盐干粉灭火器，一次送修的灭火器数量最多是 20 × 1/4=5 具，选择 B 选项。

6．某消防技术服务机构对歌舞厅的灭火器进行日常检查维护，该消防技术服务机构的下列检查维护工作中，符合现行国家标准的有（　）。[2]（2018-2-96）

A．每半月对灭火器的零部件完整性开展检查并记录

B．每半月对灭火器的驱动气体压力开展检查并记录

C．将筒体严重锈蚀的灭火器送至专业维修单位检修

D．将筒体明显锈蚀的灭火器送至该灭火器的生产企业维修

E．将灭火剂泄漏的灭火器送至该灭火器的生产企业维修

【解析】根据《建筑灭火器配置验收及检查规范》（GB 50444—2008）第 5.2.2 条，下列场所配置的灭火器，应按附录 C 的要求每半月进行一次检查。（1）候车（机、船）室、歌舞娱乐放映游艺等人员密集的公共场所；（2）堆场、罐区、石油化工装置区、加油站、锅炉房、地下室等场所。灭火器的配置、外观等应按要求每月进行一次检查。附录 C 建筑灭火器检查内容、要求及记录表中：（17）灭火器的驱动气体压力是否在工作压力范围内。（18）灭火器的零部件是否齐全，并且无松动、脱落或损伤现象。选项 A、B 正确。

根据第 5.4.2 条，筒体严重锈蚀，锈蚀面积大于、等于筒体总面积的 1/3，表面有凹坑的灭火器应报废。选项 C 错误。

根据第 5.3.1 条，存在机械损伤、明显锈蚀、灭火剂泄漏、被开启使用过或符合其他维修条件的灭火器应及时进行维修。选项 D、E 正确。

1 答案：B
2 答案：ABDE

第四篇　其他建筑、场所防火

第一章　石油化工防火

本章由陶昆解析

第一节　石油化工企业防火设计

一、火灾危险性

2015年4月6日，某石油化工企业发生对二甲苯爆炸事故，造成6人受伤、直接经济损失9 457万元。对二甲苯（P-Xylene）是苯的衍生物，有毒，为无色透明液体，简称PX。二甲苯类物质闪点为30℃左右、爆炸下限为1.0%左右。爆炸性气体混合物按最大试验安全间隙（MESG）或最小点燃电流比（MICR）分级属ⅡA级，按引燃温度分组属T1组。对二甲苯储存火灾危险性属（　）类。[1]（2015-2-66）

A．乙　B．丙　C．甲　D．丁

【解析】根据《石油化工企业设计防火规范》（GB 60160—2008）第3.0.2条，液化烃、可燃液体的火灾危险性分类应按表3.0.2分类。根据第3.0.2条条文说明液化烃、可燃液体的火灾危险性分类举例，对二甲苯属于甲B类、甲苯属于甲B类。

二、区域规划与工厂总平面布置

1．某房地产开发商拟在石油化工厂附近开发建设一个居住区，石油化工厂设有总容积为10 000 m^3的液化石油气储罐区。根据《石油化工企业设计防火规范》（GB 50160—2008）的规定，该新建居住区与石油化工厂液化石油气储罐区的防火间距不应小于（　）m。[2]（2015-1-20）

A．50　B．100　C．200　D．150

【解析】根据《石油化工企业设计防火规范》（GB 50160—2008）第4.1.9条，石油化工企业与相邻工厂或设施的防火间距不应小于表4.1.9的规定。查表4.1.9可知，居住区与石油化工厂液化石油气储罐区的防火间距不应小于150 m。所以答案为D。

2．油品装卸码头设置的装卸甲、乙类油品的泊位，与明火或散发火花地点的防火间距不应小于（　）m。[3]（2015-1-27）

A．30　B.40　C.50　D.100

【解析】参见教材《消防安全技术实务》第四篇第二章第三节。装卸甲、乙类油品的泊位与明火或散发火花地点的防火间距不应小于40 m。

---

1 答案：C

2 答案：D

3 答案：B

3．某单位经规划部门许可在一江边新建一座油品装卸码头，委托设计单位进行工程设计。下列关于油品装卸码头防火设计要求的说法中，正确的有（　）。[1]（2015-1-85）

A．油品码头布置在港口的边缘区域

B．装卸甲、乙类油品的泊位与明火或散发火花地点的防火间距不应小于 40 m

C．甲、乙类油品码头前沿线与陆上储油罐的防火间距不小于 20 m

D．油品泊位的码头结构应采用不燃烧材料

E．油品码头上应设置人行道和检修道

【解析】参见教材《消防安全技术实务》第四篇第二章第三节。油品码头宜布置在港口的边缘区域。选项 A 正确。

甲、乙类油品码头前沿线与陆上储油罐的防火间距不应小于 50 m，装卸甲乙类油品的泊位与明火或散发火花地点的防火间距不应小于 40 m，陆上与装卸作业无关的其他设施与油品码头的间距不应小于 40 m。选项 B 正确，选项 C 错误。

油品泊位的码头结构应采用不燃烧材料，油品码头上应设置必要的人行通道和检修通道，并应采用不燃或难燃性的材料。选项 D、E 正确。

4．某石油化工企业的厂区设置办公区、动力设备用房、消防站、甲类和乙类液体储蓄罐、液体烃储蓄罐、装卸设施和桶装油品堆场。下列关于工厂总平面布置的做法中，正确的是（　）。[2]（2015-2-12）

A．全厂性的高架火炬设置在生产区全年最小频率风向的上风侧

B．采用架空电力线路进出厂区的总变电所布置在厂区中心

C．消防站位于生产区全年最小频率风向的上风侧

D．散发可燃气体的工艺装置和罐组布置在人员集中场所全年最小频率风向的下风侧

【解析】根据《石油化工企业设计防火规范》（GB 50160—2008）第 4.2.6 条，全厂性的高架火炬宜位于生产区全年最小频率风向的上风侧，A 选项正确。根据第 4.2.9 条，采用架空电力线路进出厂区的总变电所应布置在厂区边缘，B 选项错误。根据第 4.2.10 条，消防站宜位于生产区全年最小频率风向的下风侧，C 选项错误。根据第 4.2.2 条，可能散发可燃气体的工艺装置、罐组、装卸区或全厂性污水处理场等设施宜布置在人员集中场所及明火或散发火花地点的全年最小频率风向的上风侧，D 选项错误。所以答案为 A。

5．根据现行国家标准《石油化工企业设计防火规范》（GB 50160），下列石油化工企业总平面布置方案中正确的是（　）。[3]（2018-1-79）

A．对穿越生产区的地区架空电力线路采取加大防火间距的安全措施

B．厂外国家铁路线中心线与甲类工艺装置最外侧设备边缘的距离为 40 m

C．穿越厂区的地区输油管道埋地敷设

D．空分站布置在散发粉尘场所的全年最小频率风向的上风侧

【解析】根据《石油化工企业设计防火规范》（GB 50160—2008）第 4.1.6 条，公路和地区架空电力线路严禁穿越生产区。选项 A 错误。

第 4.1.9 条，石油化工企业与相邻工厂或设施的防火间距不应小于表 4.1.9 的规定。查表 4.1.9 可知，厂外国家铁路线（中心线）与甲类工艺装置（最外侧设备边缘或建筑物的最外轴线）的距离不应小于 35 m。选项 B 正确。

第 4.1.8 条，地区输油（输气）管道不应穿越厂区。选项 C 错误。

---

1 答案：ABDE

2 答案：A

3 答案：B

第 4.2.5 条，空分站应布置在空气清洁地段并宜位于散发乙炔及其他可燃气体、粉尘等场所的全年最小频率风向的下风侧。选项 D 错误。

三、工艺装置和系统单元

1．对于石油化工企业，下列可燃气体、可燃液体设备的安全阀出口连接方式中，不符合规范要求的是（　）。[1]（2016-1-8）

A．泄放可能携带液滴的可燃气体应接至火炬系统

B．可燃液体设备的安全阀出口泄放管应接入储罐或其他容器

C．泄放后可能立即燃烧的可燃气体应经冷却后接至放空设施

D．可燃气体设备的安全阀出口泄放管应接至火炬系统或其他安全泄放设施

【解析】根据《石油化工企业设计防火规范》（GB 50160—2008）第 5.5.4 条，可燃气体、可燃液体设备的安全阀出口连接应符合下列规定：（1）可燃液体设备的安全阀出口泄放管应接入储罐或其他容器，泵的安全阀出口泄放管宜接至泵的入口管道、塔或其他容器；（2）可燃气体设备的安全阀出口泄放管应接至火炬系统或其他安全泄放设施；（3）泄放后可能立即燃烧的可燃气体或可燃液体应经冷却后接至放空设施；（4）泄放可能携带液滴的可燃气体应经分液罐后接至火炬系统。选项 A 错误。

2．关于石油化企业可燃气体放空管设置的说法，错误的是（　）。[2]（2017-1-49）

A．连续排放的防空管口，应高出 20 m 范围内平台或建筑物顶 3.5 m 以上并满足相关规定

B．间歇排放的放空管口，应高出 10 m 范围内平台或建筑物顶 3.5 m 以上并满足相关规定

C．无法排入火炬或装置处理排放系统的可燃气体，可通过防空管向大气排放

D．放空管管口不宜朝向邻近有人操作的设备

【解析】根据《石油化工企业设计防火规范》（GB 60160—2008）第 5.5.11 条，受工艺条件或介质特性所限，无法排入火炬或装置处理排放系统的可燃气体，当通过排气筒、放空管直接向大气排放时，排气筒、放空管的高度应符合下列规定：（1）连续排放的排气筒顶或放空管口应高出 20 m 范围内的平台或建筑物顶 3.5 m 以上，位于排放口水平 20 m 以外斜上 45°的范围内不宜布置平台或建筑物；（2）间歇排放的排气筒顶或放空管口应高出 10 m 范围内的平台或建筑物顶 3.5 m 以上，位于排放口水平 10 m 以外斜上 45°的范围内不宜布置平台或建筑物；（3）安全阀排放管口不得朝向邻近设备或有人通过的地方，排放管口应高出 8 m 范围内的平台或建筑物顶 3 m 以上。所以选择 C 选项。

第二节　石油库设计

一、总平面布置

某单位拟建一座石油库，下列该石油库规划布局方案中，不符合消防安全布局原则是（　）。[3]（2017-1-47）

A．储罐区布置在本单位地势较低处

B．储罐区泡沫站布置在罐区防火墙外的非防爆区

C．铁路装卸区布置在地势高于石油库的边缘地带

1 答案：A

2 答案：C

3 答案：D

D．行政管理区布置在本单位全年最小频率风向的上风侧

【解析】根据《建筑设计防火规范》（GB 50016—2014）第 4.1.1 条，甲、乙、丙类液体储罐（区）宜布置在地势较低的地带。当布置在地势较高的地带时，应采取安全防护设施。选项 A 正确。

根据《石油库设计规范》（GB 50074—2014）第 5.1.13 条，储罐区泡沫站应布置在罐组防火堤外的非防爆区，与储罐的防火间距不应小于 20 m。选项 B 正确。

第 5.1.10 条，铁路装卸区宜布置在石油库的边缘地带，铁路线不宜与石油库出入口的道路相交叉。选项 C 正确。

第 5.1.12 条，消防车库、办公室、控制室等场所，宜布置在储罐区全年最小频率风向的下风侧。选项 D 错误。

二、储罐区

某大型石化储罐区设置外浮顶罐、内浮顶罐、固定顶罐和卧式顶罐。下列储罐中，储罐的通气管上必须设置阻火器的有（　）。[1]（2016-1-91）

A．储存甘油的地上卧式罐

B．储存润滑油的地上固定顶罐

C．储存对二甲苯并采用氮气密封保护系统的内浮顶罐

D．储存重柴油的地上固定顶罐

E．储存二硫化碳的覆土式卧式罐

【解析】根据《石油库设计规范》（GB 50074—2014）第 6.4.7 条，下列储罐的通气管上必须装设阻火器:（1）储存甲 B 类、乙类、丙 A 类液体的固定顶储罐和地上卧式储罐;（2）储存甲 B 类和乙类液体的覆土卧式油罐;（3）储存甲 B 类、乙类、丙 A 类液体并采用氮气密封保护系统的内浮式顶罐。

甘油属于丙 B 类，润滑油属于丙 B 类，对二甲苯属于甲 B 类，重柴油属于丙 A，二硫化碳属于甲 B 类。所以选择 C、D、E 选项。

三、电气

根据现行国家标准《石油库设计规范》(GB 50074)，下列作业场所中，应设消除人体静电装置的有（　）。[2]（2018-1-92）

A．润滑油泵房的门外 2 m 范围内　　B．轻柴油储罐的上罐扶梯入口处

C．重柴油储罐的上罐扶梯入口处　　D．石脑油装卸码头的上下船出入口处

E．100 号重油装卸作业区内操作平台的扶梯入口处

【解析】根据《石油库设计规范》（GB 50074—2014）第 14.3.14 条，下列甲、乙和丙 A 类液体作业场所应设消除人体静电装置:（1）泵房的门外;（2）储罐的上罐扶梯入口处;（3）装卸作业区内操作平台的扶梯入口处;（4）码头上下船的出入口处。所以选择 B、C、D 选项。

1 答案：CDE

2 答案：BCD

第二章　地铁防火

本章由陶昆解析

1．某城市新建一条地铁线路，其中有多个多线换乘车站。根据《地铁设计规范》（GB 50157—2013）的规定，地下换乘车站共用一个公共站厅时，站厅公共区域面不应大于（　）m^2。[1]（2015-1-37）

A．2 000　B．5 000　C．3 000　D．4 000

【解析】根据《地铁设计规范》（GB 50157—2013）第 28.2.2 条，防火分区的划分应符合下列规定：（2）地下换乘车站当共用一个站厅时，站厅公共区面积不应大于 5 000 m^2。选项 B 正确。

2．根据《地铁设计规范》（GB 50157—2013），下列关于地铁车站排烟风机耐高温性能的说法中，错误的是（　）。[2]（2016-1-29）

A．地上设施与管理用房，排烟风机保证在 280℃时能连续有效工作 0.5 h

B．地下车站公共区，排烟风机保证在 250℃时能连续有效工作 1 h

C．区间通道，排烟风机保证在 250℃时能连续有效工作 1 h

D．高架车站公共区，排烟风机保证在 280℃时能连续有效工作 1 h

【解析】根据《地铁设计规范》（GB 50157—2013）第 28.4.14 条，地面及高架车站公共区和设备与管理用房排烟风机应保证在 280℃时能连续有效工作 0.5 h，烟气流经的风阀及消声器等辅助设备应与风机耐高温等级相同。选项 A 正确，选项 D 错误。

第 28.4.13 条，区间隧道事故、排烟风机、地下车站公共区和车站设备与管理用房排烟风机，应保证在 250℃时能连续有效工作 1 h；烟气流经的风阀及消声器等辅助设备应与风机耐高温等级相同。选项 B、C 正确。

3．关于地铁车站安全出口设置的说法，错误的是（　）。[3]（2017-1-20）

A．每个站厅公共区应设置不少于 2 个直通地面的安全出口

B．安全出口同方向设置，两个安全出口通道口部之间净距不应小于 5 m

C．地下车站的设备与管理用房区域安全出口的数量不应少于 2 个

D．地下换乘车站的换乘通道不应作为安全出口

【解析】根据《地铁设计规范》（GB 50157—2013）第 28.2.3 条，车站安全出口设置应符合下列规定：（1）车站每个站厅公共区安全出口数量应经计算确定，且应设置不少于 2 个直通地面的安全出口；选项 A 正确。（3）地下车站的设备与管理用房区域安全出口的数量不应少于 2 个，其中有人值守的防火分区应有 1 个安全出口直通地面；选项 C 正确。（4）安全出口应分散设置，当同方向设置时，2 个安全出口通道口部之间净距不应小于 10 m；选项 B 错误。（6）地下换乘车站的换乘通道不应作为安全出口。选项 D 正确。

4．地铁防排烟设计的说法，正确的是（　）。[4]（2017-1-28）

A．站台公共区每个防烟分区的建筑面积不宜超过 2 000 m^2

B．地下车站的设备用房和管理用房的防烟分区可以跨越防火分区

C．站厅公共区每个防烟分区的建筑面积不宜超过 3 000 m^2

1 答案：B
2 答案：D
3 答案：B
4 答案：A

D．地铁内设置的挡烟垂壁等设施的下垂高度不应小于 450 mm

【解析】根据《地铁设计规范》（GB 50157—2013）第 28.4.8 条，地下车站的公共区，以及设备与管理用房，应划分防烟分区，且防烟分区不得跨越防火分区。站厅与站台的公共区每个防烟分区的建筑面积不宜超过 2 000 m^2，设备与管理用房每个防烟分区的建筑面积不宜超过 750 m^2。选项 A 正确，选项 B 错误，选项 C 错误。

教材《消防安全技术综合能力》第二篇第三章第二节防烟分区。划分防烟分区的挡烟设施主要有挡烟垂壁、隔墙和从顶棚下突出不小于 500 mm 的梁等。选项 D 错误。

5．根据现行国家标准《地铁设计规范》（GB 50157），下列场所中，可按二级耐火等级设计的是（ ）。[1]（2018-1-51）

A．地下车站疏散楼梯间　　B．控制中心　　C．地下车站风道　　D．高架车站

【解析】根据《地铁设计规范》（GB 50157—2013）第 28.2.1 条，地铁各建（构）筑物的耐火等级应符合下列规定：（1）地下的车站、区间、变电站等主体工程及出入口通道、风道的耐火等级应为一级，选项 A、C 错误。（2）地面出入口、风亭等附属建筑，地面车站、高架车站及高架区间的建筑物耐火等级不得低于二级，选项 D 正确。（3）控制中心建筑耐火等级应为一级，选项 B 错误。

2018 年 12 月 1 日实施的《地铁设计规范》（GB 51298—2018）第 4.1.2 条，下列建筑的耐火等级不应低于二级：（1）地上车站及地上区间；（2）地下车站出入口地面厅、风亭等地面建（构）筑物；（3）运用库、检修库、综合维修中心的维修综合楼、物质总库的库房、调机库、牵引降压混合变电所、洗车机库（棚）、不落轮镟库、工程车库和综合办公楼等生活辅助建筑。

6．根据现行国家标准《地铁设计规范》（GB 50157），地铁车站发生火灾时，该列车所载的乘客及站台上的候车人员全部撤离至安全区最长时间应为（ ）。[2]（2018-1-59）

A．6 min　B．5 min　C．8 min　D．10 min

【解析】根据《地铁设计规范》（GB 50157—2013）第 28.2.11 条，车站站台公共区的楼梯、自动扶梯、出入口通道，应满足当发生火灾时在 6 min 内将远期或客流控制期超高峰小时一列进站列车所载的乘客及站台上的候车人员全部撤离站台到达安全区的要求。选项 A 正确。

2018 年 12 月 1 日实施的《地铁设计规范》（GB 51298—2018）第 5.1.1 条，站台至站厅或其他安全区域的疏散楼梯、自动扶梯和疏散通道的通过能力，应保证在远期或客流控制期中超高峰小时最大客流量时，一列进站列车所载乘客及站台上的候车乘客能在 4 min 内全部撤离站台，并应能在 6 min 内全部疏散至站厅公共区或其他安全区域。

第三章　加油加气站防火

本章由陶昆解析

第一节　基本规定

1．某加油站设置了 1 个容积为 30 m^3 的 93#汽油罐，1 个容积为 30 m^3 的 95#汽油罐，1 个容积为 20 m^3 的 97#汽油罐，1 个容积为 50 m^3 的柴油罐。按照《汽车加油加气站设计与施工规范》（GB 50156—2012）

1 答案：D

2 答案：A

的规定，该加油站的等级是（ ）。[1]（2015-1-42）

A．一级 B．三级 C．四级 D．二级

【解析】根据《汽车加油加气站设计与施工规范（2014 年修订）》（GB 50156—2012）第 3.0.9 条，加油站的等级划分，应符合表 3.0.9 的规定。

表 3.0.9 加油站的等级划分

级别	油罐容积/m^3	
	总容积	单罐容积
一级	$150<V\leqslant210$	≤50
二级	$90<V\leqslant150$	≤50
三级	$V\leqslant90$	汽油罐≤30，柴油罐≤50

注：柴油罐容积可折半计入油罐总容积。

V=30+30+20+50/2=105（m^3），查表为二级加油站。所以选择 D 选项。

2．某汽车加油站设置 2 个单罐容积为 30 m^3 的汽油罐，1 个单罐容积为 50 m^3 柴油罐。该加油站的等级是（ ）。[2]（2016-1-23）

A．一级 B．二级 C．三级 D．四级

【解析】V=30 × 2+50/2=85（m^3），根据汽车加油站的等级划分可知为三级。

3．下列加油加气组合中，允许联合建站的是（ ）。[3]（2017-1-32）

A．LPG 加气站与加油站 B．CNG 加气母站与加油站

C．CNG 加气母站与 LNG 加气站 D．LNG 加气站与 CNG 加气站

【解析】根据《汽车加油加气站设计与施工规范（2014 年修订）》（GB 50156—2012）第 3.0.2 条，加油加气站可与电动汽车充电设施联合建站。加油加气站可按本规范第 3.0.12 条～第 3.0.15 条的规定联合建站。下列加油加气站不应联合建站：（1）CNG 加气母站与加油站；（2）CNG 加气母站与 LNG 加气站；（3）LPG 加气站与 CNG 加气站；（4）LPG 加气站与 LNG 加气站。选项 A 正确。

4．根据现行国家标准《汽车加油加气站设计与施工规范》（GB 50156），LPG 加气站内加气机与学生人数为 560 人的中学教学楼的最小安全间距应为（ ）。[4]（2018-1-16）

A．18 m B．25 m C．100 m D．50 m

【解析】根据《汽车加油加气站设计与施工规范》B.0.1 第 6 条，使用人数超过 500 人的中小学校及其他未成年人学校属于重要公共建筑。根据第 4.0.7 条，重要公共建筑与 LPG 加气站内加气机的最小安全距离不应小于 100 m。

第二节 站内平面布置

某一级加油与 LPG 加气合建站，站房建筑面积为 150 m^2，该站的平面布置不符合现行国家标准《汽车加油加气站设计与施工规范》（GB 50156）的是（ ）。[5]（2018-2-43）

1 答案：D
2 答案：C
3 答案：A
4 答案：C
5 答案：D

A．站房布置在加油加气作业区内

B．加油加气作业区外设有经营性餐饮、汽车服务等设施

C．站区设置了高度 2.2 m 的不燃烧体实体围墙

D．电动汽车充电设施布置在加油加气作业区内

【解析】根据《汽车加油加气站设计与施工规范（2014 年修订）》（GB 50156—2012）第 5.0.9 条，站房可布置在加油加气作业区内。选项 A 正确。

第 5.0.10 条，加油加气站内设置的经营性餐饮、汽车服务等非站房所属建筑物或设施，不应布置在加油加气作业区内，其与站内可燃液体或可燃气体设备的防火间距，应符合本规范第 4.0.4.条至第 4.0.9 条有关三类保护物的规定。选项 B 正确。

第 5.0.12 条，加油加气站的工艺设备与站外建（构）筑物之间，宜设置高度不低于 2.2 m 的不燃烧体实体围墙。选项 C 正确。

第 5.0.7 条，电动汽车充电设施应布置在辅助服务区内。选项 D 错误。

第三节　消防设施及给排水

1．某新建的汽车加油、加气合建站设置消防设施时，下列说法中，错误的是（　）。[1]（2015-1-63）

A．在 LNG 储存和加气站应设置可燃气体检测报警系统

B．设置 2 台消防水泵时，可不设备用消防水泵

C．在加油站的罩棚下应设置事故照明

D．可燃气体检测器的一级报警值应设定为天然气爆炸下限的 30%

【解析】根据《汽车加油加气站设计与施工规范（2014 年修订）》（GB 50156—2012）第 11.4.1 条，加气站、加油加气合建站应设置可燃气体检测报警系统。A 选项正确。

第 10.2.8 条，消防水泵宜设 2 台。当设 2 台消防水泵时，可不设备用泵。当计算消防用水量超过 35 L/s 时，消防水泵应设双动力源。B 选项正确。

第 11.1.3 条，加油站、加气站及加油加气合建站的消防泵房、罩棚、营业室、LPG 泵房、压缩机间等处，均应设事故照明。C 选项正确。

第 11.4.3 条，可燃气体检测器一级报警设定值应小于或等于可燃气体爆炸下限的 25%。D 选项错误。

2．下列城市汽车加油加气站中，应设消防给水系统的有（　）。[2]（2015-1-98）

A．一级加油站　　B．压缩天然气储罐埋地设置的加气站

C．二级液化石油气加气站　　D．加油和液化石油气加气合建站

E．压缩天然气储罐埋地设置的加油加气合建站

【解析】根据《汽车加油加气站设计与施工规范（2014 年修订）》（GB 50156—2012）第 10.2.1 条，加油加气站的 LPG 设施应设置消防给水系统。第 10.2.2 条，设置有地上 LNG 储罐的一、二级 LNG 加气站和地上 LNG 储罐总容积大于 60 m^3 的合建站应设消防给水系统。

3．下列关于汽车加油加气站消防设备设施和灭火器材配置的说法中，错误的是（　）。[3]（2016-1-11）

A．加气机应配置手提式干粉灭火器

B．合建站中地上 LPG 设施应设置消防给水系统

1 答案：D

2 答案：CD

3 答案：C

C．二级加油站应配置灭火毯 3 块、沙子 2 m^3

D．合建站中地上 LPG 储罐总容积不大于 60 m^{3}时，可不设置消防给水系统

【解析】根据《汽车加油加气站设计与施工规范（2014 年修订）》（GB 50156—2012）第 10.1.1 条，加油加气站工艺设备应配置灭火器材，并应符合下列规定：一、二级加油站应配置灭火毯 5 块、沙子 2 m^3；三级加油站应配置灭火毯不少于 2 块、沙子 2 m^3。

第四章 汽车库、修车库、停车场防火

本章由陶昆解析

第一节 分类

1．某修车库设有 7 个修车位，根据《汽车库、修车库、停车场设计防火规范》（GB 50067），该修车库的防火分类应为（ ）类。[1]（2015-1-13）

A．Ⅰ B．Ⅱ C．Ⅲ D．Ⅳ

【解析】根据《汽车库、修车库、停车场设计防火规范》（GB 50067—2014）表 3.0.1，防火分类如下：

名称	类型	数量/辆	总建筑面积 S/m^2
汽车库	Ⅰ类	＞300	S＞10 000
	Ⅱ类	151～300	5 000＜S≤10 000
	Ⅲ类	51～150	2 000＜S≤5 000
	Ⅳ类	≤50	S≤2 000
修车库	Ⅰ类	＞15	S＞3 000
	Ⅱ类	6～15	1 000＜S≤3 000
	Ⅲ类	3～5	500＜S≤1 000
	Ⅳ类	≤2	S≤500
停车场	Ⅰ类	＞400	—
	Ⅱ类	251～400	
	Ⅲ类	101～250	
	Ⅳ类	≤100	

7 个修车位修车库是Ⅱ类，选 B。

2．某汽车库的建筑面积为 5 100 m^2，停车数量为 150 辆，该汽车库的防火分类应为（ ）。[2]（2016-1-69）

A．Ⅰ B．Ⅲ C．Ⅳ D．Ⅱ

【解析】《汽车库、修车库、停车场设计防火规范》（GB 50067—2014）表 3.0.1。防火分类如下：

名称	类型	数量/辆	总建筑面积 S/m^2
汽车库	Ⅰ类	＞300	S＞10 000
	Ⅱ类	151～300	5 000＜S≤10 000
	Ⅲ类	51～150	2 000＜S≤5 000
	Ⅳ类	≤50	S≤2 000

1 答案：B

2 答案：D

名称	类型	数量/辆	总建筑面积 S/m²
修车库	Ⅰ类	＞15	S＞3 000
	Ⅱ类	6～15	1 000＜S≤3 000
	Ⅲ类	3～5	500＜S≤1 000
	Ⅳ类	≤2	S≤500
停车场	Ⅰ类	＞400	—
	Ⅱ类	251～400	
	Ⅲ类	101～250	
	Ⅳ类	≤100	

所以选择 D 选项。

3．某公共建筑的地下一层至地下三层为汽车库，每层建筑面积为 2 000 m²，每层设有 50 车位。根据现行国家标准《汽车库、修车库、停车场设计防火规范》，该汽车库属于（　）车库。[1]（2018-1-61）

A．Ⅰ类　　B．Ⅲ类　　C．Ⅱ类　　D．Ⅳ类

【解析】参见《汽车库、修车库、停车场设计防火规范》（GB 50067—2014）表 3.0.1。题干地下一层至地下三层为汽车库，每层建筑面积为 2 000 m²，总建筑面积为 2 000 m² × 3=6 000 m²，每层设有 50 个车位，总车位数量为 50 × 3=150 辆。选项 C 正确。

第二节　总平面布局和平面布置

新建一座大型的商业建筑，地下一层为汽车库，可停车 300 辆。下列设施和房间中，不应设置在该地下汽车库内的有（　）。[2]（2015-1-92）

A．汽油罐　　B．加油机　　C．修理车位　　D．丙类库房　　E．充电间

【解析】根据《汽车库、修车库、停车场防火设计规范》（GB 50067—2014）第 4.1.8 条，地下、半地下汽车库内不应设置修理车位，喷漆间，充电间，乙炔间和甲、乙类物品库房。第 4.1.9 条，汽车库和修车库内不应设置汽油罐、加油机、液化石油气或液化天然气储罐、加气机。

第三节　防火分隔和建筑构造

1．某高层建筑，设计建筑高度为 68.0 m，总建筑面积为 91 200 m²。高层主体建筑和裙房的下部设置了 3 层地下室。高层建筑地下一层设置餐饮、超市和设备室；地下二层为人防工程和汽车库、消防水泵房、消防水池、燃油锅炉房、变配电室（干式）等；地下三层为汽车库。指出该高层建筑的汽车库在防火分区与防火隔离方面的问题，并给出正确的做法。（2017-3-三）

答案：地下二层、三层为汽车库，楼板耐火极限为 1.00 h，不合理；汽车库与其他建筑合建时，设在建筑物内的汽车库与其他部位之间，应采用防火墙和耐火极限不低于 2.00 h 的不燃性楼板分隔。

【解析】根据《汽车库、修车库、停车场设计防火规范》（GB 50067—2014）第 5.1.6 条，汽车库、修车库与其他建筑合建时，应符合下列规定：（1）当贴邻建造时，必须采用防火墙隔开；（2）设在建筑物内的汽车库（包括屋顶停车场）、修车库与其他部位之间，应采用防火墙和耐火极限不低于 2.00 h 的不燃性

1 答案：C
2 答案：ABCE

楼板分隔；（3）汽车库、修车库的外墙门、洞口的上方，应设置耐火极限不低于 1.00 h、宽度不小于 1.0 m、长度不小于开口宽度的不燃性防火挑檐；（4）汽车库、修车库的外墙上、下层开口之间墙的高度，不应小于 1.2 m 或设置耐火极限不低于 1.00 h、宽度不小于 1.0 m 的不燃性防火挑檐。

2．关于汽车库防火设计的做法中，不符合规范要求的是（　）。[1]（2017-1-69）

A．社区幼儿园与地下车库之间采用耐火极限不低于 2.00 h 的楼板完全分隔，安全出口和疏散楼梯分别独立设置

B．地下二层设置汽车库、设备用房、存放丙类物品的工具库和自行车库

C．地下一层汽车房附设一个修理车位、大巴车和垃圾运输车

D．地下二层设置谷物运输车、大巴车和垃圾运输车车间

【解析】根据《汽车库、修车库、停车场设计防火规范》（GB 50067—2014）第 4.1.8 条，地下、半地下汽车库内不应设置修理车位，喷漆间，充电间，乙炔间和甲、乙类物品库房。选项 C 错误。

3．为修车库服务的下列附属建筑中，可与修车库贴邻，但应采用防火墙隔开，并应设置直通室外的安全出口是（　）。[2]（2018-1-75）

A．贮存 6 个标准钢瓶的乙炔气瓶库

B．贮存量为 1.0 t 的甲类物品库房

C．3 个车位的封闭喷漆间

D．总安装容量为 6 m^3/h 的乙炔发生器间

【解析】根据《汽车库、修车库、停车场设计防火规范》（GB 50067—2014）第 4.1.7 条，为汽车库、修车库服务的下列附属建筑，可与汽车库、修车库贴邻，但应采用防火墙隔开，并应设置直通室外的安全出口：（1）贮存量不大于 1.0 t 的甲类物品库房；（2）总安装容量不大于 5.0 m^3/h 的乙炔发生器间和贮存量不超过 5 个标准钢瓶的乙炔气瓶库；（3）1 个车位的非封闭喷漆间或不大于 2 个车位的封闭喷漆间；（4）建筑面积不大于 200 m^2 的充电间和其他甲类生产场所。

4．根据现行国家标准《汽车库、修车库、停车场设计防火规范》（GB 50067），汽车库的下列防火设计方案中，正确的是（　）。[3]（2018-1-21）

A．汽车库外墙上、下层开口之间设置宽度为 1.0 m 的防火挑檐

B．汽车库与商场之间采用耐火极限为 3.00 h 的防火隔墙分隔

C．汽车库与商场之间采用耐火极限为 1.50 h 的楼板分隔

D．汽车库外墙上、下层开口之间设置高度为 1.0 m 的实体墙

【解析】《汽车库、修车库、停车场设计防火规范》（GB 50067—2014）第 5.1.6 条，汽车库、修车库与其他建筑合建时，应符合下列规定：（1）当贴邻建造时，必须采用防火墙隔开；（2）设在建筑物内的汽车库（包括屋顶停车场）、修车库与其他部位之间，应采用防火墙和耐火极限不低于 2.00 h 的不燃性楼板分隔；（3）汽车库、修车库的外墙门、洞口的上方，应设置耐火极限不低于 1.00 h、宽度不小于 1.0 m、长度不小于开口宽度的不燃性防火挑檐；（4）汽车库、修车库的外墙上、下层开口之间墙的高度，不应小于 1.2 m 或设置耐火极限不低于 1.00 h、宽度不小于 1.0 m 的不燃性防火挑檐。选项 A 正确。选项 B 汽车库与商场之间应采用防火墙分隔，错误。选项 C 汽车库与商场之间应采用耐火极限为 2.00 h 的楼板分隔，错误。选项 D 汽车库外墙上、下层开口之间设置高度为 1.2 m 的实体墙，错误。

1 答案：C

2 答案：B

3 答案：A

5. 根据现行国家标准《汽车库、修车库，停车场设计防火规范》，附设在幼儿园建筑地下部分的汽车库的下列设计方案中，正确的是（　）。[1]（2018-1-45）

A. 汽车库与幼儿园的疏散楼梯在首层采用耐火极限为3.00 h 的防火隔墙和甲级防火门分隔

B. 汽车库与幼儿园的疏散楼梯在首层采用耐火极限为2.00 h 的防火隔墙和乙级防火门分隔

C. 汽车库内设置一个面积为100 m^2的充电间

D. 汽车库与幼儿园之间采用耐火极限为2.00 h的楼板完全分隔

【解析】《汽车库、修车库、停车场设计防火规范》（GB 50067—2014）第4.1.4条，汽车库不应与托儿所、幼儿园、老年人建筑，中小学校的教学楼，病房楼等组合建造。当符合下列要求时，汽车库可设置在托儿所、幼儿园、老年人建筑，中小学校的教学楼，病房楼等的地下部分：（1）汽车库与托儿所、幼儿园、老年人建筑，中小学校的教学楼，病房楼等建筑之间，应采用耐火极限不低于2.00 h的楼板完全分隔；（2）汽车库与托儿所、幼儿园、老年人建筑，中小学校的教学楼，病房楼等的安全出口和疏散楼梯应分别独立设置。选项A、B错误，选项D正确。

第4.1.8条，地下、半地下汽车库内不应设置修理车位、喷漆间、充电间、乙炔间和甲、乙类物品库房。选项C错误。

第四节　安全疏散和救援设施

1. 新建一座地下汽车库，建筑面积为15 000 m^2，停车300辆，汽车库按规定设置了消防设施，该汽车库室内任一点至最近人员安全出口的疏散距离不应大于（　）m。[2]（2015-1-28）

A. 45　　B. 50　　C. 60　　D. 80

【解析】根据《汽车库、修车库、停车场防火设计规范》（GB 50067—2014）第6.0.6条，汽车库室内任一点至最近人员安全出口的疏散距离不应大于45 m，当设置自动灭火系统时，其距离不应大于60 m。对于单层或设置在建筑首层的汽车库，室内任一点至室外最近出口的疏散距离不应大于60 m。

2. 下列汽车库、修车库中，应设置2个汽车疏散出口的是（　）。[3]（2018-1-11）

A. 总建筑面积1 500 m^2、停车位45个的汽车库

B. 设有双车道汽车疏散出口、总建筑面积3 000 m^2、停车位90个的地上汽车库

C. 总建筑面积3 500 m^2、设14个修车位的修车库

D. 设有双车道汽车疏散出口、总建筑面积3 000 m^2、停车位90个的地下汽车库

【解析】《汽车库、修车库、停车场设计防火规范》（GB 50067—2014）第6.0.9条，汽车库、修车库的汽车疏散出口总数不应少于2个，且应分散布置。第6.0.10条，当符合下列条件之一时，汽车库、修车库的汽车疏散出口可设置1个：（1）Ⅳ类汽车库；（2）设置双车道汽车疏散出口的Ⅲ类地上汽车库；（3）设置双车道汽车疏散出口、停车数量小于等于100辆且建筑面积小于4 000 m^2的地下或半地下汽车库；（4）Ⅱ、Ⅲ、Ⅳ类修车库。

根据《汽车库、修车库、停车场设计防火规范》（GB 50067—2014）表3.0.1，选项A是Ⅳ类汽车库，选项B是设置双车道汽车疏散出口的Ⅲ类地上汽车库，选项C属于Ⅰ类修车库，选项D是设置双车道汽车疏散出口、停车数量小于等于100辆且建筑面积小于4 000 m^2的地下汽车库。

---

1 答案：D

2 答案：C

3 答案：C

第五节　消防给水和灭火设施

1．某设置 110 个停车位的室内无车道且无人员停留的机械式地下汽车库，下列自动灭火系统中不适用于该车库的是（　）。[1]（2016-1-54）

A．湿式自动喷水灭火系统　　B．二氧化碳灭火系统

C．泡沫—水喷淋灭火系统　　D．高倍数泡沫灭火系统

【解析】根据《汽车库、修车库、停车场设计防火规范（GB 50067—2014）第 7.2.4 条，停车数量不大于 50 辆的室内无车道且无人员停留的机械式汽车库，可采用二氧化碳等气体灭火系统。

2．下列汽车库、修车库、停车场中，可不设置自动喷水灭火系统的有（　）。[2]（2016-1-85）

A．Ⅳ类地上汽车库　　B．机械式汽车库　　C．Ⅰ类汽车库

D．屋面停车场　　E．停车数量为 10 辆的地下停车库

【解析】根据《汽车库、修车库、停车场设计防火规范》（GB 50067—2014）第 7.2.1 条，除敞开式汽车库、屋面停车场外，下列汽车库、修车库应设置自动灭火系统:（1）Ⅰ、Ⅱ、Ⅲ类地上汽车库；（2）停车数大于 10 辆的地下、半地下汽车库；（3）机械式汽车库；（4）采用汽车专用升降机作汽车疏散出口的汽车库；（5）Ⅰ类修车库。

3．根据《汽车库、修车库、停车场设计防火规范》（GB 50967），关于室外消火栓用水量的说法，正确的是（　）。[3]（2017-1-66）

A．Ⅱ类汽车库、修车库、停车场室外消火栓用水量不应小于 15 L/s

B．Ⅰ类汽车库、修车库、停车场室外消火栓用水量不应小于 20 L/s

C．Ⅲ类汽车库、修车库、停车场室外消火栓用水量不应小于 10 L/s

D．Ⅳ类汽车库、修车库、停车场室外消火栓用水量不应小于 5 L/s

【解析】根据《汽车库、修车库、停车场设计防火规范》（GB 50067—2014）第 7.1.5 条，除本规范另有规定外，汽车库、修车库、停车场应设置室外消火栓系统，其室外消火栓用水量应按消防用水量最大的一座计算，并应符合下列规定:（1）Ⅰ、Ⅱ类车库不应小于 20 L/s;（2）Ⅲ类车库不应小于 15 L/s;（3）Ⅳ类车库不应小于 10 L/s。选项 B 正确。

第六节　电气

下列场所中，不需要设置火灾自动报警系统的是（　）。[4]（2017-1-38）

A．高层建筑首层停车数为 200 辆的汽车库

B．采用汽车专用升降机做汽车库

C．停车数为 350 辆的单层汽车库

D．采用机械设备精心垂直或水平移动式停放汽车的敞开汽车库

【解析】根据《汽车库、修车库、停车场设计防火规范》（GB 50067—2014）第 9.0.7 条，除敞开式汽车库、屋面停车场外，下列汽车库、修车库应设置火灾自动报警系统;（1）Ⅰ类汽车库、修车库；（2）Ⅱ

1 答案：B

2 答案：ADE

3 答案：B

4 答案：D

类地下、半地下汽车库、修车库；（3）Ⅱ类高层汽车库、修车库；（4）机械式汽车库；（5）采用汽车专用升降机作汽车疏散出口的汽车库。

选项 A 高层建筑首层停车数为 200 辆的汽车库是Ⅱ类高层汽车库，应设火灾自动报警系统。选项 B 汽车专用升降机做汽车库应设火灾自动报警系统。选项 C 停车数为 350 辆的单层汽车库是Ⅰ类汽车库，应设火灾自动报警系统。选项 D 是敞开汽车库不需要设置火灾自动报警系统，所以选择 D 选项。

第七节　排烟

根据现行国家标准《汽车库、修车库、停车场设计防火规范》关于汽车库排烟设计的说法，错误的是（　）。[1]（2018-1-25）

A．建筑面积为 1 000 m^2 的地下一层汽车库应设置排烟系统

B．自然排烟口的总面积不应小于室内地面面积的 1%

C．防烟分区的建筑面积不宜大于 2 000 m^2

D．用从顶棚下突出 0.5 m 的梁来划分防烟分区

【解析】根据《汽车库、修车库、停车场设计防火规范》（GB 50067—2014）第 8.2.1 条，除敞开式汽车库、建筑面积小于 1 000 m^2 的地下一层汽车库和修车库外，汽车库、修车库应设置排烟系统，并应划分防烟分区。选项 A 正确。

根据第 8.2.2 条，防烟分区的建筑面积不宜大于 2 000 m^2，且防烟分区不应跨越防火分区。防烟分区可采用挡烟垂壁、隔墙或从顶棚下突出不小于 0.5 m 的梁划分。选项 C、D 正确。

根据第 8.2.4 条，当采用自然排烟方式时，可采用手动排烟窗、自动排烟窗、孔洞等作为自然排烟口，并应符合下列规定：（1）自然排烟口的总面积不应小于室内地面面积的 2%。选项 B 错误。

第五章　洁净厂房防火

本章由陶昆解析

1．洁净厂房内洁净室和疏散走道的顶棚的耐火极限分别不应低于（　）。[2]（2016-1-28）

A．0.25 h 和 1.00 h　　B．0.40 h 和 1.00 h　　C．0.50 h 和 0.50 h　　D．1.00 h 和 0.50 h

【解析】《洁净厂房设计规范》（GB 50073—2013）第 5.2.4 条，洁净室的顶棚、壁板及夹芯材料应为不燃烧体，且不得采用有机复合材料。顶棚和壁板的耐火极限不应低于 0.40 h，疏散走道顶棚的耐火极限不应低于 1.00 h。所以选 B 选项。

2．根据现行国家标准《洁净厂房设计规范》（GB 50071），关于洁净厂房室内消火栓设计的说法，错误的是（　）[3]（2018-1-30）

A．消火栓的用水量不应小于 10 L/s

B．可通行的上、下技术夹层应设置室内消火栓

C．消火栓同时使用水枪数不应少于 2 只

D．消火栓水枪充实水柱长度不应小于 7 m

---

1 答案：B

2 答案：B

3 答案：D

【解析】《洁净厂房设计规范》第 7.4.3 条，洁净室的生产层及可通行的上、下技术夹层应设置室内消火栓。消火栓的用水量不应小于 10 L/s，同时使用水枪数不应少于 2 只，水枪充实水柱长度不应小于 10 m，每只水枪的出水量应按不小于 5 L/s 计算。故选项 D 错误。

第六章　信息机房防火

本章由陶昆解析

某地市级电力调度中心大楼内设置了电子信息系统机房。下列关于该机房的防火措施中，正确的是（　）。[1]（2016-1-86）

A．主机房与其他部位之间采用 200 mm 厚加气混凝土砌块墙分隔，隔墙上的门采用甲级防火门

B．主机房、辅助区和支持区采用 200 mm 厚加气混凝土砌块墙与其他区域分隔成独立的防火分区

C．建筑面积为 500 m^2 的主机房设置 2 个净宽度均为 1.6 m、感应式自动启闭门的推拉门通向疏散走道

D．主机房设置高压细水雾灭火系统

E．主机房设置点式光电感烟火灾探测器，并有其中的 2 只火灾探测器的报警信号作为自动灭火系统的联动信号

【解析】根据《建筑设计防火规范》（GB 50016—2014）附录，100 mm 加气混凝土砌块墙的耐火极限为 2.00 h。由此可知 200 mm 厚加气混凝土砌块墙的耐火极限大于 2.00 h。

根据《电子信息系统机房设计规范》（GB 50174—2008）第 3.1.3 条，该地市级电力调度中心大楼内设置的电子信息系统机房应为 B 级。第 6.3.3 条，当 A 级或 B 级信息系统机房位于其他建筑物内时，在主机房和其他部分之间应设置耐火极限不低于 2.00 h 的隔墙，隔墙上的门应采用甲级防火门。A、B 选项正确。

《电子信息系统机房设计规范》（GB 50174—2008）第 6.2.3 条条文说明，信息机房主机房门的尺寸不宜小于 1.2 m（宽）× 2.2 m（高）。《建筑设计防火规范》（GB 50016—2014）第 6.4.11 条，建筑内的疏散门应符合下列规定：（1）民用建筑和厂房的疏散门，应采用向疏散方向开启的平开门，不应采用推拉门、卷帘门、吊门、转门和折叠门。选项 C 采用感应式自动启闭门的推拉门错误。

《电子信息系统机房设计规范》（GB 50174—2008）第 13.1.2 条，A 级电子信息系统机房的主机房应设置洁净气体灭火系统。B 级电子信息系统机房的主机房，以及 A 级和 B 级机房中的变配电、不间断电源系统和电池室，宜设置洁净气体灭火系统，也可设置高压细水雾灭火系统。选项 D 正确。

《电子信息系统机房设计规范》（GB 50174—2008）第 13.2.1 条条文说明，主机房是电子信息系统的核心，在确定消防措施时，应同时保证人员和设备的安全，避免灭火系统误动作造成损失。只有当两种火灾探测器同时发出报警后，才能确认为真正的灭火信号。两种火灾探测器可采用感烟和感温、感烟和离子或感烟和光电的组合，也可以采用两种不同灵敏度的感烟探测器。对于含有可燃物的技术夹层（吊顶内和活动地板下），也应同时设置两种火灾探测器。对于空气高速流动的主机房，由于烟雾被气流稀释，致使一般感烟探测器的灵敏度降低。此外，烟雾可导致电子信息设备损坏，如能及早发现火灾，可减少设备损失，因此主机房宜采用吸气式烟雾探测火灾报警系统作为感烟探测器。选项 E 错误。

1 答案：ABD

第七章　古建筑防火

本章由陶昆解析

1. 为预防古建筑发生火灾，必须加强对古建筑的消防安全管理。下列关于古建筑消防安全管理措施中，正确的有（　）。[1]（2015-1-90）

A. 禁止使用大于40W的白炽灯泡
B. 禁止在古建筑保护范围内堆存和使用易燃易爆物品
C. 严禁在古建筑内私接乱拉电气线路
D. 禁止在古建筑的主要殿屋内进行炊煮
E. 不应在古建筑内烧香

【解析】参见教材《消防安全技术实务》第四篇第十一章第三节古建筑防火安全措施。(1)禁止在古建筑保护范围内堆存柴草、木料等的易燃可燃物品。(2)严禁将煤气、液化石油气等引入古建筑内。选项B正确。(3)禁止在古建筑的主要殿屋进行生产、生活用火。在厢房、走廊、庭院等处需设置生活用火时，必须有防火安全措施。选项D正确。(4)古建筑内严禁使用卤钨灯等高温照明灯具和电炉等电加热器具，不准使用日光灯和大于60W的白炽灯。选项A错误。(5)古建筑内的电气线路，一律采用铜芯绝缘导线，并采用阻燃聚氯乙烯穿管保护或穿金属管敷设，不得直接敷设在梁、柱、枋等可燃构件上。严禁乱拉乱接电线。选项C正确。(6)古建筑内燃灯、点烛、烧香、焚纸等宗教活动用火，应在室外固定位置，并由专人负责看管。神佛像前的长明灯，应设固定的灯座，灯座应为不燃材料。蜡烛应有固定的烛台，以防倾倒，发生意外。香炉应用不燃材料制作。放置香、烛、灯的木制供桌上，应铺盖金属薄板或涂防火材料。选项E正确。

2. 室外消火栓射流不能抵达室内且室内无传统彩画、壁画和泥塑的文物建筑，宜考虑设置室内消火栓系统或（　）。[2]（2017-1-92）

A. 加大室外消火栓设计流量
B. 设置消防水箱
C. 配置移动高压水喷雾灭火设备
D. 加大火灾持续时间
E. 设置预作用自动喷水灭火系统

【解析】参见教材《消防安全技术实务》第四篇第十一章第三节古建筑防火安全措施。(一)消火栓系统。古建筑在完善消防给水系统的基础上，应合理设置消火栓。国家级文物保护单位的重点砖木、木结构的建筑物室外消火栓设计流量，按三级耐火等级民用建筑物消火栓设计流量确定。消火栓的设置数量、方式和位置符合方便使用、有利灭火、便于管理的原则。(二)自动灭火系统。古建筑在条件允许时，可采用对保护对象无损坏的自动灭火系统或自动灭火装置，文物建筑采用自动灭火系统时，优先采用无管网式系统，在有人值守的情况下，启动装置应为手动控制。重要的砖木结构和木结构的古建筑内，宜设置湿式自动喷水灭火系统；寒冷地区需防冻或需防误喷的古建筑宜采用预作用自动喷水灭火系统。综上，选项D、E正确。

---

1 答案：BCDE
2 答案：DE

第八章　人民防空工程防火

本章由陶昆解析

第一节　总平面布局和平面布置

一、总平面布局

人防工程的采光窗井与相邻一类高层民用建筑主体出入口的最小防火间距是（　）m。[1]（2017-1-80）

A．6　B．9　C．10　D．13

【解析】《人民防空工程设计防火规范》（GB 50098—2009）第 3.2.2 条，人防工程的采光窗井与相邻地面建筑的最小防火间距，应符合表 3.2.2 采光窗与相邻地面建筑的最小防火间距的规定。查 3.2.2 表采光窗与相邻地面建筑的最小防火间距可得：人防工程的采光窗井与相邻一类高层民用建筑主体出入口的最小防火间距是 13 m。所以选 D。

二、平面布置

1．某人防工程设置在地下一层，其室内地面与室外出入口地坪的高差为 8 m。下列场所中，不能设置在该人防工程内的是（　）。[2]（2016-1-76）

A．歌舞娱乐放映游艺场所　B．医院病房　C．儿童游乐厅　D．百货商店

【解析】《人民防空工程设计防火规范》（GB 50098—2009）第 3.1.3 条，人防工程内不应设置哺乳室、托儿所、幼儿园、游乐厅等儿童活动场所和残疾人员活动场所。选项 C 不能设置在人防工程内。

2．对某地下一层人防工程进行消防安全检查，下列检查结果中，不符合现行国家消防技术标准要求的有（　）。[3]（2016-2-85）

A．设置了排烟机房，且采用防火墙和常闭甲级防火门与其他场所隔开

B．设置了一个建筑面积为 200 m^2 的电子游艺厅，并采取了相应的防火分隔措施

C．设置了一个建筑面积为 2 000 m^2 的超市，并采取了相应的防火分隔措施

D．设置了一个建筑面积为 200 m^2 的幼儿早教中心，并采取了相应的防火分隔措施

E．设置了一个建筑面积为 150 m^2 的餐厅，其操作间采用液化石油燃料

【解析】《人民防空工程设计防火规范》（GB 50098—2009）第 4.2.4 条，下列场所应采用耐火极限不低于 2.00 h 的隔墙和 1.50 h 的楼板与其他场所隔开，并应符合下列规定：（1）消防控制室、消防水泵房、排烟机房、灭火剂储瓶室，变配电室、通信机房、通风和空调机房、可燃物存放量平均值超过 30 kg/m^2 火灾荷载密度的房间等，墙上应设置常闭的甲级防火门。（2）柴油发电机房的储油间，墙上应设置常闭的甲级防火门，并应设置高 150 mm 的不燃烧、不渗漏的门槛，地面不得设置地漏；（3）同一防火分区内厨房，食品加工等用火用电用气场所，墙上应设置不低于乙级的防火门，人员频繁出入的防火门应设置火灾时能自动关闭的常开式防火门；（4）歌舞娱乐放映游艺场所，且一个厅、室的建筑面积不应大于 200 m^2。当墙上开门时，应设置不低于乙级的防火门。A、B 选项正确。

---

1 答案：D

2 答案：C

3 答案：DE

第 4.1.3 条，商业营业厅、展览厅等当设置有火灾自动报警系统和自动灭火系统，且采用 A 级装修材料装修时，防火分区允许最大建筑面积不应大于 2 000 m^2。C 选项正确。

第 3.1.3 条，人防工程内不应设置哺乳室、托儿所、幼儿园、游乐厅等儿童活动场所和残疾人员活动场所。D 选项错误。

第 3.1.2 条，人防工程内不得使用和储存液化石油气、相对密度（与空气密度比值）大于或等于 0.75 的可燃气体和闪点小于 60℃的液体燃料。E 选项错误。

3. 某平战结合的人防工程，地下 3 层，下列防火设计中，符合《人民防空工程设计防火规范》GB 50098 要求的有（　）。[1]（2017-1-85）

A．地下一层靠外墙部位设油浸电力变压器室

B．地下一层设卡拉 OK 厅，室内地坪与室外出入口地坪高差 6 m

C．地下三层设沉香专卖店

D．地下一层设员工宿舍

E．地下一层设 400 m^2 儿童游乐场，游乐场下层设汽车库

【解析】《人民防空工程设计防火规范》（GB 50098—2009）第 3.1.12 条，人防工程内不得设置油浸电力变压器和其他油浸电气设备。地下一层油浸电力变压器室不得设在人防工程内，A 选项错误。

第 3.1.5 条，歌舞厅、卡拉 OK 厅（含具有卡拉 OK 功能的餐厅）、夜总会、录像厅、放映厅、桑拿浴室（除洗浴部分外）、游艺厅（含电子游艺厅）、网吧等歌舞娱乐放映游艺场所（以下简称歌舞娱乐放映游艺场所），不应设置在地下二层及以下层；当设置在地下一层时，室内地面与室外出入口地坪高差不应大于 10 m。地下一层设卡拉 OK 厅，室内地坪与室外出入口地坪高差 6 m，B 选项正确。

第 3.1.6 条，地下商店应符合下列规定：2 营业厅不应设置在地下三层及三层以下。地下三层设沉香专卖店，C 选项错误。

第 4.1.1 条，人防工程内应采用防火墙划分防火分区，当采用防火墙确有困难时，可采用防火卷帘等防火分隔设施分隔，防火分区划分应符合下列要求：5 工程内设置有旅店、病房、员工宿舍时，不得设置在地下二层及以下层，并应划分为独立的防火分区，且疏散楼梯不得与其他防火分区的疏散楼梯共用。D 选项正确。

第 3.1.3 条，人防工程内不应设置哺乳室、托儿所、幼儿园、游乐厅等儿童活动场所和残疾人员活动场所。地下一层 400 m^2 儿童游乐场不应设在人防工程内，E 选项错误。

4. 某平战结合的人防工程，地下 3 层，每层建筑面积 30 000 m^2，地下一层为商业和设备用房，地下二层和地下三层为车库、设备用房和商业用房。该人防工程的下列防火设计方案中，错误的是（　）。[2]（2018-1-50）

A．地下一层设置的下沉式广场疏散区域的净面积为 180 m^2

B．地下二层设置销售各种啤酒的超市

C．地下一层防烟楼梯间及前室的门为火灾时能自动关闭的常开式甲级防火门

D．地下一层防火隔间的墙为耐火极限 3.00 h 的实体防火隔墙

【解析】《人民防空工程设计防火规范》（GB 50098—2009）第 3.1.7 条，设置本规范第 3.1.6 条 3 款 1 项的下沉式广场时，不同防火分区通向下沉式广场安全出口最近边缘之间的水平距离不应小于 13 m，广场内疏散区域的净面积不应小于 169 m^2。选项 A 正确。

---

1 答案：BD

2 答案：D

第 3.1.6 条，地下商店应符合下列规定：（1）不应经营和储存火灾危险性为甲、乙类储存物品属性的商品。（2）营业厅不应设置在地下三层及三层以下。（3）当总建筑面积大于 20 000 m^2 时，应采用防火墙进行分隔，且防火墙上不得开设门窗洞口，相邻区域确需局部连通时，应采取可靠的防火分隔措施。选择防烟楼梯间，该防烟楼梯间及前室的门应为火灾时能自动关闭的常开式甲级防火门。选择防火隔间，该防火隔间的墙应为实体防火墙。啤酒是丙类物品，选项 B 正确。选项 C 正确，选项 D 错误。

第二节 防火分区

1．根据《人民防空工程设计防火规范》（GB 50098—2009）的规定，人防工程设置有火灾自动报警系统和自动灭火系统时，人防工程中电影院的观众厅一个防火分区允许最大面积为（ ）m^2。[1]（2015-1-50）

A．500 B．1 000 C．1 500 D．2 000

【解析】根据《人民防空工程设计防火规范》（GB 50098—2009）第 4.1.3 条，商业营业厅、展览厅、电影院和礼堂的观众厅、溜冰馆、游泳馆、射击馆、保龄球馆等防火分区划分应符合下列规定：（1）商业营业厅、展览厅等，当设置有火灾自动报警系统和自动灭火系统，且采用 A 级装修材料装修时，防火分区允许最大建筑面积不应大于 2 000 m^2；（2）电影院、礼堂的观众厅，防火分区允许最大建筑面积不应大于 1 000 m^2。当设置有火灾自动报警系统和自动灭火系统时，其允许最大建筑面积也不得增加。选项 B 正确。

2．下列设置在人防工程内的场所中，疏散门应采用甲级防火门的有（ ）。[2]（2016-1-93）

A．厨房 B．消防控制室 C．柴油发电机的储油间 D．歌舞厅 E．消防水泵房

【解析】根据《人民防空工程设计防火规范》（GB 50098—2009）第 4.2.4 条，下列场所应采用耐火极限不低于 2.00 h 的隔墙和 1.50 h 的楼板与其他场所隔开，并应符合下列规定：（1）消防控制室、消防水泵房、排烟机房、灭火剂储瓶室，变配电室、通信机房、通风和空调机房、可燃物存放量平均值超过 30 kg/m^2 火灾荷载密度的房间等，墙上应设置常闭的甲级防火门。（2）柴油发电机房的储油间，墙上应设置常闭的甲级防火门，并应设置高 150 mm 的不燃烧、不渗漏的门槛，地面不得设置地漏。（3）同一防火分区内厨房，食品加工等用火用电用气场所，墙上应设置不低于乙级的防火门，人员频繁出入的防火门应设置火灾时能自动关闭的常开式防火门。（4）歌舞娱乐放映游艺场所，且一个厅、室的建筑面积不应大于 200 m^2。当墙上开门时，应设置不低于乙级的防火门。所以选择 B、C、E 选项。

第三节 安全疏散

1．新建一座大型城市商业综合体，根据有关规定，需要在该综合体设置人民防空工程。下列关于该人防工程中避难走道的做法中，正确的有（ ）。[3]（2015-1-99）

A．设置 2 个直通地面出口 B．防火分区至避难走道入口处设置面积为 6 m^2 的前室

C．设置室内消火栓 D．设置火灾应急照明和应急广播

E．采用燃烧性能等级为 B_1 级的装修材料进行装修

【解析】根据《人民防空工程设计防火规范》（GB 50098—2009）第 5.2.5 条，避难走道的设置应符合下列规定：

（1）避难走道直通地面的出口不应少于 2 个，并应设置在不同方向；当避难走道只与一个防火分区相

1 答案：B

2 答案：BCE

3 答案：ABCD

通时，避难走道直通地面的出口可设置一个，但该防火分区至少应有一个不通向该避难走道的安全出口；选项A正确。

（2）通向避难走道的各防火分区人数不等时，避难走道的净宽不应小于设计容纳人数最多一个防火分区通向避难走道各安全出口最小净宽之和；

（3）避难走道的装修材料燃烧性能等级应为A级；选项E错误。

（4）防火分区至避难走道入口处应设置前室，前室面积不应小于6 m^2，前室的门应为甲级防火门；其防烟应符合本规范第6.2节的规定；选项B正确。

（5）避难走道的消火栓设置应符合本规范第7章的规定；选项C正确。

（6）避难走道的火灾应急照明应符合本规范第8.2节的规定；选项D正确。

（7）避难走道应设置应急广播和消防专线电话。选项D正确。

2．某大型人防工程内的避难走道，与4个防火分区相连，每个防火分区的建筑面积均为2 000 m^2。对该避难走道进行防火检查，下列检查结果中，不符合现行国家消防技术标准的是（ ）。[1]（2016-2-73）

A．避难走道的两端各设置了1个直通地面的安全出口

B．每个防火分区至避难走道入口处设置了防烟前室，其使用面积为6 m^2

C．避难走道内部采用轻钢龙骨石膏板做吊顶

D．其中一个防火分区通向避难走道的门至该避难走道最近直通地面的出口的距离为65 m

【解析】参见《人民防空工程设计防火规范》（GB 50098—2009）第5.2.5条，避难走道的设置应符合下列规定：（1）避难走道直通地面的出口不应少于2个，并应设置在不同方向；当避难走道只与一个防火分区相通时，避难走道直通地面的出口可设置一个，但该防火分区至少应有一个不通向该避难走道的安全出口。选项A正确。

（3）避难走道的装修材料燃烧性能等级应为A级。轻钢龙骨石膏板燃烧性能等级为A级，选项C正确。

（4）防火分区至避难走道入口处应设置前室，前室面积不应小于6 m^2，前室的门应为甲级防火门；其防烟应符合本规范第6.2节的规定。选项B正确。

根据《建筑设计防火规范》（GB 50016—2014）第6.4.14条，避难走道的设置应符合下列规定：避难走道直通地面的出口不应少于2个，并应设置在不同方向；当避难走道仅与一个防火分区相通且该防火分区至少有1个直通室外的安全出口时，可设置1个直通地面的出口。任一防火分区通向避难走道的门至该避难走道最近直通地面的出口的距离不应大于60 m。选项D错误。

3．根据现行国家标准《人民防空工程设计防火规范》（GB 50098），人防工程疏散指示标志的下列设计方案中，正确的是（ ）。[2]（2018-1-58）

A．沿墙面设置的疏散标志灯下边缘距地面的垂直距离为1.2 m

B．沿地面设置的灯光型疏散方向标志的间距为10 m

C．设置在疏散走道上方的疏散标志灯下边缘距离室内地面的垂直距离为2.2 m

D．沿地面设置的蓄光型发光标志的间距为10 m

【解析】根据《人民防空工程设计防火规范》（GB 50098—2009）第8.2.4条，消防疏散指示标志的设置位置应符合下列规定：（1）沿墙面设置的疏散标志灯距地面不应大于1 m，间距不应大于15 m。（2）设置在疏散走道上方的疏散标志灯的方向指示应与疏散通道垂直，其大小应与建筑空间相协调；标志灯下边缘距室内地面不应大于 2.5 m，且应设置在风管等设备管道的下部。（3）沿地面设置的灯光型疏散方向标

1 答案：D

2 答案：C

志的间距不宜大于 3 m，蓄光型发光标志的间距不宜大于 2 m。选项 C 正确。

第九章　发电厂与变电站防火

本章由陶昆解析

1．燃煤发电厂的碎煤机房设置照明灯具时，应选择（　）灯具。[1]（2015-1-49）

A．外壳保护型　　B．隔爆型　　C．增安型　　D．充砂型

【解析】参见教材《消防安全技术实务》第二篇第七章第二节用电设备防火。根据教材电气照明灯具的选型（2）爆炸危险环境应选用防爆型、隔爆型灯具，灯具的选型见表 2-7-2。

表 2-7-2　爆炸危险环境照明装置的选型

<table>
<tr><td colspan="2">等级场所</td><td colspan="3">有可燃气体、液体场所</td><td colspan="2">有可燃粉尘、纤维的场所</td></tr>
<tr><td colspan="2">选型电气设备及其使用条件</td><td>连续出现或长期出现气体混合物的场所</td><td>在正常运时可能出现爆炸性气体混合物的场所</td><td>在正常运时不可能出现或即使出现也仅是短时间存在的爆炸性气体混合物的场所</td><td>连续出现或长期出现爆炸性粉尘混合物的场所</td><td>有时会将积留下的粉尘扬起而出现爆炸性粉尘混合物的场所</td></tr>
<tr><td rowspan="2">照明灯具</td><td>固定安装、移动式</td><td>防爆型、防爆通风充气性</td><td>任意一种防爆类型</td><td>密闭性</td><td>任意一级隔爆类型</td><td rowspan="3">密闭性</td></tr>
<tr><td>携带式</td><td>隔爆型</td><td>隔爆型</td><td>隔爆型、防爆安全性</td><td>任意一级隔爆类型</td></tr>
<tr><td colspan="2">配电装置</td><td>防爆型、防爆通风充气性</td><td></td><td>密闭性</td><td>任意一级隔爆类型、防爆通风充气性</td></tr>
</table>

燃煤发电厂的碎煤机房属于长期出现可燃性粉尘爆炸环境。所以选项 B 正确。

2．某燃煤火力发电厂，单机容量为 200 MW，总容量为 1 000 MW。下列关于该电厂消防设施的做法中，错误的是（　）。[2]（2016-1-79）

A．消防控制室与主控制室合并设置　　B．贮煤场的室外消防用水量采用 15 L/s

C．设置控制中心火灾自动报警系统　　D．主厂房周围采用环状消防给水管网

【解析】根据《火力发电厂与变配电设计防火规范》（GB 50229—2006）第 7.12.4 条，消防控制室应与单元控制室或主控制室合并设置。选项 A 正确。

第 7.2.2 条，室外消防用水量的计算应符合下列规定：贮煤场的消防用水量不应少于 20 L/s。选项 B 错误。

第 7.12.2 条，单机容量为 200 MW 及以上的燃煤电厂，应设置控制中心报警系统。系统应配有火灾部位显示装置、打印机、火灾警报装置、电话插孔及应急广播系统。选项 C 正确。

第 7.2.2 条，室外消防用水量的计算应符合下列规定：主厂房、贮煤厂（室内贮煤场）、点火油罐区周围的消防给水管网应为环状。选项 D 正确。

3．某地下变电站，主变电气容量为 150 MW·A，该变电站的下列防火设计方案中，不符合规范要求的有（　）。[3]（2017-1-82）

1 答案：B

2 答案：B

3 答案：AE

A．继电器室设置感温火灾探测器　　B．主控通信室设计火灾自动报警系统及疏散应急照明

C．变压器设置水喷雾灭火系统　　D．电缆层设置感烟火灾探测器

E．配电装置室采用火焰探测器

【解析】《火力发电厂与变电站设计防火规范》（GB 50229—2006）第 11.5.20 条，下列场所和设备应采用火灾自动报警系统：主控通信室、配电装置室、可燃介质电容器室、继电器室。第 11.7.2 条，火灾应急照明和疏散标志应符合下列规定：地下变电站的主控通信室、配电装置室、变压器室、继电器室、消防水泵房、建筑疏散通道和楼梯间应设置应急照明。选项 B 正确。

第 11.5.21 条，变电站主要设备用房和设备火灾自动报警系统应符合表 11.5.21 的规定。查表 11.5.21 可知，电缆层和电缆竖井火灾探测器类型线型感温、感烟或吸气式感烟，配电装置室火灾探测器类型感烟、线型感烟或吸气式。继电器室火灾探测器类型感烟或吸气式感烟选项 D 正确。选项 A、E 错误。

第 11.5.4 条，单台容量为 125 MV·A 及以上的主变压器应设置水喷雾灭火系统、合成型泡沫喷雾系统或其他固定式灭火装置。其他带油电气设备，宜采用干粉灭火器。地下变电站的油浸变压器，宜采用固定式灭火系统。选项 C 正确。

4. 某机组容量为 350 MW 的燃煤发电厂的下列灭火系统设置中，不符合规范要求是（　）。[1]（2017-1-60）

A．汽机房电缆夹层采用自动喷水灭火系统　　B．封闭式运煤栈桥采用自动喷水灭火系统

C．电子设备间采用气体灭火系统　　D．点火油罐区采用低倍数泡沫灭火系统

【解析】《火力发电厂与变电站设计防火规范》（GB 50229—2006）第 7.1.8 条，机组容量为 300 MW 及以上的燃煤电厂应按表 7.1.8 的规定设置火灾自动报警系统、固定灭火系统。查表 7.1.8 可得：电缆夹层采用水喷雾、细水雾或气体系统。故 A 选项错误。封闭式运煤栈桥采用水喷雾或自动喷水灭火系统，故 B 选项正确。电子设备间采用固定式气体或其他介质灭火系统，故 C 选项正确。第 7.8.1 条，点火油罐区宜采用低倍数或中倍数泡沫灭火系统。D 选项正确。

5. 根据现行国家标准《火力发电厂与变电站设计防火规范》（GB 50229），下列燃煤电厂内的建筑物或场所中，可以不设置室内消火栓的是（　）[2]（2018-1-10）

A．网络控制楼　　B．脱硫工艺楼　　C．解冻室　　D．集中控制楼

【解析】根据《火力发电厂与变电站设计防火规范》（GB 50229—2006）第 7.3.2 条，下列建筑物或场所可不设置室内消火栓：脱硫工艺楼，增压风机室，吸收塔，吸风机室，屋内高压配电装置（无油），除尘构筑物，运煤栈桥，运煤隧道，油浸变压器检修间，油浸变压器室，供、卸油泵房，油处理室，岸边水泵房，中央水泵房，灰浆、灰渣泵房，生活消防水泵房，稳定剂室、加药设备室，进水、净水构筑物，冷却塔，化学水处理室，循环水处理室，启动锅炉房，供氢站，推煤机库，消防车库，贮氢罐，空气压缩机室（有润滑油），热工、电气、金属实验室，天桥，排水、污水泵房，各分场维护间，污水处理构筑物，电缆隧道，材料库棚，机车库，警卫传达室。所以选 B。

6. 根据现行国家标准《火力发电厂与变电站设计防火规范》，变电站内的总事故贮油池与室外油浸变压器的最小安全距离应为（　）。[3]（2018-1-47）

A．10 m　　B．15 m　　C．5 m　　D．18 m

【解析】《火力发电厂与变电站设计防火规范》第 4.0.8 条，油浸变压器与汽机房、屋内配电装置楼、主控楼、集中控制楼及网控楼的间距不应小于 10 m。所以选 A。

---

1 答案：A

2 答案：B

3 答案：A

7．某地下变电站，设有自动灭火系统，根据现行国家标准《火力发电厂与变电站设计防火规范》（GB 50229），该变电站最大防火分区建筑面积为（　）。[1]（2018-1-38）

A．600 m^2　　B．2 000 m^2　　C．1 000 m^2　　D．1 200 m^2

【解析】根据《火力发电厂与变电站设计防火规范》第 11.4.3 条，地下变电站每个防火分区的建筑面积不应大于 1 000 m^2。设置自动灭火系统的防火分区，其防火分区面积可增大 1.0 倍；当局部设置自动灭火系统时，增加面积可按该局部面积的 1.0 倍计算。选项 B 正确。

1 答案：B

第五篇　法律法规及消防管理

第一章　消防相关法律

本章由杨晨解析

一、刑法

1．某建筑进行内部装修，一名电工违章电焊施工作业，结果引发火灾，造成 3 人死亡。根据《中华人民共和国刑法》，对该电工依法追究刑事责任。下列定罪中，正确的是（　）。[1]（2016-2-3）

A．重大劳动安全事故罪　　B．重大责任事故罪

C．消防责任事故罪　　D．工程重大安全事故罪

【解析】根据《消防安全技术综合能力》第一篇第一章第二节相关法律，重大责任事故罪是指在生产、作业中违反有关安全管理的规定，因而发生重大伤亡事故或者造成其他严重后果的行为。立案标准：（1）造成死亡一人以上，或者重伤三人以上；（2）造成直接经济损失五十万元以上的；（3）发生矿山生产安全事故，造成直接经济损失一百万元以上的；（4）其他造成严重后果的情形。故 B 选项正确。

2．根据《中华人民共和国刑法》的有关规定，下列事故中，应按重大责任事故罪予以立案追诉的是（　）。[2]（2017-2-3）

A．违反消防管理法规，经消防监督机构通知采取改正措施而拒绝执行，导致发生死亡 2 人的火灾事故

B．在生产、作业中违反有关安全管理的规定，导致发生重伤 4 人的事故

C．强令他人违章冒险作业，导致发生直接经济损失 60 万元的事故

D．安全生产设施不符合国家规定，导致发生 2 人死亡的事故

【解析】《刑法》第一百三十四条，在生产、作业中违反有关安全管理的规定，因而发生重大伤亡事故或者造成其他严重后果的，处三年以下有期徒刑或者拘役；情节特别恶劣的，处三年以上七年以下有期徒刑。《最高人民检察院、公安部关于公安机关管辖的刑事案件立案追诉标准的规定（一）》（公通字〔2008〕36 号）第八条，在生产、作业中违反有关安全管理的规定，涉嫌下列情形之一的，应予立案追诉：（一）造成死亡一人以上，或者重伤三人以上；（二）造成直接经济损失五十万元以上的；（三）发生矿山生产安全事故，造成直接经济损失一百万元以上的；（四）其他造成严重后果的情形。故 B 选项正确。

3．某服装生产企业在厂房内设置了 15 人住宿的员工宿舍，总经理陈某拒绝执行消防部门责令搬迁员工宿舍的通知。某天深夜，该厂房发生火灾，造成员工宿舍内 2 名员工死亡，根据《中华人民共和国刑法》，陈某犯消防责任事故罪，后果严重，应予以处（　）[3]。（2018-2-3）

A．三年以下有期徒刑或者拘役　　B．七年以上十年以下有期徒刑

C．五年以上七年以下有期徒刑　　D．三年以上五年以下有期徒刑

1 答案：B

2 答案：B

3 答案：A

【解析】《刑法》第一百三十九条，违反消防管理法规，经消防监督机构通知采取改正措施而拒绝执行，造成严重后果的，对直接责任人员，处3年以下有期徒刑或者拘役；后果特别严重的，处3年以上7年以下有期徒刑。故A选项正确。

4．某企业的食品加工厂房，2017年11月5日6：00时发生火灾，最先发现起火的值班人员赵某准备报火警，被同时发现火灾的车间主任王某阻止。王某遂与赵某等人使用灭火器进行扑救，发现灭火器失效后，又使用室内消火栓进行灭火，但消火栓无水。火势越来越大，王某与现场人员撤离车间，撤离后先向副总经理汇报，再拨打“119”报警，因紧张未说清起火厂房的具体位置，也未留下报警人姓名，消防部门接群众报警后，迅速到达火场，2小时后大火被扑灭。此次火灾事故过火面积约900 m^2，造成倒班宿舍内5名员工死亡，4名员工受伤，经济损失约160万元。经调查询问、现场勘查、综合分析，认定起火原因系生炭工刘某为加速炭烤炉升温，向已点燃的炭烤炉倒入汽油，瞬间火焰蹿起，导致排烟管道内油垢起火，引燃厂房屋面彩钢板聚氨酯保温层，火势迅速蔓延。调查还发现，该车间生产有季节性，高峰期有工人156人；企业总经理为法定代表人，副总经理负责消防安全管理工作；消防部门曾责令将倒班宿舍搬出厂房，拆除聚氨酯彩钢板，企业总经理拒不执行；该企业未依法建立消防组织机构，消防安全管理制度不健全，未对员工进行必要的消防安全培训；虽然制定了灭火和应急疏散预案，但从未组织过消防演练；排烟管道使用多年从未检查和清洗保养。根据以上材料，回答下列问题。（2018-3-二）

根据《中华人民共和国刑法》，下列对当事人的处理方案中，正确的有（　）[1]。

A．生炭工刘某犯有失火罪，处三年有期徒刑

B．对值班人员赵某处500元罚款

C．对车间主任王某处10日拘留，并处500元罚款。

D．该企业总经理犯有消防责任事故罪，处三年有期徒刑

E．该企业副总经理犯有消防责任事故罪，处三年有期徒刑

【解析】《刑法》第一百一十五条，放火、决水、爆炸以及投放毒害性、放射性、传染病病原体等物质或者以其他危险方法致人重伤、死亡或者使公私财产遭受重大损失的，处十年以上有期徒刑、无期徒刑或者死刑。过失犯前款罪的，处三年以上七年以下有期徒刑；情节较轻的，处三年以下有期徒刑或者拘役。根据《刑法》第九十九条，本法所称以上、以下、以内，包括本数。

《最高人民检察院、公安部关于公安机关管辖的刑事案件立案追诉标准的规定（一）》（公通字〔2008〕36号）第一条，过失引起火灾，涉嫌下列情形之一的，应予立案追诉：（一）导致死亡一人以上，或者重伤三人以上的。故选项A正确。

《中消防法》第六十四条，违反本法规定，有下列行为之一，尚不构成犯罪的，处十日以上十五日以下拘留，可以并处五百元以下罚款；情节较轻的，处警告或者五百元以下罚款：（三）在火灾发生后阻拦报警，或者负有报告职责的人员不及时报警的。值班人员赵某为值班人员，有报警职责，不及时报警，造成5人死亡，不属于情节较轻情形，罚款500元的处罚错误。车间主任王某阻拦报警，造成5人死亡，处罚正确。故B选项错误，C选项正确。

《刑法》第一百三十九条，违反消防管理法规，经消防监督机构通知采取改正措施而拒绝执行，造成严重后果的，对直接责任人员，处三年以下有期徒刑或者拘役；后果特别严重的，处三年以上七年以下有期徒刑。本案中总经理为消防安全责任人，负有单位消防安全责任，是消防责任事故罪的主体。故D选项正确，E选项错误。

---

1 答案：ACD

二、行政处罚法

某消防技术服务机构，超越资质许可范围开展消防安全评估业务，消防部门依法责令其改正，并处一万五千元罚款，该机构到期未缴纳罚款。根据《中华人民共和国行政处罚法》，消防部门可以采取（ ）的措施。[1]（2018-2-4）

A．限制法定代表人的人身自由　　B．吊销消防安全评估资质

C．申请人民法院强制执行　　D．强制执行

【解析】《行政处罚法》第五十一条，当事人逾期不履行行政处罚决定的，作出行政处罚决定的行政机关可以采取下列措施：（一）到期不缴纳罚款的，每日按罚款数额的百分之三加处罚款；（二）根据法律规定，将查封、扣押的财物拍卖或者将冻结的存款划拨抵缴罚款；（三）申请人民法院强制执行。故C选项正确。

三、消防法

1．某消防设施检测机构在某单位自动喷水灭火系统未安装完毕的情况下出具了合格的《建筑消防设施检测报告》。针对这种行为，根据《中华人民共和国消防法》，应对该消防设施检测机构进行处罚。下列罚款处罚中，正确的是（ ）。[2]（2016-2-1）

A．五万元以上十万元以下　　B．十万元以上二十万元以下

C．五千元以上五万元以下　　D．一万元以上五万元以下

【解析】《消防法》第六十九条，消防产品质量认证、消防设施检测等消防技术服务机构出具虚假文件的，责令改正，处五万元以上十万元以下罚款，并对直接负责的主管人员和其他直接责任人员处一万元以上五万元以下罚款。《社会消防技术服务管理规定》（公安部令　第129号）第四十九条，消防技术服务机构出具虚假文件的，责令改正，处五万元以上十万元以下罚款，并对直接负责的主管人员和其他直接责任人员处一万元以上五万元以下罚款；有违法所得的，并处没收违法所得；情节严重的，由原许可公安机关消防机构责令停止执业或者吊销相应资质证书。故A选项正确。

2．某商场发生火灾时，商场现场工作人员没有履行组织引导疏散义务，造成1名顾客死亡。根据《中华人民共和国消防法》的有关规定，可依法对现场工作人员予以处罚。下列处罚中，正确的是（ ）。[3]（2016-2-2）

A．五千元以上五万元以下罚款　　B．五日以上十日以下拘留

C．十日以上十五日以下拘留　　D．三万元以上三十万元以下处罚

【解析】《消防法》第六十八条，人员密集场所发生火灾，该场所的现场工作人员不履行组织、引导在场人员疏散的义务，情节严重，尚不构成犯罪的，处五日以上十日以下拘留。故B选项正确。

3．某歌舞厅的经理擅自将公安机关消防机构查封的娱乐厅拆封后继续营业。当地消防支队接到群众举报后即派员到场核查，确认情况属实，并认定该行为造成的危害后果较轻。根据《中华人民共和国消防法》，下列处罚决定中，正确的是（ ）。[4]（2017-2-1）

A．对该舞厅法定代表人处三日拘留，并处五百元罚款

B．对该舞厅经理处三日拘留，并处五百元罚款

---

1 答案：C

2 答案：A

3 答案：B

4 答案：D

C．对该舞厅经理处十日拘留，并处三百元罚款

D．对该舞厅经理处五百元罚款

【解析】《消防法》第六十四条，违反本法规定，有下列行为之一，尚不构成犯罪的，处十日以上十五日以下拘留，可以并处五百元以下罚款；情节较轻的，处警告或者五百元以下罚款：（一）指使或者强令他人违反消防安全规定，冒险作业的；（二）过失引起火灾的；（三）在火灾发生后阻拦报警，或者负有报告职责的人员不及时报警的；（四）扰乱火灾现场秩序，或者拒不执行火灾现场指挥员指挥，影响灭火救援的；（五）故意破坏或者伪造火灾现场的；（六）擅自拆封或者使用被公安机关消防机构查封的场所、部位的。故D选项正确。

4．某消防设施检测机构在某建设工程机械排烟系统未施工完成的情况下出具了检测结果为合格的《建设消防设施检测报告》。根据《中华人民共和国消防法》，对该消防设施检查机构直接负责的主管人员和其他直接责任人员应予以处罚，下列处罚中，正确的是（　）。[1]（2017-2-2）

A．五千元以上一万元以下罚款　　B．一万元以上五万元以下罚款

C．五万元以上十万元以下罚款　　D．十万元以上二十万元以下罚款

【解析】《消防法》第六十九条，消防产品质量认证、消防设施检测等消防技术服务机构出具虚假文件的，责令改正，处五万元以上十万元以下罚款，并对直接负责的主管人员和其他直接责任人员处一万元以上五万元以下罚款；有违法所得的，并处没收违法所得；给他人造成损失的，依法承担赔偿责任；情节严重的，由原许可机关依法责令停止执业或者吊销相应资质、资格。明知机械排烟系统未施工完成的情况下，出具了检测结果为合格的检测报告，属于出具虚假文件的行为。故B选项正确。

5．某购物中心地上6层，地下3层，总建筑面积126 000 m^2，建筑高度35.0 m。当地公安消防机构对购物中心进行消防监督检查，在检查中发现：承租方正在对三层部分商场（约6 000 m^2）进行重新装修并拟改为儿童游乐场所，未向当地公安消防机构申请消防设计审核。

根据以上材料，回答下列问题：

对承租方将部分商场改为儿童游乐场所的行为，根据《中华人民共和国消防法》，公安机关消防机构应责令停止施工并处罚款，罚款额度符合规定的有（　）。[2]（2017-3-二）

A．一万元以上五万元以下　　B．二万元以上十万元以下

C．三万元以上十五万元以下　　D．四万元以上二十万元以下

【解析】《建设工程消防监督管理规定》（公安部令　第119号）第十三条，对具有下列情形之一的人员密集场所，建设单位应当向公安机关消防机构申请消防设计审核，并在建设工程竣工后向出具消防设计审核意见的公安机关消防机构申请消防验收：建筑总面积大于1 000 m^2的托儿所、幼儿园的儿童用房，儿童游乐厅等室内儿童活动场所，养老院，福利院，医院、疗养院的病房楼，中小学校的教学楼、图书馆、食堂，学校的集体宿舍，劳动密集型企业的员工集体宿舍。《中华人民共和国消防法》第五十八条，违反本法规定，有下列行为之一的，责令停止施工、停止使用或者停产停业，并处三万元以上三十万元以下罚款：（一）依法应当经公安机关消防机构进行消防设计审核的建设工程，未经依法审核或者审核不合格，擅自施工的。故C、D选项正确。

6．某住宅小区物业管理公司，在10号住宅楼一层设置了瓶装液化石油气经营点。根据《中华人民共和国消防法》，应责令该经营店停业，并对其处（　）罚款。[3]（2018-2-1）

A．三千元以上三万元以下　　B．五千元以上五万元以下

---

1 答案：B

2 答案：CD

3 答案：B

C．五万元以上十万元以下　　D．警告或者五百元以下

【解析】《消防法》第六十一条，生产、储存、经营易燃易爆危险品的场所与居住场所设置在同一建筑物内，或者未与居住场所保持安全距离的，责令停产停业，并处五千元以上五万元以下罚款。故B选项正确。

7．某商业广场首层为超市，设置了12个安全出口。超市经营单位为了防盗封闭了10个安全出口。根据《中华人民共和国消防法》，消防部门在责令超市经营单位改正的同时，应当并处（　）[1]。（2018-2-2）

A．五千元以上五万元以下罚款　　B．责任人五日以下拘留

C．一千元以上五千元以下罚款　　D．警告或者五百元以下罚款

【解析】《消防法》第六十条，单位违反本法规定，有下列行为之一的，责令改正，处五千元以上五万元以下罚款:（三）占用、堵塞、封闭疏散通道、安全出口或者有其他妨碍安全疏散行为的；个人有前款第二项、第三项、第四项、第五项行为之一的，处警告或者五百元以下罚款。有本条第一款第三项、第四项、第五项、第六项行为，经责令改正拒不改正的，强制执行，所需费用由违法行为人承担。故A选项正确。

8．某市在会展中心举办农产品交易会，有2 000家厂商参展。根据《中华人民共和国消防法》，该场所不符合举办大型群众性活动消防安全规定的做法是（　）。[2]（2018-2-58）

A．由举办单位负责人担任交易会的消防安全负责人

B．制定灭火和应急疏散预案并组织演练

C．会展中心的消防水泵有故障，由政府专职消防队现场守护

D．疏散通道、安全出口保持畅通

【解析】《消防法》第二十条，举办大型群众性活动，承办人应当依法向公安机关申请安全许可，制定灭火和应急疏散预案并组织演练，明确消防安全责任分工，确定消防安全管理人员，保持消防设施和消防器材配置齐全、完好有效，保证疏散通道、安全出口、疏散指示标志、应急照明和消防车通道符合消防技术标准和管理规定。水泵有故障，消防设施未能保持完好有效，故C选项错误。

9．某会展中心工程按照现行国家标准设计了火灾自动报警系统、自动喷水灭火系统、防排烟系统和消火栓系统等消防设施。根据《中华人民共和国消防法》，下列选择使用消防产品的要求正确的有（　）。[3]（2018-2-95）

A．有国家标准的消防产品必须符合国家标准

B．没有国家标准的消防产品，必须符合行业标准

C．优先使用专业消防设备生产厂生产的消防产品

D．禁止使用不合格的消防产品以及国家明令淘汰的消防产品

E．优先使用经技术鉴定的消防产品

【解析】《消防法》第二十四条，消防产品必须符合国家标准；没有国家标准的，必须符合行业标准。禁止生产、销售或者使用不合格的消防产品以及国家明令淘汰的消防产品。故A、B、D选项正确。

10．某企业的食品加工厂房，2017年11月5日6：00时发生火灾，最先发现起火的值班人员赵某，准备报火警，被同时发现火灾的车间主任王某阻止。王某遂与赵某等人使用灭火器进行扑救，发现灭火器失效后，又使用室内消火栓进行灭火，但消火栓无水。火势越来越大，王某与现场人员撤离车间，撤离后先向副总经理汇报，再拨打“119”报警，因紧张未说清起火厂房的具体位置，也未留下报警人姓名，消防部门接群众报警后，迅速到达火场，2小时后大火被扑灭。此次火灾事故过火面积约900 m^2，造成倒班

1 答案：A
2 答案：C
3 答案：ABD

宿舍内 5 名员工死亡，4 名员工受伤，经济损失约 160 万元。经调查询问、现场勘查、综合分析，认定起火原因系生炭工刘某为加速炭烤炉升温，向已点燃的炭烤炉倒入汽油，瞬间火焰蹿起，导致排烟管道内油垢起火，引燃厂房屋面彩钢板聚氨酯保温层，火势迅速蔓延。调查还发现，该车间生产有季节性，高峰期有工人 156 人，企业总经理为法定代表人，副总经理负责消防安全管理工作。根据以上材料，回答下列问题。（2018-3-二）

（1）根据《中华人民共和国消防法》和《机关、团体、企业、事业单位消防安全管理规定》（公安部令　第 61 号），关于该企业的说法，正确的有（　）。[1]

A．该企业不属于消防安全重点单位　　B．该企业属消防安全重点单位

C．该企业总经理是消防安全责任人　　D．该企业副总经理是消防安全责任人

E．该企业副总经理是消防安全管理人

【解析】《消防安全重点单位界定标准》（公通字〔2001〕97 号）第九条，生产车间员工在 100 人以上的服装、鞋帽、玩具等劳动密集型企业属于消防重点单位。高峰期有工人 156 人，该食品企业属于消防劳动密集型企业。故 B 选项正确，A 选项错误。

《消防法》第十六条，单位的主要负责人是本单位的消防安全责任人。《机关、团体、企业、事业单位消防安全管理规定》（公安部令　第 61 号）第四条，法人单位的法定代表人或者非法人单位的主要负责人是单位的消防安全责任人，对本单位的消防安全工作全面负责。C 选项正确。

《消防法》第十七条，消防安全重点单位除应当履行本法第十六条规定的职责外，还应当履行下列消防安全职责：（一）确定消防安全管理人，组织实施本单位的消防安全管理工作。题干中“副总经理负责消防安全管理工作”，故副总经理为消防安全管理人，D 选项错误，E 选项正确。

（2）在火灾处置上，车间主任王某违反《中华人民共和国消防法》《机关、团体、企业、事业单位消防安全管理规定》（公安部令　第 61 号）的行为有（　）。[2]

A．发现火灾时未及时组织在场人员疏散

B．发现火灾时未及时报警

C．撤离现场后先向副总经理报告再拨打 119 报警

D．报警时未说明起火部位，未留下姓名

E．组织人员灭火，但未能将火扑灭

【解析】《消防法》第四十四条，任何人发现火灾都应当立即报警。任何单位、个人都应当无偿为报警提供便利，不得阻拦报警。严禁谎报火警。人员密集场所发生火灾，该场所的现场工作人员应当立即组织、引导在场人员疏散。故 A、B、C 选项符合题意。

《机关、团体、企业、事业单位消防安全管理规定》（公安部令　第 61 号）第三十六条，消防安全重点单位对每名员工应当至少每年进行一次消防安全培训。宣传教育和培训内容应当包括：（四）报火警、扑救初起火灾以及自救逃生的知识和技能。《消防控制室通用技术要求》第 4.2.2 条，报警时应说明火灾地点、起火部位、着火物种类和火势大小，并留下报警人姓名和联系电话。故 D 选项符合题意。E 选项不属于违反《中华人民共和国消防法》《机关、团体、企业、事业单位消防安全管规定》（公安部令　第 61 号）相关规定的情形，不符合题意。

（3）依据《中华人民共和国消防法》，对该企业消火栓无水、灭火器失效的情形，处罚正确的有（　）。[3]

A．责令改正并处五千元罚款　　B．责令改正并处三千元罚款

1 答案：BCE

2 答案：ABCD

3 答案：AD

C．责令改正并处四千元罚款　　D．责令改正并处五万元罚教

E．责令改正并处六万元罚款

【解析】《消防法》第六十条，单位违反本法规定，有下列行为之一的，责令改正，处五千元以上五万元以下罚款：（一）消防设施、器材或者消防安全标志的配置、设置不符合国家标准、行业标准，或者未保持完好有效的。故A、D选项正确。

第二章　机关、团体、企业、事业单位消防安全管理

本章由杨晨解析

一、消防安全责任人

1．已确定消防安全管理人的单位，不属于消防安全责任人应履行的消防安全职责的是（　）。[1]（2015-2-16）

A．贯彻执行消防法规，保障单位消防安全符合规定，掌握本单位的消防情况

B．将消防工作与本单位的生产、科研、经营、管理等活动统筹安排，批准实施年度消防工作计划

C．拟定年度消防工作计划，组织实施日常消防安全管理工作

D．确定逐级消防安全责任，批准实施消防安全制度和保障消防安全的操作规程

【解析】《机关、团体、企业、事业单位消防安全管理规定》（公安部令　第61号）第六条，单位的消防安全责任人应当履行下列消防安全职责：（一）贯彻执行消防法规，保障单位消防安全符合规定，掌握本单位的消防安全情况。（二）将消防工作与本单位的生产、科研、经营、管理等活动统筹安排，批准实施年度消防工作计划。（三）为本单位的消防安全提供必要的经费和组织保障。（四）确定逐级消防安全责任，批准实施消防安全制度和保障消防安全的操作规程。（五）组织防火检查，督促落实火灾隐患整改，及时处理涉及消防安全的重大问题。（六）根据消防法规的规定建立专职消防队、义务消防队。（七）组织制定符合本单位实际的灭火和应急疏散预案，并实施演练。C选项不属于消防安全责任人应履行的消防安全职责，A、B、D选项是消防安全责任人应当履行的消防安全职责。

2．某企业的食品加工厂房，生产有季节性，高峰期有工人156人，根据《机关、团体、企业、事业单位消防安全管理规定》（公安部令　第61号），该企业总经理应当履行的消防安全职责有（　）。[2]（2018-3-二）

A．批准实施消防安全制度和保障消防安全的操作规程

B．拟订消防安全工作资金投入，上报公司董事会批准

C．指导本企业的消防安全管理人员开展防火检查

D．组织制定灭火和应急疏散预案，并实施演练

E．统筹安排本单位的生产、经营、管理、消防工作

【解析】《机关、团体、企业、事业单位消防安全管理规定》（公安部令　第61号）第六条，见上题解析。总经理为单位的消防安全责任人，故A、D、E选项正确。

3．某企业的食品加工厂房，生产有季节性，高峰期有工人156人，根据《机关、团体、企业、事业单位消防安全管理规定》（公安部令　第61号），关于该企业消防安全管理的说法，正确的有（　）。[3]（2018-3-二）

1 答案：C

2 答案：ADE

3 答案：ACE

A．该企业应报当地消防部门备案

B．该企业的总经理、副总经理应报当地消防部门备案

C．该企业的总经理、负责消防安全管理的副总经理应当报当地消防部门备案

D．该企业的灭火、应急疏散预案应报当地消防部门备案

E．对于消防部门责令限期改正的火灾隐患，该企业应在规定期限内消除，并将改正情况函告消防部门

【解析】《机关、团体、企业、事业单位消防安全管理规定》（公安部令 第 61 号）第十四条，消防安全重点单位及其消防安全责任人、消防安全管理人应当报当地公安消防机构备案。故 B 选项错误，A、C 选项正确。第三十三条，火灾隐患整改完毕，负责整改的部门或者人员应当将整改情况记录报送消防安全责任人或者消防安全管理人签字确认后存档备查。故 E 选项正确。

《机关、团体、企业、事业单位消防安全管理规定》（公安部令 第 61 号）中无 D 选项内容的要求。

二、消防安全管理人

1．某购物中心地上 6 层，地下 3 层，总建筑面积 126 000 m^2，建筑高度 35.0 m。2017 年 6 月 5 日，当地公安消防机构对购物中心进行消防监督检查。购物中心消防安全管理人首先汇报了自己履职情况，主要有：（一）拟订年度消防工作计划，组织实施日常消防安全管理工作；（二）组织制定消防安全制度和保障消防安全的操作规程并检查督促其落实；（三）组织实施防火检查工作；（四）组织实施单位消防设施、灭火器材和消防安全标志的维护保养，确保其完好有效；（五）组织管理志愿消防队；（六）在员工中组织开展消防知识、技能的宣传教育和培训，组织灭火和应急疏散预案的实施和演练。

根据以上材料，回答下列问题：

根据《机关、团体、企业，事业单位消防安全管理规定》（公安部令 第 61 号），消防安全管理人还应当实施和组织落实的消防安全管理工作有（ ）。[1]（2017-3-二）

A．确定逐级消防安全责任

B．确保疏散通道和安全出口畅通

C．拟订消防安全工作的资金投入和组织保障方案

D．组织实施火灾隐患整改工作

E．招聘消防控制室值班人员

【解析】《机关、团体、企业、事业单位消防安全管理规定》（公安部令 第 61 号）第七条，单位可以根据需要确定本单位的消防安全管理人。消防安全管理人对单位的消防安全责任人负责，实施和组织落实下列消防安全管理工作：（一）拟订年度消防工作计划，组织实施日常消防安全管理工作；（二）组织制订消防安全制度和保障消防安全的操作规程并检查督促其落实；（三）拟订消防安全工作的资金投入和组织保障方案；（四）组织实施防火检查和火灾隐患整改工作；（五）组织实施对本单位消防设施、灭火器材和消防安全标志的维护保养，确保其完好有效，确保疏散通道和安全出口畅通；（六）组织管理专职消防队和义务消防队；（七）在员工中组织开展消防知识、技能的宣传教育和培训，组织灭火和应急疏散预案的实施和演练；（八）单位消防安全责任人委托的其他消防安全管理工作。A 选项为消防安全责任人应当履行的职责。B、E 选项不属于消防安全管理人的消防安全职责。故选择 C、D 选项。

2．关于消防安全管理人及其职责的说法，错误的是（ ）。[2]（2017-2-73）

A．消防安全管理人应是单位中负有一定领导职责和权限的人员

B．消防安全管理人应负责拟订年度消防工作计划，组织制定消防安全制度

C．消防安全管理人应每日测试主要消防设施功能并及时排除故障

1 答案：CD

2 答案：C

D．消防安全管理人应组织实施防火检查和火灾隐患整改工作

【解析】《机关、团体、企业、事业单位消防安全管理规定》（公安部令　第 61 号）第七条，见上题解析。故 A、B、D 选项正确。“每日测试主要消防设施功能并及时排除故障”不属于消防安全管理人的职责，故 C 选项错误。

三、消防安全管理制度

1．某购物中心地上 6 层，地下 3 层，总建筑面积 126 000 m^2，建筑高度 35.0 m。2017 年 6 月 5 日，当地公安消防机构对购物中心进行消防监督检查。检查组对该购物中心的消防安全管理档案进行了检查，其中包括：消防安全教育、培训，防火检查、巡查，灭火和应急疏散预案演练，消防控制室值班，用火用电管理，易燃易爆危险品和场所防火防爆，志愿消防队的组织管理，燃气和电气设备的检查和管理及消防安全考评和奖惩等消防安全管理制度。检查组还对 2017 年的消防教育培训的计划和内容进行了检查。根据资料该单位消防培训的内容有：消防法规、消防安全制度和保障消防安全的操作规程；本单位的火灾危险性和防火措施；灭火器材的使用方法；报火警和扑救初起火灾的知识和技能。

根据以上材料，回答下列问题。

（1）根据《机关、团体、企业、事业单位消防安全管理规定》（公安部令　第 61 号），该购物中心还应制定（　）。[1]（2017-3-二）

A．安保组织制度　　B．安全疏散设施管理制度　　C．火灾隐患整改制度

D．安全生产例会制度　　E．消防设施、器材维护管理制度

【解析】《机关、团体、企业、事业单位消防安全管理规定》（公安部令　第 61 号）第十八条，单位应当按照国家有关规定，结合本单位的特点，建立健全各项消防安全制度和保障消防安全的操作规程，并公布执行。单位消防安全制度主要包括以下内容：消防安全教育、培训；防火巡查、检查；安全疏散设施管理；消防（控制室）值班；消防设施、器材维护管理；火灾隐患整改；用火、用电安全管理；易燃易爆危险物品和场所防火防爆；专职和义务消防队的组织管理；灭火和应急疏散预案演练；燃气和电气设备的检查和管理（包括防雷、防静电）；消防安全工作考评和奖惩；其他必要的消防安全内容。故 B、C、E 选项正确。要注意的是 D 选项，根据《国务院办公厅关于印发消防安全责任制实施办法的通知》（国办发〔2017〕87 号）第十七条，对容易造成群死群伤火灾的人员密集场所、易燃易爆单位和高层、地下公共建筑等火灾高危单位，除履行第十五条、第十六条规定的职责外，还应当履行下列职责：（一）定期召开消防安全工作例会，研究本单位消防工作，处理涉及消防经费投入、消防设施设备购置、火灾隐患整改等重大问题。该单位为火灾高危单位，应当召开消防工作例会，建立消防安全例会制度。但 D 选项为“安全生产例会制度”并且题目中要求依据的是《机关、团体、企业、事业单位消防安全管理规定》（公安部令　第 61 号），所以不选 D 选项。

（2）根据《机关、团体、企业、事业单位消防安全管理规定》（公安部令　第 61 号），消防安全制度应包括的主要内容有（　）。[2]（2016-3-二）

A．消防安全责任制　　B．消防设施、器材维护管理　　C．用火、用电安全管理

D．仓库收发管理　　E．防火巡查、检查

【解析】《机关、团体、企业事业单位消防安全管理规定》（公安部令　第 61 号）第十八条，见上题解析。B、C、E 选项正确。A、D 选项不属于消防安全制度。

2．消防安全重点单位“三项”报告备案制度中，不包括（　）。[3]（2017-2-65）

1 答案：BCE

2 答案：BCE

3 答案：C

A．消防安全管理人员报告备案　　B．消防设施维护保养报告备案

C．消防规章制度报告备案　　D．消防安全自我评估报告备案

【解析】《机关、团体、企业、事业单位消防安全管理规定》（公安部令　第61号）第十四条，消防安全重点单位及其消防安全责任人、消防安全管理人应当报当地公安消防机构备案。根据教材《消防安全技术综合能力》第五篇第二章第三节消防安全制度和落实，消防安全重点单位“三项”报告备案制度中包括：消防安全管理人员报告备案、消防设施维护保养报告备案、消防安全自我评估报告备案三项内容。C选项不包括在内。

3．某购物中心地上6层，地下3层，总建筑面积126 000 m^2，建筑高度35.0 m。下列人员中，可以作为该购物中心志愿消防队成员的有（　）。[1]（2017-3-二）

A．该单位的消防安全责任人　　B．该单位的消防安全管理人

C．该单位的营业员　　D．维保公司维保该单位消防设施的技术人员

E．该单位的保安员

【解析】志愿消防队员来自单位员工，是发生火灾时单位的主要灭火力量。故C、E选项正确。

4．某28层大厦，建筑面积为50 000 m^2，分别由百货公司、宴会酒楼、温泉酒店使用，三家单位均符合消防安全重点单位界定标准，应当由（　）向当地消防部门申报消防安全重点单位备案。[2]（2018-2-27）

A．各单位分别　　B．大厦物业管理单位

C．三家联合单位　　D．大厦消防设施维保单位

【解析】《公安部对实施〈机关、团体、企业、事业单位消防安全管理规定〉的有关问题请示的批复》（公消防〔2002〕122号）第二条，一幢建筑物中各自独立的产权单位或者使用单位，凡符合重点单位界定标准的，应当各自独立申报备案；如建筑本身符合重点单位界定标准的，该建筑产权单位也应当独立申请备案。故A选项正确。

四、消防检查、巡查

1．检查中发现的下列火灾隐患，根据《机关、团体、企业、事业单位消防安全管理规定》（公安部令第61号），应当责成当场改正的有（　）。[3]（2017-3-二）

A．防火卷帘无法手动起降　　B．防火卷帘下堆放商品　　C．消火栓被遮挡

D．疏散指示标志损坏　　E．灭火器压力不足

【解析】《机关、团体、企业、事业单位消防安全管理规定》（公安部令　第61号）第三十一条，对下列违反消防安全规定的行为，单位应当责成有关人员当场改正并督促落实：（一）违章进入生产、储存易燃易爆危险物品场所的；（二）违章使用明火作业或者在具有火灾、爆炸危险的场所吸烟、使用明火等违反禁令的；（三）将安全出口上锁、遮挡，或者占用、堆放物品影响疏散通道畅通的；（四）消火栓、灭火器材被遮挡影响使用或者被挪作他用的；（五）常闭式防火门处于开启状态，防火卷帘下堆放物品影响使用的；（六）消防设施管理、值班人员和防火巡查人员脱岗的；（七）违章关闭消防设施、切断消防电源的；（八）其他可以当场改正的行为。违反前款规定的情况以及改正情况应当有记录并存档备查。故B、C选项正确。

2．根据《机关、团体、企业、事业单位消防安全管理规定》（公安部令　第61号），机关、团体、事业单位应当至少每（　）进行一次防火检查。[4]（2015-2-3）

1 答案：CE

2 答案：A

3 答案：BC

4 答案：B

A．年　B．季度　C．月　D．周

【解析】《机关、团体、企业、事业单位消防安全管理规定》（公安部令　第61号）第二十六条，机关、团体、事业单位应当至少每季度进行一次防火检查，其他单位应当至少每月进行一次防火检查。B选项正确。

3．某大型商业综合体的商业区防火档案记载，保安在营业期间每3小时防火巡查1次，防火巡查记录均为“正常”。火灾前52天组织的最近一次防火检查，载录了商业区存在“楼梯间防火门未常闭”“有的商铺装修现场管理混乱，无消防安全防护措施”“二层多个商铺装修现场火灾探测器误报，喷头损坏喷水”3项火灾隐患。

根据以上材料，回答问题：

简析物业管理公司在防火巡查、防火检查及火灾隐患整改过程中存在的问题。（2015-3-三）

答案：防火巡查中存在的问题为“营业期间每3小时巡查一次”，应为2小时巡查一次。防火检查存在的问题为“火灾前52天组织的最近一次检查”，应为每月检查一次。对于巡查和检查中发现的问题并未及时进行整改。

【解析】《机关、团体、企业、事业单位的消防安全管理规定》（公安部令　第61号）第二十五条，公众聚集场所在营业期间的防火巡查应当至少每二小时一次；营业结束时应当对营业现场进行检查，消除遗留火种。第二十六条，机关、团体、事业单位应当至少每季度进行一次防火检查，其他单位应当至少每月进行一次防火检查。第三十条，单位对存在的火灾隐患，应当及时予以消除。

4．《机关、团体、企业、事业单位消防安全管理规定》（公安部令　第61号）规定消防安全重点单位应当进行每日防火巡查，并确定巡查的内容和频次。公共聚集场所在营业期间的防火巡查，应当至少每（　）小时一次。[1]（2016-2-33）

A．2　B．1　C．3　D．4

【解析】《机关、团体、企业、事业单位消防安全管理规定》（公安部令　第61号）第二十五条，消防安全重点单位应当进行每日防火巡查，并确定巡查的人员、内容、部位和频次。其他单位可以根据需要组织防火巡查。公众聚集场所在营业期间的防火巡查应当至少每二小时一次；营业结束时应当对营业现场进行检查，消除遗留火种。医院、养老院、寄宿制的学校、托儿所、幼儿园应当加强夜间防火巡查，其他消防安全重点单位可以结合实际组织夜间防火巡查。故A选项正确。

5．某5层购物中心，建筑面积80 000 m^2，根据《机关、团体、企业、事业单位消防安全管理规定》（公安部令　第61号），该购物中心在营业期间的防火巡查应当至少（　）。[2]（2018-2-50）

A．每日一次　B．每八小时一次　C．每四小时一次　D．每两小时一次

【解析】《机关、团体、企业、事业单位消防安全管理规定》（公安部令　第61号）第二十五条，公众聚集场所在营业期间的防火巡查应当至少每两小时一次。故D选项正确。

五、消防教育培训

1．某购物中心地上6层，地下3层，总建筑面积126 000 m^2，建筑高度35.0 m。当地公安消防机构对2017年的消防教育培训的计划和内容进行检查，根据资料该单位消防培训的内容有：消防法规、消防安全制度和保障消防安全的操作规程；本单位的火灾危险性和防火措施；灭火器材的使用方法；报火警和扑救初起火灾的知识和技能。根据以上材料，回答下列问题：

1 答案：A

2 答案：D

根据《机关、团体、企业、事业单位消防安全管理规定》（公安部第令 61 号）。2017 年该购物中心的消防宣传教育和培训内容还应有（　）。[1]（2017-3-二）

A．消防控制室值班人员操作职业资格　　B．有关现行国家消防技术标准

C．有关消防设施的性能　　D．自救逃生的知识和技能

E．组织、引导在场群众疏散的知识和技能

【解析】《机关、团体、企业、事业单位消防安全管理规定》（公安部令　第 61 号）第三十六条，单位应当通过多种形式开展经常性的消防安全宣传教育。消防安全重点单位对每名员工应当至少每年进行一次消防安全培训。宣传教育和培训内容应当包括：（一）有关消防法规、消防安全制度和保障消防安全的操作规程；（二）本单位、本岗位的火灾危险性和防火措施；（三）有关消防设施的性能、灭火器材的使用方法；（四）报火警、扑救初起火灾以及自救逃生的知识和技能。公众聚集场所对员工的消防安全培训应当至少每半年进行一次，培训的内容还应当包括组织、引导在场群众疏散的知识和技能。单位应当组织新上岗和进入新岗位的员工进行上岗前的消防安全培训。故 C、D、E 选项正确。

2．某食品有限公司，车间流水线共有 122 人在进行作业，关于单位员工消防安全培训，依据有关规定必须培训的内容有（　）。[2]（2016-3-二）

A．消防技术规范　　B．本单位、本岗位的火灾危险性和防火措施

C．报火警、扑救初起火灾的知识和技能　　D．组织疏散逃生的知识和技能

E．有关消防设施的性能，灭火器材的使用方法

【解析】《机关、团体、企业、事业单位消防安全管理规定》（公安部令　第 61 号）第三十六条，见上题解析。B、C、E 选项正确。消防技术规范的内容没有要求单位员工掌握，A 选项不选。D 选项属于公众聚集场所物的要求，该单位不属于公众聚集场所。根据《重大火灾隐患判定方法》（GB 35181—2017）第 3.3 条，公众聚集场所是指宾馆、饭店、商场、集贸市场、客运车站候车室、客运码头候船厅、民用机场航站楼、体育场馆、会堂以及公共娱乐场所等。

3．依据有关规定，下列应该接受消防安全专门培训的人员有（　）。[3]（2016-3-二）

A．单位的消防安全责任人　　B．装卸人员　　C．专、兼职消防管理人员

D．电工　　E．消防控制室值班、操作人员

【解析】《机关、团体、企业事业单位消防安全管理规定》（公安部令　第 61 号）第三十八条，下列人员应当接受消防安全专门培训：（一）单位的消防安全责任人、消防安全管理人；（二）专、兼职消防管理人员；（三）消防控制室的值班、操作人员；（四）其他依照规定应当接受消防安全专门培训的人员。B、D 选项不属于依照规定应接受消防安全专门培训的人员，A、C、E 选项正确。

4. 某在建工程的施工单位对施工人员开展消防安全教育培训，根据《社会消防安全教育管理规定》（公安部令　第 109 号），该施工单位开展消防安全教育培训的方法和内容不包括（　）。[4]（2018-2-17）

A．工程施工前对施工人员进行消防安全教育

B．在工程醒目位置、住宿场所设置消防安全宣传栏和警示标识

C．对施工人员进行消防产品进场使用方法培训

D．对明火作业人员进行经常性的消防安全教育

【解析】《社会消防安全教育管理规定》（公安部令　第 109 号）第二十四条，在建工程的施工单位应

1 答案：CDE

2 答案：BCE

3 答案：ACE

4 答案：C

当开展下列消防安全教育工作：（一）建设工程施工前应当对施工人员进行消防安全教育；（二）在建设工地醒目位置、施工人员集中住宿场所设置消防安全宣传栏，悬挂消防安全挂图和消防安全警示标识；（三）对明火作业人员进行经常性的消防安全教育；（四）组织灭火和应急疏散演练。在建工程的建设单位应当配合施工单位做好上述消防安全教育工作。C选项不包括在内。

5．某企业的食品加工厂房，生产有季节性，高峰期有工人156人。根据《机关、团体、企业、事业单位消防安全管理规定》（公安部令　第61号），该企业应对每名员工进行消防培训，培训内容应包括（　）。[1]（2018-3-二）

A．消防法规、消防安全制度和消防安全操作规程　　B．食品生产企业的火灾危险性和防火措施

C．消火栓的使用方法　　D．初期火灾的报警、扑救及火场逃生技能

E．灭火器的制造原理

【解析】《机关、团体、企业、事业单位消防安全管理规定》（公安部令　第61号）第三十六条，单位应当通过多种形式开展经常性的消防安全宣传教育。消防安全重点单位对每名员工应当至少每年进行一次消防安全培训。宣传教育和培训内容应当包括：（一）有关消防法规、消防安全制度和保障消防安全的操作规程；（二）本单位、本岗位的火灾危险性和防火措施；（三）有关消防设施的性能、灭火器材的使用方法；（四）报火警、扑救初起火灾以及自救逃生的知识和技能。故A、B、C、D选项正确。

六、消防应急预案及演练

1．消防安全重点单位应按照灭火和应急疏散预案，至少每（　）进行一次演练。[2]（2015-2-37）

A．月　　B．季度　　C．年　　D．半年

【解析】《机关、团体、企业、事业单位消防安全管理规定》（公安部令　第61号）第四十条，消防安全重点单位应当按照灭火和应急疏散预案，至少每半年进行一次演练，并结合实际，不断完善预案。其他单位应当结合本单位实际，参照制定相应的应急方案，至少每年组织一次演练。消防演练时，应当设置明显标识并事先告知演练范围内的人员。故选D选项正确。

2．按《机关、团体、企业、事业单位消防安全管理规定》（公安部令　第61号）的规定，下列内容中，不属于应急预案编制内容的是（　）。[3]（2015-2-77）

A．应急组织机构　　B．报警和接警处置程序

C．应急疏散的组织程序和措施　　D．员工的消防培训计划

【解析】《机关、团体、企业、事业单位消防安全管理规定》（公安部令　第61号）第三十九条，消防安全重点单位制定的灭火和应急疏散预案应当包括下列内容：（一）组织机构，包括：灭火行动组、通信联络组、疏散引导组、安全防护救护组；（二）报警和接警处置程序；（三）应急疏散的组织程序和措施；（四）扑救初起火灾的程序和措施；（五）通信联络、安全防护救护的程序和措施。D选项不属于应急预案编制内容。

3．按照有关规定，消防安全重点单位制定的灭火和应急疏散预案应当包括（　）。[4]（2016-3-二）

A．领导机构及其职责　　B．报警和接警处置程序

C．自动消防设施保养程序　　D．应急疏散的组织程序和措施

E．扑救初期火灾的程序和措施

1 答案：ABCD
2 答案：D
3 答案：D
4 答案：ABDE

【解析】《机关、团体、企业事业单位消防安全管理规定》（公安部令　第61号）第三十九条，见上题解析。C选项不属于灭火和应急疏散预案的内容。

4．某五星级酒店拟进行应急预案演练，在应急预案演练保障方面，酒店拟从人员、经费、场地、物资和器材等各方面都给予保障。在物资和器材方面，酒店应提供（　）。[1]（2017-2-85）

A．信息材料　　B．建筑模型　　C．应急抢险物资　　D．录音摄像设备　　E．通信器材

【解析】教材《消防安全技术综合能力》第五篇第四章第三节应急预案编制。（四）应急预案演练保障。物资和器材保障主要包括：信息材料；物资设备，包括各种应急抢险物资、特种装备、办公设备、录音摄像设备、信息显示设备等；通信器材；演练场景模型，进行应急预案演练时应搭建必要的模拟场景及装置设施。B选项建筑模型不包含在内。

5．消防应急预案演练可以按照组织形式、演练内容、演练目的与作用等不同分类方法进行划分。下列演练中，属于按照演练内容划分的是（　）。[2]（2016-2-21）

A．检验性演练　　B．示范性演练　　C．研究型演练　　D．综合性演练

【解析】教材《消防安全技术综合能力》第五篇第四章第三节应急预案演练。按演练内容划分，分为单项演练和综合演练。故D选项正确。

6．某消防安全重点单位根据有关规定制订了消防应急疏散预案，进行疏散引导工作。下列工作内容之中，不属于疏散引导工作内容的是（　）。[3]（2016-2-61）

A．拨打119电话　　　　　　　　B．根据火场情况划定安全区
C．明确疏散引导责任人　　　　　D．根据需要及时变更疏散路线

【解析】教材《消防安全技术综合能力》第五篇第四章第二节应急预案编制。疏散引导工作内容一是划定安全区，二是明确责任人，三是及时变更修正。A选项是报警的内容不是疏散引导的内容。

7．某公司拟在一体育馆举办大型周年庆典活动，根据相关要求成立了活动领导小组，并安排公司的一名副经理担任疏散引导组的组长。根据相关规定，疏散引导组职责中不包括（　）。[4]（2017-2-75）

A．熟悉体育馆所在安全通道、出口的位置

B．在每个安全出口设置工作人员、确保通道、出口畅通

C．安排人员在发生火灾时第一时间引导参加活动的人员从最近的安全出口疏散

D．进行灭火和应急疏散预案的演练

【解析】教材《消防安全技术综合能力》第五篇第六章第二节大型群众性活动消防安全管理要求。疏散引导组：疏散引导组组长由一名副职领导担任，成员由相关部门及全体人员组成。疏散引导组应履行以下工作职责：（1）掌握活动举办场所各安全通道、出口位置，了解安全通道、出口畅通情况。（2）在关键部位设置工作人员，确保通道、出口畅通。（3）在发生火灾或突发事件的第一时间，引导参加活动的人员从最近的安全通道、安全出口疏散，确保参加活动人员的生命安全。A、B、C选项均为疏散引导组职责，故选D选项。

8．某大型商场制定了消防应急预案，内容包括初期火灾处置程序和措施。下列处置程序和措施中，错误的是（　）。[5]（2017-2-52）

A．发现火灾时，起火部位现场员工应当于3 min 内形成灭火第一战斗力量

1 答案：ACDE
2 答案：D
3 答案：A
4 答案：D
5 答案：A

B．发现起火时，应立即打119电话报警

C．发现起火时，安全出口或通道附近的员工应在第一时间负责引导人员进行疏散

D．发现火灾时，消火栓附近的员工应立即利用消火栓灭火

【解析】教材《消防安全技术综合能力》第五篇第四章第二节应急预案的编制，起火部位现场员工应于1 min 内形成灭火第一战斗力量，故A选项错误。B、C、D选项均正确。

9．某3层大酒楼，营业面积8 000 m^2，可容纳2 000人同时用餐，厨房用管道天然气作为热源。大酒楼制定了灭火和应急疏散预案，预案中关于处置燃气泄漏的程序和措施，第一步应是（　）。[1]（2018-2-77）

A．打燃气公司电话报警　　B．立即关阀断气

C．打119电话报警　　D．立即关闭电源

【解析】燃气泄漏应首先关闭阀门，及时通风，并严禁使用任何明火和启动电源开关，故B选项正确。

10．某企业的食品加工厂房，生产有季节性，高峰期有工人156人。根据《机关、团体、企业、事业单位消防安全管理规定》（公安部令　第61号），该企业制定的灭火和应急疏散预案中，组织机构应包括（　）。[2]（2018-3-二）

A．疏散引导组　B．安全防护救护组　C．灭火行动组　D．物资抢救组　E．通讯联络组

【解析】《机关、团体、企业、事业单位消防安全管理规定》（公安部令　第61号）第三十九条，消防安全重点单位制定的灭火和应急疏散预案应当包括下列内容：（一）组织机构，包括：灭火行动组、通讯联络组、疏散引导组、安全防护救护组；（二）报警和接警处置程序；（三）应急疏散的组织程序和措施；（四）扑救初起火灾的程序和措施；（五）通讯联络、安全防护救护的程序和措施。D选项不属于灭火和应急疏散预案中的组织机构。

七、重点部位

1．某政府办公楼，地下1层，地上16层，建筑高度52 m，建筑面积36 800 m^2。该办公楼的下列场所中，不属于消防安全重点部位的是（　）。[3]（2015-2-56）

A．档案室　B．健身房　C．自备柴油发电机房　D．计算机数据中心

【解析】《机关、团体、企业、事业单位消防安全管理规定》（公安部令　第61号）第十九条，单位应当将容易发生火灾、一旦发生火灾可能严重危及人身和财产安全以及对消防安全有重大影响的部位确定为消防安全重点部位，设置明显的防火标志，实行严格管理。《消防安全技术综合能力》第五篇第二章第四节消防重点部位的确定和管理。选B选项。

2．某食品有限公司发生重大火灾事故，造成18人死亡，13人受伤，过火面积约4 000 m^2，直接经济损失4 000余万元。经调查，认定该起事故为保鲜恒温库内的冷风机供电线路接头处过热短路，引燃墙面聚氨酯泡沫保温材料所致。根据以上材料，回答下列问题：

保鲜恒温库及简易生产车间属于消防安全重点部位。根据消防安全重点部位管理的有关规定，应该采取的必备措施有（　）。[4]（2016-3-二）

A．设置自动灭火设施　　B．设置明显的防火标志

C．严格管理，定期重点巡查　　D．制定和完善事故应急处置方案

E．采用电气防爆措施

1 答案：B
2 答案：ABCE
3 答案：B
4 答案：BCD

【解析】《机关、团体、企业、事业单位消防安全管理规定》（公安部令 第61号）第十九条，单位应当将容易发生火灾、一旦发生火灾可能严重危及人身和财产安全以及对消防安全有重大影响的部位确定为消防安全重点部位，设置明显的防火标志，实行严格管理。故B选项正确。

根据教材《消防安全技术综合能力》第五篇第二章第四节消防安全重点部位的确定和管理，三、消防安全重点部位的管理有（一）制度管理，（二）标识化管理，（三）教育管理，（四）档案管理，（五）日常管理和（六）应急管理。B选项为标识化管理的内容，C选项为日常管理的内容，D选项为应急管理的内容。A、E选项不属于消防安全重点部位管理应该采取的必备措施。

3．单位在确定消防重点部位以后，应加强对消防重点部位的管理。下列管理措施中，不属于消防重点部位管理措施的是（ ）。[1]（2017-2-46）

A．隐患管理 B．制度管理 C．立牌管理 D．教育管理

【解析】参见《消防安全技术综合能力》第五篇第二章第四节消防重点部位的确定和管理。消防安全重点部位的管理包括制度管理、立牌管理（标识化管理 2018）、教育管理、档案管理、日常管理、应急管理。A选项不属于消防重点部位管理措施。

4．某购物中心地上6层，地下3层，总建筑面积126 000 m^2，建筑高度35.0 m。地上一至五层为商场，六层为餐饮，地下一层为超市、汽车库，地下二层为发电机房、消防水泵房、空调机房、排烟风机房等设备用房和汽车库，地下三层为汽车库。根据《机关、团体、企业、事业单位消防安全管理规定》（公安部令 第61号），该购物中心中应确定为消防安全重点部位的有（ ）。[2]（2017-3-二）

A．空调机房 B．消防控制室 C．汽车库 D．发电机房 E．消防水泵房

【解析】《机关、团体、企业、事业单位消防安全管理规定》（公安部令 第61号）第十九条，单位应当将容易发生火灾、一旦发生火灾可能严重危及人身和财产安全以及对消防安全有重大影响的部位确定为消防安全重点部位，设置明显的防火标志，实行严格管理。根据教材《消防安全技术综合能力》第五篇第二章第四节消防安全重点部位的确定和管理，B、E选项属于发生火灾后对消防安全有重大影响的部位，C选项属于容易发生火灾的部位，D选项发电机房为性质重要、发生事故影响全局的部位。

5．某星级宾馆属于消防安全重点单位，关于星级宾馆消防安全重点部位的确定的说法，错误的是（ ）。[3]（2018-2-60）

A．应将空调机房确定为消防安全重点部位

B．应将厨房、发电机房确定为消防安全重点部位

C．应将夜总会确定为消防安全重点部位

D．应将变配电室、消防控制室确定为消防安全重点部位

【解析】根据教材《消防安全技术综合能力》（2018年版）第五篇第二章第四节消防安全重点部位的确定和管理，消防安全重点部位不仅要根据火灾危险源的辨识来确定，还应根据本单位的实际，即物品储存的多少、价值的大小、人员的集中量以及隐患的存在和火灾的危险程度等情况而定。主要考虑：（1）容易发生火灾的部位；（2）发生火灾后对消防安全有重大影响的部位；（3）性质重要、发生事故影响全局的部位；（4）财产集中的部位；（5）人员集中的部位。厨房为容易发生火灾的部位。发电机房为性质重要、发生事故影响全局的部位。夜总会为人员集中的部位。变配电室、消防控制室为发生火灾后对消防安全有重大影响的部位。故选A选项。

1 答案：A
2 答案：BCDE
3 答案：A

八、多产权建筑消防管理

某公司投资建设的大型商业综合体由商业区和超高层写字楼、商品住宅楼及五星级酒店组成。除酒店外，综合体由建设单位下属的物业公司统一管理。建设单位明确了物业公司经理为消防安全管理人，建立了消防安全管理制度，成立了志愿消防组织，明确了专（兼）职消防人员及其职责。在物业管理合同中，约定了产权人、承租人的消防安全管理职责，明确了物业公司有权督促落实消防管理工作，确定了公共区域、未销售（租赁）区域的消防安全管理、室外消防设施（场地）以及建筑消防设施改造和维护管理等由物业公司统一组织实施，各方按照相关合同出资。

根据以上材料，回答问题：

简述该大型商业综合体对多个产权（使用）单位的消防安全管理是否合理，并说明原因。（2015-3-三）

答案：不合理。根据《多产权建筑消防安全管理》（GA/T 1245—2015）要求，多产权建筑的产权方、使用方应协商确定或委托统一管理单位，明确消防安全管理职责，制定统一的消防安全管理规章制度，不能将酒店排除在外（消防安全责任人是法定的，不用在管理制度中进行明确）。

【解析】《多产权建筑消防安全管理》（GA/T 1245—2015）第4.1.1条，多产权建筑的产权方、使用方应协商确定或委托统一管理单位，明确消防安全管理职责，对多产权建筑的消防安全实行统一管理。第4.1.2条，多产权建筑的产权方、使用方、统一管理单位应制定统一的消防安全管理规章制度并认真遵守有关消防安全管理规定。

九、消防档案

1．某购物中心地上6层，地下3层，总建筑面积126 000 m^2，建筑高度35.0 m。2017年6月5日，当地公安消防机构对购物中心进行消防监督检查。检查组对该购物中心的消防安全管理档案进行了检查。根据《机关、团体、企业、事业单位消防安全管理规定》（公安部令　第61号），该购物中心消防档案中必须存放有（　）。[1]（2017-3-二）

A．灭火和应急疏散预案

B．灭火和应急疏散预案的演练记录

C．消防控制室值班人员的消防控制室操作职业资格证书

D．消防设施的设计图

E．消防安全培训记录

【解析】《机关、团体、企业、事业单位消防安全管理规定》（公安部令　第61号）第四十一条，消防安全重点单位应当建立健全消防档案。消防档案应当包括消防安全基本情况和消防安全管理情况。第四十二条，消防安全基本情况应当包括以下内容：（一）单位基本概况和消防安全重点部位情况；（二）建筑物或者场所施工、使用或者开业前的消防设计审核、消防验收以及消防安全检查的文件、资料；（三）消防管理组织机构和各级消防安全责任人；（四）消防安全制度；（五）消防设施、灭火器材情况；（六）专职消防队、义务消防队人员及其消防装备配备情况；（七）与消防安全有关的重点工种人员情况；（八）新增消防产品、防火材料的合格证明材料；（九）灭火和应急疏散预案。根据第四十三条，消防安全管理情况应当包括以下内容：（一）公安消防机构填发的各种法律文书；（二）消防设施定期检查记录、自动消防设施全面检查测试的报告以及维修保养的记录；（三）火灾隐患及其整改情况记录；（四）防火检查、巡查记录；（五）有关燃气、电气设备检测（包括防雷、防静电）等记录资料；（六）消防安全培训记录；（七）

1 答案：ABDE

灭火和应急疏散预案的演练记录；（八）火灾情况记录；（九）消防奖惩情况记录。C选项不属于消防档案的内容，选A、B、D、E选项。

2．某购物中心地上6层，地下3层，总建筑面积126 000 m^2，建筑高度35.0 m。2017年6月5日，当地公安消防机构对购物中心进行消防监督检查。检查组对该购物中心的消防安全管理档案进行了检查，其中包括：消防安全教育、培训，防火检查、巡查，灭火和应急疏散预案演练等。根据《机关、团体、企业、事业单位消防安全管理规定》（公安部令　第61号）。该购物中心的演练记录除了记明演练时间和参加部门外，还应当记明演练的（　）。[1]（2017-3-二）

A．经费　B．地点　C．内容　D．灭火器型号和数量　E．参加人员

【解析】根据《机关、团体、企业、事业单位消防安全管理规定》（公安部令　第61号）第四十三条，灭火和应急疏散预案的演练记录应当记明演练的时间、地点、内容、参加部门以及人员等。选B、C、E选项。

3．消防设施档案应真实记录建筑消防设施的质量状况，从延续性要求及可追溯性要求出发，完整的档案内容应包括（　）[2]。（2015-2-8）

A．消防设施平面布局、系统验收报告、维护保养记录

B．消防设施值班、巡查、检测、维护及记录

C．消防设施基本情况的各类文件资料，消防设施及相关人员动态管理的记录、资料

D．消防设施巡查记录以及消防控制室值班记录

【解析】《建筑消防设施的维护管理》（GB 25201—2010）第10.1条，建筑消防设施档案应包含建筑消防设施基本情况和动态管理情况，基本情况包括建筑消防设施的验收文件和产品、系统使用说明书、系统调试记录、建筑消防设施平面布置图、建筑消防设施系统图等原始技术资料。动态管理情况包括建筑消防设施的值班记录、巡查记录、检测记录、故障维修记录以及维护保养计划表、维护保养记录、自动消防控制室值班人员基本情况档案及培训记。选C选项。

4．某箱包加工生产企业，厂房建筑5层，建筑面积5 000 m^2，员工600人，企业组织开展半年度灭火和应急疏散演练。根据《机关、团体、企业、事业单位消防安全管理规定》（公安部令　第61号），演练结束后，应当记录存档的内容有（　）[3]。（2018-2-98）

A．演练方案概要、发现的问题与原因　　B．经验教训以及改进工作建议

C．当地消防队情况　　D．演练的内容、时间和地点

E．参加演练单位和人员

【解析】《机关、团体、企业、事业单位消防安全管理规定》（公安部令　第61号）第四十二条，消防安全基本情况应当包括以下内容：（一）公安消防机构填发的各种法律文书；（二）消防设施定期检查记录、自动消防设施全面检查测试的报告以及维修保养的记录；（三）火灾隐患及其整改情况记录；（四）防火检查、巡查记录；（五）有关燃气、电气设备检测（包括防雷、防静电）等记录资料；（六）消防安全培训记录；（七）灭火和应急疏散预案的演练记录；（八）火灾情况记录；（九）消防奖惩情况记录。

前款规定中的第（二）（三）（四）（五）项记录，应当记明检查的人员、时间、部位、内容、发现的火灾隐患以及处理措施等；第（六）项记录，应当记明培训的时间、参加人员、内容等；第（七）项记录，应当记明演练的时间、地点、内容、参加部门以及人员等。故D、E选项正确。

1 答案：BCE
2 答案：C
3 答案：DE

十、综合运用

某食品有限公司发生重大火灾事故，造成 18 人死亡，13 人受伤，过火面积约 4 000 m^2，直接经济损失 4 000 余万元。经调查，认定该起事故为保鲜恒温库内的冷风机供电线路接头处过热短路，引燃墙面聚氨酯泡沫保温材料所致。起火的保鲜恒温库为单层砖混结构，吊顶和墙面均采用聚苯乙烯板，在聚苯乙烯板外表面直接喷涂聚氨酯泡沫。毗邻保鲜恒温库搭建的简易生产车间采用单层钢屋架结构，外围护采用聚苯乙烯夹心彩钢板，吊顶为木龙骨和 PVC 板。车间按照国家标准配置了灭火器材，无应急照明和疏散指示标志，部分疏散门采用卷帘门。起火时，南侧的安全出口被锁闭。着火当日，车间流水线南北两侧共有 122 人在进行装箱作业。保鲜库起火后，火势及有毒烟气迅速蔓延至整个车间。由于无人组织灭火和疏散，有 12 名员工在走道尽头的冰池处遇难。逃出车间的员工向领导报告了火情，10 分钟后领导才拨打“119”报火警，有 8 名受伤员工在冰池处被救出。

经查，该企业消防安全管理制度不健全，单位消防安全管理人员曾接受过消防安全专门培训，但由于单位生产季节性强，员工流动性大，未组织员工进行消防安全培训和疏散演练。当日值班人员对用火、用电和消防设施、器材情况进行了一次巡查后离开了车间。

根据以上材料，回答下列问题：

（1）这次事故中，造成人员伤亡的主要因素有（　）。[1]（2016-3-二）

A．当日值班人员事发时未在岗

B．建筑构件及墙体内保温采用了易燃有毒材料

C．消防安全重点部位不明确

D．部分安全出口被锁闭，疏散通道不畅通

E．员工未经过消防安全培训和疏散逃生演练

【解析】造成人员伤亡的主要因素有当日值班人员事发时未在岗、建筑构件及墙体内保温采用了易燃有毒材料、部分安全出口被锁闭、疏散通道不畅通和员工未经过消防安全培训和疏散逃生演练。情景描述中未提及不明确消防安全重点部位，因此不能判定是造成人员伤亡的主要因素。故选 A、B、D、E 选项。

（2）根据本案例描述，该单位存在的下列违反消防安全规定的情况，应依据《机关、团体、企业、事业单位消防安全管理规定》责令当场改正的有（　）。[2]（2016-3-二）

A．违章使用明火作业或者在具有火灾、爆炸危险的场所吸烟、使用明火

B．消防设施管理、值班人员和防火巡查人员脱岗

C．常闭式防火门处于开启状态，防火卷帘下堆放物品影响使用

D．消防控制室值班人员未持证上岗

E．将安全出口上锁、遮挡，或者占用、堆放物品影响疏散通道畅通

【解析】《机关、团体、企业事业单位消防安全管理规定》（公安部令　第 61 号）第三十一条，对下列违反消防安全规定的行为，单位应当责成有关人员当场改正并督促落实：（一）违章进入生产、储存易燃易爆危险物品场所的；（二）违章使用明火作业或者在具有火灾、爆炸危险的场所吸烟、使用明火等违反禁令的；（三）将安全出口上锁、遮挡，或者占用、堆放物品影响疏散通道畅通的；（四）消火栓、灭火器材被遮挡影响使用或者被挪作他用的；（五）常闭式防火门处于开启状态，防火卷帘下堆放物品影响使用的；（六）消防设施管理、值班人员和防火巡查人员脱岗的；（七）违章关闭消防设施、切断消防电源的；（八）其他可以当场改正的行为。A、B、C、E 选项符合应当场改正的情形。

（3）依据本案例描述和消防安全管理的相关规定，单位发生火灾时，应当立即实施灭火和应急疏散预

1 答案：ABDE

2 答案：ABCE

案。在这次火灾事故中，该单位未能做到（ ）。[1]（2016-3-二）

A．及时报警　　B．启动消防灭火系统　　C．组织扑救火灾

D．启动防排烟系统　　E．及时疏散人员

【解析】《机关、团体、企业事业单位消防安全管理规定》（公安部令 第61号）第三十九条，消防安全重点单位制定的灭火和应急疏散预案应当包括下列内容：（一）组织机构，包括：灭火行动组、通讯联络组、疏散引导组、安全防护救护组；（二）报警和接警处置程序；（三）应急疏散的组织程序和措施；（四）扑救初起火灾的程序和措施；（五）通信联络、安全防护救护的程序和措施。D选项不属于预案实施的内容。同时，在案例描述中，未及时报警，无人组织灭火和疏散，未启动消火栓等。故应选A、B、C、E选项。

第三章　社会消防安全教育培训

本章由杨晨解析

1．下列消防安全宣传教育培训，不属于社会单位组织开展的是（ ）。[2]（2015-2-29）

A．对新上岗的员工进行上岗前消防安全培训

B．在火灾多发季节、农业收获季节和重大节假日，组织开展有针对性的消防宣传教育

C．对在岗的员工每年至少进行一次消防安全培训，并通过多种形式开展经常性的消防安全宣传教育

D．对公众聚集场所员工每半年至少进行一次消防安全培训

【解析】《社会消防安全教育培训规定》（公安部令 第109号）第十九条第（四）款规定，社区居民委员会、村民委员会应当利用社区、乡村广播、视频设备定时播放消防安全常识，在火灾多发季节、农业收获季节、重大节日和乡村民俗活动期间，有针对性地开展消防安全宣传教育。B选项为社区组织开展的内容，不属于社会单位组织的内容。《机关、团体、企业、事业单位消防安全管理规定》（公安部令 第61号）第三十六条，单位应当通过多种形式开展经常性的消防安全宣传教育。消防安全重点单位对每名员工应当至少每年进行一次消防安全培训。宣传教育和培训内容应当包括：（一）有关消防法规、消防安全制度和保障消防安全的操作规程；（二）本单位、本岗位的火灾危险性和防火措施；（三）有关消防设施的性能、灭火器材的使用方法；（四）报火警、扑救初起火灾以及自救逃生的知识和技能。A、C、D选项为社会单位组织开展的情形。

2．人员密集场所应当定期开展全员消防教育培训，提高全员的消防安全意识和消防安全能力。下列能力中，不属于员工通过教育培训必须具备的消防安全能力的是（ ）。[3]（2016-2-49）

A．检查和消除火灾隐患的能力　　B．救援被困人员的能力

C．扑救初期火灾的能力　　D．组织人员疏散逃生的能力

【解析】《消防安全技术综合能力》第五篇第三章第二节消防宣传与教育培训的主要内容和形式。员工通过教育培训必须具备检查火灾隐患的能力、消除火灾隐患的能力、组织人员疏散逃生的能力、扑救初期火灾的能力。B选项救援被困人员的能力不属于员工通过教育培训必须具备的消防安全能力。

3．根据《社会消防安全教育培训规定》（公安部令 第109号），关于单位消防安全培训的主要内容和形式的说法，错误的是（ ）。[4]（2017-2-30）

---

1 答案：ABCE

2 答案：B

3 答案：B

4 答案：C

A．各单位应对新上岗和进入新岗位的职工进行上岗前消防安全培训

B．各单位应对在岗的职工每年至少进行一次消防安全培训

C．各单位至少每年组织一次灭火、应急疏散演练

D．各单位职工应具备消除火灾隐患的能力、扑救初起火灾的能力、组织人员疏散逃生的能力

【解析】《社会消防安全教育培训规定》（公安部令　第 109 号）第十四条，单位应当根据本单位的特点，建立健全消防安全教育培训制度，明确机构和人员，保障教育培训工作经费，按照下列规定对职工进行消防安全教育培训：（一）定期开展形式多样的消防安全宣传教育；（二）对新上岗和进入新岗位的职工进行上岗前消防安全培训；（三）对在岗的职工每年至少进行一次消防安全培训；（四）消防安全重点单位每半年至少组织一次、其他单位每年至少组织一次灭火和应急疏散演练。C 选项错误，消防安全重点单位每半年至少组织一次。

4．老张从部队转业后，准备个人出资创办一家消防安全转业培训机构，面向社会从事消防安全转业培训，他应当经（　）或者人力资源和社会保障部门依法批准，并向同级人民政府申请非民办企业单位登记。[1]（2017-2-4）

A．省级教育行政部门　　B．省级公安机关消防机构

C．地市级教育行政部门　　D．地市级公安机关消防机构

【解析】《社会消防安全教育培训规定》（公安部令　第 109 号）第二十七条，国家机构以外的社会组织或者个人利用非国家财政性经费，举办消防安全专业培训机构，面向社会从事消防安全专业培训的，应当经省级教育行政部门或者人力资源和社会保障部门依法批准，并到省级民政部门申请民办非企业单位登记。选 A 选项。

第四章　建设工程消防监督管理

本章由杨晨解析

1．建设单位应当将大型的人员密集场所和其他特殊建设工程的消防设计文件报送公安机关消防机构审核。下列场所中，不属于大型人员密集场所的是（　）。[2]（2015-2-1）

A．建筑面积 21 000 m^2 的饭店　　B．建筑面积 1 800 m^2 的医院门诊楼

C．建筑面积 1 100 m^2 的劳动密集型企业的员工集体宿舍　　D．建筑面积 580 m^2 的网吧

【解析】根据《建设工程消防监督管理规定》（公安部令　第 119 号）第十三条，对具有下列情形之一的人员密集场所，建设单位应当向公安机关消防机构申请消防设计审核，并在建设工程竣工后向出具消防设计审核意见的公安机关消防机构申请消防验收：（一）建筑总面积大于二万平方米的体育场馆、会堂，公共展览馆、博物馆的展示厅；（二）建筑总面积大于一万五千平方米的民用机场航站楼、客运车站候车室、客运码头候船厅；（三）建筑总面积大于一万平方米的宾馆、饭店、商场、市场；A 选项正确。（四）建筑总面积大于二千五百平方米的影剧院，公共图书馆的阅览室，营业性室内健身、休闲场馆，医院的门诊楼，大学的教学楼、图书馆、食堂，劳动密集型企业的生产加工车间，寺庙、教堂；B 选项不正确。（五）建筑总面积大于一千平方米的托儿所、幼儿园的儿童用房，儿童游乐厅等室内儿童活动场所，养老院、福利院，医院、疗养院的病房楼，中小学校的教学楼、图书馆、食堂，学校的集体宿舍，劳动密集型企业的

1 答案：A

2 答案：B

员工集体宿舍；C选项正确。（六）建筑总面积大于五百平方米的歌舞厅、录像厅、放映厅、卡拉OK厅、夜总会、游艺厅、桑拿浴室、网吧、酒吧，具有娱乐功能的餐馆、茶馆、咖啡厅。D选项正确。

2．某单位新建办公楼项目已获得施工许可，现拟进行消防设计备案。下列提供备案材料的行为中，不符合备案时限要求的是（　）。[1]（2015-2-2）

A．获得施工许可七个工作日内提供　　B．获得施工许可三天内提供

C．获得施工许可五天内提供　　D．获得施工许可十个工作日内提供

【解析】《建设工程消防监督管理规定》（公安部令　第119号）第二十四，对本规定第十三条、第十四条规定以外的建设工程，建设单位应当在取得施工许可、工程竣工验收合格之日起七日内，通过省级公安机关消防机构网站进行消防设计、竣工验收消防备案，或者到公安机关消防机构业务受理场所进行消防设计、竣工验收消防备案。《消防法》第十条，按照国家工程建设消防技术标准需要进行消防设计的建设工程，除本法第十一条另有规定的外，建设单位应当自依法取得施工许可之日起七个工作日内，将消防设计文件报公安机关消防机构备案，公安机关消防机构应当进行抽查。选D选项。

3．根据《建设工程消防监督管理规定》（公安部令　第106号）的规定，审核合格的建设工程消防设计文件，确需修改变更的，应（　）。[2]（2015-2-73）

A．由设计单位技术负责人签发设计变更通知、设计变更文件

B．由建设单位将设计变更文件报法定机构批准

C．由设计、施工单位技术负责人共同签发设计变更通知、设计变更文件

D．由设计单位将设计变更文件报法定机构备案

【解析】《建设工程消防监督管理规定》（公安部令　第119号）第二十条规定，建设、设计、施工单位不得擅自修改经公安机关消防机构审核合格的建设工程消防设计。确需修改的，建设单位应当向出具消防设计审核意见的公安机关消防机构重新申请消防设计审核。故B选项正确。

4．某单位在县城新建一个商场，依法取得了当地市公安消防支队出具的消防设计审核合格意见书。建设单位在施工过程中拟对原设计进行修改。该商场建设单位的下列做法中，正确的是（　）。[3]（2016-2-4）

A．向当地县公安消防大队重新申请消防设计审核

B．将设计变更告知当地县公安消防大队

C．向当地市公安消防支队重新申请消防设计审核

D．将设计变更告知当地市公安消防支队

【解析】《建设工程消防监督管理规定》（公安部令　第119号）第二十条，建设、设计、施工单位不得擅自修改经公安机关消防机构审核合格的建设工程消防设计。确需修改的，建设单位应当向出具消防设计审核意见的公安机关消防机构重新申请消防设计审核。故C选项正确。

5．关于大型商业综合体消防设施施工前需要具备的基本条件的说法中，错误的是（　）。[4]（2017-2-12）

A．消防工程设计文件经建设单位批准

B．消防设施设备及材料有符合市场准入制度的有效证明及产品出厂合格证书

C．施工现场的水、电能够满足连续施工的要求

D．与消防设施相关的基础、预埋件和预置孔洞等符合设计要求

【解析】根据《建设工程消防监督管理规定》（公安部令　第119号），依法应当经消防设计审核、消

1 答案：D
2 答案：B
3 答案：C
4 答案：A

防验收的建设工程，未经审核或者审核不合格的，不得组织施工。消防设计文件应经法定机构批准或者备案，故 A 选项错误。

第五章　消防产品监督管理

本章由杨晨解析

消防技术服务机构对某电信机房安装的瓶组式细水雾灭火系统进行验收前的检测工作，在检验有关产品质量合格证明文件时，发现该灭火系统使用的贮水瓶、贮气瓶均不具备《气瓶安全监察规程》规定的合格证明文件，但产品持有某国家级消防产品检验中心出具的型式试验合格报告。下列结论中，正确的有（　）。[1]（2015-2-87）

A．该灭火系统具有合格的型式试验报告，可以使用

B．该灭火系统不符合《消防产品监督管理规定》及有关安全法规的要求，不能使用

C．贮水瓶、贮气瓶应取得《气瓶安全监察规程》规定的合格证明文件

D．该灭火系统可暂时使用，应在产品保修期内更换贮水瓶、贮气瓶

E．型式试验结论不能证明使用于该工程的贮水瓶、贮气瓶符合特征设备安全监察管理规定

【解析】《消防产品监督管理规定》（公安部令　第 122 号）第二十四条，公安机关消防机构对使用领域的消防产品质量进行监督抽查，应当检查下列内容：（一）列入强制性产品认证目录的消防产品是否具备强制性产品认证证书，新研制的尚未制定国家标准、行业标准的消防产品是否具备技术鉴定证书；（二）按照强制性国家标准或者行业标准的规定，应当进行型式检验和出厂检验的消防产品，是否具备型式检验合格和出厂检验合格的证明文件；（三）消防产品的外观标志、规格型号、结构部件、材料、性能参数、生产厂名、厂址与产地等是否符合有关规定；（四）消防产品的关键性能是否符合消防产品现场检查判定规则的要求；（五）法律、行政法规规定的其他内容。A、D 选项错误，选 B、C、E 选项。

第六章　消防工程师管理

本章由杨晨解析

一、报考条件

某消防技术服务机构中甲、乙、丙、丁 4 人申请参加一级注册消防工程师资格考试，根据个人学历和工作资质，4 人中不符合一级注册消防工程师资格考试报名条件的是（　）。[2]（2017-2-74）

A．甲，取得消防工程相关专业双学士学位工作满 5 年，其中从事消防安全技术工作满 3 年

B．丁，取得其他专业硕士学位，工作满 3 年，其中从事消防安全技术工作满 2 年

C．乙，取得消防工程专业本科学历，工作满 4 年，其中从事消防安全技术工作满 3 年

D．丙，取得消防工程专业硕士学位，工作满 2 年，其中从事消防安全技术工作满 1 年

【解析】一级注册消防工程师资格考试报名条件：（一）取得消防工程专业大学专科学历，工作满 6 年，其中从事消防安全技术工作满 4 年；或者取得消防工程相关专业大学专科学历，工作满 7 年，其中从事消

1 答案：BCE

2 答案：B

防安全技术工作满 5 年。(二)取得消防工程专业大学本科学历或者学位，工作满 4 年，其中从事消防安全技术工作满 3 年；或者取得消防工程相关专业大学本科学历，工作满 5 年，其中从事消防安全技术工作满 4 年。(三)取得含消防工程专业在内的双学士学位或者研究生班毕业，工作满 3 年，其中从事消防安全技术工作满 2 年；或者取得消防工程相关专业在内的双学士学位或者研究生班毕业，工作满 4 年，其中从事消防安全技术工作满 3 年。(四)取得消防工程专业硕士学历或者学位，工作满 2 年，其中从事消防安全技术工作满 1 年；或者取得消防工程相关专业硕士学历或者学位，工作满 3 年，其中从事消防安全技术工作满 2 年。(五)取得消防工程专业博士学历或者学位，从事消防安全技术工作满 1 年；或者取得消防工程相关专业博士学历或者学位，从事消防安全技术工作满 2 年。(六)取得其他专业相应学历或者学位的人员，其工作年限和从事消防安全技术工作年限均相应增加 1 年。

二、职业道德

1．注册消防工程师职业道德最根本的原则是（　）和诚实守信。[1]（2015-2-5）

A．确保经济效益　　B．维护公共安全　　C．确保工程进度　　D．团结协作配合

【解析】教材《消防安全技术综合能力》第一篇第二章第二节注册消防工程师职业道德的原则。注册消防工程师最根本的原则为：(一)维护公共安全原则；(二)诚实信用原则。

2．注册消防工程师职业道德的基本规范可以归纳为爱岗敬业、公平竞争、客观公正、奉献社会、保守秘密、提高技能和（　）。[2]（2015-2-6）

A．行业协同　B．依法执业　C．服务业主　D．顾全大局

【解析】《消防安全技术综合能力》第一篇第二章第二节注册消防工程师职业道德。注册消防工程师职业道德的基本规范：爱岗敬业、公平竞争、客观公正、奉献社会、保守秘密、提高技能、依法执业。选 B。

3．注册消防工程师应当在履行执业过程中加强职业道德修养，坚持“慎独”是进行道德修养的方法之一。“慎独”指的是（　）。[3]（2016-2-27）

A．学习先进模范人物，立志在本岗位建功立业

B．能够及时调整和修正自己的执业行为方向

C．加强有关专业知识的学习，提高职业道德水平

D．能够自觉地严格要求自己，遵守职业道德原则和规范

【解析】教材《消防安全技术综合能力》第一篇第二章第四节注册消防工程师职业道德修养。注册消防工程师进行职业道德修养时要坚持“慎独”，即不管所在单位的制度有无规定，也不管有无人监督，领导管理是否严格，都能够自觉地严格要求自己，遵守职业道德原则和规范，坚决杜绝不正之风和违法乱纪行为。

三、权利义务

1. 根据《注册工程师制度暂行规定》，下列行为中，不属于注册消防工程师义务的是（　）。[4]（2016-2-5）

A．在规定范围内从事消防安全技术执业活动　　B．履行岗位职责

C．不得允许他人以本人名义执业　　D．不断更新知识，提高消防安全技术能力

【解析】《注册消防工程师管理规定》(公安部令　第 143 号)第三十二条，注册消防工程师应当履行下列义务：(一)遵守和执行法律、法规和国家标准、行业标准；(二)接受继续教育，不断提高消防安全

1 答案：B

2 答案：B

3 答案：D

4 答案：A

技术能力；（三）保证执业活动质量，承担相应的法律责任；（四）保守知悉的国家秘密和聘用单位的商业、技术秘密。A选项为权利，不属于义务。

2．注册消防工程师享有诸多权利，但享有的权利不包括（ ）。[1]（2017-2-40）

A．参加继续教育　　B．在规定范围内从事消防安全技术职业活动

C．对侵犯本人权利的行为进行申诉　　D．不得允许他人以本人名义执业

【解析】《注册消防工程师管理规定》（公安部令 第143号）第三十一条，注册消防工程师享有下列权利：（一）使用注册消防工程师称谓；（二）保管和使用注册证和执业印章；（三）在规定的范围内开展执业活动；（四）对违反相关法律、法规和国家标准、行业标准的行为提出劝告，拒绝签署违反国家标准、行业标准的消防安全技术文件；（五）参加继续教育；（六）依法维护本人的合法执业权利。D选项为义务。

3．消防技术服务机构的执业人员，依法获得相应的（ ）后，方可执业。[2]（2015-2-4）

A．学位　B．职称　C．学历　D．资格

【解析】《社会消防技术服务管理规定》（公安部令 第136号）第三条，消防技术服务机构及其从业人员开展社会消防技术服务活动应当遵循客观独立、合法公正、诚实信用的原则。本规定所称消防技术服务从业人员，是指依法取得注册消防工程师资格并在消防技术服务机构中执业的专业技术人员，以及按照有关规定取得相应消防行业特有工种职业资格，在消防技术服务机构中从事消防设施维护保养检测的一般操作人员。选D。

4．高某取得了国家一级注册消防工程师资格，受聘于某消防技术服务机构并依法注册。高某在每个注册有效期应当至少参与完成（ ）消防技术服务项目。[3]（2018-2-5）

A．10个　B.7个　C.5个　D.3个

【解析】《注册消防工程师管理规定》（公安部令 第143号）第二十九条，受聘于消防技术服务机构的注册消防工程师，每个注册有效期应当至少参与完成3个消防技术服务项目；受聘于消防安全重点单位的注册消防工程师，一个年度内应当至少签署1个消防安全技术文件。

四、法律责任

某消防安全评估机构（二级资质）受某单位委托，对该单位的重大火灾隐患整改进行咨询指导，并出具了书面结论报告。根据《社会消防技术服务管理规定》，该评估机构超越了其资质许可范围从事社会消防技术服务活动，公安机关消防机构可对其处以（ ）的处罚。[4]（2017-2-31）

A．五千元以上一万元以下罚款　　B．一万元以上二万元以下罚款

C．二万元以上三万元以下罚款　　D．三万元以上五万元以下罚款

【解析】《社会消防技术服务管理规定》（公安部令 第136号）第四十七条，消防技术服务机构违反本规定，有下列情形之一的，责令改正，处一万元以上二万元以下罚款：（一）超越资质许可范围从事社会消防技术服务活动的；（二）不再符合资质条件，经责令限期改正未改正或者在改正期间继续从事相应社会消防技术服务活动的；（三）涂改、倒卖、出租、出借或者以其他形式非法转让资质证书的；（四）所属注册消防工程师同时在两个以上社会组织执业的；（五）指派无相应资格从业人员从事社会消防技术服务活动的；（六）转包、分包消防技术服务项目的。对有前款第四项行为的注册消防工程师，处五千元以上一万元以下罚款。故B选项正确。

---

1 答案：D

2 答案：D

3 答案：D

4 答案：B

第七章　大型群众性活动安全管理

本章由杨晨解析

1．大型群众性活动承办人的消防安全职责不包括（　）。[1]（2015-2-15）

A．制定灭火和疏散预案并组织演练　　　B．办理大型群众性活动所在建筑的消防验收手续

C．明确消防安全责任分工　　　D．确定消防安全管理人员

【解析】《消防法》第二十条，举办大型群众性活动，举办人应当依法向公安机关申请安全许可，制定灭火和应急疏散预案并组织演练，明确消防安全责任分工，确定消防安全管理人员，保持消防设施和消防器材配置齐全、完好有效，保证疏散通道、安全出口、疏散指示标志、应急照明和消防车通道符合消防技术标准和管理规定。B选项为活动所在建筑产权人的职责，不是承办人的职责。

2．某大型群众性活动的承办单位依法办理了申报手续，制定了灭火和应急疏散预案，并成立了防火巡查组。下列职责中，不属于防火巡查组职责范围的是（　）。[2]（2016-2-35）

A．巡查活动现场消防设施是否完好有效　　　B．巡查活动现场安全出口、疏散通道是否通畅

C．巡查活动现场舞台布景的设置　　　D．巡查活动过程中临时用电线路布置情况

【解析】教材《消防安全技术综合能力》第五篇第六章第二节大型群众性活动消防安全管理。（八）防火巡查组。组长由一名副职领导担任，成员由组织具有专业消防知识和技能的巡查人员组成。履行以下工作职责：（1）巡查活动现场消防设施是否完好有效；（2）巡视活动现场安全出口、疏散通道是否畅通；（3）巡查活动消防重点部位的运行状况、工作人员在岗情况；（4）巡查活动过程用火用电情况；（5）巡查活动过程中的其他消防不安全因素；（6）纠正巡查过程中的消防违章行为；（7）及时向活动的消防安全管理人报告巡查情况。C选项不属于防火巡查组职责范围。

第八章　消防控制室管理

本章由杨晨解析

1．某天营业期间，商业区二层某商铺装修时，电焊引发火灾。起火后，装修工人慌乱中碰翻了正在使用的油漆桶，火势迅速扩大。在寻找灭火器无果后，悉数逃离火场。消防控制室（共2名值班人员）接到保安报警，向经理报告后，2人均赶往现场灭火。此时，火灾已向相邻商铺蔓延，值班人员这才向公安消防队报警。公安消防队到场时，火灾已蔓延至相邻防火分区，有多部楼梯间因防火门未关闭，大量进烟。简述消防控制室值班人员在此次火灾应急处置中存在的问题。（2015-3-三）

答案：消防控制室人员应急处置中存在的问题有：（1）接到报警先向经理报告不符合要求，应打“119”报警；（2）2人均赶往现场灭火不符合要求，应当1人赶往现场，1人留守控制室，火灾确认后立即将联动控制开关放置于自动状态；（3）火灾已向相邻商铺蔓延，值班人员这才向公安消防队报警不符合要求，应当确认火灾后立即报警。

【解析】《消防控制室通用技术要求》（GB 25506—2010）第4.2.2条，消防控制室的值班应急程序应符

1 答案：B

2 答案：C

合下列要求：（1）接到火灾警报后，值班人员应立即以最快方式确认；（2）火灾确认后，值班人员应立即确认火灾报警联动控制开关处于自动状态，同时拨打“119”报警，报警时应说明着火单位地点、起火部位、着火物种类、火势大小、报警人姓名和联系电话；（3）值班人员应立即启动单位内部应急疏散和灭火预案，并同时报告单位负责人。

2. 某商场消防控制室先后接到地下室仓库内的 2 个感烟探测器、自动喷水灭火系统的水流指示器和报警阀压力开关等的动作信号，下列值班人员的工作程序中，正确的是（ ）。[1]（2016-2-32）

A. 组织扑救火灾　B. 电话落实火情　C. 打“119”电话报警　D. 现场查看火情

【解析】《消防控制室通用技术要求》（GB 25506—2010）第 4.2.2 条，消防控制室的值班应急程序应符合下列要求：（1）接到火灾警报后，值班人员应立即以最快方式确认；（2）火灾确认后，值班人员应立即确认火灾报警联动控制开关处于自动状态，同时拨打“119”报警，报警时应说明着火单位地点、起火部位、着火物种类、火势大小、报警人姓名和联系电话；（3）值班人员应立即启动单位内部应急疏散和灭火预案，并同时报告单位负责人。

《建筑消防设施的维护管理》（GB 25201—2010）第 5.3 条，消防控制室值班人员接到报警信号后，应按下列程序进行处理：（1）接到火灾报警信息后，应以最快方式确认。（2）确认属于误报时，查找误报原因并填写《建筑消防设施故障维修记录表》。（3）火灾确认后，立即将火灾报警联动控制开关转入自动状态（处于自动状态的除外），同时拨打“119”火警电话报警。（4）立即启动单位内部灭火和应急疏散预案，同时报告单位消防安全责任人，单位消防安全责任人接到报告后应立即赶赴现场。

此题考查的是控制室值班人员应急程序中的火灾确认，“2 个感烟探测器”“水流指示器”“报警阀压力开关”均先后动作，可以确定火灾已发生，三组信号同时发生误报的可能性极低，不符合一般情况。从 B、D 选项的题设中也可以看出来，出题人的意图为通过自动报警信号来确认火警。故选 C 选项。

3. 某五星酒店设有消防控制中心，配备 8 名值班人员轮值，下列消防安全责任中，不属于消防控制中心值班人员职责的是（ ）。[2]（2016-2-60）

A. 填写消防控制室值班记录表　B. 记录消防控制室内消防设备的火警或故障情况

C. 对火灾报警控制器进行日常检查　D. 实施日常防火检查和巡查

【解析】根据《建筑消防设施的维护管理》（GB 25201—2010）第 5.2 条，消防控制室值班时间和人员应符合以下要求：每班工作时间应不大于 8 h。每班人员应不少于 2 人。值班人员对火灾报警控制器进行检查、接班、交班时，应填写《消防控制室值班记录表》的相关内容。值班期间每 2 h 记录一次消防控制室内消防设备的运行情况，及时记录消防控制室内消防设备的火警或故障情况。D 选项不属于消防控制中心值班人员职责。

4. 消防控制室应保存建筑竣工图纸和与消防有关的纸质及电子资料，下列资料中，消防控制室可不予保存的是（ ）。[3]（2017-2-61）

A. 消防设施施工调试记录　B. 消防组织机构图

C. 消防重点部位位置图　D. 消防安全培训记录

【解析】《消防控制室通用技术要求》（GB 25506—2010）第 4.1 条，消防控制室内应保存下列纸质和电子档案资料：

（1）建（构）筑物竣工后的总平面布局图、建筑消防设施平面布置图、建筑消防设施系统图及安全出口布置图、重点部位位置图等；

---

1 答案：C

2 答案：D

3 答案：A

（2）消防安全管理规章制度、应急灭火预案、应急疏散预案等；

（3）消防安全组织结构图，包括消防安全责任人、管理人、专职、义务消防人员等内容；

（4）消防安全培训记录、灭火和应急疏散预案的演练记录；

（5）值班情况、消防安全检查情况及巡查情况的记录；

（6）消防设施一览表，包括消防设施的类型、数量、状态等内容；

（7）消防系统控制逻辑关系说明、设备使用说明书、系统操作规程、系统和设备维护保养制度等；

（8）设备运行状况、接报警记录、火灾处理情况、设备检修检测报告等资料，这些资料应能定期保存和归档。A选项消防设施施工调试记录不属于应当保存的资料。

5. 某购物中心地上6层，地下3层，总建筑面积126 000 m^2，建筑高度35.0 m。当地公安消防机构对购物中心进行消防监督检查，在检查消防控制室时，消防监督员对消防控制室的值班人员现场提问：接到火灾报警后，你如何处置？值班人员回答："接到火灾报警后，通过对讲机通知安全巡场人员携带灭火器到达现场核实火情。确认发生火灾后，立即将火灾报警联动控制开关转换成自动状态，启动消防应急广播，同时拨打保安经理电话，保安经理同意后拨打'119'报警。报警时说明火灾地点、起火部位、着火物种类和火势大小，留下姓名和联系电话，报警后到路口迎接消防车。"消防控制室值班人员的回答内容中，不符合《消防控制室通用技术要求》(GB 255066—2010）规定的有（ ）。[1]（2017-3-二）

A. 接到火灾报警后，通过对讲机通知安全巡视人员携带灭火器到达现场进行火情核实

B. 确认火灾后，立即将火灾报警联动控制开关转入自动状态，启动消防应急广播

C. 拨打保安经理电话，保安经理同意后拨打"119"报警

D. 报警时说明火灾地点、起火部位、着火物种类和火势大小，留下姓名和联系电话

E. 报警后到路口迎接消防车

【解析】《消防控制室通用技术要求》（GB 255066—2010）第4.2.2条，消防控制室的值班应急程序应符合下列要求：（1）接到火灾警报后，值班人员应立即以最快方式确认；（2）火灾确认后，值班人员应立即确认火灾报警联动控制开关处于自动状态，同时拨打"119"报警，报警时应说明着火单位地点、起火部位、着火物种类、火势大小、报警人姓名和联系电话；（3）值班人员应立即启动单位内部应急疏散和灭火预案，并同时报告单位负责人。C选项不符合要求。

6. 某高层宾馆按照制定的消防应急预案，组织进行灭火和应急疏散演练。下列程序中，正确的有（ ）。[2]（2016-2-81）

A. 确认火灾后，消防控制室值班人员先报告值班领导

B. 接到火警后，立即通知保安人员进行确认

C. 确认火灾后，消防控制室值班人员立即将火灾报警联动控制开关转入自动状态，同时打"119"报警

D. 确认火灾后，通知宾馆内各层客人疏散

E. 确认火灾后，组织宾馆专业消防队进行初期灭火

【解析】《消防控制室通用技术要求》（GB 25506—2010）第4.2.2条，消防控制室的值班应急程序应符合下列要求：（1）接到火灾警报后，值班人员应立即以最快方式确认；（2）火灾确认后，值班人员应立即确认火灾报警联动控制开关处于自动状态，同时拨打"119"报警，报警时应说明着火单位地点、起火部位、着火物种类、火势大小、报警人姓名和联系电话；（3）值班人员应立即启动单位内部应急疏散和灭火预案，并同时报告单位负责人。B、C、D选项正确。

---

1 答案：C

2 答案：BCDE

《建筑消防设施的维护管理》（GB 25201—2010）第5.3条，消防控制室值班人员接到报警信号后，应按下列程序进行处理：（1）接到火灾报警信息后，应以最快方式确认。（2）确认属于误报时，查找误报原因并填写《建筑消防设施故障维修记录表》。（3）火灾确认后，立即将火灾报警联动控制开关转入自动状态（处于自动状态的除外），同时拨打"119"火警电话报警。（4）立即启动单位内部灭火和应急疏散预案，同时报告单位消防安全责任人，单位消防安全责任人接到报告后应立即赶赴现场。E选项中程序没有问题，但"专业消防队"说法不准确，应为"专职消防队"或"志愿消防队"，所以E选项是有问题的。

第九章　重大火灾隐患

本章由杨晨解析

一、火灾隐患

1．某建筑装修火灾后倒查：起火点的装修现场采用木质胶合板与相邻区域隔离；现场无序堆放了大量的木质装修材料、油漆及有机溶剂等；现场的火灾探测器因频繁误报在火灾报警控制器上屏蔽；二层的自动喷水灭火系统配水管控制阀因喷头漏水被关闭；动火现场安全监护人员脱岗。指出着火点装修现场存在的火灾隐患。（2015-3-三）

答案：（1）装修现场采用木质胶合板与相邻区域隔离；（2）现场无序堆放了大量的木质装修材料、油漆及有机溶剂等；（3）现场的火灾探测器因频繁误报在火灾报警控制器上屏蔽；（4）二层的自动喷水灭火系统配水管控制阀因喷头漏水被关闭；（5）安全监护人员脱岗。

【解析】《消防监督检查规定》（公安部令　第120号）第三十八条，具有下列情形之一的，应当确定为火灾隐患：（一）影响人员安全疏散或者灭火救援行动，不能立即改正的；（二）消防设施未保持完好有效，影响防火灭火功能的；（三）擅自改变防火分区，容易导致火势蔓延、扩大的；（四）在人员密集场所违反消防安全规定，使用、储存易燃易爆危险品，不能立即改正的；（五）不符合城市消防安全布局要求，影响公共安全的；（六）其他可能增加火灾实质危险性或者危害性的情形。

2．某食品有限公司发生重大火灾事故，造成18人死亡，13人受伤，过火面积约4 000 m^2，直接经济损失4 000余万元。经调查，认定该起事故为保鲜恒温库内的冷风机供电线路接头处过热短路，引燃墙面聚氨酯泡沫保温材料所致。起火的保鲜恒温库为单层砖混结构，吊顶和墙面均采用聚苯乙烯板，在聚苯乙烯板外表面直接喷涂聚氨酯泡沫。毗邻保鲜恒温库搭建的简易生产车间采用单层钢屋架结构，外围护采用聚苯乙烯夹心彩钢板，吊顶为木龙骨和PVC板。车间按照国家标准配置了灭火器材，无应急照明和疏散指示标志，部分疏散门采用卷帘门。起火时，南侧的安全出口被锁闭。该单位保鲜恒温库及简易生产车间在（　）方面存在火灾隐患。[1]（2016-3-二）

A．电气线路　B．防火分隔　C．耐火等级　D．安全疏散　E．灭火器材

【解析】根据题文描述，保鲜恒温库内的冷风机供电线路接头处过热短路，引燃墙面聚氨酯泡沫保温材料导致火灾，属于电气线路火灾隐患，故A选项正确。《建筑设计防火规范》（GB 50016—2014）第6.2.8条规定："冷库、低温环境生产场所采用泡沫塑料等可燃材料作墙体内的绝热层时，宜采用不燃绝热材料在每层楼板处做水平防火分隔。防火分隔部位的耐火极限不应低于楼板的耐火极限。冷库阁楼层和墙体的可燃绝热层宜采用不燃性墙体分隔。冷库、低温环境生产场所采用泡沫塑料作内绝热层时，绝热层的燃烧性能不应低于B_1级，且绝热层的表面应采用不燃材料做防护层。冷库的库房与加工车间贴邻建造时，应

1 答案：ABCD

采用防火墙分隔，当确需开设相互连通的开口时，应采取防火隔间等措施进行分隔，隔间两侧的门应为甲级防火门。当冷库的氨压缩机房与加工车间贴邻时，应采用不开门窗洞口的防火墙分隔。”该建筑起火的保鲜恒温库为单层砖混结构，吊顶和墙面均采用聚苯乙烯板，在聚苯乙烯板外表面直接喷涂聚氨酯泡沫，外围护采用聚苯乙烯夹心彩钢板，属于防火分隔、耐火等级均不符合规范要求，故 B、C 选项正确。车间无应急照明和疏散指示标志，部分疏散门采用卷帘门。起火时，南侧的安全出口被锁闭，故 D 选项正确。车间按照国家标准配置了灭火器材，情景中未描述灭火器器材有损坏等情况，因此不能判断灭火器材方面存在火灾隐患，故 E 选项错误。

二、重大灾隐患

1．根据《重大火灾隐患判定方法》（GA 653—2006），下列可直接判定为重大火灾隐患的有（ ）。[1]（2015-2-100）

A．甲类生产场所设在半地下室

B．某旅馆，地上 5 层，总建筑面积 3 600 m^2，未设置自动喷水灭火系统

C．占地面积 15 000 m^2 的小商品市场，沿宽度为 6 m 的消防车道上搭建长 80 m、宽 3 m 彩钢夹芯板临时仓库

D．某公共娱乐场所位于多层建筑的第四层，设置封闭楼梯间

E．易燃易爆化学危险品仓库未设置在相对独立的安全地带

【解析】根据《重大火灾隐患判定方法》（GB 35181—2017）第 6 部分，直接判定要素包括：（1）生产、储存和装卸易燃易爆危险品的工厂、仓库和专用车站、码头、储罐区，未设置在城市的边缘或相对独立的安全地带。E 选项可直接判定。（2）生产、储存、经营易燃易爆危险品的场所与人员密集场所、居住场所设置在同一建筑物内，或与人员密集场所、居住场所的防火间距小于国家工程建设消防技术标准规定值的 75%。（3）城市建成区内的加油站、天然气或液化石油气加气站、加油加气合建站的储量达到或超过 GB 50156 对一级站的规定。（4）甲、乙类生产场所和仓库设置在建筑的地下室或半地下室。A 选项可直接判定。（5）公共娱乐场所、商店、地下人员密集场所的安全出口数量不足或其总净宽度小于国家工程建设消防技术标准规定值的 80%。（6）旅馆、公共娱乐场所、商店、地下人员密集场所未按国家工程建设消防技术标准的规定设置自动喷水灭火系统或火灾自动报警系统。B 选项可直接判定。（7）易燃可燃液体、可燃气体储罐（区）未按国家工程建设消防技术标准的规定设置固定灭火、冷却、可燃气体浓度报警、火灾报警设施。（8）在人员密集场所违反消防安全规定使用、储存或销售易燃易爆危险品。（9）托儿所、幼儿园的儿童用房以及老年人活动场所，所在楼层位置不符合国家工程建设消防技术标准的规定。（10）人员密集场所的居住场所采用彩钢夹芯板搭建，且彩钢夹芯板芯材的燃烧性能等级低于 GB 8624 规定的 A 级。C、D 选项不满足直接判定重大火灾隐患的要件。

2．针对人员密集场所存在的下列隐患情况，根据《重大火灾隐患判定办法》（GA653）的规定，可判定为重大火灾隐患要素的有（ ）。[2]（2016-2-93）

A．火灾自动报警系统处于故障状态，不能恢复正常运行

B．一个防火分区设置的 6 樘防火门有 2 樘损坏

C．设置的防排烟系统不能正常使用

D．安全出口被封堵

1 答案：ABE

2 答案：ACD

E．商场营业厅内的疏散距离超过规定的距离的20%

【解析】根据《重大火灾隐患判定方法》（GA 653—2006）第6.1.7.2条，火灾自动报警系统处于故障状态，不能恢复正常运行，故A选项正确。根据第6.1.2.2条，一个防火分区设置的6樘防火门有2樘损坏，没有超过50%，故B选项错误。根据第6.1.5条，设置的防排烟系统不能正常使用，故C选项正确。根据第6.1.3.2条，安全出口被封堵，故D选项正确。根据第6.1.3.4条，商场营业厅内的疏散距离超过规定距离的25%，故E选项错误。《重大火灾隐患判定方法》（GA 653—2006）由2017年12月被《重大火灾隐患判定方法》（GB 35181—2017）所替代。

《重大火灾隐患判定方法》（GB 35181—2017）第7.7.2条，火灾自动报警系统不能正常运行。第7.2.1条，原有防火分区被改变并导致实际防火分区的建筑面积大于国家工程建设消防技术标准规定值的50%。第7.2.2条，防火门、防火卷帘等防火分隔设施损坏的数量大于该防火分区相应防火分隔设施总数的50%。第7.5条，人员密集场所、高层建筑和地下建筑未按国家工程建设消防技术标准的规定设置防烟、排烟设施，或已设置但不能正常使用或运行。第7.3.3条，既有安全出口被封堵。第7.3.5条，商店营业厅内的疏散距离大于国家工程建设消防技术标准规定值的125%。据此也可得出答案为A、C、D。

3．对某大型工厂进行防火检查，发现的下列火灾隐患中，可以直接判定为重大火灾隐患的是（ ）。[1]（2017-2-66）

A．室外消防给水系统消防泵损坏

B．将氨压缩机房设置在厂房的地下一层

C．在主厂房变的消防车道上堆满了货物

D．在2号车间与3号车间之间的防火间距空地搭建了一个临时仓库

【解析】根据《重大火灾隐患判定方法》（GB 35181—2017）第5.2.2条，符合第6章任意一条直接判定要素的，应直接判定为重大火灾隐患；第6.4条，甲、乙类生产场所和仓库设置在建筑的地下室或半地下室。根据《建筑设计防火规范》（GB 50016—2014）第3.1.1条条文解释，乙类生产火灾危险性类别举例有一氧化碳压缩机室及净化部位，发生炉煤气或鼓风炉煤气净化部位，氨压缩机房。B选项为重大火灾隐患直接判定要素；A、C、D选项为重大火灾隐患的综合判定要素。

4．对某城市综合体进行防火检查，发现存在火灾隐患。根据重大火灾隐患综合判定规则，下列火灾隐患中，存在2条即可判定为重大火灾隐患的是（ ）。[2]（2017-2-89）

A．自动喷水灭火系统的消防水泵损坏

B．设在四层的卡拉OK厅未按规定设置排烟措施

C．地下一层超市防火卷帘门不能正常落下

D．疏散走道的装修材料采用胶合板

E．消防用电设备末端不能自动切换

【解析】根据《重大火灾隐患判定方法》（GA 653—2006）第6.2.2条，人员密集场所存在安全疏散及灭火救援6.1.3.1～6.1.3.9和6.1.5，6.1.8.4规定要素2条以上综合判定为重大火灾隐患。根据第6.1.5条，未按规定设置防烟排烟设施，或已设置但不能正常使用或运行。根据第6.1.8.4条，违反规定在公共场所使用可燃材料装修。选B、D。根据《重大火灾隐患判定方法》（GB 35181—2017）第5.3.3条，在重大火灾隐患判定中已经将2条要素综合判定改为3条要素及以上要素综合判定。

5．对某商业大厦进行消防安全检查，发现存在火灾隐患，根据现行国家标准《重大火灾隐患判定方法》（GB 35181），可以直接判定为重大火灾隐患的是（ ）。[3]（2018-2-7）

A．消防电梯故障

B．火灾自动报警系统集中控制器电源不能正常切换

---

1 答案：B

2 答案：BD

3 答案：D

C．防排烟风机不能联动启动　　　　　D．第十层开办幼儿园且有 80 名儿童住宿

【解析】根据《重大火灾隐患判定方法》(GB 35181—2017）第 6.9 条，直接判定要素：托儿所、幼儿园的儿童用房以及老年人活动场所，所在楼层位置不符合国家工程建设消防技术标准的规定。根据《建筑设计防火规范》(GB 50016—2014）(2018 年版）第 5.4.4 条，托儿所、幼儿园的儿童用房和儿童游乐厅等儿童活动场所宜设置在独立的建筑内，且不应设置在地下或半地下；确需设置在其他民用建筑内时，应符合下列规定：(1）设置在一、二级耐火等级的建筑内时，应布置在首层、二层或三层。D 满足直接判定要件。

6．某城市天然气调配站建有 4 个储气罐，消防检查发现存在火灾隐患，根据现行国家标准《重大隐患判定方法》(GB 35181)，下列检查结果中，可以综合判定为重大火灾隐患的综合判定要素有（　）。[1]（2018-2-93）

A．有一个天然气储罐未设置固定喷水冷却装置　　B．推车式干粉灭火器压力表指针位于黄区

C．消防车道被堵塞　　　　　　　　　　　　　　D．室外消火栓门关闭不严漏水

E．有一个天然气储罐已设置的固定喷水冷却装置不能正常使用

【解析】根据《重大火灾隐患判定方法》(GB 35181—2017）第 5.3.3 条，符合下列条件应综合判定为重大火灾隐患：易燃、易爆危险品场所存在 7.1.1～7.1.3、7.4.5 和 7.4.6 规定的综合判定要素 3 条以上。第 7.1.1 条，未按国家工程建设消防技术标准的规定或城市消防规划的要求设置消防车道或消防车道被堵塞、占用，故 C 选项可选。第 7.4.6 条，已设置的自动喷水灭火系统或其他固定灭火设施不能正常使用或运行，故 E 选项可选。室外消火栓既可以是固定灭火设施，同时也属于室外消防给水系统，但“关闭不严漏水”不是“不能正常使用或运行”，故 D 选项不选。A 选项为直接判定要素。B 选项不属于重大火灾隐患综合判定要素。

7．某企业的食品加工厂房，建筑高度 8.5 m，建筑面积 2 130 m^2，主体单层局部二层，厂房屋顶承重构件为钢结构，屋面板为聚氨酯夹芯彩钢板，外墙 1.8 m 以下为砖墙，砖墙至屋檐为聚氨酯夹芯彩钢板。厂房内设有室内消火栓系统。厂房一层为熟食车间，设有烘烤、蒸煮，预冷等工序，二层为倒班宿舍。熟食车间炭烤炉正上方设置不锈钢材质排烟罩，炭烤时热烟气经排烟道由排风机排出屋面。2017 年 11 月 5 日 6：00 时，该厂房发生火灾。调查发现，该车间生产有季节性，高峰期有工人 156 人，消防部门曾责令将倒班宿舍搬出厂房，拆除聚氨酯彩钢板，企业总经理拒不执行；该企业未依法建立消防组织机构，消防安全管理制度不健全，未对员工进行必要的消防安全培训；虽然制定了灭火和应急疏散预案，但从未组织过消防演练，排烟管道使用多年从未检查和清洗保养。火灾发生前，该厂房存在直接或综合判定的重大火灾隐患要素的有（　）。[2]（2018-3-二）

A．车间内设有倒班宿舍

B．倒班宿舍使用聚氨酯泡沫金属夹芯板材

C．消防设施日常维护管理不善，灭火器失效，消火栓无水

D．排烟管道从未检查清洗

E．未设置企业专职消防队

【解析】《重大火灾隐患判定方法》(GB 35181—2017）第 7.1.3 条，在厂房、库房、商场中设置员工宿舍，或是在居住等民用建筑中从事生产、储存、经营等活动，且不符合 GA 703 的规定。A 选项符合重大火灾隐患的综合判定要素。

1 答案：CE

2 答案：ABC

第 6.10 条，人员密集场所的居住场所采用彩钢夹芯板搭建，且彩钢夹芯板芯材的燃烧性能等级低于 GB 8624 规定的 A 级。B 选项符合重大火灾隐患直接判定要素。

第 7.4.2 条，未按国家工程建设消防技术标准的规定设置室外消防给水系统，或已设置但不符合标准的规定或不能正常使用。C 选项符合重大火灾隐患综合判定要素。

《重大火灾隐患判定方法》（GB 35181—2017）中未涉及 D 选项内容。该单位不属于《消防法》第三十九条规定应当建立专职消防队的单位，E 选项不符合判定要素。

第十章　建设工程施工现场消防安全

本章由杨晨解析

第一节　防火设计

1．既有建筑改造工程的外脚手架，应采用（　）材料搭设。[1]（2015-2-54）

A．难燃　　B．可燃　　C．易燃　　D．不燃

【解析】根据《建设工程施工现场消防安全技术规范》（GB 50720—2011）第 4.3.4 条，外脚手架、支模架的架体宜采用不燃或难燃材料搭设；高层建筑、既有建筑改造工程的外脚手架、支模架的架体应采用不燃材料搭设。选 D 选项。

2．某 5 层综合楼在建工程，建筑高度为 26 m，单层建筑面积为 2 000 m^2。该工程施工工地设置有临时室内、室外消防给水系统。下列关于临时消防给水系统设置的做法中，错误的是（　）。[2]（2015-2-19）

A．室外消防给水管管径为 DN100

B．室外消防给水系统消防竖管管径为 DN100

C．室内消防给水系统消防竖管在建筑封顶时将竖管连接成环状

D．室内消防给水系统的消防用水量为 10 L/s

【解析】《建设工程施工现场消防安全技术规范》（GB 50720—2011）第 5.3.9 条，在建工程的临时室内消防用水量不应小于表 5.3.9 的规定。

表 5.3.9　在建工程的临时室内消防用水量

建筑高度、在建工程体积（单体）	火灾延续时间/h	消火栓用水量/（L/s）	每支水枪最小流量/（L/s）
24 m＜建筑高度≤50 m 或 30 000 m^3＜体积≤50 000 m^3	1	10	5
建筑高度＞50 m 或体积＞50 000 m^3	1	15	5

该综合楼的体积为：26×2 000=52 000（m^3），室内消火栓用水量应为 15 L/s。所以 D 选项错误。

3．某在建 30 层写字楼，建筑高度 98 m，建筑面积 150 000 m^2，周边没有城市供水设施。依据现行国家标准《建设工程施工现场消防安全技术规范》（GB 50720），该在建工程临时室外消防用水量应按（　）计

1 答案：D

2 答案：D

算。[1]（2018-2-56）

A．火灾延续时间 1.0 h，消火栓用水量 10 L/s　　B．火灾延续时间 0.5 h，消火栓用水量 15 L/s

C．火灾延续时间 1.5 h，消火栓用水量 20 L/s　　D．火灾延续时间 2.0 h，消火栓用水量 20 L/s

【解析】《建设工程施工现场消防安全技术规范》（GB 50720—2011）第 5.3.6 条，在建工程的临时室外消防用水量不应小于表 5.3.6 的规定。故选 D 选项。

表 5.3.6　在建工程的临时室外消防用水量

在建工程（单体）体积	火灾延续时间/h	消火栓用水量/（L/s）	每支水枪最小流量/（L/s）
10 000 m^3＜体积≤30 000 m^3	1	15	5
体积＞30 000 m^3	2	20	5

4．某大型冷库在建工程现场，施工现场需要进行动火作业，根据现行国家标准《建设工程施工现场消防安全技术规范》（GB 50720），氧气瓶与乙炔气瓶的工作间距、气瓶与明火作业点的最小距离分别不应小于（　）。[2]（2018-2-67）

A．5 m、10 m　B．5 m、8 m　C．4 m、9 m　D．4 m、10 m

【解析】根据《建设工程施工现场消防安全技术规范》（GB 50720—2011）第 6.3.3 条，施工现场用气应符合下列规定：（4）气瓶使用时，氧气瓶与乙炔瓶的工作间距不应小于 5 m，气瓶与明火作业点的距离不应小于 10 m。故 A 选项正确。

5．某建筑工程施工现场按照现行国家消防技术标准的规定，配置临时消防设施，临时消防应急照明灯具选用自备电源的应急照明灯具时，自备电源的连接供电时间不应小于（　）min。[3]（2016-2-38）

A．30　B．60　C．40　D．50

【解析】《建设工程施工现场消防安全技术规范》（GB 50720—2011）第 5.4.3 条，临时消防应急照明灯具宜选用自备电源的应急照明灯具，自备电源的连续供电时间不应小于 60 min。故选 B 选项。

第二节　消防管理

1．根据《建筑工程施工现场消防安全技术规范》（GB 50720—2011），施工单位应编制现场灭火及应急疏散预案，下列内容中，不属于灭火及应急疏散预案主要内容的是（　）。[4]（2016-2-36）

A．应急疏散急救援的程序和措施　　B．应急灭火处置机构及各级人员应急处置职责

C．动火作业的防火措施　　D．报警、接警处置的程序和通信联络的方式

【解析】《建设工程施工现场消防安全技术规范》（GB 50720—2011）第 6.1.6 条，施工单位应编制施工现场灭火及应急疏散预案。灭火及应急疏散预案应包括下列主要内容：（1）应急灭火处置机构及各级人员应急处置职责。（2）报警、接警处置的程序和通信联络的方式。（3）扑救初起火灾的程序和措施。（4）应急疏散及救援的程序和措施。C 选项不属于灭火及应急疏散预案主要内容。

2．在建工程施工过程中，施工现场的消防安全负责人应定期组织消防安全管理人员对施工现场的消

1 答案：D
2 答案：A
3 答案：B
4 答案：C

防安全进行检查。施工现场定期防火检查内容不包括（　）。[1]（2017-2-25）

A．防火巡查是否记录　　B．动火作业的防火措施是否落实

C．临时消防设施是否有效　　D．临时消防车道是否畅通

【解析】根据《建设工程施工现场消防安全技术规范》（GB 50720—2011）第6.1.9条，施工过程中，施工现场的消防安全负责人应定期组织消防安全管理人员对施工现场的消防安全进行检查。消防安全检查应包括下列主要内容：（1）可燃物及易燃易爆危险品的管理是否落实。（2）动火作业的防火措施是否落实。B选项包括。（3）用火、用电、用气是否存在违章操作，电、气焊及保温防水施工是否执行操作规程。（4）临时消防设施是否完好有效。C选项包括。（5）临时消防车道及临时疏散设施是否畅通。D选项包括。选A选项。

3．某天营业期间，商业区二层某商铺装修时，电焊引发火灾。起火后，装修工人慌乱中碰翻了正在使用的油漆桶，火势迅速扩大。在寻找灭火器无果后，悉数逃离火场。结合装修工人初起火灾处置行为，简述需要加强对装修工人消防安全教育培训的主要内容。（2015-3-三）

答案：从本案来看，施工人员不具备初期火灾处置能力和报警意识。施工人员进场前，施工现场的消防安全管理人员应向施工人员进行消防安全教育和培训，内容应包括：（1）施工现场消防安全管理制度、防火技术方案、灭火即应急疏散预案的主要内容；（2）施工现场临时消防设施的性能及使用、维护方法；（3）扑灭初期火灾及自救逃生的知识和技能；（4）报火警、接警的程序和方法。

【解析】《建设工程施工现场消防安全技术规范》（GB 50720—2011）第6.1.7条，施工人员进场时，施工现场的消防安全管理人员应向施工人员进行消防安全教育和培训。消防安全教育和培训应包括下列内容：（1）施工现场消防安全管理制度、防火技术方案、灭火及应急疏散预案的主要内容。（2）施工现场临时消防设施的性能及使用、维护方法。（3）扑灭初起火灾及自救逃生的知识和技能。（4）报警、接警的程序和方法。

4．某在建工程，单体体积为35 000 m^3，设计建筑高度为23.5 m，临时用房建筑面积为1 200 m^2，设置了临时室内外消防给水系统。该建筑工程施工现场临时消防设施设置的做法中，不符合现行国家消防技术标准要求的是（　）。[2]（2017-2-13）

A．临时室外消防给水干管的管径采用DN100

B．设置了两根室内临时消防竖管

C．每个室内消火栓处只设置接口，未设置消防水带和消防水枪

D．在建工程临时室外消防用水量按火灾延续时间1.00 h确定

【解析】《建设工程施工现场消防安全技术规范》（GB 50720—2011）第5.3.6条，在建工程的临时室外消防用水量不应小于表5.3.6的规定。

表5.3.6　在建工程的临时室外消防用水量

在建工程（单体）体积	火灾延续时间/h	消火栓用水量/（L/s）	每支水枪最小流量/（L/s）
10 000 m^3＜体积≤30 000 m^3	1	15	5
体积＞30 000 m^3	2	20	5

单体体积为35 000 m^3，火灾延续时间为2 h，故D选项不符合要求。

---

1 答案：A

2 答案：D

第六篇　消防安全评估

第一章　火灾风险评估

本章由宋瑞明解析

一、风险控制

对建筑进行火灾风险评估之后，需要采取一定的风险控制措施，下列措施中，不属于风险控制措施的是（　）。[1]（2016-2-56）

A．风险消除　　B．风险减少　　C．风险分析　　D．风险转移

【解析】参见教材《消防安全技术实务》第五篇第一章第一节风险管理。对建筑进行风险评估之后，需要采取一定的风险控制措施，常用的风险控制措施包括风险消除、风险减少和风险转移。

二、火灾危险源与火灾风险源

对某石油库进行火灾风险评估，辨识火灾危险源时，下列因素中，应确定为第一类危险源的是（　）。[2]（2016-1-44）

A．雷电　　B．油罐呼吸阀故障

C．操作人员在卸油时打手机　　D．2 000 m^3的柴油罐

【解析】参见教材《消防安全技术实务》第五篇第二章第一节火灾风险评估概念辨析。火灾中的第一类危险源包括可燃物、火灾烟气及燃烧产生的有毒、有害气体成分；第二类危险源是人们为了防止火灾发生、减小火灾损失所采取的消防措施中的隐患。对于第一类火灾危险源，人们普遍接受。按照上述表述，火灾自动报警、自动灭火系统、应急广播及疏散系统等消防措施属于第二类危险源。

三、火灾风险识别

1．对建筑进行火灾风险评估时，应确定评估对象可能面临的火灾风险，关于火灾风险识别的说法中，错误的是（　）。[3]（2017-2-26）

A．查找火灾风险来源的过程称为火灾风险识别

B．火灾风险识别是开展火灾风险评估工作所必需的基础环节

C．消防安全措施有效性分析包括专业队伍扑救能力

D．衡量火灾风险的高低主要考虑起火概率大小

【解析】根据教材《消防安全技术实务》第五篇第二章第一节火灾风险评估概念辨析、《消防安全技术综合能力》第四篇第二章第一节评估方法，衡量火灾风险的高低不仅要考虑起火概率大小，还要考虑火灾

---

1 答案：C

2 答案：D

3 答案：D

损失大小。

2. 某大型体育中心，设有多个竞赛场馆和健身、商业、娱乐、办公等设施。对该中心进行火灾风险评估时，消防安全措施有效性分析属于（　）的内容。[1]（2018-2-78）

A. 信息采集　　B. 风险识别　　C. 评估指标体系建立　　D. 风险分析与计算

【解析】根据教材《消防安全技术综合能力》第四篇第二章第一节评估方法，风险识别包括：1.影响火灾发生的因素；2.影响火灾后果的因素；3.措施有效性分析。故 B 选项正确。

四、火灾风险源分析

进行火灾风险识别中，需判定火灾危险源。下列火灾危险源因素中，属于人为因素的是（　）。[2]（2015-1-80）

A. 人员应急反应能力　　B. 吸烟起火

C. 消防安全责任　　D. 可燃油浸变压器油温过高导致起火

【解析】参见教材《消防安全技术实务》第五篇第二章第三节火灾风险源分析。火灾危险源因素中，属于客观因素的：电气、易燃易爆物品、气象因素；属于人为因素的：用火不慎、不安全吸烟、人为纵火。

五、火灾风险评估流程

建筑火灾风险评估流程顺序描述正确的是（　）。[3]（2015-2-38）

A. 信息采集→风险识别→评估指标体系建立→风险分析与计算→风险等级判断→风险控制措施

B. 信息采集→风险识别→风险分析与计算→风险等级判断→评估指标体系建立→风险控制措施

C. 信息采集→评估指标体系建立→风险识别→风险分析与计算→风险等级判断→风险控制措施

D. 评估指标体系建立→信息采集→风险识别→风险分析与计算→风险等级判断→风险控制措施

【解析】参见教材《消防安全技术综合能力》第四篇第一章第一节评估方法。建筑防火风险评估流程顺序主要有信息采样、风险识别、评估指标体系建立、风险分析与计算、风险等级判断、风险控制措施等。

六、安全检查表

1. 某化工企业拟采用安全检查表法对甲醇合成车间进行火灾风险评估。编制安全检查表的主要步骤应包括（　）。[4]（2015-1-87）

A. 确定检查对象　　B. 找出危险点　　C. 预案演练　　D. 确定检查内容　　E. 编制检查表

【解析】参见教材《消防安全技术实务》第五篇第三章第一节安全检查表法。安全检查表的编制与实施：确定系统、找出危险点、确定项目与内容编制成表、检查应用、整改、反馈。

2. 关于火灾风险评估方法的说法，正确的是（　）。[5]（2018-1-27）

A. 在评估对象运营之前，采用表格方式对潜在火灾危险性进行评估的方法属于安全检查表法

B. 运用安全检查表法进行火灾风险评估时，可通过事故树进行定性分析，找出评估对象的薄弱环节，将其作为安全检查的重点

C. 运用安全检查表法进行火灾风险评估时，每一个事件可能的后续事件只能取完全对立的两种状态

---

1 答案：B
2 答案：B
3 答案：A
4 答案：ABDE
5 答案：B

D．运用运筹学原理，对火灾事故原因和结果进行逻辑分析的方法属于事件树分析方法

【解析】选项 A 说法应为预先危险性分析法，在评估对象运营之前，预先危险性分析结果可列为一个表格，故 A 错误。

选项 B，根据对编制的事故树的分析、评价结果来编制安全检查表法。通过事故树进行定性分析，求出事故树的最小割集，按最小割集中基本事件的多少，找出系统中的薄弱环节，以这些薄弱环节作为安全检查的重点、编制安全检查表。B 说法正确。

选项 C 说法应为事件树分析法遵循每一事件可能的后续事件只能取完全独立的两种状态之一的原则，故 C 错误。

选项 D 说法应为运用运筹学原理，对火灾事故原因和结果进行逻辑分析的方法属于事故树分析法，故 D 错误。

七、事件树分析法

在进行火灾风险评估中采用事件树分析法进行分析时，确定初始事件的方法有（　）。[1]（2016-1-100）

A．根据系统设计确定

B．根据系统危险性评价确定

C．根据系统运行经验或事故经验确定

D．根据系统事故树分析，从其中间事件或初始事件中确定

E．根据结果时间确定

【解析】参见教材《消防安全技术实务》第五篇第三章第三节事件树分析法。事件树分析是一种系统地研究作为危险源的初始事件如何与后续事件形成时序逻辑关系而最终导致事故的方法。正确选择初始事件十分重要。初始事件是事故在未发生时，其发展过程中的危害事件或危险事件，可以用两种方法确定初始事件：（1）根据系统设计、系统危险性评价、系统运行经验或事故经验等确定；（2）根据系统重大故障或事故树分析，从其中间事件或初始事件中选择。

八、区域消防安全评估

1．进行区域火灾风险评估时，在明确火灾风险评估目的和内容的基础上，应进行信息采集，重点收集与区域安全相关的信息。下列信息中，不属于区域火灾风险评估时应重点采集的信息是（　）。[2]（2017-2-19）

A．区域内人口概况　　　　　　　　B．区域的环境概况

C．消防安全规章制度　　　　　　　D．区域内经济概况

【解析】根据教材《消防安全技术综合能力》第四篇第一章第一节评估方法，应收集的信息包括；（1）评估区域内人口、经济、交通等概况；（2）区域内消防重点单位情况；（3）周边环境情况；（4）市政消防设施相关资料；（5）火灾事故应急救援预案；（6）消防安全规章制度等。

2．对某区域进行区域火灾风险评估时，应遵循系统性、实用性、可操作性原则进行评估。下列区域火灾风险评估的做法中，错误的是（　）。[3]（2018-2-69）

A．把评估范围确定为整个区域范围的社会因素、建筑群和交通路网等

B．在信息采集时采集评估区域内的人口情况、经济情况和交通情况等

1 答案：ABCD

2 答案：D

3 答案：C

C．建立评估指标体系时将区域基础信息、火灾危险源作为二级指标

D．在进行风险识别时把火灾风险源分为客观因素和人为因素两类

【解析】根据教材《消防安全技术综合能力》第四篇第一章第一节评估方法，评估范围包括整个区域范围内的社会因素、建筑群和交通路网等。故A选项正确。

信息采集包括：评估区域内人口、经济、交通等概况；区域内消防重点单位情况；周边环境情况；市政消防设施相关资料；火灾事故应急救援预案；消防安全规章制度等。故B选项正确。

一级指标一般包括火灾危险源、区域基础信息、消防能力和社会面防控能力等。故C选项错误。

参见教材《消防安全技术实务》第五篇第二章第三节火灾风险源分析。火灾风险源一般分为客观因素和人为因素两类。火灾危险源因素中，属于客观因素的有：电气引起火灾、易燃易爆物品引起火灾、气象因素引起火灾；属于人为因素的有：用火不慎引起火灾、不安全吸烟引起火灾、人为纵火。故D选项正确。

3．进行区域消防安全评估时应对区域消防力量进行分析评估。对区域消防力量评估的主要内容有（ ）。[1]（2018-2-88）

A．消防教育水平　　B．消防通信指挥调度能力

C．消防装备配置水平　　D．火灾预警能力

E．消防站数量

【解析】根据教材《消防安全技术综合能力》第四篇第一章第二节评估范例，消防力量评估单元分为城市公共消防基础设施和灭火救援能力两类。城市公共消防基础设施包括道路、消防水源；灭火救援能力包括消防装备配置水平、消防站数量、消防通信指挥调度能力。

第二章　建筑消防性能化设计与评估

本章由宋瑞明解析

一、火灾场景设计

1．在开展建筑消防性能化设计与评估时，预测自动喷水灭火系统洒水喷头的启动时间，主要应考虑火灾的（ ）阶段。[2]（2016-1-72）

A．阴燃　B．增长　C．全面发展　D．衰退

【解析】参见教材《消防安全技术实物》第五篇第四章第二节性能化设计与评估。

2．火灾从点燃到发展至充分燃烧阶段，其热释放速率大体按照时间的平方关系增长，通常采用“t2火”火灾增长模型表征实际火灾发展情况。按“t2火”火灾增长模型，从火灾发生至热释放速率达到1 MW所需时间为300 s的火灾是（ ）“t2火”。[3]（2015-2-74）

A．中速　B．慢速　C．快速　D．超快速

【解析】参见教材《消防安全技术综合能力》第四篇第三章第五节火灾场景和疏散场景设定。达到1 MW所需时间为75 s的为超快速火灾；所需时间为150 s的为快速火灾；达到1 MW所需时间为300 s的为中速火灾；达到1 MW所需时间为600 s的为慢速火灾。选A选项。

1 答案：BCE
2 答案：B
3 答案：A

3．采用“t2 火”模型描述火灾发展过程时，装满书籍的厚布邮袋火灾是（　）“t2 火”。[1]（2017-1-58）

A．超快速　B．中速　C．慢速　D．快速

【解析】参见教材《消防安全技术实物》第五篇第四章第二节火灾场景设计。

火焰水平蔓延速度参数值

可燃材料	火焰蔓延分级	火灾发展系数α / (kJ/s^3)	Q=1 MW 时的时间/s
没有注明	慢速	0.002 9	584
无棉制品 聚酯床垫	中速	0.011 7	292
塑料泡沫 堆积的木板 装满邮件的邮袋	快速	0.046 9	146
甲醇快速燃烧的软垫座椅	极快	0.187 6	73

二、建筑物消防性能化设计的基本步骤

消防性能化设计以消防安全工程学为基础，是一种先进、有效、科学、合理的防火设计方法。下列属于建筑物消防性能化设计的基本步骤的有（　）。[2]（2015-2-89）

A．确定建筑物的消防安全总体目标

B．进行性能化防火试设计和评估验证

C．修改、完善设计并进一步评估验证确实是否满足所确定的消防安全目标

D．编制设计说明与分析报告，提交审查与批准

E．确定建筑各楼层和区域的使用功能

【解析】参见教材《消防安全技术综合能力》第四篇第三章第二节建筑消防性能化设计的基本程序与步骤。性能化设计过程可分成若干的过程，各步骤相互联系，并最终形成一个整体，其步骤主要包括：（1）确定工程范围；（2）确定总体目标；（3）确定设计目标；（4）建立性能判定标准；（5）建立设定火灾情景；（6）建立试设计；（7）评估试设计及性能指标判定；（8）选定最终设计方案；（9）完成报告编写设计文件。只有 E 选项不属于建筑物消防性能化设计的基本步骤和工作内容。

三、火灾模型

1．对建筑进行性能化防火设计时，火灾数值模拟软件 FDS 采用的火灾模型是（　）。[3]（2015-1-24）

A．场模型　B．局部模型　C．区域模型　D．混合模型

【解析】参见教材《消防安全技术实物》第五篇第四章第三节烟气流动与控制。

2．将计算空间划分为众多相互关联的体积元，通过求解质量、能量和动量方程，获得空间热参数在设定时间步长内变化情况的预测，以描述火灾发展过程的模型属于（　）。[4]（2017-1-21）

A．经验模型　B．区域模型　C．不确定模型　D．场模型

1 答案：D

2 答案：ABCD

3 答案：A

4 答案：D

【解析】参见教材《消防安全技术实物》第五篇第四章第三节烟气流动与控制。

3．净高 6 m 以下的室内空间，顶棚射流的厚度通常为室内净高的 5%～12%，其最大温度和速度出现在顶棚以下室内净高的（ ）处。[1]（2017-1-75）

A．5%　B．1%　C．3%～5%　D．5%～10%

【解析】参见教材《消防安全技术实务》第五篇第四章第三节烟气流动与控制。研究表明，一般情况下顶棚射流的厚度为顶棚高度的 5%～12%，而在顶棚射流内最大温度和速度出现在顶棚以下顶棚高度 1%处。这对于火灾探测器和喷淋头等的设置有特殊意义，如果它们被设置在上述区域以外，则其实际感受到的烟气和速度将会低于预期值。

四、人员疏散时间计算方法与分析参数

1．对建筑性能化防火设计评估中，在计算人员安全疏散时间时，应确定人员密度、疏散宽度、行走速度等相关参数。行走速度的确定需考虑影响行走的速度的因素。影响行走速度的因素主要包括（ ）。[2]（2015-1-97）

A．灭火器配置　B．人员自身条件　C．报警时间

D．建筑情况　E．人员密度

【解析】参见《消防安全技术实物》第五篇第四章第四节人员疏散分析。

2．下列情形中，有利于火灾时缩短人员疏散时间的是（ ）。[3]（2016-1-60）

A．正常照明转换为应急照明　B．背景音乐转为火灾应急广播

C．疏散通道上的防火卷帘落下　D．自动喷水灭火系统喷头启动洒水

【解析】参见教材《消防安全技术实物》第五篇第四章第四节人员疏散分析。疏散时间包括报警时间、预动作时间，而背景音乐转为火灾应急广播能缩短预动作时间，故 B 选项正确。A 选项与 C 选项会影响人员疏散，只会增加人员疏散时间。自动喷水只会增加可用疏散时间，不能缩短人员疏散时间，D 选项反而可能会因喷水路滑增加人员疏散时间。

3．按下图估算，200 人按疏散指示有序通过一个净宽度为 2 m 且直接对外的疏散出口疏散至室外，其最快疏散时间约为（ ）s。[4]（2017-1-61）

A．40　B．60　C．80　D．100

【解析】参见《消防安全技术实物》第五篇第四章第四节人员疏散分析。根据题图所示，疏散出口对应的曲线定点纵坐标值为约 1.3，即通行能力最大时的比流量约为 1.30 人/（m·s）。根据题干给定的条件，总人数 200 人，出口宽度为 2 m，假设最快疏散时间为 y。

$$1.3=\frac{200}{2\times y}$$

则：$y=200\div(1.3\times 2)=76.9\approx 80$ s。

1 答案：B

2 答案：BDE

3 答案：B

4 答案：C

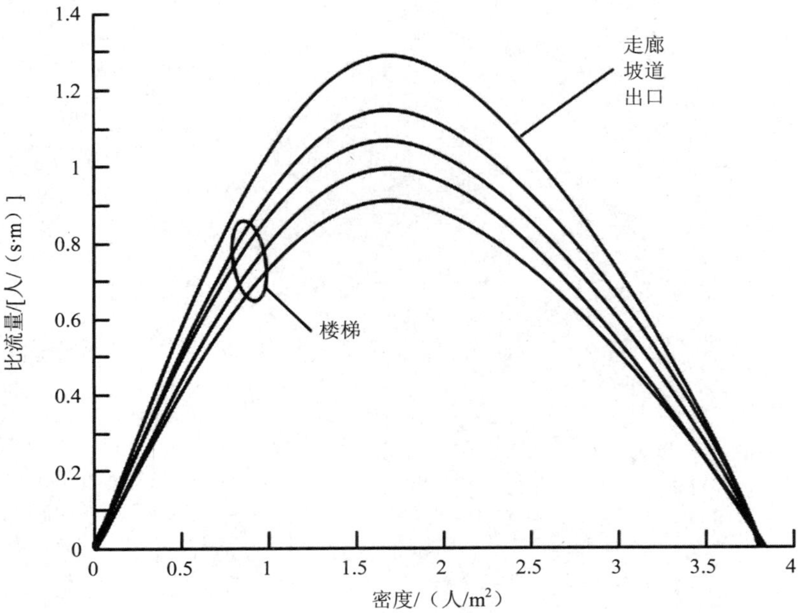

4．在进行建筑消防安全评估时，关于疏散时间的说法，正确的有（　）。[1]（2017-2-88）

A．疏散开始时间是指从起火到开始疏散的时间

B．疏散开始时间不包括火灾探测时间

C．疏散行动时间是指从疏散开始至疏散到安全地点的时间

D．与疏散相关的火灾探测时间可以采用喷头动作的时间

E．疏散准备时间与通知人们疏散的方式有较大关系

【解析】根据教材《消防安全技术综合能力》第四篇第三章第五节火灾场景和疏散场景设定，疏散开始时间可分为探测时间、报警时间和人员的疏散时间。

五、建筑结构耐火性能分析

南昌、衡阳和哈尔滨曾先后发生过 3 起建筑火灾坍塌事故，建筑分别在火灾发生后 115 min、196 min、537 min 时坍塌。坍塌建筑的底部或底部数层均为钢筋混凝土框架结构，上部均为砖混结构。事实上，下列建筑结构中，耐火性能相对较低的是（　）。[2]（2015-2-25）

A．砖混结构　　B．钢筋混凝土结构　　C．钢结构　　D．钢筋混凝土排架结构

【解析】根据《建筑设计防火规范》（GB 50016—2014）第 3.2.11 条条文说明可知，钢结构若不采取有效的防火保护措施，耐火性能较差。参见教材《消防安全技术实物》第五篇第四章第五节。

1 答案：ACDE

2 答案：C